PAT BRADEN

Das Alfa Romeo SCHRAUBERHANDBUCH

REPARIEREN UND OPTIMIEREN LEICHT GEMACHT

Impressum

HEEL Verlag GmbH
Gut Pottscheidt
53639 Königswinter
Telefon 0 22 23 / 92 30-0
Telefax 0 22 23 / 92 30 26
Mail: info@heel-verlag.de
Internet: www.heel-verlag.de

2. Auflage 2022

Der Originaltitel „Alfa Romeo Owner's Bible" ist erschienen bei:
Bentley Publishers
Robert Bentley, Inc.,
Cambridge, MA 02138,
USA

Übersetzung ins Deutsche: TTS Veil + Partner, Stephan Veil, Stuttgart

Lektorat: Jost Neßhöver

Titelfoto: Jörg Hajt

Satz und Gestaltung: F5 Mediengestaltung Ralf Kolmsee, Bonn

Printed in Czech Republic

ISBN: 978-3-86852-812-1

Warnhinweis:
Dieses Buch soll Hilfe zur Selbsthilfe sein. Die hierin veröffentlichten technischen Ratschläge entsprechen nicht immer den üblichen Handwerksregeln.
Für etliche technische Ratschläge in diesem Buch wird handwerkliches Grundwissen vorausgesetzt, ohne das man die entsprechenden Arbeiten nicht angehen soll.
Im Zweifelsfall sollte man vor Durchführung von technischen Arbeiten immer einen geschulten Spezialisten zu Rate ziehen und die Arbeiten nicht selbst durchführen.
Etliche Ratschläge können bei fehlerhafter Ausführung unter bestimmten Umständen zu erheblichen Folgeschäden führen. Autor, Übersetzer und Verlag lehnen daher ausdrücklich jede Haftung für die veröffentlichten Arbeitsanweisungen und daraus gefolgerte Schlüsse ab. Für alle anhand dieses Buches ausgeführten Arbeiten übernimmt der durchführende Schrauber, Bastler oder Mechaniker das alleinige und uneingeschränkte Risiko. Ebenso ist die Haftung des Autors, des Übersetzers und des Verlags für Druckfehler, Schreibfehler und sachliche Fehler jeder Art ausdrücklich ausgeschlossen.

Bei dem vorliegenden Handbuch handelt es sich um eine Übersetzung aus dem Englischen.

PAT BRADEN

Das Alfa Romeo SCHRAUBERHANDBUCH

REPARIEREN UND OPTIMIEREN LEICHT GEMACHT

- Giulietta
- Giulia
- Berlina
- Spider
- Alfetta
- GTV
- GTV-6
- 2000
- 2600
- 164
- 75

HEEL WERKSTATT

INHALT

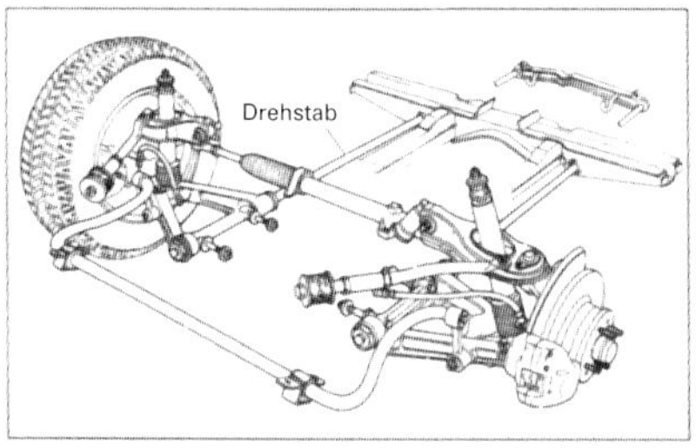
Drehstab

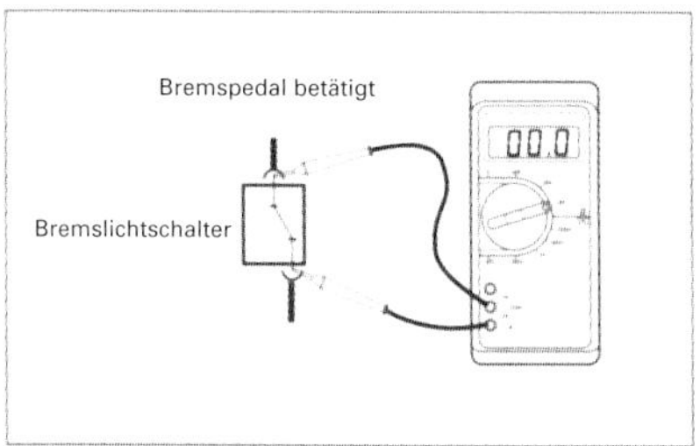
Bremspedal betätigt
Bremslichtschalter
00.0

Vorwort

von Don Black

Don Black war weit über 30 Jahre lang intensiv mit der Marke Alfa Romeo verbunden, davon 26 Jahre als Direktor des „U.S. Engineering Office" von Alfa Romeo, und später als stellvertretender Direktor der Forschungs- und Entwicklungsabteilung von Fiat USA. Daneben entwickelt er seine eigenen Fahrzeuge mit Alfa-Mechanik, die er auch im Rennsport bewegt.

Die Begeisterung für die Marke Alfa Romeo nimmt mitunter fast religiöse Züge an, weshalb das vorliegende Buch nicht ganz zu Unrecht als „Bibel" für Schrauber gelten kann. Als ich das Manuskript das erste Mal las, habe ich zwar nicht gerade eine Kerze angezündet, wohl aber ließen die unzähligen Fotos und Zeichnungen unvergessliche Erinnerungen an frühere Tage wieder aufleben. Und nach mehr als drei Jahrzehnten Tätigkeit für Alfa Romeo mangelt es wahrlich nicht an derartigen Erinnerungen.

Mehr noch als die Autos sind mir die Menschen bei Alfa Romeo im Gedächtnis geblieben, denn in den Fahrzeugen des Hauses Alfa Romeo kommt insbesondere einiges vom Wesen dieser Menschen zum Ausdruck. Ein Produkt verrät dem Käufer unweigerlich auch eine Menge über seinen Schöpfer und Hersteller. Schon früh erhielt ich einen Eindruck von den Wesenszügen der Menschen in Mailand – Intelligenz, Fleiß, Kreativität und Offenheit und, nicht zu vergessen, ihr wunderbarer Sinn für Humor. Attribute, die sich vor allem in der klassischen Giulietta niederschlagen. Nur „Meneghini" – so lautet der Spitzname der Mailänder – hätten einem Auto eine derart faszinierende Persönlichkeit verleihen können.

Ich hatte das Privileg, aktiv an Projekten mitwirken zu dürfen, die mich mit den Legenden aus den Entwicklungsbüros zusammenbrachten – Satta, Garcea, Busso, Surace, Chiti, Chirico, Sirtori, aber auch die „jungen Wilden" Piccone, Guelfi, Satta 2, welche die Tradition der Marke Alfa Romeo in das nächste Jahrhundert fortführen.

Eine der Chassiszeichnungen dieses Buches erinnert mich an frühe „Forschungsarbeiten" für Orazio Satta, mit denen festgestellt werden sollte, ob sein Grand-Prix-Wagen 159 schon vor dem Dragster von Mickey Thompson auf den Rädern stand. Eng verbunden damit ist die Erinnerung daran, wie ich diese faszinierende Persönlichkeit zum ersten Besuch eines Baseballspiels in seinem Leben begleitete – was aber eine Geschichte für sich wäre. Bei der Beschäftigung mit dem Thema Alfa Romeo laufen diese Erinnerungen quasi wie ein Endlosfilm nacheinander ab (in einer Intensität wie bei einem 770-PS-Renner, dessen Vorwärtsdrang die Insassen in die Sitze drückt).

Als mich Arturo Reitz für die (noch nicht gegründete) Alfa Romeo Inc. anwarb, verspürte ich den unbändigen Drang, Mythen zurechtzurücken und den allerorts vorherrschenden Nebel des Geheimnisvollen zu lüften, der alles Technische zu umgeben schien. Nicht nur als Autor, Revisor und Publizist, sondern auch mit dem Vertrieb dieser technischen Informationen bis an die Grenzen dessen, was Hektografiermaschine und Offsetdrucker hergaben, hatte ich bald alle Hände voll zu tun. Alles entstand in jenen Tagen vor Hochleistungskopierer, Fax und Schnelldruck – und alles in Handarbeit.

Mehr als 75 Jahre Alfa-Erfahrung: Guido Moroni (links) und Don Black bei den Monterey Historic Races. Moroni war 50 Jahre lang Cheftestfahrer bei Alfa.

Mein Verantwortungsbereich umfasste zudem den Competition Advisory Service für Motorsportler, für dessen Zeichnungen Wachsfilmschablonen mit dem Messer zugeschnitten werden mussten, dazu kamen eigene Übersetzungen und die Aufgabe, jeden, der danach fragte, quasi auf Knopfdruck jederzeit mit exakten Informationen zu füttern.

Die Kolben eines Alfa Romeo bewegten sich auch für mich wie jeder andere Kolben auf und ab, Alfa-Räder rotierten wie jedes andere Rad, hoffentlich in der gleichen Richtung. Was war daran also mysteriös? Worin lagen Faszination und Mystik einer Ansammlung von Metallteilen, die sich gar nicht so sehr von anderen „exotischen" Marken unterschied? Dass es an technischen Unterlagen fehlte, bereitete Besitzern und Händler gleichermaßen Kummer. Dieses Manko galt es zu überwinden, und innerhalb von kaum zwei Jahren war es geschafft. Pat Braden sorgte mit eigenen Veröffentlichungen für stetigen Informationsfluss und schrieb auch regelmäßig im Alfa Owner, dem landesweiten Informationsblatt des Alfa Romeo Owners Club. Persönlich kann ich an Pat Bradens Arbeit allenfalls beanstanden (wie er selbst weiß), dass sein ganz eigener Humor sich so gar nicht in seinem Schreibstil niederschlägt.

Als Direktor des U.S. Engineering Office von Alfa Romeo dürfte ich so ziemlich jedes Buch – egal in welcher Sprache – über Alfa Romeo gelesen haben. Bei der Lektüre des Manuskripts dieses Buches wurde mir klar, wie überfällig es längst ist – ein praxisnahes Nachschlagewerk voll fundierten Fachwissens für Alfa-Romeo-Liebhaber. Der praktische Nebeneffekt für unsereins ist dabei, dass damit in Papierform eine Art Wissensspeicher all jener Kleinigkeiten vorliegt, die wir uns bei unserer eigenen Arbeit nie notiert haben. Vergessen ist immer bedenklich, doch wie eine Festplatte eines PC hat auch unsere „Festplatte im Gehirn" nur ein begrenztes Fassungsvermögen und wird im Alter immer träger. Papier ist dagegen dauerhaft und braucht auch keine Batterien.

Da dieses Buch von den Alfisti vermutlich bald als „Braden-Bibel" gehandelt werden dürfte, darf es auch ruhig als Gutenachtlektüre und Inspirationsquelle griffbereit gehalten werden. Und nach der Lektüre der dritten Runde der Korrekturabzüge bin ich soweit, dass ich mir einen eigenen Traum erfüllen möchte: eine Votiv-Alkohollampe, hergestellt von einem venezianischen Glasbläser in Form eines Alfa 159, die dasselbe exotische und politisch korrekte (also grüne) Rennbenzin namens Dynamin verbrennt, das von Sandro Sirtori für den Rennwagen der dreißiger Jahre (im Geheimen) zusammengemixt wurde.

Damit genug der Ratschläge an Sie, lieber Leser. Nehmen Sie Ihren Alfa Romeo nicht gar so ernst. Genießen Sie ihn so oft wie möglich auf der Straße. Er wurde von echten Fahrern für Menschen mit wirklichem Spaß am Fahren entwickelt.

Und immer schön vorsichtig fahren!

Brighton, Michigan, im März 1994

Vorwort des Verfassers

Verfasser Pat Braden mit dem Luftmengenmesser eines GTV6.

Wenn Sie noch nie einen Alfa Romeo gefahren haben, werden Sie hinter dem Steuer eines Alfas – womöglich mit einiger Verblüffung – Fahrspaß in einer Form entdecken, wie ihn viele andere Autos niemals werden vermitteln können. Nicht, dass ein Alfa Romeo in seinen Grundfunktionen so anders wäre – wenn Sie das Lenkrad drehen oder auf die Bremse treten, fährt er auch bloß im Kreis oder bremst. Wie bei jedem Vollblutauto liegt das Besondere in der Art und Weise, wie die Leistung auf die Straße gebracht wird. Nicht nur gibt es hier keine Fehler, sondern alle Bewegungen laufen mit einer derartigen Perfektion ab, dass sie der oberflächliche Betrachter nicht einmal wahrnimmt.

Wer meint, ein Auto müsse ins Schleudern geraten, sowie man voll auf die Bremsen steigt, oder sich überschlagen, sobald man eine Kurve mit mehr als 40 Sachen nimmt, für den dürfte der erste Eindruck am Steuer eines Alfa fast schon eine Erleuchtung darstellen. Das Fehlen aller unberechenbaren Eigenschaften ist eine der großen Offenbarungen für alle, die die ersten Fahrkilometer in einem Alfa abspulen. Die ausgewogene Charakteristik eines Alfa Romeo bereitet mehr als nur Fahrvergnügen. Im Notfall kann sie im wahrsten Sinne des Wortes den Unterschied zwischen Leben und Tod ausmachen.

Wenn es je einen erschwinglichen Exoten gab, dann ist es ein Alfa Romeo. Wer eine ähnliche Leistungsfülle aus einem ähnlichen Auto herausholen will, muss häufig einen doppelt so hohen Einstandspreis zahlen. Für viele Alfa-Besitzer ist es freilich nicht das untadelige Fahrverhalten, das den Kern des Charakters eines Alfa ausmacht, sondern die technische Genialität bis in die kleinsten Teile der Mechanik. Die Technik funktioniert nicht nur, sie ist gewissermaßen das Sahnehäubchen. Seit jeher ist ein Alfa-Motor eine Augenweide. Und diese Schönheit ist nicht oberflächlicher Natur. All die hochwertigen Bauteile eines Alfa-Romeo-Motors sind nicht nur kunstvoll mit dem Grundgerippe des Motors kombiniert, sondern verrichten in den präzisionsgearbeiteten Aluminium- und Stahlgussgehäusen in aller Unauffälligkeit zuverlässig ihre Arbeit

Der Charakter eines Alfa hat freilich noch eine weitere Dimension – und diese liegt darin, dass Technologie bei Alfa Romeo seit jeher im Vordergrund steht. Motoren mit zwei obenliegenden Nockenwellen und hemisphärischen Brennräumen sind bereits seit 1926 in straßenzugelassenen Alfas zu finden. Einzelradaufhängung an der Hinterachse gibt es bei Alfa Romeo seit 1938, eine Nockenwelle mit variabler Einlassventilsteuerung seit 1980. Bereits 1951 hielten selbsttragende Karosserien in der Serienfertigung Einzug.

Mit diesem Modell fing die Geschichte von Alfa Romeo für viele US-Kunden an: die Giulietta, hier ein Coupé im Renntrimm.

In den USA stellte Alfa Romeo 1969 auf mechanische Einspritzanlagen um – im Vorgriff auf die strengeren Abgasvorschriften, die das Fahrvergnügen mit anderen Fabrikaten ab 1971 so nachhaltig ruinierten.

Manche rechnen nun damit, gewissermaßen als Gegenleistung für den Fahrspaß sich eine recht launische Geliebte einzuhandeln. Hinsichtlich Styling, Leistung und dem italienischen Flair findet sich ein Alfa tatsächlich in derselben Klasse wie zwei echte italienische Exoten-Marken: Ferrari und Maserati. Dabei bietet ein Alfa Romeo natürlich für viele potenzielle Käufer die mit Abstand erschwinglichste Möglichkeit, sich das Besondere eines rassigen Italieners zuzulegen.

Nach vielen Jahren Erfahrung mit dieser Marke bin ich überzeugt, dass ein Alfa Romeo das Prädikat „standfest" mit Fug und Recht verdient. Von den Alfas, die ich besitze, haben mindestens vier bereits mehr als 160.000 Kilometer auf dem Tacho, und meine Frau und ich bewegen unsere Alfas auch im Alltagsbetrieb. Für die Mitglieder des amerikanischen Alfa Romeo Owners Club gibt es Plaketten für Fahrzeuge, die mehr als 100.000 Meilen (160.000 Kilometer) abgespult haben. Dabei ist dieser Kilometerstand nicht einmal besonders ungewöhnlich: ein Besitzer einer Alfa-Limousine meldet gar stolze 450.000 Meilen.

Der Alfa-Motor ist ein Gegenstand von großer technischer Schönheit, der von vielen Besitzern liebevoll gepflegt wird. Dieser blitzblanke Motorraum eines Coupés wartet obendrein mit zwei großen Weber-Vergasern für ordentlich Leistung auf.

EINLEITUNG

Eines der ultimativen Sammlerstücke unter den Alfas ist der TZ2, ein lupenreiner Rennwagen mit unbestreitbar attraktiver Linienführung.

Ungeachtet all dieser Fakten gelten Alfa Romeos häufig immer noch als kapriziös. Nach meiner Erfahrung liegt es aber eher am Fahrer oder am Mechaniker als am Fahrzeug, wenn die Zuverlässigkeit zu wünschen übrig lässt.

Ein Alfa ist vielleicht kein Allerweltswagen, aber das sind ein Ferrari oder ein Maserati auch nicht.

Immer wieder lassen sich Alfa-Besitzer im Überschwang zu Eingriffen verleiten, von denen sie unter normalen Umständen die Finger lassen würden: Neuabstimmung oder Neubedüsung tadellos funktionierender Vergaser, „Optimierung" perfekt eingestellter Zündanlagen oder Steuerzeiteneingriffe an Nockenwellen von bestens laufenden Motoren. Dabei bewahrheitet sich immer wieder die alte Mechanikerweisheit: „If it ain't broke, don't fix it" („Repariere nichts, was nicht kaputt ist"). Für die relativ hochentwickelte Mechanik eines Alfa Romeo gilt dies natürlich ganz besonders.

Dieses Buch soll Ihnen all die Informationen vermitteln, die Sie benötigen, um Ihren Alfa rundum genießen können. Da viele Alfa-Besitzer und Fans ihre Wartungsarbeiten selbst ausführen möchten, wurden die grundlegenden Wartungs- und Reparaturarbeiten in die Praxiskapitel ebenfalls mit aufgenommen. Ausgelassen wurden solche Reparaturen, die die Fähigkeiten des normalen Hobbyschraubers eindeutig übersteigen. Dieses Buch ist also nur etwas für Erwachsene: Nutzen Sie die darin enthaltenen Informationen mit Umsicht und Augenmaß.

Andererseits will dieses Buch kein Werkstatthandbuch sein. Wenn Sie die Lösung für Ihr Problem nicht in diesem Buch finden, dann höchstwahrscheinlich, weil das Problem ganz besonders ungewöhnlich ist, oder die Reparatur Kenntnisse voraussetzt, die im Rahmen dieses Buches nicht vermittelt werden können. Defekte am Differenzialzahnradsatz sind an Alfas beispielsweise extrem selten. Deshalb wird hier kaum darauf eingegangen. Denn selbst wenn wir eine Arbeitsanweisung mit abdrucken würden, so wären die Chancen, dass der Leser ohne fachkundige Hilfe die Einstellung des Rädersatzes auf Anhieb richtig hinbekommt, doch äußerst gering.

Auch die Sicherheitsaspekte sollen nicht außer Acht bleiben. Die meisten Handbücher enthalten einen „Disclaimer", der die Leser zu sicherem und umsichtigem Arbeiten anhält. Hier meine eigene Fassung:

Die Werbung redet uns ständig ein, unser Auto als nettes Schoßtier oder bequemen Sessel zu betrachten. In Wahrheit trifft jedoch fast das genaue Gegenteil zu. Schon allein aufgrund ihrer Konstruktion geht von einem Automobil die Gefahr von Verletzungen, womöglich mit Todesfolge, nicht nur beim Fahren aus, sondern auch bei allen Arbeiten am Auto. Autos werden mit einem extrem explosiven Kraftstoff betrieben, und der Funke, der diesen Kraftstoff entzünden kann, steckt bereits in der Batterie, deren gespeicherte Energie sogar zum Verschweißen von Blechen ausreicht. Die Oberflächen am Motor können so heiß werden, dass schwere Verbrennungen die Folge sind, und das Kühlsystem ist gewissermaßen ein Dampfkessel, der nur darauf wartet, Druck ablassen zu können. Feuer und Explosionen sind reale Gefahrenquellen am Auto, weshalb ein Feuerlöscher unverzichtbarer Bestandteil der Werkzeugausstattung sein sollte.

Ein laufender Motor ist ein Gewirr rotierender Bauteile, die spielend leicht jedes Körperteil durchtrennen können, das sich darin verheddert, und die Werkzeuge, die in die Drehbewegung dieser Teile fallen, in ein tödliches Projektil verwandeln können. Und die Kanten der meisten Blechteile stehen der Schärfe eines Steakmessers kaum nach.

Viele Arbeiten werden unter dem Fahrzeug ausgeführt: Dass die Gefahr, dort vom Auto erschlagen zu werden, durchaus real ist, sollte klar sein, dennoch ist es erstaunlich, wie viele Schrauber sich unter ein Auto legen, das nur vom Wagenheber gehalten wird. Ich lege mich niemals unter ein Auto, wenn es nicht auf Unterstellböcken steht und mit einem Rangierwagenheber so gesichert ist, dass ich keinesfalls eingeklemmt werden kann, wenn der Wagen von den Unterstellböcken rutschen sollte. Ich lege mich auch nie unter das Fahrzeug, wenn nicht jemand in der Nähe ist, der mit dem Rangierwagenheber umzugehen weiß.

Was daraus folgt, dürfte klar sein: Tragen Sie immer eng anliegende Schutzkleidung und Augenschutz, benutzen Sie Unterstellböcke und vermeiden Sie Arbeiten an Fahrzeug, wenn der Motor läuft, oder Arbeiten an der Elektrik, wenn die Batterie nicht abgeklemmt wurde.

Dieses Buch ist als Anleitung für unbeschwerte Alfa-Besitzerfreuden gedacht. Wenn Sie etwas wissen wollen – hier steht es.

29. April 1987 – 9. Juli 1993

Für meinen Kumpel – Lee Patrick Braden

Rassig: Die Giulia Sprint Speziale.

KAPITEL 01

01 Alfa Romeo – Eine kurze Firmengeschichte

In fast jedem Buch über Alfa Romeo findet sich eine Firmengeschichte – und hier nun schon wieder? Nun, nach einer Mitgliederumfrage im amerikanischen Alfa Romeo Owners Club zählen Informationen zur Firmenhistorie zu den beliebtesten Themen der Clubzeitschrift. Entweder bleiben die Fakten nicht recht hängen, oder aber das Schicksal der Marke ist für viele Leser derart faszinierend, dass sie gar nicht genug davon bekommen können. Persönlich tendiere ich zu letzterer These, weshalb hier die Höhepunkte der Firmengeschichte bis zum Ende der 1980er Jahre, als mit dem Übergang an den Fiat-Konzern eine neue Ära begann, nochmals umrissen werden sollen.

Von den späten 1920er Jahren bis zum Anfang der 1950er Jahre galt Alfa Romeo mit Fug und Recht als der weltweit führende Sportwagenhersteller. Diese goldene Epoche bedeutete für die Marke eine steile Aufwärtsentwicklung, dank der sie jahrelang auf der Erfolgswelle ihrer tradierten Stärken segeln konnte.

Die allerersten Jahre

Als das Automobil in Europa seine ersten Fahrversuche unternahm, konnten viele Firmen, die sich in diesen Gründerjahren im Bau von Kraftfahrzeugen engagierten, bereits auf Erfahrungen bei der Fertigung von Kutschen und Fahrrädern zurückgreifen. Schon 1891 war von Alexandre Darracq in Frankreich die Firma Gladiator für den Bau von Fahrrädern gegründet worden. Die Fahrradfertigung trat Darracq jedoch bereits 1896 an ein britisches Unternehmen ab und nahm den Bau eines elektrisch betriebenen Motorwagens auf, der auf der Pariser Automobilausstellung sein Debüt gab. Zwei Jahre später sicherte sich Darracq die Fertigungsgerechte am Bollée-Leichtkraftwagen mit Einzylinder-Verbrennungsmotor.

Abb. 1-1. Via Gattemalata 45 – an der alten Straße nach Portello – ist heute vom Stadtgebiet Mailands umschlossen. Hier lag der ursprüngliche Werkseingang.

Im Jahr 1900 entwickelte Darracq seine eigene Version eines Leichtkraftwagens und zog bereits im Folgejahr mit einem 2-Zylinder-Rennwagen nach. Schon bald umfasste das Fertigungsprogramm Zwei- und Vierzylinder-Modelle, und das Unternehmen gedieh derart prächtig, dass britische Finanziers als Investoren auf den Plan traten. 1905 wurde Darracq daraufhin in ein Unternehmen nach englischem Recht umgewandelt und die Modellpalette auf größere Touren- und Sportwagen ausgeweitet.

1907 fasste Darracq den Entschluss zur Eröffnung eines Werks in Italien, in dem leichte 9-PS-Taxis entstehen sollten, von denen Darracq sich rege Nachfrage in den schon damals dicht bevölkerten italienischen Großstädten versprach. Die Wahl für den Firmensitz fiel auf ein Grundstück im Mailänder Vorort Portello. Offensichtlich war diesem Unterfangen allerdings kein dauerhafter Erfolg beschieden, denn Darracq produzierte dort nur bis zum Januar 1910, als die italienische Anonima Lombarda Fabbrica Automobile (kurz: A.L.F.A.) die Kontrolle übernahm.

A.L.F.A. und die Konstruktionen von Giuseppe Merosi

Die neue Firmenleitung von A.L.F.A. sicherte sich die Dienste des 38 Jahre alten Ingenieurs Giuseppe Merosi, der zuvor bei Fiat und Bianchi tätig gewesen war, und übertrug ihm die Entwicklung zweier Tourensportler. Diese beiden Vierzylindermodelle des Jahrgangs 1910, die als Typ 12 HP und 24 HP Hubräume von 2,4 respektive 4 Litern erreichten, verließen als allererste A.L.F.A.-Automobile das Werk. Konstruktiv warteten sie mit Artillerierädern, dem Allernotwendigsten an Karosserie, seitengesteuerten Monoblock-Motoren, Thermosyphon-Kühlung sowie Magnetzündung und unsynchronisiertem Vierganggetriebe auf und waren somit typische Vertreter des automobiltechnischen Stands ihrer Zeit. Das Kreuzgelenk der gekapselten Kardanwelle saß unmittelbar hinter dem Getriebe – ein Konstruktionsdetail, das noch bis zur Einführung der hinteren Einzelradaufhängung Ende der 1930er Jahr bei den Alfas zu finden sein sollte.

Beide Motoren durchliefen mehrere Entwicklungsstadien und blieben bis 1920 im Programm. Der 4-Liter-Motor rangierte zunächst als 24-HP-Modell, nach 1914 dann als Modell 20-30. Bereits im Jahr 1910 war eine Flugzeugvariante dieses Motors entstanden, und 1917 gesellte sich zusätzlich eine Ausführung als „ROMEO"-Druckluftkompressoraggregat hinzu (das als erstes ALFA-Produkt den Namen von Ingenieur Romeo erhielt – wie er sich auch an Alfa-Romeo-Lastwagen fand). Der kleinere Motor stand nacheinander als 12 HP, 15 HP und 15-20 HP im Modellprogramm.

Einschneidende Neuerungen brachte das Jahr 1913 in Form des ersten A.L.F.A.-Personenwagens mit ernstzunehmendem sportlichem Potenzial.

Abb. 1-2. Ein weiteres 24-HP-Modell, diesmal mit weniger sportlichem Aufbau. Dieser Wagen steht im Alfa-Werksmuseum in Arese.

Das Alfa-Emblem

In den Anfangsjahren des Automobils galt es gerade in Italien als schick, den Namen der Fahrzeugmarke aus den Anfangsbuchstaben des Firmennamens zusammenzusetzen (die Fabbrica Italiana Automobili Torino was bereits als Hersteller F.I.A.T. in Turin etabliert), das Akronym A.L.F.A. bot sich für das Mailänder Unternehmen an. Der Markenname ALFA steht also in keinerlei Zusammenhang mit dem Anfangsbuchstaben des griechischen Alphabets (auf das Vincenzo Lancia bereits 1907 für seine Typenpalette zurückgegriffen hatte).

Das Alfa-Emblem kann zweifelsohne zu den bemerkenswertesten Markenemblemen der Automobilhistorie zählen. Die beiden hier kombinierten Symbole waren bereits seit den Kreuzzügen mit der Stadt Mailand assoziiert gewesen: ein rotes Kreuz und eine Schlange, die einen Menschen schluckt. Das rote Kreuz erinnert an die christliche Heraldik des Mittelalters, während der Mann im Maul der Schlange einen Sarazenen darstellen soll. Das Schlangenmotiv spielt auf den Sieg der christlichen Kreuzritter über die „Ungläubigen" an – ein Detail, das in mancher heutigen Vertriebsregion von Alfa Romeo wohl kaum mehr Erwähnung finden dürfte. Dieses Schlangensymbol war einer prominenten Mailänder Familie als Ehrenzeichen verliehen worden und wurde schließlich dauerhaft mit der Familie Sforza assoziiert.

Ursprünglich trug das Firmenemblem das Akronym ALFA und den Ortsnamen MILANO (durch zwei Achterknoten getrennt). Die Knoten standen für das Adelshaus Savoyen, sie und die blaue Einfassung des Emblems symbolisieren also die Tradition des Königshauses. Ab 1920 wurde der Name von Niccolo Romeo, der 1915 das Unternehmen übernommen hatte, mit Bindestrich an den Namen ALFA angehängt. Die Schreibweise des Markennamens mit Bindestrich ist überhaupt nur auf dem Emblem zu finden.

Der Lorbeerkranz um das Emblem erinnert an die Weltmeisterschaft von Alfa Romeo im Jahr 1925. Anfang der 1930er Jahre wurden einige Alfas in Frankreich montiert, weshalb auf rund 200 Emblemen das Wort „PARIS" statt „MILANO" prangte. Als das Alfasud-Werk 1971 die Produktion aufnahm, entfiel das Wort „MILANO" ersatzlos („PARIS" passte ja noch in das Wappen, aber „POMIGLIANO D'ARCO" wäre doch zu viel des Guten gewesen).

Abb. 1-3. Merosi und Santoni in einer „Rennversion" des 24-HP-A.L.F.A. von 1911. Die rudimentäre Karosserie ist typisch für jene Jahre und ließ sich problemlos durch einen Limousinenaufbau ersetzen.

Abb. 1-4. Ein originaler 4-Liter-A.L.F.A. von 1910 im Werksmuseum.

Für dessen 6-Liter-Vierzylindermotor hatte Giuseppe Merosi paarweise gegossene Zylinder mit hängenden Ventilen entworfen, die über außenliegende Stößelstangen betätigt wurden. Trotz der genau senkrecht angeordneten Ventile erhielten die Brennräume halbkugelförmige (hemisphärische) Form. Dieses Modell 40-60 HP blieb bis 1922 in Produktion und bildete auch die Basis für das beim Karosseriebauer Castagna gefertigte legendäre „Ricotti-Ei".

1912 hatte Peugeot mit einem erstaunlich modern konzipierten Motor eine Revolution im Motorsport ausgelöst: zwei obenliegende Nockenwellen mit vier Ventilen je Zylinder und hemisphärischen Brennräumen. Bereits zwei Jahre später zog A.L.F.A. mit einer eigenen Version dieses Konstruktionsprinzips in einem 4-Zylinder-Motor nach, der aus 4,5 Litern 88 PS bei 2950/min entwickelte. Nach Ende des Ersten Weltkriegs erreichte dieser Motor im Zuge der Weiterentwicklung bis zu 102 PS bei 3000/min. Heute mögen diese Drehzahlen extrem zahm anmuten, doch aufgrund des damaligen Standes der Metallwerkstofftechnik waren selbst den ambitioniertesten Motorkonstruktionen enge Drehzahlgrenzen gesetzt. Immerhin stellte Alfa-Ingenieur Vittorio Jano gerade einmal vier Jahren später einen Rennmotor vor, der bis zu 5500/min drehte, und im Folgejahr sogar einen Pkw-Motor, der seine Höchstleistung bei 4200/min abgab.

Im Jahr 1921 beschloss Alfa, mit dem von Merosi entwickelten G1 mit 6,3-Liter-Sechszylindermotor in den Markt für Luxuswagen einzusteigen. Dieses Chassis war für Luxusaufbauten vorgesehen, mit denen die Mailänder Herstellern wie Isotta Fraschini, Rolls-Royce und Hispano Suiza Paroli bieten wollten, allerdings honorierte der Markt diese Ambitionen nicht. Lediglich 52 Stück wurden produziert, und das einzige überlebende Exemplar – das sich in Australien befindet – ist zugleich der älteste in Privathand existierende Alfa Romeo.

Die Baureihe RL

Bis 1920 war Alfa Romeo eine eher unspektakuläre Marke, die sportbetonte, aber konventionelle Fahrzeuge in kleinen Stückzahlen fertigte. Im gleichen Jahr beauftragte Niccolo Romeo (der Alfa 1915 erworben und 1920 seinen Namen zum A.L.F.A.-Emblem hinzugefügt hatte) nun Merosi mit der Entwicklung eines völlig neuen Modells, das in der „Formel 3000" von 1921 mithalten sollte.

Abb. 1-6. Dieser 20-30 ES Sport von 1920 – mit 4,2-Liter-Vierzylindermotor – trägt einen für seine Zeit typischen Toureraufbau.

die RL ungewöhnlich groß und ihre Stößelstangenmotoren ausgesprochen schlicht. Als diese Fahrzeuge entstanden, waren die mechanischen Grundlagen des Verbrennungsmotors bereits technisches Allgemeinwissen, und so ließen die Ingenieure bei der Optik der Motoren über reines Zweckdenken hinaus künstlerische Aspekte einfließen. Entsprechend der Ästhetik jener Jahre ging der Trend zu Motoren mit möglichst wenig Anbauten und Schnörkeln. Schönheitsideal war ein organisches Ganzes. So ist der Ansaugkrümmer des RL ein bloßer Rohrstumpf, während die zwei Vergaser des RLSS direkt am Zylinderkopf angeschraubt sind – ohne jeden Krümmer.

„Eleganz" kann diesen Merosi-Konstruktionen mit Fug und Recht attestiert werden. Obendrein bestachen sie durch die für ihre Zeit beachtliche Leistungsfülle. Wie Alfa-Experte Peter Hull, der lange Jahre einen RLSS im Alltag fuhr, einmal anmerkte, war der einzige echte Schwachpunkt dieses Modells sein großer Appetit auf die Nocken der eigenen Wellen.

Abb. 1-7. Die G1-Limousine war ein Monstrum mit 3,4 Metern Radstand und 6,3-Liter-Motor.

Die von Merosi ersonnene Konzeption eines 3-Liter-Sechszylinderaggregats mit hängenden Ventilen in einem leichten Fahrgestell geriet ihm zum Meisterstück und wurde zugleich der am meisten verkaufte Alfa Romeo bis zum 1900 von 1951.

Die 3-Liter-Formel hatte zwar nur ein einziges Jahr Bestand, Merosis wegweisende Konstruktion wurde jedoch zur Basis einer ganzen Palette sportbetonter Fahrzeuge, deren Rennerfolge sich in entsprechende Verkaufserfolge ummünzen ließen.

Unter diesen RL-Modellen finden sich (abgesehen vom bereits erwähnten G1) die ältesten noch in Privatbesitz befindlichen Alfa Romeos. Auf Alfa-Besitzer von heute, die an Ableger der Giulietta gewohnt sind, wirken

Linke Seite: Abb. 1-5. 6 Liter waren im Jahr 1912 kein immens großer Hubraum, aber dennoch genug, um in diesem sportlichen A.L.F.A. 70 PS zu entfalten. Die Entwicklung dieses Modells ging während des Ersten Weltkriegs weiter, bis 1920 dann 82 PS erreicht waren – genug für eine Spitzengeschwindigkeit von rund 150 km/h.

Im Programm standen der RL mit 56 PS, der RLS mit 71 PS und der RLSS mit 83 PS. Der RLSS-TF (Targa Florio) kam auf 95 PS bei 3800/min und wartete mit einem siebenfach gelagerten 3,6-Liter-Motor auf (während die übrigen Alfas mit nur 5 Hauptlagern auskommen mussten). Als erster Alfa trug der RLSS-TF auch das „Quadrifoglio verde", das vierblättrige Kleeblatt auf weißem Dreieck, als Glückbringer auf der Karosserie.

Mit dem RM wurde dem RL eine 2-Liter-Vierzylinderversion zur Seite gestellt, die mit verlängertem Radstand unter dem Kürzel RMU lief. Zu diesen Modellen gäbe es noch allerhand zu sagen, angesichts ihrer Seltenheit und der besonderen Bedeutung der Nachfolgermodelle würde dies hier aber den Rahmen sprengen.

Vermutlich von dem spontanen Erfolg des RL inspiriert, sah Alfa Romeo im Grand-Prix-Engagement eine geeignete Grundlage für die Festigung des eigenen sportlichen Images. Schon 1922 entwickelte Giuseppe Merosi daher ein 2-Liter-Modell für die Rennsaison 1923. Die Konstruktion an sich war keineswegs missglückt, doch bei einem tragischen Unfall kam Ugo Sivocci, die Nummer eins unter den Alfa-Piloten, ums Leben. Zudem brachte

Abb. 1-8. Wer 1918 in Aktien von Ingenieur Romeo investiert hätte, hätte diese Dokumente – ausgestellt auf „Ingenieur Nicola Romeo & Co." – erhalten.

Abb. 1-9. Der RLSS war ein reinrassiges Sportgerät. Typisch für diese Baureihe sind der keilförmige Kühler und das doppelte Markenemblem.

Abb. 1-10. Dieser Alfa RL war in den 1980er Jahren Teil einer Wanderausstellung zum Thema „Carrozzeria Italiana" in den USA. Erstbesitzer dieses Exemplars mit handgefertigter Alukarosserie war ein indischer Maharadscha. Der von Giuseppe Merosi entwickelte Typ RL geriet recht voluminös, kam dank des potenten Motors aber dennoch auf rund 130 km/h.

Fiat eine unstrittig überlegene Konstruktion an den Start und konnte sich den Meistertitel 1923 sichern. Mit einem Mal war Merosi in Ungnade gefallen – und seinen Job los.

Für einen Autokonstrukteur bieten in Italien nur zwei Städte Arbeit – Turin und Mailand. Und dank eherner Loyalität ist die Fluktuation seit jeher gering. Merosi muss in Mailand geblieben sein und dort seinen Lebensunterhalt mehr schlecht als recht bestritten haben. Griffith Borgeson berichtet in seinem Buch „The Alfa Romeo Tradition", dass ein gebrochener Merosi Ende der 1930er Jahre zu Alfa Romeo zurückkehrte und dort eine handwerkliche Tätigkeit aufnahm – ein ausgesprochen erniedrigendes Ende einer Karriere.

Abb. 1-11. Einige wenige Rennexemplare des RL erhielten eine siebenfach gelagerte Kurbelwelle. Sie laufen unter der Bezeichnung Targa Florio, RLSS-TF oder RLTF. Die Legende besagt, dass Ugo Sivoccis RLTF als erstes Fahrzeug das Quadrifoglio trug.

Die Konstruktionen von Vittorio Jano

Nur wenige Tage nach Sivoccis Tod gelang es Romeo jedoch, bei Fiat einen der jungen Ingenieure aus dem Konstruktionsteam des Fiat-Grand-Prix-Modells abzuwerben: Vittorio Jano stammte aus Turin, die Aussicht auf eine Vervierfachung seines Gehalts bewog ihn freilich zum Wechsel nach Mailand.

Der Grand Prix P2

Zum Einstand konstruierte Jano bei Alfa ein komplett neues Rennmodell, das im Juni 1924 debütierte. Bereits sein erstes Rennen gewann der P2 in überzeugender Manier, und am Ende der Saison wartete auf den P2 der Weltmeistertitel des Jahres 1925.

Abb. 1-12. Die erste Konstruktion von Vittorio Jano für Alfa war dieser 2-Liter-P2. Dank zweier schmaler Sitze blieb noch Platz für den mitfahrenden Mechaniker. Die Frontpartie lässt gewisse aerodynamische Elemente erkennen, die dem Wagen zu gut 190 km/h Spitze verhalfen. Auffallend sind außerdem die von Hand verstellbaren Reibungsstoßdämpfer. Wichtigstes Federungselement dieses Modells war ohnehin das Fahrgestell und nicht die extrem steife Radaufhängung. Auf dem Foto nicht zu sehen: das zum Schutz des Fahrerarms asbestummantelte Auspuffrohr.

Abb. 1-13. Der Motor des P2. Die beengten Platzverhältnisse im Motorraum bedingten die quasi versteckte Anordnung des Kompressors. Die Mimini-Steigstromvergaser sitzen auf dem Krümmer, über den die Ladeluft aus dem Kompressor (unten) herangeführt wird. Das Federventil auf den Vergasern wirkt als Dekompressionsventil, um Rückschläge in den Kompressor (die diesen beschädigen könnten) zu vermeiden. Die Strebe vor dem vorderen Vergaser soll dem Verziehen des Krümmers entgegenwirken. Das gabelförmige Sammelrohr an der Vorderseite des Motorblocks führt die Öldämpfe aus dem Kurbelgehäuse in den Kompressor zurück.

Abb. 1-14. Ein besonderes Detail: Der Öleinfülldeckel am P2.

Janos Konstruktion konnte noch bis in die frühen 1930er Jahre mit der Konkurrenz mithalten – ein im Rennsport erstaunlich langer Zeitraum. Mit den Entwicklungen von Vittorio Jano etablierte sich Alfa Romeo als die gefragteste Sportwagenmarke der Welt.

1927 hielt in den Personenwagen ein von Jano entworfener Sechszylinder Einzug, dessen Grundzüge sogar noch in den modernen Alfa-Vierzylindern wiederzuerkennen sind: zwei obenliegende Nockenwellen, hemisphärische Brennräume, Reihenmotor mit Hauptlagerstellen zwischen jeder Kurbelwellenkröpfung. Ein klassisches Design, das sich nicht nur bei Alfa Romeo findet, sondern auch bei fast allen Hochleistungsmotoren, unter anderem beim Miller-Motor der Indianapolis-Racer, bei Duesenberg, dem Jaguar XK, bei Maserati und den meisten sportlichen Ferraris. Alfa Romeo unterzog diese Grundkonzeption jedoch einer besonders lang anhaltenden Weiterentwicklung, weshalb die Marke als der eigentliche „geistige Eigentümer" dieser Bauart gelten kann.

Abb. 1-15. Der 6-Zylinder aus der Feder von Vittorio Jano zählt mit dem Zagato-Aufbau zu den unbestrittenen Klassikern. Hier eine Kompressorversion mit zwei obenliegenden Nockenwellen.

Der 6C1750

Die ursprüngliche Personenwagenkonstruktion von Jano umfasste 1927-28 ein Trio von 1,5-Liter-Motoren mit einzelner obenliegender Nockenwelle, mit zwei Nockenwellen respektive mit zwei Nockenwellen plus Kompressor. 1929 wuchs der Hubraum auf 1752 ccm. Dieser größere Motor, der 6C1750, darf als eine der technischen und ästhetischen Meisterleistungen des Automobilmotorenbaus gelten, zumal er auch in Zuverlässigkeit und Leistungsfülle Maßstäbe setzte.

Abb. 1-16. Renntechnik im Straßentrimm: Der Gran Sport 1750 übernahm zahlreiche Merkmale des P2, nicht zuletzt den Kompressor. Die Verrippung des Ansaugkrümmers zählt zu den besonderen Leistungen handwerklicher Gestaltungskunst im Automobilbau.

Abb. 1-17. Der 6C1750 Gran Sport Zagato des Verfassers. Dreimal hundert: 100 cui (1752 ccm), 100 PS, 100 Meilen (160 km/h) Spitze. Die Aufnahme stammt von 1961.

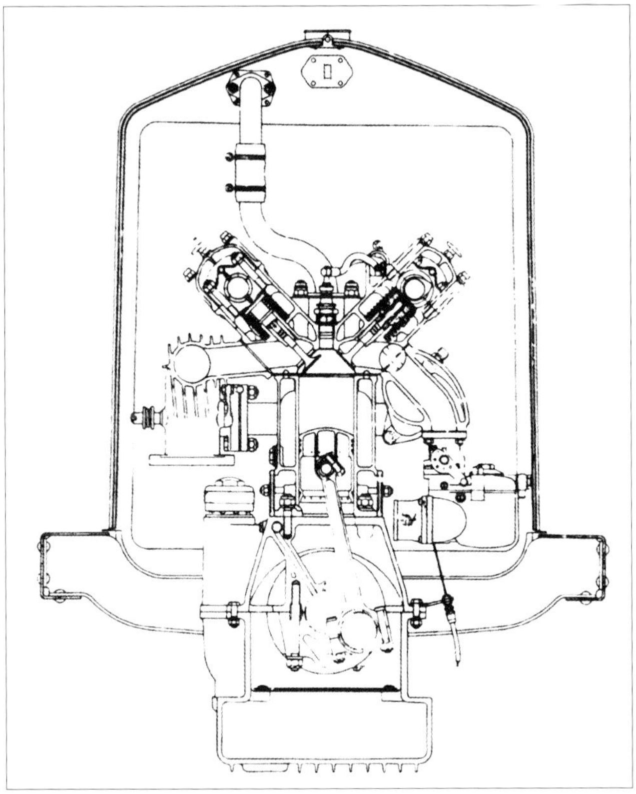

Abb. 1-18. Schnittdarstellung des Gran Turismo-Motors ohne Kompressor. Auffallend die lange, schlanke Pleuelstange.

Der spartanische Charakter der Konstruktionen von Merosi war ja bereits angedeutet worden. Jano setzte demgegenüber pointiertere Akzente, und seine verrippten Ansaugrohre und Kompressoren faszinieren den Betrachter noch heute durch ihre Grazie.

Nicht minder attraktiv waren die eleganten Aufbauten von Farina, Touring, Castagna, Brianza und Zagato.

Der 8C2300

1932 präsentierte Vittorio Jano mit dem 8C2300 eine Achtzylinderversion des Aggregats. Bei unveränderter Bohrung und Hub wurden zwei Vierzylindereinheiten zu einem Reihenachtzylinder zusammengefügt.

Die Kurbelwelle trug in ihrer Mitte zwei große angeschraubte Zahnräder (über die der gewünschte Kurbelzapfenversatz hergestellt wurde), über die alle Nebenaggregate – auch der Kompressor – angetrieben wurden. Die vier mittleren Zylinder bildeten ein Vierzylinderaggregat, die beiden äußeren Zylinderpaare den zweiten Vierzylindersatz; beide Paare waren um 90 Grad versetzt, um die maximale Zahl an Arbeitstakten je Umdrehung zu erreichen.

Abb. 1-19. Der Achtzylinder mit seinen Nebenaggregaten. Auf der „Beifahrerseite" sind Wasser- und Ölpumpe sowie die Lichtmaschine angeordnet. Der Kompressor (auf der gegenüberliegenden Motorseite) wird vom gleichen mittigen Rädersatz angetrieben.

Abb. 1-20. Ein Achtzylinder in Aktion bei den Vintage-Rennen 1985 in Monterey (USA), auffallend der geschlitzte „Monza"-Grill.

Abb. 1-21. 8C2300 mit Viersitzer-Toureraufbau von Brianza.

Abb. 1-22. Arcangeli und Bonini im 8C2300 bei der Mille Miglia 1931. Der Mechaniker sitzt erkennbar beengt und offensichtlich unbequem.

Abb. 1-23. Dem Autofahrer von heute dürften zahlreiche Bedienelemente im Cockpit dieses 8C2300 mit Brianza-Karosserie Rätsel aufgeben. Der große Knopf mittig unter dem Armaturenbrett dient zur Einstellung der Stoßdämpfer. Die Gemischregulierung erfolgt über einen Hebel am Armaturenbrett direkt hinter dem Lenkrad, die Zündeinstellung über den Hebel am Lenkrad. Nicht zu sehen ist das Gaspedal, das hier zwischen Brems- und Kupplungspedal sitzt.

Dieser Motor kam in großem Umfang in Sportwagenrennen zum Einsatz und wurde schließlich sogar in einer „Monza"-Version mit Magnetzündung und minimalistischen Rennkotflügeln (auf die oftmals gänzlich verzichtet wurde) aufgelegt. Mehrere Monzas wurden Enzo Ferrari anvertraut, der sie auf 2,6 Liter Hubraum brachte. Ferrari war zunächst als Rennleiter bei Alfa tätig gewesen, danach übernahm seine Scuderia Ferrari alle Rennaktivitäten für Alfa Romeo, bis diese 1937 als „Alfa Corse" wieder in die werksinterne Rennabteilung zurückgeholt wurden. An dieser Stelle verzweigt die Firmenhistorie nun in zwei Stränge: Personenwagen und Rennwagen, denn Alfa Romeo investierte immer mehr Mittel in seine Rennaktivitäten. Um die ausufernde Vielfalt der Modellpalette halbwegs überschaubar zu halten, wenden wir uns zunächst den Rennwagen zu, anschließend den Personenwagen.

Abb. 1-24. Dieser Achtzylinder trägt das springende Pferd zu Recht, denn er gehört zu den Fahrzeugen, die bei Übernahme der Alfa-Rennaktivitäten durch die frisch gegründete Scuderia Ferrari mit übernommen worden waren. Ferrari vergrößerte den Hubraum auf 2,6 Liter. Wie man sieht, ging es für den Fahrer recht eng zu.

Die Rennaktivitäten von Alfa Romeo

Etliche Hersteller versuchten in jenen Jahren, zusätzliche PS durch den Einbau eines zweiten Motors zu mobilisieren. Sowohl Maserati als auch Alfa Romeo stellten Rennfahrzeuge mit zwei nebeneinanderliegenden Motoren vor – im Falle Alfas als Tipo A, der mit zwei nebeneinanderliegenden aufgeladenen 6C1750-Motoren und zwei parallelen Getrieben aufwartete. Die Kraftübertragung erfolgte über zwei Kardanwellen auf die Hinterachswellen. Heute würde sich für eine solche Konstruktion zwar eine hintere Einzelradaufhängung anbieten, Alfa Romeo verpasste freilich diese Gelegenheit und brachte beide Achswellen in einem starren Achsrohr unter. Leistungsmäßig riss der Tipo A keine Bäume aus, sein Beschleunigungsvermögen war allerdings fulminant. Im Nachfolgemodell, dem Tipo B, wurde das Konzept der geteilten Antriebswelle weiterverfolgt.

Abb. 1-25. Der Tipo A besaß zwei nebeneinanderliegende 6C1750-Motoren, die auf 230 PS kamen. Die Schalthebel der beiden Getriebe waren über ein stabiles Gestänge zusammengekoppelt. Das Modell kam 1931 jedoch nur auf einen einzigen Sieg.

Statt zweier Sechszylindermotoren mit zugehörigen Getrieben erhielt der Tipo B, das erste einsitzige Grand-Prix-Modell, eine vergrößerte Variante des Achtzylindermotors. Er wartete mit zwei Kompressoren auf und besaß – um die beiden Kardanwellen unterbringen zu können – ein Differenzial am Getriebeausgang. Von dort zweigten die beiden Kardanwellen nach hinten ab und trieben die beiden Achswellen in einem gemeinsamen Achsgehäuse an, wie es sich bereits im Tipo A bewährt hatte. Der Tipo B sollte sich als ähnlich erfolgreich wie der P2 erweisen: Er war schlichtweg unschlagbar.

Abb. 1-26. Auf den ersten Blick wirkt der Tipo B wie ein 8C2300 im Renntrimm. Auffallendstes Unterscheidungsmerkmal ist die Monoposto-Konstruktion.

Abb. 1-27. Beim Tipo B liegen Ansaug- und Auspuffseite im Vergleich zum 8C2300 auf entgegengesetzten Seiten. Die beiden Kompressoren versorgen die vorderen und hinteren Zylinderbänke separat. Zweck der Kompressoren war nicht nur die Leistungssteigerung, sondern auch ein höherer Wirkungsgrad bei den niedrigoktanigen Kraftstoffsorten jener Zeit – was nicht nur die Bedeutung der richtigen Kraftstoffzusammensetzung für den Rennerfolg in jenen Jahren erklärt, sondern auch den typischen Geruch alter Rennkraftstoffe. Beim Tipo B machte sich Sandro Sirtori einen Namen als Kraftstoffzauberer.

Abb. 1-28. Eine Variante des Tipo B mit aerodynamischer Vollverkleidung (einschließlich Unterbodenverkleidung). Ein solcher Wagen sicherte sich 1934 den Sieg beim Großen Preis auf der Avus. Die fließenden Linien machen den Tipo B zu einem veritablen Kunstwerk.

Abb. 1-29. Im Cockpit dieses Tipo B ist das direkt hinter dem Getriebe montierte Differenzial zu erkennen.

Abb. 1-30. Bei der Scuderia Ferrari entstanden unter Verwendung von Komponenten des Tipo B zwei Exemplare mit Doppelmotor. Das schmale Profil dieses „Bimotore" rührt daher, dass ein Achtzylinder vorne und einer im Heck saß. 540 PS aus den zwei 3,2-Liter-Motoren ermöglichten eine Höchstgeschwindigkeit von fast 290 km/h.

Abb. 1-31. Der Zwölfzylinder Typ 512 wäre eine Randnotiz der Alfa-Historie geblieben, hätte Luigi Fusi ihn nicht für das Werksmuseum gerettet. Mit ihm wollte Alfa 1939 die Konzepte von Auto Union kopieren, allerdings für die leichteren Klassen, in denen der Tipo 158 mit Erfolg konkurrierte.

Im Wettlauf mit den Deutschen

Ab Anfang 1934 traten deutsche Hersteller auf den Rennpisten verstärkt in Erscheinung und brachten Alfa Romeo in Bedrängnis. Die Mailänder erlitten Misserfolge im Versuch, mit Mercedes-Benz und Auto Union Schritt zu halten, verloren die besten Fahrer an die deutschen Teams und erzielten nur gelegentliche Trosterfolge in zweitrangigen Rennen, zu denen keine deutschen Hersteller angetreten waren.

Die Antwort von Alfa Romeo auf die deutschen Erfolge lag zunächst in der Vergrößerung des P3-Motors auf 3,2 Liter (sowie als Tipo C auf 3,8 Liter). Als wirkungslos erwiesen sich ein V12 in Hoch- und Tiefrahmenbauweise sowie ein V16.

Auch andere Konstruktionen standen im Gespräch, unter anderem ein konstruktiv an die Auto-Union-Entwürfe angelehnter Renner mit 12-Zylinder-Heckmotor, dessen Prototyp heute im Werksmuseum steht.

Trotz aller Faszination waren diese Konstruktionen chancenlos. Alfa Romeo konnte mit den Investitionen, die den deutschen Konkurrenten zugute kamen, nicht mithalten, genauso wenig mit der detailgenauen Arbeit der Deutschen. Das Handicap von Alfa Romeo bestand letzten Endes darin,

Abb. 1-32. Die Dubonnet-Einzelradaufhängung des Tipo B mutet eher wie eine Starrachse an. Diese Radaufhängung war der Versuch, leistungsmäßig gegen Mercedes und Auto Union aufzuholen. Viel Federweg war damit nicht zu gewinnen – und auch sonst keine Vorteile. Man beachte die Hydraulik-Bremsleitung.

Die Wirtschaftskrise, die Hitler zur Macht verhalf, brachte Alfa Romeo unter der Ägide des Instituts für industriellen Wiederaufbau (IRI) unter die Kontrolle des italienischen Staats. Warum überhaupt jemand glaubte, Bürokraten könnten Autorennen gewinnen, dürfte – wie so viele Ereignisse jener Jahre – ein ewiges Rätsel bleiben. Für Mussolini waren Erfolge im Rennsport eine bedeutende Prestigefrage, allerdings fehlten seinen faschistischen Bürokraten schlicht die Kompetenzen, um mit dem „Freund" im Norden mithalten zu können.

Nach mehreren desaströsen Rennen im Jahr 1937 erhielt Jano – wie seinerzeit Merosi – seine Papiere, und Enzo Ferrari wurde mit der Entwicklung eines Rennwagens für die leichtere Klasse beauftragt. Alfa stellte Ingenieur Colombo zur Unterstützung bei der Konstruktion ab, die lange Zeit als eine Bank des neu entwickelten 16-Zylinder-Triebwerks verstanden worden war. In Wahrheit war der größere Motor aber aus dem kleineren entstanden, nicht umgekehrt. Der leichtere Alfa 159 sollte Alfa Romeo dann in den Jahren 1950 und 1951 wieder zu Weltmeisterehren verhelfen.

Abb. 1-33. Dieser Zwölfzylinder von 1937 kostete Vittorio Jano seinen Job. Ein größeres Modell war bereits 1936 entstanden, doch weder die Hoch- noch die Tiefrahmenversion war der deutschen Konkurrenz gewachsen.

Abb. 1-34. Fahrzeugbau verkehrt herum. Der 308 von 1937 war im Wesentlichen ein 8C2900B mit größerem Motor und längerem Radstand, aber im Prinzip die Rennversion eines Tourenmodells. Alfa Corse hatte dieses Modell nach der Entlassung von Vittorio Jano entwickelt, allerdings blieb der Erfolg aus.

eine überholte Konstruktion modernisieren zu müssen, während die deutschen Hersteller mit Einzelradaufhängung und extremer Leichtbauweise in ganz neue technische Gefilde vorstießen. Als die Gewichtsbegrenzung in der Rennformel zum Tragen kam, modernisierte Alfa einfach seine Standardkonstruktion, während Mercedes-Benz mit einem gigantischen Motor in Form einer völligen Neukonstruktion auftrumpfte.

Abb. 1-35. Ende der 1930er Jahre verstanden es die Ingenieure bereits recht gut, Technik im knappen Raum einer Stromlinienkarosserie unterzubringen. Auffallend ist der lange, elegante Ansaugtrakt für den Vergaser, der vor der Windschutzscheibe beginnt und in den Weber-Dreifachvergaser führt. Hier eine Nachkriegsversion der Alfetta, eines 1,5-Liter-Reihenachtzylinders mit zweistufigem Lader. Höchstleistung: 450 PS.

Abb. 1-36. Eine unvergessliche Kombination: Juan Manuel Fangio in jenem 154, mit dem er 1951 den Weltmeistertitel holte. Aufgenommen 1985 in Monterey (USA).

Personenwagen

Die Vorkriegsmodelle

Um zu den Pkws zurückzukehren: Mit Vittorio Janos komplexem Achtzylinder war Alfa Romeo erkennbar dem für Privatkunden bezahlbaren Marktsegment entrückt. Ein erster Schritt hin zu kleineren Motoren war also unausweichlich, weshalb Jano mit der Entwicklung einer verbilligten Version seines Sechszylinders für ein neues Pkw-Modell beauftragt wurde. Dieses debütierte 1934 als 6C2300, dessen Hubraum in etwa dem des Achtzylinders glich, aber (je nach Tuning-Niveau) 68 bis 95 PS – gegenüber den 142 Pferdchen des aufgeladenen Achtzylinders – entwickelte.

Diese Sechszylinder-Modellreihe sollte zum Standardprogramm von Alfa Romeo während der gesamten Faschismusära werden. Trumpfkarten waren die elegante Linienführung und leistungsstarke Motoren mit zwei obenliegenden Nockenwellen und Vierganggetriebe. Die Modellpflege 1935 brachte eine Synchronisation der beiden oberen Gänge sowie hintere Einzelradaufhängung.

1939 wuchs der Hubraum auf 2,5 Liter

1937 kamen einige wenige für den Straßenbetrieb konzipierte Alfa Romeo mit einer gezähmten Variante des P3 in den Verkauf. Diesen Modellen – dem 8C2900A und 8C2900B – hat Autor Simon Moore ein hervorragendes Buch gewidmet. Der 8C2900 darf als das modernste Oberklassen-Automo-

Abb. 1-37. Der 6C2300 war weit weniger sportlich als sein Vetter mit 8 Zylindern, doch bot auch er Leistung und Eleganz wie nur wenige andere Fabrikate. Die Höchstgeschwindigkeit lag bei knapp 145 km/h.

bil der Vorkriegsjahre gelten und nimmt in Design und Leistung viel von den besten Gran-Turismo-Modellen der 1950er und 1960er Jahre vorweg. Rückblickend könnte dieses Modell gar als der größte Alfa Romeo aller Zeiten gelten – mit der möglichen Ausnahme des Typ 158/159, der die Rennstrecken der Nachkriegsjahre bis 1952 beherrschte. Für den Alltagsverkehr wäre Letzterer freilich denkbar ungeeignet gewesen.

Bei Alfa Romeo wurden vor dem Zweiten Weltkrieg diverse futuristische Stromlinienmodelle entwickelt, die im Laufe der 1940er Jahre in Produktion gehen sollten – darunter der S 10 mit 3,5-Liter-V12 und der S 11, eine V8-Limousine mit vier obenliegenden Nockenwellen und einer Karosserie, die unverkennbar an den Chrysler Airflow erinnerte. Für den Renneinsatz ab 1941 wurde das Rennmodell 163 auf die Räder gestellt, dessen aufgeladener 3-Liter-Mittelmotor 190 PS bei 7400/min abgab. Und für die Zeit nach dem Krieg hatten die Alfa-Ingenieure, die 1943 aus Portello an den Ortasee ausquartiert worden waren, bereits die „Gazzella" mit 2-Liter-Motor in Planung.

Um der Geschichte etwas vorzugreifen: 1950 entstand auf dem Reißbrett mit dem 6C3000 sogar ein vergrößerter Nachfolger der Gazzella in kompromisslos aerodynamischer Linienführung, der unverkennbare Anleihen bei der Dachpartie der „Panoramic"-Prototypen von Zagato erkennen ließ.

Zwar kam es nie zum Bau einer Karosserie, ein funktionsfähiges Exemplar des 6C3000-Motors wurde allerdings gefertigt. Diesen Motor packte Gioacchino Colombo in das nagelneue Rennsportcoupé 6C3000, das Consalvo Sanesi bei der Mille Miglia 1950 fahren sollte. Allen Berichten zufolge entpuppte sich der Wagen als Katastrophe.

Nachdem Vittorio Jano während der Rennsaison 1937 in Ungnade gefallen war, griff Alfa Romeo auf das Können von Ferrari, Colombo und Wilfredo Ricart für den Rennwagenbau und auf das von Bruno Trevisan für die Pkw-Entwicklung zurück. Luigi Fusi, Zeichner unter Vittorio Jano, blieb an Bord und war an der Entwicklung der wegbereitenden Kreationen während dieser goldenen Jahre von Alfa Romeo beteiligt. Wie bereits angesprochen, ist es dem rastlosen Einsatz von Luigi Fusi zu verdanken, dass die Vorkriegsarchive und viele der Materialien gerettet werden konnten, aus denen die Geschichte der Marke Alfa Romeo heute immer wieder aufgearbeitet wird.

Dann kam der Krieg. Viele der wertvollen Alfas wurden zerlegt und verschwanden bis zu dem Tag, an dem sie – ob siegreich oder nicht – bestimmt wieder Rennen bestreiten würden, von der Bildfläche. Das Werk Portello versank gegen Kriegsende in Schutt und Asche, doch konnte genug Material gerettet werden, um Alfa Romeo nach Kriegsende eine rasche Wiederaufnahme der Fertigung des 6C2500 zu ermöglichen.

Abb. 1-38. Der 8C2900 Corto mit Karosserie von Touring, unzweifelhaft der begehrenswerteste straßentaugliche Alfa Romeo, vereinigte Schönheit und pure Leistung auf unnachahmlich elegante Weise. Die Karosseriepläne für dieses Modell sind in der 2. Auflage von Luigi Fusis Grundlagenwerk im Detail nachzulesen.

Der Aufschwung nach dem Krieg

Nur wenige Tage schienen nach Kriegsende bis zum ersten Autorennen in Italien vergangen zu sein. Nicht dass dies etwas an den Schrecken des Krieges änderte, es spricht jedoch für den Aufbauwillen der Menschen. Und die Alfa Romeos waren in vorderster Reihe dabei. Aus mannigfaltigen Gründen war der Anblick eines italienischen Kraftfahrzeugs weniger negativ behaftet als der eines deutschen Autos (man bedenke, dass manche Hersteller – einschließlich Fords – das Volkswagenwerk nach Kriegsende nicht einmal geschenkt haben wollten!). So konnte Alfa Romeo in den Jahren 1946 bis 1952 auf den Rennstrecken in ähnlicher Weise dominieren wie bereits von 1925 bis 1937.

Abb. 1-39. Ein Alfa als Kunstwerk: Die perfekt homogene Linienführung dieses 6C2500 Coupé war eines der Glanzlichter der Carozzeria-Italiana-Sonderausstellung, die in den 80ern in den USA zu sehen war.

Der 6C2500

Vor allem aufgrund ihrer Dominanz im Rennsport genoss die Marke Alfa Romeo schon bald besonderes Renommee bei den Schönen und Reichen dieser Welt. Karossiers wetteiferten miteinander um die aufsehenerregendsten Entwürfe für Alfa-Sonderkarosserien. Sogar bei manchen „gecleanten" US-Custom-Cars der ersten Stunde ab Ende der 1940er Jahre stand die Linienführung des 6C2500 unverkennbar Pate.

Die meisten Leser dürften einen 6C2500 bereits in natura gesehen haben. Diese erstaunlich großen und beeindruckend komfortablen Langstreckentourenwagen bieten zwar kein herausragendes Beschleunigungsvermögen, ihre Stromlinie verhalf ihnen jedoch zu einem besonders eleganten

Abb. 1-40. Nicht extrem schnell, aber in seiner Eleganz einzigartig: der 6C2500.

Abb. 1-41. Der 6C2500 der Nachkriegsjahre war auch mit SuperSport-Dreivergasermotor lieferbar. Als komfortable Tourenwagen ohne besondere Sportambitionen kamen sie auch mit Mehrfachvergaser nicht auf deutlich mehr als 160 km/h. Rennversionen des Sechszylinders waren bereits ab 1939 entstanden und hatten für Colombos leistungsmäßig enttäuschenden 6C3000 C50 von 1950 Pate gestanden.

Abb. 1-43. Die beliebteste Coupéversion auf der Plattform des 1900 wurde von Touring eingekleidet. Dieses frühe Exemplar war eine reine Rennversion und kam bei der historischen Mille Miglia erneut zum Einsatz.

Auftritt auf den Überlandstraßen jener Jahre und zu einer Höchstgeschwindigkeit, mit der sie ihrer Zeit um Jahre voraus waren. Die Lenkung ist geradezu unglaublich leichtgängig. Einige Exemplare wurden als Linkslenker ausgeliefert, das Gros besaß jedoch Rechtslenkung und 4-Gang-Lenkradschaltung, und das Armaturenbrett lässt Anklänge an das Design einer Jukebox erkennen. Vordere Sitzbänke waren in den 1950er Jahren der letzte Schrei, weshalb kaum ein 6C2500 ohne ein solch überaus breites Sofa auskam.

Der 1900

Als die Weltwirtschaft in der Nachkriegszeit langsam wieder in Gang kam und die Durchschnittslöhne in Europa stiegen, kam bei Alfa Romeo die Überlegung auf, ein Modell zu lancieren, das breitere Käuferschichten ansprach – eine der wohl einschneidendsten Weichenstellungen unter allen unternehmenspolitischen Entscheidungen der Marke. Alfa Romeo hatte seit jeher auf Technologieführerschaft gesetzt. Ohne eigenständige Vertriebsabteilung war man freilich stets auf die Überlegenheit der eigenen Produkte als Verkaufsargument angewiesen.

Die Entscheidung, in die Großserienfertigung einzusteigen, zwang Alfa Romeo somit dazu, die Käufer mit den gleichen Mitteln wie Fiat, Ford und General Motors zu umwerben. Dass eingeführte Großserienhersteller da überlegen waren, wird kaum überraschen, ebenso wenig der Umstand, dass die italienische Bürokratie sich schwer damit tat, das Einmaleins kaufmännischer Praktiken zu erlernen.

Die Konstruktion, auf die Alfa Romeo beim Einstieg in den Massenmarkt setzte, entsprach durchaus den konstruktiven Ansprüchen der Marke. Während sich etwa BMW in den 1950er Jahren zwischen Luxuslimousinen und Isetta-Rollermobilen verzettelte, präsentierte Alfa Romeo 1950 den 1900, eine Limousine, wie sie noch nie zuvor auf dem Markt zu finden gewesen war. Die Linienführung war kaum revolutionär, aber in Sachen Leistung und

Abb. 1-42. Ein Meilenstein des Automobilbaus – der 1900 Berlina, der erste Alfa Romeo für die Großserie. Die Werbung propagierte ihn als „die Limousine, die Rennen gewinnt". Dank seiner Leistungsfülle und einer Zuverlässigkeit, wie sie wenige Modelle jener Jahre erreichten, darf der 1900 als Urahn aller Sportlimousinen gelten.

Abb. 1-44. Der Motor des Disco Volante entsprach konzeptionell dem des 1900. Trotz der kompromisslosen Renncharakteristik kann das Blechkleid als ausgesprochen avantgardistisch gelten. Ihm verdankt die „fliegende Untertasse" auch ihren Namen. Spätere Versionen boten Hubräume bis 3,5 Liter und besaßen eine deutlich geänderte Karosserie, der Name hielt sich jedoch.

Abb. 1-46. Die 2000 Berlina wartete mit strafferer Linienführung und luxuriöser Ausstattung auf. Der spätere 2600 unterschied sich äußerlich nur in Details, unter anderem durch die durchgehende waagerechte Vorderkante der Motorhaube.

Agilität konnte kaum ein Konkurrent mithalten – die erste echte Sportlimousine war geboren.

Die für fast 160 km/h Spitze gute Motorleistung stammte aus einem 2-Liter-Motor mit den charakteristischen Alfa-Konstruktionsmerkmalen: zwei obenliegende Nockenwellen und hemisphärische Brennräume. Anfangs kam ein 4-Gang-Getriebe mit Lenkradschaltung zum Einbau, später stand ein vollsynchronisiertes Fünfganggetriebe als Sonderausstattung zur Wahl. Darüber hinaus erhielt die 1900 Berlina als erster Alfa Romeo eine selbsttragende Karosserie ohne separaten Rahmen. Das Design erwies sich als recht zeitlos, und so blieb der 1900 zehn Jahre lang frisch und modern – auch im Taxieinsatz und selbst bei der Polizei.

Obgleich der 1900 als Limousine entwickelt worden war, schneiderten Touring, Farina und Zagato schon bald rassige Coupékleider. Bertone schuf ein Trio futuristischer Stromlinienaufbauten, bei denen fleißig mit Heckflossen experimentiert wurde.

Als Nachfolger des 6C3000 C50 entwickelte das Werk den von Grund auf überarbeiteten Motortyp 6C3000 CM, der wie eine Sechszylinderversion des 1900er Aggregats anmutete und in einem Gitterrohrrahmen Platz fand. Die Experimentalkarosserie von Touring bescherte dem Fahrzeug seinen Namen „Disco Volante" („Fliegende Untertasse"). Der Sechszylinder-6C3000 CM kam auf 3,5 Liter und fand allenthalben positive Resonanz. Die ebenfalls auf dem 6C3000-Fahrgestell basierende „Superflow"-Spider-Version von Pininfarina bildete den stilistischen Ausgangspunkt für den Giulia Spider „Duetto".

1958 wurde das 1900er Triebwerk zum 2000 weiterentwickelt, der eine von Grund auf modernisierte Karosserie erhielt. Mit dem 2000 nahm Alfa Romeo die parallele Fertigung von Limousine, Coupé und Spider auf.

Abb. 1-45. Don und Margaret Black im Museums-6C3000 CM Disco Volante vor dem Start in Meadowbrook (USA) 1992. Diese Karosserievariante war die erfolgreichste aller Disco Volante. Daneben ein 6C1750 Gran Sport, dahinter ein Tipo 33 und eine Renn-Giulietta.

Dieser Trend hielt auch mit der Ablösung durch den 2600-Sechszylinder im Jahr 1960 an. Die Karosserien dieser großen 4- und 6-Zylinder-Modelle ähnelten einander weitgehend.

Bis zum 164 blieb das Modell 2600 der letzte Vertreter der großen Alfa-Romeo-Langstreckentourenmodelle in der Tradition des 8C2300, 8C2900B und 6C2500. Mit dem Debüt des 164 im Jahr 1990 konnte Alfa Romeo dieses Marktsegment nach langer Pause wieder besetzen.

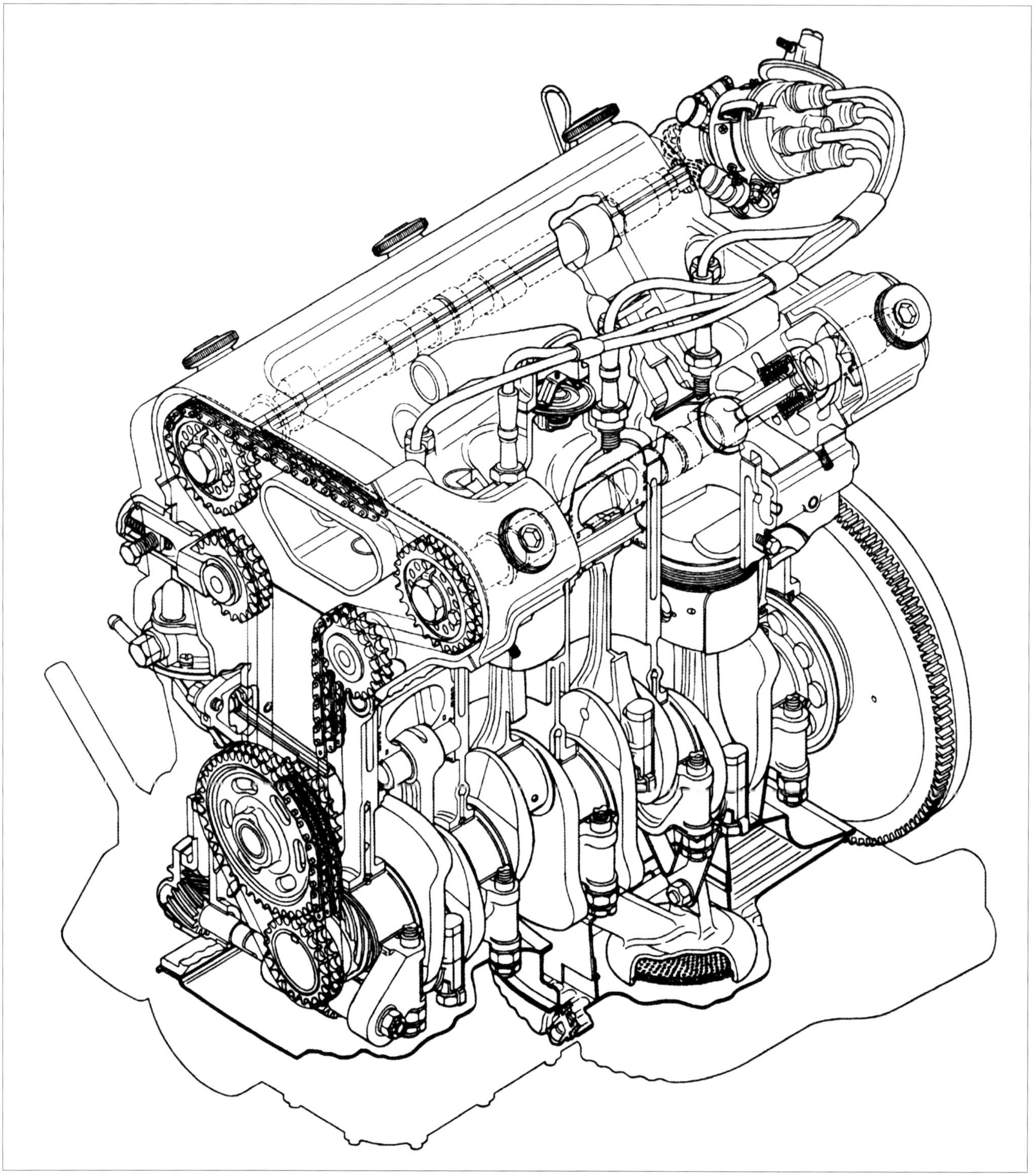

Abb. 1-47. Die Motoren des 1900 und des 2000 ähneln einander weitgehend (die Zylinderkopfdichtungen sind untereinander austauschbar). Dieser Zweiliter verfügt wie die Giulietta über Tassenstößel.

Abb. 1-48. Der 2000 als Bertone-Coupé nahm die Giulia Sprint um ein bis zwei Jahre vorweg. Dieses Modell ist wesentlich größer und weniger agil als die Giulia, dafür aber bequemer.

Abb. 1-50. Osi stellte eine Handvoll Luxuslimousinen auf der Bodengruppe des 2600 auf die Räder. Diese Linienführung strahlt mehr Understatement aus als die Serienlimousine.

Abb. 1-49. Das 2600 Coupé ist gegenüber dem 2000 an der Hutze auf der Motorhaube zu erkennen. Als echter GT spult es auch lange Strecken für Fahrer und Beifahrer ermüdungsfrei ab.

Abb. 1-51. Dieser eigenwillige Zagato-Prototyp des 2600 (mit Hutzen in der Motorhaube und zurückversetzten Scheinwerfern) sollte in Kleinserie gehen, doch glücklicherweise kam es dazu nicht. Es entstanden nur sehr wenige Exemplare dieses Liebhaberstücks.

Die Giulietta-Dynastie von Orazio Satta

Der 1900 erwies sich als derart durchschlagender Verkaufserfolg, dass Alfa Romeo 1954 mit der von Orazio Satta entworfenen Giulietta einen weiteren Schritt nach unten wagte. Im Prinzip handelt es sich um einen verkleinerten 1900 mit etwas aufgepepptem 1300-ccm-Motor. Interessante Details dieses Triebwerks waren der Alublock mit nassen Stahllaufbuchsen und ein Aluzylinderkopf mit eingepressten Ventilführungen und -sitzen.

Hier kommen nun wir Alfa-Liebhaber ins Spiel. Plötzlich bot einer der Giganten der Automobilindustrie einen kleinen, relativ leistungsstarken und ausgesprochen komfortablen Sportwagen an, der sich auch für den durchschnittlichen Liebhaber in bezahlbaren Sphären bewegte. Durch seinen Doppelnockenwellenmotor hob er sich zudem gegenüber der großenteils noch bei OHV-Motoren verharrenden (überwiegend britischen) Konkurrenz ab. Ein Blick unter die Motorhaube war fast schon Grund genug, sich für einen Alfa zu entscheiden.

Ganz offenkundig war das Haus Alfa Romeo aber gar nicht so recht auf den durchschlagenden Erfolg der Giulietta vorbereitet. Limousine, Coupé und Spider aus der Giulietta-Familie waren Schmuckstücke, mit denen sich jeder gerne schmücken wollte. Ihr Fahrwerk ließ etwas mehr Wankneigung zu, als damals üblich war, doch dank ihrer hervorragenden Straßenlage und des überzeugenden Handlings wurde sie rasch zum Liebling der Fachpresse. Mit der Giulietta unterstrich Alfa Romeo erneut eindrucksvoll seine Führungsrolle als Hersteller sportbetonter Fahrzeuge, und trotz ihres im Vergleich zu den 1750 und 2900 der Vorkriegsjahre weitaus dezenteren Auftretens eroberte sich die Giulietta eine genauso treue Anhängerschaft.

Da noch heute zahlreiche Giuliettas auf dem Markt sind, sei ein eingehenderer Blick auf die Technik erlaubt. Die erste Serie trug Nummern, die mit 750 (als Reminiszenz an den ersten Motorprototypen mit 750 ccm Hubraum) beginnen. Bis 1959 waren die Seriennummern ohne Bedeutung, dann traten jedoch eigenartige Giuliettas auf den Plan (ohne jede Ankündigung – das rechte Marketinggespür fehlte bei Alfa Romeo noch immer), die sich in Details an Motor und Karosserie unterschieden und ein völlig neues Getriebe besaßen; die Nummern der Mechanikteile begannen nun mit 101. Nur langsam wurde klar, dass Alfa Romeo das gesamte Fahrzeug subtil überarbeitet hatte, und nachdem die alten Teilebestände aufgebraucht waren, hielten allerorten die neuen Ausführungen Einzug.

1959 verwirrte der Mischmasch aus 750er und 101er Teilen selbst Kenner: So saßen etwa 750er Motoren in 101er Karosserien und waren wechselweise mit 750er oder 101er Getrieben kombiniert.

Auffallendstes Unterscheidungsmerkmal der neuen Baureihe war der längere Radstand der Karosserie des 101 Spider, der ein feststehendes Dreiecksfenster in den Türen bekam. Wichtiger waren die größeren Kurbel- und Nockenwellenzapfendurchmesser, die (später) größere Hubräume ermöglichen sollten. Die mechanische Kraftstoffpumpe des 750er Motors saß am Zylinderkopf, beim 101 dagegen am Block in Nähe des Verteilers. Das 750er Getriebe bestand aus einem zylindrischen Aluminiumgussgehäuse, in dem die montierten Räder- und Wellensätze durch das eine Ende eingeschoben wurden; beim 101 war das Getriebegehäuse dagegen ge-

Abb. 1-52. Eines der wirklich zeitlosen Designs, das unzählige Herzen höher schlagen ließ: Die Giulietta Sprint Coupé war in ihrer Art praktisch nicht mehr zu übertreffen. Die Heckleuchten weisen dieses Exemplar als 101er Version aus.

teilt, so dass Haupt- und Vorgelegewelle einzeln herausgehoben werden konnten. Außerdem besaß das 101er Getriebe einen Schalthebel mit Rückwärtsgangsperre.

Besitzer eines Modells der 750er Serie sollten übrigens besser keine Ersatzaggregate aus einem 101 einbauen. Eine nicht modifizierte 750er Giulietta ist unter Sammlern ein begehrtes Stück. Die noch verbliebenen Exemplare sollten möglichst nicht umgebaut werden.

Schon bald nach dem Debüt der Giulietta zog Alfa Romeo mit einer scharfgemachten Version mit allerhand Modifikationen nach: spezielle Kolben, Nockenwelle und Weber-Zweivergaseranlage. Anfänglich lief sie unter dem Namen „Veloce" (was auf Italienisch „schnell" bedeutet), später wich dieser Zusatz auf dem US-Markt dem Wort „Super", doch hat sich die Bezeichnung „Veloce" gehalten, und 101er Spider mit Weber-Zweivergaseranlage heißen nicht mehr „Super".

Über viele Jahre war der Einbau von Weber-Anlagen aus späteren Alfas in die Giulietta ein beliebter Kniff, um sie zu einem „Veloce" zu trimmen. Ein echter 750 Veloce weist auf der Fahrerseite einen separaten Kaltlufteinlass im Kühlergrill auf, ferner einen Drehzahlmesser bis 8000/min sowie eine Hinterachsübersetzung von 4:10. Original waren beim Veloce zudem die 40DCO3-Vergaser; spätere 101 besaßen die 40DCOE. Falls an der Spritzwand ein Schild mit der Karosserieangabe vorhanden ist, so steht 750B für das Sprint Coupé, 750C für die Limousine, 750D für den Spider, 750E den die Sprint Veloce und 750F für den Spider Veloce.

Heute sprechen viele Markenfans von Giuliettas mit dem Solex-Vergaser 35APAIG als „Normale" – ein zur Verdeutlichung gewählter Begriff, den es seinerzeit freilich nie gegeben hat.

Mit ihrem Erfolg setzte die Giulietta bei allen, die in den 1960er Jahren das Erwachsenenalter erreichten, neue Maßstäbe für das Image von Alfa Romeo. Für diese Generation – zu der auch ich zähle – bedeutet Alfa Romeo ein technisches Juwel, das in Sachen Prestige bei den italienischen Marken deutlich hinter Ferrari, Maserati und sogar Lancia rangierte, dies aber durch die bezahlbaren Preise mehr als wettmachte. Anfang der 1960er Jahre hatten viele Besitzer eines Alfa keine Ahnung von der Historie der Marke, und so prägte die Giulietta das Image der Marke als Hersteller kleiner Mittelklasse-Sportwagen.

Abb. 1-54. Als Variante des Giulietta-Coupés von Bertone erhielt dieser Sprint Speciale (SS) bei Bertone seine Karosserie. Dank seiner windschnittigen Form und seiner Fähigkeit, mühelos hohe Reisegeschwindigkeiten durchzuhalten, zählt er heute zu den begehrtesten aller Nachkriegs-Alfa Romeos.

Abb. 1-53. Limousinen und Coupés aus zwei Generationen in der Sammlung des Verfassers. Vorne Giulietta und Giulia (vielleicht das beste Nachkriegs-Duo aller Alfa Romeos), dahinter ein 1750 und eine 2000 Berlina. Giulia und Berlina (Baumuster 105 und 115) wiesen nur geringe konstruktive Unterschiede auf, in ihrem Charakter unterschieden sie sich jedoch radikal – zugunsten der Giulia.

So faszinierend die Giulietta ist, im schnellen Verkehr will der Motor gedreht werden und das Startverhalten bei Kälte lässt zu wünschen übrig, sofern die Motoreinstellung nicht wirklich exakt stimmt und die Batterie nicht vollgeladen ist. Von diesen kleinen Unpässlichkeiten abgesehen, ist aber kaum ein Fahrzeug denkbar, das mehr Fahrspaß bereitet.

Abb. 1-56. Der Duetto-Rundheckspider kam in „Die Reifeprüfung" als fahrbarer Untersatz von Dustin Hoffman zu Filmehren. Die Technik kam zunächst besser an als die Linienführung.

Von der Giulia über den 1750 zur Alfetta

Die Giulietta übertreffen zu wollen, war kein leichtes Unterfangen. Mit der Giulia, die 1962 debütierte, gelang Alfa jedoch das Kunststück, sein eigenes Ass zu stechen. Heute weiß man, dass der für die Giulia geplante Motor Auslöser für die geänderten Abmessungen in der Giulietta 101 war. Mit der Giulia erhielt der Giulietta-Motor ein Hubraumplus von rund 300 ccm, ohne dass die Lagerzapfendurchmesser oder andere Kernabmessungen (abgesehen von der Höhe des Motorblocks) hätten geändert werden müssen. Dieser zusätzliche Hubraum bedeutete mehr Leistung und Standfestigkeit, so dass die Giulia als einer der zuverlässigsten je produzierten Alfas gelten kann.

Der Motor der Giulia tauchte erstmals in Karosserien auf, die von der Giulietta quasi nicht zu unterscheiden waren. Schon nach wenigen Jahren hielten freilich – sehr zur Enttäuschung eingefleischter Alfa-Traditionalisten – die neuen Karosserien des Baumusters 105 Einzug. Die neue Giulia Bertone Sprint wirkte mit ihrem Stufenheck im Vergleich zur Giulietta zunächst eher ungelenk. Der neue Spider erhielt den Modellnamen Duetto, allerdings nur inoffiziell, da andernfalls Markenrechtsstreitigkeiten mit Volvo und deren PV445 „Duett" gedroht hätten. Dabei musste sich der Duetto mancherlei Spott wegen seiner Heckpartie gefallen lassen, die ihren Abschluss anscheinend nicht so recht zu finden wusste. Heute sind beide Modelle etablierte Klassiker, anfangs lief ihr Verkauf jedoch weniger als schleppend an. Mehr Anerkennung fand dagegen die neue Limousine.

1967 hatte Alfa Romeo auf der Weltausstellung in Montreal eine Stylingstudie vorgestellt, die derartig überwältigenden Anklang fand, dass knapp fünf Jahre später eine Kleinserie dieses auf dem 1750 basierenden Modells aufgelegt wurde. Der Montreal wartete mit einem V8-Motor auf, für den zwei Vierzylinder-SPICA-Einspritzanlagen miteinander verblockt wurden. Die Hinterachse entsprach im Wesentlichen der Giulia-Serienversion, und eine große Zusatzölwanne sollte für die nötige Kühlung sorgen. In dem Versuch, Luxus und Langstreckencharakteristik zu kombinieren, erinnerte dieses Modell an den 2600. Der Montreal war attraktiv und potent, kam aber rund vier Jahre zu spät – ein Detail, das damals tödliche Folgen hatte, heute freilich für umso mehr Reiz unter Liebhabern sorgt. Der 1969 vorgestellte 2-Liter-Fastback-Spider markierte mit seinem „Kamm-Heck" die Abkehr vom rundlichen des Duetto.

Abb. 1-55. Das Giulia-Coupé mit Stufenheck ist den meisten vertraut, nur selten freilich ist das Cabrio GTC zu sehen.

Abb. 1-57. Die Giulia Super war einer der robustesten Pkws aller Zeiten und Marken und brachte es auf mehr Varianten als jeder andere Alfa.

1967 war Alfa Romeo in der Kategorie der Sportlimousinen quasi Monopolist. An die Giulia Super kam in Höchstgeschwindigkeit, Komfort und Zuverlässigkeit kein Konkurrent heran. Infolge allerlei halbherziger Modellpflegemaßnahmen und der Ölkrise verharrte Alfa Romeo auf dem Markt jedoch regelrecht im Stillstand, während sich andere im Marketing wesentlich versiertere Marken wie BMW mit Riesenschritten weiterentwickelten. Die 1750er Modelle bekamen in den USA kaum einen Fuß auf den Boden, unter anderem wegen der SPICA-Einspritzanlage und dem Mangel an Wartungsinformationen dazu, aber auch, weil die Linienführung der Berlina einfach den Charme der früheren Alfas vermissen ließ. Mit der 2000er Berlina, die 1971 debütierte, konnte Alfa wieder etwas an das Giulia-Image anknüpfen, nicht zuletzt aufgrund mancher sportlicherer Ausstattungsdetails.

1980 wurde eine mechanische Einspritzanlage mit einzelner Drosselklappe angeboten, wobei ein Teil dieser Serie erst 1981 Käufer fand. Die Innenausstattung wurde im Laufe der Jahre immer gediegener, das elegante Styling bewahrte sich dieses Modell jedoch während seiner gesamten (langen) Bauzeit.

Mit der Alfetta-Limousine und dem Coupé hielt 1972 und 1974 ein tiefgreifend überarbeiteter Antriebsstrang (der an die Rennmodelle 158 und 159 erinnerte) Einzug. Das Getriebe wanderte von seinem Platz hinter dem Motor direkt vor das Differenzial. Diese Transaxle-Autos erhielten die Typennummer 116. Bei der DeDion-Hinterachse handelte es sich zwar nach wie vor um eine Starrachse, allerdings um eine sehr leichte Konstruktion. Der Alfetta-Antriebsstrang war aufwändig konstruiert und die mit mehreren groß dimensionierten Gummigelenken (Hardyscheiben) bestückte An-

Abb. 1-58. Der Alfa V8 Montreal. Nach dem Erfolg als Show-Car bei der Weltausstellung 1967 ging er 1971 in Produktion.

Abb. 1-59. Nach dem 90 wurde die Alfetta zum Flaggschiff des Hauses Alfa. Bei der ersten Serie war die Motorhaube vorne angeschlagen, die zweite Serie bot mehr Luxus, eine hinten angeschlagene Motorhaube und versenkte Türgriffe. In den USA hieß dieses Modell Sport Sedan.

Abb. 1-60. So schnell tritt ein legendärer Alfa Romeo nicht ab. Die Giulia blieb lange im Programm. Dieser 1976er Diesel, eine der letzten Varianten, stand neben Alfasud und Alfetta in den Schaufenstern.

triebswelle erwies sich als ganz besonders wartungsintensiv. Die Straßenlage war freilich tadellos und unterstrich abermals, dass die Marke Alfa Romeo, die bereits seit Jahren demonstriert hatte, welch exzellente Fahr-

Abb. 1-61. Die Stylingstudien von Alfa Romeo waren oft wenig denkwürdig und nur selten wirklich gelungen. Dieser auf der Alfetta basierende „Eagle" von Pininfarina wurde auf dem Pariser Salon 1975 als möglicher Ersatz für den ehrwürdigen Spider gezeigt.

eigenschaften auch mit einer hinteren Starrachse möglich sind, nichts von ihrer Ingenieurskunst in der Konstruktion von Pkw-Hinterradaufhängungen verlernt hatte.

Der Alfasud

Der Versuch, sich als Massenhersteller zu etablieren, hatte in den 1970er Jahren zu einer wahren Flut von Alfa-Modellen in Europa und anderswo geführt. Für die Fertigung des Alfasud, einer 1,3-Liter-Limousine mit Vierzylinder-Boxermotor, die später auch als Sportcoupé an den Start ging, wurde gar ein eigenes Werk in der Nähe von Neapel hochgezogen.

Aufgrund des Einflusses der italienischen Regierung hatte Alfa Romeo bestimmte soziale Kriterien zu berücksichtigen, die normalerweise nicht Teil unternehmenspolitischer Entscheidungen sind. Zieht man auf Höhe Roms eine Linie quer durch Italien, so gilt der südlich davon liegende Landesteil pauschal als „Mezzogiorno", eine relativ ärmliche Region, deren Weiterentwicklung die Regierung in Rom mit Nachdruck betrieb.

So wurden für den Mezzogiorno verschiedene Sozialprogramme aufgelegt, zu deren wirtschaftlicher Ausgestaltung auch Alfa Romeo mobilisiert wurde. Während des Zweiten Weltkriegs hatte Alfa Romeo in Pomigliano d'Arco vor den Toren Neapels ein Flugmotorenwerk hochgezogen. Dieses war kurz vor Kriegsende weitgehend zerstört worden, wurde in den Wiederaufbaujahren jedoch wieder renoviert. Anfang der 1970er Jahre mutete es als bestechende Idee an, in Fertigungsanlagen in Pomigliano d'Arco eine neue Palette kostengünstiger Alfa Romeos vom Band laufen zu lassen.

Eine US-Typzulassung des Alfasud ist übrigens zwar geplant gewesen (das Typprüfungsexemplar befindet sich heute in Sammlerhand in den USA), doch kam es nie zur Einfuhr. In anderen Teilen der Welt entwickelte sich der Sud dagegen zu einem beliebten Vertreter der Marke. Die Coupéversion konnte ihre Verwandtschaft mit dem Alfetta-Coupé nicht verleugnen, was durchaus historische Parallelen hat: Der Sud war für die Alfetta, was die Giulietta für den 1900 gewesen war.

Um die kleineren Hubräume des Vierzylinder-Doppelnockenwellenmotors sind im Laufe der Jahre verschiedene Karosserieformen ausprobiert worden, und Alfa Romeo ließ unterdessen auch alte Typbezeichnungen wieder aufleben: Mit der Nuova Giulietta etwa sollte an den Ruhm vergangener Tage angeknüpft werden. Obendrein vertrieb Alfa Romeo sogar seine eigene Replika – den Quattroruote Gran Sport, eine Giulia, die im Auftrag des italienischen Auto-Magazins *Quattroruote* bei Zagato einen Aufbau erhielt, der an den Alfa Gran Sport von 1929 erinnerte.

Abb. 1-62. Das Alfetta-Coupé hatte bei seinem Debüt mit ähnlich negativen Reaktionen wie alle neuen Alfa-Karosseriestylings zu kämpfen. Und wie alle stilistischen Neuerungen erwarb es sich nach und nach Anerkennung für seine unstrittigen Stärken. Dieses Modell – hier in der GTV6-Version – ist wohl die Spitze der Coupé-Entwicklung bei Alfa.

Die Alfas der jüngeren Vergangenheit

1979 präsentierte Alfa Romeo den V6 mit zunächst 2,5 Litern Hubraum. Den Motor hatte Konstrukteur Filippo Surace bereits 1971 entworfen. Zahlreiche Alfa-typische Merkmale finden sich auch hier wieder, darunter nasse Stahllaufbuchsen im Alu-Motorblock, andererseits gab es erstmals seit 1926 wieder Stößelstangen in einem Alfamotor. Die kurzen Stangen plus Kipphebel dienten zur Betätigung der Auslassventile, die Einlassventile wurden direkt über Tassenstößel von der obenliegenden Nockenwelle betätigt. Der V6 war eine veritable Frischzellenkur für die jeweils aktuelle Coupéversion. Er trieb auch den 1985 vorgestellten Alfa 75 an, der als Milano auch in die USA exportiert wurde. Trotz der guten Leistungen und der besonderen Agilität im Fahrbetrieb hatte der 75 mit seinem kontroversen Styling und der Hecklastigkeit seiner Karosserie zu kämpfen, die manchen Kunden vergrault haben dürfte. Nachdem Fiat bei Alfa das sagen hatte, galt der 75 bald als in der Fertigung zu teuer, und die Baureihe wurde 1992 eingestellt.

Ende der 1980er Jahre ging es bei Alfa Romeo nicht nur um die Produktpalette. Ungleich wichtiger war die Entwicklung der Eigentümerverhältnisse. Jahre bürokratischer Misswirtschaft und 13 Jahre rote Zahlen in den Büchern hatten Alfa Romeo für den italienischen Staat, in dessen Besitz sich die Marke ja befand, zu einem Klotz am Bein werden lassen, für den Ford gerne ein Übernahmeangebot unterbreitete. Die Presse wusste gar zu vermelden, dass zunächst Tuchfühlung zu BMW als möglichem Käufer aufgenommen worden war. Einige der Alfa-Prototypen und -Testanlagen wären durchaus von Interesse gewesen, nicht aber das Gros der alten Werksanlagen. BMW winkte also ab, und einige Zeit sah es danach aus, als würde Alfa Romeo zu einer Ford-Tochter werden.

Die Perspektive, dass Ford direkt in Italien Autos produzieren könnte, jagte wiederum Fiat einen gehörigen Schrecken ein, wogegen Alfa Romeo den Plänen nicht abgeneigt war. Auch Fiat fand bei Alfa Romeo nur wenig Verwertbares vor. Der größte Teil der Fertigungsanlagen war überaltert, und die Modellpalette überschnitt sich mit der von Fiat erheblich. Der politische Einfluss, den Fiat nun in die Waagschale warf, diente freilich nicht so sehr dem Ziel, Alfa Romeo übernehmen zu können, sondern vor allem, sich einen Wettbewerber vom Hals zu halten. Die Aussicht, dass Fiat Alfa Romeo schluckte, nur um Ford auf Distanz zu halten, erschreckte manchen Alfista, zeigte Fiat doch erkennbar wenig Begeisterung für Alfa Romeo als Marke. Zudem konnte Fiat als internationaler Großserienproduzent zwar zweifellos seine Kompetenz in Marketing und Fertigung geltend machen, die Präsenz der Marke auf dem für Alfa wichtigen US-Markt war dagegen eher enttäuschend.

Angst machte sich auch unter der Alfa-Belegschaft breit. Als Fiat Lancia übernommen hatte, wurde die Personalstärke drastisch reduziert, und Ähnliches schien sich auch bei Alfa Romeo anzubahnen. Tausende Alfa-Mitarbeiter hatten früher weiter Lohn bezogen, auch wenn sie mangels Arbeit zuhause blieben. Fiat würde da nicht mitspielen. Die italienischen Gewerkschaften favorisierten daher Ford in der Hoffnung, dort einen gnädigeren neuen Herrn im Haus vorzufinden.

Es gibt die alte Regel, nach der die Mannschaft mit Heimvorteil besonders schwer zu schlagen ist. Und so kam es dann auch: Ford verlor, Fiat triumphierte. In der Fiat-Organisation nutzen Alfa Romeo und Lancia gemeinsame Fertigungsmittel und zudem gemeinsame Baugruppen in ihren Modellpaletten.

Der Wechsel unter das Dach von Fiat war für Alfa Romeo unstrittig mit einem Verlust an Markenidentität verbunden. Erste Maßnahmen bei Fiat sahen die Einführung eines überarbeiteten 164 und das Ende des 75 vor – beides Maßnahmen, die Alfa wieder in die Rentabilitätszone befördern sollten. Im Ergebnis konnte Alfa Romeo auf ein attraktiveres und gewinnbringenderes neues Modell anstelle eines weder besonders rentablen noch besonders attraktiven Flaggschiffs zurückgreifen.

Zurückblickend lässt sich sagen, dass die beiden wichtigsten Ereignisse, die Alfa Romeo in seine Position nach der Übernahme durch Fiat brachten, die Gründung der IRI im Jahr 1931 und die Entscheidung für den Einstieg in den Großserienmarkt mit dem 1900 im Jahr 1951 waren. Wie klug beide Entscheidungen waren, darüber wird unter Alfisti sicher auch im 21. Jahrhundert fleißig weiter debattiert.

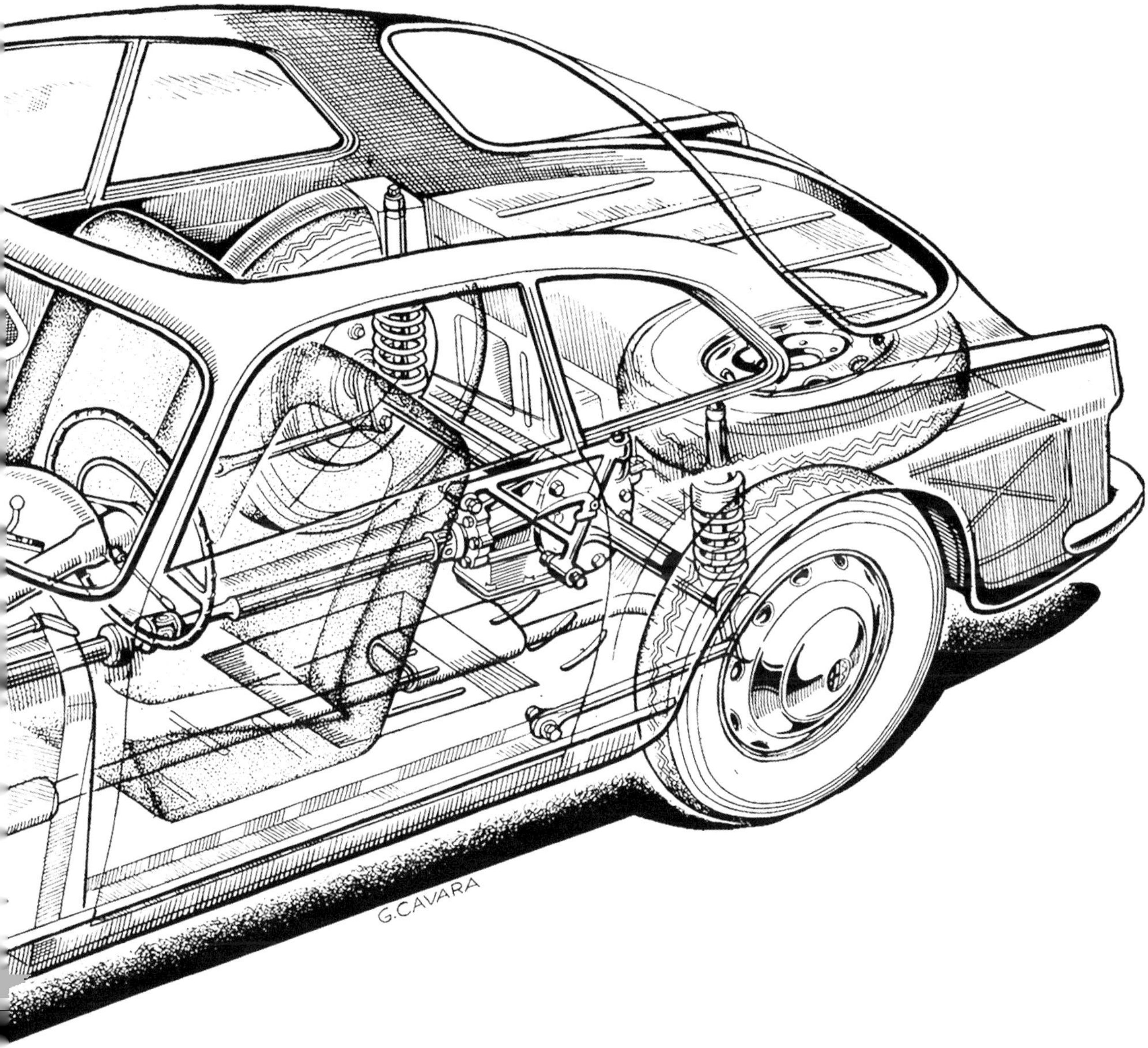

KAPITEL 02

02 Ihr Alfa Romeo – Eine Einführung

Nur wenige Autobesitzer erhalten jemals eine wirklich gründliche Einführung in ihr Auto. Wer einen Neuwagen erwirbt, für den ist der Verkäufer für die Einweisung zuständig. Da dessen einziges Lebensziel jedoch das Verkaufen ist, neigt er eher zu der Ansicht, dass alles, was kommt, nachdem Sie den Kaufvertrag unterzeichnet haben, ihn nur unnötig von seinem nächsten Verkaufsabschluss ablenkt. Erstehen Sie einen gebrauchten Alfa, kennt sich der Vorbesitzer womöglich überhaupt nicht mit dem Wagen aus oder – schlimmer noch – will mit Halbwissen glänzen, das er Ihnen als die reine Lehre zu verkaufen versucht.

Bedienungsanleitungen enthalten üblicherweise nur das absolute Grundwissen, also etwa wo das Reserverad oder die Sicherungen untergebracht sind. Aber schließlich haben Sie Ihren Alfa ja nicht nur gekauft, um vielleicht gelegentlich die Reifen zu wechseln.

Darf ich Sie also mit Ihrem Alfa Romeo bekannt machen?

1. Ein paar allgemeine Worte zur Einleitung

Nach meiner Überzeugung ist der wichtigste Einzelaspekt eines jeden Alfa Romeo, dass er Teil einer langen und ruhmreichen Markenhistorie ist. Der Corvette-Fahrer neben Ihnen vor der roten Ampel wird deshalb nicht vor Ehrfurcht erschaudern, aber zumindest fühlen Sie sich dann besser, wenn Sie bei einem dämlichen Ampelrennen als zweiter Sieger abschneiden.

Die Tradition der Marke Alfa Romeo reicht über gut 100 Jahre zurück. Wer solche Zahlen für Schall und Rauch hält, erinnere sich daran, wie oft gerade bei der Präsentation neuer Modelle mit der langen Tradition der Marke Alfa Romeo geworben wird.

Abb. 2-1. Dieser Motorraum eines 2-Liter zeigt die typische Ansicht unter der Haube eines 4-Zylinder-Alfa (hier in der US-Version). Von unten rechts angefangen, sehen wir hier in Richtung Spritzwand: Öldampfabscheider, Luftfilter und Zündspule. Hinter dem Luftfilter der Ansaugkrümmer sowie Teile der SPICA-Einspritzanlage. Auf der gegenüberliegenden Seite von der Spritzwand bis nach vorne: Zweikreisbremszylinder mit Bremsflüssigkeitsbehälter, dahinter Kupplungsflüssigkeitsbehälter und Spannungsregler, dann Kühlerausgleichsbehälter, Hupenrelais und Batterie.

Abb. 2-2. Die Weber-Vergaser dieser 2-Liter-Maschine sitzen auf der Beifahrerseite weit oben am Motor. Unter dem blankpolierten Gussventildeckel rotieren die beiden obenliegenden und kettengetriebenen Nockenwellen. Auf der Fahrerseite liegt der Auspuffkrümmer.

Wer sich für einen Alfa Romeo entscheidet, will mehr als nur ein Fortbewegungsmittel. Hinter der Kaufentscheidung steckt also keineswegs nur reines Zweckdenken. Ein Exemplar einer Automarke mit ruhmreicher Vergangenheit zu besitzen, hat einen besonderen Stellenwert, und Alfa Romeo kann mit das beste Renommee bieten, das für Geld zu bekommen ist.

Zudem setzt ein Alfa Romeo auch durch sein Styling Maßstäbe. Die traditionsreichen italienischen Karossiers greifen nicht umsonst immer wieder auf Alfa Romeos als Grundgerüst für ihre zukunftsweisenden Blechkleider zurück. Als stilistische Trendsetter ihrer Epoche muten Alfa Romeos zunächst also häufig etwas befremdlich an. Ein ums andere Mal kam es vor, dass unser Urteil über das mitunter gewöhnungsbedürfte neue Design im Laufe der Zeit immer milder ausfiel und die Modelle unweigerlich echten Klassikerstatus erlangten.

Eine ähnlich herausragende Stellung nimmt ein Alfa Romeo in technischer Hinsicht ein. In weiter zurückliegenden Jahrzehnten war die Dominanz der Alfas über ihre Zeitgenossen geradezu erdrückend. Alfa verkörperte die Überlegenheit von Doppelnockenwellen-Leichtmetallmotoren in einem Meer von OHV-Graugussaggregaten. Dieser technische Vorsprung ist bei Alfa-Youngtimern weniger ausgeprägt, aber immer noch vorhanden.

Von den vier ab Ende der 1980er Jahre auf einer gemeinsamen Plattform entstandenen Limousinen (Saab 9000, Lancia Thema, Fiat Croma und Alfa 164) gilt der Alfa als der qualitativ beste.

Dank seiner technischen Überlegenheit ist ein Alfa Romeo als Auto besser, als viele seiner Besitzer es als Fahrer sind – ein immens wichtiger Umstand. Ein Alfa Romeo wurde konzipiert, um punktgenau gesteuert werden zu können, ohne auszubrechen oder irgendwelche Unarten zu entwickeln. Auch wenn Sie es einmal übertreiben und die Kontrolle über das Fahrzeug zu verlieren drohen, revanchiert sich ein Alfa nicht etwa dadurch, dass sich sein Handling schlagartig in unberechenbarer Weise verändert.

Kurz gesagt: Ein Alfa Romeo hat Charakter. Er zeigt das nach außen durch den unverwechselbaren Klang seines drehfreudigen Motors. Innere

Abb. 2-3. Ein Blick unter die Haube eines Sechszylinder-75 (hier in der US-Version Milano). Die Unterschiede zum typischen Alfa-Reihenvierzylinder sind augenfällig. Anstelle klassischer Vergaser trägt der V6 eine elektronische Einspritzanlage. Das glänzende Gehäuse links birgt den Luftfilter. Daran schließt sich unter schwarzem Deckel im Alugehäuse der Luftmengenmesser an. Der gerippte schwarze Schlauch führt die Ansaugluft zum verrippten Alu-Ansaugplenum im Zylinder-V. Dieses Auto verfügt über Niveauregulierung und ABS und hat daher zusätzliche Bauteile unter der Motorhaube, die den Fans klassischer Alfas vielleicht nicht auf Anhieb vertraut sind.

Abb. 2-4. Details des V6-Motorraums. Vor dem Motor das Thermostatgehäuse, das drei (zwei sind hier sichtbar) Temperaturfühler aufnimmt. Zwei weisen die typischen Bosch-Kabelstecker auf. Rechts vom Motor von oben nach unten: der quadratische Bremsflüssigkeitsbehälter, die Oberseite des Tempomaten mit langem Steuerkabel zum Ansaugplenum, der Kühlmittelausgleichsbehälter, der annähernd kugelförmige Behälter für das ABS, die Zündspule und die Batterie. Der Ventildeckel trägt einen eingegossenen Alfa-Romeo-Schriftzug. Darunter die schwarzen Gummitüllen zum Schutz der Zündkerzen.

Werte sind intelligent angeordnete Bedienelemente, sauber abgestufte Getriebe und präzise Fahrwerksabstimmung. Ein Alfa zeigt sich in allen Fahrsituationen von seiner berechenbaren Seite. Wenn Sie es eilig haben und lange Distanzen zurücklegen wollen, bringt ein Alfa Sie ausgeruhter – um nicht zu sagen euphorischer – als so ziemlich jedes andere Fahrzeugmodell durch den Straßenverkehr ans Ziel.

Eine ruhmreiche Tradition, Stil und Technik, die Trends setzen – und das alles in einem Automobil mit ganz eigener Persönlichkeit. Was spricht bei der Kaufentscheidung da noch gegen einen Alfa Romeo?

Nun, und das sei nicht verschwiegen, der Besitz eines Alfa Romeo kann sich durchaus als anspruchsvoll erweisen. Seine überlegenen Fahreigenschaften sind kein Freibrief dafür, willkürlich die Grenzen zum „Verheizen" ausreizen zu wollen. Wie jedes technisch anspruchsvolle Gerät verlangt auch ein Alfa bei der Benutzung nach einer kundigen Hand und nach sorgfältiger Pflege.

2. Der Motor

2.1 Die Vierzylindermotoren

Die meisten Alfa-Vierzylindermotoren bestehen im Prinzip aus einer Kombination von vier Alugussteilen: Ventildeckel, Zylinderkopf, Motorblock und Ölwanne (bei frühen Giuliettas kam eine Pressblech-Ölwanne zum Einbau), zwischen denen Dichtungen eingebaut sind. Aluminium bietet den Vorteil guter Wärmeleitfähigkeit und geringen Gewichts, was nicht zuletzt zum günstigen Leistungsgewicht der Alfas beiträgt. Da zudem alle Teile mit Verschleißflächen austauschbar sind, kann der Motor fast unbegrenzt überholt respektive auf einen neueren Entwicklungsstand gebracht werden.

Der Ventildeckel

Der Ventildeckel ist mehr als nur ein schnöder Deckel. Sechs große dekorative Muttern halten ihn auf dem Zylinderkopf. In der Anfangsphase der Entwicklung kamen zwei Schrauben im vorderen Bereich hinzu, um dem

Abb. 2-5. Der Motorraum einer weitgehend serienmäßigen Giulietta Veloce 750 mit poliertem Ventildeckel. Links vorn der Kraftstofffilter und dahinter der Ansaugkrümmer des Weber-Vergasers. Der Luftfilter verbirgt fast die Spritzwand, rechts davon der Bremsflüssigkeitsbehälter. Am rechten Kotflügel vor dem Ansaugschlauch der Marelli-Regler und das Hupenrelais. Der obere Kühlerschlauch trägt einen Schlauchthermostat (an den beiden Schlauchschellen in der Schlauchmitte zu erkennen).

Austritt von Öllecks entgegenzuwirken, die hier durch das bei hohen Drehzahlen von der Steuerkette hochgeschleuderte Öl entstehen können.

Als eines der dekorativsten Bauteile des Motors wird der Ventildeckel häufig fast spiegelblank aufpoliert, was zwar nicht „original", dafür aber optisch sehr ansprechend ist. Die U-Form des Deckels deutet bereits darauf hin, dass wir es mit zwei obenliegenden Nockenwellen zu tun haben.

Der Zylinderkopf

Der längst klassische Alfa-Zylinderkopf mit seinen beiden Nockenwellen ist wohl eines der bekanntesten Merkmale der Marke.

Praktisch jeder zwischen 1926 und 1981 gebaute Alfa Romeo wartet mit einem Doppelnockenwellen-Motor auf. Bei aller Finesse sind diese zwei obenliegenden Nockenwellen (DOHC) freilich nur ein Nebeneffekt der Grundkonzeption. Denn das eigentliche Konstruktionsziel war, hemisphärische Brennräume zu schaffen.

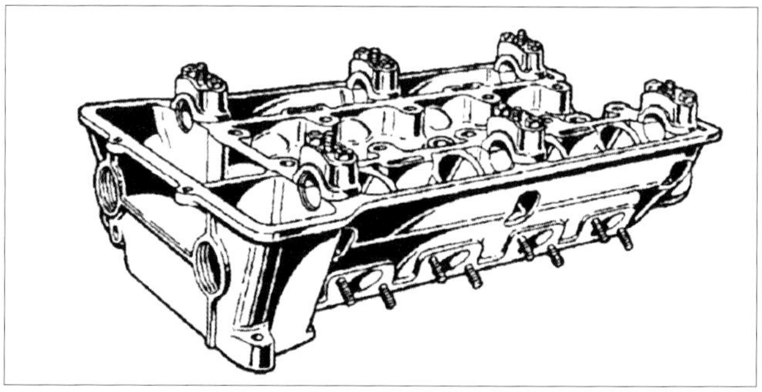

Abb. 2-6. Der nackte Alfa-DOHC-Zylinderkopf. Die Nockenwellenlagerung ist gut zu erkennen.

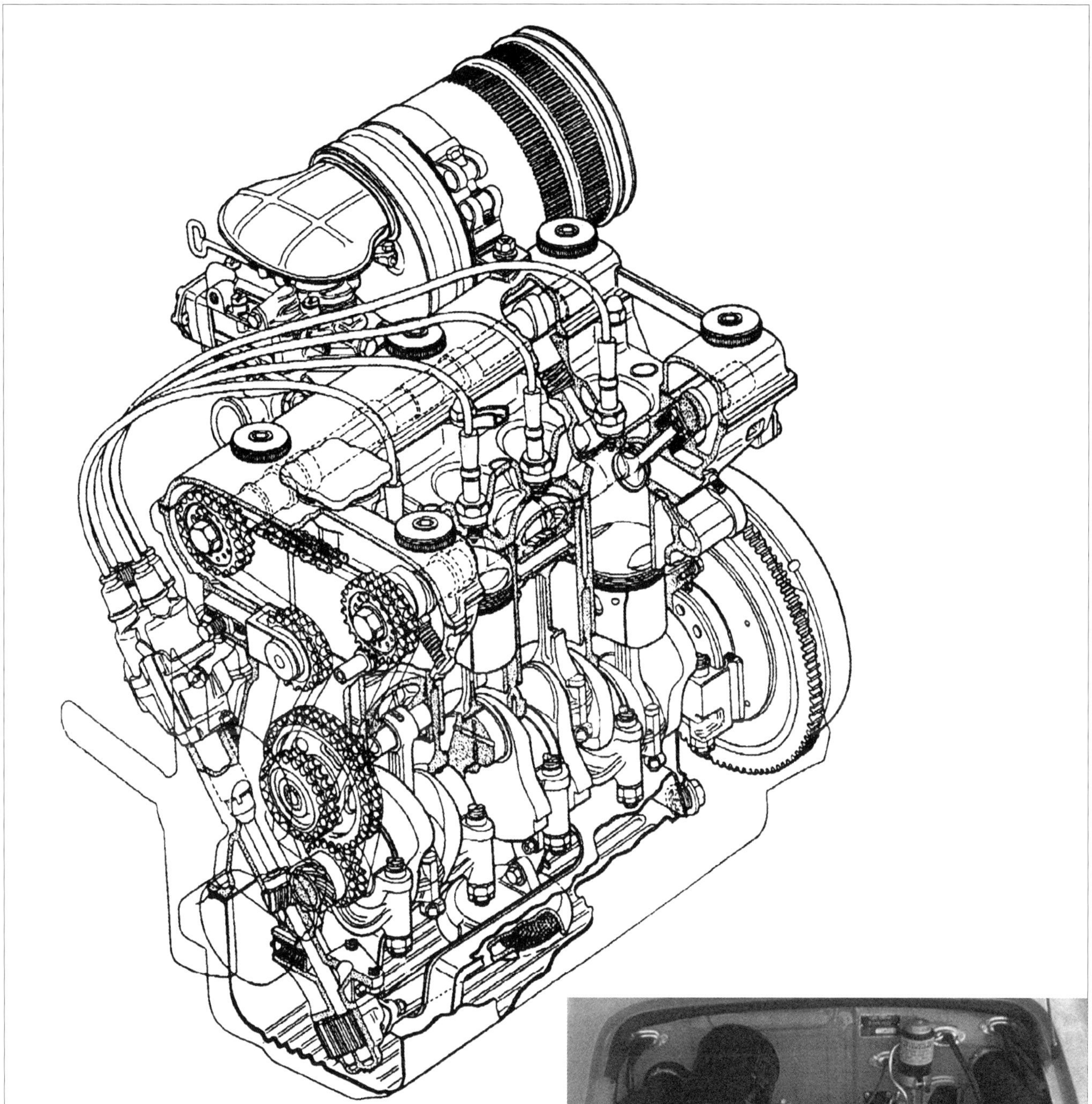

Abb. 2-7. Seit 1955, als dieser 750er Giulietta-Motor in Serie ging, hat sich am Grundkonzept nicht viel geändert. Nur relativ geringfügige Details unterscheiden diesen Motor im Kern von Youngtimer-Baujahren. Auf dieser Zeichnung ist noch die Blechölwanne zu erkennen.

Abb. 2-8. Der Motorraum des Giulietta Spider 101 bietet mehr Platz als der des Veloce. An der linken Seitenwand ist lediglich die Zündspule montiert. An der Spritzwand sitzt unmittelbar über der Lenksäule der Bremsflüssigkeitsbehälter. An der rechten Seitenwand befinden sich (von hinten nach vorne) das Hupenrelais, der Lucas-Regler und das Scheinwerferrelais.

Abb. 2-9. Ein Veloce-Fahrer hat es nicht leicht. In dieser Giulietta Veloce 101 geht es wesentlich beengter zu als im Pendant mit Solex-Vergaser. Der Luftfilter hat den polierten Bosch-Regler an die Spritzwand (oberhalb des Aluguss-Luftansaugtraktes) verdrängt.

Die hemisphärischen Brennräume

Hemisphäre bedeutet Halbkugel, und damit wäre die Form des Brennraums erschöpfend erklärt. Der Hauptvorteil hemisphärischer Brennräume besteht darin, dass sie Platz für größere Ventile bieten. Zudem ermöglichen sie eine fast geradlinige Gasströmung. Da Drehungen und Richtungsänderungen zwischen Einlass und Auslass fehlen, entfällt auch deren drosselnde Wirkung, die dem Motor seine „Atmungsfähigkeit" nimmt. Um eine geradlinige Strömung zu erreichen, ordnet Alfa Romeo die Einlass- und Auslassventile in einem Winkel von etwa 80° an. Zugleich lässt sich so die Zündkerze genau mittig in der Halbkugel anordnen. Der zentrale Kerzensitz erschwert allerdings die Steuerung der in einem breiten Winkel angestellten Ventile. Eine Nockenwelle reicht da nicht mehr aus.

Die Kerzenposition im Zentrum der Zylinderbohrung gestattet einen gleichmäßigen Verbrennungsverlauf und wirkt Klingeln sowie Frühzündungen entgegen. Da zwei Nockenwellen zur Verfügung stehen, kann außerdem das Verhältnis zwischen Einlass- und Auslassnockenwellen auf optimale Leistungsausbeute abgestimmt werden. Der direkte Ventiltrieb verhindert unerwünschtes Spiel und Trägheit im System. Ventilflattern infolge der Massenträgheit ist ein höchst unerwünschter Drehzahlbegrenzer. Das Doppelnockenwellenkonzept erlaubt also wesentlich höhere Drehzahlen und folglich mehr Leistung bei gleichem Hubraum.

Als der Alfasud-Boxer und die V6-Motoren mit nur einer Nockenwelle je Zylinderbank erschienen, fragten sich viele spontan: „Sind das noch echte Alfas?" Nimmt man die Brennraumform und nicht den Nockenwellentrieb als Maßstab, lautet die Antwort eindeutig „ja", denn beide Motorbaureihen behielten die hemisphärischen Brennräume bei.

Theoretisch ist die DOHC-Konstruktion für einen Verbrennungsmotor nahezu ideal. Bei den minderwertigen Kraftstoffqualitäten der 1920er und 1930er Jahre waren die Vorteile einer zentral angeordneten Kerze und einer geradlinigen Gasströmung unstrittig. Moderne Motoren werden mit weitaus besseren Kraftstoffen betrieben, und im Zeichen der Abgasreinigung sind hemisphärische Brennräume im Vergleich zum saubereren Verbrennungsverlauf in keilförmigen Brennräumen eher im Nachteil. Die hemisphärischen DOHC-Zylinderköpfe sind also mittlerweile überholt, es spricht aber für ihre grundsätzlichen Qualitäten, dass sich diese Konstruktion derart lang gehalten hat.

Mit Ausnahme des Vierzylinder-Boxermotors und des V6 erfuhr die Doppelnockenwellenkonstruktion der Alfa-Motoren seit 1926 nur Detailänderungen. 1954 wurde die Ventileinstellung durch die Verwendung von Einstellplättchen anstelle von Gewindekappen vereinfacht (die Einstellgewinde fanden sich in frühen Alfasud-Motoren allerdings erneut). Das Bohrung-/Hub-Verhältnis wurde im Zuge besserer Kraftstoffqualitäten immer quadratischer. Beim Nockenwellenantrieb lösten Steuerketten und später Zahnriemen die frühen Königswellenkonstruktionen ab.

Da Aluminium ein relativ weiches Metall ist, sind für die verschleißgefährdeten Ventilsitze und Ventilführungen auswechselbare Stahleinsätze vorgesehen. Die Alfa-Ventilsitze sind sehr langlebig, die Ventilführungen freilich weniger. Bei übermäßig verschlissenen Führungen wird Motoröl über die Führungen in den Brennraum angesaugt und mitverbrannt, was zu sichtbarem Auspuffqualmen führt. Um diesen Öldurchtritt über die Führungen zu verringern, erhielten die Führungen Ventilschaftabdichtungen aus Gummi.

Die Nockenwellen laufen in Lagersitzen, die im Alu des Zylinderkopfes präzisionsbearbeitet wurden. Obwohl Alu als Lagermaterial nicht ideal ist, sind die sechs Nockenwellenlagerstellen derart gering belastet, dass keine speziellen Lagereinsätze erforderlich sind.

> ### Die Gussmarken am Zylinderkopf
> Zur leichteren Identifikation der Motorausführung brachte Alfa Romeo etliche Jahre lang ein Kennzeichen auf der Vorderseite des Zylinderkopfes an. Dieses Zeichen steht in einem Kreis:
>
> | | |
> |---|---|
> | 1300 | I |
> | 1600 | + |
> | 1750 | △ |
> | 2000 | □ |
>
> Ab der Alfetta ist die Motorgrößen-Angabe auf der Rückseite des Zylinderkopfes eingegossen. Beim V6 ist die Angabe des Hubraums auf der Vorderseite des linken Zylinderkopfes eingegossen.

Die Nockenwellenlager sind über Ölkanäle im Zylinderkopf an den Druckumlaufschmierkreislauf angeschlossen. Diese Kanäle sind mit entsprechenden Kanälen des Schmierkreislaufs im Block verbunden; der Spalt zwischen den Kanälen wird durch die Zylinderkopfdichtung abgedichtet. Das Öl fließt aus den Lagerstellen in Auffangrinnen unter den einzelnen Nockenwellen. Durch das Öl in diesen Rinnen werden die Stößel geschmiert; eine geringe Ölmenge gelangt über Stößel und Ventilschaftdichtungen zu den Ventilschäften und schmiert diese bei ihrer Bewegung in den Ventilführungen.

Bei Motoren aus der Giulietta-Familie werden die Nockenwellen über zwei Ketten von der Kurbelwelle angetrieben (siehe Abb. 2-10). Die Primärkette läuft auf einem kleinen Kettenrad auf der Kurbelwellenvorderseite und treibt ein größeres Zwischenrad mit halber Drehzahl (d.h. mit der No-

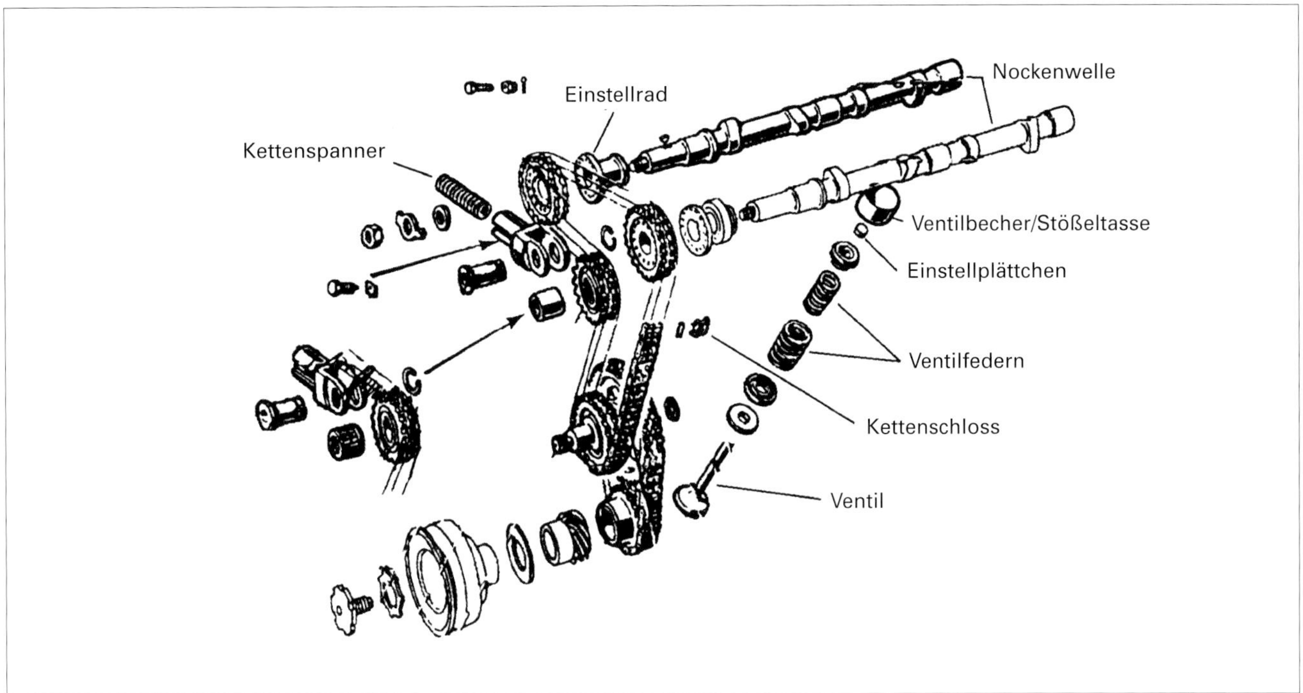

Abb. 2-10. Der traditionelle Alfa-Ventiltrieb mit zwei kettengetriebenen obenliegenden Nockenwellen. In dieser Abbildung sind die Einstellplättchen, der Kettenspanner mit Feder (über der Kurbelwellenriemenscheibe) und der Drehzahlmesserantrieb (unten rechts) gut zu erkennen.

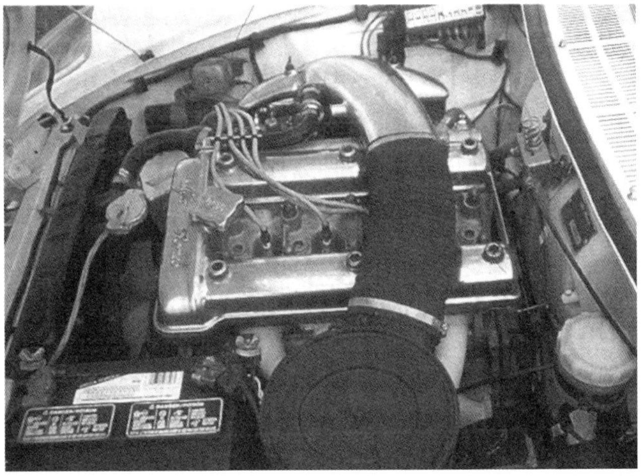

Abb. 2-11. Der Motorraum der Giulia Sprint GT ist in gleicher Weise wie bei der Giulietta Veloce bestückt, bietet aber mehr Platz. Der berüchtigte Sicherungskasten ist in diesem Bild ganz rechts hinten zu erkennen. Ganz unten links ist die Batterie, ganz unten rechts der Kunststoff-Bremsflüssigkeitsbehälter zu sehen.

ckenwellendrehzahl) an. Eine lange Kette verbindet das Zwischenrad mit den beiden Nockenwellen. Durch einen federbelasteten Kettenspanner wird ein Flattern der Kette bei höheren Drehzahlen verhindert.

Die Kettenräder sind mit einem Einstellrad auf ihrer Nockenwelle befestigt, so dass die Steuerzeiten jeder Nockenwelle separat – in der vom Besitzer gewünschten Stellung – eingestellt werden können. Dies birgt natürlich die Gefahr unsachgemäßer Eingriffe (und kostspieliger Fehler). Bei Alfa-Motoren des Baujahrs 1981 erfolgt die Steuerzeitenanpassung über ein Hydrauliksystem an der Einlassnockenwelle, was besseren Durchzug ohne Beeinträchtigung der Abgaswerte ermöglichen soll. Bei späteren Modellen kam eine Steuerung über ein Magnetventil hinzu.

Die Kopfdichtung ist ein Schwachpunkt. Öllecks fallen meistens auf, weil das Öl seitlich am Motor herabläuft, meist nahe der Motorrückseite. Leckt das Öl nach innen durch, findet sich emulgiertes Öl im Kühlmittel, das irgendwann schokoladenfarbig-trüb aussieht. In schweren Fällen gelangt soviel Kühlmittel in das Öl, dass es seine Schmierfähigkeit einbüßt. Dann genügen schon wenige Kilometer Fahrbetrieb, um den Motor zu ruinieren.

Ansaugkrümmer

Bis auf sehr wenige Ausnahmen saß der Ansaugkrümmer am Alfa-Motor seit jeher (von vorne gesehen) links am Zylinderkopf. Die ursprüngliche Idee war, dass der Fahrer der damals meist rechtsgelenkten Wagen nicht durch die Hitze des Auspuffrohrs gefährdet werden sollte.

Bei Vergasermotoren stellt der Krümmer die Verbindung zwischen Vergaser und Zylinderkopf her. Bei Solex-Fallstromvergasern beschreibt der Krümmer eine fast rechtwinklige Krümmung, durch die das Kraftstoff-Luft-Gemisch aus dem senkrecht angeordneten Vergaser in die waagerechten Ansaugkanäle des Zylinderkopfes gelangt. Bei Motoren mit Weber-Flachstromvergasern ist die Ansaugbrücke dagegen kaum mehr als ein Distanzstück zwischen Vergasern und Kopf. Unabhängig von der Vergaseranordnung wird der Krümmer vorgewärmt, damit eine zuverlässige Zerstäubung des Kraftstoffs auf dem Weg in den Motor gewährleistet wird. Der Motorthermostat sitzt vorne am Krümmer (bei frühen Veloces findet sich der Thermostat im oberen Kühlerschlauch).

Der Kühlmittel-Temperaturfühler

Der Kühlmittel-Temperaturfühler ist bei den meisten Vierzylinder-Alfas am Ansaugkrümmer angeordnet (siehe Abb. 2-12). Er ist eingeschraubt und kann nicht repariert werden. Bei steigender Temperatur verringert sich sein elektrischer Widerstand, was an der Temperaturanzeige am Armaturenbrett abzulesen ist.

Abb. 2-12. Der Kühlmitteltemperaturfühler der Motoren mit SPICA-Einspritzanlage sitzt am Ansaugkrümmer. Das Anschlusskabel ist hier abgezogen.

Der Auspuffkrümmer

Über das Röhrengewirr des Auspuffkrümmers werden die heißen Auspuffgase aus dem Motor abgeleitet. Die Krümmer zahlreicher Vierzylinder-Alfas sind zweigeteilt: Einer führt die Abgase des vorderen und hinteren Zylinders ab, der andere die der beiden mittleren. Diese Auslegung nutzt die alternierenden Abgaspulse, so dass der Abströmwirkungsgrad der Abgase optimiert werden kann. Diese Bauart wird gemeinhin als „Fächerkrümmer" bezeichnet. Üblicherweise bieten die Alfa-Krümmer bereits einen weitaus besseren Wirkungsgrad als die vieler anderer Serienmodelle, auch jener, in denen angeblich Hochleistungskrümmer verbaut wurden.

Abb. 2-13. Die Auspuffseite eines 1979er US-Modells mit SPICA-Einspritzung. Der Warmluftschlauch (zur Ansaugluftvorwärmung bei tiefen Temperaturen) verläuft normalerweise vom Luftfilter (oben) über den Motor zu dem Halter über dem Krümmer. Das Wellrohr über dem Auspuffkrümmer ist das Luftverteilerrohr. Es ist über ein Rückschlagventil mit der Sekundärluftpumpe für die Abgasregelung verbunden.

Der Motorblock

Der Alfa-Motorblock dürfte zu den leichtesten seiner Art im Pkw-Bau zählen – nicht zuletzt dank der ausgefeilten Alu-Gusskonstruktion mit nassen Laufbuchsen. Die Grundkonzeption der Alfa-Blöcke ist derart komplex, dass sich nur wenige Hersteller an vergleichbaren Konstruktionen versucht haben.

Abb. 2-14. Der nackte Alublock. Das Kühlmittel strömt von der Wasserpumpe über eingegossene Leitungen durch den Motor. Der Zulauf ist zwischen den beiden langen waagerechten Stehbolzen oben rechts an der Stirnseite des Blocks zu erkennen. Das Rohr führt nach hinten, das Kühlmittel sucht sich über vier rechteckige Kanäle seinen Weg zur Oberseite des Blocks. Über diese Kanäle gelangt das Kühlmittel in den Zylinderkopf und umströmt dort die Auslassventilsitze.

Abb. 2-15. Die Nahaufnahme des V6-Blocks zeigt die nassen Laufbuchsen (analog zu den Vierzylinder-Alfas). Auffallend der links eingegossene Wasserkanal. Die ovalen Kanäle leiten das Kühlmittel zu den Auslassventilsitzen, den thermisch am höchsten belasteten Bereichen des Motors.

Der Block bildet im Querschnitt gewissermaßen ein H: obere und untere Hälfte werden durch eine steife Querrippe voneinander getrennt. In der oberen Hälfte dient der Block eigentlich nur als Kühlmittelbehälter. Die Zylinder werden als präzisionsbearbeitete Stahllaufbuchsen in den verrippten Block eingesetzt. Da die Laufbuchsen direkt vom Kühlmittel umspült werden, spricht man von „nassen" Laufbuchsen. Die untere Hälfte des Blocks enthält die steife Verrippung mit den Aufnahmen für die Hauptlager.

Der Vorteil nasser Laufbuchsen besteht darin, dass die Zylinder als Ganzes ausgetauscht (Alfa-Blöcke müssen nie auf Übermaß gehont werden, sondern es werden lediglich die Laufbuchsen erneuert) und optimal gekühlt werden können.

Motoren mit nassen Laufbuchsen laufen also tendenziell kühler und erreichen höhere Laufleistungen. Zudem sind den Motorüberholungen keine Grenzen gesetzt, da alle Verschleißteile austauschbar sind.

Die besondere Herausforderung bei einem Motor mit nassen Laufbuchsen ist die gasdichte Abdichtung am oberen und unteren Laufbuchsenende. Verschärft wird das Abdichtungsproblem dadurch, dass Stahl und Aluminium, wenn sie heiß werden, sich unterschiedlich stark ausdehnen. Das lässt sich kompensieren, indem Zylinder und Block auf geringfügig unterschiedliche Höhen bearbeitet werden. „Geringfügig" bedeutet hier 0,025 bis 0,05 mm. Dies stellt die Kopfdichtung vor die Aufgabe, das unterschiedliche Dehnverhalten der beiden Werkstoffe auszugleichen und gleichzeitig den gasdichten Abschluss gegen sehr hohe Drücke zu gewährleisten.

In der unteren Hälfte des Motorblocks finden wir die fünf Hauptlager für die Kurbelwelle. Viele Vierzylindermotoren sind nur dreifach gelagert. Die fünf Hauptlager des Alfa-Motors sorgen für besondere Standfestigkeit. Hauptlagerschäden sind bei Alfa-Motoren die absolute Ausnahme.

Die Kurbelwelle

Bei der Kurbelwelle haben wir es mit einem geschmiedeten Stahlteil mit gebohrten Ölkanälen zu den gehärteten Wellenzapfen zu tun. An den Enden der Ölkanäle sitzen Weichmetallstopfen. Manchmal lösen sich diese Stopfen, was zu plötzlichem Öldruckabfall führt. Üblicherweise bedeutet dies keinen schlagartigen Motordefekt, bei jeder Motorüberholung sollten die Stopfen aber eingehend auf festen Sitz überprüft werden. Bei Alfa-Rennmotoren werden diese Stopfen mitunter durch geschraubte Verschlussstopfen ersetzt, Gewinde in eine geschmiedete Kurbelwelle einzuschneiden, ist jedoch nichts für Hobbyschrauber.

Das Zahnrad am vorderen Ende der Kurbelwelle treibt eine Nebenwelle für Ölpumpe und Verteiler an. Bei Vergasermotoren wird auch die mechanische Benzinpumpe über einen Nocken auf dieser Nebenwelle angetrieben. Bei den 750er Giuliettas mit Solex-Vergaser war die Benzinpumpe am Zylinderkopf angeordnet und wurde über die Auslassnockenwelle angetrieben.

Abb. 2-16. Unter der Motorhaube dieses Quattroruote Zagato sitzt ein Giulia Super-Motor mit Weber-Gemischfabriken.

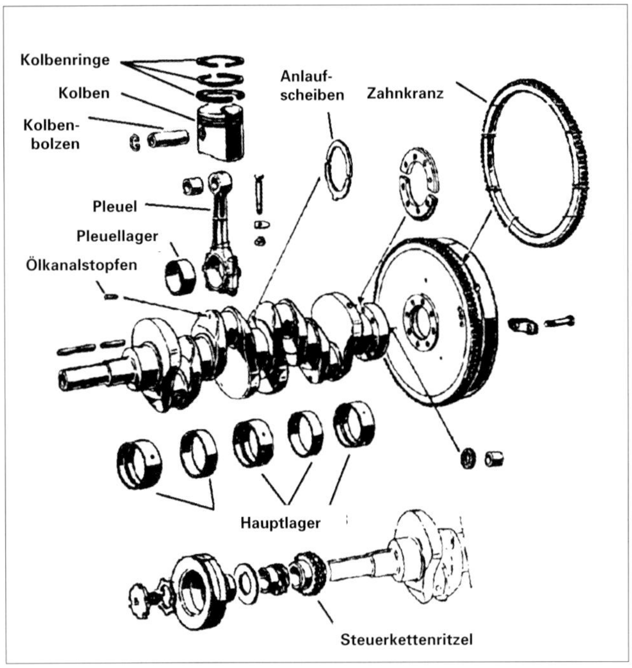

Abb. 2-17. Die Kurbelwelle eines Giulia-Super-Motors mit Kolben und Pleuel, Schwungrad mit Anlasserzahnkranz, ferner Kurbelwellenlager, Kolbenringe, Riemenscheibe und Nockenwellenantriebsrad.

Der Öldruckgeber

Bei der Giulietta wird der Öldruck mechanisch über ein Bourdonrohr auf der Auslassseite des Motors abgenommen. Ab der Giulia wurde der Öldruck dann über einen elektrischen Öldruckgeber unter dem Ansaugkrümmer an der Blockrückseite erfasst. Er ist an seinem zylindrischen Gehäuse mit einem einzelnen Anschlusskabel zu erkennen (siehe Abb. 2-18). Etliche Jahre kämpfte Alfa Romeo mit diesem Bauteil, und defekte Öldruckschalter waren legendär. Das Problem war freilich, dass sie nicht einfach ausfielen – sie zeigten vielmehr völlig falsche Werte an. Man fuhr nichtsahnend dahin und musste mit einem Mal feststellen, dass der Motor nur noch den halben Öldruck aufbaute. Und beim nächsten nervösen Blick auf die Anzeige war der Druck plötzlich wieder normal. Oder – schlimmer noch – es wurde entweder konstant fast kein Öldruck angezeigt oder die Nadel flackerte wild.

Abb. 2-18. Der Öldruckgeber sitzt unter dem Ansaugkrümmer hinten am Motor. Auch hier sind das Anschlusskabel und der Anlasser ausgebaut.

Der Öldruck der Alfa-Motoren ist nicht gering. Rund 3,75 bar sind normal, allerdings ist das Anzeigeinstrument nicht genau genug, um echte Zahlenwerte anzuzeigen. Bewegt sich die Öldruckanzeige ungefähr in der Skalenmitte, ist alles in Ordnung, vor allem, wenn sie sich mit der Motordrehzahl auf- und abbewegt. Geht sie jedoch nie über das erste Skalenviertel hinaus, sollte der Öldruck mit einem Werkstatt-Prüfgerät überprüft werden. Verharrt der Öldruck tatsächlich im Keller, dürfte bestenfalls die Ölpumpe und schlimmstenfalls der komplette Motor reif für eine Überholung sein.

Ältere Alfas sollten auch bei Leerlauf stets Öldruck anzeigen. Bei jüngeren Alfas wird bei heißem Motor im Leerlauf überhaupt kein Öldruck angezeigt – ein Detail, das mir nie besonders gefallen hat.

Bei einigen Alfa-Modellen ist zusätzlich zur Öldruckanzeige eine Öldruckkontrollleuchte vorhanden. Hat Ihr Alfa eine solche Leuchte, verlassen Sie sich lieber darauf als auf das Anzeigeinstrument, um kritische Situationen beizeiten erkennen zu können. Leuchtet die Öldruckkontrollleuchte während der Fahrt auf, stellen Sie den Motor möglichst sofort ab.

Ablassen des Kühlmittels

Soll das Kühlwasser abgelassen werden (zum Wechsel des Kühlmittels oder zu Motorarbeiten), beachten Sie bitte, dass es nicht genügt, den unteren Kühlerschlauch abzuziehen, um das gesamte Kühlmittel abzulassen. Bei allen älteren Alfas war auf der Auslassseite hinten am Motor ein kleiner Ablasshahn vorhanden, mit dem der Block geleert wird. Bei jüngeren Alfas wurde der Ablasshahn durch eine Messingschraube ersetzt.

Der Ölfilter

Ältere Alfas besaßen Filterpatroneneinsätze, deren Wechsel immer eine schmierige Arbeit war. Praktischer sind die modernen Schraubpatronen, wie sie bei allen 2-Liter-Motoren zu finden sind. Ein Filterwechsel am Alfa ist aber anscheinend so gut wie unmöglich, ohne dass Altölpfützen zurückbleiben.

Der Steuergehäusedeckel

Der Steuerkettenantrieb der Nockenwellen sitzt hinter einem Alugussteil, das auch die Wasserpumpe aufnimmt. Eine dünne Papierdichtung soll den Steuerdeckel zum Block abdichten. Üblicherweise lässt diese Dichtung gerade so viel Öl durchsickern, dass der Motor stets mit einem schmierigen Film aus Straßenschmutz und Öl überzogen ist. Da auch der vordere Simmerring im Steuergehäusedeckel sitzt, sollte genau kontrolliert werden, ob der Ölverlust nicht auf diesen Simmerring zurückzuführen ist.

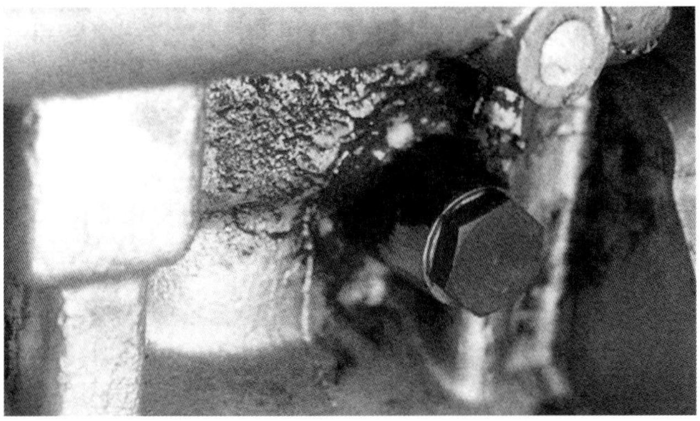

Abb. 2-19. Bei den meisten Alfas wird das Kühlwasser über diese Messingschraube aus dem Motorblock abgelassen. Diese Ablassschraube sitzt ganz hinten auf der Auslassseite des Motors.

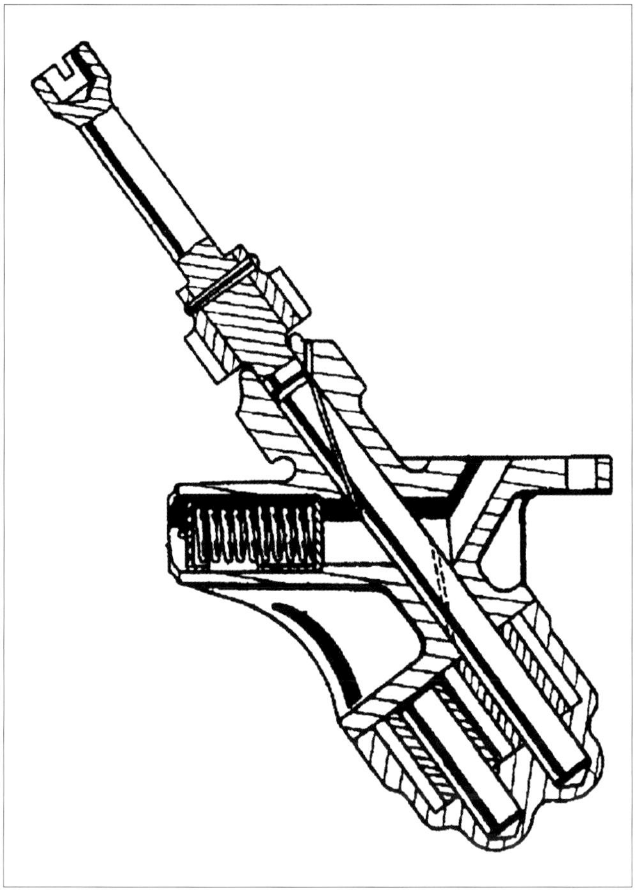

Abb. 2-20. Die Ölpumpe ist unten am Steuerdeckel angebracht; ihr Herzstück bilden zwei miteinander in Eingriff stehende Zahnräder. Das unter Federspannung stehende Überdruckventil ist über dem Rädersatz zu erkennen. Auf der Welle über dem Ventil sitzt das Antriebsrad, das mit der Kurbelwelle in Eingriff steht. Ganz oben der Verteilerantrieb.

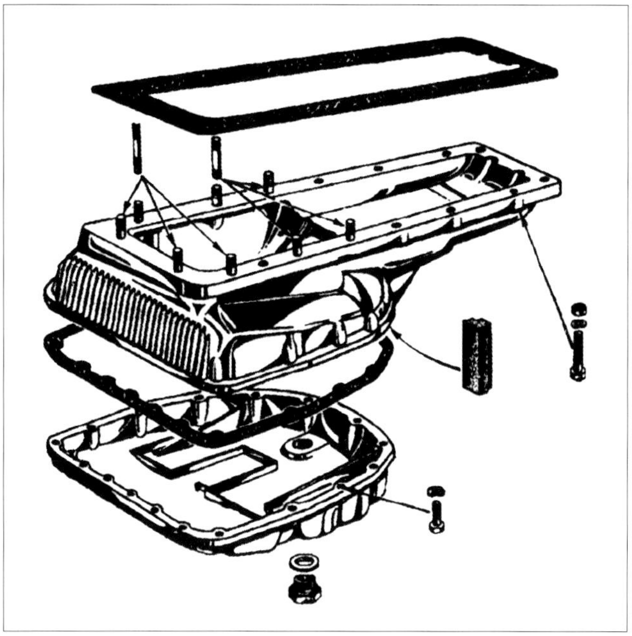

Abb. 2-21. Die Ölwannen der Alfa-Motoren sind gusstechnische Prachtexemplare. Aus gutem Grund: Mit am wichtigsten ist bei jedem Motor die zuverlässige Ölkühlung, und eine mehrteilige, verrippte Aluminiumölwanne ist besonders wirksam. Diese Bauform ist bei den meisten Alfas vor der Alfetta (ausgenommen Giulietta 750 und 101) zu finden.

Die Wasserpumpe

Die Wasserpumpe ist vorne am Steuerdeckel angebracht. Bei den Modellen vor der Alfetta sitzt der Kühlerlüfter auf der Wasserpumpenwelle. Alfa-Wasserpumpen verrichten unauffällig ihren Dienst und geben selten Grund zur Klage. Defekte machen sich durch Wasserlecks bemerkbar.

Der Drehzahlmesserantrieb

Direkt unter der Wasserpumpe befindet sich ein Anschluss für die Drehzahlmesserantriebswelle. Funktioniert Ihr Drehzahlmesser nicht, ist diese Antriebswelle vermutlich gebrochen. Eine Ersatzseele für die Welle lässt sich leicht herstellen, eine neue Welle kostet aber nicht die Welt. Spider nach Baujahr 1979 besitzen elektronische Drehzahlmesser, das vordere Gussteil blieb jedoch unverändert und der Einbau eines mechanischen Antriebs ist bei bestimmten neueren Motoren möglich. Und warum sollte der Rückbau auf mechanische Antriebe in Frage kommen? Nun, dazu genügt ein Blick auf den Ersatzteilpreis für die elektronische Version.

Der Zündverteiler

Außerdem ist am vorderen Steuerdeckel noch der Zündverteiler untergebracht – zu erkennen an den Zündkabeln, die dort ihren Ursprung haben. Der Verteiler vereinigt – vereinfacht ausgedrückt – zwei Bauteile in sich: Der obere Teil leitet die elektrische Energie (den Zündfunken) von der Zündspule zum jeweiligen Zylinder. Der untere Teil nimmt die Unterbrecherkontakte auf, die genau steuern, wann die Zündspule ihre Energie freisetzt.

Ab den frühen 1980er Jahren ging Alfa Romeo zu kontaktlosen Elektronikzündungen und schließlich zum computergesteuerten Motronic-Motormanagement über.

Die Mitnehmer der Alfa-Verteiler sind so gestaltet, dass sie sich nur in einer einzigen Stellung einbauen lassen. Theoretisch können Sie nichts falsch machen – theoretisch jedenfalls …

Der Trick beim richtigen Einbau des Verteilers ist, dass der Verteiler ganz auf dem Steuerdeckel aufsitzen muss, bevor Sie mit dem Festziehen beginnen. Warum sollte man ohne Not den Verteiler ausbauen wollen? Weil es dann leichter ist, die Unterbrecherkontakte einzustellen.

Die Ölwanne

Die Ölwanne der meisten Großserienmotoren besteht aus einem einfachen Pressblechteil, welches das Motoröl aufnimmt. Bei Alfa Romeo war dies lediglich bei den frühen Giuliettas des Baumusters 750 der Fall. Später war die Alfa-Ölwanne typischerweise als zweiteiliges Alugussteil gestaltet, das durch seine Formgebung das Öl kühlen soll, damit der Motor möglichst lange gesund bleibt. Bei vielen Modellen ist die Ölwannenunterseite verrippt, um die Kühlung zu intensivieren. Im unteren Gussteil der Ölwanne ist zudem ein Kühllabyrinth für das Öl eingearbeitet (siehe Abb. 2-21).

2.2 Der V6-Motor

Auch wenn der V6-Motor eine völlig neue Konstruktion darstellt, gilt für ihn viel von dem, was bis jetzt gesagt wurde, denn in seinen Details lehnt er sich eng an die klassische Alfa-Konstruktion an. Er muss zwar ohne doppelte obenliegende Nockenwellen auskommen, doch auch hier finden sich hemisphärische Brennräume, nasse Laufbuchsen und Präzisions-Alugussteile. Der V6 debütierte 1979 im Alfa 6 mit 2,5 Litern Hubraum. Es gab ihn mit Hubräumen von zwei Litern bis 3,2 Liter. Sportliches Wesen kann man dem V6 keineswegs absprechen, und bereits ein flüchtiger Blick ins Innenleben verrät Reserven für reichliche Hubraumzuwächse.

Abb. 2-22. Der V6-Zylinderkopf mit abgenommenem Ventildeckel. Die Nockenwelle sitzt oben im Gehäuse, über drei Stößelstangen werden die Kipphebel für die Auslassventile betätigt. Links von jeder Stößelstange sitzt die Kerze in einer tiefen Höhlung. Auch die Zahnriemenräder für Nockenwellen und Verteiler sind zu erkennen. Unten rechts am Zylinderkopf sehen wir das Verteilerantriebsritzel in seiner Führung, außerdem links davon die Aufnahme der Ölfilterpatrone, die Motoraufhängung und ganz unten links den Anlasser.

Anfangs hatte Alfa Romeo noch alle Pläne für einen V6 mit mehr als 2,5 Litern dementiert. Schon bald tauchte aber eine Dreiliterversion in Südafrika im Rennsporteinsatz auf. Fünf Jahre später ging schließlich ein Dreiliter-V6 als Antriebsaggregat für den 75 und dessen Nachfolger 164 in die Fertigung.

Der Zylinderkopf

Auffallendste Neuerung des V6-Motors sind die querliegenden Stößelstangen zur Betätigung der Auslassventile. Diese Konstruktion hatte bereits Ende der 1930er Jahre im BMW 328 für Aufsehen gesorgt und tauchte nach Kriegsende auch in den auf dem BMW basierenden Bristol-Motoren auf. Bei der Alfa-Konstruktion konnten die hemisphärischen Brennräume beibehalten werden, obwohl nur noch eine obenliegende Nockenwelle vorhanden war (beim BMW/Bristol saß die Nockenwelle seitlich im Motorblock). Beim Alfa-V6 werden die Einlassventile direkt von der Nockenwelle betätigt, die Auslassventile über kurze Stößelstangen und Kipphebel. Die Massenträgheit des Auslassventiltriebs ist derart gering, dass keine nennenswerten Leistungseinbußen festzustellen sind. Je nach Modell beginnt beim V6 der rote Bereich erst bei soliden 6000 bis 6400/min.

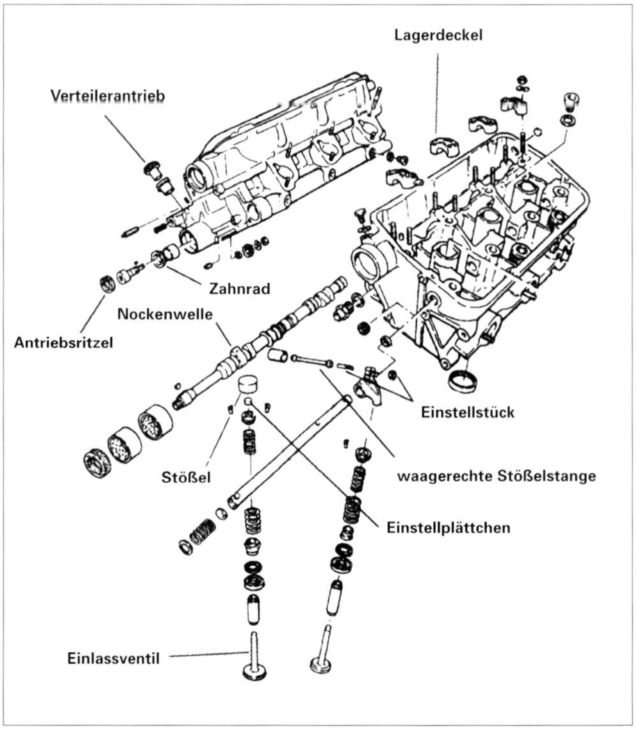

Abb. 2-23. Zylinderkopf und Ventiltrieb des V6 mit den waagerechten Stößelstangen und den Kipphebeln. Die übrigen Ventilbauteile – auch die Einstellplättchen auf der Einlassseite – sind bewährte Alfa-Tradition.

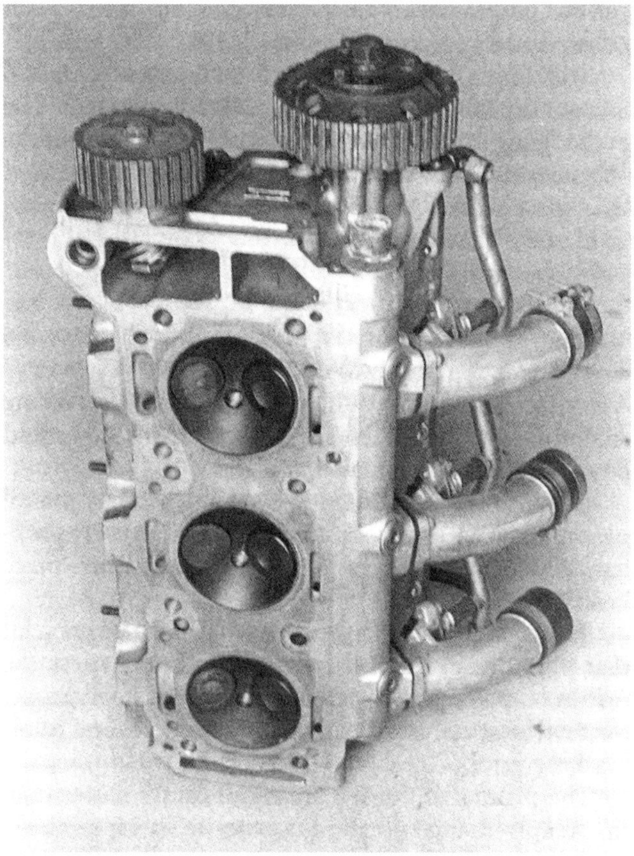

Abb. 2-24. Auch der V6 verfügt über hemisphärische Brennräume.

Während die Torsionssteifigkeit der Vierzylinder-Köpfe der Alfas etwas zu wünschen übrig lässt – sie sich also verziehen können –, ist die Gusskonstruktion des V6-Kopfes dank der Versteifungsrippen zwischen den Zylinderkopfschrauben und den Zündkerzenlöchern wesentlich robuster und widersteht Verzugstendenzen besser. Die Kopfdichtung des V6 war anfangs mehrteilig mit runden Metall-Einzeldichtungen ausgeführt, jüngere Versionen sind einteilig.

Am Ansaugkanal des V6 fallen gewisse durch moderne Abgasreinigungstechnik bedingte Änderungen auf. Eines der Merkmale klassischer hemisphärischer Brennräume ist die sehr geringe Verwirbelung, die durch die geradlinige Gasströmung hervorgerufen wird. Nester mit unzureichender Kraftstoff-Luft-Durchmischung halten sich tendenziell hartnäckig. Im V6 zielt der Ansaugkanal direkt auf die Kolbenoberseite, so dass der Gasstrom im rechten Winkel Richtung Auslasskanal umschwenken muss. Diese plötzliche Richtungsänderung sorgt für bessere Verwirbelung und fördert den Verbrennungsprozess, wodurch der Anteil unverbrannter Kohlenwasserstoffe sinkt. Die Brennraumform des Zylinderkopfes weicht allerdings etwas von der reinen Halbkugelform ab, um die zugängliche Kolbenoberfläche und gleichzeitig die Abgasemissionen zu verringern. Obendrein sorgt der geradlinige Ansaugweg für einen kompakten Ansaugtrakt, so dass der V6 im Motorraum relativ wenig Platz wegnimmt.

Der Nockenwellenantrieb erfolgt über einen glasfaserverstärkten Zahnriemen. Pionier der Zahnriementechnik war eigentlich Fiat gewesen, doch auch Alfa Romeo hatte Zahnriemen bereits 1969-81 für den Antrieb der SPICA-Einspritzpumpen der US-Versionen sowie für den Nockenwellenantrieb des Alfa-Sud-Motors eingesetzt. Die Zuverlässigkeit gab keinen Anlass zur Klage, zumal der Zahnriemenantrieb mannigfaltige Vorteile bietet: Laufruhe, kein Schmierbedarf und einfache Austauschbarkeit.

Das Gummimaterial hält allerdings nicht ewig. Der regelmäßige und vor allem rechtzeitige Wechsel des Zahnriemens ist also noch wesentlich wichtiger als bei der Steuerkette.

Größter Wartungsposten des V6 dürfte die Spannrolle für den Zahnriemen sein. Die Spannrolle läuft nach dem Starten mit voller Spannung und lockert sich dann mit zunehmender Motordrehzahl. Dieser „Entspanner" wird durch den Motoröldruck gesteuert. Öllecks, bei denen dann die gesamte Motorvorderseite durchschwitzt, sind nicht selten.

Warum Alfa auf eine V6-Konstruktion setzte

Mutmaßungen über Unternehmensentscheidungen sind immer heikel, doch es stellt sich natürlich die Frage, warum Alfa Romeo den Weg zum V6 beschritt. Die Ursprünge der Entwicklung gehen auf eine Konstruktion von Filippo Surace aus dem Jahr 1971 zurück, die aufgrund der Werkzeugkosten längere Zeit auf Eis gelegen hatte.

Im klassischen Motorenbau ergibt sich eine fast natürliche Grenze von etwa 500 cm^3 je Zylinder (also 2 Liter bei einem Vierzylindermotor), auch wenn Mitsubishi und Porsche ihre Vierzylinder sehr erfolgreich auf 2,6 und 3 Liter Hubraum gebracht haben. Eine vergrößerte Variante des klassischen Alfa-Vierzylinders wäre also denkbar gewesen. Auch Reihensechszylinder standen bei Alfa Romeo im 2600 der 1960er Jahre bereits im Programm. Oder man hätte den Weg zurück zu dem einzigartigen 2,6-Liter-V8 des Montreal beschreiten können. Erwähnenswert sind auch die 2,6-Liter-Reihenachtzylinder der Scuderia Ferrari in Teamarbeit mit Alfa Romeo auf der Basis von Vittorio Janos meisterhaftem 8C2300 – ein ganz besonderes Vorbild für eine Motorenneuentwicklung.

Bei Lichte besehen hätte ein noch größerer Vierzylinder für Alfa Romeo wahrscheinlich zu viele Kompromisse bedeutet. Bei derartigen Motoren ist eine Ausgleichswelle zur Kompensation der Vibrationen des großvolumigen Vierzylinders notwendig, was die Komplexität in die Höhe treibt, ohne dass dem ein wirklicher Nutzen gegenüberstände. Für ein Luxusmodell bietet ein Vierzylinder einfach nicht genügend Laufkultur.

Gegen einen Reihensechszylinder sprechen die übermäßigen Torsionsschwingungen der Kurbelwelle. Aufgrund ihrer Baulänge neigt die Kurbelwelle dazu, sich unter Last zu verwinden. Beim Reihenachtzylinder ging Alfa Romeo dazu über, die Welle in der Mitte mithilfe eines Zusatzzahnrades zu teilen. Heute ist eine solche Lösung bei aller Eleganz allerdings eindeutig zu kostspielig.

Ein Viernockenwellen-V8 mit kleinem Hubraum wäre wohl zu schön gewesen. Auch hätte dies womöglich Imageprobleme nach sich gezogen: Einem V8 haftet eben der Ruf des Spritsäufers an. Obendrein hätten die Motorkosten den Fahrzeugpreis in Regionen getrieben, die bei einem modernen Alfa kaum vertretbar gewesen wären. Aber vielleicht lebt dieser Gedanke ja in der Alfa-Entwicklungsabteilung noch irgendwo weiter ...

Somit blieb also der V6 als Synonym für modernen Hochleistungsmotorenbau. Und ein Sechszylinder wird von den meisten Käufern immer noch mit Sparsamkeit im Verbrauch assoziiert. Ein prosaischerer Grund für die Entscheidung dürfte freilich gewesen sein, dass des V6 so gut in den Motorraum der Alfetta passte.

Der Motorblock

Die Zylinderbänke stehen im Winkel von 60°, wodurch der Alfa V6 besonders weich läuft – im Gegensatz zu frühen 90°-V6 amerikanischer Provenienz, bei denen der ideale Rundlauf Fertigungsüberlegungen geopfert wurde: Die 90°-V6 ließen sich auf den gleichen Montagebändern wie die V8 montiert.

Die Kolbenböden des V6 sind wesentlich flacher als bei den Domkolben der Vierzylinder. Diese flachere Form verringert die kalte Oberfläche des Kolbens und trägt zur Emissionsminderung bei. In die Kolbenböden sind kleine Ventiltaschen eingearbeitet, die für ausreichend Abstand zwischen Ventilen und Kolben sorgen und zusätzlichen Sicherheitsspielraum im Falle von Ventilflattern gewährleisten sollen. Dank des elektronischen Drehzahlbegrenzers des V6 dürfte es aber nur beim rücksichtslosen Herunterschalten zum Flattern der Ventile kommen.

Gemäß der üblichen Praxis bei Alfa Romeo werden auch beim V6 zwei Verdichtungsringe und ein Ölabstreifring montiert. Wie im Rennsport üblich, sind die Verdichtungsringe recht schmal.

Die Alfa-Kolben sind (wie so ziemlich alle modernen Kolben) übrigens nicht exakt rund, sondern leicht oval. Dies liegt an der größeren Metallmasse des Kolbens in der Kolbenbolzenachse und der viel geringeren Metallmasse im 90°-Winkel zu dieser Achse. Das Ausdehnungsverhalten des Kolbens variiert also erheblich über den Kolbenumfang. Daher wird der Kolben bewusst oval bearbeitet, um diese Unterschiede im Dehnverhalten zu kompensieren.

Die Pleuel des V6 ähneln denen des Vierzylinders, außer dass sie an ihrer Unterseite einen kräftigen Zapfen aufweisen, der beim Auswuchten und Gewichtsabgleich der Pleuel abgeschliffen werden kann. Schmierung und Kühlung zur Druckseite der Zylinderwand hin erfolgen über eine kleine Spritzbohrung nahe dem Pleuelschaft.

Eine Stärke des Vierzylindermotors war seit jeher, dass jedes Pleuel auf beiden Seiten von einem Hauptlager geführt wurde. Beim V6 laufen je zwei Pleuel zwischen benachbarten Hauptlagern. Die Pleuellager selbst bilden eine Helix auf der Kurbelwellenachse und sind um 60° versetzt. Anhand von Farbmarkierungen lassen sich die Lagerschalen bei der Motorüberholung ohne Verwechslungsgefahr an ihrem jeweiligen Platz montieren. Alfa-Kurbelwellen sind ohnehin unverwüstlich, und nach den langjährigen Erfahrungen mit dem V6 lässt sich feststellen, dass diese traditionelle Zuverlässigkeit auch beim V6 gewahrt bleibt.

Die Ölwanne

Die Ölwanne (Fassungsvermögen ca. 6,5 l) besteht aus tief verripptem Leichtmetall – auch dies in bester Alfa-Tradition. Das trägt zur Kühlung bei, denn gekühltes Öl schmiert besser und verlängert das Motorleben. Die Ölpumpe arbeitet nach dem Exzenterprinzip und unterscheidet sich damit von der Zahnradpumpe des Vierzylindertriebwerks.

2.3 Weitere Alfa-Romeo-Motoren

Der Alfasud-Boxermotor

Der von Carlo Bossaglia mitentwickelte Alfasud stand zunächst nur als Fünfsitzer mit Frontantrieb und Vierzylinder-Boxermotor im Programm, wurde später aber durch eine Sprint-Coupéversion ergänzt. Die Hubräume maßen 1,19 bis 1,5 Liter, die Leistung reichte von 63 bis 105 PS.

Kernstück des wassergekühlten Vierzylinder-Boxers ist ein Graugussblock, der die Zylinder aufnimmt; die beiden Leichtmetallzylinderköpfe tragen je eine über Zahnriemen angetriebene obenliegende Nockenwelle. Daneben wartet das Triebwerk mit zahlreichen interessanten Details auf, etwa einem extrem robusten Rumpf und einer ganz besonderen Konstruktion für die Ventileinstellung.

Die Hauptlagerdeckel waren im Block über Kreuz verschraubt, um die Verwindungssteifigkeit zu erhöhen, und die Lagerdeckel selbst besaßen mit dem Block verzahnte Passflächen, um der Verwindungsneigung bei hoher Belastung zusätzlich entgegenzuwirken. Ähnliche Verzahnungen dienten auch zur Fixierung der Pleueldeckel auf den Pleueln.

Ursprünglich besaßen die Ventilschäfte ein Außengewinde für eine Einstellschraube. Der Tassenstößel ruhte auf der Schraube. Über ein Loch im Stößel und ein entsprechendes Loch im zugehörigen Nocken ließ sich das Spiel ohne Ausbau der Nockenwelle rasch einstellen. Da jeder Nocken ein Loch aufwies, war der Nocken so ausgeschnitten, dass die beiden Laufflächen der Nockenwelle im äußeren Bereich am Tassenstößel anlagen. Bei späteren Versionen des Motors wurden Einstellplättchen verwendet.

Die verschiedenen Leistungsstufen wurden vor allem durch Unterschiede in der Vergaserbestückung erreicht. Ein Vierzylinder-Boxermotor mit nur einem einzelnen Vergaser hat konstruktionsbedingt Probleme, „frei atmen zu können" (ein von VW-Motoren wohlbekanntes Phänomen). Der kleinste Alfasudmotor kam mit einem einzelnen Einfachvergaser aus, die übrigen Versionen erhielten dagegen einen mittig über dem Block montierten Doppelvergaser. Der besonders potente „Quadrifoglio Oro" verfügte gar über zwei Doppelvergaser, womit für jeden Zylinder ein eigener Lufttrichter vorhanden war.

Der Vierzylinder des Alfasud tauchte auch im Arna auf, einer Alfa-Nissan-Gemeinschaftsentwicklung, sowie im Typ 33, der als Limousine direkt unterhalb der (neuen) Giulietta-Limousine rangierte. Der 33 stand auch als Allradversion mit 1,7-Liter-Viernockenwellenmotor im Programm.

Der Sechszylindermotor des 2600

Technikliebhaber stehen im Allgemeinen ehrfürchtig vor dem Motor des 2600. Er ist erheblich größer als der Vierzylinder und selbst als der V6. Dem ersten Eindruck nach wirkt er unglaublich lang und massig, was durch die drei Solex-PHH-Gemischfabriken optisch noch unterstrichen wird.

Der Motor des 2600 war nur mäßig auf Leistung getrimmt und bewusst auf unerschütterliche Standfestigkeit ausgelegt worden – ein Ziel, das er bemerkenswert gut erreicht, wie an der Zahl der in Liebhaberhand über-

Abb. 2-25. Besitzer eines 2600 – aufgepasst: Die freiliegende unterdruckgesteuerte Welle für die Drosselklappe der zweiten Stufe muss gängig sein. Prüfen Sie mit dem Finger, ob sie sich bewegen lässt.

Abb. 2-26. Im Motorraum des 2600 dominiert der Ansaugtrakt mit den drei Solex-Vergasern. Man beachte den originalen VDO-Scheibenwaschwasser-Behälter am fahrerseitigen Kotflügel.

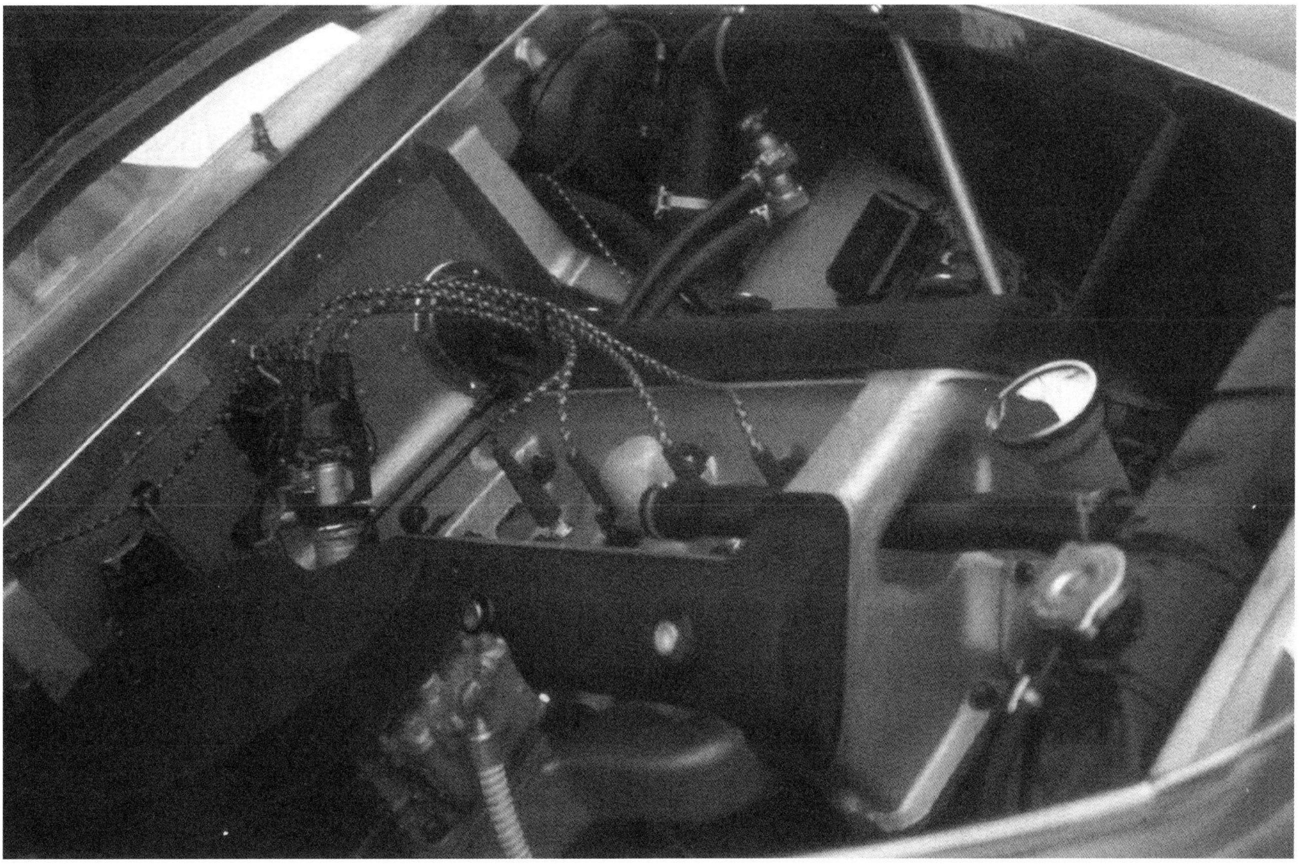

Abb. 2-27. Im Motorraum der frühen 1900 Coupés geht es sehr aufgeräumt zu. Der schwarze Kasten hinten (vor den beiden manuellen Heizungsventilen) ist der Bosch-Regler. Der Sicherungskasten sitzt hinter dem Luftfilter links vom Verteiler.

lebenden 2600 abzulesen ist. Schwächstes Glied am Motor ist häufig die Wasserpumpe; glücklicherweise lässt sich der Reparatursatz der Wasserpumpe aus dem 105 umarbeiten (die Hauptwelle ist kürzer, aber nicht zu kurz für den Umbau).

Auf ein potenziell verheerendes Problem sollten Besitzer eines 2600 unbedingt achten: Die Solex-PHH-Vergaser sind mit einer unterdruckgesteuerten Drosselklappe der zweiten Stufe ausgerüstet, die über eine durch einen hohlgebohrten Zapfen laufende Welle betätigt wird (siehe Abb. 2-26). Diese Welle ist den Härten des Motorbetriebs ohne jede schützende Schmierung ausgesetzt. Da hier Stahl in Alu läuft, ist elektrolytische Korrosion programmiert. Falls die Welle festgeht, bleibt die Sekundärstufe in geöffneter Stellung stehen, wodurch das Kraftstoff-Luft-Gemisch spürbar abmagern kann – was sogar zu einem Loch im Kolben führen kann. Daher sollte für regelmäßige Schmierung und Kontrolle dieser Wellen gesorgt werden. Die Wellen müssen sich durch leichten Daumendruck leichtgängig bewegen lassen. Ansonsten setzt der 2600 über die Vierzylinder hinaus keine tieferen Spezialkenntnisse voraus. Versierte Giulietta- oder Giulia-Schrauber dürfen sich auch Arbeiten am 2600 zutrauen.

Der 1900 und der 2000

Wer unbedingt einen Alfa Romeo mit Graugussblock sein eigen nennen will, für den kommen diese beiden Vierzylinder in Frage. Beim ursprünglichen 1900 wurden die Auslassventile über zwei kleine Zahnräder (die jeweils im Eingriff mit dem Ventilschaft standen) eingestellt. Beim Nachfolgemodell 2000 (Baumuster 102) verschwand dieses exotische Konstruktionsdetail dann wieder. Andere Unterschiede gibt es zwischen diesen beiden Motoren kaum (sogar die Aluminiumzylinderköpfe sind gegeneinander austauschbar). Frühe 1900er Motoren sind an der Ölpumpe zu erkennen, die am vorderen Steuergehäusedeckel untergebracht ist.

Das Getriebe des 1900 kam nur bei diesem Baumuster zum Einbau. Das Getriebe des 2000 entspricht dagegen im Grundaufbau dem Fünfganggetriebe der Giulietta 101. Sowohl der 1900 als auch der 2000 bieten Trapezdreieckslenker und eine klassische Achsschenkelkonstruktion an der Vorderachse sowie eine hintere Starrachse.

Der Montreal

Alfa Romeo neigt gelegentlich in erfrischender Weise dazu, Kleinserienmodelle quasi aus einer Laune heraus unters Volk zu streuen. Als Paradebeispiel kann der Montreal gelten. Im Prinzip handelt es sich dabei um die Mechanik der Giulia respektive des 1750 mit diversen modellspezifischen Gussteilen, insbesondere dem V8-Motor mit Giulietta-Köpfen und -Ventilen sowie Pleuelstangen aus dem Junior. Ende 1988 war in einem US-Alfa-Clubmagazin ein Briefwechsel zwischen einem externen Ingenieur, der mit der Entwicklung des Montreal befasst gewesen war, und dem US-Chefingenieur von Alfa Romeo zu lesen. Über die genaue Herkunft des Montreal-Motors war man sich nicht einig. Der Externe hielt ihn für einen Ableger des 1750, der Alfa-Ingenieur dagegen für eine eigenständige Konstruktion. In seiner Charakteristik steht der Montreal als Langstreckentourenwagen in der Tradition des 2600. Für Ampelrennen ist er ungeeignet, aufgrund seiner hinreißenden Linienführung und des einzigartigen V8-Motors zählt er aber zweifellos zu den begehrenswertesten Vertretern der jüngeren Alfas. Wie beim 1900, beim 2000 und beim 2600 genügt Erfahrung mit dem Giulietta-Motor oder dessen Varianten auch als Grundvoraussetzung, um am Montreal-V8 arbeiten zu können – auch an dessen mit der doppelten Zahl von Pumpenelementen ausgerüsteter SPICA-Benzineinspritzpumpe.

Abb. 2-28. Den Motorraum des Montreal dominiert das Luftfiltergehäuse. Von oben links sind im Uhrzeigersinn außerdem zu sehen: Kühlmittelausgleichsbehälter, Kraftstofffilter, Scheibenwaschflüssigkeitsbehälter, zwei Spulen mit dahinterliegenden Relais, Verteilerdeckel, Bremskraftverstärker mit Vorratsbehälter, Kupplungsflüssigkeitsbehälter, zwei kleine Klimarelais sowie Behälter/Trockner für die Klimaanlage. Das große schwarze Oval unten links ist ein Unterdruckspeicher. Vorne am Motor sind die Einspritzleitungen der SPICA-Einspritzanlage zu erkennen.

2.4 Weitere Komponenten im Motorraum

Die Vorrats-/Ausgleichsbehälter

Im Motorraum finden sich üblicherweise zwei große Kunststoffbehälter: einer fasst die Scheibenwaschflüssigkeit, einer dient als Kühlflüssigkeits-Ausgleichsbehälter. Bei späteren Alfas (nach der Giulia) sind ähnliche Kunststoffbehälter in kleinerer Ausführung auch für Hauptbremszylinder und Kupplungsgeberzylinder vorhanden.

Abb. 2-29. So sehen die Bremsflüssigkeitsbehälter der meisten jüngeren Alfa-Modelle aus. Die Kabel führen zur Bremswarnleuchte am Armaturenbrett.

Brems- und Kupplungszylinder

Die Brems- und Kupplungszylinder sind im Motorraum an der Spritzwand oberhalb der Lenksäule montiert.

Es sind schwarze Metallgussrohre, auf der einen Seite verschlossen und am anderen Ende mit den Pedalen verbunden. Bei neueren Alfas sitzt der Hauptbremszylinder auf einem Membran-Bremskraftverstärker, der ebenfalls schwarz lackiert ist und in seiner Form an zwei zusammengeheftete Kuchenformen erinnert. Der Bremskraftverstärker nutzt den Ansaugunterdruck, um die Bremswirkung über eine große Membran zu verstärken.

Abb. 2-30. Der Kupplungsflüssigkeitsbehälter. Das A im Kunststoffgehäuse gehört zum Ate-Schriftzug und verrät den Hersteller. Ate-Kupplungsflüssigkeitsbehälter sind allerdings auf Kupplungsgeberzylindern unterschiedlichster Hersteller zu finden, und diese Zylinder können sich (etwa in der Bohrung) erheblich unterscheiden.

Abb. 2-31. In den Kundendienstschulen wurden die Mechaniker an Fahrzeugschnittmodellen ausgebildet. Diese Alfetta-Limousine lässt die Einbaulage des Klimakompressors über der Lichtmaschine erkennen. Der Schlauch über dem Motor führt vorgewärmte Luft als Teil des Abgasreinigungskreislaufs zum Luftfilter.

3. Vergaser

3.1 Solex

Die meisten Giuliettas hatten Fallstrom-Doppelvergaser vom Typ Solex 35 APAIG, die Giulia TI Doppelvergaser 32 PAIA. Beim 35 APAIG wurde die zweite Registerstufe über eine Kombination aus mechanischem Gestänge und Luftströmung gesteuert, die Drosselklappe der zweiten Stufe wurde mechanisch geöffnet und eine unter einem Gegengewicht stehende zweite Drosselklappe durch den Luftstrom nach und nach geöffnet. Beim 32 PAIA war für die zweite Stufe eine Unterdruckmembran vorhanden.

Bei beiden Solex-Gemischfabriken sind die beiden Hauptdüsen in der Rückseite eines Messing-Düsenträgers eingeschraubt, der mit einem 14er Schlüssel gelöst werden kann. Die für den Übergangsbereich zuständige Düse, die den Kraftstoff für den mittleren Drehzahlbereich und für den Leerlauf für den Lufttrichter der ersten Stufe dosiert, ist auf der Rückseite eines 10-mm-Messingträgers eingepresst.

Die meisten Besitzer von Giuliettas mit Solex-Vergasern träumen von einer Weber-Vergaseranlage, und es sind immer wieder Umbauten auf Weber-Doppelvergaser anzutreffen. Dabei verrichtete der Solex klaglos seinen Dienst und ist für den Stadtverkehr sogar die bessere Wahl. Komplette 35 APAIG dürften mittlerweile schwer zu finden sein, die Düsen sind, da sie mit denen diverser VW-Solex-Düsen baugleich sind, jedoch problemlos zu beschaffen. Achten Sie auf die richtige Düsengröße (meistens Hauptdüse 120, Luftkorrekturdüse 180 oder 190). Bei den Weber-Vergasern passen verschiedene Fallstrom-Doppelvergaser der Baureihen DGA oder DGV. Von Dell'Orto wird der Vergasertyp FRDA32 für diese Modelle angeboten.

3.2 Weber

Die Weber-Flachstrom-Zweivergaseranlagen verschlingen fast so viel Platz wie der Motor und suggerieren eine Leistungsfülle, wie sie der Vierzylinder-Alfamotor tatsächlich nie zu bieten hatte. Für Hochleistungs-Vierzylindermodelle sind zwei Weber-Doppelvergaser sicher die klassische Variante. In Verbindung mit dem Doppelnockenwellenmotor des Alfa sind sie mechanisch und ästhetisch einfach unschlagbar.

Weber-Vergaser stehen für Macho-Motoren und erfreuen sich eines legendären Rufs, der genauer Prüfung jedoch kaum standhält. Ein Weber-Vergaser ist relativ einfach, simpel in der Wartung und hält seine Einstellung lange Zeit, sofern er von Grund auf richtig einjustiert wurde.

Unter der Rändelschraube und Abdeckscheibe sitzen die Düsen für die Hauptdüsenkreisläufe des Weber-Vergasers. Praktischerweise sind sie Seite an Seite angeordnet, was die Feineinstellung unter Rennbedingungen erleichtert. Dichter am Motor befinden sich die vier federbelasteten Leerlaufgemischeinstellschrauben, während die Leerlaufdrehzahleinstellschraube mit ihrer Feder zwischen den beiden Vergasern angeordnet ist.

Offene Lufttrichter sehen sportlich aus, es ist jedoch nicht ratsam, einen Alfa-Motor jemals ohne Luftfilter zu betreiben.

4. Einspritzanlage

Als 1969 der 1750er Motor in den USA lanciert wurde, führte Alfa Romeo die SPICA-Kraftstoffeinspritzanlage ein, um die strengeren US-Abgaswerte einhalten zu können. Da Abgasreinigung für Leistungsbesessene seit jeher Teufelszeug ist, war es gang und gäbe, die SPICA-Anlage bei der erstbesten Gelegenheit herauszuschmeißen und Weber-Vergaser nachzurüsten. Außerdem ist die Umrüstung auf Weber-Vergaser kostengünstiger als der Kauf einer generalüberholten SPICA-Einspritzpumpe.

Gegenüber einer fachgerecht eingestellten SPICA-Anlage bieten Weber-Vergaser freilich bei normaler Fahrzeugnutzung keine spürbaren Vorteile. Ein 1750 oder 2000 (105/115) mit Weber-Anlage zeigt allerdings eine

Abb. 2-32. Ein serienmäßiger 1300 GT Junior mit Weber-Vergasern.

deutlich veränderte Charakteristik im Vergleich zu einem Exemplar mit SPICA-Einspritzanlage. Er scheint tiefer „durchzuatmen" und dürfte auch williger auf gewisse Tuningmaßnahmen ansprechen.

Für deutsche Besitzer eines aus den USA importierten Alfa Romeo mit SPICA-Einspritzanlage, die ihr Fahrzeug in der vollständigen US-Version zulassen möchten, ist hierbei das Erstzulassungsdatum 20.4.1973 wichtig. Ab diesem Datum musste für hierzulande zugelassene Importfahrzeuge die Einhaltung bestimmter Abgasgrenzwerte anhand anerkannter Werks- oder Prüfstellenunterlagen nachgewiesen werden. Für US-Alfa Romeos ist dieser Nachweis mangels aussagefähiger Unterlagen praktisch nicht zu führen, so dass eine Zulassung von nach diesem Erstzulassungsdatum erstmals in den Verkehr gebrachten US-Alfas mit SPICA-Einspritzanlage quasi unmöglich und die vollständige Rückrüstung auf die Europaversion mit Weber-Vergasern der gangbarere Weg ist. Vor diesem Stichtag waren keine derartigen Abgasgrenzwerte einzuhalten. Bei älteren US-Alfas, die nachweislich erstmals vor dem 20.4.1973 zugelassen wurden, können Liebhaber dieser technischen Finesse also die US-Einspritzanlage als Teil der „historisch korrekten" US-Fahrzeugspezifikationen durchaus beibehalten.

Die Bosch-Anlage ist übrigens sowohl den Weber-Vergasern als auch der SPICA-Anlage vorzuziehen.

4.1 Die SPICA-Kraftstoffeinspritzanlage

Die Einspritzpumpe

Die SPICA-Einspritzpumpe sitzt weit unten auf der Ansaugseite des Motors und wird über einen kurzen Zahnriemen von der Kurbelwelle angetrieben (siehe Abb. 2-33). Die Pumpe mutet fast wie ein kleiner Motor mit eigenem Kurbelgehäuse und Block an. Und auch in ihr laufen vier Kolben (die Pumpenelemente) in Zylindern und fördern fein dosierte Kraftstoffmengen über die Einspritzdüsen in das Saugrohr. Der Ölfilter der Einspritzpumpe sollte regelmäßig etwa bei jedem dritten Motorölwechsel mit erneuert werden.

Kapitel 6 widmet sich ausführlicher der Einspritzpumpe. Nachstehend werden die wichtigsten Anbauteile der Pumpe beschrieben.

Barometerdose

Die Barometerdose (auch als Luftdruckregulierdose bezeichnet) sorgt für die richtige Kraftstoffdosierung, wenn Sie hoch hinauswollen An den US-Modellen bis zur Einführung der Alfetta ist oben auf dem Sensor ein Temperaturausgleichshebel mit den eingeschlagenen Buchstaben N, C und F angeordnet.

Dabei handelt es sich um einen Korrekturthermostaten, dessen Buchstaben (in Englisch) für Normal, Kalt („Cold") und Frost stehen. Solange Sie nicht in Gefrierpunktnähe kommen, lassen Sie den Hebel auf N stehen. Die F-Stellung ist wirklich arktischen Betriebsbedingungen vorbehalten.

Regelthermostat

Dieser Thermostat, der in Alfa-Schrauberkreisen auch häufig kurz als „TA" (nach der englischen Bezeichnung „Thermostatic Actuator") bezeichnet wird, bildet die Startautomatik der Einspritzpumpe. Dieses Bauteil ist teuer und vergleichsweise empfindlich. Die Dose in der Mitte des Metallrohrs, das zum Krümmer führt, muss fest sitzen.

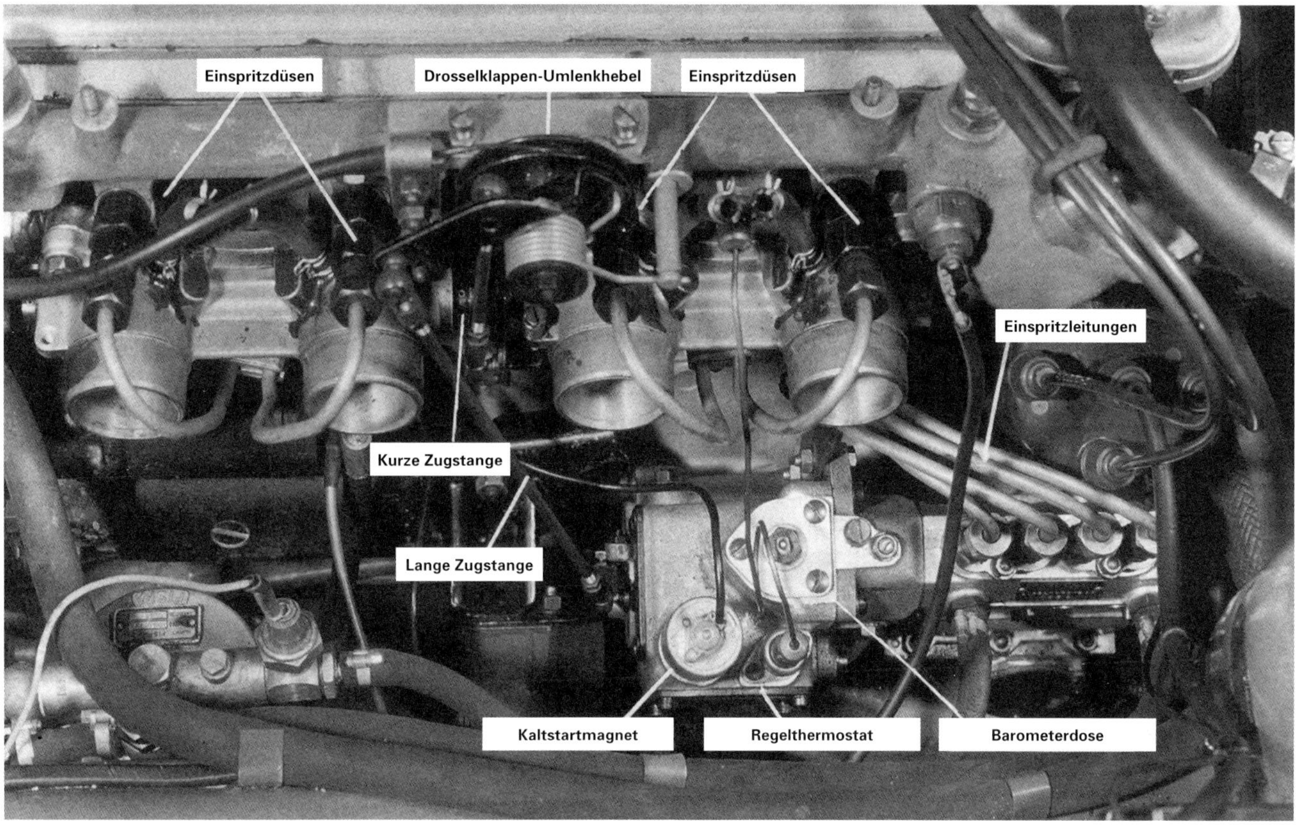

Abb. 2-33. Die SPICA-Anlage in einem US-1750 (mit abgenommenem Luftfilter). Bei dieser frühen Bauform fehlt noch der Schalter der Schubabschaltung, der bei späteren Pumpen rechts vom Regelthermostat sitzt.

Der Kaltstartmagnet

Der Kaltstart-Elektromagnet soll beim Anlassen für die notwendige Gemischanreicherung sorgen. Er wird über ein Kabel angesteuert, das direkt vom Anlassermagnetschalter hierher führt. Wenn der Anlasser orgelt, Ihr Alfa aber trotzdem nicht anspringt, sind die Zündkerzen wahrscheinlich wegen Gemischüberfettung abgesoffen. Ziehen Sie das Kabel des Kaltstartmagneten ab, legen Sie es an einer Stelle ab, an der es keinen Masseschluss verursachen kann, und drehen Sie den Motor mit dem Anlasser durch. Beim Anlassen mit abgezogenem Kaltstartmagnetkabel gelangt ein relativ mageres Gemisch in den Motor, das die Überfettung an den Zündkerzen soweit beseitigen dürfte, dass der Motor anspringen kann.

Schließen Sie das Kabel aber gleich wieder an und stellen Sie den Magneten ein, sobald Sie die heimische Garage erreicht haben (damit Sie das Kabel beim nächsten Mal nicht wieder abziehen müssen). Eine ordentlich eingestellte SPICA-Einspritzanlage müsste problemloses Anspringen ermöglichen.

Trotzdem haben manche Alfisti einen Schalter zwischengeschaltet, mit dem sie den Kaltstartmagneten vom Armaturenbrett aus umgehen können. Verlegen Sie dazu ein mit isolierten Flachsteckern versehenes 2,5mm-Kabel vom Anschluss am Kaltstartmagneten zu einem einpoligen Ein-/Aus-Schalter, den Sie griffgünstig am Armaturenbrett anordnen. Verlegen Sie dann ein weiteres Kabel vom Schalter zum Stecker am Ende des Kabels, das ursprünglich zum Kaltstartmagnet führte. Kennzeichnen Sie die Schalterstellungen genau, damit Sie wissen, wann der Schalter geschlossen ist. Der Schalter sollte immer geschlossen sein, solange nicht ein Absaufen der Kerzen beim Kaltstart droht.

Abb. 2-34. Die ausgebaute SPICA-Einspritzpumpe eines US-2000. Oben die vier Ausgänge zu den Einspritzdüsen. Dahinter die Steuerung der Pumpe mit zwei Magneten (Schubabschaltung vorne). Das Ölfiltergehäuse sitzt unten rechts.

Die Schubabschaltung

Damit wird die Kraftstoffzufuhr im Schiebebetrieb abgeschaltet und ein Nachdieseln beim Abstellen des Motors verhindert. Außerdem wird hier durch Hinein- oder Herausdrehen des Magneten die Kraftstoffzufuhr dosiert.

Lange Zugstange

Damit wird der Einspritzpumpe signalisiert, wie weit die Drosselklappen geöffnet sind. Diese Zugstange dient zur Dosierung des über die Einspritzpumpe gelieferten Kraftstoff-Luft-Gemischs.

Kurze Zugstange

Dient zur Betätigung der Drosselklappen am Saugrohr.

Hinweis: Bei der SPICA-Einspritzanlage des Montreal ist die Funktion der langen und kurzen Zugstangen umgekehrt. Die lange Zugstange ist mit den Drosselklappen verbunden, die kurze Zugstange mit der Pumpe. Montreal-Besitzer müssen hier also umdenken.

Einspritzdüsen

Das Saugrohr nimmt die vier Einspritzdüsen auf, die direkt beim Öffnen des Einlassventils eine winzige Kraftstoffmenge in den Zylinder einspritzen. Die Einspritzdüsen sind unanfällig und benötigen keine Wartung.

Abb. 2-35. Links (von vorne gesehen) sitzt der FISPA-Kraftstoffhauptfilter. Bei dieser späteren Ausführung führt der Benzinrücklauf nicht über Anschluss 2 und 4. Anschluss 3 führt von der Benzinpumpe heran und Anschluss 1 (im Schatten) stellt die Verbindung zur Eintrittsseite der Einspritzpumpe her.

Einstellschrauben

Jeder Alfa Romeo mit SPICA-Einspritzanlage besitzt zwei kleine Schrauben oben am Saugrohr, die geradezu nach Einstellversuchen verlangen. Diese Schrauben legen den möglichen Drehwinkel des Drosselklappen-Umlenkhebels fest. Sie wurden werksseitig voreingestellt und dürften nie eine Nachjustierung erfordern. Sollten Sie den Verdacht haben, dass die Schrauben an Ihrem Fahrzeug verstellt wurden, sollte die Einstellung nach dem in Kapitel 6 beschriebenen Verfahren überprüft werden.

Eine weitere werksseitig eingestellte Stellschraube ist an der SPICA-Anlage auf der Rückseite der Einspritzpumpe zu finden. Diese Schraube sitzt unter einer plombierten Kunststoff-Schutzkappe. Bei Eingriffen an dieser Schraubeneinstellung ist eine Reparatur vor Ort nicht möglich; die Pumpe muss dann zur Neueinstellung ins Werk. Wer einen gebrauchten Alfa mit SPICA-Anlage kaufen möchte und feststellt, dass die Kunststoff-

Abb. 2-36. Wenn diese Schraube an der SPICA-Einspritzpumpe verstellt wurde, ist eine Neukalibrierung der Anlage oft nur mit erheblichem Aufwand möglich. Normalerweise sitzt diese Schraube unter einer plombierten Kunststoffkappe.

kappe an dieser Schraube fehlt, sollte sich ganz genau nach dem Grund dafür erkundigen. Läuft der Motor unrund und fehlt die Kappe, sollten Sie sich erst über die anstehenden Folgekosten informieren, bevor Sie neu über den Preis des Wagen verhandeln.

4.2 Die elektronische Bosch-Kraftstoffeinspritzanlage

Vergaser und Einspritzanlagen wie die SPICA-Anlage arbeiten mit Druckfühlern und Hebeln zur Feststellung der genau benötigten Kraftstoffmenge. Da diese Systeme rein mechanisch aufgebaut sind, gilt es, Einflussgrößen wie Massenträgheit, Reibung und die Grenzen der Funktionsbereiche der Bauteile zu berücksichtigen. Der tatsächliche Kraftstoffbedarf lässt sich also auch bei optimal arbeitenden Anlagen nur näherungsweise erfassen.

Ein elektronisch geregeltes System ist demgegenüber in der Lage, unter sämtlichen Betriebsbedingungen die exakt richtige Kraftstoffmenge zu liefern. Näherungswerte oder Reibungsverluste fallen hier nicht ins Gewicht. Dieses System kann die Einspritzdüsen genauso lange wie notwendig offen halten und durch Überwachung des Sauerstoffgehalts der Abgase sogar seinen eigenen Betrieb kontrollieren.

Eine Kfz-Kraftstoffanlage muss dabei gar nicht einmal derart präzise arbeiten, damit der Motor gut läuft. Müssten nicht seit mittlerweile mehreren Jahrzehnten immer strengere Abgasgrenzwerte eingehalten werden, wäre eine elektronische Einspritzanlage regelrechter „Overkill" und würde den Motor nur unnötig verkomplizieren.

Das Funktionsprinzip

Als Herz der elektronischen Bosch-Jetronic-Einspritzanlage (EFI) dient ein kleiner Computer (hinter einer Verkleidung vorne im Innenraum), der die von mehreren Motorsensoren gelieferten Informationen auswertet und dann die Steuerbefehle für den Betrieb von Pumpe und Einspritzdüsen erzeugt – also eine Art Eingabe-/Ausgabegerät. Die Eingangsgrößen bezieht das System von folgenden Komponenten:

Luftmengenmesser

Er verbirgt sich in einem blanken Alugussgehäuse direkt hinter dem Luftfilter. Sein elektrisches Signal richtet sich danach, wie weit eine unter Federkraft stehende Stauklappe durch den in den Motor einströmenden Luftstrom geöffnet gehalten wird. Dieses Ventil misst also die in den Motor einströmende Luftmenge.

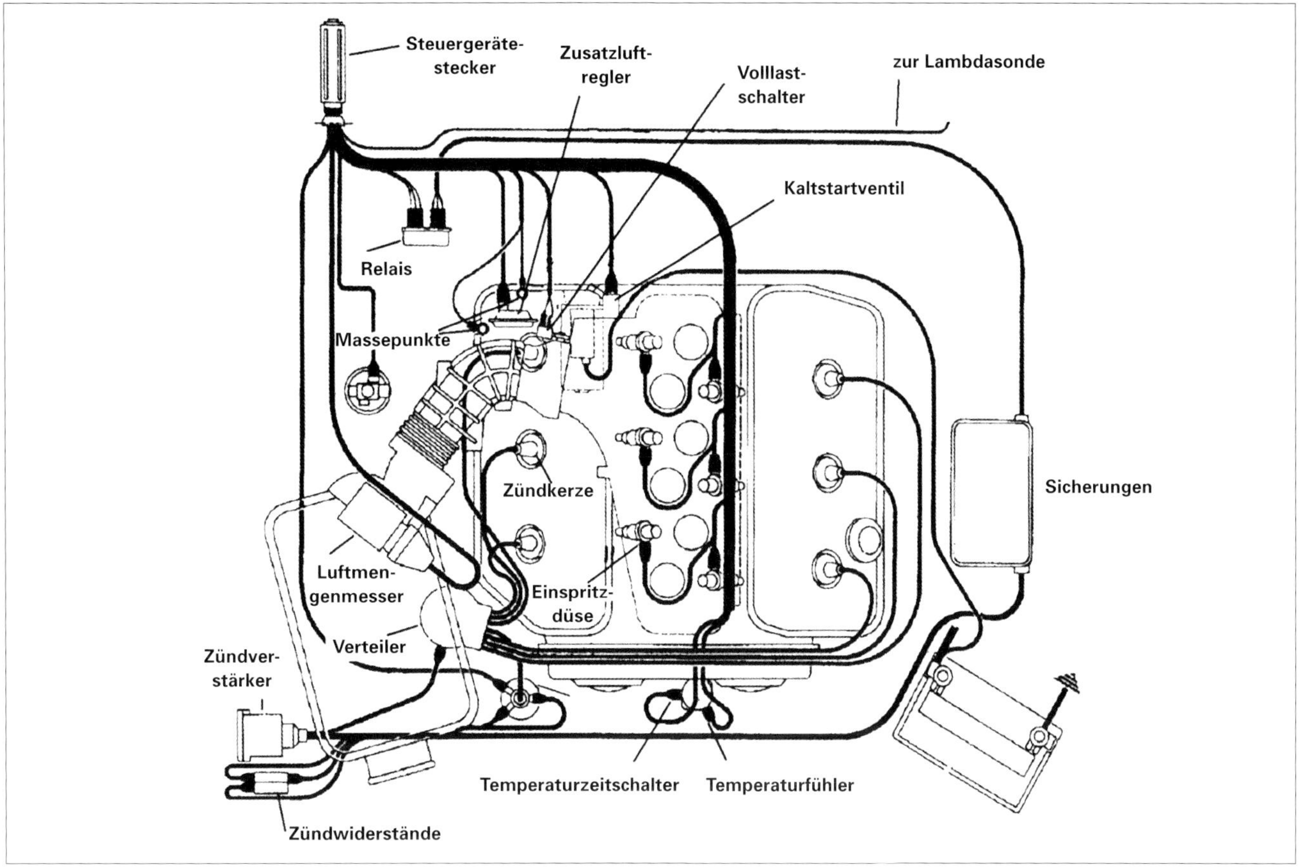

Abb. 2-37. Schematische Darstellung der Bosch-Benzineinspritzanlage

Drosselklappenschalter

Der Drosselklappenschalter sitzt außen am Klappenstutzen, der die Drosselklappe aufnimmt, und ist seitlich am Ansaugplenum angeschraubt. Sein Signal variiert entsprechend dem Drosselklappenwinkel. Meistens besteht ein direkter Zusammenhang zwischen der Drosselklappenstellung und der von der Stauklappe gemessenen Luftmenge: Wenn wir das Gaspedal durchtreten, schluckt der Motor mehr Luft. Lassen wir den Wagen jedoch aus hoher Geschwindigkeit mit geschlossener Drosselklappe ausrollen, besteht ein erheblicher Unterschied zwischen dem Drosselklappenwinkel und der Menge der vom Motor angesaugten Luft.

Volllastschalter

Bei voll geöffneter Drosselklappe geht die Anlage in eine Art „Rennmodus" über. Die Einspritzdüsen liefern alle vier Kurbelwellenumdrehungen zwei Kraftstoffimpulse statt einem und die Lambdasonde im Auspuffrohr wird deaktiviert, so dass sie die Gemischüberfettung gar nicht mehr korrigieren kann.

Abb. 2-38. Der Motorraum des V6 mit der Bosch-Einspritzanlage. Oben: Der verrippte Gummischlauch führt vom Luftmengenmesser zur Drosselklappe am Motor. Auch die Anschlüsse für die Drosselklappenschalter sind zu erkennen. Der Druckregler ist am Saugrohr angeschraubt. Das runde Bauteil unterhalb dieses Ventils ist die Kurbelgehäuseentlüftung. Unten: Die in Wellen verlegte Leitung unter dem Saugrohr ist das Einspritzverteilerrohr. Vorne am Motor sind die Temperaturfühler und der Temperaturzeitschalter mit ihren Anschlusskabeln zu erkennen.

Temperaturfühler

An der Motorvorderseite sitzt beim GTV6 und dem 75 am Thermostatgehäuse dieser Sensor, der die Kühlmitteltemperatur erfasst.

Im Allgemeinen ist bei einer niedrigeren Anzeigetemperatur etwas mehr Kraftstoff notwendig, damit der Motor einwandfrei läuft.

Temperaturzeitschalter (Jetronic-Anlagen)

Dieser elektrisch beheizte Schalter sitzt in Nähe des Temperaturfühlers und steuert das Kaltstartventil (siehe unten). Er öffnet, sobald der Motor Temperatur bekommt, so dass diese Einspritzdüse abgeschaltet wird. Da er elektrisch beheizt wird, öffnet er nach etwa drei Minuten, auch wenn der Motor seine Betriebstemperatur noch nicht erreicht hat.

Lambdasonde

Diese sehr empfindliche Sonde, die optisch einer Zündkerze ähnelt, ist unmittelbar vor dem Katalysator in das Auspuffrohr geschraubt. Ihr Signal liegt im 0,5-1,0-Volt-Bereich und variiert je nach Sauerstoffgehalt im Abgas. Das Signal wird in einem geschirmten Kabel übertragen, damit elektrische Störeinflüsse ausgeschlossen sind. Verändert sich der Sauerstoffgehalt im Abgas, nimmt die Anlage selbsttätig eine Gemischabmagerung respektive -anreicherung vor, so dass der erforderliche Sauerstoffgehalt beibehalten wird. Dank der Lambdasonde arbeitet die Einspritzanlage selbstregulierend, man spricht von einer geregelten Anlage.

Motordrehzahlfühler

Zusätzlich zum Entladen der Zündspule zeigen die regelmäßigen Impulse des Verteilers die Motordrehzahl an. Die Bosch-Anlage erfasst also Informationen zu Drosselklappenstellung, Luftströmungsmenge, Motortemperatur, Motordrehzahl und zur Abgaszusammensetzung.

All diese Signale werden vom elektronischen Steuergerät für die Steuerung der folgenden Bauteile verwertet:

Einspritzdüsen

Diese Düsen sind als einfache Magnetventile aufgebaut, die beim Einspritzen des Kraftstoffs in den Brennraum öffnen und schließen. Ihr Arbeitstakt wird durch die Einspritzanlage reguliert. Wird weniger Kraftstoff benötigt, verkürzt sich die Öffnungszeit der Einspritzdüsen. Wird mehr Kraftstoff benötigt, bleiben die Düsen länger geöffnet.

Kaltstartventil (Jetronic-Anlagen)

Das Kaltstartventil sitzt hinten an dem großen Alu-Luftplenum, das zwischen den beiden Zylinderreihen auf der Motoroberseite angeordnet ist. Es wird durch den Temperaturzeitschalter gesteuert und liefert zum leichteren Anspringen ein überfettetes Kraftstoffgemisch, indem beim Betätigen des Anlassers zusätzlicher Kraftstoff in das Plenum eingespritzt wird.

Darüber hinaus umfasst die elektronische Bosch-Anlage verschiedene Bauteile, die nicht direkt vom Steuergerät gesteuert werden:

Zusatzluftschieber (Jetronic-Anlagen)

Bei kaltem Motor versorgt diese Baugruppe den Motor mit Zusatzluft, so dass er höher dreht. Ein beheizter Bimetallstreifen erfasst die Zylinderkopftemperatur und schließt die Zusatzluftzufuhr, sobald der Motor seine Temperatur erreicht hat. Bei der Motronic erfolgt die Luftzufuhr über einen Schrittmotor.

Unterdruckbegrenzungsventil für Schiebebetrieb (Decel-Ventil)

Im Schiebebetrieb kehren sich die Verhältnisse gewissermaßen um: Der Motor dreht hoch, aber die Drosselklappe ist geschlossen. Die geschlossene Drosselklappe meldet der Kraftstoffanlage, nur wenig Kraftstoff zu liefern, der Motordrehzahlfühler sagt dagegen, dass er viel Kraftstoff benötigt. Ohne Korrektureinrichtung würde der Motor soweit abmagern, dass er zu patschen beginnt. Dieses Unterdruckbegrenzungsventil öffnet einen Zusatzluftkanal, damit die Anlage mehr Kraftstoff liefert und Patschen verhindert wird. Einfach ausgedrückt, sorgt dieses Ventil dafür, dass im Schiebebetrieb die bei ganz geschlossener Drosselklappe herrschenden Betriebsbedingungen nie ganz erreicht werden.

Sämtliche Rohrleitungen am Ansaugplenum und das helle pilzförmige Ventil, an dem die Leitungen angeschlossen sind, gehören zur Abgasemissionsregelung im Schiebebetrieb.

Kraftstoffpumpe

Hinten im Fahrzeug sind zwei elektrische Benzinpumpen angeordnet – eine im Tank, die andere außerhalb. Die außen gelegene Pumpe liefert Kraftstoff unter Hochdruck und kann nicht durch eine Niederdruckpumpe ersetzt werden, wie sie im Zubehörhandel angeboten wird.

Druckregler

Der Kraftstoff strömt mit einem Druck von rund 2,8 bar durch die Kraftstoffanlage, also mit ungefähr dem zehnfachen Druck einer Vergaseranlage. Unter diesem hohen Druck wird der Kraftstoff über die Einspritzdüsen, die im Prinzip lediglich als Ventile arbeiten, in den Motor eingespritzt. Neben der Düsenöffnungszeit bestimmt der Kraftstoffdruck, wieviel Kraftstoff durch die geöffneten Düsen durchtritt, daher ist ein exakt eingeregelter Kraftstoffdruck besonders wichtig.

Einspritzverteilerrohr

Der Kraftstoff fließt über ein Metallrohr – das Verteilerrohr – durch die Anlage und wird dann in den Tank zurückgefördert. Der Kraftstoffdruckregler sitzt am Verteilerrohr.

Kraftstofffilter

Bei jedem Arbeitstakt passiert eine erstaunlich geringe Kraftstoffmenge die Einspritzdüse. Die Düsenöffnung ist daher extrem klein, weshalb der durchfließende Kraftstoff auch so sauber wie nur möglich sein muss, um ein Zusetzen der Düsenbohrungen zu vermeiden. Deshalb ist im Fahrzeugheck hinter der Kraftstoffpumpe ein Filter angeordnet. Ein vorgeschriebenes Wartungsintervall für diesen Filter gibt es nicht, ein verschmutzter Filter kann sich allerdings durch zu niedrigen Kraftstoffdruck bemerkbar machen.

5. Verteiler/Spulenzündung

Der Verteiler besteht aus drei Baugruppen: Die Zündenergie aus der Zündspule gelangt über das Mittenkabel im Verteilerdeckel in das Verteilerinnere und wird über den rotierenden Verteilerläufer, der direkt unter dem Verteilerdeckel sitzt, zum richtigen Zündkabel weitergeleitet. Über den oben auf dem Verteilergehäuse sitzenden Verteilerdeckel (Verteilerkappe), der aus Isolierwerkstoff besteht und aus dem die Zündkerzenkabel herausführen, wird der Zündfunke auf den jeweils richtigen Zylinder verteilt.

Die zweite Baugruppe im Verteiler dient zum Schließen und Öffnen des Massestromkreises, der das Aufladen der Zündspule steuert. Typischerweise erfolgt dieser Öffnungs- und Schließvorgang durch einen Unterbrecherkontaktsatz, der Verschleiß durch Kontaktabbrand unterliegt und gelegentlich erneuert werden sollte. In neueren Alfas ist eine wartungsfreie elektronische Zündanlage an die Stelle der Unterbrecherkontakte getreten.

In der dritten Verteilerbaugruppe wird der genaue Augenblick eingestellt, in dem die Kontakte öffnen, so dass das Kraftstoff-Luft-Gemisch gezündet wird und möglichst vollständig verbrennen kann. Zwar verändert

Abb. 2-39. Acht Zündkabel statt vier: Der Verteiler der Marelli-Doppelzündung im Alfa GTA.

sich die Motordrehzahl, doch die erforderliche Zeitdauer für den Verbrennungsvorgang bleibt konstant. Bei höherer Motordrehzahl muss der Zündfunke also etwas früher überspringen als bei niedrigeren Drehzahlen. Diese Verstellung des Zündzeitpunkts erfolgt über Fliehgewichte, die um die Verteilerwelle rotieren und deren Ausfederweg durch eine Feder begrenzt wird. Bei höheren Drehzahlen setzt das Fliehgewicht der Feder eine höhere Fliehkraft entgegen und bewegt sich dadurch nach außen. Durch diese Bewegung des Fliehgewichts wird der Zündzeitpunkt in Richtung „früh" verstellt. Bei Giuliettas mit Lucas-Verteiler ist zusätzlich eine Unterdruckdose zur Verstellung des Zündzeitpunkts vorhanden.

Spätere Alfas sind mit einer elektronischen „EZL"-Zündung von Bosch in Verbindung mit der Jetronic-Einspritzanlage oder mit der integrierten Bosch Motronic-Einspritzanlage ausgerüstet.

Spulenzündanlagen mit Verteiler sind mindestens seit den 1920er Jahren gebräuchlich. Dies ließe darauf schließen, dass diese Bauart veraltet ist, was so aber nicht stimmt. Bei sachgemäßer Wartung genügt die Alfa-Zündanlage für den tagtäglichen Klassiker-Betrieb vollauf. Ich selbst habe deshalb auch stets auf die „Zündoptimierer" aus dem Zubehörhandel verzichtet. Die serienmäßige Anlage operiert allerdings durchaus im Grenzbereich. Wer es mit der Wartung der Zündanlage nicht so genau nimmt oder den Motor so umbaut, dass ein „heißerer" Zündfunke notwendig wird, bei dem dürfte eine Hochleistungszündanlage aus dem Zubehörhandel sicherlich etwaige Probleme beim Startverhalten beheben.

Nach meiner Erfahrung sind die meisten Startschwierigkeiten jedoch eher auf eine falsche Anlassmethode oder auf die Verwendung überalterter oder ungeeigneter Zündkerzen zurückzuführen.

6. Die Abgasreinigungsanlage

Schon lange bevor die Abgasreinigungs- und Katalysatortechnik in Europa zum Thema wurde, war sie in den USA bereits Teil der Serienausstattung. Da US-Importe auch in Alfa-Kreisen keine Seltenheit sind, sind auch deutsche Liebhaber klassischer Alfas in gewissem Umfang mit dieser Technik konfrontiert. Im Gegensatz zu vielen US-Fabrikaten sind die Alfa Romeos nicht mit Abgasreinigungskomponenten überfrachtet. Anfangs war noch Einfachheit Trumpf, da der Motor schon konstruktiv für einen sauberen Verbrennungsvorgang optimiert worden war, vor allem in der Kraftstoffanlage.

An US-Alfas vor Baujahr 1969 fielen die Abgasreinigungskomponenten noch nicht ins Gewicht, da sie wartungsfrei waren. Ab Mitte der 1970er Jahre wurde die Einhaltung der US-Abgasvorschriften selbst mit der SPICA-Einspritzanlage immer schwieriger – ein Problem, das sich weiter verschärfte, bis 1982 die elektronische Bosch-Einspritzanlage in der Serie Einzug hielt.

An dieser Stelle ein Wort an jene Alfa-Besitzer, die einen aus den USA importierten Alfa-Klassiker für die TÜV-Abnahme und das H-Kennzeichen-Gutachten vorbereiten. Ist der US-Import mit einem US-Katalysator aus der Zeit ausgerüstet, bevor diese Katalysatoren in Deutschland vorgeschrieben oder zum Teil der Serie wurden, wird es vom TÜV problemlos anerkannt, eine komplette Rückrüstung auf die zum Zeitpunkt der Erstzulassung des Fahrzeugs serienmäßige katalysatorlose Europa- respektive Deutschlandversion vorzunehmen. Die rückgerüstete Version muss allerdings genau der Europaversion entsprechen (im Einzelfall ist zu prüfen, ob die US-Motoren etwa andere Verdichtungsverhältnisse oder sonstige technische Besonderheiten aufwiesen). Im Einzelfall sollte die Frage der maßgeblichen Baujahre, Erstzulassungs-Stichtage usw. mit der TÜV-Prüfstelle geklärt werden.

Die Ansaugluftvorwärmung

Ab 1976 wurde bei den Alfas Warmluft aus dem Bereich um den Auspuffkrümmer in die Saugseite des Luftfilters geleitet. Diese Wärme sorgt für eine bessere Kraftstoffzerstäubung und für günstigere Abgaswerte, vor allem bei kaltem Motor. Leistungseinbußen bedeutet dies übrigens nicht. Zu erkennen ist die Vorwärmung an dem faltenbalgähnlichen Schlauch zwischen Auspuffkrümmer-Warmluftabzweig und Luftfiltereinlass. Vorne am Luftfilter sitzt außerdem eine Ventilklappe zur Regulierung des Kaltlufteinlasses, die über einen Bimetallstreifen gesteuert wird.

Sekundärluftpumpe

Die Luftpumpe sieht wie eine Miniaturlichtmaschine aus, wird über einen Keilriemen auf der Motorvorderseite angetrieben und ist an zwei an ihrer Rückseite angeschlossenen großen Gummischläuchen zu erkennen (siehe

Abb. 2-40. Die Sekundärluftpumpe der US-Alfetta ist kaum zu erkennen, sitzt aber außerhalb der SPICA-Einspritzpumpe. Selbst routinierte Mechaniker, für die Alfas Neuland sind, übersehen sie leicht. Aufgrund ihrer Einbaulage ist der Wechsel des SPICA-Ölfilters eine mühsame Sache. Diese Luftpumpen wurden von 1975 bis 1981 verbaut.

Abb. 2-41. Viele werden dieses Bauteil vermutlich nie zu Gesicht bekommen: Das berüchtigte „Monofarfalla"-Ansaugplenum der 1981er US-Alfas mit SPICA-Einspritzanlage. Die Abgasrückführungsleitung ist (rechts) vor dem Luftsammler angebaut und führt über den Ventildeckel zum Auspuffkrümmer. Das hutförmige Bauteil direkt vor der Abgasrückführungsleitung ist das unterdruckgesteuerte Abgasrückführungsventil.

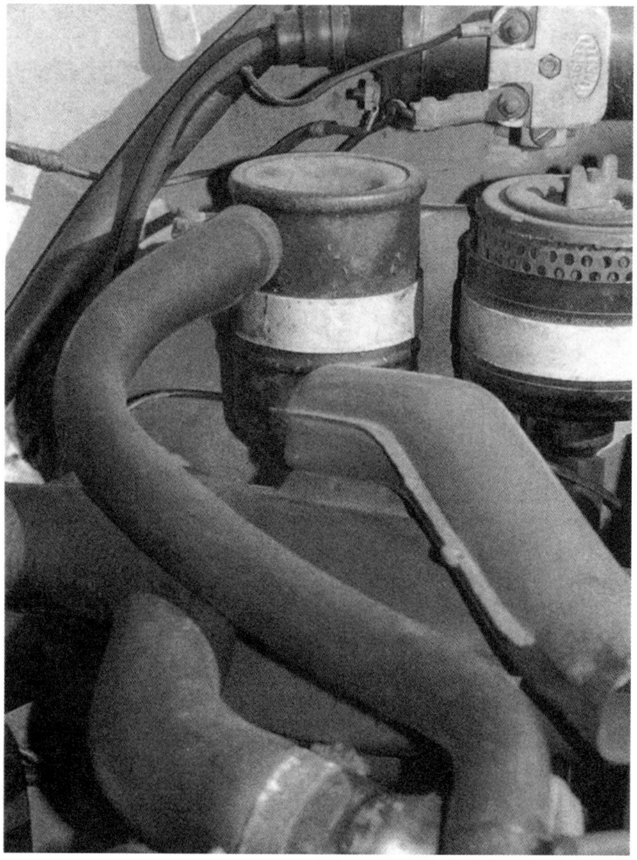

Abb. 2-42. Der Behälter in der Bildmitte ist der Dampfabscheider, über den Kurbelgehäusedämpfe zurückgeführt werden. Der (hier nicht zu sehende) kleine Gummischlauch am Sockel führt zurück zur Motorölwanne. Stirbt Ihr Motor ab, könnte es daran liegen, dass dieser kleine Schlauch verstopft ist.

Abb. 2-40). Einer der Schläuche führt in einen Krümmer, über den Frischluft unter Druck in den Auslasstrakt gelangt. Über den anderen Schlauch wird Frischluft aus dem Luftfilter angesaugt. Die Frischluft dient zur Nachverbrennung von im Motor noch nicht verbranntem Kraftstoff.

Beim US-Spider sitzt die Sekundärluftpumpe über der Lichtmaschine, bei den Alfetta-Limousinen und -Coupés außerhalb der SPICA-Einspritzpumpe. Vor allem bei Fahrzeugen, die ursprünglich auf Märkten mit strengen Abgasgrenzwerten ausgeliefert wurden, ist diese Luftpumpe zu finden. Diese Sekundärluftpumpe kostet unstrittig Leistung. Auch verstärkt sie die Neigung zu Fehlzündungen.

Abgasrückführung

US-Alfas der Baujahre 1980 und 1981 waren mit einer Abgasrückführungsanlage ausgerüstet. Die Abgasrückführungsanlage ist an dem Verbindungsrohr zwischen Saugrohr und Auspuffkrümmer zu erkennen. Diese Anlagen besitzen ein unterdruckgesteuertes Ventil im Auspuffkrümmer, das beim Öffnen die Ansaugluftfüllung mit nicht brennbarem Abgas verdünnt. Die Abgasrückführung kostet nicht nur Leistung, sondern macht sich auch im Fahrverhalten bemerkbar. Häufig wurde sie bereits in den USA lahmgelegt, obwohl sie eine Senkung der Stickoxidwerte im Abgas bewirkt. Wie die Sekundärluftpumpe ist auch die Abgasrückführung vor allem bei Alfas anzutreffen, die im Originalzustand strengere Abgaswerte erfüllen müssen.

Öldampfabscheider

Der Öldampfabscheider hält Ölnebel aus dem Kurbelgehäuse zurück, kondensiert ihn und führt ihn über einen dünnen Gummischlauch zurück, der vor dem Motor von der Ansaug- zur Auslassseite verläuft und an einem Nippel an der Ölmessstabhalterung endet. Es sei hier nur erwähnt, weil für eine einwandfreie Systemfunktion etwas Öl im Schlauch vorhanden sein muss und der Abscheider regelmäßig gereinigt werden muss.

Katalysator

Der Katalysator sitzt außerhalb des Motorraums, wird aber mit erwähnt, weil er bei bestimmten US-Alfas und Alfa-Youngtimern Teil der Abgasreinigungsanlage ist. Der Katalysator erinnert auf den ersten Blick an einen

Abb. 2-43. Dieser Nachrüstkatalysator entspricht in seiner Funktion dem runden Serienteil. Bei manchen Katalysatoren sind die Anschlussflansche um 180° zueinander versetzt, bei anderen sind die Flansche an beiden Enden gleich ausgerichtet.

Abb. 2-44. Der Serienkatalysator sitzt üblicherweise in einem als Lochblech ausgeführten Hitzestrahlblech, das im Laufe der Zeit häufig losvibriert – so auch hier. Fällt Ihr Kat-Alfa selbst nach sorgfältiger Motoreinstellung bei der Abgasuntersuchung durch, könnte ein neuer Katalysator fällig sein.

Zusatzschalldämpfer und ist bei den Alfas mit einem Lochblech als Hitzestrahlblech versehen. Im Katalysator werden durch eine chemische Reaktion bei hohen Temperaturen bestimmte (Grenzwerten unterliegende) Schadstoffe in andere (nicht regulierte) Schadstoffe umgewandelt. Katalysatoren sind nicht billig und können bei chronisch zu fett laufendem Motor sehr an Lebensdauer einbüßen.

7. Getriebe und Antriebsstrang

Jetzt nehmen wir unsere Unterstellböcke zur Hand und begeben uns ein Weilchen unter unseren Alfa Romeo.

7.1 Die Modelle vor der Alfetta-Generation

Mein Arbeitstitel für dieses Kapitel lautete ursprünglich „Coupés und Limousinen von der Giulietta bis zum 2000 sowie alle Spider", nur wäre damit noch immer keine wirklich exakte Kategorisierung dieser doch recht großen Familie eng miteinander verwandter Konstruktionen erreicht. In Zukunft werden wir von dieser Modellgruppe vermutlich immer häufiger als der „Giulietta-Familie" lesen, noch sind die Modellvarianten allerdings derart frisch im Gedächtnis, dass es für eine solche Einteilung noch zu früh ist. Alternativ könnte man einfach von den „klassischen Fahrwerken" sprechen, denn die Starrachs-Hinterachskonstruktion der Giulietta-Abkömmlinge geht letzten Endes auf die Anfänge von Alfa im Jahr 1910 zurück. Für diese Treue zur Starachse bezahlte Alfa Romeo häufig mit dem Prädikat „antiquiert" und anderen wenig schmeichelhaften Adjektiven. Dabei hat diese Alfa-Konstruktion im Laufe der Jahrzehnte einen derartigen Reifegrad erreicht, dass sie wirklich eine Menge Fahrfehler verzeiht und auch keine wirklichen Leistungsnachteile erkennen lässt.

Abb. 2-45. Vierzylindermotor und Getriebe in ausgebautem Zustand. Das nach hinten konisch zulaufende Gussteil (links) zwischen Motor und Getriebe ist die Kupplungsglocke, in der – wie der Name sagt – die Kupplung sitzt. Ganz links die Gelenkscheibe (Hardyscheibe) für die Antriebswelle.

Abb. 2-46. In Hinterachse und Hinterradaufhängung der Giulietta finden wir eine typische konventionelle Starrachskonstruktion.

Bei allen Alfa Romeos vor der Alfetta sitzt hinter dem massiven Alugussblock, der den Motor (nebst seinen Anbauteilen) ausmacht, eine große Glocke, die in ein annähernd zylindrisches Gussteil mündet. An dieses Zylindergussteil schließt sich ein dreiarmiges Gelenk an, das über eine groß dimensionierte Gummigelenkscheibe mit der Antriebswelle verbunden ist. Der Aluklotz hinter dem Motor, gemeinhin als Kupplungsglocke bezeichnet, ist ein separates Bauteil, genau wie das Getriebe, das sich in dem dahinterliegenden zylindrischen Gussgehäuse verbirgt, das mit der Kupplungsglocke verschraubt ist.

Da all diese Bauteile aus Aluguss bestehen, ist der gesamte Motor-Getriebe-Block ausreichend kompakt und leicht und kann bei Reparaturen als Einheit ausgebaut werden. Schwungrad und Kupplung sitzen im Inneren der Kupplungsglocke und sind dort gegen Straßenschmutz und Öl geschützt.

Die Kupplung ist in Konstruktion und Aufbau absolut konventionell. Findige Schrauber stellten fest, dass die Kupplungsscheibe der Giulietta (Baumuster 750/101) mit der des MG TD austauschbar ist.

In der Giulia finden wir das Fünfganggetriebe, wie es erstmals im 2000 und im 2600 zu finden gewesen war. Dass die fünf Vorwärtsgänge für einen Hauch des Exklusiven im Markenimage von Alfa Romeo sorgten, war sicher kein Manko. Im Laufe der Zeit machen sich bei vielen Alfa-Getrieben Schwächen an der Synchronisierung des 2. Gangs bemerkbar. Viele Alfa-Fans können mit dieser kleinen „Macke" jedoch offensichtlich leben.

Die Gummigelenkscheibe (gemeinhin als „Hardyscheibe" bezeichnet) hinter dem Getriebe soll Änderungen im Antriebswellenwinkel ausgleichen und Stoßbelastungen im Antriebsstrang dämpfen. Bei den Modellen, die uns hier interessieren, ist diese Gelenkscheibe ausgesprochen langlebig (mit gewissen Einschränkungen – siehe unten).

Die Antriebswelle ist geteilt und somit längenverstellbar, außerdem läuft sie in diesem geteilten Abschnitt in einem Mittellager. Im Winter empfiehlt es sich, den Unterboden öfters zu waschen, um Streusalz keine permanente Angriffsfläche zu bieten. Beim Waschen sollte der Wasserstrahl allerdings nicht direkt auf dieses Stützlager gerichtet werden, da sonst das Schmiermittel aus der Lagerstelle verdrängt werden könnte. Am hinteren Kardanwellenende sitzt ein Kreuzgelenk in konventioneller Bauart, das mit dem Anschlussflansch des Differenzials verschraubt ist.

Für eine Vorlesung über Fahrwerksdynamik ist hier kein Platz, aber ein paar Anmerkungen zum Thema „ungefederte Massen" sind angebracht, denn gerade Alfa Romeo achtet besonders darauf, diese Massen möglichst gering zu halten. Die Radfederung bildet die Trennlinie zwischen gefederten und ungefederten Massen: Die Karosserie gleitet gefedert über Fahrbahnunebenheiten, während die Räder wie verrückt auf und ab tanzen. Zu den ungefederten Massen zählt also alles, was sich zusammen mit den Rädern auf- und abbewegt: Radkappen, Räder, Reifen, Bremsen, Achswellen, Differenzialrädersätze und Differenzialgehäuse. Die ungefederten Massen

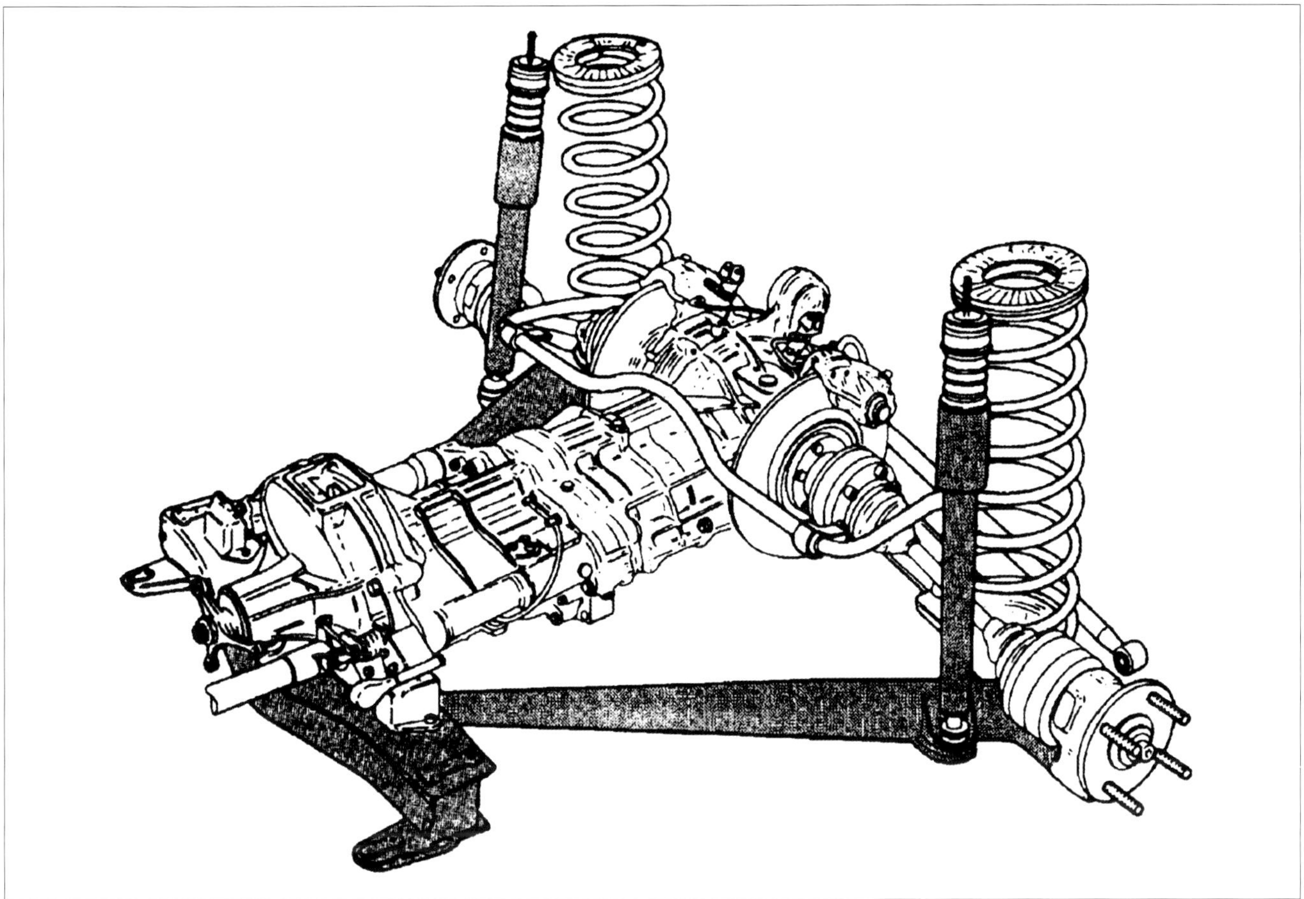

Abb. 2-47. In der Transaxle-Bauweise (Alfetta) sind Kupplung, Getriebe, Differenzial und Hinterradbremsanlage in einer einzigen Baugruppe zusammengefasst.

sollten möglichst gering gehalten werden, damit die Räder in ihrer Bewegung der Fahrbahnoberfläche möglichst exakt folgen können.

Kleine ungefederte Massen verbessern außerdem den Fahrkomfort.

Die Starrachse (die komplett zu den ungefederten Massen zu rechnen ist) eines Alfa Romeo ist relativ leicht, auch wenn nur wenige Teile aus Leichtmetall bestehen. Gewichtssparende Rohrkonstruktionen und zweckmäßig proportionierte geometrische Formen vereinigen sich hier zu einer steifen und zugleich leichten Baugruppe.

Die hervorragende Straßenlage eines Alfa rührt teilweise aus dem geringen Gewicht der Hinterachse her, teilweise aus der Präzision der Achsführung. Oben wird die Achse mittig durch ein so genanntes Reaktionsdreieck geführt, das Dreh- und Seitenbewegungen aufnimmt. Bei den Baumustern 750 und 101 besteht dieses Dreieck aus einer verschweißten Rohrkonstruktion. Ab dem Baumuster 105 erfüllt ein stabiles Schmiedestahlteil in T-Form denselben Zweck. Zur Aufnahme der Schubkräfte sind außen an beiden Achsseiten untere Führungsstreben angeordnet.

Ab der Giulia Super war die Hinterachse mit Scheibenbremsen bestückt. Bei früheren Modellen kamen Trommelbremsen mit radial verrippten Aluminiumtrommeln zum Einbau.

7.2 Die Alfetta und ihre Nachfolger

An der Alfetta und dem 75 findet man mit Transaxle und DeDion-Hinterradaufhängung die technisch wohl ausgeklügeltste Antriebskonstruktion für einen Pkw mit Frontmotor. Dabei ist diese Kombination nicht einmal neu: Bereits Ferrari, Pegaso und Lancia hatten Transaxles gebaut.

In dem kleinen Gehäuse hinter dem Motor sitzt lediglich ein Gummigelenk (Hardyscheibe), das mit der Antriebswelle verschraubt ist; Kupplung und Getriebe sind im hinteren Fahrzeugbereich unter dem Bodenblech als Teil eines groß dimensionierten Alugussgehäuses angeordnet, das auch das Differenzial aufnimmt. Dieses Gussteil ist direkt mit der Karosserie verschraubt. In eigenen Gelenken bewegliche Antriebswellen übertragen die Antriebskräfte auf die Hinterräder, die in einem leichten und zugleich verwindungssteifen Hinterachs-Rohrrahmen geführt werden.

Diese Hinterradaufhängung wird nach ihrem (von der Automarke DeDion Bouton bekannten) Erfinder als DeDion-Hinterachse bezeichnet und war bereits Anfang des 20. Jahrhunderts ersonnen worden. Der leichte Hinterachs-Rohrrahmen, der die Räder führt, ermöglicht die gleiche zuverlässige Radführung wie eine hintere Starrachse, die ungefederten Massen sind jedoch wesentlich kleiner.

Das Getriebe im Fahrzeugheck sorgt überdies für die gleichmäßigere Gewichtsverteilung. Die meisten Autos mit Frontmotor und direkt angeflanschtem Getriebe sind eher frontlastig und neigen zum Untersteuern. Ist das Getriebe mit dem Hinterachsausgleichsgetriebe (entsprechend dem Transaxle-Prinzip) zusammengelegt, lässt sich die ideale 50:50-Gewichtsverteilung erreichen, ohne dass das Platzangebot im Innenraum litte. Dies ergibt bessere Fahreigenschaften und besser berechenbares Lenkverhalten in allen Fahrsituationen.

Die DeDion-Hinterradaufhängung mit Transaxle war bereits in den Alfetta-Rennwagen für die Formel 1 montiert worden – mit ein Grund, weshalb Alfa Romeo 1972 für die neue Pkw-Baureihe die legendäre Typenbezeichnung wiederaufleben ließ.

Abb. 2-48. DeDion-Hinterachse ohne Getriebe und Antriebswelle. Das Hinterachsrohr wird am exakt mittig angeordneten Z-förmigen Wattgestänge geführt.

In der Praxis liegen beim Alfetta-Antriebsstrang Licht und Schatten dicht beieinander. Unzweifelhaft bietet er alle Vorteile hervorragender Straßenlage und guter Gewichtsverteilung auf Vorder- und Hinterachse. Die Antriebswellen-Hardyscheiben, die bei früheren Modellen störungsfrei ihren Dienst taten, sind jedoch eine Achillesferse der Alfetta. Im Antriebsstrang sind insgesamt drei davon verbaut, und am häufigsten treten Probleme an dem Exemplar direkt hinter dem Motor auf.

Die Ursache dafür ist nicht ganz klar. Verschiedene Faktoren dürften zusammenkommen: Die Alfetta-Antriebswelle rotiert mit Motordrehzahl statt mit Raddrehzahl und somit die meiste Zeit wesentlich schneller als sonst üblich. Außerdem fehlt die vorgelagerte Kupplung, die Stoßbelastungen im Antriebsstrang mit abfedern könnte. Beide Probleme sollten allerdings dadurch behoben sein, dass die vordere Alfetta-Hardyscheibe wesentlich großzügiger dimensioniert ist als in den Vorgängermodellen. Probleme machen aber gelegentlich gealterte Motoraufhängungen. Beim flotten Beschleunigen neigt sich der Motor, und die Gelenkscheibe wird dann zusätzlich belastet.

Eine eindeutige Diagnose gibt es jedenfalls nicht. Die vordere Hardyscheibe der Alfettas trübt jedoch den Gesamteindruck dieser ansonsten einzigartigen Konstruktion. Alfetta-Besitzer sollten die vordere Hardyscheibe also als Verschleißteil auf gleicher Stufe wie Bremsklötze betrachten – und vermutlich genauso häufig einen Austausch einplanen. Regelmäßige Sichtkontrolle und Erneuerung, sobald tiefere Risse auftreten (auf die Oberfläche beschränkte Haarrisse sind noch tolerabel), sind also unabdingbar.

7.3 Die Fronttriebler

Ab dem Alfasud hielt bei Alfa Romeo der Frontantrieb Einzug. Frühen Fronttrieblern waren gewisse lästige, um nicht zu sagen: gefährliche, Fahreigenschaften zu eigen, die im Zuge der Weiterentwicklung allerdings ausgebügelt wurden.

Diese Probleme der frühen Jahre sollen hier nicht aufgewärmt werden, Besitzer eines Alfa-Fronttrieblers müssen sich allerdings auf ein gänzlich anderes Fahrverhalten als bei Alfa-Heckantriebsmodellen einstellen. Fronttriebler neigen konstruktionsbedingt beim Beschleunigen in engen Kurven zu spürbarem Eigenlenkverhalten. Der Fahrer muss bei solchen etwas unzivilisierten Fronttrieblern dann beim Kurvenfahren mitunter regelrecht gegen die Lenktendenzen des Fahrzeugs ankämpfen. Am zügigsten kommt man mit ganz leichtem Gasfuß durch die Kurve, sofern Sie die Kurve nicht bereits zu schnell angingen.

Der 164 fährt sich bemerkenswert zivilisiert, auch hier sollte man jedoch daran denken, dass die Hinterräder nicht angetrieben werden und lediglich das Heck mitlaufen lassen.

7.4 Das Fahrgestell

In früheren Zeiten besaßen Autos analog zu ihren Urahnen, den Pferdekutschen, einen separaten Aufbau auf einem Fahrgestell. Das Fahrgestell übernahm eine wichtige Fahrwerksfunktion. In erster Linie sollte es die Kräfte aufnehmen, die während der Fahrt von der Fahrbahn auf die Radaufhängung einwirken. In Grenzen verwindungsfähige Fahrgestelle verteilen außerdem die auf die Radaufhängung einwirkenden Kräfte auf die gesamte Fahrzeuglänge. Längere Fahrgestelle gleichen Fahrbahnunebenheiten zudem besser aus und ermöglichen höheren Fahrkomfort.

Bei einem verwindungsfähigen Fahrgestell können die Radfederungen sehr steif ausgelegt werden, um den Neigungstendenzen des Aufbaus bei scharfem Kurvenfahren entgegenzuwirken, und die Stoßdämpfer benötigen keine Feinabstimmung, da das Fahrgestell auf schlechter Fahrbahnoberfläche von sich aus die Radbewegungen mitdämpft. Bis zur Premiere des 1900 im Jahr 1951 wurden bei Alfa Romeo durchweg separate Fahrgestelle verwendet.

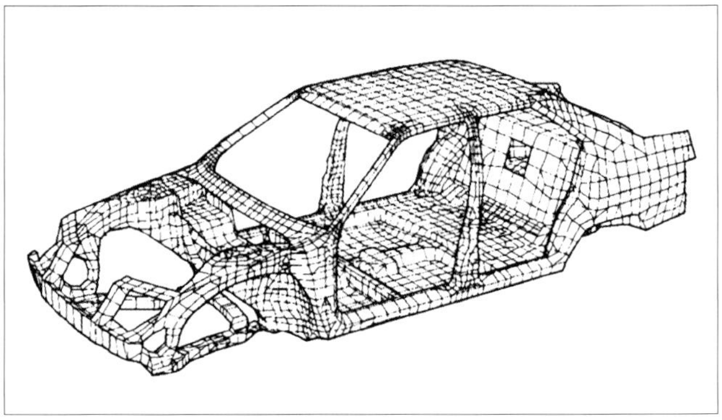

Abb. 2-49. Finite-Elemente-Darstellung der selbsttragenden Karosserie des Alfa 164. Ab Anfang der 1980er Jahre wurde computergestütztes Design immer wichtiger bei Alfa Romeo.

1927 hatte Vincenzo Lancia den Lambda vorgestellt, der gänzlich ohne separates Fahrgestell auskam. Die Radaufhängungskräfte verteilten sich auf den gesamten wannenförmigen Aufbau, der durch lokale Versteifungsbleche an den Befestigungspunkten des Fahrwerks stabilisiert wurde. Diese so genannte selbsttragende Karosserie (siehe Abb. 2-49) bietet den Vorteil, dass auf ein separates Fahrgestell verzichtet werden kann, was wiederum Vorteile durch niedrigere Fertigungskosten und geringeres Gesamtgewicht mit sich bringt. Sämtliche Alfa-Serienmodelle ab dem 1900 von 1951 sind mit selbsttragenden Karosserien ausgerüstet.

Alfa-Cabriolets mit selbsttragender Karosserie beziehen ihre Steifigkeit aus der ausgeprägten Profilierung der Bodengruppe und groß dimensionierten verschweißten Stahlblechträgern – den Türschwellern, in denen sich zusätzliche Versteifungsträger finden, die zugleich die unteren Querlenker der Vorderachse und die Motoraufhängungspunkte aufnehmen. Am Heck sind die Längslenker und das darüberliegende Reaktionsdreieck direkt am Bodenblech angeschraubt.

Bei den Giulietta-Cabrios zählte das Armaturenbrett zu den tragenden Karosserieteilen. Ab dem Duetto war das Armaturenbrett demontierbar und somit für die Steifigkeit des Aufbaus entbehrlich. Der 1750 und spätere Alfa-Cabriolets hatten durchweg mit Rüttelneigungen an der Spitzwand zu kämpfen, die sich in Seitenbewegungen des Armaturenbretts bei Fahrten auf holpriger Fahrbahn bemerkbar machten.

Rostanfälligkeit ist bei selbsttragenden Karosserien immer ein Thema. Alfa Romeo benötigte mehrere Jahrzehnte für die Entwicklung wirklich rostbeständiger Karosserien, also sollten Sie einen Alfa vor dem Kauf stets gründlich auf Rostbefall inspizieren. Der Rost nimmt typischerweise seinen

Abb. 2-50. Dieses Vorderachs-Zugstrebenlager (rechts vom einstellbaren Tragarm) ist reif für eine Erneuerung.

Ausgangspunkt entlang des Falzes, an dem zwei Bleche miteinander überlappend verbunden sind. Bei allen Alfas sollte die Bodengruppe von unten auf Rost an tragenden Teilen untersucht werden. Besonderes Augenmerk gilt dem Bereich um die Längsversteifungsträger. Kleine Durchrostungen im Bodenblech, vor allem um das Gaspedal herum, sind nicht selten, zeigen allerdings an, dass die Fahrzeugunterseite auf etwaigen größerflächigen Rostbefall untersucht werden muss.

Oberflächenrost ist wesentlich auffallender, für die Steifigkeit der Karosserie allerdings weniger bedeutsam. Bei den Giulietta-Cabriolets rosteten die Außenschweller sehr schnell, und ein Exemplar mit durchgerosteten Außenschwellern gilt häufig als in seinen tragenden Teilen geschwächt. Die Außenschwellerbleche der Giulietta erfüllen allerdings nur eine optische Funktion und sind kein tragendes Teil, wohl aber die dahinterliegenden eigentlichen Mittel- und Innenschweller. Ab dem Duetto zählen jedoch auch die Außenschweller zu den tragenden Teilen.

Frühe Alfas litten oft unter Rost im Kofferraum rund um die Batterie, der sich nach außen um die Radläufe ausbreitete, während die Alfetta-Coupés um Front- und Heckscheibe und um die Stoßdämpferdome im Motorraum korrosionsgefährdet sind. Rostfraß um die Radläufe oder um die Scheiben lässt sich nur durch heroischen Arbeitseinsatz beseitigen, und man sollte davon ausgehen, dass fast jeder Alfa irgendwo Rost zeigt – je älter, desto eher.

Die Außenseite der Türkurbelscheiben wird bei der Auf- und Abbewegung durch eine Stoff- oder Gummiabstreiflippe zum Türschacht abgedichtet. Ist diese Lippe beschädigt, sickert Regenwasser an der Scheibe vorbei in den Türkasten. Modernere Alfas sind mit Türablaufbohrungen versehen, sind diese allerdings zugesetzt, greift Rost an den Türunterkanten rasch um sich.

Bei der Giulia des Baumusters 105 verbaute Alfa Romeo Gummimetallbuchsen im Fahrwerk. Deren Schrauben rosten gerne in der inneren Stahlbuchse fest, bis dieses Fahrwerkslager ganz festfrisst; in ganz schweren Fällen kann gar der vordere Querträger aus der Karosserie ausreißen. Derartige Mängel kündigen sich beim Überfahren von Bodenwellen bereits frühzeitig durch Quietschen aus dem Bereich des Unterbodens an. Austausch der schadhaften Gummimetallbuchse ist dann die einzige Abhilfe.

Bei allen Giulias und deren Nachfolgern sollte das vorderste Gelenk der Vorderradaufhängung (nicht weit hinter der Scheinwerferrückseite zu finden) auf Verschleiß kontrolliert werden. Ist ein sattes „Klack" zu vernehmen, sobald Sie eine Fahrbahnschwelle oder Bodenwelle überfahren, stehen die Chancen gut, dass das vordere Zugstrebengelenk erneuerungsreif ist.

Die in den USA verkauften Alfas waren ab dem Milano mit Zahnstangenlenkung mit Servounterstützung ausgerüstet (wie sie auch beim europäischen Alfa 75 im Zuge der Modellpflege in das Sonderzubehörprogramm aufgenommen wurde). Frühe Versionen mit SPICA-Einspritzanlage neigten vorzeitig zu Undichtigkeiten, was eine Zeitlang nur durch Komplettaustausch zu beheben war – eine kostspielige Lösung für ein Problem, das eigentlich kaum mehr als ein Schönheitsfehler war. Mehrere Alfa-Fachbetriebe spezialisierten sich im Laufe der Jahre auf die Überholung undichter Lenkgetriebe, aber dennoch sollte dieser Punkt beim Kauf eines jüngeren Alfa-Klassikers genau überprüft werden.

7.5 Reifen

Was die Reifenflanken uns verraten

Wenn Sie gerade nichts zu tun, aber auch nichts zu lesen bei sich haben, werfen Sie doch einmal einen Blick auf die vielen Ziffern und Lettern auf der Flanke eines Ihrer Reifen. Sie erfahren dort eine Menge: die zulässige

Abb. 2-51. Der Reifenaufbau muss auf der Flanke angegeben sein. Dieser Radialreifen weist drei Lagen auf der Lauffläche und eine Lage in der Seitenwand auf. Zwei Lagen in der Lauffläche bestehen aus Stahldraht (hier an einem Michelin-Reifen auf einer Campagnolo-Leichtmetallfelge).

Abb. 2-52. Dieser Reifen ist für 545 kg bei max. 240 kPa Reifendruck ausgelegt. Vier derartige Reifen können ein Fahrzeug- und Insassengewicht bis 2180 kg sicher befördern.

Reifenlast, den zugelassenen Geschwindigkeitsbereich, Felgengröße, Reifendruck, Reifengröße und -bauart sowie das Alter des Gummis. Manche Maßzahlen werden in metrischen Werten angegeben, andere in Zoll.

Die wichtigen Codes auf den Reifenflanken variieren je nachdem, ob es sich um Diagonal- oder um Radialreifen (Gürtelreifen) handelt. Eine typische Radialreifengröße ist 225/50VR14. 225 steht für die Reifenbreite in Millimetern, 50 für das Höhen-/Breiten-Verhältnis des Reifenquerschnitts, 14 für den Felgendurchmesser in Zoll, und VR weist den Reifen als Hochgeschwindigkeitsreifen aus. Im Interesse optimaler Fahreigenschaften und Fahrsicherheit müssen die Werte all dieser Kategorien bei allen vier Reifen am Fahrzeug gleich sein.

Diagonal- und Radialreifen

Über Jahrzehnte wurden Reifen auf Karkassen aufgebaut, bei denen die Gewebelagen diagonal zur Lauffläche und in einem einander kreuzenden Winkel verlegt sind. Durch die Verlegungswinkel der einzelnen Lagen wird der Reifen stabil und bietet guten Laufkomfort. Da die Lagen von Wulst zu Wulst um den Reifen verlegt wurden, sind Anzahl der Lagen und Festigkeitswerte auf Flanke wie Lauffläche identisch. Diese Reifen bieten sehr guten Abrollkomfort. Droht in zu schnell gefahrenen Kurven Haftungsverlust, kündigt sich das recht früh an, so dass der Fahrer rechtzeitig merken kann, wenn der Reifen in seinen Grenzbereich gerät.

Bis in die 1950er Jahre waren Diagonalreifen Stand der Reifentechnik. Dann setzten sich zunächst vor allem bei Sportwagen Radialreifen (Gürtelreifen) etwa von Pirelli und Michelin durch. Die Flanken von Gürtelreifen sind wesentlich elastischer. Die Seitenwände weisen üblicherweise nur zwei Lagen auf und sind nachgiebiger, die Lauffläche wird durch mehrere gürtelähnliche Lagen aus Textilmaterial oder Stahldraht verstärkt.

Dank ihrer flexibleren Seitenwand bieten diese Reifen besseren Fahrbahnkontakt, und der zusätzliche Stahlgürtel verhindert ein Dehnen der Lauffläche, so dass der Reifen bei höherer Geschwindigkeit nicht „wachsen" kann. Radialreifen rollen etwas härter ab als Diagonalreifen, bieten aber wesentlich bessere Traktion. Allerdings bleibt diese bessere Traktion nur bis zu einem gewissen Punkt erhalten und geht dann recht abrupt verloren.

Die Empfehlung: Montieren Sie grundsätzlich an allen vier Rädern die gleichen Reifen, auf gar keinen Fall dürfen Diagonal- und Radialreifen gemischt gefahren werden.

Je nach Hersteller weisen die Reifen erhebliche Unterschiede auf, allerdings dürften diese derart subtil sein, dass sie jeder Fahrer wieder anders wahrnimmt. Gäbe es einen einzigen Reifen, der allen anderen derart überlegen wäre, dass seine Überlegenheit deutlich wahrnehmbar wäre, wäre er der einzige Reifen auf dem Markt. Fragen Sie also zehn Personen nach ihrer Meinung über den besten Reifen, dann erhalten Sie zehn verschiedene Antworten.

8. Karosserie/Innenausstattung

Die von Alfa Romeo für die Innenausstattung verarbeiteten Materialien reichen von „hübsch" bis „grässlich", und sie alle scheinen keine extrem lange Lebensdauer zu erreichen. Hüten Sie sich auch davor, in Ihrem Alfa eine Lederausstattung zu vermuten, denn manche bei Alfa verwendeten Kunstledermaterialien sehen Leder sehr ähnlich. Am sichersten ist immer noch ein Geruchstest; ein Blick auf die Rückseite des Materials lässt zudem seine Zusammensetzung erkennen. Leder ist auf der Rückseite rau, Kunststoff respektive Kunstleder hat dort eine Gewebeoberfläche.

Sitzbezüge aus Kunstleder und Leder neigen gleichermaßen zum Austrocknen und werden dann spröde oder gar rissig; die Türverkleidungen verziehen sich entweder durch übermäßigen Feuchtigkeitseinschluss in den Türkästen oder nutzen sich dadurch ab, dass Arm oder Bein ständig daran scheuern. Seit Jahrzehnten montiert Alfa Kunststoff-Wasserschutzfolien in den Türen, doch wurden diese von vielen Besitzern entfernt oder beschädigt, sehr zum Nachteil der Lebenserwartung der Türverkleidungen.

Innenraumdesigner versuchen stets, Befestigungselemente wie Schrauben und Halteklammern oder Clips versteckt zu platzieren. Das kann den Ausbau vor allem von Türverkleidungen zu einem ausgesprochen frustrierenden Erlebnis werden lassen. Alfa verwendet für die Befestigung derartiger Ausstattungsteile Schrauben und Federklammern in unterschiedlicher Ausführung. Die Türverkleidungen der Giulietta müssen etwas verschoben werden, damit sie von ihren oberen Befestigungsklammern freikommen. Besonders mühsam ist der Ausbau der Armlehne auf der Türinnenseite.

Manche Sitze haben einen Schaumstoffkern, der im Lauf der Zeit austrocknen und zerbröseln kann. Er hinterlässt dann grobe fleisch- oder senffarbene Krümel auf dem Boden. Das Schaumstoffelement sollte stets durch eine Abdeckung geschützt werden, damit keine Stücke herausreißen oder es sonst beschädigt werden kann.

9. Die elektrische Anlage

Die Elektrik zählt zu den schwierigsten und frustrierendsten Fahrzeugbaugruppen, mit denen es der Schrauber zu tun bekommt. Fühlen Sie sich zu einem angejahrten Alfa hingezogen, der mit „Defekt an der Elektrik" annonciert wird, empfehlen sich eine kalte Dusche und der geordnete Rückzug. Die Verkabelung in den Alfas ist langlebig, die Kontakte jedoch, auch die Federklammern für die Sicherungshalterungen, sind für Korrosionsbefall und entsprechende Kontaktprobleme berüchtigt.

Die Schaltpläne

Der Kabelbaum der Alfas weist einige markante Eigenheiten auf. Der Sicherungskasten ist ganz logisch. Grob vereinfacht, ist Sicherung Nr. 1 am einen Ende des Kastens eine Art Hauptsicherung für die wichtigsten Komponenten einschließlich – bei Giulietta und Giulia – der Zündanlage. Die vier folgenden Sicherungen sind für Zusatzfunktionen vorgesehen, die übrigen fünf für die Beleuchtungsanlage. Fern- und Abblendlicht beider Scheinwerfer sind separat abgesichert. Siehe Abb. 2-53.

In dem Maße, wie arbeitssparende elektrische Helferlein im Fahrzeug Einzug hielten, wuchs auch die Zahl der Sicherungen im Sicherungskasten, weshalb spätere Baujahre häufig einen kleineren Zusatzsicherungskasten haben.

Abb. 2-53. Der Sicherungskasten der Giulia Super ist aufgrund seiner Einbaulage mit und ohne Abdeckung gleichermaßen durch Feuchtigkeitseinwirkung gefährdet. Die weiße Sicherung (Nr. 5) ist eine Zubehörsicherung; links davon die Sicherungen, die das Fahrzeug am Laufen halten. Rechts davon fünf Sicherungen für Park-/Standleuchten und Fern-/Abblendlicht.

Eine besondere Herausforderung bei der Störungssuche an einem Alfa Romeo ist die Suche nach dem passenden Schaltplan respektive Stromlaufplan. Beschaffen Sie sich stets den Schaltplan, der ihrem Modell möglichst genau entspricht, folgen Sie ihm aber nicht sklavisch, sondern versuchen Sie sich in die Systematik hineinzudenken, nach der ein Alfa Romeo typischerweise verkabelt wird. Kurz, die Angaben in den Schaltplänen sind nicht notwendigerweise hundertprozentig verbindlich.

Diese Herangehensweise ist vor allem bei Kabeln mit Codierfarben notwendig. Zum einen sind die Beschriftungen im Schaltplan in Italienisch angegeben, also N(ero) = Schwarz und B(ianco) = Weiß usw. Außerdem können manche Farbangaben in den Schaltplänen mitunter von den im Fahrzeug verwendeten Farben abweichen. Weist ein Kabel einen zusätzlichen Farbstreifen auf, sind beide Farben im Schaltplan angegeben. Eine Zahl, wie sie manchmal nach dem Farbcode im Schaltplan angegeben ist, bezeichnet den Leitungsdurchmesser in Millimetern.

Abb. 2-54. Jede Menge Masseanschlüsse. Funktioniert etwas an der Elektrik nicht, spricht vieles für ein Masseproblem. Beginnen Sie also mit der Fehlersuche genau hier, in diesem Fall an einer Alfetta. Aber Vorsicht: In der Nähe sitzt am Radkasten eine sehr ähnlich aussehende isolierte Mutter mit vielen Kabeln – die alle Strom führen!

Der Leitungsdurchmesser als Anhaltspunkt gibt häufig mehr Aufschluss als der Versuch, Kabelfarben zu deuten.

Grundregel Nr. 1 bei der Störungssuche an der Elektrik lautet: Masseverbindung prüfen! Bei älteren Alfas wird der Massekontakt häufig über das Karosserieblech selbst hergestellt. Bei späteren Modellen mit Instrumententafeln und Scheinwerfergehäusen aus Kunststoff ist eine schwarze Leitung für den Massekontakt vorhanden. Liegt Spannung an einer schwarzen Leitung an, deutet dies normalerweise darauf hin, dass irgendwo im Stromkreis Batteriestrom an Masse gelangt.

Sicherungen

In dem meisten alten Alfas kommen die bekannten und gewöhnlichen Schmelzsicherungen zum Einsatz. Die so genannten Torpedosicherungen bestehen aus Kunststoff und ab 5 A aus Keramik und tragen einen Metallstreifen. Die Farbe des Sicherungskörpers gibt normalerweise die Sicherungsstärke an, die relative Stärke ist jedoch auch an der Breite des Metallstreifens abzulesen: je breiter der Streifen, desto höher die Belastbarkeit der Sicherung.

Relais

Wenn Sie die elektrischen Fensterheber, die Hupe oder die Lichthupe betätigen, sorgen Sie nicht direkt über den Schalter für Kontakt. Diese Stromkreise benötigen für höhere Ströme ausgelegte Schalter, als sie praktischerweise an der Lenksäule oder der Schalterkonsole montiert werden können.

Abb. 2-55. Ein typisches Relais: Ein glänzendes Kästchen, in dem mehr oder minder viele Kabel verschwinden. Diese Relais werden für Hupe und Blinker verwendet.

Mit dem Betätigungsschalter werden also nur Schaltelemente in einem größeren, für höhere Ströme ausgelegten Schalter respektive Relais betätigt. Im Motorraum sind seitlich an den Kotflügeln mehrere Relais – kleine Kästchen, in denen zahlreiche Kabel zusammenlaufen – angeordnet (siehe Abb. 2-55). Von außen erkennen Sie nicht, welches Relais wofür zuständig ist, ihre Betätigung ist jedoch an einem Klickgeräusch zu hören, Sie können also die einzelnen Bauteile nacheinander durchschalten und zugleich auf dieses Geräusch achten.

Bei der Alfetta und späteren Alfas sitzen am Sicherungskasten Relais für die Fensterheber und Blinker. Im Schaltplan in der Betriebsanleitung ist die Einbaulage der einzelnen Relais näherungsweise dargestellt. Das schwarze Massekabel läuft zum Hupenknopf.

Hupenrelais

Will die Hupe nicht mehr aufhören zu tönen, klopfen Sie kräftig auf das Hupenrelais (ohne es aber vor lauter Panik einzuschlagen). Verstummt die Hupe dann immer noch nicht, wäre manch einer versucht, alle Kabel zu lösen. Tun Sie's nicht! Trennen Sie nur das rote Kabel, über das der Batteriestrom zum Relais gelangt.

Elektrische Fensterheber

Alfa-Fans mögen elektrische Fensterheber eigentlich nicht, weil sie nur unnötiges Mehrgewicht bedeuten. In der Fahrzeugelektrik sorgen sie vor allem für unnötige Komplikationen. Der Alfa-Stromlaufplan für das Fensterheber-Relais ist praktisch nicht zu entziffern. Schwächstes Glied in der Kette der Fensterheber-Elektrik ist der Schalter, der zu Korrosion neigt, wodurch die Fenster – je nach persönlichem Glück – in ganz geöffneter oder geschlossener Stellung stehenbleiben. Der Schalter ist bei den in diesem Buch berücksichtigten Modellen ins Armaturenbrett oder in die Mittelkonsole eingepresst und kann zu Kontrolle und Reinigung herausgehebelt werden.

Häufig lassen sich die Kontakte in Fensterheberschaltern durch Einsprühen mit Kontaktreiniger, wie er in Elektronikfachgeschäften für die Reinigung von Kontakten in der Rundfunktechnik angeboten wird, wieder revitalisieren. Die eigentlichen Schalter können nicht repariert werden, eine Reinigung der Kontakte ist jedoch möglich, indem die Schalterrückseite mit Kontaktreiniger geflutet und anschließend gründlich gereinigt wird. Diese Sprays dürfen aber nur in gut belüfteten Bereichen verarbeitet werden und sollten nicht eingeatmet werden.

9.1 Der Ladestromkreis

Alfa Romeo hielt es meistens für entbehrlich, den Fahrer mithilfe eines Amperemeters oder eines Voltmeters am Armaturenbrett über den Ladestromkreis zu unterrichten. Eigentlich schade, denn ist die Batterie im Alfa nicht mehr voll geladen, wird es schon eng (vor allem in kälteren Gefilden). Ein preiswertes Erhaltungsladegerät ist also eine sinnvolle Anschaffung, damit die Batterie immer voll geladen bleibt.

Als einfache Zustandskontrolle des Ladestromkreises schalten Sie die Scheinwerfer an und starten Sie dann den Motor. Beim Einspuren des Anlassers sollten die Scheinwerfer deutlich dunkler werden, beim Durchdrehen des Motors aber wieder heller werden. Werden die Schweinwerfer nicht heller, während der Motor „orgelt", dürfte eine genauere Durchsicht des Ladestromkreises notwendig werden.

Abb. 2-56. Ein Bosch-Regler für die Drehstromlichtmaschine. Eine Einstellung ist nicht notwendig.

9.2 Anlasser

Die Alfa-Anlasser sind absolut konventionell und ohne Besonderheiten aufgebaut (siehe Abb. 2-57). Die Anlasser von der Giulietta bis zum 1750 lassen sich theoretisch untereinander austauschen, allerdings variiert die Anlassleistung. Die Anlasser des ab 1971 produzierten 2000 weisen drei Befestigungslöcher auf – gegenüber zwei bei den älteren Modellen.

Ein Anlasser ist für kurzzeitigen Intervallbetrieb, nicht für Dauerbetrieb ausgelegt. Wer minutenlang nonstop am Anlasser orgelt, muss irgendwann mit einer durchgebrannten Ankerwicklung rechnen.

Der Anlasser besteht aus drei Hauptbauteilen: dem eigentlichen Anlasser-Elektromotor, dem Ritzel und einem Magnetschalter, der gleichzeitig die Stromzufuhr zum Anlasser herstellt und das Ritzel auf dem Schwungradzahnkranz einspurt. Alle drei Komponenten können überholt werden (ausgenommen die späteren Bosch-Magnetschalter, die sich aufgrund ihrer verpressten Bauweise praktisch nicht zerlegen lassen), üblich ist aber, bei Defekten einen Tauschanlasser zu montieren.

Abb. 2-57. Hier ist der Anlasser mit dem darüberliegenden Magnetschalter zu erkennen. Das dicke Kabel dient zur Stromzufuhr von der Batterie. Das in einem Bogen in Form eines verkehrt herum geschriebenen „C" verlaufende Kabel rechts führt vom Magnet- zum Zündschalter.

9.3 Scheibenwischer

Der Wischermotor ist wie der Anlasser ein konventionelles Zulieferteil. Die Wischermotoren von Giulietta und Giulia sind als langlebig und fast völlig störungsfrei bekannt.

Ab dem Duetto sitzen die Spider-Wischermotoren im Frischluftsystem unmittelbar vor der Windschutzscheibe. Auf der Beifahrerseite ist ein Ablaufloch für Wasser vorhanden.

Abb. 2-58. Der Wischermotor dieser Alfetta von 1979 ist wunderbar gut zugänglich. Bei fast allen anderen Alfas liegt er hinter diversen Karosserieteilen und ist oft nur sehr mühsam zu erreichen.

Dieses Ablaufloch kann sich im Laufe der Zeit durch Laub und Schmutz zusetzen. Dann bildet sich bei Regen ein veritabler Teich, in dem der Wischermotor absäuft. Hört der Regen auf und verdampft das Wasser, ist das Innere des Wischermotors ausreichend durchfeuchtet, um festzukorrodieren.

Wichtig ist also vorbeugende Wartung. Leuchten Sie mit einer Taschenlampe durch das Gitter in das Innere, bis das Ablaufloch gefunden ist, und stochern Sie es mit einem stabilen Draht frei. Biegen Sie das Drahtende aber zu einer Schlaufe, damit nicht versehentlich das Gummiablaufrohr durchstochen wird.

Abb. 2-59. Im Alfetta Coupé verbirgt sich der Wischer hinter einem Trägerblech, auf dem auch das Haubenschloss angebracht ist. Der groß dimensionierte Kunststoffstecker mit der Verkabelung zum Wischermotor bedeutete eine längst überfällige Verbesserung der Alfa-Elektrik. Hier ist außerdem eine Sicherheitszugvorrichtung am Haubenseilzug zu erkennen, wie sie bei keinem Alfa fehlen sollte.

Im Laufe der Jahre wurden Wischermotoren in verschiedenen Ausführungen verbaut (teils mit, teils ohne Intervallschaltung). Kontrollieren Sie gebrauchte Wischermotoren vor dem Kauf darauf, ob sie wirklich exakt der Ausführung für Ihr Fahrzeug entsprechen, anderenfalls passen die Kabelanschlüsse möglicherweise nicht.

9.4 Der Crashschalter

In Ihrem Alfa kann ein Crashschalter eingebaut sein, der die Kraftstoffzufuhr im Falle eines Unfalls unterbrechen soll. Er funktioniert nach dem Prinzip der Massenträgheit. In ihm ruht eine Stahlkugel in einer Federklammer; bei schwerer Erschütterung, also im Falle eines Unfalls, löst sich die Kugel aus der Klammer und unterbricht den Kraftstoffpumpenstromkreis. Springt Ihr Alfa nicht an, obwohl alle andere Baugruppen in Ordnung sind, kann dies an einem defekten Trägheitsschalter liegen. Drücken Sie den Reset-Knopf, um die Kugel wieder in ihren Federsitz zu drücken. Falls dies keine Abhilfe bringt: Der Schalter lässt sich öffnen, die Kontakte können gereinigt werden. Setzen Sie den Schalter auf keinen Fall außer Funktion: Er ist eine echte Lebensversicherung, vor allem im Falle eines Fahrzeugüberschlags.

Abb. 2-60. Sollte sich Ihr Alfa einmal überschlagen, unterbricht der Crashschalter den Stromkreis der Benzinpumpe, damit nicht alles in Flammen aufgeht. Er schaltet die Pumpe allerdings auch gelegentlich ab, wenn Sie ein tiefes Schlagloch voll erwischen oder sonstwie das Auto schwer erschüttern. Mitunter ist dieser Schalter lahmgelegt: Gar nicht gut! Zerlegen und Reinigen des Schalters ist kein Hexenwerk. Lösen Sie die Kabel und nehmen Sie den Schalter heraus. Hebeln Sie das äußere Gehäuse an der Haltenase unten am Zylinder ab. Dann ziehen Sie den Sockel vom Gehäuse ab und reinigen alle erkennbaren funktionsrelevanten Teile.

AZIONALE

KAPITEL 03

03 Kaufberatung

Wer möchte beim Autokauf nicht gerne auf den Rat eines Experten zurückgreifen, vor allem beim Kauf eines Alfa? Nun denn – auf den folgenden Seiten finden Sie diese Hilfestellung.

1. Vor dem Kauf eines Alfa

Bevor Sie den Sprung ins kalte Wasser wagen, weil Sie sich rettungslos in ein bestimmtes Alfa-Modell verliebt haben, das schon morgen in Ihrer Garage stehen soll, empfiehlt es sich, erst einmal ein paar Überlegungen für „die Zeit danach" anzustellen. Sie werden Ihren Alfa nicht nur fahren wollen, sondern Ihr Fahrzeug wird auch Pflege und gelegentlich eine Reparatur benötigen. Wie alt ist der Alfa Ihrer Wahl? Welches Vorleben hat er dann vermutlich schon hinter sich? Wo finden Sie im Fall der Fälle Unterstützung? Wie ist es um Ihre Schrauberkünste bestellt?

Gerade ein Alfa Romeo erfordert ein gewisses Maß an Pflege und Wartung, damit er immer so läuft, wie Sie es von ihm erwarten. Dies wiederum setzt markentypische Fachkenntnisse voraus, die man in normalen Kfz-Werkstätten oder auch nur in Oldtimerwerkstätten vom Schlag „Restaurierungen aller Marken" nicht immer erwarten kann und die auch die Schrauberfähigkeiten des Hobbyschraubers mitunter übersteigen, vor allem, wenn dies Ihr erster Alfa ist.

Natürlich verfügt Alfa Romeo über ein eigenes Händlernetz, denn Sie könnten sich auch einen nagelneuen Alfa vors Haus stellen. Bei den mittlerweile mehrere Jahrzehnte alten Alfa-Klassikern sieht es wieder anders aus. Alfa Romeo ist in Deutschland zwar seit den 1950er Jahren vertreten, führte aber seit jeher eher ein Nischendasein. Entsprechend dünn war daher das Händlernetz und die Fluktuation unter den Händlern und Vertrags-

Abb. 3-1. Der GTV6 besitzt die Karosserie des Vierzylinder-Alfetta-Coupés, wartet aber mit einem robusteren Antriebsstrang und einem V6-Motor auf. Zu erkennen ist er am typischen „Höcker" in der Motorhaube und am Spoiler; beim Vierzylinder ist die Motorhaube flacher gestaltet.

Abb. 3-2. Achten Sie auf die korrekte Motorisierung Ihres Alfa. In einem Anfall geistiger Umnachtung hat der Verfasser einmal den Motor einer 101 Berlina mit Solex-Einfachvergaser in eine 1750er Limousine montiert. Das Ergebnis war geradezu lebensgefährlich untermotorisiert. Vor allem für die Hauptuntersuchung oder das H-Kennzeichen gewinnt die Motorenfrage schnell entscheidende Bedeutung.

werkstätten relativ hoch. Einen Alfa-Neuwagenhändler zu finden, der Sie mit Ihrem Schätzchen aus den Sechzigern, Siebzigern oder frühen Achtzigern nicht nur mit offenen Armen empfängt, sondern der auch noch die benötigten Teile bereithält und dessen Mechaniker sich obendrein wirklich mit diesen Modellen auskennen, dürfte alles andere als leicht werden.

Weitaus aussichtsreicher ist es da, sich in Fachzeitschriften wie *OLDTIMER Markt* und *OLDTIMER Praxis* im Anzeigenteil mit den einschlägigen Alfa-Teilespezialisten vertraut zu machen und sich die auf Arbeiten an klassischen Alfas spezialisierten Fachbetriebe zu notieren, die dort regelmäßig inserieren. Darüber hinaus gibt es in Großstädten mitunter fast im Verborgenen arbeitende Spezialisten, deren Betrieb eher an eine typische Hinterhofwerkstätte erinnert, in dem sich aber Fachleute „vom alten Schlag" (oftmals altgediente Mechaniker früherer Alfa-Vertragshändler) um die Alfa-Liebhaber und ihre vierrädrigen Pflegefälle kümmern. Hören Sie sich also einmal bei anderen Fahrern klassischer Alfas an Ihrem Wohnort um, wer in Ihrer Nähe als empfehlenswerte Adresse gilt.

A propos: Kontakt zu Gleichgesinnten macht sich immer bezahlt. Klassische Alfas vor allem der Siebziger sind nicht derart selten, dass man sie nicht allenthalben bei Oldtimertreffen oder gar gelegentlich im sommerlichen Alltagsverkehr antreffen könnte. Sprechen Sie Ihre Marken- und Typenkollegen ruhig an – die wenigsten beißen!

Auch die Kontaktaufnahme zu Markenclubs (siehe Clubadressenverzeichnisse in den Oldtimerzeitschriften) oder die Registrierung und das fleißige Mitlesen in Alfa-Markenforen sind für frischgebackene Alfa-Besitzer unbedingt zu empfehlen, denn dort finden sich die „alten Hasen", die Neulingen manchen guten (und Geld sparenden) Tipp geben können.

2. Kauf eines Alfa-Klassikers

Wer gewisse Schrauberfähigkeiten mitbringt, könnte versucht sein, sich einen nicht ganz perfekten älteren Alfa Romeo hinzustellen und durch Eigenarbeit einiges an Geld zu sparen. In habe selbst schon Autos erstanden, ohne alle empfohlenen Kontrollen vorzunehmen. Manches, wie die Demontage des Ventildeckels zu Kontrollzwecken, scheint auf dem Hof des Verkäufers unangebracht, vor dem Kauf namentlich eines vielleicht nicht ganz billigen Wagens ist das aber unumgänglich. Wenn Sie diese Arbeiten nicht selbst vornehmen können, ziehen Sie einen unabhängigen Mechaniker hinzu. Mit den Kontrollen, die ich im Folgenden beschreibe, können Sie sich jedenfalls einen recht genauen Eindruck von dem Fahrzeug verschaffen, das Sie kaufen möchten.

In den mehr als 30 Jahren, in denen ich mich mit Alfa Romeos befasse, sind schon eine Menge Alfas durch meine Hände gegangen. Dabei lernt man schnell die wichtige Unterscheidung zweier Kategorien: den Kauf von privat und den Kauf vom Händler.

Abb. 3-3. Wenn es um jeden Preis ein klassischer Alfa-Sechszylinder sein soll, dürfte der 2600 die erste Wahl sein. Nach Aussagen von Markenspezialisten, die es wissen müssen, ist der 2600 zwar der unverwüstlichste Alfa aller Zeiten, doch geht ihm der Charme der kleineren Alfas ab.

Kauf von privat

Käufe aus Privathand sind mir am liebsten. Im Laufe der Jahre bestätigte sich immer wieder, dass der Fahrzeugbesitzer fast noch bessere Rückschlüsse auf den Zustand des Fahrzeugs zulässt als die Inspektion des Fahrzeugs selbst. Ist der Besitzer ein Pedant, dürfte sein Fahrzeug perfekt gepflegt sein. Macht er eher einen nachlässigen Eindruck, dürfte es wahrscheinlich auch an der Fahrzeugpflege gehapert haben. Hat der Verkäufer den Wagen sehr lange besessen, war dieser mittlerweile sicher Teil des Lebensstils seines Besitzers geworden. Wenn Sie von privat kaufen, kaufen Sie möglichst von jemandem, von dem Sie einen grundsätzlich positiven Eindruck gewonnen haben. Die wenigsten Privatverkäufer wollen Sie über den Tisch ziehen.

Unwissenheit bei Kauf und Verkauf eines Alfa Romeo aus Privathand ist sehr häufig anzutreffen, nur selten steckt aber vorsätzliche Täuschungsabsicht dahinter. Mir begegnete einmal ein GTV, dessen Besitzer die Vorgeschichte seines Fahrzeugs fast komplett herunterbeten konnte, obwohl er von Alfas nicht viel Ahnung hatte. An sich belanglos, nur entging mir das Grundproblem dieses Exemplars – glücklicherweise aber nicht meinem Begleiter, dem auffiel, dass die Frontpartie von 1976 stammte, das Heck von 1979 (beim 1979er Modell war die Windschutzscheibe mit einer Gummidichtung montiert, beim 1976er Modell eingeklebt). Das zum Verkauf stehende Exemplar war in früherer Zeit aus zwei Unfallwagen zusammengestrickt worden! Bei genauerer Inspektion waren tatsächlich die Schweißnähte im hinteren Schwellerbereich zu erkennen. Der Besitzer hatte nicht die leiseste Ahnung davon gehabt, dass sein Wagen aus zwei Unfallwagen bestand!

Vorsicht bei Verkäufern, die den Wagen erst vor kurzem selbst gekauft haben oder angeblich nichts über das Fahrzeug wissen. Letzteres ist ein alter Verkäufertrick, damit der Verkäufer sich um Aussagen zu den wirklichen Problemstellen des Fahrzeugs drücken kann.

Kauf vom Händler

Bei jüngeren Alfas, die beim Gebrauchtwagenhändler auftauchen, sind Rückfragen beim Verkäufer meistens zwecklos. Als Kaufinteressent sind Sie oft auf sich alleine gestellt. Die Fahrzeuge selbst sind im Allgemeinen makellos sauber. Gebrauchtwagenhändler sind Meister im Aufhübschen.

Bei frisch lackierten Exemplaren ist zu beachten, dass ein dicker Neulook Rost mindestens mehrere Monate überdeckt. Neulackierungen sind typischerweise an Farbspuren (infolge unsachgemäßen Abklebens) an Zierteilen oder Scheiben- und Türdichtungen sowie in den Radkästen, in denen sich häufig Farbspritznebel niederschlägt, zu erkennen. Zeigt ein gebrauchtes Exemplar bereits beim Händler Elektrikprobleme, dürfte das lediglich die Spitze des Eisbergs sein.

Die ersten Kontrollen

Wo immer Ihr Besichtigungsexemplar angeboten wird – zwei Punkte sollten bei jedem Alfa Romeo überprüft werden: Anzeichen einer defekten Zylinderkopfdichtung sowie Rostbefall. Die übrigen Mängel, die Sie wahrscheinlich feststellen werden, sind mehr oder weniger leicht zu verdauen, und auch eine durchgebrannte Kopfdichtung muss nicht unbedingt einen kapitalen Motorschaden bedeuten.

Eine defekte Kopfdichtung ist an der schokoladenbraunen Emulsion, die den Ölmessstab oder die Innenseite des Kühlerdeckels überzieht, oder an übermäßigem Ölverlust unter den Auspuffkrümmer-Flanschen zu erkennen. Was es mit Kopfdichtungsdefekten auf sich hat, wird in Kapitel 5 näher erläutert. Dort ist auch beschrieben, wie die Kopfdichtung erneuert wird.

Rost ist der Erzfeind eines jeden Alfa. Erste Anzeichen sind Blasen im Lack. Reparabel ist Rost fast immer – sofern Sie gewillt und imstande sind, Ihr Fahrzeug notfalls komplett neu aufzubauen. Ansonsten gilt: Zu Rost an tragenden Teilen der Bodengruppe sind Durchrostungen der Bodengruppe, geschwächte Motoraufhängungen oder rostgeschwächte Bleche rund um die Fahrwerksanlenkpunkte zu rechnen. Finger weg von gebrauchten Alfas mit Rostschäden an tragenden Teilen!

Bestimmte Mängel sind an einem älteren Alfa fast immer einzukalkulieren. Die Synchronisierung des 2. Gangs funktioniert fast nie. Bei kaltem Getriebe knirscht es beim Hochschalten vom Ersten in den Zweiten eigentlich immer. Einstellfehler an den Vergasern oder an der SPICA-Einspritzanlage sind ebenfalls keine Seltenheit. Es wäre daher sinnvoll, sich vom Verkäufer ein Messprotokoll der Abgasuntersuchung vorlegen zu lassen

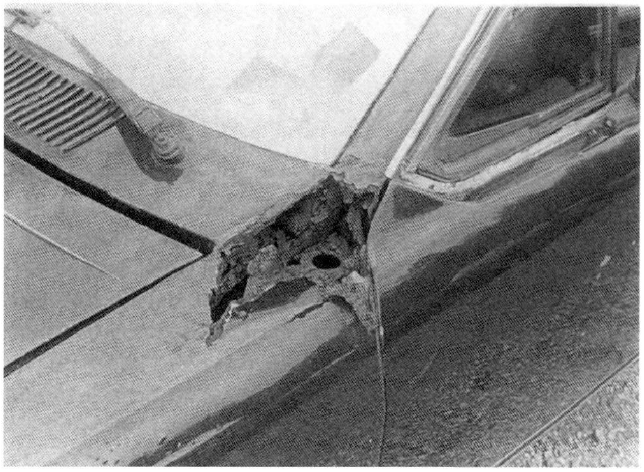

Abb. 3-4. Hier hat der Rostteufel ein Festmahl gehalten. Alle Alfas rosten, Alfettas aber noch mehr als mancher andere. Man beachte den hervorragend erhaltenen glänzenden Lack drumherum.

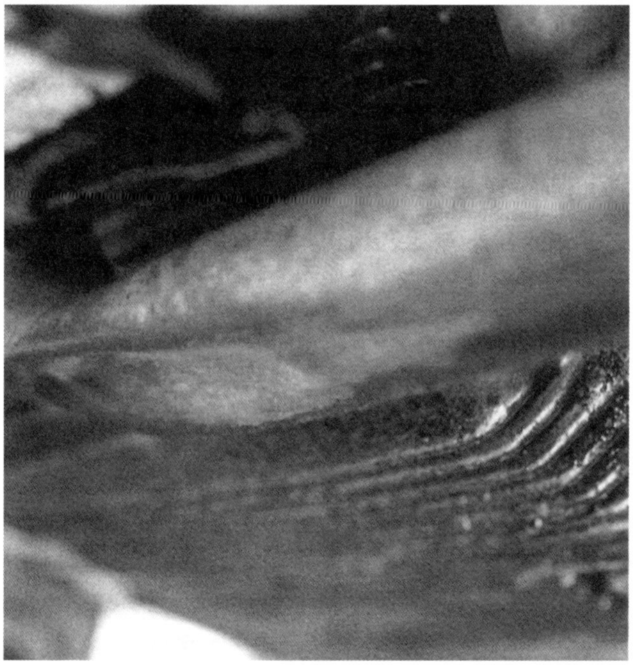

Abb. 3-5. Bei der Alfetta mit Fächerkrümmern kann es passieren, dass die Auspuffrohre gestaucht wurden. Das Auspuffrohr verläuft unterhalb der Ölwanne und fungiert somit als unfreiwilliges „Frühwarnsystem" beim allzu schwungvollen Überfahren von Bordsteinen oder Parkplatzschwellen. Noch eine weitere Kollision und das Rohr ist komplett blockiert – was zu verbrannten Ventilen und womöglich zu einem Motorschaden führt. Geschieht dem draufgängerischen Fahrer ganz recht!

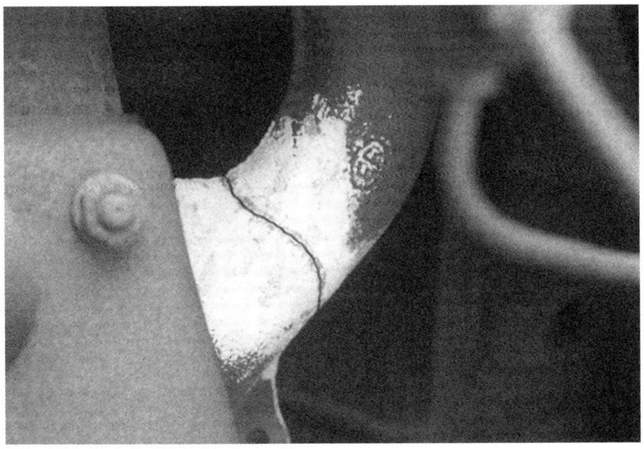

Abb. 3-6. Dieser gerissene Krümmer wurde weiß lackiert, um diesen typischen Alfa-Defekt besser hervorzuheben. Die Reparatur sollte durch Hartlöten, nicht durch Schweißen erfolgen.

(auch wenn laut Baujahr keine AU vorgeschrieben ist), damit Sie sehen, ob die Grundeinstellung (vor allem die Kohlenwasserstoffemissionen) zumindest grundsätzlich in Ordnung ist. Übermäßiger Ölverbrauch bedeutet auch keine irreparablen Schäden, die Frage lautet aber stets, ob sich der Aufwand für Sie lohnt.

Fahren Sie mit dem Finger über die Innenseite des Auspuffendrohrs. Sind die Ablagerungen ölig, verbrennt der Motor Öl (oder war bis vor kurzem ein Ölbrenner, falls der Motor nachgewiesenermaßen vor kurzem überholt wurde). Kontrollieren Sie die Fahrzeugunterseite auf feuchte Stellen (Motoröl, Getriebeöl, Bremsflüssigkeit, Benzin oder Wasser). Die Unterschiede sind an Aussehen (Farbe), Geruch und Konsistenz erkennbar.

Kontrollieren Sie die Reifen auf Auswaschungen oder ungleichmäßig abgelaufenes Profil. Das Reifenbild lässt Rückschlüsse auf den Zustand des Fahrwerks zu: Ungleichmäßig abgefahrene Reifen deuten auf falsch eingestellte Fahrwerksgeometrie oder ein erheblich strapaziertes Fahrwerk hin.

Rechnen Sie zum Kaufpreis gleich hinzu, was die anstehenden Arbeiten etwa kosten werden. Es lohnt sich, unabhängige Quellen zu konsultieren, um einen Überblick zu erhalten.

Machen Sie sich schlau darüber, was ähnliche Fahrzeuge auf dem Markt kosten. Informieren Sie sich in den Marktspiegeln und Preislisten von Oldtimersachverständigenbüros und Oldtimerzeitschriften. Auch Oldtimerversicherer beziehen sich in der Regel auf diese Marktspiegel.

Auf der Suche nach dem favorisierten Alfa-Klassiker empfiehlt sich nicht nur ein Blick in den Anzeigenteil der Oldtimerblätter, sondern auch in die Verkaufsrubriken der Internet-Markenforen und der Alfa-Clubzeitschriften. In Markenkreisen wissen die Verkäufer freilich in aller Regel ganz genau, was sie haben – die Preisvorstellungen rangieren dort also eher nicht im unteren Segment des Preisspektrums. In diesen Blättern können Sie auch eine Suchanzeige aufgeben.

Viele sportliche Alfas aus den klassischen Baujahren erfreuen sich seit jeher reger Nachfrage, was nicht nur Liebhaber, sondern auch Spekulanten anzog. Die Preisentwicklung war dadurch in den Zeiten der Oldtimerblase von einer gewissen Überhitzung gekennzeichnet, die inzwischen wieder einer gesünderen Entwicklung gewichen ist. Sorgfältige Preisbeobachtungen sind also unabdingbar, auch vor den Hintergrund dessen, wie Sie Ihren Alfa nutzen wollen (nur wenige klassische Alfas sind wohl für den Alltagseinsatz vorgesehen) und wieviel eigene Schrauberfähigkeiten Sie mitbringen.

3. Ein Fallbeispiel

Nachstehend soll der Kauf eines älteren Alfa an einem konkreten Beispiel aus den USA geschildert werden, wie er sich bei etwas jüngeren Alfa-Klassikern im Wesentlichen aber auch hierzulande zutragen könnte. Beim regelmäßigen Blick in lokale Anzeigenblätter, in denen sich alles von Einfamilienhäusern bis zu Wellensittichen findet, tauchte eines Tages das unten abgebildete 1979er GTV Coupé auf, übrigens nicht in der Gebrauchtwagenrubrik, sondern in der Rubrik „Bastlerfahrzeuge". Der Vorbesitzer, der Alfas (unter anderem einen GTA) lange Jahre im Amateurrennsport bewegt hatte, war seines GTV wegen eines hartnäckigen Problems in der Kraftstoffanlage überdrüssig geworden. Auch nach der Erneuerung von Benzintank und Benzinpumpe war der Defekt, der sehr nach zugesetzten Einspritzdüsen aussah, immer noch nicht verschwunden. Deshalb wurde das Fahrzeug als Bastlerfahrzeug inseriert.

Zur Vorgeschichte: Der Alfa war wegen seines Radios irgendwann gestohlen und in einer verlassenen Garage abgestellt worden. Ungefähr anderthalb Jahre später, als die Garage abgerissen werden sollte, kam

Abb. 3-7. Dieser GTV Bj. 1979 war in einem Anzeigenblatt in Los Angeles als Bastlerfahrzeug inseriert worden.

er wieder ans Licht und wurde vom Abrissunternehmen an einen Schrotthändler verkauft, und nach diesem Umweg konnte der Verkäufer ihn mit rechtsgültigem Kaufvertrag erwerben. Nachdem der Verkäufer den Wagen rund sechs Monate bewegt hatte, war das Problem an der Kraftstoffanlage aufgetreten.

Der erste Rundgang

Der GTV war ursprünglich mit Vollausstattung – mit Klimaanlage und Schiebedach – ausgeliefert worden. Der Verkäufer hielt die Innenausstattung für Leder (was sie aber nicht war). Die Batterie fehlte, mir wurde aber versichert, der Wagen laufe stets etwa 50 Kilometer weit rund, bevor das Problem mit den „zugesetzten Einspritzdüsen" von neuem auftrete. Größere Karosserieschäden waren nicht zu erkennen, die Reifen (allerdings in kunterbuntem Markenmix) waren gleichmäßig und wenig abgefahren. Am auffallendsten waren äußerlich die zahlreichen Rostansatzstellen an der Außenhaut.

Die Neuwagenverkäufe waren bei diesem Modell nur langsam angelaufen. Das angebotene Exemplar wurde als 1979er Modell bezeichnet, das Typenschild an der Türsäule ließ aber auf den Produktionsmonat November 1978 schließen. Zahlreiche Alfa-Coupés standen seinerzeit monatelang in den Bestimmungshäfen, bis sie den Weg zum Händler antraten. Dank

Abb. 3-8. Die werksoriginalen Campagnolo-Leichtmetallfelgen sind ein Pluspunkt. Die vier verschiedenen Reifenprofile lassen allerdings auf eher sparsame Wartung schließen.

Abb. 3-9. Unter der Heckscheibendichtung sind Rostblasen zu erkennen.

Abb. 3-10. Rostbefall an der Windschutzscheibe – auch dies ein häufiger Schwachpunkt dieses Modells.

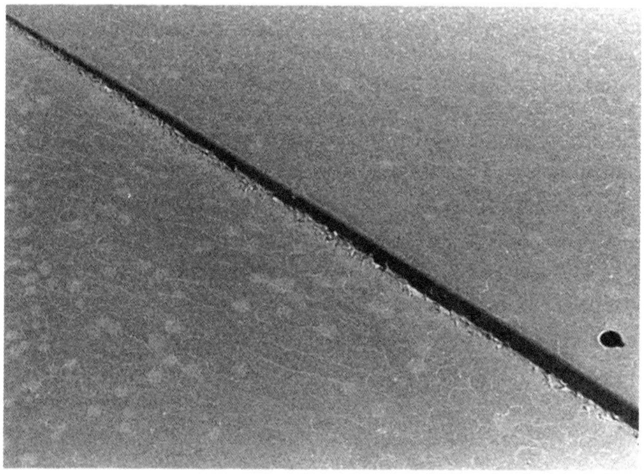

Abb. 3-11. Kein Rost, sondern abplatzender Lack. Der Lack ist derart gealtert, dass er nicht mehr auf der Grundierung haftet. Eine sachgemäße Reparatur würde Zurückschleifen bis auf das blanke Metall erfordern.

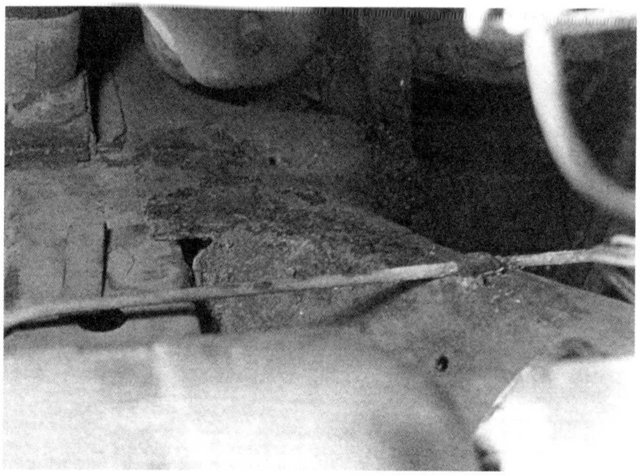

Abb. 3-12. Rostbefall in Nähe der fahrerseitigen Motoraufhängung ist bei der Alfetta nichts Seltenes, betrifft aber tragende Teile und ist daher gefährlich. Umgehendes Blankschleifen, Entrosten und Neulackieren ist unumgänglich, um Weiterrosten vorzubeugen.

Abb. 3-13. Geplatzte Nähte haben ihre Ursache häufig in brüchigen Bezügen, die zu lange praller Sonne ausgesetzt waren. Die Risse verraten auch, ob es sich um echtes oder Kunstleder handelt. Letzteres hat eine Geweberückseite.

Abb. 3-15. Noch ein Hinweis auf Störungen an der Elektrik: Der Crashschalter wurde abgeklemmt und seine Kabel (unsachgemäß) abisoliert. Die ummantelte Leitung vor dem Schalter übermittelt das Signal der Katalysatorsonde. Bei genauem Hinsehen erkennt man eine Brandstelle am Kabel an der Stelle, an der es über einen Heizungsschlauch verläuft. Diese Brandstelle wurde sicher durch die Kabel des Crashschalters verursacht.

Abb. 3-14. Aufgepasst: Probleme an der Elektrik! Das teilzerlegte Lenkrad (Hupenknopf) und der herunterhängende Sicherungskasten besagen, dass jemand beim Versuch, der Elektrik die Kupferwürmer auszutreiben, aufgegeben hat. Kabelgewirr ist ab Werk serienmäßig, lose oder geflickte Kabel dagegen nicht. Die Suche nach einem anderen Fahrzeug wäre lohnender.

Abb. 3-16. Ein verschmutzter Motor mit mehreren Ölleckstellen. Mit Lecks war in gewissem Umfang zu rechnen; das Fahrzeug stand lange, so dass die Wellendichtringe austrocken und verspröden konnten. Nicht zu erwarten sind aber die Öllecks am Ventildeckel, bei dem die Muttern von zwei Befestigungsschrauben fehlen.

der salzhaltigen Meeresluft hatten sie in dieser Zeit reichlich Gelegenheit, ersten Rost zu sammeln. Viele Alfas wiesen deshalb vor allem in den USA bereits bei der Auslieferung an die Händler Rostbefall auf.

Der Tacho zeigte nur 13.000 Meilen (knapp 21.000 km) an, nach Aussagen des Verkäufers sollten 30.000 Meilen (rund 48.000 km) realistischer gewesen sein. Der jahrelange Stillstand war sicherlich mit an der mangelhaften Optik schuld und ließ für die nächsten paar tausend Kilometer auch Ölverlust an ausgetrockneten Wellendichtringen im Antriebsstrang erwarten. Alles in allem dürfte ein Tachostand von 113.000 Meilen (180.000 km) wahrscheinlicher gewesen sein.

Die Innenausstattung war deutlich verschlissener, als es die 13.000 Tacho-Meilen erwarten ließen. Die Sitze waren nicht nur durchgesessen, sondern der Polsterstoff war eingerissen und auch die Fußmatten waren abgewetzt. Indikatoren für eine hohe Laufleistung sind der Zustand der Sitze und Bodenmatten, die Abnutzung der Brems- und Kupplungspedalgummis sowie – bei Exemplaren mit sehr hoher Laufleistung – das Ausmaß der Abnutzungsspuren am Schalthebel.

Die größte Sorge bereitete mir im Innenraum allerdings die elektrische Anlage. Das Lenkrad war teilzerlegt, die Hupenkabel hingen lose in der Gegend, und der Sicherungskasten war lose, da eines seiner Befestigungsaugen gebrochen war. Störungen an der Elektrik können sich zu einer ewigen Baustelle ausweiten und werden – wenn man sie vom Fachmann beheben lassen muss – rasch sehr teuer. Bei Verdacht auf Defekte an der Elektrik sollte sich Ihre Begeisterung für einen zum Verkauf stehenden Alfa also spürbar abkühlen.

Die Kaufentscheidung

Mängel waren reichlich vorhanden, der Verkäufer wirkte allerdings wirklich vertrauenerweckend und war ein echter Alfa-Fan. Bei einem Gebrauchtwagenhändler wäre ich achtlos an dem Wagen vorbeigegangen. Kaufentscheidend war also der Eindruck, den der Verkäufer – und nicht so sehr der Wagen – hinterließ, obwohl eine Kontrolle des laufenden Motors nicht möglich war.

Abb. 3-17. Dieser Alfa war erst wenig gelaufen, hatte aber trotzdem ein hartes Leben hinter sich: Eine defekte Haubenverriegelung ist nicht typisch und deutet auf harten Einsatz hin. Improvisierte Reparaturen sind stets ein Indiz, die Finger von dem Fahrzeug zu lassen (ein nagelneuer Seilzug lag in diesem Fall im Kofferraum).

Ein günstiger Preis macht häufig viele Mängel wett. Mich hat dieser GTV nur 700 Dollar gekostet, aber da ich den Motor nicht hatte laufen hören und auch den technischen Zustand nicht eingehender hatte prüfen können, war es dennoch ein Lotteriespiel. Also nicht zur Nachahmung empfohlen!

Abb. 3-18. Dass die Klimaanlage funktioniert, ist nicht selbstverständlich. Das Schauglas (genau mittig auf dem Trockner) ist staubbedeckt. Da hat lange niemand mehr die Kältemittelfüllung kontrolliert. Der Aufkleber auf dem Radkastenblech verrät, dass die Lackierung im Motorraum noch original ist. Da ihr Zustand mit dem der Außenlackierung übereinstimmt, dürften die wesentlichen Karosserieteile noch nie nachlackiert worden sein.

Es ist immer günstig, wenn Sie den Verkäufer dazu bewegen können, dass er das Fahrzeug auf eigener Achse anliefert. Dann wissen Sie, dass es vernünftig fährt, und etwaige Mängel werden allein schon aufgrund Ihres Ansinnens behoben worden sein, vor allem, wenn die Anlieferung nicht nur über einige wenige Kilometer führt.

Ich habe mich allerdings für den Abtransport auf einem Hänger entschieden.

Die genauere Inspektion

Da der Wagen nicht lief, war die erste Aufgabe, ihn zum Laufen zu bekommen. Zuerst wurde der Motorraum gereinigt. Anschließend wurden Zündspule, Verteiler und Zündkerzenschächte gründlich getrocknet, um dem Motor das Anspringen möglichst zu erleichtern.

Um leichter an Verteiler und Einspritzpumpe zu gelangen, musste der Luftfilter weichen. Dann kam eine Batterie an ihren Platz und die Zündung wurde eingeschaltet, damit die Benzinpumpe im Heck fördern konnte. Da wir es mit einem geschlossenen Kraftstoffkreislauf zu tun haben, nahm ich den Tankdeckel ab, bevor der Tank entleert wurde. Zum Entleeren des Tanks verlegte ich eine neue Benzinleitung vom Hauptfilter in einen großen Behälter. Dann wurde ein neuer Kraftstoffhauptfilter eingebaut.

Dabei zeigte sich, dass die Leitung zum Regelthermostaten lose war und ihr Halter fehlte (siehe Abb. 3-19). Dies kann gravierende Folgen haben, da diese Regelthermostaten sehr kostspielig sind und eine nicht ordnungsgemäß befestigte Leitung sicher brechen wird. Bevor der Motor angelassen wurde, montierte ich also eine geeignete Halterung zur Befestigung der Leitung. Die Kerzen zeigten nach dem Ausbau ein durch und durch verrußtes Gesicht.

Nachdem bereits eine Batterie eingebaut war, konnte ich mich an die Kompressionsprüfung machen (siehe Abb. 3-21). Auf eine absolut präzise Messung kam es mir dabei nicht an. Meine persönliche Faustregel lautet: Erreichen alle Zylinder eine Kompression von mehr als 60 psi (ca. 4,2 bar) Kompressionsdruck, dann muss der Motor laufen. In meinem Fall erreichten alle Zylinder mehr als 8,5 bar – ein gutes Zeichen für einen kalten Motor ohne richtigen Öldruckaufbau.

Wäre einer der Zylinder unter etwa 4,5 bar geblieben, hätte ich etwas Motoröl in den Zylinder gespritzt und die Prüfung wiederholt. Hätte die Kompression dann mehr als rund 7 bar betragen, wäre der Fehler bei den Kolbenringen zu suchen gewesen. Wäre die Kompression unverändert niedrig geblieben, hätte der Motor geöffnet werden müssen, um nach Schad-

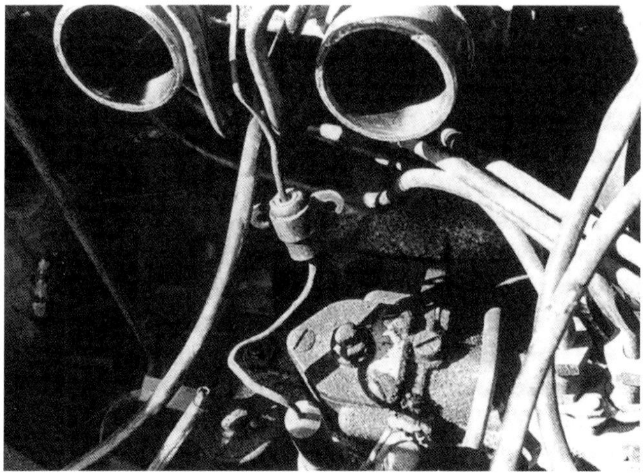

Abb. 3-19. Eine nicht richtig befestigte Leitung für den Regelthermostaten kann Folgeschäden nach sich ziehen. Außerdem ist dies ein Indiz für nachlässige Wartung.

Abb. 3-20. Der Ausbau der Zündkerzen ist einer der ersten Schritte bei der Untersuchung eines gebrauchten Fahrzeugs. Der Elektrodenabstand stimmt, die Kerze zeigt aber starke Ablagerungen. Ein neuer Kerzensatz ist fällig.

Abb. 3-22. Zu locker: Bei richtiger Kettenspannung lässt sich die Kette nur etwa 3 bis 6 mm durchbiegen.

Abb. 3-21. Eine eingehende Kompressionsprüfung zeigt, ob der Kauf eine weise Entscheidung war.

haften Ventilen oder einem übermäßig verschlissenen Kolben zu fahnden.

Nachdem der Motor augenscheinlich gesund war (auch wenn nicht auszuschließen war, dass sich nach dem ersten Starten ein Pleuellager zu Wort melde), wurde als nächstes das Ventilspiel kontrolliert. Ich würde einen Motor, dessen Zustand unbekannt ist, ohne Kontrolle des Ventilspiels und des Zustands der Steuerkette nie längere Zeit laufen lassen.

Anschließend wurde der Ventildeckel demontiert. Dabei zeigte sich, dass die beiden Muttern für die vorderen Befestigungsschrauben fehlten, teilweise wohl auch, weil sie hinter dem vorderen Klimaanlagenhalter fast nicht zu erreichen sind. Die Schrauben steckten in ihrem Sitz, waren aber nicht befestigt.

Nachdem der Ventildeckel ausgebaut war, konnte ich die Steuerkettenspannung kontrollieren (siehe Abb. 3-22). Eine Nachstellung war nötig, und zwar schon seit einiger Zeit. Die Kette war derart lose, dass sie beim Umlaufen ausbauchen und sich in das Alumaterial der umliegenden Gehäuseteile einarbeiten konnte (siehe Abb. 3-23). Leider ist dies ein weit verbreitetes Problem an Alfas, denen es an ordentlichem Kundendienst mangelt. Beim Versuch, die Kettenspannermutter vorne am Zylinderkopf zu lösen, zeigte sich, dass sie viel zu fest angezogen worden war. Bis hierhin ließen die Feststellungen rund um den Nockenwellenantrieb also auf wenig gewissenhafte Wartung schließen.

Das Ventilspiel lag innerhalb akzeptabler Grenzen: nicht perfekt, aber annehmbar. Das Auslassventilspiel bewegte sich durchweg zwischen 0,43 und 0,48 mm. An einem Einlassventil war das Spiel mit 0,30 mm zu eng, was aber längst nicht so kritisch war wie an den Auslassventilen. Diese Messwerte wurden notiert, um sie nach 1500 km erneut zu kontrollieren und etwaige Unregelmäßigkeiten an den Ventiltellern, durch die das Spiel weiter schrumpfte, beizeiten feststellen zu können.

Anschließend suchte ich die Einstellmarken auf der Kurbelwellenriemenscheibe und stellte den Motor exakt auf den oberen Totpunkt (OT) ein. Zur Kontrolle der statischen Zündeinstellung wurde nun eine Prüflampe zwischen der Verteilerklemme und Masse angeschlossen und die Zündung eingeschaltet.

Wird der Verteilerläufer geringfügig gegen die Fliehkraftverstellfedern verdreht, kann die Prüflampe zum Aufleuchten (Kontakte öffnen) und Erlöschen (Kontakte schließen) gebracht werden. Der Zündzeitpunkt stimmte genau.

Die Kühlanlage war leer, und laut Angaben des Vorbesitzers leckte die Wasserpumpe. Trotzdem befüllte ich den Kühler, es zeigte sich aber rasch, dass der Motor sich über ein deutliches Leck an der Wasserpumpe wieder selbst entleerte. Einstweilen interessierte mich die Pumpe allerdings weniger. Wichtiger war, den Motor zum Laufen zu bekommen.

Die Steuerkette wurde nachgespannt, der Ventildeckel wieder montiert, neue Kerzen eingebaut, der Tank mit sauberem Benzin befüllt und daraufhin ein erster Anlassversuch unternommen. Und prompt sprang der Motor an! Mit breitem Grinsen wagte ich eine erste Ausfahrt bis zur Grundstücksgrenze. Alle Instrumente funktionierten. Der Motor machte einen sehr leistungswilligen Eindruck. Die Gretchenfrage war also beantwortet.

Dann durfte der Motor abkühlen und es ging an eine zweite Inspektion des Motorraums. Der Öldruckgeber hatte irgendwann einmal eine Delle abbekommen. Da dieser Geber relativ versteckt montiert ist, könnte diese Delle die Folge eines Motorausbaus sein – oder der Ansaugkrümmer war ausgebaut worden (und beim Ausbau abgerutscht).

Nun wurde der GTV an der Vorderachse auf Unterstellböcke gestellt, um Platz für eine Inspektion von unten zu schaffen. Der erste Blick gilt dem Zustand der Hardyscheibe auf der Antriebswelle direkt hinter dem Motor. Mein Exemplar sah noch einwandfrei aus. Meine Stimmung stieg weiter.

Bei der weiteren Inspektion in Richtung Wagenheck zeigte sich, dass dort der Kraftstofffilter fehlte. Nach meinen Erfahrungen mit der SPICA-Einspritzanlage ist eine absolut serienkonforme Ausführung die einzige Ge-

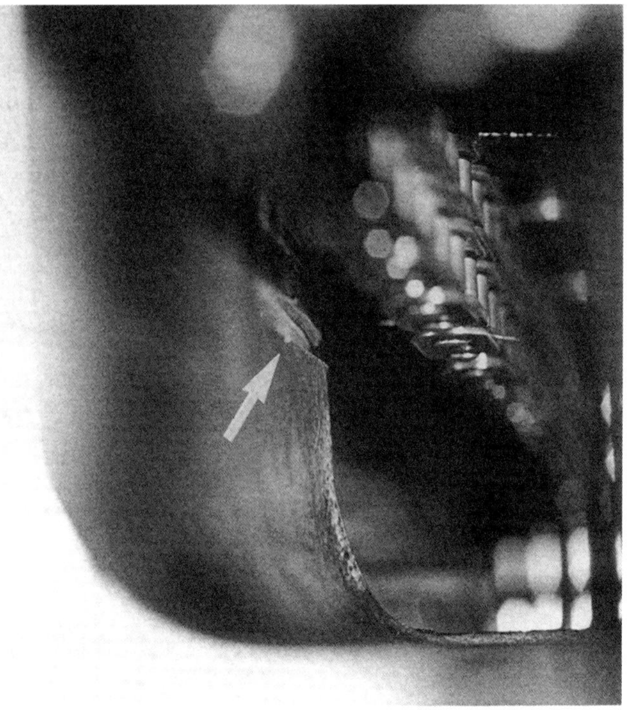

Abb. 3-23. Die Steuerkette hatte sich in das weiche Alu des Deckels hineingearbeitet (siehe Pfeil) und viele feine Aluminiumspäne ins Motorinnere geraspelt.

Abb. 3-24. Kontrolle des Ventilspiels. Das Sollspiel wird mithilfe verschiedener Fühlerlehrendicken überprüft. Lässt sich die Fühlerlehre in der vorgeschriebenen Dicke saugend durchschieben, ist das Spiel in Ordnung, klemmt sie, ist das Spiel zu klein.

währ für ordentliche Leistung der Anlage. Also wurde ein neuer hinterer Filter montiert.

Bei der Inspektion des Unterbodens wurden auch gleich die Fahrwerksbuchsen sowie Bremsklötze und Bremsscheiben überprüft. Hier schien alles in Ordnung.

Die Knarz- und Knirschgeräusche, die bei der ersten kurzen Probefahrt zu vernehmen waren, dürften normal sein und im regelmäßigen Fahrbetrieb verschwinden.

Irgendwo war der Auspuff undicht. Das Loch war zu hören, aber nicht zu sehen. Also später mehr.

Ich setzte mich hinter das Lenkrad und probierte Wischer und Beleuchtung aus. Positiv war angesichts des Kabelsalats hinter dem Armaturenbrett immerhin, dass die Wischer funktionierten (auf beiden Geschwindigkeitsstufen), ebenso die meisten Teile der Lichtanlage. Lediglich die Blinker blieben dunkel; hier stand also eine Reparatur an, bevor man sich in den Verkehr wagen konnte.

Mehr gäbe es zu den Kontrollen an einem nicht mehr ganz taufrischen Wagen kaum zu sagen. Nachdem wir aber so weit in die Materie eingedrungen sind, sollen Sie auch den Ausgang der weiteren Fehlersuche erfahren.

Ein erneuter Startversuch blieb ohne Erfolg. Nach mehreren Versuchen mussten die Kerzen erneut heraus – sie waren schon wieder zugesetzt. Of-

Abb. 3-25. Von vorne geht der Blick durch die Wartungsöffnung am Motorlager auf die vordere Antriebswellen-Hardyscheibe. Ein paar Oberflächenrisse wären hier zu erwarten gewesen.

fensichtlich stimmte etwas mit der Kraftstoffzufuhr nicht. Dass verstopfte Einspritzdüsen die Ursache waren, wurde aber immer unwahrscheinlicher. Das aus dem Tank abgelassene Benzin machte einen sauberen Eindruck, und neue Filter sorgten dafür, dass nur sauberes Benzin nachfloss.

Das Problem, dass sich eine SPICA-Einspritzanlage, bei der wegen eines verstopften Filters Kraftstoffmangel auftritt, durch zugesetzte Kerzen bemerkbar macht, war mir schon einmal begegnet, also war eine Störung an den Einspritzdüsen noch nicht ganz ausgeschlossen.

Daher wurden intakte Düsen eingebaut und die Kerzen mit einer Messingbürste gereinigt. Trotzdem wollte der Motor nicht anspringen. Grundsätzlich musste die Kraftstoffanlage aber in Ordnung sein, sonst wäre der Motor bei der kurzen Probefahrt auf dem Grundstück ja nicht so gut gelaufen. Alle Diagnosen deuteten auf zuviel Kraftstoff und nicht auf Spritmangel hin. Die Warnung vor den zugesetzten Einspritzdüsen hatte sich allerdings im Gedächtnis festgesetzt. Daher wurden die Zündkerzen nochmals ausgebaut, die Anschlüsse zu den Einspritzdüsen gelöst und der Motor mit einem separaten Anlassknopf durchgedreht, um die Kraftstoffzufuhr kontrollieren zu können.

An den Einspritzdüsenanschlüssen trat Kraftstoff in gleichmäßigen Mengen aus, die Einspritzpumpe förderte also ordnungsgemäß. Zu meiner Überraschung schoss aber beim Durchdrehen des Motors eine regelrechte

Abb. 3-26. Alles tipptopp sauber für die Diagnose.

Fontäne aus den einzelnen Zylindern. Die in Nähe der Kerzenöffnungen abgelegten Kerzenkabel waren im Nu feucht.

Es hätte sich dabei um Wasser (schwerer Riss oder durchgebrannte Kopfdichtung) oder Kraftstoff (Überfettung) handeln können. Eine Geruchsprobe ergab die Diagnose Benzin. Der Motor lief also viel zu fett. Es widerstrebte mir zwar, aber nun musste der Sicherungsring an der Schubabschaltung der SPICA-Einspritzpumpe gelöst werden.

Ab hier müssen Sie in Kapitel 7 weiterlesen, um diese Arbeiten selbst durchexerzieren zu können. Bei dieser Anlage, die eigentlich in Schritten von 1/8 bis 1/16 Umdrehung eingestellt wird, musste ich die Einstellung neun volle Umdrehungen in Richtung „mager" verstellen, bevor eine halbwegs korrekte Gemischzusammensetzung erreicht war. Anhaltspunkt war zunächst die Stärke des Strahls aus den Kerzenlöchern. Erst nach sieben Umdrehungen nahm seine Stärke erkennbar ab.

Dass der Motor das erste Mal ansprang, muss reiner Zufall gewesen sein. Der Motor lief derart überfettet, dass er gar nicht hätte anspringen dürfen. Nachdem die Kraftstoffzufuhr abgemagert war, startete der Motor zuverlässig, und wir konnten an die Abgasmessungen im Rahmen der Feineinstellung gehen.

An meinem GTV blieb noch viel zu tun, die größte Hürde – den Wagen zum Laufen zu bekommen – war jedoch genommen. Die Lackierung wird teuer, denn Front- und Heckscheibe sowie sämtliche Zierleisten um die Seitenscheiben müssen zur gründlichen Rostbeseitigung ausgebaut werden. Danach wird die Karosserie bis aufs blanke Blech entlackt. Der Zustand der mechanischen Hauptbaugruppen des Wagens erwies sich jedoch als sehr gut.

Epilog:

Nachdem alle Reparaturen erledigt waren, entwickelte sich dieser GTV zu einem meiner Lieblings-Alfas. Die Arbeiten, die ich selbst durchführte – im Laufe der Monate waren fast überall außer an den hinteren Stoßdämpfern Arbeiten notwendig –, hätten sich zu einem finanziellen Fass ohne Boden entwickelt, wenn sie zu den Stundensätzen einer Fachwerkstätte erledigt worden wären. Inzwischen habe ich fast 50.000 pannenfreie Kilometer mit jeder Menge Fahrspaß zurückgelegt.

4. Eine Checkliste für den Käufer

Die nachstehende Checkliste soll als Anhaltspunkt für die häufigsten Probleme dienen, die an einem älteren Alfa Romeo auftreten können. Um sie möglichst einfach zu halten, wurden in der Spalte „1600/2000" Vergaser- und US-Einspritzmodelle zusammengefasst. Die Spalte „Alfetta" bezieht sich auf Vierzylinder-Alfas des Baumusters 115.

Arbeit mit der Checkliste

Die Zahlen in den Spalten geben an, wie (relativ) gravierend das jeweilige Problem ist. Wenn Sie die entsprechenden Zahlenwerte des Fahrzeugs addieren, an dem Sie interessiert sind, dann sollten Sie umso vorsichtiger sein, je höher die Summe ist. Liegt die Summe über 50, dürften aller Wahrscheinlichkeit nach größere Restaurierungsarbeiten notwendig werden. Bedenken Sie aber bitte, dass diese Liste keine persönliche Kontrolle und keinen kühlen Kopf ersetzen kann; schließlich haben wir alle beim Autokauf schon einmal jede Vernunft über Bord geworfen.

Bauteil	Giulietta	1600/2000	Alfetta	V6
Motor				
Mechanische Geräusche	5	5	5	5
Zu niedrige Kompression	5	5	5	5
Auspuffqualm (weiß oder blau)	4	4	4	4
Öl (emulgiert)	5	5	5	5
Kühlmittel (emulgiert)	3	3	3	3
Öllecks (Kopfdichtung)	2	2	2	2
Lüfter fehlt	2	3	3	4
Wasserpumpe undicht	3	3	3	3
Keilriemen defekt/fehlen	1	1	1	1
Schläuche rissig/fehlen	1	1	1	1
Kraftstoff-/Zündanlage				
Luftfiltergehäuse fehlt	2	2	2	5
Kunststoffplombe an Einspritzpumpe fehlt	-	5	-	1
Schlechtes Anspringverhalten	2	3	4	5
Unrunder Leerlauf	3	3	3	5
Leistungsmangel beim Beschleunigen	3	3	4	4
Überfettetes Gemisch (Auspuffrußen)	2	2	4	5
Zündungsklopfen	2	2	2	3
Zu niedriger Kraftstoffpumpendruck (Kontrollleuchte leuchtet)	-	-	5	5
Rohr für Regelthermostat gebrochen	-	4	4	-
Bauteile der Abgasreinigung fehlen/außer Funktion gesetzt	-	2	4	5
Richtige Lichtmaschinenbefestigung	4	2	-	-
Funktionsstörungen an Anlassschalter	2	1	3	3
Elektrik				
Batterie-Ladekontrollleuchte ohne Funktion	4	4	4	4
Diverse Anzeigeinstrumente ohne Funktion	2	3	4	4
Sicherungskasten sichtbar beschädigt	1	2	3	3
Leuchten/Zubehörteile ohne Funktion	2	3	3	3
Fensterheberschalter funktionieren nicht	-	3	-	3
Zwischensumme				

Bauteil	Giulietta	1600/2000	Alfetta	V6
Getriebe/Antriebsstrang				
Öllecks	2	3	3	3
Ständige mechanische Geräusche	5	5	5	5
Schaltschwierigkeiten (außer 2. Gang)	4	4	2	2
Klappern oder unregelmäßige Geräusche beim Fahren	4	4	4	4
Vibrationen	1	1	4	4
Rissige/gebrochene Antriebswellen-Hardyscheiben	-	1	4	4
Funktionsstörungen an Kupplungsbetätigung	4	4	4	4
Bremskraftverstärker ohne Funktion	-	2	3	3
Fahrgestell				
Reifen ungleichmäßig abgefahren	2	2	2	2
Karosserie federt nach dem Überfahren von Bodenwellen nach	1	1	1	1
Klappergeräusche beim Überfahren von Bodenwellen	1	3	2	2
Rost				
Bodenblech	4	4	3	3
Schweller	1	1	2	3
Rahmenversteifungen	5	5	5	5
Radläufe	1	2	3	4
Obere Befestigungspunkte der Vorderachsaufhängung	-	-	5	5
Kofferraum /Reserveradwanne	1	2	3	4
Türunterkanten/Einstiege	2	1	2	2
Windschutz-/Heckscheibenrahmen	-	-	4	4
Spurfehler (vordere/hintere Räder fluchten nicht)	5	5	5	5
Lenkung zieht einseitig	2	2	2	2
Leck an Servolenkung	-	-	3	3
Karosserie/Innenausstattung				
Erkennbare Karosserieschäden (Blechschäden)	5	5	5	5
Sitzaufnahmen locker	4	4	1	1
Sicherheitsgurte fehlen	1	2	2	2
Zwischensumme				
Zwischensumme erste Spalte				
Endsumme				

Abb. 3-27. Zwei Variationen des Themas Giulietta Sprint: Oben die von Designer Zagato, unten die, wie sie Alfa serienmäßig auslieferte.

KAPITEL 04

04 Wartungsarbeiten an Ihrem Alfa Romeo

In gewissen Kreisen gilt ein Alfa Romeo als komplexes, unzuverlässiges Fahrzeug, dessen Funktionsweise sich nur demjenigen erschließt, der sogar die im Herstellerwerk gesprochenen italienischen Dialekte fließend zu sprechen vermag. Zugegebenermaßen bestätigen Erfahrungen mancher Alfa-Besitzer diesen Glauben. Diese Alfa-Fahrer sind auf ewig der Gnade ihrer Werkstätten ausgeliefert und werden wohl nie erfahren, ob sie wirklich den ordentlichen Service erhalten, für den sie bezahlen.

Dabei sind klassische Alfas keine übermäßig komplexen Autos. Eher im Gegenteil: Dank der Rennsporttradition des Hauses legten die Konstrukteure schon immer Wert darauf, komplizierte Lösungen oder exotische konstruktive Kompromisse zu vermeiden. Dass ein Alfa Romeo als komplex gilt, dürfte eher daran liegen, dass er sich seit jeher von den typischen Großserienfahrzeugen abhob, mit dem die durchschnittliche Kfz-Werkstatt besser vertraut ist, und auch unter den automobilen Klassikern ein eigenes technisches Konzept verkörpert. Manch ein Mechaniker in einer freien Werkstatt – egal ob für die Wartung neuerer Gebrauchtfahrzeuge oder für die Arbeit an Oldtimern – schiebt die Schuld dann dem Fahrzeug zu, statt seine mangelnden Markenkenntnisse einzugestehen. Wenn also ein Kfz-Mechaniker einen Alfa als konstruktive Fehlleistung hinstellt, dürfte dies wohl eher ein bezeichnendes Licht auf dessen eigene handwerkliche Qualitäten werfen.

Es gibt somit mehrere gute Gründe, warum Sie sich mit Ihrem Alfa eingehend vertraut machen sollten. Zumindest können Sie sich dann halbwegs gegen unqualifizierten Service behaupten. Idealerweise lässt sich sogar etwas am Budget einsparen, indem Sie einfachere Wartungsarbeiten selbst ausführen. Ein noch ambitionierteres Ziel wäre, sich profunde Kenntnisse im Aufbau dieser ja besonders durchdacht konstruierten Fahrzeuge anzueignen. Und hoffentlich macht Ihnen die eigene Arbeit am Fahrzeug dann erst recht Spaß und verschafft Ihnen ein Gefühl der Erfüllung.

Jedem Alfa-Besitzer, auch wenn er selbst keine ausgesprochenen Schrauberambitionen hegt, ist es also wärmstens zu empfehlen, sich soweit in die Technik seines Fahrzeugs einzuarbeiten, dass er die in diesem Kapitel beschriebenen Routinewartungsarbeiten selbst erledigen kann. Mangelt es Ihnen dabei an Vertrauen in die eigenen Fähigkeiten, suchen Sie Rat bei versierten Schrauberkollegen, in den Markenclubs oder beim Teilehändler respektive Werkstattbetreiber Ihres Vertrauens.

Die Legende vom Kundendienst

„Einmal Unterbrecherkontakte, Zündkerzen und Kondensator. Zündung und Vergaser einstellen, Öl wechseln und abschmieren." Für Oldtimer trifft das noch zu, für die jüngeren Alfas – insbesondere die Youngtimergeneration – aber kaum noch. Diese klassischen Kundendienstarbeiten verschwanden ab den 1970er Jahren aus dem Programm der normalen Werkstätten – zunächst der Abschmierdienst, der durch die Montage von wartungsfreien Gummibuchsen und Achsgelenken hinfällig wurde, dann die Unterbrecherkontakte und Kondensatoren, die kontaktlosen Zündanlagen und einer immer umfangreicheren Motorelektronik wichen. Seitdem halten auch klassische Verschleißteile wie Zündkerzen erheblich länger. Die Einstellarbeiten

Abb. 4-1. Einen restaurierten – und wertvollen – Alfa Romeo prüfen Sie am besten hinter dem Lenkrad. Die Aufnahme dieser makellosen Giulietta 750 Veloce entstand 1982. Ihr Marktwert hat sich inzwischen mindestens verzehnfacht. „Veloce" heißt schnell und steht bei diesem Modell für die Weber-Zweivergaseranlage und weitere leistungssteigernde Zutaten. Der Standardmotor besaß nur einen einzelnen Solex-Vergaser, lief seinerzeit aber nie unter der Bezeichnung „Normale".

an Zündung und Kraftstoffanlage übersteigen gerade bei jüngeren Alfas ohnehin den Rahmen der Do-it-Yourself-Arbeiten, zumal immer komplexere Diagnose- und Messgeräte notwendig sind. Und dafür gehen dann die Beträge drauf, die auf Ihrer Kundendienstrechnung stehen.

Der Mythos vom „italienischen Kundendienst"

So, nun haben Sie also viel, viel Geld in den Kauf Ihrer italienischen Schönheit gesteckt, und Sie werden Sie immer pfleglich behandeln: frühzeitig schalten und immer schön piano über die Landstraße. Und was nun? Da benötigt dieses Auto doch trotzdem ständig Wartung. Und zwar so oft und so gründlich, dass Sie am Ende doch noch in den Chor der Klagen über die empfindliche italienische Technik einstimmen.

Während Sie also ihren Alfa im Schongang durch die Lande tragen, lässt es zur gleichen Zeit im Heimatland Ihres Autos ein Besitzer des gleichen Typs so richtig krachen. Der rechte Fuß hält das Gaspedal stur am Boden, das Gummi auf dem Bremspedal ist neuwertig, und die Nadeln von Tacho und Drehzahlmesser kommen dem roten Bereich ständig bedrohlich nah. Dem Fahrer werden die Arme schwer bei der heftigen Kurbelei auf Pass- und Landstraßen, doch seine Augen glänzen – und sein Herz ist leicht, weil er weiß, dass er dafür eigentlich nicht viel mehr als die übliche Wartung investieren muss. Der Mann hat Recht. Er muss nicht häufiger in die Werkstatt als Sie, aber zwischen den Terminen hat er zig Mal so viel Spaß.

Alfas sollen zwar mit Verstand gefahren werden, aber sie dürfen ruhig zügig bewegt werden. Das mögen sie sogar wesentlich lieber, als sich nach zu viel Stadtverkehr oder allzu gemächlichen Sonntagsfahrten mit verrußten Zündkerzen und mit durch saure Rückstände vorzeitig gealtertem Motoröl in die Werkstatt zu schleppen. Es soll daher auch durchaus vorkommen, dass der Mechaniker so manchen Kunden-Alfa erst einmal mit auf die Landstraße nimmt und ihn dort ordentlich „fliegen lässt", um das Innere des Motors und des Auspuffs gründlich freizubrennen, bevor es an die Einstell- und Wartungsarbeiten geht. Man kann sich seinen Lohnstundensatz, den man dem Kunden in Rechnung stellt, also offensichtlich auch mit Fahrspaß verdienen!

Ein paar Fahrtipps

Die optimale Art und Weise, einen Alfa Romeo so zu bewegen, dass er sich am wohlsten fühlt, wird jeder Alfa-Novize schnell selbst herausfinden. So wichtig sie ist, so unkompliziert ist sie auch. Wer sie missachtet, dem entgeht viel vom Reiz am Steuer eines Alfa. Im schlimmsten Fall können Defekte die Folge sein.

Jedes Alfa-Modell braucht eine ganz bestimmte Vorgehensweise beim Anlassen. Sie werden rasch feststellen, wie Ihr Alfa am besten anspringt, und an dieses Verfahren sollten Sie sich dann in der Folge halten. Springt er nach diesem optimalen Verfahren nicht mehr ohne weiteres an, dürfte eine Motoreinstellung notwendig werden. Einzelheiten zum Umgang mit startunwilligen Alfas sind in Kapitel 6 nachzulesen.

Bei Vergasermodellen ist das Startverhalten eine Frage des richtigen Kompromisses zwischen Chokestellung, Drosselklappenöffnung und der Zahl der Tritte auf das Gaspedal, mit denen Sie die Beschleunigerpumpe in Aktion versetzen. Bei Temperaturen nahe oder unter dem Gefrierpunkt ziehen Sie den Starterzug (Choke) ganz heraus (bei höheren Temperaturen starten Sie ohne Choke). Ein oder zwei Tritte auf das Gaspedal genügen. Damit erhält der Motor etwas mehr Kraftstoff in der kritischen Kaltstartphase.

Treten Sie das Gaspedal 2 bis 3 cm weit durch, halten Sie es in dieser Stellung und betätigen Sie den Anlasser mehrmals kurz – lassen Sie ihn nie länger als 5 bis 10 Sekunden lang ununterbrochen „orgeln". Bei zu langem Betätigen des Anlassers entleert sich die Batterie zu schnell, und es könnte sogar der Anlasser überhitzen.

Beim Anlassen einer Giulietta Veloce sind bei Frosttemperaturen mindestens 10 bis 20 Tritte auf das Gaspedal notwendig, bevor der Anlasser zum Einsatz kommt. Sobald der Motor läuft, drücken Sie den Starterzug langsam hinein und regulieren Sie mit seiner Hilfe die Leerlaufdrehzahl.

Bei den Alfas mit SPICA-Einspritzanlage ist die Kaltstartanreicherungs-Einrichtung bereits im System eingebaut. Das Anspringverhalten hängt fast ausschließlich von der richtigen Drosselklappenstellung ab, und die kann bei jedem Exemplar wieder anders sein. Da die Einspritzanlage eigenständig arbeitet, bewirkt zu langes „Orgeln" am Anlasser lediglich, dass der Motor absäuft.

Schalten Sie die Zündung ein und warten Sie, bis die Kraftstoffdruck-Kontrollleuchte erlischt. Treten Sie das Gaspedal 2 bis 3 cm weit durch und betätigen Sie den Anlasser mehrmals kurz. Ist der Motor nach ungefähr zehn Versuchen immer noch nicht angesprungen, versuchen Sie es nach etwa 15 Minuten nochmals.

Manche Motoren mit SPICA-Einspritzung springen am besten an, wenn Sie beim Anlassen das Gaspedal langsam immer weiter durchtreten. Damit öffnen Sie die Drosselklappe nach und nach, bis die ideale Stellung fürs Anspringen des Motors erreicht ist.

Bei Alfa-Motoren mit Bosch-Einspritzanlage ist überhaupt kein bestimmtes Anlassprozedere notwendig. Wer es beim Anlassen eines Fahrzeugs mit Bosch-Einspritzung mit Tricks versucht, erschwert häufig sogar das Anspringen. Betätigen Sie den Anlasser einfach, ohne dabei Gas zu geben.

Nach dem Anspringen lassen Sie den Motor kurz im Stand laufen, damit er auf Temperatur kommt. Der Schalthebel steht in der Leerlaufstellung, so dass der Motor die Getrieberädersätze mit durchdreht. Auch wenn Sie spät dran sind: Eile mit Weile. Vollgas schadet einem kalten Motor nur. Und schalten Sie langsam hoch.

Lassen Sie den Schalthebel beim Schalten ganz kurz in der Leerlaufstellung stehen. Schalten Sie also nicht vom „Ersten in den Zweiten", sondern vom „Ersten in den Leerlauf und dann in den Zweiten". Dies gilt beim Hoch- wie beim Herunterschalten gleichermaßen. Gewöhnen Sie sich sanftes, ruckfreies Schalten an. Im Antriebsstrang vieler Alfa-Modelle sitzen Gummigelenkscheiben (Hardyscheiben), die zwar auch Stöße in der Kraftübertragung abfedern sollen, zugunsten längerer Lebensdauer aber trotzdem nicht unnötig strapaziert werden sollten.

Die Alfa-Kupplungen sind robust, aber nicht idiotensicher. Die Kupplung sollte keinesfalls unnötig rutschen, vor allem nicht, um ein Zurückrollen des Fahrzeugs am Berg zu verhindern.

Die Alfa-Motoren kompensieren ihre relativ kleinen Hubräume mit reichlich Leistung im oberen Drehzahlbereich. Da sie auf optimalen Wirkungsgrad bei annähernder Vollgasstellung ausgelegt sind, sollten sie nicht über längere Zeit bei niedriger Motordrehzahl bewegt werden. Versuchen Sie, in fast allen Fahrsituationen im Drehzahlbereich zwischen 2000 und 5000/min zu bleiben. Hat der Motor seine volle Betriebstemperatur erreicht, nimmt er Ihnen auch Drehzahlen nahe dem roten Bereich nicht übel.

1. Der Motor

1.1 Wartung des Kühlsystems

Drehen Sie nie den Kühlerdeckel ab, wenn der Motor seine normale Betriebstemperatur erreicht hat. Eigentlich gibt es bei einem Alfa-Youngtimer fast nie einen Grund, den Kühlerdeckel abzunehmen. Im Motorraum sitzt ein Kunststoff-Ausgleichsbehälter, der über einen Gummischlauch mit dem Kühler verbunden ist. Der Kühlmittelstand kann mithilfe dieses Behälters kontrolliert werden, und dort wird auch Kühlmittel nachgefüllt (siehe Abb. 4-2).

Zum Kühlmittelwechsel muss das Kühlmittel zuerst aus dem Kühler und dem Motorblock abgelassen werden. Stellen Sie eine große, flache Wanne (die mindestens 5 Liter fasst) unter die Fahrzeugfront.

Drehen Sie bei absolut kaltem Motor den Kühlerdeckel ab und lösen Sie die Schlauchschelle des unteren Kühlerschlauchs am Kühlerstutzen. Dieser

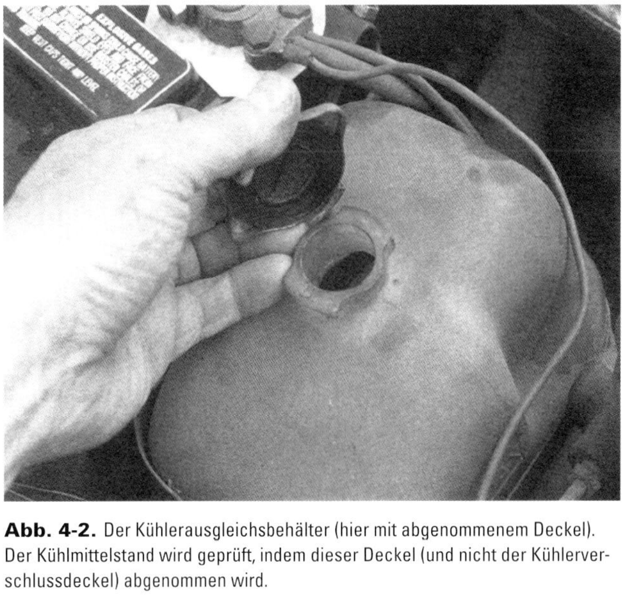

Abb. 4-2. Der Kühlerausgleichsbehälter (hier mit abgenommenem Deckel). Der Kühlmittelstand wird geprüft, indem dieser Deckel (und nicht der Kühlerverschlussdeckel) abgenommen wird.

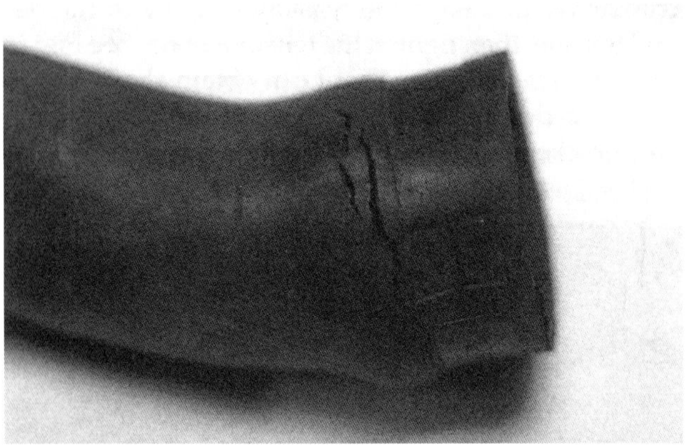

Abb. 4-3. Kühlerschläuche reißen typischerweise nahe der Schlauchschelle ein. Dieser Kühlerschlauch ist noch nicht defekt, das Ende ist aber nah. Prüfen Sie den Schlauch auf Brüchigkeit und Haarrisse, indem Sie ihn mit den Fingern plattdrücken und knicken.

Handgriff ist meistens umständlich und unbequem. Das Kühlmittel tropft dann aus dem gelockerten Schlauchanschluss in die Wanne. Schieben Sie die Wanne nun derart in Position, dass die Tropfen etwa in der Mitte landen. Jetzt können Sie den Schlauch komplett abziehen. Achtung: Es wird ein ordentlicher Strahl Wasser herauskommen.

An den Alfa-Vierzylindermotoren wird das Kühlmittel hinten am Motorblock (unter den Auspuffrohren) abgelassen. Bei frühen Alfas sitzt dort ein Ablasshahn, bei späteren eine Messingschraube. Der Ablasshahn ist meistens mit Schmutz verstopft und muss daher von außen mit einem kräftigen Draht durchstochen und gesäubert werden. In geöffneter Stellung steht der Griff des Ablasshahns in einer Flucht mit dem Gehäuse des Hahns. Beim V6 befindet sich an beiden Blöcken je eine Ablassschraube am hinteren Motorende.

Kontrollieren Sie bei dieser Gelegenheit auch alle Kühlmittelschläuche auf Risse. Schläuche, deren Zustand zweifelhaft ist, werden ersetzt. Geben Sie dem Kühlmittel mindestens eine Minute lang Gelegenheit, aus Motor und Kühler abzulaufen, dann schrauben Sie wieder alles zu zusammen.

Unabhängig von der regionalen Witterung sollten immer kalkarmes oder destilliertes Wasser und die erforderliche Menge Frostschutzmittel eingefüllt werden. Je nach Region kann sogar Leitungswasser zu Elektrolysekorrosion führen, manche gewissenhafte Alfa-Besitzer verwenden daher grundsätzlich destilliertes Wasser und zusätzlich eine Opferanode im Kühler zur Verringerung der Elektrolyseneigung.

1.2 Der Motorölwechsel

Die regelmäßige Ölstandskontrolle sollte selbstverständlich sein. Die Häufigkeit richtet sich danach, ob Ihr Alfa zu Ölverbrauch (durch Verbrennen oder Ölverlust) neigt. Typische Verbrauchswerte rangieren von bis zu einem Liter auf 1000 km bis zu keinem messbaren Verbrauch zwischen den Ölwechselintervallen.

Die vorgeschriebene Ölsorte ist in der Betriebsanleitung Ihres Alfa angegeben. Grundsätzlich gilt: neuere Alfas laufen mit Viskosität 10W30 sehr gut. Bei Alfa-Klassikern empfiehlt sich 20W50-Mehrbereichsöl oder ein SAE40-Einbereichsöl (wie es verschiedene Anbieter von Klassikerölen im Programm haben), da damit der Ölverbrauch etwa dann gedrosselt werden kann, wenn die Kolbenringe nicht mehr ganz neuwertig sind.

Im Klassikerbereich ist die Wahl zwischen Mehrbereichsölen und Einbereichsölen (die von Anbietern von Klassikerölen besonders propagiert werden) meistens Glaubenssache. Ein Mehrbereichsöl liefert einen geringfügig niedrigeren Druck auf der Öldruckanzeige, dürfte insgesamt aber etwas besser schmieren. Sparen Sie nicht an der Ölqualität, und halten Sie die vorgeschriebenen Wechseltermine ein. Angebracht ist ein Wechsel alle 5000 km – wesentlich länger sollten Sie das Öl nicht drin lassen. Je öfter oder je länger der Motor zwischen den Wechseln in kaltem Zustand und in der Warmlaufphase laufen muss, desto häufiger sollte das Öl gewechselt werden. Sauberes Öl ist die beste Versicherung für lange Motorlebensdauer.

Für Hobbybastler ohne geeignete Grube oder Bühne ist ein Ölwechsel unweigerlich mit gewissen Gefahren verbunden. Zum einen könnte der Wagen Ihnen buchstäblich auf den Kopf fallen. Stellen Sie ihn daher stets auf mindestens zwei Unterstellböcke und legen Sie sich nie unter ein Fahrzeug, das nur vom Wagenheber (egal wie solide dieser ist) gehalten wird. Zweitens muss die Ölablassschraube vor dem Einfüllen richtig eingedreht und festgezogen werden, sonst kann es später zu Ölverlust mit möglicherweise katastrophalen Folgen kommen. Ziehen Sie die Ölablassschraube immer mit Gefühl fest. Außerdem sollte der Ölwechsel stets bei warmem Motor erfolgen, die Gefahr von Verbrennungen auf der Haut besteht also durchaus. Vorsicht ist beim Ölwechsel daher immer angebracht.

Die Ölablassschraube (eine große Messingschraube) sitzt am tiefsten Punkt der Ölwanne. Stellen Sie eine große Auffangwanne, die mindestens 8 Liter fasst, unter die Ablassschraube und drehen Sie diese heraus. Vorsicht, dass sie nicht in die Auffangwanne fällt – aber auch, dass Ihnen kein heißes Öl über Hand und Arm läuft!

Während das Öl abläuft, wischen Sie den Magneten an der Ablassschraube gründlich sauber. Das Öl sollte mindestens fünf Minuten ablaufen können, bevor die Ablassschraube wieder eingedreht wird. Bei dieser Gelegenheit wechseln wir auch gleich den Ölfilter.

Der Ölfilterwechsel

Bei jedem Ölwechsel muss auch der Ölfilter gewechselt werden. Die Kosten für Öl und Filter sind als Preis für ein längeres Motorleben vernachlässigenswert. Zum Wechsel des Filtereinsatzes wird der Filterträger vom Motorblock abgeschraubt und zerlegt.
Schraubfilterpatronen lassen sich am leichtesten von der Fahrzeugunterseite her wechseln. Zum Lösen benötigen Sie einen verstellbaren Ölfilterschlüssel. Durchstechen Sie die Patrone nicht und versuchen Sie auch nicht, sie mit einem Meißel zu lockern. Der Dichtring muss richtig auf der neuen Patrone aufliegen; beim Festziehen wird die Patrone keinesfalls mehr als eine ¾ Drehung weitergedreht, nachdem die Patrone satt am Motor anliegt.

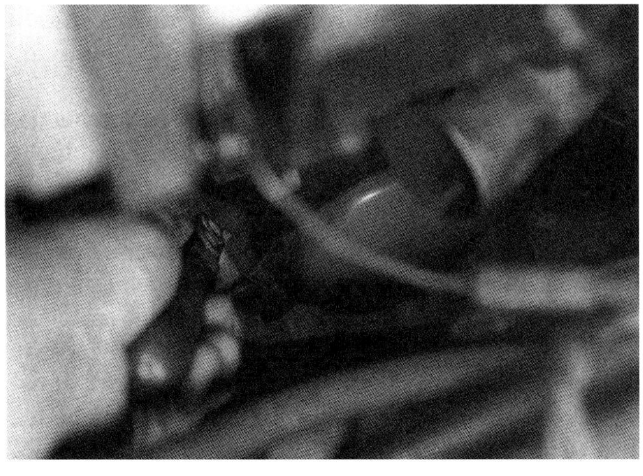

Abb. 4-4. Die Ölfilterpatrone unter der Lichtmaschine. Ist ein Klimakompressor vorhanden, ist der Raum noch beengter. Beim Spider ist die Zugänglichkeit aufgrund der Ölwannenform zusätzlich erschwert. Bei der Alfetta ist das Losdrehen von unten her dagegen recht einfach.

1.3 Der Kettenspanner

Wird die Kette nicht regelmäßig nachgestellt, längt sie sich irgendwann so weit, dass sie am Steuergehäusedeckel anläuft und dabei feinste Aluspäne abraspelt, die in den Motorölkreislauf gelangen können. Das werksseitige Verfahren sieht so aus: Alle 8000 bis 10.000 km wird bei stehendem Motor der 5. Gang eingelegt und die Kettenspannerschraube eine Umdrehung gelöst (siehe Abb. 4-5). Schieben Sie das Fahrzeug eine komplette Motorumdrehung weit vorwärts (Vorsicht, dass der Wagen nicht zurückrollt) und ziehen Sie die Kettenspannerschraube wieder an. Überprüfen Sie danach die Steuerzeiten (bzw. lassen Sie diese vom Fachmann überprüfen).

Abb. 4-5. Die Sicherungsschraube für den Kettenspanner. Wird sie zu fest angezogen, kann der Kettenspanner seine Aufgabe nicht mehr erfüllen.

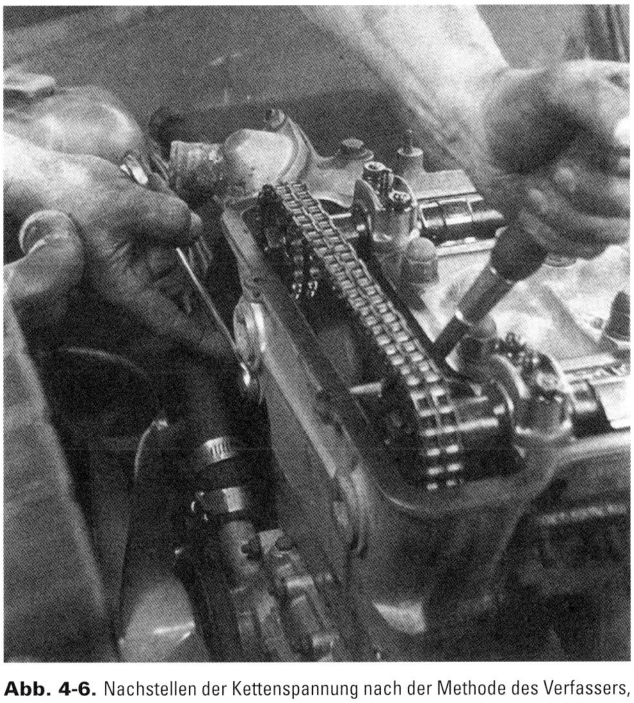

Abb. 4-6. Nachstellen der Kettenspannung nach der Methode des Verfassers, nicht nach der des Werks. Mit dem Schraubendreher wird schnell zu viel Kraft aufgebracht, also bitte vorsichtig vorgehen!

Erfahrungsgemäß wurde die Kettenspannerschraube bei älteren Motoren oft derart festgezogen, dass das Einstelldruckstück in seiner Bohrung festsitzt. Eine einzige Umdrehung genügt dann nicht, um den Einsteller so

Abb. 4-7. Ein Blick auf den Kettenantrieb im Zylinderkopf. Das sporenförmige Bauteil (hier von oben zu sehen) führt das Kettenspannerrad (Pfeil). Der Spanner ist in einer Aufnahme im Zylinderkopf montiert, welche die Spannerfeder und die Sicherungsschraube trägt.

zu lösen, dass die volle Federspannung erreicht wird. Nach meinem Eindruck ist die Federspannung der Spannfeder für ihre Aufgabe recht knapp ausgelegt. Ich stelle den Kettenspanner deshalb lieber bei abgenommenem Ventildeckel von Hand ein. Mit einem großen Schraubendreher wird das Kettenspannerzwischenrad so blockiert, dass die gewünschte Kettenspannung erreicht ist, und dann die Spannerschraube festgezogen (siehe Abb. 4-6). Die nachgespannte Kette sollte einen Durchhang von 1,5 bis 3 mm (zwischen den beiden Nockenwellenrädern gemessen) aufweisen.

1.4 Der Zahnriemenspanner

Als Faustregel sollte der Zahnriemen alle 80.000 km ersetzt werden (bei neueren Zahnriemen liegt die Lebensdauer bei 160.000 km), egal ob der Riemen erneuerungsbedürftig aussieht oder nicht. Zahnriemen, die aufgrund eines Öllecks bereits ölgetränkt sind, sind auf jeden Fall zu erneuern. Die Motorschäden, die durch einen gerissenen Zahnriemen verursacht werden, sind kein schöner Anblick und können so ziemlich alles von einem verbogenen Ventilschaft bis zu einem völlig ruinierten Motor umfassen (je nachdem, mit welcher Drehzahl der Motor lief, als der Zahnriemen den Dienst quittierte). Regelmäßiger Zahnriemenwechsel ist eine kostengünstige Motorversicherung.

Falls Sie am Steuergerät der Einspritzanlage Eingriffe vorgenommen haben, dank derer der Motor auch Drehzahlen über 7000/min erreicht (und Sie diesen Drehzahlbereich auch immer wieder nutzen), kann die Erneuerung des Zahnriemens sogar bereits bei Laufleistungen von 50.000 km bis hin zu nur 5000 km notwendig werden: „Einmal Öl wechseln und Zahnriemen tauschen, bitte!"

Die V6-Motoren verfügen über eine Entspannvorrichtung, durch die die Zahnriemenspannung beim Anlassen, im Leerlauf und bei hohen Drehzahlen etwas verringert wird. An V6-Modellen bis 1994 neigte dieses an sich wartungsfreie Bauteil zu Ölverlust (ab 1994 wurde die störanfällige hydraulische Ausführung durch eine Version mit Thermostat ersetzt). Ist die Motorvorderseite Ihres V6 ölverschmiert, muss eventuell der Riemenentspanner erneuert werden. Eine regelmäßige Kontrolle auf Ölundichtigkeiten gehört in diesem Fall zum Wartungsumfang. Die Erneuerung des Entspanners kann von erfahrenen Alfisti nach der Anleitung in Kapitel 5 selbst durchgeführt werden.

1.5 Die Zylinderkopfmuttern

Unter den Motorproblemen sind defekte Kopfdichtungen eine wahrscheinliche Ursache. Die einzige Vorsorgemaßnahme ist, die Zylinderkopfmuttern auf festen Sitz zu kontrollieren. Das Anzugsdrehmoment sollte alle sechs Monate überprüft werden, selbst wenn Sie sich dazu einen Drehmomentschlüssel beschaffen und den Umgang damit lernen müssen (das typische Anzugsdrehmoment beträgt 60 bis 95 Nm; den exakten Wert für Ihren Alfa finden Sie im entsprechenden Reparaturleitfaden). Die Anzugsreihenfolge ist einfach: Die Muttern werden in einer Spirale von innen nach außen angezogen, angefangen mit einer der beiden Muttern zwischen Zylinder 2 und 3 (siehe Abb. 4-8).

Manch ein Alfa-Fahrer hält ein um etwa 15 Nm erhöhtes Anzugsdrehmoment als zusätzliche Sicherheit gegen durchblasende Kopfdichtungen für zweckmäßig. Mir widerstrebt es grundsätzlich, überhöhte Anzugsdrehmomente zu empfehlen, allerdings kann die „eingebaute" Ungenauigkeit mancher Drehmomentschlüssel durchaus 15 Nm oder mehr betragen.

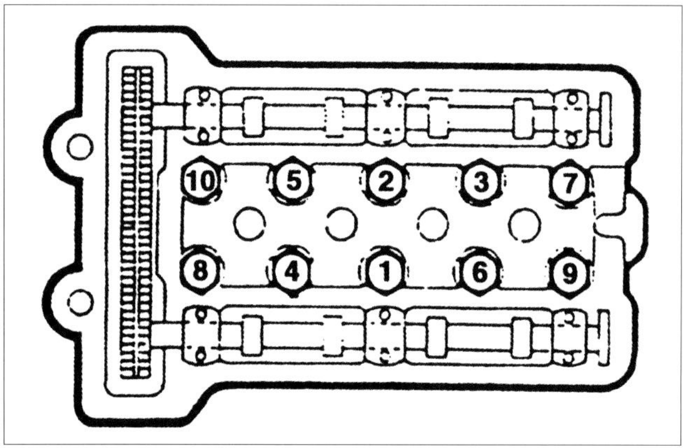

Abb. 4-8. Anzugsreihenfolge der Zylinderkopfschrauben am Vierzylindermotor. Die 6- und 8-Zylinder-Motoren sind ähnlich aufgebaut: Ziehen Sie die Muttern stets spiralförmig von innen nach außen (von Schraube 1 oder 2 ausgehend) an.

1.6 Ventileinstellung und Einstellung der Steuerzeiten

Diese beiden Arbeiten sollten stets zusammen erledigt werden. Bei normalem Fahrbetrieb sollte das Ventilspiel ungefähr alle sechs Monate kontrolliert werden, und zwar mehr als vorbeugende Wartung als zur wirklichen Fehlerbehebung. Dass die Ventile nachgestellt werden müssen, ist unwahrscheinlich. Beim Einstellen ist es ein Kinderspiel, gleich die OT-Marke

Abb. 4-9. Kontrolle des Ventilspiels mit einer Fühlerlehre. Der Nocken zeigt genau vom Stößelbecher weg. Nur in dieser Stellung kann das Ventilspiel kontrolliert werden. Der Messwert wird notiert.

Abb. 4-10. Oben: Der Tassenstößel (Stößelbecher) sitzt in einer Bohrung über dem Ventilschaft. Unten: Das Einstellplättchen sitzt unter dem Stößel auf dem Ventilschaft. (Hier ist die Nockenwelle zur Verdeutlichung ausgebaut. Ausbau siehe Beschreibung unten.)

(OT = Oberer Totpunkt) an der Kurbelwelle in Fluchtung zu bringen und zu kontrollieren, ob die Marken an den Nockenwellen ebenfalls richtig stehen. Außer bei erheblichem Verschleiß von Steuerkette oder Zahnriemen dürften sie sich normalerweise nicht nennenswert verändern.

Schwindet an einem Auslassventil das Spiel spürbar, sollten Sie das Ventilspiel in der Folge ungefähr alle 1500 km kontrollieren. Ein Auslassventil, bei dem das Ventilspiel in immer kürzeren Abständen verschwindet, längt sich und könnte irgendwann abreißen, was einen kapitalen Motorschaden zur Folge hätte. Bei Verdacht auf ein Ventil, das sich längt, müssen also der Zylinderkopf demontiert und das Ventil ersetzt werden.

Einstellung des Ventilspiels an Vierzylindermotoren (ab Baumuster Giulietta)

Vor der Prüfung des Ventilspiels muss der Motor zuerst vollständig abkühlen. Dann wird der Ventildeckel abgebaut, indem die sechs Muttern auf der Deckeloberseite und die beiden SW10-Schrauben gelöst werden, mit denen der Deckel an der Vorderseite mit dem Steuerkettendeckel verschraubt ist. Vorsicht, dass die Dichtung nicht zerstört wird.

Für die Kontrolle benötigen wir zwei Fühlerlehren (0,45 mm für den Einlass und 0,50 mm für den Auslass). Das Spiel wird zwischen der Nockenferse und dem Tassenstößel (Stößelbecher) gemessen, wenn die Spitze des Nockens genau zu uns zeigt (also exakt vom Stößel weg). Siehe Abb. 4-9.

Lässt sich die Fühlerlehre nicht einschieben oder gleitet sie mit zuviel Spiel in den Spalt, muss der Spalt mit passenden Fühlerlehren genauer ausgemessen werden. Ein Fehlbetrag von bis zu 0,1 mm ist noch unbedenklich. Weichen die Einstellwerte aber am Auslassventil um etwa 0,2 mm und am

Einlassventil um etwa 0,1 mm ab, muss das Spiel an dem betreffenden Ventil unbedingt nachgestellt werden, sonst droht ein Motorschaden.

Ich nehme es mit dem Ventilspiel ja nicht hundertprozentig genau, bei einer Abweichung von bis zu 0,1 mm stelle ich also noch nicht nach. Wer seinen Alfa im Motorsport bewegt oder es ganz besonders genau nimmt, sollte das Ventilspiel freilich auf die genauen Sollwerte einstellen, da sowohl die Steuerzeiten als auch der Ventilhub von ungenau eingestellten Ventilen beeinflusst werden. Einer meiner (besonders pingeligen) Alfa-Freunde toleriert nur Abweichungen um 0,01 bis 0,015 mm von den Werksangaben.

Das Ventilspiel der Alfa-Motoren wird mithilfe kleiner Plättchen eingestellt, die direkt unter dem Ventilschaft sitzen. Diese Einstellplättchen sitzen zwischen dem Ventil und seinem Tassenstößel (Stößelbecher), der in zylindrischen Bohrungen läuft, die im Zylinderkopf eingefräst sind (siehe Abb. 4-10). Der Tassenstößel liegt direkt auf dem Nocken der Nockenwelle und verschleißt im Laufe der Zeit. Kontrollieren Sie also die Laufflächen der Stößel genau darauf, ob sie spiegelblank glatt sind. Die Oberflächen sind gehärtet, die Härteschicht ist allerdings nur wenige Hundertstel Millimeter dick. Ist die Härteschicht durchgeschliffen oder zeigt der Stößel Haarrisse, hat er das Ende seiner Lebensdauer erreicht und könnte bald einen Motorschaden verursachen.

Notieren Sie das Spiel aller Ventile bei kaltem Motor. Ich zeichne dazu eine Skizze mit acht Kreisen auf, die die Tassenstößel symbolisieren, und markiere die Motorvorderseite mit einem Pfeil (siehe Abb. 4-11). Den Messwert des Ventils notiere ich unter dem betreffenden Kreis. Diese Messwerte lege ich bei den Fahrzeugunterlagen ab, um die „Betriebshistorie" jedes einzelnen Ventils nachverfolgen zu können.

Anschließend drehen wir den Motor von Hand durch. Viele Schrauber nehmen die Kerzen dazu nicht heraus, da sie fürchten, dass Schmutz aus den Kerzengewinden an die offen zugänglichen Ventile gelangen und die Ablesewerte verfälschen könnte. Um dies zu vermeiden, lockern wir die Zündkerzen einige Umdrehungen und drehen den Motor bei abgenommenen Zündkabeln einige Male mit dem Anlasser durch. Etwaige Ablagerungen werden dadurch weggeblasen.

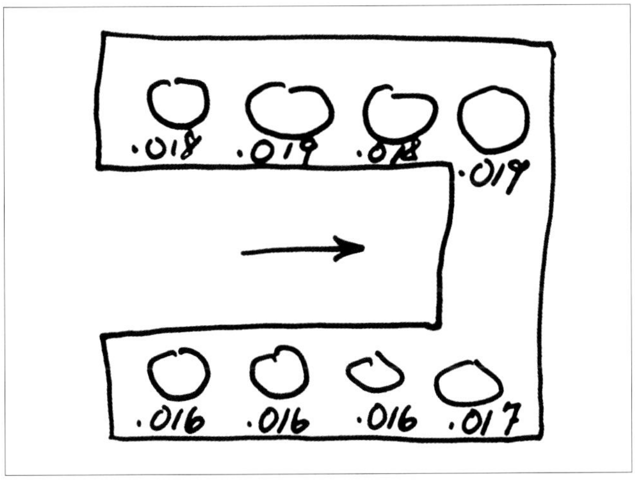

Abb. 4-11. Ein Beispiel für eine Ventileinstellskizze, auf der die gemessenen Ventilspiele (hier in Zoll) festgehalten und die Abmessungen der neuen Einstellplättchen berechnet werden können.

ACHTUNG: Drehen Sie die Zündkerzen nicht zu weit heraus. Halten Sie sich vom Motorraum fern. Eine Zündkerze, die unter dem Kompressionsdruck des Motors aus dem Kerzenloch herauskatapultiert wird, kann schwere Verletzungen verursachen.

Abb. 4-12. Zur Kontrolle wird der Motor auf den oberen Totpunkt gestellt. Hier stimmen die Steuerzeitenmarken nicht exakt überein.

Abb. 4-13. Durch Lösen des Nockenwellenzwischenrades (siehe Schraubenschlüssel in der linken Hand) kann die Kette soweit gelockert und hochgezogen werden, dass sie – wie gezeigt – zusätzliches Spiel erhält.

Nachdem alle Ventilspiele notiert wurden, berechnen wir, welche Korrektur jeweils notwendig ist, um das Ventilspiel auf den gewünschten Sollwert zu bringen. Dieser Wert wird neben dem Kreis notiert, der den Stößel symbolisiert. Ein vorangestelltes + oder - verrät, ob das Ventilspiel vergrößert oder verkleinert werden muss.

Jetzt stellen Sie den Motor auf OT, so dass das Kettenschloss der Steuerkette zugänglich ist. Prüfen Sie, ob die Steuerzeitenmarken auf der Nockenwelle mit den Markierungen auf der Rückseite der Lagerdeckel der vorderen Nockenwellenlagerböcke fluchten (siehe Abb. 4-12). Wenn sie nicht exakt miteinander fluchten, können die Steuerzeiten korrigiert werden, wenn die Nockenwellen wieder eingebaut werden. Ab jetzt darf die Kurbelwelle nicht mehr gedreht werden. Prüfen Sie, ob die vordersten Nocken jetzt zueinander hin- oder voneinander wegweisen. Beide Stellungen sind möglich, wir müssen uns die Stellung nur merken.

Lösen Sie die Kettenspannerschraube, drücken Sie den Kettenspanner ganz in seine Aufnahme und ziehen Sie die Schraube wieder an, damit der Spanner in dieser Stellung stehenbleibt (siehe Abb. 4-13).

Um an die auswechselbaren Einstellplättchen zu kommen, müssen die Nockenwellen seitlich etwas verschwenkt werden, so dass die Stößelbecher herausgenommen werden können. Üblicherweise werden die Nockenwellen komplett ausgebaut, allerdings erfordert dies hinterher eine entsprechend sorgfältigere Neueinstellung der Steuerzeiten. Sie können auch einfach die Nockenwellenlagerdeckel abnehmen (nicht vertauschen!) und die Welle, ohne sie von der Kette zu trennen, zu den Zündkerzen hin schwenken, so dass sie aus dem Weg ist. Da der Kettenspanner zurückgestellt (gelockert) wurde, kann sich die Steuerkette soweit „durchbiegen", dass die Nockenwellen seitlich abgelegt werden können.

Zum vollständigen Ausbau der Nockenwellen (womit ein Verbiegen der Nockenwelle vermieden wird) werden alle Befestigungsschrauben der Lagerdeckel in gleichmäßigen Schritten gelöst, so dass die Nockenwellen auf ihrer gesamten Länge gleichzeitig gelöst werden (siehe Abb. 4-14). Irgendwann drücken die Ventilfedern die Nockenwelle vollends frei. Falls nicht, klopfen Sie leicht auf die Lagerdeckel, damit sie und die Nockenwellen sich vom Zylinderkopf lockern.

Abb. 4-14. Nachdem die Kette der Nockenwelle gelockert wurde, können die Lagerdeckel abgenommen werden. Fangen Sie mit dem mittleren an und lösen Sie die übrigen Schritt für Schritt in nach außen größer werdenden konzentrischen Kreisen, so dass die Montagespannung der Nockenwelle gleichmäßig nachlässt.

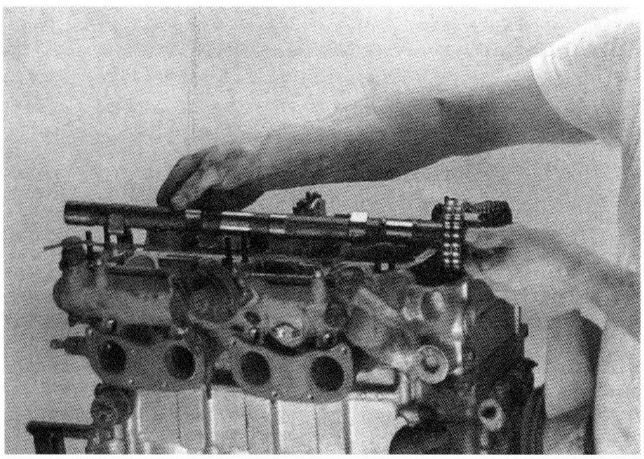

Abb. 4-15. Nachdem drei Lagerdeckel abgenommen wurden, kann die Nockenwelle komplett abgehoben werden, oder aber die Kette verbleibt auf der Nockenwelle (Vorsicht, dass sie auf dem Kettenrad nicht überspringt!) und die Nockenwelle wird seitlich weggeschwenkt.

Sollen die Nockenwellen komplett ausgebaut werden, wird jetzt das Kettenschloss der Steuerkette entfernt und die Enden der Kette festgebunden, damit die Kette nicht in den Kettenschacht rutschen kann.

Siehe Anleitung für den Zylinderkopfausbau in Kapitel 5.

Nehmen Sie die einzelnen Tassenstößel heraus und legen Sie sie so ab, dass sie beim Zusammenbau wieder in ihrer ursprünglichen Bohrung montiert werden. Die Stößel dürfen keinesfalls untereinander vertauscht werden.

Die Einstellplättchen kleben wahrscheinlich an der Innenseite der Stößel. Messen Sie die Dicke der einzelnen Plättchen mit einer Mikrometerschraube (siehe Abb. 4-16). Dabei muss die tatsächliche Plättchendicke gemessen werden, nicht nur die Dicke am äußeren Rand. Die Messspindel muss bei der Messung also innen auf dem Plättchen aufliegen. Den Messwert notieren wir neben den bereits auf der Skizze notierten Ventilspielen.

Auf unserer Skizze stehen jetzt drei Werte: das ursprüngliche Ventilspiel, der Änderungsbetrag und die Dicke der Einstellplättchen. Jetzt müssen lediglich Plus und Minus vertauscht und der Wert auf die Dicke des Einstellplättchens übertragen werden. Betrug das ursprüngliche Ventilspiel am Einlass beispielsweise 0,38 mm und wurden +0,12 mm Differenz notiert (um ein Spiel von 0,50 mm einzustellen), müssen diese 0,12 mm von der Dicke des Einstellplättchens abgezogen werden, damit der Abstand zwischen Stößelbecher und Nockenwelle vergrößert wird und sich das richtige Spiel ergibt.

Und wo sind diese Einstellplättchen erhältlich? Bei verschiedenen Teilehändlern für Alfa-Klassiker. Natürlich könnte man die Plättchen auch zwischen den Ventilen austauschen, um die Zahl der neu zu beschaffenden Plättchen in Grenzen zu halten. Die meisten Alfa-Schrauber legen sich deshalb im Laufe der Zeit ein gewisses Sortiment an gebrauchten Einstellplättchen an. Diese Plättchen sind bei allen Alfas mit 9-mm-Ventilschäften ab

Abb. 4-16. Die Dicke der Einstellplättchen wird mit einer Mikrometerschraube gemessen. Die Messspindel muss innen auf dem Plättchen aufliegen.

1959 identisch. Bei den 750er Motoren funktionieren sie allerdings nicht, da der Ventilschaftdurchmesser dieser Motoren 8 mm beträgt.

Die Lagerfläche der Plättchen kann auch leicht überschliffen werden, um das notwendige Spiel zu erhalten. Dazu wird die flache Auflagefläche des Plättchens auf einem Blatt 240er Schleifpapier plangeschliffen. Nach rund fünf Minuten beständigen Schleifens sind ca. 0,025 bis 0,05 mm Material abgetragen. Kurz – eine mühsame Arbeit, die obendrein die Gefahr von Brandblasen an den Fingern birgt, da die Plättchen rasch sehr warm werden.

Absolut untadelig ist die Qualität der Tassenstößel. Noch über Jahre kann an nahezu allen fast die gleiche Dicke gemessen werden, so dass es wenig nutzt, die Stößel untereinander austauschen zu wollen, um das notwendige Einstellspiel herzustellen. Auf keinen Fall sollten Sie aber auf die Idee verfallen, die Stößel abschleifen zu wollen. Sie werden im Motoralltag ohnehin genug strapaziert.

Nachdem neue Einstellplättchen aufgelegt und die Stößel darüber montiert wurden, werden die Nockenwellen wieder in ihren Lagerstellen festgeschraubt und das Ventilspiel an den Ventilen kontrolliert, die in der für die Kontrolle des Ventilspiels passenden Stellung stehen.

HINWEIS: Sie werden die Nockenwellen jetzt keine 360° durchdrehen können, da einige der Ventile an den Kolben anstoßen würden. Kontrollieren Sie also nur die Ventile, die richtig stehen.

Mit dieser Kontrolle soll verhindert werden, dass sich erst nach dem Zusammenbau zeigt, dass mehrere Ventilspiele immer noch nicht stimmen. Weisen die Ventile, die jetzt kontrolliert werden können, das richtige Spiel auf, war die Vorgehensweise vermutlich richtig, und das Spiel dürfte auch an den anderen Ventilen stimmen.

Nachdem das Spiel an allen Ventilen kontrolliert wurde, setzen Sie die Nockenwellen wieder in ihrer ursprünglichen Einbaulage ein, befestigen (falls notwendig) die Steuerkette wieder und spannen die Kette (siehe Arbeitsschritte weiter vorne in diesem Kapitel). Bevor die Steuerzeiten kontrolliert werden können, muss die Kette gemäß Vorschrift gespannt sein. Drehen Sie den Motor ganz langsam zwei Umdrehungen durch und stellen Sie ihn wieder exakt auf OT, so dass das Kettenschloss frei zugänglich ist. Dann wird die Kettenspannung nochmals kontrolliert. Muss die Kette nachgespannt werden, drehen Sie den Motor erneut genau eine Umdrehung weiter, nachdem der Spanner nachgestellt wurde.

Steht der Motor auf OT und ist die Kette richtig gespannt, überprüfen Sie, ob die Marken an der Nockenwelle auf die Steuerzeitenmarken am Lagerdeckel des vorderen Nockenwellenlagerbocks ausgerichtet sind. Stehen die Marken versetzt (oder möchten Sie die Ventilüberschneidung vergrößern), müssen die Nockenwellensteuerzeiten jetzt nachgestellt werden.

Einstellen der Steuerzeiten

Mitunter lassen sich die Nockenwellen einfach nicht wieder in der richtigen Stellung einbauen, ohne dass die Steuerzeiten nachgestellt werden. Die Einstellung sei daher nachstehend beschrieben.

Das Nockenwellenkettenrad ist über ein Feineinstellrad mit der Nockenwelle verbunden. Dieses Feineinstellrad ist so durchbohrt, dass die Nockenwelle in Schritten von 1,5° verstellt werden kann. Mit einer kleineren Einstellschraube wird die Einstellung fixiert und der Einsteller dann mit einer größeren Schraube gesichert, die in die Nockenwelle eingedreht wird. Um an die kleineren Schrauben zu kommen, muss der Motor möglicherweise um 180° weitergedreht werden. Zylinder Nr. 1 steht dabei natürlich auf OT.

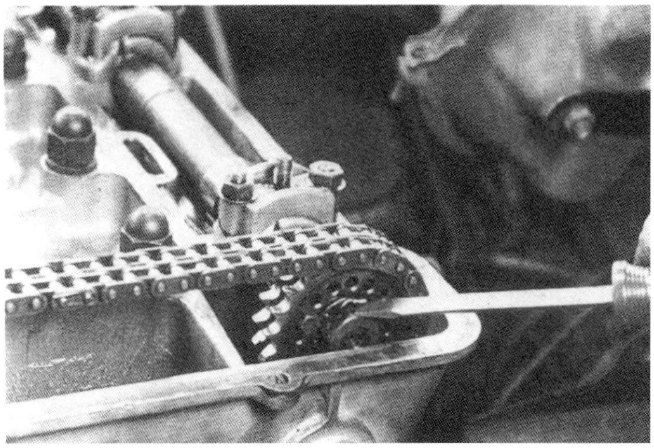

Abb. 4-17. Zur Einstellung der Steuerzeiten wird zuerst das Sicherungsblech für die große Schraube am Ende der Nockenwelle vorsichtig aufgebogen.

Abb. 4-18. Nachdem das Sicherungsblech aus dem Weg ist, kann die Schraube mit einem 22er Schlüssel gelöst werden.

Abb. 4-19. Bei älteren Modellen ist die Kronenmutter mit einem Splint gesichert. Dieser Splint muss entfernt werden (Vorsicht, dass er nicht in den Motor fällt). Dann wird die Mutter gelöst und die Schraube herausgezogen.

Abb. 4-20. Puristen werden bei diesem Foto das Grausen bekommen, aber bei mir leistet eine Gripzange gute Dienste, um die Nockenwelle in die richtige Stellung zu drehen, bis die Einstellmarken miteinander fluchten. Dabei können sich jedoch Aluspäne lösen, die, wenn sie in den Motor gelangen, großen Schaden anrichten können. Daher ist besondere Sorgfalt notwendig. Ein stabiler Ledersteifen, der um die Nockenwelle gewickelt wird, bietet Schutz gegen die Backen der Zange und erzeugt zugleich zusätzliche Reibwirkung. Nachdem die Nockenwelle gedreht wurde, prüfen wir nochmals, ob die Kurbelwelle immer noch exakt im OT steht

Abb. 4-21. Stecken Sie die Schraube probeweise in verschiedene Bohrungen im Nockenwellenrad, bis Sie die Bohrung finden, in der sie sich ganz durchstecken lässt. Normalerweise liegt diese Bohrung nur ein oder zwei Löcher weiter, da die Nockenwelle zuvor nicht weit gedreht wurde. Die Nockenwelle darf natürlich nicht bewegt werden.

Biegen Sie das Sicherungsblech der Nockenwellenschraube auf und lösen Sie die Schraube (siehe Abb. 4-17). Dieses Sicherungsblech sollte grundsätzlich erneuert werden. Dazu muss die Nockenwelle abgenommen werden.

Nehmen Sie den Splint (sofern vorhanden) vorsichtig von den kleinen Einstellradschrauben ab und lösen Sie die Schraube (aufpassen, dass Schraube oder Mutter nicht in den Motor fallen, siehe Abb. 4-19). Kontrollieren Sie, ob der Motor immer noch auf OT steht, und stellen Sie die Nockenwellen so, dass die Steuerzeitenmarkierungen exakt miteinander fluchten (siehe Abb. 4-20). Die Kurbelwelle darf jetzt keinesfalls gedreht werden. Damit ist die Grundeinstellung hergestellt.

Wenn lediglich die Werkseinstellung der Nockenwellen wiederhergestellt werden soll, stecken Sie die Schrauben des Einstellrades in benachbarte Löcher, bis die Stellung gefunden ist, in der die Löcher exakt miteinander fluchten und die Schrauben montiert werden können, ohne die Nockenwellen zu verdrehen (siehe Abb. 4-21). Soll die Steuerzeitenüberschneidung vergrößert werden, zählen Sie die Zahl der Löcher im Einstellrad ab, um die die Nockenwelle gedreht werden muss, und drehen Sie die Welle etwas weiter, damit die Schraube in das passende Loch im Einstellrad eingedreht werden kann.

Schieben Sie die Schrauben in ihren Sitz und drehen Sie den Motor um 720° (2 komplette Umdrehungen), um die Einstellung zu überprüfen (siehe Abb. 4-22). Stimmt die Einstellung der Nockenwellen, werden alle Schrauben festgezogen, womit die Einstellung abgeschlossen ist.

Drehen Sie den Motor nach der Einstellung der Nockenwellen zunächst vorsichtig von Hand durch, bevor Sie ihn anlassen. Selbst erfahrensten Mechanikern können Fehler unterlaufen, und eine verstellte Nockenwelle kann einen laufenden Motor innerhalb einer einzigen Umdrehung ruinieren.

Abb. 4-22. Kronenmutter und Splint werden wieder sorgfältig eingesetzt, die 22er Mutter festgezogen und das Sicherungsblech umgebogen. Drehen Sie den Motor 720° (zwei Umdrehungen) durch, um zu prüfen, ob die Steuerzeiteneinstellung stimmt.

Ventileinstellung an den V6-Motoren

Das Einlassventilspiel wird beim V6 genauso wie beim Vierzylinder eingestellt, zum Wechsel der Einstellplättchen muss die Nockenwelle herausgehoben werden. Die Auslassventile werden mithilfe einer Schraube mit Kontermutter (wie bei einem herkömmlichen OHV-Motor) eingestellt. Beim V6 ist die Einstellung der Auslassventile gegenüber einem typischen OHV-Motor allerdings insofern einfacher, als sofort zu sehen ist, ob sich der Stößel vollständig von der Nockenwelle abgehoben hat.

Das Nockenwellenrad ist beim V6 nicht verstellbar. Zur richtigen Steuerzeiteneinstellung werden die Einstellmarken auf Nockenwellen, Verteiler und Kurbelwelle in Flucht gebracht.

Abb. 4-23. Eine V6-Zylinderreihe mit abgenommenem Ventildeckel. Die Auslassventile können mittels einer Einstellschraube eingestellt werden. Die Einstellung der Einlassventile erfolgt wie beim Vierzylinder mit Einstellplättchen.

2. Zündung

2.1 Die Zündkerzen

Werksseitig wurden Lodge HLE-Kerzen empfohlen. Nach meiner Erfahrung neigen die Lodge-Kerzen allerdings schneller zum Verrußen, deshalb empfehle ich für alle Motoren bis zur Einführung der US-Einspritzermodelle die Champion H5 und für alle späteren (mit der US-Einspritzanlage ausgerüsteten) Modelle die Champion N6Y. Wenn Sie Aussetzer bei höheren Drehzahlen feststellen, ist es empfehlenswert, eine gewisse Strecke bei Vollgas im vierten oder fünften Gang zu fahren, damit die Kerzen sich freibrennen können.

Der Wechsel der Zündkerzen ist ein Kinderspiel. Ziehen Sie aber zuerst das Kerzenkabel ab und setzen Sie den Schlauch Ihres Staubsaugers so um die Kerze an, dass aller Schmutz abgesaugt werden kann, der sich um die Kerze angesammelt hat. Dann schrauben Sie die alte Kerze heraus und die neue Kerze hinein.

Abb. 4-24. Die Steuerzeitenmarken des V6 befinden sich am mittleren Nockenwellenlager, nicht am vorderen wie bei den Vierzylindermotoren. Die Markierungen am Kunststoff-Steuerdeckel sind nicht genau genug und taugen nur zur groben Kontrolle.

Abb. 4-26. Zum Ausbau und zum endgültigen Festziehen der Zündkerzen verwenden wir einen Kerzenschlüssel, die Kerzen sollten aber immer zuerst mit den Fingern in die ersten Gewindegänge eingedreht werden.

Abb. 4-25. Die Markierung für den oberen Totpunkt (OT) an der Kurbelwellenriemenscheibe des V6.

Aber halt! Wenn ich daran denke, wieviele vermurkste Zündkerzengewinde mir im Lauf der Jahre untergekommen sind, dann ist das richtige Eindrehen einer Kerze in ihr Gewinde offensichtlich doch keine ganz so einfache Sache. Das Gewinde der Zündkerze besteht aus Stahl, der Zylinderkopf, in den sie eingedreht werden soll, dagegen aus Aluminium.

Drehen Sie die Zündkerze daher zunächst nur mit den Fingern in die ersten Gewindegänge ein und schrauben Sie sie dann so weit wie möglich fest, bis ein Kerzenschlüssel zum Festziehen hermuss. Die Erneuerung von Kerzengewinden im Zylinderkopf ist möglich. Dazu muss allerdings der Zylinderkopf ausgebaut werden. Gefühlvolles Arbeiten bei der Montage der Zündkerzen ist immer angebracht.

Auch das Wiederanschließen der Zündkerzenkabel an den richtigen Kerzen scheint für manchen zu den exotischen Künsten zu zählen. Wer es noch nie gemacht hat, sollte die Kabel und die zugehörigen Kerzen kennzeichnen, bevor er die Kabel abzieht.

Der Isolator der Zündkerzen sollte gelegentlich mit einem Lappen saubergewischt werden. Schmutz- und ölverschmierte Isolatoren können, wenn sie feucht werden, Zündaussetzer verursachen.

Falls Sie feststellen, dass Ihre Zündkerzen sich bereits nach kurzer Laufzeit immer wieder zusetzen, stimmt entweder etwas an der Kraftstoffanlage, am Motor selbst oder an der Zündkerze nicht.

Eins der kniffligsten Probleme bei der Fehlersuche am Motor ist die Unterscheidung zwischen Aussetzern, die von der Zündanlage herrühren und solchen, die mit der Kraftstoffanlage zu tun haben. Ein Problem mit der Zündung macht sich im Allgemeinen schlagartig bemerkbar, durch die Kraftstoffanlage verursachte Aussetzer werden erst allmählich stärker werden.

2.2 Der Verteiler

Der einfachste und zugleich wirksamste Trick zur Wartung der Bakelit-Verteilerkappe ist: Kappe immer sauber halten! Öffnen Sie einmal in tiefschwarzer Nacht die Motorhaube bei laufendem Motor und betrachten Sie die Verteilerkappe und die Zündkabel näher. Häufig sind dort Irrlichter des Zündstroms zu erkennen, der in Richtung Masse abfließt. Strom fließt erstaunlich bereitwillig über öligen Schmutz ab. Bei der Reinigung der Verteilerkappe ziehen Sie einen trockenen Lappen oder ein Küchentuch auch zwischen den Domen für die Zündkabel durch. Wer sich den Ausbau der Verteilerkappe nicht so recht zutraut, sollte aber auch die übrigen Wartungsarbeiten dem Mechaniker seines Vertrauens überlassen.

Die Verteilerkappe wird mit einem Schraubendreher gelöst (siehe Abb. 4-27). Ältere Ausführungen waren mit Federklammern befestigt, die etwas zu viel Vorspannung haben, um sich ohne weiteres mit dem Finger abdrücken zu lassen. Spätere Ausführungen sind mit unverlierbaren Schrauben aufgeschraubt. Jeder Zylinder hat seinen eigenen Kontaktstift auf der Kappeninnenseite. Oft sind diese Kontakte korrodiert, dann sollte die Oberfläche mit einem scharf zugeschliffenen Schraubendreher geglättet werden. Auch Schmutz muss gründlich entfernt werden.

Direkt unter der Verteilerkappe sitzt der Verteilerläufer (ebenfalls aus Bakelit), der den Zündstrom von der Zündspule wechselweise zu den einzelnen Zündkabeln leitet. Frühe Verteilerläufer waren einteilig und wurden auf die rotierende Verteilerachse aufgeschoben. Bei der Giulietta wird der Läufer von einer Feder gehalten und kann direkt abgezogen werden (siehe Abb. 4-28). Bei der Giulia wird der Läufer von einer Schraube gehalten (siehe Abb. 4-29). Sowohl bei der Giulietta als auch bei der Giulia sollte sich der Läufer in einer Richtung ein Stück weit gegen einen Federwiderstand verdrehen lassen. Lässt er sich nicht verdrehen, ist der Fliehkraftversteller festgerostet und der Verteiler muss ausgebaut, zerlegt und gereinigt werden.

Bei späteren Alfas wanderte die Fliehkraftverstellung mit in den Verteilerläufer. Er wird bei Arbeiten an den Unterbrecherkontakten mit ausgebaut.

Aufgrund der Abmessungen des Verteilerläufers sind die Unterbrecherkontakte nur schwer zu erkennen.

Unter dem Läufer finden wir bei allen Alfas außer den Versionen mit elektronischer Zündanlage die Unterbrecherkontakte, die von einem Nocken auf der Verteilerwelle abwechselnd geöffnet und geschlossen werden. Früher war es üblich, den Abbrand an den Kontakten mit einer speziellen Feile zu entfernen. Da eine normale kontaktgesteuerte Zündung im serienmäßigen Zustand ohnehin allenfalls die Note „befriedigend" verdient, ist die regelmäßige Erneuerung der Kontakte aber sinnvoller.

Wenn Sie den Motor langsam durchdrehen, können Sie beobachten, wie die Unterbrecherkontakte öffnen und schließen. Drehen Sie den Motor, bis die Kontakte ihre maximale Öffnung erreicht haben, und messen Sie dann mit einer Fühlerlehre den Abstand zwischen den beiden Kontakten.

Stimmt der gemessene nicht mit dem Sollwert überein, kann der Kontaktabstand am feststehenden Kontakt des Kontaktsatzes nachgestellt werden (siehe Abb. 4-30). Dieser Kontakt ist mit einer oder zwei Schrauben befestigt. Die Schrauben werden etwas gelockert und der Kontakt mit einer Schraubendreherklinge gefühlvoll nach innen oder außen verschoben, bis der vorgeschriebene Abstand erreicht ist. Ziehen Sie die Schrauben nun wieder an und kontrollieren Sie den Abstand nochmals. Häufig verändert er sich beim Festziehen der Schrauben erneut etwas, deshalb ist eine Nachkontrolle stets angebracht. Am genauesten lässt sich die Einstellung mit einem Schließwinkelmesser vornehmen.

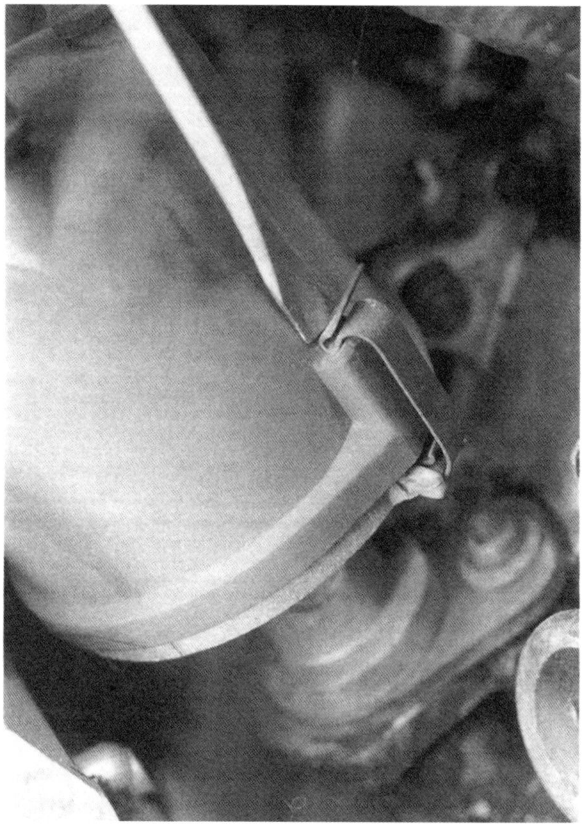

Abb. 4-27. Bei Bosch-Verteilern mit der hohen Verteilerkappe ist der Fliehkraftversteller im Verteilerläufer integriert. Hier wird eine der beiden Federklammern mit einem Schraubendreher abgehebelt.

Abb. 4-28. Bei Bosch-Verteilern mit der flachen Verteilerkappe sitzt der Fliehkraftversteller unter den Unterbrecherkontakten im Verteilergehäuse. Der Verteilerläufer ist wesentlich kleiner.

Abb. 4-29. Die Verteilerkappe wurde abgenommen; darunter kommt der große Verteilerläufer mit integriertem Fliehkraftversteller zum Vorschein. Die Unterbrecherkontakte sitzen unter dem Läufer und sind zur normalen Wartung nicht besonders gut zugänglich. Der Pfeil weist auf die Halteschraube des Läufers.

Der Nocken auf der Verteilerwelle, mit dem der bewegliche Kontakt des Kontaktsatzes geöffnet wird, sollte hauchdünn mit speziellem Verteilerfett geschmiert werden. Das Fett bitte nur sparsam auftragen! Sonst wird Fett bei hohen Motordrehzahlen ausgeschleudert, kann die Kontakte verschmutzen und möglicherweise gar kurzschließen.

Bei elektronischen Zündanlagen sind die Verteiler praktisch wartungsfrei; lediglich gelegentliche Reinigung und routinemäßige Erneuerung der Verteilerkappe sind notwendig.

Abb. 4-30. Zum Einstellen der Unterbrecherkontakte wird die Halteschraube etwas gelockert (hier links von der Schraubendreherklinge zu sehen); dann wird der Festkontakt mit dem Schraubendreher etwas nach innen oder außen verschoben. Anschließend muss die Halteschraube wieder angezogen werden. Bei neueren Verteilern mit Doppelunterbrecher müssen natürlich beide Kontaktsätze eingestellt werden.

Abb. 4-31. Nachdem die Kontakte eingestellt wurden, kann der Zündzeitpunkt durch Drehen des Verteilers nachreguliert werden. Die SW10-Klemmschraube ist nur schwer zugänglich. Hier ist sie nur deshalb gut zu sehen, weil diverse Kühlerschläuche entfernt wurden. Diese Mutter dient zur Feineinstellung, nicht etwa die weiter oben am Verteilergehäuse sitzende SW10-Schraube.

Beim Erneuern der Verteilerkappe vergewissern Sie sich (am besten zweimal), dass sie richtig sitzt, bevor der Motor angelassen wird. Sitzt die Kappe falsch, kann beim Anlassversuch der Verteilerläufer und womöglich sogar die Kappe beschädigt werden.

Der Verteiler ist mit einer Mutter am Motor befestigt (siehe Abb. 4-31). Nachdem die mit einem 10 mm-Schlüssel etwas gelöst wurde, lässt sich der Verteiler verdrehen und somit der Zündzeitpunkt einstellen. Das eigentliche Zündeinstellverfahren, für das eine Prüflampe bzw. ein Stroboskop (Zündlichtpistole) erforderlich ist, ist in den Reparaturhandbüchern beschrieben.

Direkt unterhalb des Verteilergehäuses findet sich eine weitere Klemmschraube. Wird diese annähernd waagerecht angeordnete 10er-Schraube gelöst, kann der Verteiler nach Herzenslust gedreht und damit die Zündung völlig verstellt werden, so dass Ihnen möglicherweise nicht einmal mehr ein Kfz-Mechaniker aus der Patsche helfen kann. Wenn Sie bei gelöster Schraube am Verteiler ziehen, lässt sich der gesamte Verteiler aus dem Motorblock herausziehen. Anfänger sollten sich also auf den kleinen Verstellweg beschränken, den das Lösen der Spannmutter freigibt. Muss der Verteiler noch weiter verdreht werden, sollte die Einstellung des Zündzeitpunkts jemand übernehmen, der sich damit auskennt.

3. Vergaser

An Vergasern spielt anscheinend jeder Autoschrauber gerne herum. Der komplexe innere Aufbau der Vergaser kann jedoch Rätsel aufgeben. Wer eine Störung an der Kraftstoffanlage vermutet, sollte unbedingt zuerst die Kraftstofffilter erneuern. Im Verlauf der Kraftstoffleitungen sind oft mehrere montiert.

Alfas wurden mit Solex- oder Weber-Vergasern sowie in bestimmten Varianten alternativ mit Dell'Orto-Gemischfabriken ausgeliefert. Der Solex-Vergaser ist ein robustes Gebilde für mäßig hohe Leistungsansprüche, das nur selten Eingriffe erfordert, und in allen Giuliettas und Giulias zu finden, ausgenommen die Veloce-Varianten. Die Weber (üblicherweise als Zweivergaseranlagen verbaut) sind etwas komplexer, doch wohnt ihnen unvergleichlich mehr Faszination inne – nicht zuletzt, weil ein Pärchen dieser Flachstromvergaser im Motorraum fast so viel Platz wie ein kleiner Vierzylindermotor belegt. Bei US-Reimporten ist zu beachten, dass sie bereits ab 1969 serienmäßig mit Einspritzanlage ausgeliefert wurden.

Den besten Dienst erweist man den Vergasern bei der Wartung, indem man sie möglichst nicht anrührt. An den meisten Vergasern nach 1971 sind die Einstellmöglichkeiten aufgrund der bereits vorhandenen Abgasreinigungseinrichtungen ohnehin begrenzt, zumal ein einmal wirklich perfekt eingestellter Vergaser lange Zeit keine weiteren Einstellarbeiten mehr benötigt.

Beim Solex wie beim Weber werden Leerlaufdrehzahl und Leerlaufgemisch mit einem Schraubendreher durch Verdrehen der entsprechenden Einstellschrauben eingestellt. Beide Einstellgrößen hängen miteinander eng zusammen: Durch die Veränderung der Leerlaufgemischzusammensetzung ändert sich auch die Leerlaufdrehzahl. Die beiden Einstellschrauben werden wechselweise nachjustiert, wobei entgegengesetzte Einstellziele verfolgt werden. Mit der Leerlaufdrehzahlschraube wird eine möglichst niedrige Leerlaufdrehzahl eingestellt, die Leerlaufgemischschraube wird so eingestellt, dass der Motor im Leerlauf möglichst hoch dreht. Näheres zu Vergasereinstellarbeiten siehe Kapitel 6.

4. Kraftstoffeinspritzung

4.1 Die SPICA-Einspritzanlage

Abgesehen vom Wechsel der Filter (zwei Einsätze im Luftfilter, zwei Kraftstoff- und ein Ölfilter) ist an Alfas mit SPICA-Einspritzanlage keine Routinewartung vorgesehen. Wer weitere Arbeiten selbst ausführen will, sollte zuerst prüfen, ob die Gaszugführung vor der Spritzwand freigängig ist, und dann das andere Ende (an der Stelle, an der der Gaszug über das Führungssegment des Umlenkhebels geführt wird) etwas einfetten.

Die Luftfiltereinsätze sind alle 80.000 km zu erneuern (beim Betrieb in besonders staubbelasteten Gegenden häufiger).

Bei einigen Alfas ist der große Kraftstofffilter im Motorraum so angeordnet, dass er beim Versuch, ihn zu wechseln, einen Masseschluss zum Anlasser verursacht, wenn Sie vergessen haben, das dicke Massekabel von der Batterie abzunehmen (wie man es vor solchen Arbeiten stets praktizieren sollte). Dies könnte eine schöne Explosion verursachen. Sonstige Wartungsarbeiten sind an diesem Filter kaum je notwendig. Der Leitungsfilter in Nähe des Benzintanks sollte ebenfalls regelmäßig ersetzt werden. Als Faustregel sollte der Leitungsfilter alle 50.000 km ersetzt werden (und immer dann, wenn die Kraftstoffdruckwarnleuchte aufleuchtet).

Die Einspritzpumpe

Terra incognita – außer für die wirklichen Experten. Einige SPICA-Anlagen verfügen über einen Klimaschalter mit drei Stellungen, der eigentlich nie betätigt wird – sofern Sie nicht gerade in der Arktis unterwegs sind.

Wichtig ist, den Ölfilter der Einspritzpumpe bei ungefähr jedem dritten Wechsel des Hauptölfilters mit zu wechseln (siehe Abb. 4-33). Vorsicht, dass beim Ausbau nicht die drei winzigen Stehbolzen abbrechen, mit denen der Deckel befestigt ist.

Es empfiehlt sich, das Öl in der Einspritzpumpe alle 50.000 km oder einmal pro Saison zu wechseln: Bei im Leerlauf laufendem Motor die drei Schrauben lösen, mit denen der Träger der Höhendose (auch als Barometerdose oder Luftdruckdose bezeichnet) befestigt ist, die Dose herausziehen und in die Bohrung knapp einen halben Liter Motoröl einfüllen. Dann

Abb. 4-32. Die SPICA-Einspritzpumpe: Der Pfeil zeigt auf Kerbmarkierungen an der Schubabschaltung am Stoppmagneten. Anhand dieser Marken kann die Feineinstellung des Kraftstoffgemischs kontrolliert werden. Links davon sitzt der Regelthermostat, links daneben wiederum der Kaltstartmagnet. Über dem Thermostat ist die Höhendose angeordnet (die Buchstaben N und F sind gut zu erkennen).

Abb. 4-33. Der Ölfilter an der SPICA-Pumpe ist bei vielen Modellen schlecht zugänglich und wird oft vernachlässigt. Regelmäßige Wartung ist jedoch wichtig.

werden die Höhendose und ihre Befestigungsschrauben wieder montiert. Überschüssiges Öl wird beim Anlassen des Motors durch ein Ablaufloch in den Motor zurückbefördert.

Wer in einer kalten, feuchten Region wohnt, sollte die Messingablassschraube an der Pumpenunterseite herausdrehen und das Wasser, das sich dort gesammelt hat, ablaufen lassen. Bleibt Wasser in der Pumpe stehen und friert es ein, wird der Kolben für die Kaltstart-Anreichungseinrichtung blockiert. Außerdem bildet sich dort, wo sich Wasser sammelt, garantiert sehr schnell auch Rost, so dass die Regelstange und andere frei bewegliche Bauteile nicht mehr ordnungsgemäß funktionieren.

Die regelmäßige Wartung des Kraftstofffilters ist unbedingt notwendig, um Verschmutzung durch Wasser vorzubeugen. Beim Wechsel des Leitungsbenzinfilters, der in Nähe des Tanks sitzt, sollte stets ein Alfa-Originalteil montiert werden. Die kleineren Zubehörfilter, wie sie überall erhältlich sind, erreichen nicht die erforderliche Durchflusskapazität für die ausreichende Kraftstoffversorgung der Pumpe.

Der Antriebsriemen

Der Zahnriemen für die Einspritzpumpe sollte gelegentlich auf Verschleißspuren überprüft werden. Mit einem Spiegel lässt sich ein ausreichender Abschnitt des Riemens von der Rückseite der Riemenabdeckung her untersuchen (siehe Abb. 4-34). Sollten die Kurbelwellenriemenscheibe oder die Einspritzpumpe einmal demontiert werden müssen, dann montieren Sie zur Sicherheit gleich einen neuen Zahnriemen.

Abb. 4-34. Ein beginnender Defekt. Dieser SPICA-Pumpenriemen zeigt einen Ausriss, vermutlich durch gewalttätige Montage oder Demontage. Das Zahnprofil sollte stets scharfkantig sein. Hier sind die Zähne bereits gerundet, was ebenfalls auf Verschleiß hindeutet.

4.2 Die elektronische Bosch-Einspritzanlage (EFI)

Vom regelmäßigen Wechsel der Luft- und Kraftstofffilter abgesehen, ist die Bosch-Anlage wartungsfrei aufgebaut. Die Lambdasonde ist empfindlich (sie kann bereits durch bloßes Fallenlassen kaputtgehen), hält aber üblicherweise mindestens 80.000 km. Defekte oder Alterung der Lambdasonde können sich dadurch bemerkbar machen, dass sie dem Motorsteuergerät signalisiert, dass der Motor zu mager läuft, obwohl dies gar nicht der Fall ist. Überhöhter Verbrauch kann also Symptom einer schadhaften Sonde sein.

5. Abgasreinigung

Bei jüngeren Alfa-Klassikern, die bereits in die Katalysatorära fallen, ist auf die Abgasreinigungsanlage zu achten. Die US-Anlagen waren entsprechend den US-Garantievorschriften weitestgehend wartungsfrei, allenfalls die Gummischläuche verdienen von Zeit zu Zeit eine genauere Zustandsprüfung.

Allerdings sollte geprüft werden, welche Kilometerleistung die Fahrzeuge und ihre Katalysatoranlage bereits hinter sich haben. Die Lebensdauer des Katalysators kann variieren. Manchmal erreicht sie keine 100.000 km, etwa, wenn der Motor chronisch zu fett lief. Macht sich eine Drosselung der Abgase (übermäßiges Aufheizen des Katalysators, Leistungsmangel) bemerkbar oder fällt das Fahrzeug bei der Abgasprüfung durch und ist dies auch durch Einstellung der Kraftstoff- oder der Zündanlage nicht zu beheben, sollte der Katalysator erneuert werden.

Dampfabscheider

In der Leitung, die zum Ölmessstab führt, muss etwas Öl stehenbleiben. Vor allem in kalten Regionen muss der Abscheider sauber gehalten werden. In diesem Rohr stehendes Wasser kann einfrieren, wodurch der Druck im Kurbelgehäuse steigt und möglicherweise Öl aus dem Motor abbläst, das sich dann im gesamten Motorraum wiederfindet.

Zu Reinigung bauen wir das Rohr aus dem Fahrzeug aus und blasen es mit Druckluft durch. Abklopfen auf dem Boden hilft beim Reinigen ebenfalls. Bricht das Rohr dann, weil es bereits versprödet war, hätte es sowieso erneuert werden müssen. Die Reinigung des Abscheiders ist Teil der regelmäßigen Wartung.

Abb. 4-35. Bei unsachgemäßen Eingriffen an der Abgasreinigungsanlage ist ein Schadenssymptom, dass der Benzintank zum „Einbeulen" neigt. Beim Abnehmen des Tankdeckels ist ein deutlicher Luftstrom hörbar. Eine Behelfslösung – vor einer Komplettüberholung der Anlage – besteht darin, wie hier gezeigt ein kleines Loch im Tankdeckel anzubringen. Durch diese Bohrung wird der Tank auf Luftdruck gehalten und die Gefahr eines Einbeulens oder Risses des Tanks verringert. Technisch gesehen ist dies ein Verstoß gegen die Einstellungen der Abgasreinigungsanlage, also sollte man bei nächster Gelegenheit einen neuen Tankdeckel montieren.

6. Getriebe und Antrieb

Die Getriebeöleinfüllöffnung, die gleichzeitig den Füllstand angibt, sitzt in etwa am oberen Ende des unteren Drittels der Gesamthöhe des Getriebegehäuses. Zahlreiche Ausführungen sehen wie eine Gelbmetallscheibe mit eingegossener Sechskantvertiefung aus, andere sind als Verschlussschraube mit Sechskantkopf ausgeführt. Die Schraube wird mit einem Inbusschlüssel gelöst, dann tasten wir mit dem Finger auf der Suche nach dem Ölstand nach innen. Sie müssten den Ölstand mit dem Finger noch fühlen können. Wenn nicht, muss mit einer Füllpumpe Getriebeöl SAE90 nachgefüllt werden, bis es an der Einfüllöffnung gerade eben überläuft. Für Alfas vor 1966 sollte im Getriebe ausschließlich ein mit dem original vorgeschriebenen Shell Dentax gleichwertiges Öl verwendet werden.

Die Einfüllschraube am Differenzial sitzt an der Rückseite des Differenzialgehäuses in der Nähe des Handbremsgestänges. Die Wartung erfolgt im Prinzip in gleicher Weise wie beim Getriebe.

Wenn Sie sich Ihren Alfa schon einmal von unten besehen, überprüfen Sie gleich die Gummiteile (Hardyscheiben und Antriebswellenlager) entlang der Antriebswelle. Sind deutliche Risse (nicht nur feine Einrisse) zu erkennen, sollte das betreffende Teil ersetzt werden.

Abb. 4-37. Die Ablassschraube fürs Getriebeöl sitzt seitlich unten am Gehäuse. Sie wird mit einem 14er Schlüssel gelöst. Auch hier ist die Alfetta-Ausführung dargestellt.

6.1 Das Fahrwerk

Wie bereits erläutert, sind Alfa-Fahrgestelle bereits seit mehreren Jahrzehnten wartungsfrei. Lediglich bei Alfa-Baureihen vor der Alfetta findet sich in der Mitte der Antriebswelle ein einzelner Schmiernippel, der zweimal jährlich etwas Abschmierfett erhalten sollte.

Meine persönliche Erfahrung besagt, dass Fahrwerks- und Lenkungsgelenke regelmäßig kontrolliert und gelegentlich erneuert werden müssen. Vielleicht liegt das bei mir aber auch daran, dass bei mir vor allem Alfas mit hoher Laufleistung ein neues Heim finden.

Scheint Ihr Alfa auf der Straße etwas zu schlingern oder sind beim Überfahren einer Bodenwelle klackernde Geräusche zu vernehmen, sollten die Gelenke an Fahrwerk und Lenkung genauer inspiziert werden. Gelenke und Kugelköpfe der Lenkung lassen sich von Hand überprüfen. Durch Ziehen und Schieben am Gelenk wird kontrolliert, ob sich das Gelenk bewegt. Fahrwerksgelenke werden auf gleiche Weise überprüft, allerdings mit Hilfe eines Hebeleisens, denn mit der Hand lässt sich selbst ein ausgeschlagenes Gelenk nicht aus der Ruhe bringen.

Abb. 4-36. Die Getriebeöl-Einfüllschraube sitzt etwa auf halber Höhe seitlich am Gehäuse. Hier haben wir das Transaxle-Getriebe einer Alfetta vor uns.

Verdächtige Gelenke erfordern eine eingehendere Überprüfung durch einen Fachmann. Sobald Teile an Lenkung oder Fahrwerk ausgewechselt wurden, bitten Sie ihn, auch gleich die Vorderachsgeometrie zu vermessen und, falls erforderlich, einzustellen.

6.2 Fehlersuche an Reifen

Reifen haben Verschleißanzeiger. An den meisten Reifen sind im Profil Gummistege zwischen den Profilblöcken eingegossen, welche die Profilmindesttiefe angeben. Ein Reifen kann gefahren werden, bis das Profil auf das Niveau der Verschleißanzeiger abgefahren ist, es sollte allerdings kein Reifen mehr weiterbenutzt werden, wenn er soweit abgefahren ist, dass er an irgendeiner Stelle bereits profillos ist.

Ungleichmäßig abgelaufene Reifen

Manchmal laufen Reifen auf Innen- und Außenseite ungleichmäßig ab. An manchen Fahrzeugen ist das Profil außen fast völlig abgefahren, an der Innenseite dagegen noch fast neu. Verringern lässt sich diese ungleichmäßige Abnutzung, indem die Reifen auf ihren Felgen umgesetzt werden. Das gilt freilich nur für Reifen ohne Laufrichtungsbindung. An leistungsstärkeren Fahrzeugen mit Radialbereifung war früher der Wechsel der Reifen zwischen Vorder- und Hinterachse die einzige zulässige Praxis (die Lagen in der Karkasse der Radialreifen laufen richtungsgebunden ein, beim Wechsel von links nach rechts würde sich also die Laufrichtung des Reifens umkehren), diese Regeln wurden jedoch bei manchen Reifenherstellern gelockert. Im Zweifelsfall wenden Sie sich an den Reifenhersteller oder den -händler. Eine exakte Einstellung der Vorderachsgeometrie hilft. Ein Alfa Romeo sollte stets gleichmäßige Reifenabnutzung zeigen, ansonsten ist das ein sicheres Zeichen für ein falsch eingestelltes oder gar verzogenes Fahrwerk.

Ein Sägezahnprofil (wenn Sie mit der Hand über das Profil fahren, stehen die Profilkanten leicht nach oben, wobei eine leichte Einwölbung im Profil entsteht) ist die Folge feiner Vibrationen, die normalerweise von den Stoßdämpfern kompensiert werden. Ein leichtes Sägezahnprofil ist hinnehmbar, tritt es aber stärker auf, sollte die Vorderradaufhängung auf Verschleiß überprüft werden.

Reifen sind teuer. Sparen Sie dennoch nicht ohne Not bei der Anschaffung, namentlich, wenn Sie Ihren Alfa artgerecht fahren, also nicht ständig nur im Bummeltempo unterwegs sind. Man möchte ja auch nicht mit einem

Fahrwerk herumfahren, das nur mit Heftklammern zusammengetackert wurde. Allzu billige Reifen ziehen mitunter weitere Probleme nach sich.

7. Karosserie und Innenausstattung

Leder sollte als ein lebendes Material behandelt werden. Es muss regelmäßig „Ledernahrung" in Form einer Lederpflegecreme erhalten. Der Autor empfiehlt Lexol, wie man es im Fachhandel für Autopflegemittel und Reitsportbedarf bekommt.

Kunststoff setzt Kohlenwasserstoffe frei, wenn er sich aufheizt. Der fettige Nebel auf der Innenseite der Windschutzscheibe stammt vom Kunststoff respektive vom Kunstleder des Armaturenbretts. Spezielle Pflegemittel können diese Kohlenwasserstoffe in gewissen Grenzen wieder in das Material bringen und so das Leben des Armaturenbrettbezugs verlängern.

7.1 Klimaanlage

Ist Ihr Alfa mit einer Klimaanlage ausgerüstet, lassen Sie in den kältesten Wintermonaten die Anlage einmal monatlich mindestens fünf Minuten lang laufen, um Wasser aus dem System zu befördern und Öl an alle Dichtstellen gelangen zu lassen.

Kontrollieren Sie von Zeit zu Zeit das Schauglas am Trockner. Bei manchen Varianten sitzt es an sehr unzugänglicher Stelle. Nehmen Sie zuerst den Klimakompressor im Motorraum in Augenschein – das Ding mit einem Keilriemenantrieb auf der Vorderseite und zwei schwarzen Gummischläuchen auf der Rückseite. Folgen Sie dem Verlauf beider Schläuche. Einer führt zu einem senkrechten Zylinder mit 5 bis 8 cm Durchmesser, an dessen Oberseite ein kleines konkaves Glasfenster zu sehen ist. Dies ist das Schauglas. Möglicherweise ist es schmutzverschmiert, also wischen Sie es zuerst sauber (siehe Abb. 4-38).

Ein Helfer startet den Motor und schaltet die Klimaanlage auf volle Leistung. Lassen Sie den Motor laufen, bis der vorderste Teil der Riemenscheibe auf der Klimaanlage mit dem Rest der Riemenscheibe mitläuft. Dieser Zuschaltvorgang ist an einem deutlichen Klicken zu hören. Läuft die Scheibe nicht mit, ist das System entweder völlig leer (ein Sicherheitsdruckschalter verhindert, dass sie anläuft) oder es liegt ein Defekt im Stromkreis vor.

Beobachten Sie das Schauglas und bitten Sie den Helfer, den Motor mehrmals hochdrehen zu lassen. Bei steigender Motordrehzahl sollten nur einige Blasen im Schauglas zu sehen sein. Ist nichts zu erkennen, muss die Klimaanlage befüllt werden.

Die Befüllung der Klimaanlage ist eine Aufgabe für Fachbetriebe, vor allem hinsichtlich der Wahl des geeigneten Kältemittels.

8. Elektrische Anlage

Bei Störungen an der Elektrik ist die entsprechende Sicherung der allererste Verdächtige, danach eine mangelhafte Masseverbindung. Korrosion setzt sich in der Elektrik eines Alfa mit erstaunlicher Rafinesse fest. Ein Blick auf die Sicherung genügt nicht, um festzustellen, ob sie einwandfreien Kontakt hat. Ob die Sicherung den Strom vom oberen Kontakt am Sicherungsträger zum unteren Kontakt leitet, muss mit einem Voltmeter oder einer Prüflampe überprüft werden. Auch der Blick auf das schwarze Massekabel an Karosseriemasse verrät nichts darüber, ob die Masseverbindung in Ordnung ist. Hier ist ein Ohmmeter notwendig.

8.1 Drehstrom-/Gleichstromlichtmaschine

Beide Varianten sind wartungsfrei. Leuchtet die rote Ladekontrollleuchte bei steigender Motordrehzahl immer heller, dürfte das Massekabel zur Lichtmaschine schadhaft sein.

Abb. 4-38. Das Schauglas der Klimaanlage sitzt in der Sechskantverschraubung auf der Oberseite des Trockners. Bei eingeschalteter Klimaanlage und laufendem Motor müssten ein paar Blasen zu sehen sein, wenn der Motor hochdreht. Sind keine Blasen zu erkennen, ist die Anlage zu voll oder aber leer. Schaum hinterm Schauglas bedeutet, dass es Zeit zum Nachfüllen ist.

Der Lichtmaschinenkeilriemen ist auf richtige Spannung zu überprüfen. Er darf sich in der Mitte zwischen den Riemenscheiben bei Daumendruck nicht mehr als etwa 12 mm durchdrücken lassen.

Zum Nachspannen des Keilriemens lösen wir zuerst die obere Halteschraube, die durch das Langloch in der Spannschiene durchgesteckt ist, sowie die untere Befestigungsschraube. Mit einem großen Schraubendreher oder einem Hammerstiel wird die Lichtmaschine nach außen gehebelt, um die Riemenspannung zu erhöhen. Dazu muss kräftig gehebelt werden, wenn die unteren Befestigungsschrauben richtig angezogen sind. Ziehen Sie die obere Befestigungsschraube hinterher wieder vorschriftsgemäß fest. Als abschließende Kontrolle prüfen Sie die Mutter am anderen Ende der Spannschiene auf festen Sitz.

8.2 Anlasser

Der Anlasser ist ebenfalls wartungsfrei. Bei defektem Anlasser ist ein Austauschteil deutlich billiger als eine Überholung.

Zur Störungssuche am Anlasser schalten Sie die Scheinwerfer ein und drehen den Zündschalter. Erlischt das Licht, ist die Batterie tot. Ist ein Klicken zu hören, bevor der Anlasser eben nicht anläuft, sind vermutlich die Anlasserkohlen verschlissen. Ist kein Klicken zu hören und leuchten die Scheinwerfer unvermindert hell, dürfte der Magnetschalter defekt sein.

Manchmal gibt jedoch das Zündschloss den Geist auf, vor allem bei Giuliettas und Alfettas, in denen noch die Originalteile sitzen. Die Kontrolle ist einfach: Ziehen Sie das dünne schwarze Kabel am Anlassermagnetschalter ab und schließen sie eine Prüflampe zwischen dem Stecker des schwarzen Kabels und Masse an. Drehen Sie dann das Zündschloss in die „Anlass"-Stellung. Leuchtet die Lampe nicht auf, liegt der Defekt im Zündschloss.

8.3 Sicherungskasten

Alfas sind die einzigen mir bekannten Autos, bei denen eine Wartung des Sicherungskastens notwendig ist. Ungefähr alle sechs Monate sollten die Sicherungen einzeln herausgenommen und ihre Spitzen auf Korrosion geprüft werden. Dann werden die Federkontakte an der Kontaktseite im Sicherungskasten mit einer alten Zahnbürste aufpoliert. Unterbleibt dies und kann sich Korrosion ansammeln, sind unerklärliche Funktionsausfälle in der

Abb. 4-39. Fortschritt bedeutet Komplexität: Der Sicherungsträger der Alfetta sichert zusätzliche Stromkreise ab, sie sind aber (relativ) sicher im Fahrzeuginneren unter dem Armaturenbrett untergebracht. Durch regelmäßiges Reinigen mit einer alten Zahnbürste können die Kontakte am Sicherungsträger und an den Sicherungen störungsfrei gehalten werden. Andernfalls kann sich hier im ungeeignetsten Augenblick ein „Kupferwurm" einnisten. Das blanke Döschen auf dem Sicherungsträger ist der Blinkgeber.

elektrischen Anlage die unweigerliche Folge. Dankenswerterweise wurden in den jüngeren Alfas weniger störanfällige Stecksicherungen verbaut.

9. Eine Einführung in die Störungssuchtechnik

Wer den Ölwechsel oder das Einstellen des Zündzeitpunkts sicher beherrscht, wird sich irgendwann auch an weniger alltägliche Probleme an seinem Alfa wagen wollen. Grundvoraussetzung für jede Störungssuche ist, sich genau in die notwendigen Einzelschritte einzudenken. Deshalb soll die grundsätzliche Methodik der Störungssuche nachstehend näher beschrieben werden.

Eine wahre Begebenheit

Eines Wochenendes war ich mit der Durchsicht einer 1979er Alfetta beschäftigt, die ich mir als Alltagsfahrzeug ausersehen hatte. Eines der Räder zeigte erhebliche Unwucht, weshalb ich stattdessen das Reserverad montierte und meine Frau bat, das andere in einer Reifenwerkstatt auswuchten zu lassen.

Am Montag begann dann auf dem Weg nach Hause die Kupplungshydraulik zu streiken. Erst auf den letzten 2-3 cm Pedalweg war noch eine Funktion erkennbar, so dass ich gerade noch bis nach Hause kam, allerdings ließ sich kaum mehr ein Gang einlegen.

Am nächsten Abend erkundigte sich meine Frau nach dem Stand meiner Fehlersuchbemühungen. Während ich den Kupplungsgeberzylinder im Motorraum inspizierte, fragte sie ganz beiläufig: „Hat das Problem mit der Kupplung vielleicht etwas damit zu tun, dass du den Reifen gewechselt hast?"

Erfahrene Mechaniker würden angesichts so viel vermeintlicher Unlogik das Gesicht verziehen, dabei war die Frage aber durchaus berechtigt. Bevor die Kupplung den Dienst einstellte, hatte ich zuletzt den Reifen gewechselt. Ursache und Wirkung wären also nicht völlig unplausibel gewesen.

Plausibel, aber hier dennoch nicht logisch. Ich hätte zwar beim Aufbocken des Wagens oder beim Reifenwechsel eine Leitung der Kupplungshydraulik beschädigen können. Was meine Frau aber nicht wissen konnte: Die Hydraulikleitungen liegen deutlich außerhalb des Bereichs, an dem ich gebastelt hatte.

Noch eine wahre Begebenheit

Hier aber ein Beispiel eines Falls, in dem eine solch einfache Schlussfolgerung zu Ursache und Wirkung ins Schwarze traf. Am nächsten Abend (wie gesagt, es trug sich wirklich so zu!) untersuchte ich die hinteren Blinkleuchten. Der rechte Blinker funktioniert nicht. Bei der Alfetta sitzen die Leuchten auf einem großen Kunststoff-Klemmsockel und werden als Einheit demontiert. Bei eingebauten Kunststoffträgern prüfte ich die Anschlüsse mit einem Voltmeter, um festzustellen, wo Strom ankam und wo er fehlte. Die Prüfung erbrachte allerdings kein brauchbares Ergebnis, also baute ich die beiden Kunststoff-Leuchtenträger aus, um besser an die Anschlüsse zu kommen, und legte sie auf dem Kofferraumboden ab.

Mit einem Mal funktionierte alles! Auf den ersten Blick hätte die Einbaulage der Teile keinen Einfluss auf ihre elektrische Funktion haben dürfen. Offenkundig gab es aber doch eine Verbindung. Die Aufgabe war nun, herauszufinden, worin sie genau bestand.

Jedes einzelne Kabel wurde mit dem Voltmeter darauf überprüft, ob Strom ankommt, wenn er ankommen soll. Manche Teile funktionierten, manche nicht. Eins der Kabel am Stecker war lose. In eingebautem Zustand wurde der Stromkreis nicht geschlossen. Wurde der Leuchtenträger auf dem Kofferraumboden abgelegt, bog sich das Kabel gerade soweit durch, dass der Strom fließen konnte. Der Zusammenhang zwischen Ursache und Wirkung mutete zunächst also scheinbar unlogisch an: Legt man den Lampenträger auf dem Kofferraumboden ab, funktioniert die Leuchte.

Der Sachverhalt war aber durchaus mit der „Reifen/Kupplungs"-Beziehung aus dem vorherigen Beispiel vergleichbar.

Die Moral von der Geschicht': Bei der Störungssuche am Fahrzeug sollte man stets zuerst an das nächstliegende „Ursache-Wirkungs"-Paar denken. War beim Reifenwechsel womöglich eine Kupplungsleitung beschädigt worden? Eine Kontrolle ist es wert. Springt der Motor nach dem Wechsel der Zündkerzen nicht mehr an, haben Sie wahrscheinlich irgendetwas falsch zusammengebaut, das zum Kerzenwechsel ausgebaut worden war.

Die zwei Schritte der Störungssuchmethodik

Die Störungssuche ist nicht so sehr eine Frage der richtigen Werkzeuge und ganzer Stapel von Werkstatthandbüchern oder sogar jahrelanger Erfahrung. Vielmehr ist sie eine Frage der logischen Vorgehensweise. Betont sei an dieser Stelle – und zwar vor dem Hintergrund von mehr als 20 Jahren Schraubererfahrung an Alfa Romeos –, dass die Störungssuche sich im Wesentlichen abspielt, während man still dasitzt und nachdenkt. Nervöses Herumhantieren mit dem Schraubenzieher oder wahlloses Abklopfen aller Bauteile führt nicht zum Ziel. Ihr Gehirn ist das wichtigste Werkzeug bei der Störungssuche.

Lehrreich ist es, besonders ausgefuchsten Mechanikern bei der Störungssuche zuzusehen. Untersuchungen haben gezeigt, dass sie in zwei Schritten vorgehen: Im ersten Schritt greifen sie – auch, um Zeit zu sparen – auf ihre Erfahrung zurück: In den letzten zehn Fällen ließ sich das Pannensymptom A durch Arbeitsgang B beheben.

Sie als Hobbyschrauber können so nicht vorgehen. Aber auch sehr erfahrene Mechaniker probieren nur die zwei oder drei wahrscheinlichsten Lösungsversuche durch, bevor sie zum nächsten Schritt übergehen. Vermutungen nachzugehen, könnte schließlich den ganzen Arbeitstag verschlingen, ohne dass das Problem behoben ist.

Der zweite Schritt ist gewissermaßen eine Lektion in Diagnoselogik. Ein Auto besteht aus verschiedenen Systemen, von denen die meisten auf leicht nachvollziehbare Weise funktionieren. Die Zahl der Systeme in einem Pkw ist überschaubar, und auch dieses Buch ist entsprechend gegliedert: Motor, Antriebsstrang, Fahrwerk, Elektrik usw. Jedes System besteht aus Teilsystemen: der Motor umfasst etwa die Zündanlage, die Kraftstoffanlage und den Schmierkreislauf. Steht fest, dass ein Gesamtsystem in Ordnung ist, wird es aus den weiteren Gedankengängen ausgeklammert. Auf diese Weise scheiden große Teile des Fahrzeugs sehr schnell aus der Überprüfung aus. So wird das schadhafte System durch die Eliminierung der übrigen Systeme nach und nach immer weiter eingegrenzt.

Logische Schritte

Als erstes wird das System untersucht, das am offensichtlichsten defekt zu sein scheint. Ein sinnvoller Ansatz: Ein Blick auf die Stoßdämpfer erübrigt sich, wenn der Motor nicht sofort anspringt. Der häufigste Fehler ist, wie die (bittere) eigene Erfahrung belegt, ein System – oder ein Teilsystem – vorschnell für intakt zu erklären, auch wenn es keineswegs intakt ist. Am schwierigsten ist festzustellen, ob der Fehler in der Kraftstoffanlage oder in der Zündanlage liegt. Auch ich habe schon Stunden mit dem Versuch verbracht, ein „Kraftstoffproblem" zu beheben, das sich als Defekt an der Elektrik erwies.

Erst nach eingehender Prüfung sollte ein Bauteil für intakt befunden werden. Funktioniert das System so, wie es soll, kann es als intakt gelten, und wir können uns den weiteren Systemen zuwenden und diese der Reihe nach prüfen, bis wir auf das schadhafte stoßen. Steht fest, welches System schadhaft ist, werden nacheinander die intakten Teilsysteme (oder Bauteile) dieses Systems überprüft, bis das schadhafte Bauteil lokalisiert ist.

Ist die Kupplung schadhaft, sollte die Prüfung sich auf alle Einzelteile dieses Systems erstrecken: Geberzylinder, Nehmerzylinder und Verbindungsleitung. Möglicherweise wurde die Leitung beim Hochbocken des Fahrzeugs beschädigt. Diese Feststellung wäre aber getroffen worden, wenn wir das System der Reihe nach durchprüfen, und nicht durch wahllose Untersuchung einzelner Teilsysteme.

Der Unterschied zwischen guten und überragenden Mechanikern liegt darin, dass gute Mechaniker dazu neigen, ihre Fehlerdiagnose zu unterbrechen, um immer wieder spontanen Eingebungen nachzugehen. Überragende Mechaniker arbeiten ihren Logikbaum konsequent bis zur schlussendlichen Lösung ab.

Abb. 4-40. Für alle Autos, auch für die jüngeren Klassiker vom Schlage eines 75 (Foto) gilt: Gehen Sie bei der Fehlersuche kühl und logisch vor. Schnelle Schlüsse führen nicht immer zum Ziel.

KAPITEL 05

05 Motor

Die Motoren sind der Kern jenes Flairs, das die Marke Alfa Romeo umgibt. Ein Mysterium sind sie freilich nicht. Ein gut gewarteter Alfa-Motor läuft mit unerschütterlicher Zuverlässigkeit. Mit einigen wichtigen Details rund um den Motor Ihres Alfa sollten Sie sich aber dennoch vertraut machen.

1. Formen der Motorstörungen

Unter Alfisti herrscht bisweilen gravierende Unsicherheit hinsichtlich der Zuverlässigkeit der Fahrzeuge ihrer Marke – in erster Linie wohl deshalb, weil jene, die mit Problemen zu kämpfen haben, sich besonders lautstark äußern. Natürlich gibt es Alfa-Besitzer, deren Schätzchen in der Werkstatt sechs Monate auf ein wichtiges Teil aus Italien warten musste. Dass dies auch bei anderen Marken vorkommt oder vermeidbar oder nur ausgesprochenes Pech war, verringert den Ärger des Besitzers auch nicht.

Bevor wir zu den schlechten Nachrichten kommen, zuerst die guten: Die Alfa-Motoren basieren auf bewährten und im Motorsport erprobten Konstruktionsprinzipien. Sie sind also bereits von ihrer Grundkonzeption her standfest. Alle Bauteile sind für fast unbegrenzten Volllastbetrieb ausgelegt. Die Zuverlässigkeit eines Alfa-Motors darf also unterstellt werden. Sehr viele Alfa-Fahrer machen vielmehr den Fehler, das Potenzial ihres Alfa nicht einmal annähernd auszureizen. Alfa-Motoren wollen sich nicht im fünften Gang im Stadtverkehr quälen. Alfas brauchen gelegentlich etwas Bewegung, und das bedeutet im fünften Gang betont flotte Fahrweise.

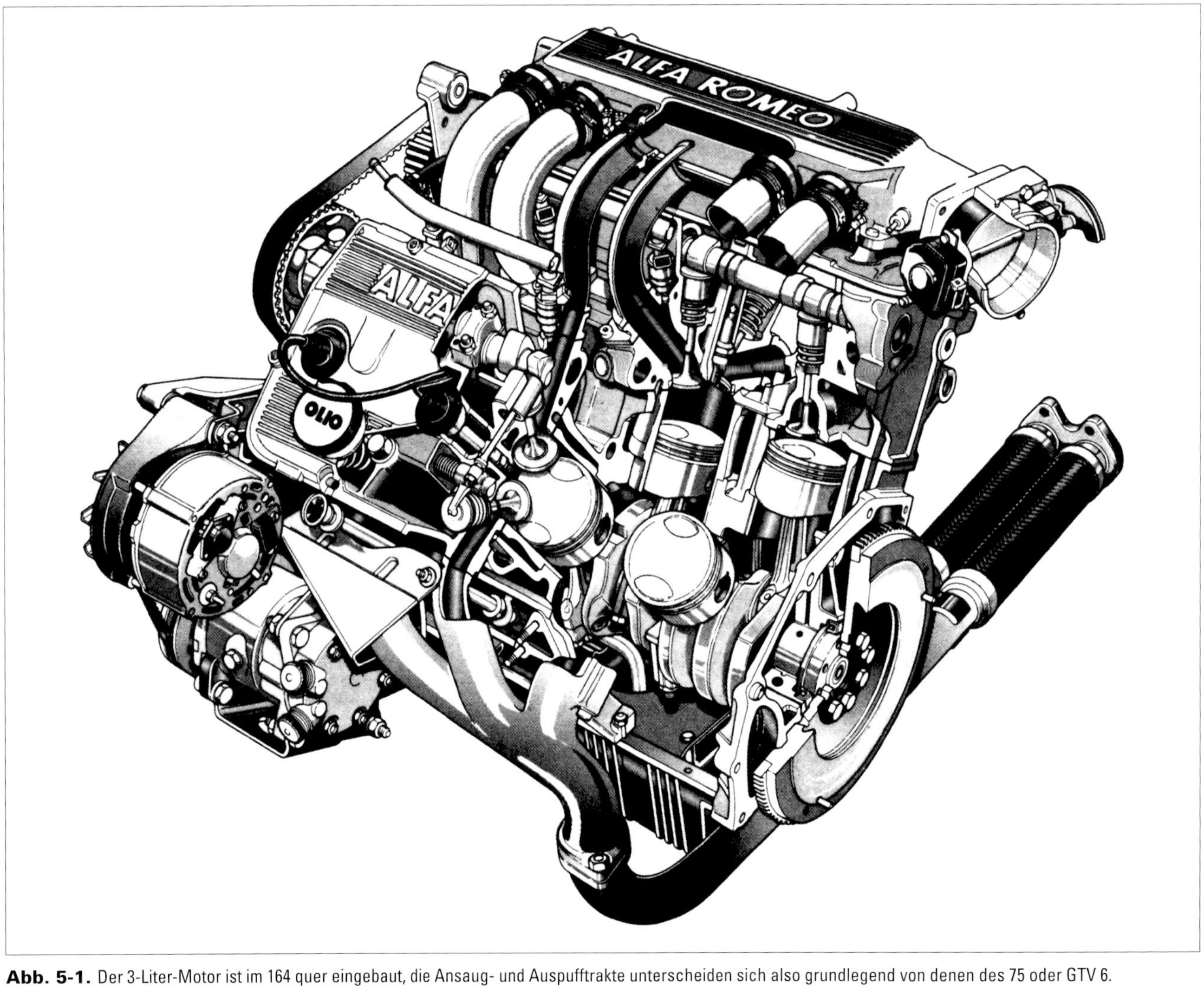

Abb. 5-1. Der 3-Liter-Motor ist im 164 quer eingebaut, die Ansaug- und Auspufftrakte unterscheiden sich also grundlegend von denen des 75 oder GTV 6.

Abb. 5-2. Eines der schärfsten (und komplexesten) Alfa-Triebwerke war das Aggregat der Giulietta Veloce. Für die beiden Weber-Doppelvergaser war der große Luftfilter an der Spritzwand erforderlich.

Bei zahlreichen Defekten ist die Ursache keineswegs beim Fahrzeug zu suchen. Eine wichtige Lehre daraus lautet: Solange Ihr Alfa gut läuft, Finger weg von Basteleien! Verbastelte Alfas sind vor allem auf zweierlei Ursachen zurückzuführen: Unwissen und unsachgemäßes Arbeiten. Nicht jeder macht sich mit den Grundlagen der Motorenschlosserei eingehend vertraut, und selbst denen, die sich einarbeiten, unterlaufen mitunter kapitale und dumme Fehler. Auf die wichtigsten Stellen, an denen etwas schiefgehen könnte – und wie sich dies vermeiden lässt –, soll im Folgenden eingegangen werden.

Abb. 5-3. Dieser Blick auf die Motorrückseite verdeutlicht das Konstruktionsprinzip mit zwei obenliegenden Nockenwellen. Das Kraftstoff-Luft-Gemisch strömt fast geradlinig von rechts nach links (nur durch den Verbrennungsvorgang unterbrochen). Auch die zentrale Lage der Zündkerzen ist gut zu erkennen.

Der Motor springt nicht an

Kein Grund zur Verzweiflung, das ist uns allen schon einmal passiert. Ursachen gibt es viele, meistens liegt es an einer fast völlig entladenen Batterie. Versuchen Sie, den Motor mit eingeschalteten Scheinwerfern zu starten. Gehen sie aus, sobald der Anlasser einspurt, ist die Batterie zu sehr entladen, um den Motor zum Anspringen zu bewegen.

Der Anlasser saugt viel Strom aus der Batterie. In Grenzfällen reicht der Strom dann nicht mehr für die Zündspule aus, so dass der Zündfunke zu schwach ist, um den Motor anspringen zu lassen. In diesem Fall hilft Anschieben. Falls Sie es mit Starthilfe probieren, beachten Sie bitte die in Kapitel 10 beschriebenen Vorsichtsmaßnahmen.

Ist der Batteriezustand nicht recht feststellbar, denken Sie daran, dass Temperaturextreme die Batterie zusätzlich schwächen können. Wie bereits mehrfach ausgeführt, sehen die Kabelverbindungen und Steckkontakte im Alfa zudem zwar häufig gut aus, heimtückischerweise verweigern sie aber trotzdem den Dienst. Gehen Sie also erst von einer intakten elektrischen Anlage aus, wenn Sie den Batterieladezustand überprüft und die Polklemmen sowie die Sicherungskontakte gereinigt haben.

Haben Sie die Batterie beim Versuch, Ihren Alfa mit SPICA-Einspritzanlage zu starten, überbeansprucht, stehen die Chancen gut, dass die Zündkerzen nun ebenfalls abgesoffen sind.

Der Giulietta kann besseres Anspringverhalten anerzogen werden, indem ein dickes Kabel direkt von der Minusklemme der Batterie zu einer der beiden Befestigungsschrauben des Anlassers verlegt wird. Bei der Giulietta

Veloce empfiehlt es sich, vor dem Anspringen das Gaspedal mehrere Male durchzutreten, und zwar – als grobe Faustregel – umso öfter, je niedriger die Außentemperatur ist.

Defekte Zylinderkopfdichtung

Spielen wir einmal ein kleines Spiel. Ihr Alfa steht mit Beschwerden in der Werkstatt, und ich soll den Defekt erraten. Wenn ich auf eine undichte Kopfdichtung tippe, stehen die Chancen etwa 10:1, dass ich Recht habe.

Wie in Kapitel 3 erläutert, bürdet die Konstruktion mit nassen Zylinderlaufbuchsen der Zylinderkopfdichtung eine Menge auf. Bei Alfa Romeo wird dieses Problem dadurch verschärft, dass Ölleitungen zur Schmierung der Nockenwellen durch die Kopfdichtung nach oben verlaufen. Diese Leitungen werden durch kleine, in die Kopfdichtung eingesetzte O-Ringe abgedichtet. Hoher Druck und Alterung tragen ganz wesentlich zu der hohen Zahl von Kopfdichtungsdefekten bei.

Dabei handelt es sich nicht um die typische durchblasende Kopfdichtung, wie sie die meisten Automechaniker üblicherweise bemerken. Nur selten entweicht bei Alfas mit defekten Kopfdichtungen Kompressionsdruck aus den Brennräumen. Die Undichtigkeit macht sich meist durch Ölverlust, nicht durch Kompressionsabfall bemerkbar.

Abb. 5-4. Emulgiertes Öl (als Folge einer undichten Kopfdichtung) ist ein Warnsignal für einen Defekt, der Kurbelwellenschäden nach sich ziehen kann. Dieser Kopfdichtungsdefekt wurde frühzeitig erkannt, trotzdem ließ sich hier bereits ein Finger voll emulgierten Öls aus dem Kühlmittel fischen.

Undichte O-Ringe sind überdeutlich daran zu erkennen, dass die hintere Hälfte des Motorblocks wie in Motoröl gebadet erscheint und das Ölleck auch den Standplatz Ihres Alfa markiert.

Die große Gefahr dieser Ölverluste besteht darin, dass Motoröl sich irgendwann eine Bahn durch die Kopfdichtung frisst und damit auch der Weg frei für Kühlwasser ist, das in das Öl gelangen kann. Wenn dieser Fall eintritt, bricht die Schmierwirkung des Motoröls zusammen und Haupt- und Pleuellager sind akut gefährdet.

Warnende Indizien dafür, dass Wasser in das Motoröl eingesickert ist, sind bräunlich-milchiger Schaum am Ölmessstab sowie bräunlich-milchige Ablagerungen auf der Innenseite des Kühlerdeckels. Ähnlicher Schaum ist möglicherweise am Kühlerüberlaufbehälter zu finden. Dieser hellbraune Schaum ist ein Anzeichen dafür, dass die Kopfdichtung fällig ist.

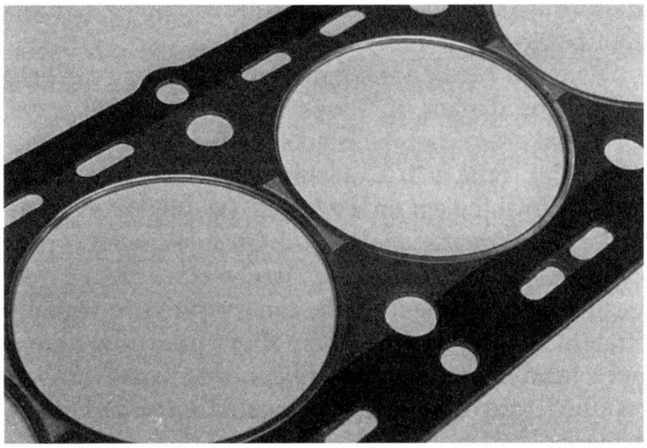

Abb. 5-5. Die einteiligen Zylinderkopfdichtungen der Alfa-Vier- und -Sechszylinder sind ziemlich ähnlich aufgebaut. Eine Gefahrenquelle ist die Erosion des Dichtungsmaterials zwischen den Zylindern; dieser Bereich ist hier durch den sanduhrförmigen Abschnitt gekennzeichnet. Derartige Defekte sind allerdings ziemlich ungewöhnlich.

Das Risiko einer durchblasenden Kopfdichtung lässt sich verringern, indem die vorgeschriebenen Anzugsdrehmomente der Zylinderkopfmuttern stets genau eingehalten werden. Da der Motor fast ausschließlich aus großdimensionierten Leichtmetallgussteilen besteht, dehnen sich die Einzelteile beim Erwärmen merklich aus und ziehen sich beim Abkühlen wieder genauso zusammen. Durch diese Bewegungen lockern sich im Laufe der Zeit die Zylinderkopfschrauben. Es lohnt sich also, in einen präzise anzeigenden Drehmomentschlüssel zu investieren, sich mit seiner Handhabung vertraut zu machen und die Kopfschrauben auf das im Reparaturleitfaden angegebene Drehmoment nachzuziehen. Empfehlenswert ist eine Kontrolle des Anzugsdrehmoments etwa alle sechs Monate.

Bei der Reparatur einer defekten Kopfdichtung können wir künftige Probleme in mehrfacher Hinsicht entschärfen. Erstens muss die Passfläche des Zylinderkopfes absolut plan (eben) sein. Dazu lassen Sie den Kopf in einer gut ausgestatteten mechanischen Werkstatt ganz leicht planfräsen. Dabei sollte nicht mehr Material abgenommen werden, als zur Herstellung einer planen Passfläche unbedingt notwendig ist. War der Kopf verzogen, müssen möglicherweise die Nockenwellenlagerstellen fluchtend gebohrt werden.

Zweitens prüfen wir, ob die Laufbuchse in jedem Zylinder um 0,05 mm über die Passfläche des Motorblocks übersteht (siehe Abb. 5-7). Wird dieses Maß nicht erreicht, montieren wir neue O-Ringe unter den Laufbuchsen,

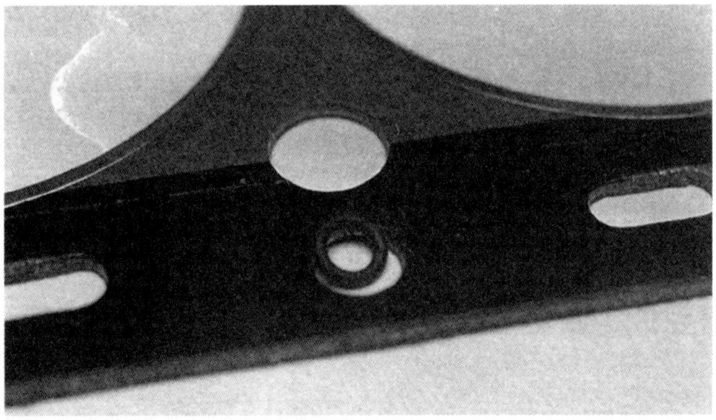

Abb. 5-6. Hier ist mit Problemen zu rechnen: Die Dichtringe der Ölkanäle haben Alfa-Besitzern mehr Probleme bereitet als alle anderen Details am Fahrzeug zusammengenommen.

Abb. 5-7. Schwer zu erkennen, aber 0,05 mm ist ja auch nicht viel. Legen Sie ein Haarlineal auf dem Zylinder auf und schieben Sie eine Fühlerlehre zwischen Block und Haarlineal durch (siehe Abb.). Die Passfläche des Blocks muss makellos sauber sein. Ist kein Spiel vorhanden, versuchen Sie, einen anderen gebrauchten Zylinder mit einem neuen O-Ring zu montieren. Wird damit immer noch nicht das erforderliche Spiel erreicht, muss ein neuer Zylinder montiert werden. Ist das Spiel auch dann noch nicht vorhanden, muss die Passfläche des Blocks nachgesetzt werden.

Abb. 5-8. Am sichersten lassen sich Kurbelwellenstopfen sichern, indem ein Gewinde in die Welle geschnitten und ein Stopfen mit Innensechskantkopf eingeschraubt wird. Mit Loctite wird der Stopfen gegen Losvibrieren gesichert.

so dass der richtige Überstand der Laufbuchse erreicht wird. Stehen die Laufbuchsen mit neuen O-Ringen immer noch nicht um 0,05 mm über, sollte der Motorblock ausgebaut, zerlegt und seine Passfläche soweit nachgesetzt werden, dass das richtige Überstandsmaß für die Zylinder erreicht wird.

Drittens ist bei der Vorbereitung der Passflächen auf absolute Sauberkeit zu achten. Mit einem starken Lösungsmittel (Aceton oder Lackverdünner) werden sämtliche Spuren alter Dichtungsreste und Schmutzspuren von der Passfläche entfernt.

Und zu guter Letzt verwenden wir Viton-O-Ringe statt der mit der Kopfdichtung mitgelieferten serienmäßigen O-Ringe. Viton ist weniger verformungsanfällig als der originale Werkstoff der O-Ringe. Als zusätzliche Rückversicherung – vor allem, wenn Sie keine Viton-Ringe montieren – werden Zentrierhülsen am Übergangsbereich der Kopfdichtung in die Ölkanäle eingesetzt. Diese Hülsen sollten geringfügig über die Dichtfläche im Block überstehen und die O-Ringe in der Kopfdichtung exakt fixieren und verhindern, dass sie gequetscht werden. Dieser Arbeitsgang ist im Abschnitt zur Erneuerung der Zylinderkopfdichtung detailliert beschrieben.

Kurbelwelle

Die meisten Alfisti bekommen die Kurbelwelle ihres Alfa nie zu Gesicht. Der Rumpf eines Alfa-Motors zählt zu den solidesten Triebwerksteilen seiner Art.

Nachdem damit auf die grundsätzliche Standfestigkeit der Kurbelwelle hingewiesen wurde, können wir uns den beiden wahrscheinlichsten Gründen zuwenden, warum wir uns doch einmal um eine Alfa-Kurbelwelle kümmern müssen: fehlende Ölverschlusstopfen und Riefen an den Lagerschalen, die durch Kühlmittel verursacht wurden, das aufgrund einer durchblasenden Kopfdichtung in das Motoröl eingedrungen ist.

Ölverschlussstopfen in der Kurbelwelle

Das Motoröl gelangt von den Hauptlagerstellen unter Druck durch in der Kurbelwelle gebohrte Kanäle zu den Pleuellagern. Die Enden dieser Kanäle sind mit eingepressten Aluminium-Passstiften verschlossen. Gelegentlich kommt es vor, dass sich der eine oder andere dieser Stifte löst und herausfällt, vor allem bei Motoren, die oft in kaltem Zustand hochgedreht wurden. Dieser Defekt hat noch keinen unmittelbaren Motorschaden zur Folge, macht sich aber durch plötzlichen Abfall des Öldrucks bemerkbar. Je Verschlussstopfen, der sich löst, ist mit einem Abfall des Öldrucks um etwa 0,7 bar zu rechnen.

Die Verschlusstopfen liegen dann in der Ölwanne und können ohne Motorausbau wieder in ihre Bohrung eingeklopft werden (sofern die Ölwanne bei eingebautem Motor abgenommen werden kann).

An dieser Stelle sei daran erinnert, dass die Öldruckanzeige in Alfa-Youngtimern notorisch kapriziös ist und gerne einmal einen zu niedrigen Öldruck anzeigt, auch wenn der Öldruck in Ordnung ist. Falls Zweifel am Öldruck Ihres Motors aufkommen, bauen Sie zur Kontrolle also zuerst ein mechanisches Öldruckmanometer ein, bevor Sie Probleme mit dem Kurbeltrieb Ihres Motors unterstellen.

Bei älteren Alfas wird zudem im Leerlauf ein messbarer Öldruck angezeigt, während bei manchen neueren Alfas kein Öldruck angezeigt wird (der Öldruck ist aber dennoch da, nur zeigt ihn die Anzeige nicht an).

In manchen Fällen können die Verschlusstopfen der Kurbelwelle wieder eingesetzt werden, nachdem lediglich die Ölwanne abgebaut wurde. Dies mag einfach klingen, bei den meisten Alfas ist es allerdings einfacher, Motor und Getriebe auszubauen als die Ölwanne bei eingebautem Motor abbauen zu wollen.

Es ist empfehlenswert, die Verschlussstopfen zuerst tiefzukühlen und mit Loctite zu bestreichen, so dass eine chemische Verbindung entsteht, wenn sie in ihren Sitz eingedrückt werden. Auf jeden Fall sollten die Stopfen in ihrem Sitz mit dem umgebenden Kurbelwellenwerkstoff verstemmt werden. Dies ist freilich leichter gesagt als getan, da die Kurbelwelle oberflächengehärtet ist. Hardcore-Motorsportler schneiden gar ein Gewinde in die Kurbelwelle und drehen die neuen, eigens angefertigten Stopfen in die Welle ein.

Riefen auf den Kurbelwellenlagerzapfen

Die Abfolge ist fast schon zwangsläufig: Die Zylinderkopfdichtung gibt den Geist auf, Wasser vermischt sich mit Öl, das emulgierte Gemisch ist nicht ausreichend schmierfähig, wodurch das Pleuel auf seinem Lagerzapfen trockenläuft und Riefen auf der Lagerfläche hinterlässt, was Pleuellagergeräusche und schließlich den Ausfall des Lagers nach sich zieht.

Erfahrene Alfa-Besitzer kontrollieren bei der Ölstandskontrolle den Messstab stets auf Anzeichen von Emulsionsbildung. Wer sich darüber nur wundert, aber nicht handelt, dürfte eines Tages ratlos vor seiner Kurbelwelle stehen und sich fragen, ob sie noch aufarbeitungsfähig ist.

Glücklicherweise lautet die Antwort fast immer „Ja". Alfa-Kurbelwellen können auf drei Untermaße geschliffen werden, erst dann sind sie reif für den Schrott. Bei starker Riefenbildung muss möglicherweise gleich auf das dritte Untermaß geschliffen werden, selbst wenn die Welle sich noch auf Originalmaß befindet. Manche Motorenschleifer gehen gleich auf das dritte Untermaß, weil damit das Risiko schwindet, dass sich der Verschleiß mit dem ersten oder zweiten Untermaß nicht beseitigen lässt und trotzdem auf das dritte Untermaß geschliffen werden muss. Bestehen Sie aber darauf, dass beim Schleifen so wenig Material wie möglich abgetragen wird, selbst wenn Sie einen zusätzlichen Schleifgang bezahlen müssen, falls das erste Untermaß doch nicht ausreicht. Je geringer der Materialabtrag ist, desto besser, und wenn Sie mit dem ersten Untermaß auskommen, kann die Kurbelwelle später immer noch ein weiteres Mal aufgearbeitet werden.

Bei normalem Verschleiß zeigen sich auf den Lagerzapfen der Kurbelwelle im Laufe der Zeit leichte Riefen. Diese normalen Riefen lassen sich beseitigen, indem die Welle mit einem Streifen ölgetränktem feinem Schleifleinen poliert wird, der straff um die Welle gelegt und dann gleichmäßig rings um die Welle bewegt wird, wie Sie es mit einem Lappen beim Polieren der Schuhe machen würden. Als Faustregel gilt: Wenn die Riefen so tief sind, dass man sie mit dem Fingernagel beim Drübergleiten als Stolperfalle spürt, sollte der Lagerzapfen auf Untermaß geschliffen und nicht nur poliert werden.

Im Interesse der Lebensdauer des überholten Motors sollte die auf Untermaß geschliffene Kurbelwelle auf jeden Fall nachgehärtet werden.

Pleuel- und Hauptlagerzapfen der Kurbelwellen der 1600er, 1750er und 2000er Motoren sind durchweg identisch, der Hub variiert allerdings. Dies eröffnet zwar gewisse Möglichkeiten, sich einen „Stroker Kit" zur Hubraumvergrößerung zusammenzustellen, ich kenne aber niemanden, der einen derartigen Umbau vorgenommen hat.

Verdrehte oder lose Pleuel- und Hauptlagerschalen

Vor diesem Motorschaden hat jeder Angst, da die Reparatur sehr kostspielig wird. Ein völliger Lagerausfall ist bei Alfas allerdings extrem selten. Symptom eines vor dem Ausfall stehenden Lagers ist übermäßiger Druckabfall bei heißem Öl. Das kalte Öl kann dagegen ausreichend zähflüssig sein, um ein loses Lager zu überdecken.

Pleuellagerschäden machen sich durch hartes, metallisches Klopfen beim Beschleunigen bemerkbar. Dieses Geräusch ist allerdings nicht mit dem höherfrequenten, abgehackteren Stakkatogeräusch zu verwechseln, das durch die Selbstzündung (Klingeln) von niedrigoktanigem Benzin hervorgerufen wird.

Das furchteinflößendste Geräusch produziert ein defektes Lager unmittelbar vor dem Festgehen des Motors. Hört sich das Geräusch an, als ob jemand in immer schnellerer Folge mit dem Hammer seitlich auf den Motor

Abb. 5-9. Ein Alfa-Spezial-Motor auf dem Prüfstand. Dieser Motor war so aufgebaut worden, dass bei geringerem Leistungsbedarf Zylinder abgeschaltet werden. Die Versuche verliefen zwar erfolgreich, in die Serie hatte diese Konstruktion es allerdings nicht geschafft.

hämmert, schalten Sie sofort die Zündung aus (ohne dass das Lenkschloss dabei einrastet!), nehmen den Gang heraus und lassen den Wagen am Straßenrand ausrollen.

Wenn Sie schnell genug reagiert haben, hat Ihnen dies möglicherweise die Kosten für eine neue Kurbelwelle oder einen neuen Block gespart.

Verdreht sich eine Lagerschale in ihrem Sitz, müssen alle Kurbelwellenverschlussstopfen entfernt und auch alle Ölkanäle peinlichst genau gereinigt werden.

Ölpumpe

Wenn der angezeigte Öldruck zu niedrig, das Lagerlaufspiel der Kurbelwelle aber in Ordnung ist, könnte der Defekt auf einen undichten Sitz des Ölüberdruckventils zurückzuführen sein. Sie können versuchen, den Sitz im Ventil mit feiner Ventilschleifpaste einzuschleifen. Anschließend wird das Ventil am Außendurchmesser (mit der gleichen Schleifleinensorte wie beim Polieren der Lagerzapfen) poliert, um Riefen zu entfernen. Nach dem Einschleifen ist sorgfältige Reinigung Pflicht. Dieses Ventil sollte stets zerlegt und gereinigt werden, wenn der Motor zerlegt wird.

Im Reparaturhandbuch finden sich Anleitungen für das Messen des Axial- und Radialspiels der Ölpumpe. Diese Kontrollen können zwar der Gewissensberuhigung dienen, allerdings ist mir noch nie eine übermäßig verschlissene Alfa-Ölpumpe untergekommen. Das Mitnehmerzahnrad für die Ölpumpe ist neu erhältlich, es empfiehlt sich aber, eine komplette Pumpe im Tausch zu erstehen, statt sich selbst an der Überholung der Ölpumpe zu versuchen.

Steuerketten

Der Alfa-Vierzylindermotor verfügt über zwei Steuerketten. Die kurze Primärkette treibt ein Zwischenrad an, durch das die Drehzahl der längeren Sekundärkette halbiert wird. Die Sekundärkette treibt die Nockenwellen an und wird von einem Kettenschloss zusammengehalten.

Verschleiß an der Sekundärkette lässt sich feststellen, indem sie flach auf einem Tisch ausgelegt und an den Gliedern auf ihr kürzestes Maß zusammengedrückt wird. Dann ziehen Sie sie an beiden Enden auseinander und dehnen sie damit auf ihre maximale Länge. Die beiden Maße sollten um nicht mehr als ca. 25 mm differieren. Hat sich die Kette um einen größeren Betrag gelängt, sind die Rollen in den Kettengliedern verschlissen, und die Kette sollte erneuert werden.

Die Primärkette wird überprüft, indem die Kurbelwelle hin- und hergedreht und dabei kontrolliert wird, wieviel Spiel die Kette hat. Dazu muss der Ventildeckel abgenommen und mit einer Taschenlampe die Vorderseite des Motors ausgeleuchtet werden.

Ist aufgrund des Kettenspiels eine Bewegung der Kurbelwelle um mehr als 5° möglich, sollten Sie eine Erneuerung der Kette bei der nächsten Motorüberholung ins Auge fassen.

Die Sekundärkette muss so zusammengebaut werden, dass das Kettenschloss in der Mitte zwischen beiden Nockenwellen steht, wenn die Kurbelwelle im oberen Totpunkt (OT) steht und beide Steuerzeitenmarken auf den Nockenwellen exakt mit den Marken auf den Lagerdeckeln der Nockenwellenlagerböcke fluchten und die Nocken für Zylinder 1 nach außen zeigen.

Zahnriemen

Mit der SPICA-Einspritzpumpe wurden Alfa-Fahrer erstmals mit der Zahnriementechnik konfrontiert. Die gleiche Zahnriemenkonstruktion – nur länger – findet sich auch in den Motoren des Alfasud und der V6-Modelle. Die Riemen dehnen sich nicht und sind praktisch wartungsfrei und obendrein langlebig. Bei allen Vorteilen verkraften sie zwei Beanspruchungen allerdings gar nicht: Sie wollen weder in Öl baden noch geknickt werden.

Das erste Problem dürfte den Alfa-Fahrer kaum kümmern, selbst wenn der V6-Riemenentspanner Öl verliert. Der Ölverlust macht sich ja nicht nur am Zahnriemen bemerkbar, also werden Sie im eigenen Interesse für rasche Abhilfe sorgen, bevor der Zahnriemen ernsthaft leidet.

Tückischer ist das zweite Problem, dass der Zahnriemen nicht in einem engen Radius gebogen werden sollte. Bereits in der Verpackung oder in einer Packtüte kann der Zahnriemen viel zu eng zusammengefaltet worden sein, nur sehen Sie ihm das beim Auspacken nicht an. Durch scharfes Abknicken brechen allerdings die Glasfasern, die eine Längung des Riemens verhindern, und dies hat eine erhebliche Verkürzung seiner Lebensdauer zur Folge. Ein defekter Zahnriemen reißt irgendwann, was schlimmstenfalls verbogene Ventilschäfte und einen oder zwei defekte Kolben nach sich ziehen kann.

In der Praxis können Sie den Zahnriemen nicht schützen, bevor er bei Ihnen landet. Sobald er vor Ihnen liegt, können Sie aber besondere Sorgfalt walten lassen. Wurde er in einem Radius von weniger als etwa 25 mm gebogen, sollte er tunlichst nicht mehr verbaut werden.

Die übliche Lebensdauer der Zahnriemen liegt bei 80.000 bis 100.000 km. Angesichts der Schäden, die ein gerissener oder überspringender Zahnriemen verursachen kann, ist ein Wechsel alle 50.000 km eine langfristig preisgünstige Rückversicherung und daher unbedingt zu empfehlen.

Die Kühlanlagen

Kaum ein Motor dürfte konstruktionsbedingt kühler laufen als die Alfa-Romeo-Aggregate. Früher habe ich mit einer Giulia Super regelmäßig bei Temperaturen unter -10° C Wochenend-Pendlerstrecken von rund 400 km abgespult. Um den Motor auf Betriebstemperatur zu bringen, musste ein Karton vor dem Kühler eingesteckt werden, um den Luftstrom vom Kühler fernzuhalten. In den Vier- und Sechszylinderaggregaten umströmt das Kühlmittel das gesamte Hubvolumen der Zylinder. Hierin liegt einer der Vorteile nasser Laufbuchsen. In frühen Alfas mit Öltemperaturanzeige war zu sehen, dass das Motoröl erst nach fünf bis zehn Minuten Fahrt seine Betriebstemperatur erreicht hatte.

Die Motoren mit Abgasreinigung (insbesondere die in den zwischen 1980 und 1986 produzierten US-Versionen) laufen konstruktionsbedingt wärmer. Am gesündesten ist der Motor, wenn er bei Kühlmitteltemperaturen zwischen 80 und 90° C laufen kann. Selbst Temperaturen von fast 100° C sind noch kein Grund zur Sorge. Alle modernen Kühlkreisläufe stehen unter Druck, d.h. das Kühlmittel kocht erst bei Temperaturen deutlich

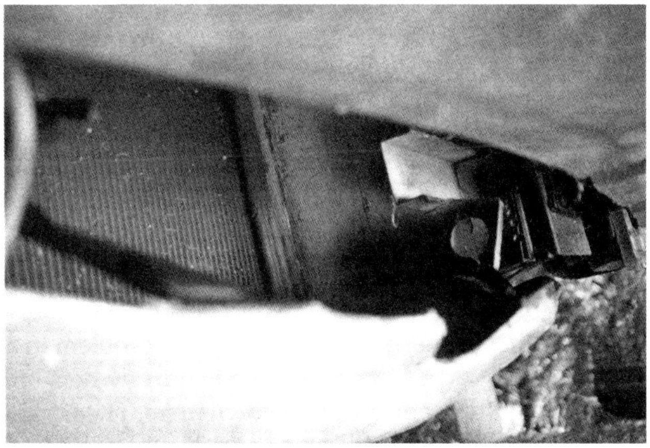

Abb. 5-10. Kühlluft für den Motor: Hier blicken wir unter den Stoßfänger in Richtung rechte Kühlerseite. Die Stoßfängerunterseite ist oben im Bild zu sehen. Die helle C-Strebe wurde herausgesägt und das untere Blech mit einem kräftigen Tritt nach unten gedrückt. Dieser Eingriff sollte dem 1980er Spider des Verfassers mehr Kühlluft verschaffen, und der Trick funktioniert wunderbar.

über dem normalen Siedepunkt. Zudem ist das Temperaturanzeigeinstrument vielleicht nicht hundertprozentig genau.

Falls Ihr Alfa überhitzt, stimmt auf jeden Fall etwas nicht. Als erstes prüfen wir den Kühlmittelstand im Kühler. Kontrollieren Sie den Kühler bei laufendem Motor (drehen Sie den Deckel nicht ab, wenn das System unter Druck steht!). Steigen beim Hochdrehen des Motors viele Blasen aus dem Kühlereinfüllstutzen auf, könnte eine durchgeblasene Kopfdichtung die Ursache sein.

Ein hängender Thermostat ist eine weitere mögliche Überhitzungsursache. Zur Kontrolle wird er ausgebaut und seine Funktion in einem Topf kochenden Wassers geprüft. Möglicherweise sind auch die Kühlerlamellen mit Dreck zugesetzt oder das Innere des Kühlernetzes ist verkalkt und durch Rost verstopft.

Mein absolut originaler 1980er Spider überhitzte nicht nur im dichten kalifornischen Verkehr, sondern auch bei höheren Geschwindigkeiten. Die Spider dieser Generation sind mit einem massiven schwarzen Stoßfänger bestückt, der den Lufteinlass fast völlig verdeckt und den Luftstrom bei höheren Geschwindigkeiten tendenziell von der Einlassöffnung nach unten weglenkt. Auch der Querträger zwischen Stoßfänger und Kühler sperrt den Kühlluftstrom ab. Wie sich zeigte, ließ sich die Motortemperatur mithilfe einer größeren Öffnung unterhalb des Stoßfängers, wo ein solcher Eingriff kaum auffällt, und durch einen mit der Säge angebrachten Ausschnitt im Querträger deutlich absenken.

Ein Wort zur Mahnung: Sinkt der Kühlmittelstand so weit ab, dass der Motortemperaturfühler nicht mehr von Kühlmittel umströmt wird, fällt die angezeigte Temperatur, obwohl das Kühlmittel sich bis in den kritischen Bereich aufheizt. Wer also sieht, wie die Nadel steigt, und dann plötzlich feststellt, dass sie deutlich gefallen ist, sollte besser anhalten und nach dem Rechten sehen.

Bei Alfas mit Kunststofflüfter auf der Wasserpumpe lassen sich ein paar PS gewinnen, wenn dieser Lüfter demontiert wird. Solange der Wagen fährt, besteht keine Überhitzungsgefahr, im Stehen verkraftet er dann allerdings bei heißem Wetter nicht mehr als 1 bis 2 Minuten Leerlauf.

Eine abschließende Anmerkung: Überhitzt ihr Alfa wegen eines kleinen Wasserlecks, kommen Sie vielleicht noch mit etwas losgedrehtem Kühlerdeckel heim. Dadurch wird der Druck im Kühlsystem abgebaut und das Leck im Kühlkreislauf lässt sich verringern. Aber passen Sie auf: Die Temperatur, bei der das Kühlmittel kocht, sinkt dann ebenfalls.

Öllecks

Kein wirklicher Defekt, mehr ein Merkmal der sehr dehnfähigen Aluteile, die an Motor, Getriebe und Differenzial in reichlicher Zahl verbaut wurden. Sicher gibt es auch Alfa-Motoren, die absolut öldicht sind. Ich hatte nie einen und kenne auch keinen Alfa-Fahrer, der einen hatte. Das Öl sucht sich bevorzugt um den Ventildeckel und den Steuerdeckel an der Motorvorderseite seinen Weg ins Freie. Die Neigung des Motoröls, auch die Kopfdichtung zu überwinden, wurde ja bereits oben angesprochen.

Theoretisch sollten zwei absolut glatte, plane Aluminiumflächen mit zwischengelegter Dichtung öldicht sein. Dieser Theorie können Sie Rechnung tragen, indem Sie dafür sorgen, dass alle Passflächen planparallel und frei von Kratzern sind. Legen Sie die Ventildeckeldichtung mit nicht aushärtender Motordichtmasse auf dem Deckel auf und montieren Sie ihn dann auf dem Motor (auf keinen Fall die Dichtmasse auf beide Seiten der Dichtung auftragen!). Tritt Öl am hinteren Kurbelwellendichtring aus, muss zur Erneuerung des Dichtrings der Motor ausgebaut werden. Schnellreparaturen sind hier nicht möglich.

Erfahrene Alfa-Fahrer gönnen ihrem Motor regelmäßig eine Motorwäsche. Abdecken der Zündanlage oder andere besondere Vorsichtsmaßnahmen sind nicht notwendig. Die Zündkerzenschächte lassen sich nur schwer trocken bekommen (ein Industriestaubsauger hilft allerdings) und Wasser sollte auch nicht direkt in den Ansaugkrümmer gelangen, falls Ihre Vergaseranlage nicht mehr der Serienversion entspricht. Im Allgemeinen erfordern aber Bauteile, die ein Anspringen verhindern, nur weil sie feucht wurden, ohnehin eine genauere Inspektion.

Der Ölbrenner

Eine hartnäckige Legende besagt, dass alle Ferraris Öl verbrennen, vor allem in kaltem Zustand. Wahrscheinlich geht diese Legende darauf zurück, dass sich dieses Problem bei Ferraris nur schwer beheben lässt und manche Ferrari-Besitzer bei der Wartung erstaunlich geizen. Und manch einer neigt nun dazu, diese Legende auch auf Alfas oder „Italiener" im Allgemeinen zu übertragen. Dabei sollte kein Motor, auch kein Alfa, übermäßig Öl verbrennen, weder in warmem noch in kaltem Zustand.

Ein bisschen Öl verbrennt freilich jeder Motor. Es ist konstruktiv unumgänglich, dass eine geringe Menge Öl auf die Zylinderwände und Ventilführungen gelangt und dort die beweglichen Teile schmiert. Dieser Ölverbrauch kann bei knapp 1 Liter je 1500 km liegen. Verbrennt Ihr Motor dagegen mehr als 1 Liter auf 1000 km, steht irgendwann eine Motorüberholung ins Haus. Kein Grund zur Panik, wenn Ihr Alfa überhaupt kein Öl verbrennt – auch das ist unbedenklich. Schlimmstenfalls kündigt der „Ölbrenner" eine Generalüberholung des Motors an. Wenn der Motor schon einmal zerlegt werden muss, wechseln Sie auf jeden Fall die Haupt- und Pleuellager, auch wenn es vielleicht noch nicht notwendig wäre. Diese zusätzliche Absicherung kostet nicht die Welt.

Abb. 5-11: Das zulässige Nutenspiel des Kolbenrings in seiner Ringnut ist ein wichtiges Maß. Im Zweifelsfall sollten neue Kolben montiert werden.

Verbranntes Öl kann auf verschiedene Ursachen zurückzuführen sein. Die häufigste Ursache bei Alfa Romeos ist, dass Öl über die Ventilführungen in den Brennraum gelangt. Qualmt Ihr Alfa im Schiebebetrieb bei geschlossener Drosselklappe, saugt Ihr Motor das Öl an den Ventilschäften vorbei an, weil die Einlassventilführungen ausgeschlagen sind. Dies lässt sich wie folgt testen: Fahren Sie den Wagen bei normalen Dauergeschwindigkeiten warm. Dann geben Sie abrupt Vollgas und gehen genauso abrupt vom Gas. Dies wiederholen Sie sofort noch zwei Mal. Beim dritten Mal prüfen Sie, ob im Rückspiegel eine blaue Ölfahne hinter dem Fahrzeug auszumachen ist. Wenn ja, gelangt Öl an den Einlassventilführungen vorbei in den Brennraum.

Etwas jüngere Alfas sind mit Schaftdichtungen um die Einlassventilführungen ausgerüstet, um die Ölmengen an den Ventilschäften genauer regulieren zu können. Wenn die Ventilführung allerdings bereits oval ausgeschlagen ist, verkraften die Ventilschaftdichtungen diese zusätzlichen Bewegungen nicht mehr und werden undicht.

Manchmal verhärtet und versprödet auch das Gummi der Ventilschaftdichtungen. Neue Schaftdichtungen bewirken dann eine deutliche Senkung des Ölverbrauchs. Diese Arbeit kann bei eingebautem Zylinderkopf erfolgen, dauert dann allerdings deutlich länger. Damit das Ventil nicht in den Brennraum fällt, wenn Sie am Ventil arbeiten, führen Sie ein sauberes Seil über das Kerzenloch in den Brennraum ein, bis der Brennraum ausgefüllt ist, wenn der Kolben im OT steht, und halten das Ventil damit in seinem Sitz. Die jüngeren Generationen der Ventilschaftdichtungen sind mit Teflondichtungen ausgerüstet; diese Version sollte bei Motorarbeiten bevorzugt werden.

Verbrennt Ihr Alfa nur beim scharfem Beschleunigen Öl, deutet dies auf verschlissene Kolbenringe hin, die erneuert werden müssen.

Nach meiner eigenen Erfahrung schlägt häufig die Ringnut des obersten Kolbenrings im Kolben so weit aus, dass der Kolbenring übermäßiges Höhenspiel in seiner Nut entwickelt. Belassen Sie es nie beim Wechsel der Kolbenringe, solange Sie nicht absolut sicher sind, dass das Nutenspiel der Kolbenringe bei allen Verdichtungsringen aller Kolben korrekt ist. Stimmt es nicht, sind neue Kolben fällig. In diesem Fall wäre gar ein neuer Satz Kolben und Laufbuchsen sinnvoll. Um es knapp zusammenzufassen: Übermäßiges Höhenspiel der Kolbenringe in ihrer Nut bedeutet neue Kolben und Laufbuchsen.

Die Herkunft des verbrannten Öls lässt sich mit einem Kompressionstest ziemlich einfach und genau feststellen. Zuerst fahren wir den Motor warm und messen die Kompression jedes Zylinders in Vollgasstellung. Danach spritzen wir etwas Öl nacheinander in die einzelnen Zylinder und wiederholen die Kompressionsmessung. Ist die gemessene Kompression jetzt deutlich höher, sind die Kolbenringe die Schuldigen; ist die Kompression unverändert, sind die Kolbenringe intakt und die Ventilführungen müssen für das verbrannte Öl verantwortlich sein.

Allerdings ist Auspuffqualm nicht immer auf verbranntes Öl zurückzuführen. Öl verbrennt mit bläulichem Qualm. Qualmt Ihr Alfa dagegen schwärzlich, deutet dies auf ein zu fettes Kraftstoff-Luft-Gemisch hin; ist der Qualm weiß, leckt Kühlmittel in den Brennraum. Die Unterscheidung zwischen weißem und bläulichem Qualm ist mitunter nicht sehr deutlich, weshalb die Diagnose des Auspuffqualms etwas Erfahrung erfordert.

Ein Alfa läuft auch als „Ölbrenner" noch relativ lange, sofern Sie nur gewillt sind, immer wieder Öl nachzufüllen. Wie bereits angedeutet: Beträgt der Ölverbrauch mehr als 1 Liter auf etwa 1000 km, ist es Zeit für eine Überholung. Durch Umstellung auf ein dickeres Öl lässt sich dieser Zeitpunkt noch etwas hinauszögern. Alfas der Youngtimer-Generation erhalten meistens 10W30 – nicht zuletzt, weil es überall problemlos erhältlich ist. Außer wenn wir uns dem Gefrierpunkt nähern, kommt mir 10W30 allerdings zu dünnflüssig vor. Ich verwende lieber ein 10W40 und bei warmem Wetter gar 20W50 (bei älteren Alfa-Klassikern sowieso).

Mit Einbereichsölen lässt sich der Ölverbrauch bei „ölhungrigen" Motoren etwas drosseln. Wenn der Ölverbrauch auf etwa 1 Liter auf 800 km gestiegen ist, stellen Sie probehalber auf SAE40 oder SAE50 um. Sorgen Sie bald dafür, dass die Ursachen bekämpft werden.

Leistungsmangel

Mangelt es Ihrem Alfa an Leistung, sollten Sie ihm zuerst eine gründliche Wäsche gönnen. Das ist kein Witz – es ist unglaublich, in welchem Maße Leistung subjektiv beurteilt wird und wie sich ein blitzsauberer Wagen auf einmal viel „spritziger" anfühlt. Ohne Stoppuhr, Messrad und Beschleunigungsmesser ist objektive Leistungsmessung ohnehin unmöglich. Also Vorsicht, wenn Sie das „Gefühl" haben, Ihr Wagen sei langsamer oder schneller als vergleichbare Exemplare. Oder dass wegen vermeintlichen Leistungsmangels zwingend ein Defekt an Ihrem Alfa vorliege.

Manche Alfas laufen in der Tat besser als andere, selbst in absolut serienmäßigem Zustand. Manche stehen sogar anders in ihren Federn. Meistens liegt all dies aber innerhalb der normalen Streubreite der Serie, und bei Alfa-Klassikern entsprechenden Alters spielen derart viele Unwägbarkeiten (Kilometerstand, technischer Zustand usw.) hinein, dass belastbare Vergleiche ohnehin problematisch sind.

Haben Sie wirklich Grund zur Befürchtung, dass Ihr Alfa seine Leistung nicht voll entfaltet, machen Sie (mit der Stoppuhr) auf einer geeigneten Strecke einen Beschleunigungstest von Null auf 100 und vergleichen Sie

Einlaufen der Kolbenringe

Bei moderneren Motoren dient die Einfahrzeit vor allem dazu, dass die Kolbenringe ihren richtigen und dichten Sitz auf der Zylinderlaufbahn finden. Als die Motoren noch gegossene Lager besaßen, diente die Einfahrzeit auch dazu, dass die Lagerlaufflächen sich aneinander „anpassen" konnten. Seit es moderne Gleitlagerschalen gibt, ist dieser Aspekt des Einfahrens kein Thema mehr.

Nach meiner Erfahrung ist nach der Überholung eines Alfa-Motors das Einlaufen der Kolbenringe der schwierigste Teil der Arbeiten. Bei manchen Überholungen liefen die Motoren sofort ohne besondere Maßnahmen perfekt ein. Bei anderen kam es dagegen zum „Verglasen" der Kolbenringe, so dass sie nie richtig dicht wurden.

Theoretisch sollte der auf die Kolbenringe wirkende Druck allmählich immer weiter gesteigert werden, indem Sie sich beim Beschleunigen über eine Fahrstrecke von etwa 50 km nach und nach bis an die Leistung bei Vollgasstellung herantasten. Als exakter Gegenpol dazu vertrat einer meiner Kollegen die Auffassung, dass sofortiges Vollgas ab dem ersten Kilometer die beste Methode sei, um ein gutes Tragbild der Ringe zu erreichen. Er nahm jeden frisch überholten Motor sofort gnadenlos hart ran, damit die Ringe möglichst schnell einliefen. Bei ihm hat das immer funktioniert.

Wieder ein anderer Schrauberkollege empfiehlt während den ersten 1000 km schonende Fahrweise sowie die Verwendung von unlegiertem Öl. Auch diese Methode hat sich bei ihm bewährt.

Eines ist sicher: Wer einen neuen Motor sehr lang im Leerlauf laufen lässt, ohne ihn unter Last zu bewegen (also zu fahren), der muss fast sicher mit verglasten Ringen rechnen, was zu entsprechendem Ölverbrauch führt. Verglaste Ringe wiederherzustellen, ohne sie zu erneuern, ist fast unmöglich.

Es gibt eine überaus heikle „Räubermethode", um die Verglasung auf den Kolbenringen zu beseitigen: Man sprüht etwas Haushaltsreinigungspulver (die nicht scheuernde Variante!) in den Ansaugtrakt des laufenden Motors. Nach ca. 5 Minuten wird der Motor abgestellt und Öl und Ölfilter gewechselt. Problematisch an dieser Methode ist, dass damit ein eben doch abrasives Mittel nicht nur an die Ringe, sondern auch an die übrigen Gleitflächen, unter anderem an die empfindlichen Präzisionsoberflächen der Lagerschalen, gelangt. Also eine Art Chemotherapie – die verabreichte Dosis ist gerade eben noch nicht tödlich. Soll der Motor später ohnehin geöffnet und zerlegt werden, wäre es einen Versuch wert. Ansonsten taugt diese Methode aber wirklich nur als letzter Versuch, denn das Problem wird damit womöglich verschlimmert und nicht etwa behoben.

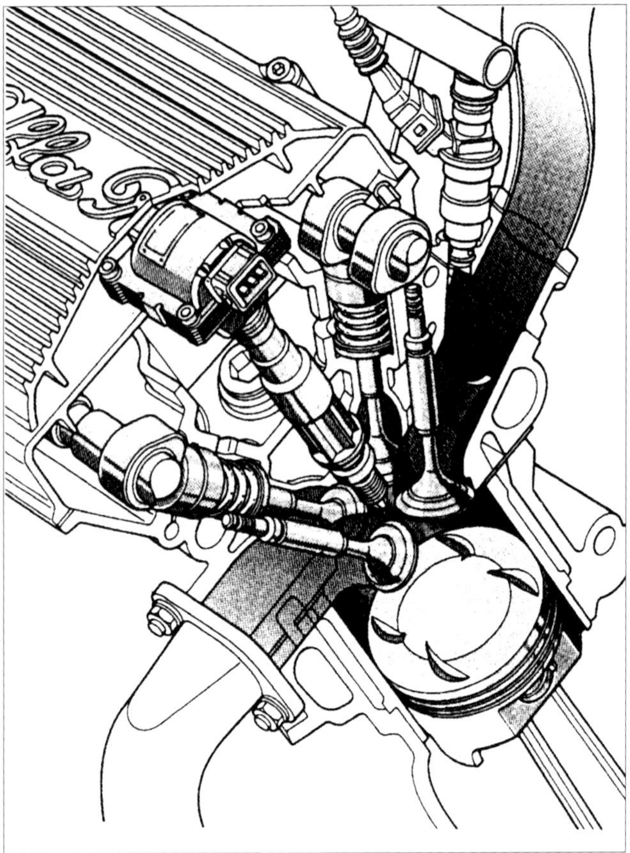

Abb. 5-12. Die Mehrventiltechnik hielt bei Alfa Romeo relativ spät Einzug. Stattdessen setzte man zur Optimierung von Leistung und Abgaswerten auf Doppelzündung (Twin Spark) und variable Ventilsteuerungen. Hier ist der Vierventilkopf des 164 Super zu sehen. Jede Zündkerze hat eine eigene Spule.

diese Werte mit den Messwerten einschlägiger Testberichte. Sind Sie 1 bis 2 Sekunden langsamer, besteht kein Grund zur Panik. Tester der Autozeitschriften sind Asse auf ihrem Gebiet und wissen genau, wie sie einen optimalen Start hinlegen und wann der beste Schaltzeitpunkt ist.

Zuallererst kontrollieren wir die Einstellung des Zündzeitpunkts.

In die gleiche Kategorie wie Leistungsmangel fällt das berüchtigte „Loch" beim Beschleunigen. Ist Ihr Alfa mit Weber-Vergasern bestückt, ist dieses „Loch" am wahrscheinlichsten die Folge ungeeigneter Düsengrößen. Unregelmäßige Leistungsentwicklung ist bei Modellen mit Einspritzanlage viel seltener ein Problem; tritt hier dennoch ein Beschleunigungsloch auf, kann dies auf unterschiedliche Störungen an der Einspritzanlage oder an ihrer Einstellung hindeuten.

Ein falsch stehender Zündzeitpunkt führt natürlich zu Leistungsmangel. Grundsätzlich nimmt mit zunehmender Frühzündung das Durchzugsvermögen im oberen Drehzahlbereich zu.

Auch Drosselungen im Einlass- oder im Auslasstrakt können sich durch mangelnde Leistung bemerkbar machen. Prüfen Sie, ob beim Überfahren größerer Hindernisse vielleicht versehentlich ein Auspuffrohr plattgedrückt wurde. Durch eine derartige Drosselung können nicht nur die Ventile verbrennen, sondern die Leistung kann spürbar sinken.

Leistungsmangel, der auf Verschleiß zurückzuführen ist, lässt sich vom Besitzer kaum feststellen, da er nur sehr allmählich fortschreitet. Grenzwertige Kompression, falsch stehender Zündzeitpunkt und ein verschmutzter Luftfilter drücken die Leistung langsam, aber stetig. Dass es dem eigenen Fahrzeug an Leistung mangelt, merkt der Besitzer meist erst, wenn er zwischendurch den Alfa eines Bekannten fährt. Es geht also darum, wie wir mehr Leistung herausholen können, ohne auf Tuningteile wie hochverdichtende Kolben, schärfere Nockenwellen oder Turbolader zurückgreifen zu müssen. Die beste Lösung ist noch immer, den Motor exakt auf die Serieneinstellwerte einzustellen. Zahlreiche Alfas laufen mit völlig falscher Einstellung, entweder aus Nachlässigkeit oder in dem Irrglauben, dass der Besitzer besser als das Werk weiß, wie der Motor optimal läuft.

Eine geringfügige Leistungssteigerung ist außerdem durch besondere Sorgfalt bei der Montage des überholten Motors möglich. Stichworte sind Strömungsoptimierung und Polieren der Kanäle, Auslitern der Brennräume, Ausrichtung der Zündkerzenelektroden und die Toleranzoptimierung aller Bauteile im Motorinneren. Diese Arbeiten sind enorm teuer. Wer also mehr will als nur das befriedigende Gefühl, den Motor wirklich optimal aufgebaut zu haben, und gar nicht genug Leistung bekommen kann, sollte vielleicht ein stärkeres Modell wählen.

2. Erneuern der Zylinderkopfdichtung

Für Anfänger scheint der Wechsel der Zylinderkopfdichtung auf dem Niveau einer Gehirnoperation zu spielen, dabei ist diese Arbeit durchaus auch von gewissenhaften Alfisti zu bewältigen, die schon einige Wochenenden Schraubererfahrung gesammelt haben und über die gängigen Werkzeuge verfügen. Wie immer beim ersten Mal gilt: Entscheidend ist, langsam und überlegt zu arbeiten. Am frustrierendsten bei der Arbeit an den Vierzylindern ist sicher, die Auspuffkrümmerschrauben an Zylinder 3 und 4 loszubekommen, während an V6-Motoren der Ausbau des Bremskraftverstärkers, um besser an einen der Köpfe zu kommen, das größte Problem darstellen dürfte. Am kraftraubendsten ist es dann, den Zylinderkopf herauszuheben, nachdem alles gelöst und aus dem Weg ist. Anschließend müssen die Passflächen von Motorblock und Kopf tadellos sauber gereinigt werden, damit die neue Kopfdichtung überhaupt zuverlässig abdichten kann. Wundermittelchen für die Reparatur undichter Kopfdichtungen sind keine weiteren Überlegungen wert.

Um die sechs kleinen O-Ringe, die in der Kopfdichtung der Vierzylindermotoren sitzen und dort die Ölkanäle abdichten sollen, ranken sich mancherlei Mythen. Manche Kopfdichtungsvarianten werden mit Zentrierhülsen und Viton-O-Ringen geliefert. Diese sollten Sie dann auch montieren. Die Zentrierhülsen werden in den Block eingeklopft, dass sie genau soweit überstehen, dass sie die O-Ringe fixieren. Bevor der Zylinderkopf auf die neue Dichtung aufgelegt wird, kontrollieren wir nochmals, ob alle O-Ringe exakt richtig sitzen.

Wenn der Zylinderkopf demontiert wurde, sollte er immer auf Verzug und Planheit überprüft und gegebenenfalls nachgeplant werden.

2.1 Reihenmotoren (4 und 6 Zylinder)

Bevor es an das Erneuern der Zylinderkopfdichtung geht, sollte das Fahrzeug am besten über Nacht stehen und der Motor komplett abkühlen. Wird ein Alfa-Kopf abgebaut, solange er noch warm ist, hat dies fast unweigerlich Verzug zur Folge – unter Umständen gar jenseits aller Instandsetzungsmöglichkeiten.

Aus- und Einbau des Zylinderkopfes sind in den einschlägigen Reparaturhandbüchern Schritt für Schritt beschrieben. Die nachstehenden Informationen sollen die „offizielle" Anleitung vervollständigen.

Zum Ablassen des Kühlmittels aus dem Motorblock nehmen wir den Kühlerdeckel ab und öffnen den Ablasshahn (Giulia und Giulietta) oder lösen die Messingschraube (1750 und Folgemodelle) auf der Fahrerseite hinten am Motor. Fließt das Kühlmittel nicht frei aus dem Hahn ab, muss die Bohrung eventuell mit einem stabilen Draht durchstochen und von Rostablagerungen befreit werden. Wird der untere Kühlerschlauch abgezogen, lässt sich der Block damit nicht entleeren; der Block muss aber komplett

Abb. 5-13. Ein schlechtes Zeichen: Schaum im Kühler! Die Schmiere am Kühlerdeckel weist auf eine durchblasende Kopfdichtung hin.

Abb. 5-15. Alle Schläuche rund um den Motor werden gelöst und alle am Kopf montierten Teile gekennzeichnet. Hier der Kurbelgehäuseentlüfterschlauch, der zum Abscheider führt. Vergessen Sie nicht den hinteren Schlauch zur Heizung sowie den Schlauch zwischen Thermostatgehäuse und Wasserpumpe.

Abb. 5-14. Nach der Reinigung muss das Wasser aus den Kerzenschächten entfernt werden, bevor es an das Zerlegen des Motors geht. Der Bereich wird mit Druckluft ausgeblasen oder mit einem Industriestaubsauger abgesaugt.

Abb. 5-16. Lösen Sie die vier Schlauchschellen für die Schlauchstücke des Luftfilters zum Ansaugkrümmer und ziehen Sie die Schläuche ab. Der große Schlauch zum Abscheider und ein oder zwei kleinere Schläuche müssen gelöst werden, wenn der Luftfilter abgezogen wird.

entleert werden, damit beim Abbau des Zylinderkopfes kein Kühlmittel an den unteren Zylinderabdichtungen vorbei in die Ölwanne gelangen kann.

Der Zylinderkopf der Vergaserversion wird mitsamt der Vergaseranlage ausgebaut. Beim SPICA-Einspritzer-Zylinderkopf müssen sämtliche Einspritzleitungen und die Leitung für den Regelthermostaten entfernt werden. Die Einspritzleitungen werden in der Regel auf der Krümmerunterseite von relativ schwer zugänglichen Schellen gehalten, die mit 10er Schrauben befestigt sind.

Bei einigen Motoren sind diese Schellen möglicherweise beim letzten Ein- und Ausbau des Zylinderkopfes nicht wieder montiert worden. Die Schellen sind allerdings wichtig und sollten stets angebracht werden, denn sie verringern die Vibrationen an den spiralförmig gebogenen Einspritzleitungen. Fehlen sie, können die Leitungen innerhalb der Rohrüberwurfmuttern brechen.

Die Leitungen lassen sich nur in einer ganz bestimmten Stellung einbauen und müssen daher vor dem Ausbau eindeutig gekennzeichnet werden, damit ersichtlich ist, zu welchem Zylinder sie führen und welches Ende an die Pumpe und welches an die Ansaugbrücke gehört.

Drehen Sie die acht 13-mm-Messingschrauben des Auspuffkrümmers heraus (siehe Abb. 5-25). Mit einem SW13-Steckschlüssel mit ¼-Zoll-Antrieb lassen sie sich leicht lösen, ausgenommen die beiden unteren Mut-

Abb. 5-17. Die obere Befestigung der langen Zugstange wird mit einem großen Schraubendreher gelöst. Die kurze Zugstange dahinter verbleibt an ihrem Platz. Hier ist eine weitere Sünde zu sehen: Der verschmorte Gaszugmantel deutet auf mangelhafte Masseverbindung zwischen Motor und Karosserie hin. Ein dickes umflochtenes Massekabel führt zur Anlasserbefestigung und sollte jetzt auf Beschädigung überprüft werden.

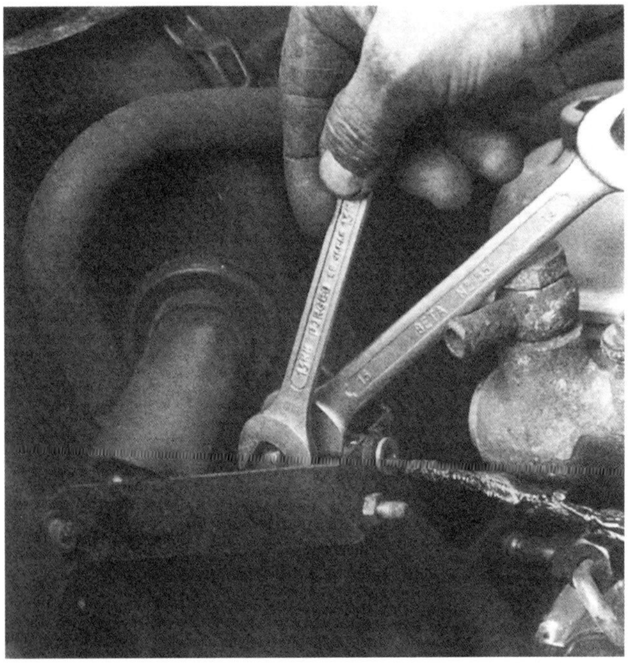

Abb. 5-18. Lösen Sie den Gaszug vom Umlenkhebel. Die Haltemutter muss sich in ihrem Gehäuse drehen können. Wenn nicht, bringen Sie dies jetzt in Ordnung. Dann ziehen Sie den Gaszug vom Seilzugrollensegment am Umlenkhebel ab.

Abb. 5-19. Hier wird die vordere Kraftstoffleitung an der Einspritzpumpe gelöst. Die Leitung links daneben muss ebenfalls gelöst werden.

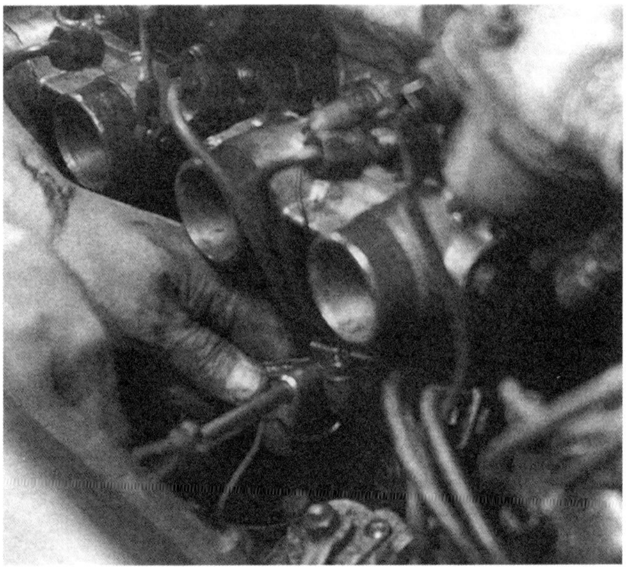

Abb. 5-20. Die Rohrleitung für den Regelthermostaten ist in ihrer Mitte mit einem Halter fixiert. Dieser Halter ist mit zwei kleinen Schrauben befestigt.

tern an Zylinder 3 und 4. Zum Lösen der unteren Mutter an Zylinder 4 setzen wir einen Ringschlüssel unter dem Krümmer ungefähr parallel zum Motorblock an.

Am leichtesten lässt sich die untere Mutter an Zylinder 3 mit einem stark gekröpften 13er Ringschlüssel von oben her lösen. Mit etwas Glück kann die Mutter mit den Fingerspitzen losgedreht werden, nachdem sie mit dem Schraubenschlüssel ein Stück weit gelockert wurde.

Anschließend wird der Auspuffkrümmer vorsichtig von seinen Stiftschrauben (Stehbolzen) abgezogen. Wenn Sie ihn abhebeln müssen, setzen Sie einen Schraubendreher vorsichtig an, ohne dass die empfindlichen Alu-Dichtflächen beschädigt werden.

Anschließend wird der Ventildeckel demontiert; dazu werden die sechs Muttern auf der Deckeloberseite und – bei der Giulia und späteren Baumustern – die zwei Schrauben an der Vorderseite des Deckels gelöst. Achten Sie darauf, dass die Dichtung zwischen Deckel und Zylinderkopf möglichst intakt bleibt. Wahrscheinlich klebt die Dichtung an einer der beiden Passflächen fest. Löst sie sich nicht ohne weiteres ab, versuchen Sie, sie mit einer dünnen Messerklinge abzuheben, ohne sie zu durchtrennen. Erfahrungsgemäß kann diese Dichtung mehrmals wiederverwendet werden, ohne undicht zu werden. Unter dieser Dichtung sitzen im hinteren Zylinderkopfbereich zwei halbmondförmige Gummidichtungen. Damit der Motor trocken bleibt, sollten sie stets erneuert werden, wenn der Ventildeckel

Abb. 5-21. Die Leitung des Regelthermostaten wird vom Einspritzpumpengehäuse und vom Zylinderkopf abgebaut. Vorsicht – diese Leitung ist unersetzlich. Auch die Stiftschrauben, mit denen das Rohr am Kopf befestigt ist, scheren leicht ab.

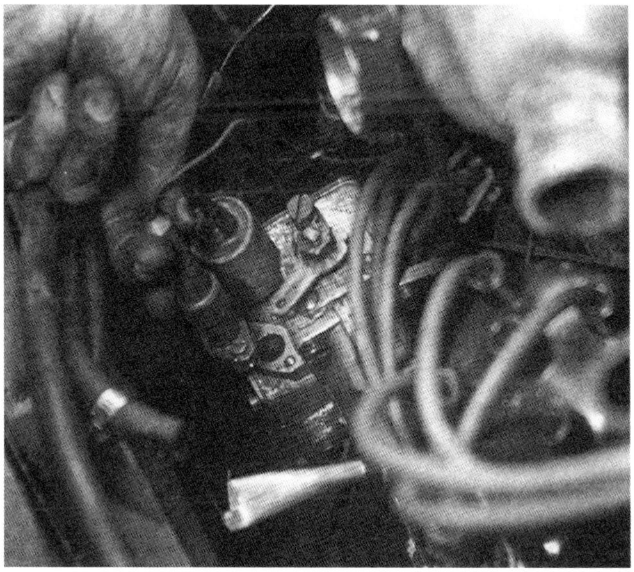

Abb. 5-22. Das Unterteil des Regelthermostaten wird bei eingedrehten Schrauben (siehe Abbildung) von der Pumpe abgenommen. Auf diese Weise können die Schrauben nicht in die Pumpe fallen.

demontiert wird. Vorsicht, dass diese Dichtungen beim Ausbau nicht in den großen Ölrücklaufkanal fallen!

Stellen Sie den Motor auf den oberen Totpunkt (OT), so dass der Verteilerläufer auf Kerzenkabel Nr. 1 zeigt. Vergewissern Sie sich, dass die Steuerzeitenmarkierungen an den Nockenwellen richtig stehen, bevor Sie die Steuerkette lösen. Dann suchen Sie das Kettenschloss auf der Kette. Ist es nicht zu sehen, drehen Sie den Motor um 360° durch; das Kettenschloss müsste dann ungefähr in der Mitte zwischen den Nockenwellen zu sehen sein. Falls das Kettenschloss nicht zu sehen war, ist die Steuerkette beim letzten Mal falsch aufgelegt worden. Achten Sie beim Zusammenbau darauf, dass das Kettenschloss zwischen den beiden Nockenwellen steht, wenn der Verteilerläufer auf das Kerzenkabel Nr. 1 zeigt.

Abb. 5-23. Die Metall-Benzinleitungen werden mit größter Vorsicht gelöst und dürfen beim Losdrehen der Überwurfmuttern nicht verdreht werden. Die Muttern lösen wir mit zwei SW17-Schlüsseln. Der hintere wird zum Kontern verwendet.

Lassen Sie den Motor auf OT stehen und lösen Sie die 14er Mutter, mit der der Kettenspanner gesichert ist (siehe Abb. 5-27).

Ziehen Sie die Schraube wieder fest, nachdem der Kettenspanner ganz in seine Aufnahme gedrückt wurde. Bei gelockerter Kette lassen sich die Nockenwellen etwas bewegen, die Steuerzeitenmarken können beim Zusammenbau aber trotzdem genau genug eingestellt werden.

Legen Sie einen sauberen Lappen unter dem Kettenschloss ab, damit seine Einzelteile beim Zerlegen nicht in den Motor fallen können. Nehmen Sie das Kettenschloss aber erst ab, nachdem die Steuerkette entspannt wurde, und stecken Sie es sofort wieder auf das eine Ende der Kette auf. Die Halteklammer des Kettenschlosses lässt sich mit einer breiten Schraubendreherklinge lösen (siehe Abb. 5-29). Hebeln Sie mit der Klinge zwischen der einen Hälfte des offenen Endes und einem angrenzenden Kettenglied. Das Schloss darf aber nicht mit einem Ruck wegspringen. Drücken Sie es mit dem Finger gegen die Kette, während auf der anderen Seite die Klammer abgehebelt wird. Nachdem sich die Klammer aus ihrem Sitz bewegt hat, schieben Sie sie etwas nach vorne, greifen die Klammer am anderen Ende mit einer Spitzzange und heben sie ab.

Jetzt kann die Kette in den Motor abgelassen werden, so dass sie sich nicht mit der Kurbelwelle verhakt. Dies empfiehlt sich, wenn die Kurbelwelle nochmals gedreht werden soll. Um die Kette wieder aus ihrem Schacht hochzuholen, müssen Sie mit einem stabilen Draht oder Magneten an einem langen Stab „fischen", aber das ist nicht weiter kompliziert.

Alternativ kann die Kette auch mit einem Draht angebunden werden, so dass sie griffbereit bleibt. Die Kette wird von den Kettenrädern gehalten,

Abb. 5-24. Die Auspuffkrümmerschrauben bestehen aus Weichmetall, damit sie am Krümmerstehbolzen nicht festbrennen. Die vorderen Schrauben lassen sich leicht lösen, die unteren an Zylinder 3 und 4 bereiten größere Probleme. Nr. 3 lösen wir von oben, Nr. 4 am besten mit einem 13er Ringschlüssel von unten.

Abb. 5-25. Die vorderen Ventildeckelschrauben werden gelöst.

bis Sie die Enden der Kette zusammenbinden. Jedes Ende der Kette wird dazu mit einem ca. 30 cm langen Bindedraht angebunden. Jetzt kann die Kette in den Motor abgelassen werden, so dass die Drahtenden oben überstehen und griffbereit sind.

Sie können die Kettenenden auch in einer Schleife mit Bindedraht (Gesamtlänge ca. 60 cm) zusammenbinden. Diese Methode ist mir am liebsten – vor allem, weil ich es so gelernt habe. Beim Abnehmen wird der Zylinder-

Abb. 5-26. Bei frühen Ventildeckelschrauben wird ein 14er Inbusschlüssel benötigt. Der abgebildete Schlüssel ist Teil des Giulietta-Werkzeugsatzes, wurde aber zum bequemeren Arbeiten nachgebogen.

Abb. 5-27. Nachdem Sie das Kettenschloss gefunden haben, lösen Sie die Kettenspannerschraube, so dass die Kette nach außen gedehnt werden kann (siehe Abb.) und ziehen die Spannerschraube wieder fest.

kopf leicht verdreht und auf den Stehbolzen abgesetzt und dabei die Kette mit einer Hand unter dem Kopf festgehalten. Mit der anderen Hand lösen Sie die verdrillten Drahtenden wieder und lassen die Kettenenden durch den Kanal im Kopf ab, so dass die Haltedrähte mit abgelassen werden. Unter dem Kopf befestigen Sie die Drähte an geeigneter Stelle im Motorraum, so dass die Kette nicht komplett in den Motorblock rutschen kann.

Die Zylinderkopfmuttern werden in konzentrischen Kreisen von innen nach außen in mehreren Schritten gelöst.

Lösen Sie die Schrauben nach und nach und kontrollieren Sie lieber einmal zuviel, ob alle Muttern und Schrauben gelöst wurden, bevor Sie versuchen, den Kopf abzuheben.

Üblicherweise löst sich der Kopf nicht ohne weiteres. Vergewissern Sie sich dann, dass die beiden von unten eingedrehten Schrauben vorne am Steuergehäusedeckel gelöst wurden (siehe Abb. 5-30). Aber bitte nicht mit einem großen Schraubendreher zwischen Kopf und Block hebeln! Nachdem

Abb. 5-28. Lösen Sie die Halteklammer des Kettenschlosses mit einem Schraubendreher. Unter der Kette liegt ein großer Lappen, um Schloss und Klammer auffangen zu können. In der hier gezeigten Stellung kann die Klammer abgenommen werden.

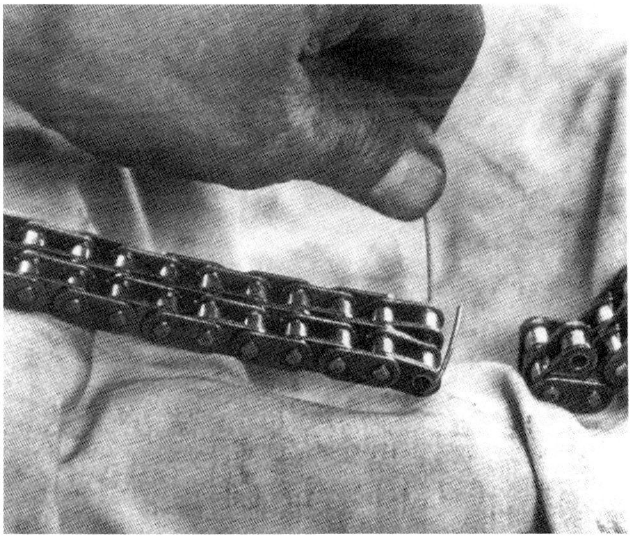

Abb. 5-29. Die beiden Enden der Kette werden mit einem langen Draht gesichert.

Zylinderkopfschrauben und Zündkerzenkabel ausgebaut wurden, die Kerzen aber noch fest eingeschraubt sind, drehen Sie den Motor kurz mit dem Anlasser durch, damit der Kompressionsdruck den Zylinderkopf lockern kann.

Funktioniert dies auch nicht, versuchen Sie es mit leichten Schlägen mit einem Kunststoff- oder Gummihammer auf den Zylinderkopf. Zielen Sie stets auf die Seiten des Kopfes, damit nichts verbogen oder beschädigt wird. Klopfen sie ruhig mehrmals und versuchen Sie dann erneut, den Kopf mit dem oben beschriebenen Kompressionstrick zu lösen. Selbst diese Methode funktioniert allerdings nicht immer.

Im Alfa-Romeo-Spezialwerkzeugsortiment findet sich ein spezielles Werkzeug für den Zylinderkopfausbau. Wer häufiger Zylinderköpfe demontiert, für den dürfte sich die Beschaffung dieses Werkzeugs über den örtlichen Alfa-Teilehändler eventuell lohnen.

Abb. 5-30. Die beiden von unten eingedrehten Schrauben werden gerne übersehen. Die zweite sitzt an entsprechender Stelle auf der anderen Seite vorne am Zylinderkopf.

Abb. 5-31. Beim Herausheben des Zylinderkopfes fest zupacken, damit nichts abrutscht!

Abb. 5-32. Legen Sie den Kopf auf den Stehbolzen ab und greifen Sie um, bevor Sie ihn über den Kotflügel zu heben versuchen. Dies erspart Nacharbeiten an Lack und Blech.

Das Werkzeug lässt sich nach der folgenden Methode allerdings auch selbst anfertigen: Kernstück ist ein Abzieher aus einer 150x150mm-Platte aus ca. 15 mm starkem Stahlblech. Der Abzieher ist groß genug, um vier der Zylinderkopf-Stehbolzen abzudecken. In die Mitte der Platte bohren wir ein Loch mit gut 14 mm Durchmesser Dann entfernen wir den Isolator aus einer alten Zündkerze und schweißen eine ca. 15 cm lange M12-Gewindestange an der Kerze fest. Zum Abziehen wird die modifizierte Kerze in das Kerzenloch von Zylinder 2 eingeschraubt und der Abzieher auf die Gewindestange aufgeschoben, so dass die Ecken der Abziehplatte auf den vier Zylinderkopfschrauben aufliegen. Nun schrauben wir eine Mutter auf die Gewindestange auf und ziehen sie mit einem Schraubenschlüssel weiter fest, bis sich der Zylinderkopf anhebt. Löst sich die Kopfdichtung nicht von selbst, wird sie mit einem Messer durchgetrennt.

Falls Sie aller Wahrscheinlichkeit nach nie wieder einen Alfa-Zylinderkopf demontieren werden, genügt vielleicht ein weiterer einfacher Trick mit einem sauberen, fusselfreien Seil und einer ebenen Fläche zum Rangieren des Fahrzeugs. Die Steuerkette wird vom Kettenrad gelöst und die Kurbelwelle um maximal 45° vor OT zurückgedreht, so dass die Kolben nach unten gehen. Führen Sie je ein langes Seil in die Kerzenlöcher 1 und 4 ein, um damit die Zylinder teilweise auszufüllen. Legen Sie den ersten Gang ein und schieben Sie den Wagen soweit vor, dass die Kolben bei der Aufwärtsbewegung die Seil-Packung gegen den Zylinderkopf drücken und ihn so anheben.

Abb. 5-33. Dieser Laufbuchsenhalter Marke Eigenbau besteht aus einem Rohrstück mit einer großen Unterlegscheibe, die die Laufbuchsen blockiert. Damit wird verhindert, dass die Laufbuchsen sich anheben. In diesem Motor saßen die Laufbuchsen allerdings derart fest, dass sie mit einem Dorn herausgetrieben werden mussten.

ACHTUNG: Wenn Sie den Zylinderkopf auf diese Weise weit anheben, kann eine Laufbuchse mit aus ihrer Dichtung angehoben werden. Also immer vorsichtig vorgehen.

Nachdem der Kopf frei ist, können die Zylinderlaufbuchsen sich im Zylinderblock auf- und abbewegen. Muss die Kurbelwelle gedreht werden, kann die Reibung von Kolben und Kolbenringen schon ausreichen, dass sich die Laufbuchse aus ihrem unteren Dichtring anhebt und Wasserreste aus dem Block in die Ölwanne einsickern können.

Manche Laufbuchsen lösen sich sehr leicht aus dem Block, andere bewegen sich um keinen Preis der Welt. Hartnäckig festsitzende Laufbuchsen bekommt man nur heraus, indem der Block ausgebaut, die untere Motorhälfte freigelegt und die Laufbuchse von der Kurbelwellenseite her mit einem Hartholzklotz und einem Messingdorn herausgetrieben wird.

Auch zum Sichern der Laufbuchsen existiert ein Alfa-Spezialwerkzeug. Wir nehmen ansonsten ein Stück Bleirohr aus dem Installateurbedarf mit einer großen Unterlegscheibe. Diese Scheibe wird so über einen Stehbolzen aufgeschoben, dass sie die Ränder von zwei benachbarten Zylindern erfasst. Dann stülpen wir das Rohrstück über den Bolzen und klemmen die Scheibe fest, indem eine Zylinderkopfmutter gegen das Rohr festgezogen wird (siehe Abb. 5-33).

Theoretisch könnten wir jetzt die Kolbenringe erneuern, indem jeder Zylinder aus dem Block herausgezogen, gehont und neue Ringe auf den eingebauten Kolben montiert werden. Da die Laufbuchsen unten angefast sind, könnten die Kolbenringe mit den Fingern genügend weit in ihre Nuten gedrückt werden, um die Laufbuchsen über die Kolben schieben zu können. Lediglich der richtige Versatz der Kolbenringstöße zueinander ist dabei zu beachten. Allerdings ist diese Art des Kolbenringwechsels nichts für Anfänger.

Ich habe mir angewöhnt, den Steuerkettenschacht immer mit einem dicken Lappen zu verschließen, damit keine Teile oder Fremdkörper bis tief in den Schacht fallen können. Am ärgerlichsten ist es, wenn die Haltefeder für das Kettenschloss in diesen Schacht fällt.

HINWEIS: Die Haltefeder für das Kettenschloss sitzt stets so, dass ihr Kopf zur Auslassseite des Motors zeigt.

Untersuchen Sie die alte Kopfdichtung eingehend. Sie verrät mehr, als man ahnen sollte. Jede Laufbuchse muss sich in der Dichtung gleichmäßig abgedrückt haben. Erosionsspuren zwischen Kühlmittelkanälen und Brennraum dürfen nicht zu erkennen sein. Falls die Gummi-O-Ringe zerquetscht sind, sollten Zentrierhülsen montiert werden, damit die neuen O-Ringe beim Einbau besser geführt werden (siehe Abb. 5-34 und 5-35). Auf jeden

Abb. 5-34. Einbau der Zentrierhülse. Dieser Umbau soll die Gefahr von Öllecks an der Passfläche der Kopfdichtung verringern.

Abb. 5-35. Die vollständig eingepresste Zentrierhülse: Sie steht gerade so weit über, dass der O-Ring fixiert wird.

Abb. 5-36. Die Kopfdichtung wird bei eingebauten Zentrierstiften aufgelegt. Der Zentrierstift steht geringfügig über den O-Ring über. Beim Anziehen der Zylinderkopfmuttern wird der Stift weiter in seinen Sitz gepresst.

Fall muss der ausgebaute Zylinderkopf in einer Fachwerkstatt auf Verzug geprüft werden. Außerdem sollten abgescherte Auspuffstehbolzen jetzt ersetzt und schadhafte Kerzengewinde instandgesetzt werden.

Wenn der Kopf schon einmal herunter ist, drehen wir die Zündkerzen wieder ein und stellen den Kopf mit den Brennräumen nach oben auf, so dass diese genau waagerecht liegen. Wir füllen jeden Brennraum randvoll mit Benzin und kontrollieren ihn auf Undichtigkeiten an den Ventiltellern. Bildet sich eine Benzinspur in den Einlass- oder Auslasskanälen, ist das Ventil undicht. Bei einwandfreien Ventilen sollte der Brennraum das Benzin über Nacht halten. Ein Teil des Benzins verdunstet, so dass der Füllstand sinkt, er sollte allerdings in jedem Brennraum annähernd gleich sein. Mit

Abb. 5-37. Dicke Ölkohleablagerungen am Auslassventil. Vielleicht lassen sie sich mit einer Drahtbürste entfernen, behutsames Schaben mit einem Schaber oder Schraubendreher ist allerdings schneller.

Abb. 5-38. Wird ein Drahtbürstenvorsatz in der Bohrmaschine verwendet, ist besondere Vorsicht notwendig, damit keine Schleifspuren an den Brennraumwandungen zurückbleiben.

einem Druckluftkompressor ist ein Schnelltest möglich: Zielen Sie mit dem Druckluftstrahl in den Kanälen in Richtung Ventilteller. Undichtigkeiten machen sich an gleichmäßiger Blasenbildung im Benzin bemerkbar.

Wird der Kopf weiter zerlegt, kontrollieren wir das Spiel der Ventilschäfte in ihren Führungen, nachdem die Ventilfedern ausgebaut wurden. Heben Sie das Ventil etwa 10 mm aus seinem Sitz und versuchen Sie, es kreisförmig zu bewegen. Ist eine Winkelbewegung feststellbar, ist die Ventilführung verdächtig, und das Spiel des Ventils in seiner Führung sollte mit einem Mikrometer genauer gemessen werden.

Abb. 5-39. Die Dichtfläche am Zylinderblock muss gründlichst gesäubert werden. Hier sind hinten am Block noch Dichtungsreste zu erkennen. Die Art und Weise, wie die Steuerkette beiseitegelegt wurde, merken wir uns.

Abb. 5-40. Die Auspuffdichtungen können auch falsch montiert werden. So sitzen sie richtig, damit die Dichtung nirgends in den Auslasskanal übersteht. Fixieren Sie die Auspuffdichtungen mit Gummibändern (siehe Abb.): Beim Einbau des Auspuffkrümmers drehen wir 1 oder 2 Muttern auf ihre Bolzen auf, damit der Krümmer fixiert wird, und lösen die Gummibänder dann mit einem kräftigen Ruck.

Abb. 5-41. Die Zylinderkopfmuttern werden von innen nach außen in konzentrischen Kreisen nacheinander mit einem Drehmomentschlüssel auf den vorgeschriebenen Wert angezogen. Hier ist die Steuerkette in das Gehäuse gerutscht, wird aber durch Bindedraht festgehalten.

Abb. 5-42. Wieder vereinigt: Die Kette wird mit dem Kettenschloss zwischen den beiden Nockenwellenrädern zusammengebaut.

Wurden die Ventilfedern ausgebaut, bauen wir auch stets neue Schaftabdichtungen auf der Einlassseite ein.

Säubern Sie die Passflächen von Kopf und Block, bis diese geradezu klinisch sauber sind. Kann der Zylinderkopf wieder montiert werden, stellen wir ihn zuerst vorsichtig auf den Stehbolzen ab und führen die Steuerkette an der Vorderseite des Kopfes wieder ein. Einstweilen kann die Kette mit den zuvor angebrachten Drähten fixiert werden. Dann peilen wir durch eine der Bohrungen für die Stehbolzen im Zylinderkopf und drehen den Kopf soweit, bis er auf den zugehörigen Bolzen ausgerichtet ist. Der Kopf wird abgesenkt und soweit gedreht, dass auch die übrigen Stiftschrauben exakt unter ihren Löchern stehen. Nun senken wir den Kopf langsam in Richtung Block ab und kontrollieren nochmals, dass keine Fremdkörper zwischen Kopf und Dichtung zurückgeblieben sind.

Die Passfläche des Auspuffkrümmers wird vor dem Anbau auf einem Bogen Schleifpapier mittlerer Körnung auf einer planen Glasplatte aufgelegt und auf dieser Unterlage in kreisenden Bewegungen überschliffen und damit geglättet. Die Auspuffdichtungen bestehen aus weichem Kupfer und können wiederverwendet werden, nachdem sie über einer Flamme weichgeglüht wurden. Sind Leckspuren zu erkennen, müssen neue Dichtungen montiert werden. Sie passen nur in einer Richtung ganz exakt. Werden sie verkehrt herum oder auf dem Kopf eingebaut, entsteht eine unerwünschte Drosselung im Auspufftrakt (siehe Abb. 5-40).

Auf diesen Dichtungen darf keinesfalls Silikondichtmasse aufgetragen werden.

Zum Abschluss wird der Zylinderkopf mit dem vorgeschriebenen Drehmoment festgezogen, die Steuerkette wieder zusammengebaut und die Steuerzeiten kontrolliert (siehe Abb. 5-41 und 5-42). Die Einstellung der Steuerzeiten ist im Wartungskapitel beschrieben.

2.2 V6-Motoren

Der Hauptunterschied beim Zylinderkopfwechsel besteht beim V6 gegenüber den Vierzylinderversionen darin, dass der V6 einen Zahnriemen besitzt, der gerne von den Zahnrädern abrutscht. Das Zerlegen ist beim V6 allerdings einfacher als beim Vierzylinder. Haben Sie das Vierzylinderkapitel übersprungen, sollten Sie es jetzt trotzdem nachlesen. Die meisten Arbeitstechniken und Probleme beim Ausbau des Zylinderkopfes sind beim V6 und Vierzylinder identisch. Immerhin sind ja beide Alfa Romeos.

Abb. 5-43. Ein V6 auf einem Prüfstand. Man beachte die über Umlenkrollen laufenden Zahnriemen und den Entspanner (Pfeil) rechts von der Ölfilterpatrone.

Zuerst klemmen wir die Batterie ab, dann werden Lichtmaschine, Klimapumpe (ohne die Schläuche abzuziehen), Luftansaugtrakt und Kraftstoffverteilerrohre abgebaut. Zum Ablassen des Kühlwassers aus dem Block drehen wir die beiden Messingablassschrauben auf beiden Motorseiten unter den Auspuffkrümmern heraus. Der Motor wird auf OT gestellt, so dass der Verteilerläufer auf die Marke am 1. Zylinder zeigt (siehe Abb. 5-44).

Jetzt bauen wir den Verteiler aus. Das Verteilerantriebsrad wird gelöst (hierfür ist eine Haltevorrichtung notwendig). Versuchen Sie nicht, die Schraube des Antriebsrades zu lösen und sich darauf zu verlassen, dass das Rad vom Zahnriemen gehalten wird. Drücken Sie den hydraulischen Entspanner zusammen und fixieren Sie ihn mit einem Passstift (etwa in der Größe eines 8mm-Nagels), der durch die Bohrung im beweglichen Pressblechteil und seine Gegenbohrung im Gussgehäuse gesteckt wird, und nehmen Sie dann den Zahnriemen von seinen Rädern ab.

Als nächstes werden ausgebaut: Wasserpumpe mit Thermostat, beide Ventildeckel, Abdichtungen für Zündkerzenschacht sowie die Zylinderkopfmuttern. Die Bremsleitungsschrauben werden vorsichtig mit Bremsflüssigkeit getränkt, die hier als Rostlöser wirken soll, und dann abgeschraubt und der Bremskraftverstärker von der Spritzwand abgenommen. Er ist von der Fahrzeuginnenseite her mit vier Inbusschrauben befestigt, und am Pedal muss der Gabelkopf gelöst werden. Jetzt müssten sich die Zylinderköpfe leicht abheben lassen!

Abb. 5-44. Bei einem V6, dessen Zündzeitpunkt richtig steht, zeigt der Verteilerläufer im OT genau auf die Kerbe im Verteilergehäuse. Die Finger des darunter sitzenden Induktorrotors zeigen nicht exakt auf die gegenüberliegenden Geberkontakte.

Abb. 5-45. Am ausgebauten Riemenspanner ist der Stift zu erkennen, mit dem der Entspanner in Druckstellung (Pfeil) blockiert wird.

Abb. 5-46. Laufbuchsen und Kolben eines V6-Motors, nachdem einer der Zylinderköpfe demontiert wurde. Ganz vorne am Block ist der hydraulische Riemenspanner zu erkennen. Man beachte auch den Wasserpumpenaustrittstutzen rechts davon.

3. Der Riemenspanner für den Zahnriemen am V6

Der Riemenspanner für den Zahnriemen des V6 neigt zu Undichtigkeiten. Ein Austausch schafft Abhilfe, allerdings sind auch Berichte über bereits im Neuzustand undichte Entspanner keine Seltenheit. Bis Anfang 1994, als ein neuer Entspanner eingeführt wurde, brachte das Werk keine zuverlässige Abhilfe zustande.

Überholung des hydraulischen Entspanners

Normalerweise drückt die Spannrolle unter Federspannung auf den Zahnriemen. Bei niedrigen Drehzahlen ist dies problemlos, bei höheren Drehzahlen ist der Riemen aber bestrebt, sich nach außen zu wölben, so dass der im Spanner wirksame Motoröldruck den Federdruck teilweise abbaut. Da am Zylinder der Druck der Motorölpumpe anliegt, steigt der Druck mit der Motordrehzahl an (bis zu dem Punkt, an dem das Überdruckventil in der Ölpumpe öffnet und den Maximaldruck stabilisiert).

Es ist viel unternommen worden, um den Spanner dicht zu bekommen. Hauptproblem dürften die zu zahlreichen Dichtringe sein. Die obere Befestigungsschraube für den Entspanner ist durchbohrt, so dass Öl unter Druck zum Entspannerzylinder gelangen kann. Allein diese Schraube benötigt drei Dichtungen. Erstaunlicherweise kommt es häufig vor, dass der Spanner an dieser Stiftschraube festgeht (hier wäre ein leichtes Ölleck also hilfreich).

Der eigentliche hydraulische Riemenspanner besteht lediglich aus einem Kolben in einem Zylinder. Der Kolben wird durch einen einzelnen groß dimensionierten O-Ring gegen die Zylinderwandungen abgedichtet. Ein weiterer Dichtring sitzt zwischen der Betätigungsstange am Kolben und dem Ende des Entspannergehäuses. Dieser Dichtring wird üblicherweise undicht. Das Ende, an dem die Betätigungsstange austritt, sitzt in einem Faltenbalg. Zur weiteren Abhilfe gegen Öllecks füllen manche Alfa-Schraube den Spanner mit zähflüssigem Fett.

Dies könnte Abhilfe schaffen, allerdings ist zu bedenken, dass Schmierfett durch Motoröl recht schnell verdünnt wird.

Die Überholung des Spanners umfasst im Prinzip den Ersatz sämtlicher Dichtringe. Der Austausch der Hydraulikausführung gegen einen neueren thermostatgesteuerten wäre zu bevorzugen, da aber noch viele der hydraulischen Spanner in Betrieb sind, sei hier die Überholprozedur beschrieben. Die Zylinderbohrung muss auf Verschleiß geprüft werden, eine beschädigte Bohrung ist aber sehr unwahrscheinlich. Vorsicht beim Honen der Bohrung, denn Schleifrückstände auf der Zylinderwandung würden den Gummi-O-Ring rasch ruinieren und neue Undichtigkeiten nach sich ziehen.

Die eigentliche Schwierigkeit bei der Überholung besteht darin, den Spanner freizulegen. Er kann erst ausgebaut werden, nachdem die rechte Hälfte der schwarzen Kunststoff-Zahnriemenabdeckung entfernt und dann die Rolle für den Verteilerantrieb ausgebaut wurde. Der Ausbau der Kunststoffabdeckung ist leicht zu bewerkstelligen, für die Rolle für den Verteilerantrieb ist allerdings ein Spezialwerkzeug notwendig, damit sie sich beim Lösen der Befestigungsschraube nicht mitdreht. Dieses Werkzeug ähnelt dem, mit dem die Nockenwelle bei der Einstellung der Steuerzeiten fixiert wird; es besteht aus einem einstellbaren V-förmigen Schlüssel mit zwei

Abb. 5-47. Die beiden Inbusschrauben, die das Rollenlager halten, werden gelöst.

Abb. 5-48. Das Rollenlager wird mit einem 13-mm-Schlüssel ausgebaut.

Abb. 5-49. Die beiden Inbusschrauben werden aus dem Zylinderoberteil herausgedreht.

kurzen Stiften an den Enden des V, die in die zwei Bohrungen in der Rolle eingreifen.

Die Rolle kann auf dem Riemen um 1 oder 2 Zähne überspringen, falls sie nicht mit einem Hilfswerkzeug gegen Drehen gesichert wird, und dann stimmen auf einmal die Steuerzeiten Ihres Motors nicht mehr. Falls Sie sich das passende Werkzeug nicht ausleihen können, kann diese V-förmige Vorrichtung auch aus zwei Flacheisen und zwei hochfesten Schrauben selbst angefertigt werden. Auf jeden Fall sollte der Motor genau im oberen Totpunkt stehen, damit Sie einen Bezugspunkt haben, falls sich etwas verstellt. Nach dem Zusammenbau muss die Verteilereinstellung ohnehin überprüft werden.

Nachdem die Rolle für den Verteiler ausgebaut wurde, muss der Spanner in der komprimierten Stellung blockiert werden. Dazu werden ein Ende der Feder aus ihrer Halterung genommen und der Spannmechanismus von Hand zusammengedrückt. Dann wird ein Stift (noch ein Spezialwerkzeug

Abb. 5-50. Der Kolben, der hier mit der rechten Hand gehalten wird, wird herausgedrückt.

Abb. 5-51. Der Dichtring der Kolbenstange.

Abb. 5-52. Einsetzen des Sicherungsrings. Der Faltenbalg wird mit der linken Hand zurückgeschoben.

– Alfa-Teilenummer A20363) durch die Bohrung im federbelasteten Blechhebel (Riemenspannplatte) durchgesteckt, bis er in einer entsprechenden Bohrung im Gehäuse sitzt. Dies geht auch mit einem Nagel oder mit einer Schraube, sofern ihr Durchmesser genau stimmt, damit dieses Hilfswerkzeug richtig in der zweiten Gegenbohrung sitzt.

Ungefähr unterhalb des Stifts, den wir gerade eingesteckt haben, ist die untere Befestigungsmutter auszumachen. Suchen Sie die Einbaulage mit einem Spiegel, damit Sie wissen, wo Sie mit einem 13er-Steckschlüssel ansetzen müssen. Die obere Mutter, die auf die Ölzuleitungsstiftschraube aufgedreht ist, ist leicht zu erkennen. Lösen Sie die beiden Muttern und ziehen Sie den Riemenspanner vom Motor ab. Achtung: Zwischen ihm und einer Lippe auf einem Stahldistanzstück zum Motor findet sich eine kurze, kräftige Feder. Die fällt heraus, wenn Sie sie nicht rechtzeitig auffangen. Außerdem sitzt an dieser Stelle eine Gummidichtung, die erneuert gehört.

Anschließend spannen wir den Riemenspanner in einen Schraubstock ein und drehen mit einem Inbusschlüssel die beiden Befestigungsschrauben des Rollenlagers heraus (siehe Abb. 5-47). Dann nehmen wir das Stahlblechteil und den zuvor eingesetzten Stift heraus. Jetzt wird die 13er Schraube gelöst, die das Lager zusammenhält, und die Rolle sowie die beiden O-Ringe werden herausgenommen (siehe Abb. 5-48).

Die beiden Schrauben, mit denen das Zylinderoberteil am Hauptgussteil befestigt ist, werden mit einem Inbusschlüssel gelöst. Unter dem Oberteil sitzt eine ziemlich starke Feder, also sollten die Schrauben schrittweise und gleichmäßig gelöst werden (siehe Abb. 5-49).

Nachdem das Zylinderoberteil abgenommen wurde, werden der Sicherungsring am Ende der Kolbenstange gelöst und der Faltenbalg auf der Kolbenstange entfernt. Drücken Sie die Stange im Zylinderboden hoch und ziehen Sie den Kolben aus dem Gussgehäuse (siehe Abb. 5-50).

Ein Dichtring für die Kolbenstange sitzt sehr stramm im Hauptgussgehäuse. Der alte Dichtring wird mit einem Schraubendreher herausgedrückt oder herausgehebelt; dabei merken wir uns die Einbaurichtung des Dichtrings. Dann setzen wir einen neuen Dichtring ein und ersetzen den großen O-Ring um den Kolben (siehe Abb. 5-51).

Um den Faltenbalg über der Kolbenstange zu sichern, wird er mit einer Hand zurückgeschoben und der Sicherungsring in seine Nut eingesetzt und mit einer Spitzzange ganz in den Sitz gedrückt (siehe Abb. 5-52).

Der weitere Zusammenbau ist unkompliziert. Die beiden O-Ringe am oberen Befestigungsbolzen werden erneuert. Schwierig ist lediglich beim Anbau der Baugruppe am Motor, die kurze Feder in die richtige Lage zwischen Spanner und Befestigungslippe zu manövrieren. Nachdem der Riemenspanner die ersten Gewindegänge auf den Bolzen aufgesetzt wurde, wird die Feder mit einem Ende auf die Befestigungslippe und mit dem anderen Ende auf dem Entspanner aufgesetzt. Jetzt kann die Feder so eingedrückt werden, dass sie ungefähr richtig sitzt. Wenn der Entspanner ganz aufgeschoben wird, wird die Feder richtig zusammengedrückt. Kontrollieren Sie, ob sie gerade auf der Blechbefestigungslippe sitzt und sich nicht an einer der Federwindungen verhakt hat.

Dann werden alle Einzelteile mit Ausnahme der schwarzen Abdeckung zusammengebaut und die Zündeinstellung überprüft. Stimmt die Zündeinstellung, kann auch die Abdeckung wieder montiert werden.

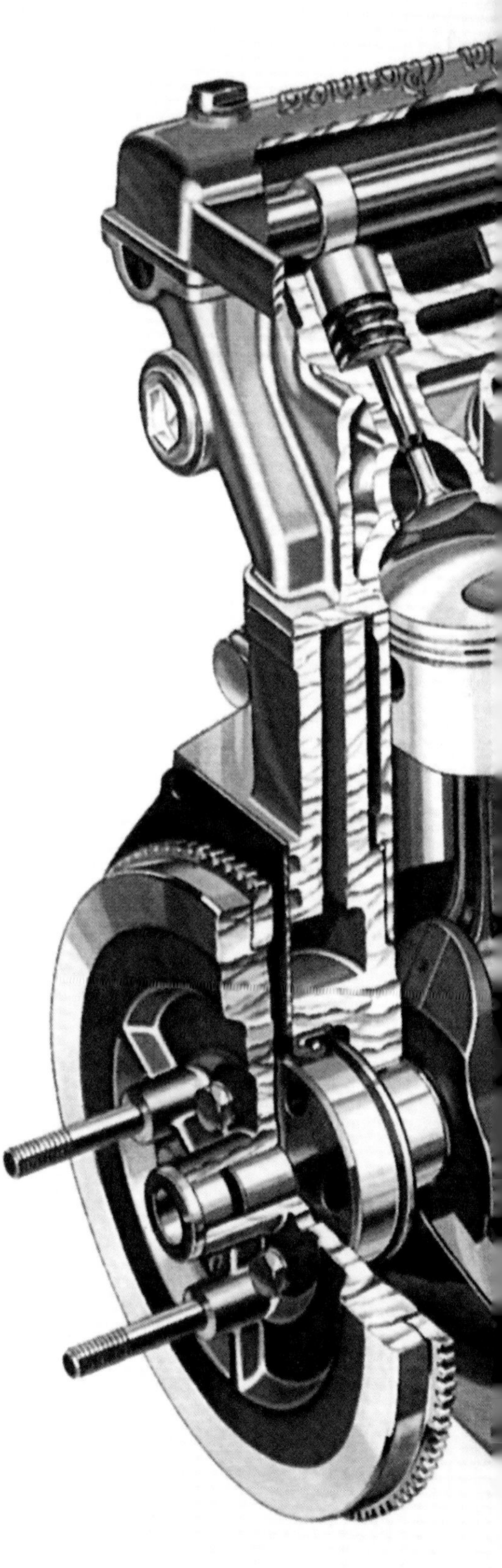

Abb. 5-53. Klassischer Motorenbau: Schnitt durch einen Zweiliter-Alfetta-Motor.

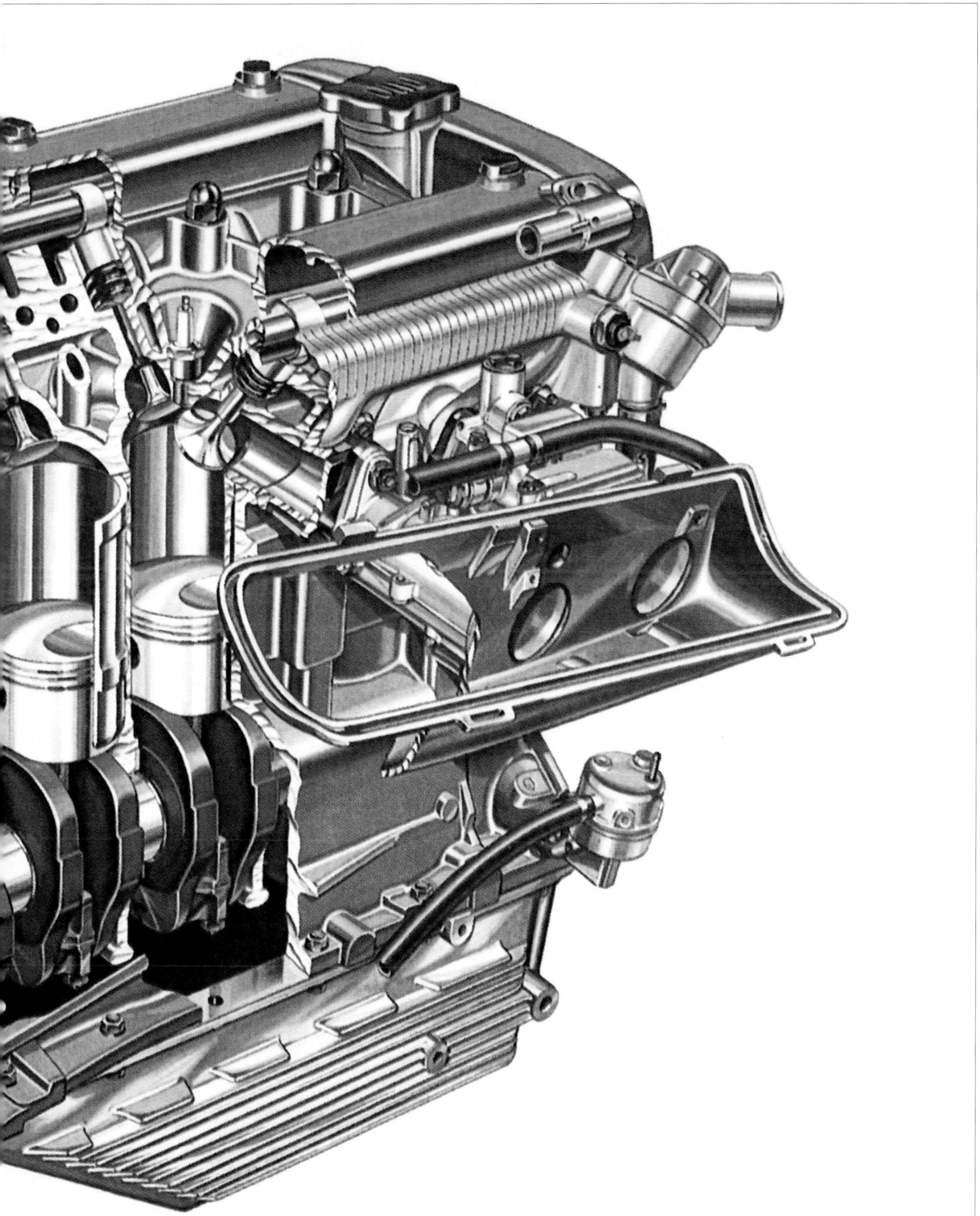

KAPITEL 06

06 Kraftstoff- und Zündanlage

1. Vergaser

Wie bereits mehrfach in diesem Buch erwähnt, besteht die beste Wartung eines Vergasers darin, dass man ihn möglichst nicht anrührt. An jedem Vergaser gibt es verschiedene Einstellpunkte. Da ein Vergaser ein etwas komplexes Gebilde ist, scheint er Bastler, die ihre autotechnischen Kenntnisse unter Beweis stellen möchten, geradezu magisch dazu zu verleiten, den Leerlauf einzustellen. Vielleicht sind diese Einstellschrauben ja auch einfach zu einladend? Weitergehende Eingriffe in den Kraftstoffkreislauf erfordern dagegen eine Änderung der Düsen und sind schon wesentlich weniger einladend.

Drehen Sie nicht ohne Not an den Schrauben. In aller Regel werden Sie die allergrößte Mühe haben, die ursprüngliche Einstellung des Vergasers wiederherzustellen.

1.1 Leerlaufgemischeinstellung am Vergaser

Denken Sie daran, dass Sie hier das Gemisch in einem Bereich verändern, den Ihr Motor, sobald das Fahrzeug erst einmal rollt, kaum noch nutzt. Springt Ihr Motor gut an, läuft er im Leerlauf rund und weich, dann rühren Sie die Vergaser besser nicht an. Natürlich könnte er noch einen Tick besser laufen, wenn man die Schraube ein kleines bisschen dreht … Nun gut, wenn es denn sein muss, dann sei die Vorgehensweise nachstehend beschrieben. Wenn Sie den Vergaser – speziell die Weber-Anlage – einstellen, dann denken Sie aber bitte ständig daran: „Eigentlich sollte ich die Finger davon lassen …"

Das Leerlaufgemisch am Solex-Vergaser

Wir beginnen mit dem Solex-Fallstrom-Doppelvergaser, der weniger kompliziert ist und dessen Einstellung nach weitgehend allgemeingültigen Einstellschritten erfolgt. Bevor wir uns dem Vergaser zuwenden, müssen aber Ventil- und Zündeinstellung kontrolliert und für in Ordnung befunden worden sein. Nachdem der Motor seine Betriebstemperatur erreicht hat, unternehmen wir eine kleine Probefahrt. Nach der Rückkehr in die Garage senken wir die Leerlaufdrehzahl des Motors mit der Leerlaufdrehzahl-Einstellschraube so weit wie möglich, ohne dass der Motor im Leerlauf ab-

Abb. 6-1. Die Solex-Vergaseranlage in einem Spider mit dem typischen zweiflutigen Luftansaugschlauch.

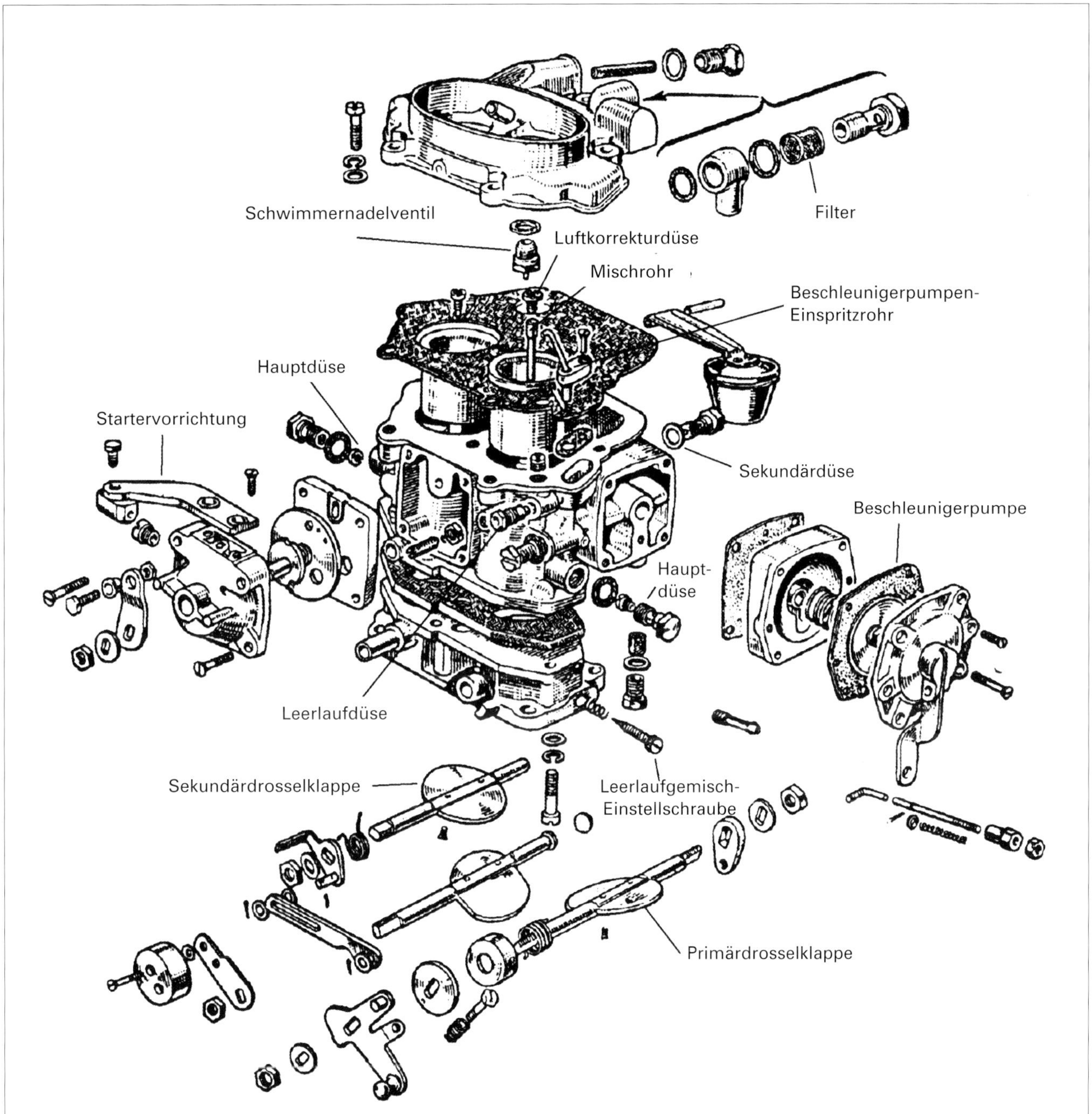

Abb. 6-2. Der klassische Solex 35 APAIG, wie er in den Giulietta- und Giulia-Baumustern (außer dem Veloce) serienmäßig verbaut wurde. Spätere Versionen erhielten einen zusätzlichen Dämpfer, der die Öffnung der Sekundärdrosselklappe steuerte, manche besaßen eine elektrische Vergaservorwärmung, um die Kaltstartemissionen zu senken.

stirbt. Dann beobachten wir, was mit der Leerlaufdrehzahl passiert, wenn wir die Leerlaufgemisch-Einstellschraube ungefähr eine halbe Umdrehung im Uhrzeigersinn und dann wieder zurück in die Ausgangsstellung und eine weitere halbe Umdrehung gegen den Uhrzeigersinn weiterdrehen. Dann drehen wir die Gemischschraube wieder in die ursprüngliche Stellung.

Wird die Leerlaufgemischschraube in der einen Richtung gedreht, steigt die Motordrehzahl. Wird sie in die andere Richtung gedreht, bleibt der Motor wahrscheinlich stehen.

Ändert sich die Leerlaufdrehzahl nicht, war die ursprüngliche Leerlaufdrehzahl zu hoch oder der Motor muss von Grund auf neu eingestellt werden. Weitere gravierendere Ursachen wären verschmutzte Leerlaufkreise oder Falschluft am Ansaugkrümmer.

Lassen Sie den Motor wieder an und drehen Sie die Leerlaufgemisch-Einstellschraube so, dass die Motordrehzahl steigt. Vielleicht müssen Sie dazu die Leerlaufdrehzahl-Einstellschraube zwischendurch immer wieder etwas zurückdrehen, um den Leerlauf möglichst niedrig zu halten. Ab einem bestimmten Punkt sinkt die Motordrehzahl wieder, wenn die Leerlaufgemischschraube in der gleichen Richtung weitergedreht wird. Die Leerlaufgemischschraube sollte auf möglichst hohe Leerlaufdrehzahl eingestellt werden. Dann wird die Leerlaufdrehzahlschraube zurückgedreht, bis die Leerlaufdrehzahl den Werksangaben entspricht.

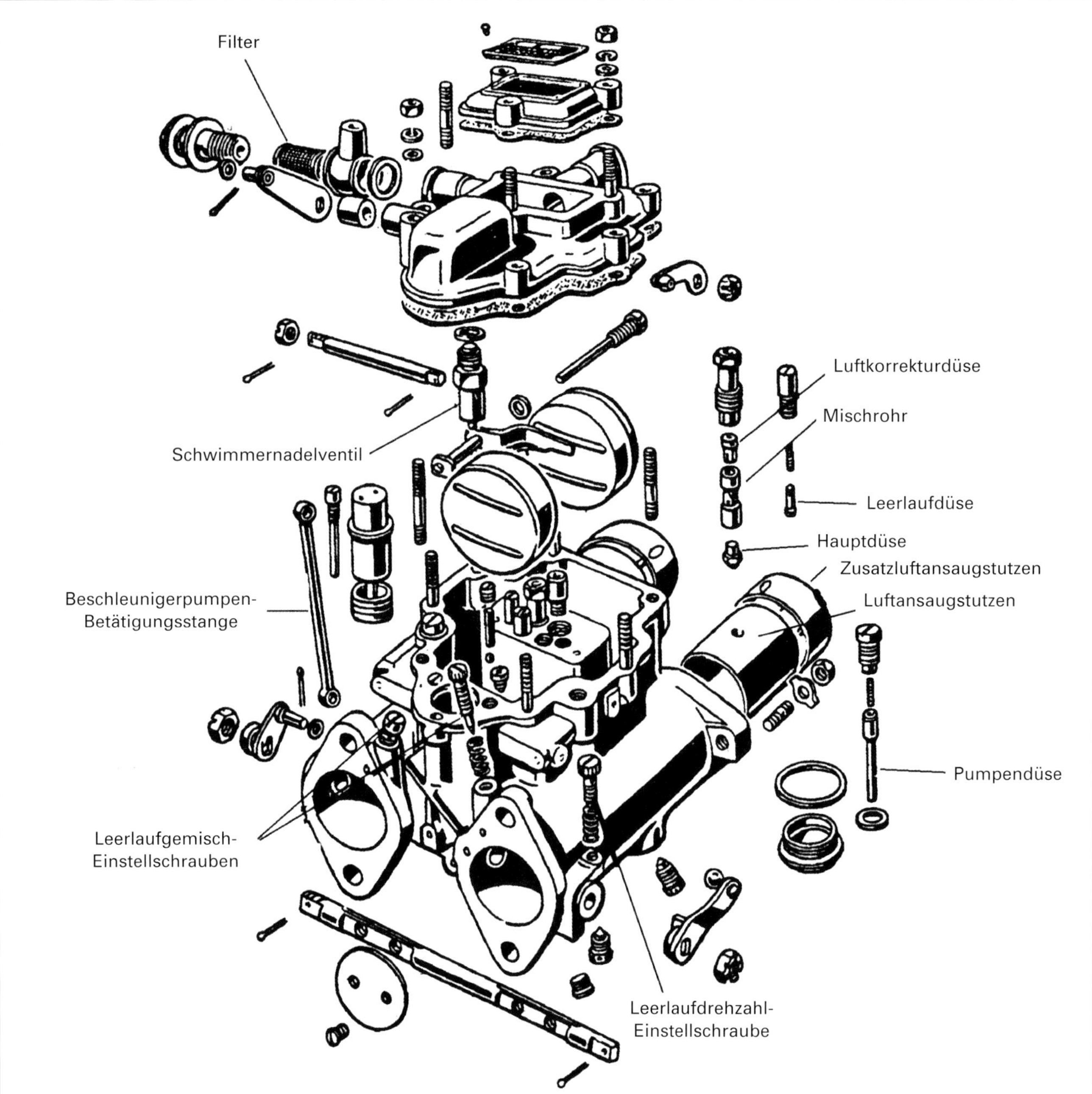

Abb. 6-3. Der Weber-Vergaser 40DCO3, wie er in der frühen Giulietta Veloce, Baumuster 750, eingebaut wurde. Spätere Veloce erhielten den 40DCOE, der im Wesentlichen mit dieser Version übereinstimmt.

Einstellen des Weber-Vergasers

Entgegen landläufiger Gerüchte „verstellen sich" Weber-Vergaser nicht von selbst. Sie verschmutzen. Sie haben unter unsachgemäßen Eingriffen zu leiden. Aber sie verstellen sich nicht. Der einzige stufenlos verstellbare Kraftstoffkreis an einem Weber ist die Leerlaufgemischeinstellung, und dieser Kreis wird – wie unschwer zu erraten – nur im Leerlauf benötigt. Wurde ein Weber-Vergaser einmal richtig eingestellt, sind Eingriffe an der Bedüsung, dem Lufttrichterdurchmesser, dem Beschleunigerpumpenhub oder der Funktion des Starterkraftstoffkreises nie mehr notwendig.

Gehen wir also davon aus, dass in Ihrem Alfa eine Weber-Anlage verbaut ist und nun überprüft werden soll, ob alle Einstellpunkte in Ordnung sind. Voraussetzung für die folgende Arbeitsbeschreibung ist, dass Ihr Motor korrekt eingestellt ist, nirgends Falschluft zieht und die Vergaser die auf den Motor abgestimmte Bedüsung aufweisen. Die Einstelldaten sind für fast alle Motorvarianten aus den Weber- und Dell'Orto-Einstelltabellen zu entnehmen und brauchen hier nicht wiederholt zu werden. Es gibt auch keinen Grund, von diesen Einstellwerten abzuweichen, weder aus Unkenntnis noch in dem Glauben, dass die Erfahrung eines Hobbyschraubers die Entwicklungserfahrung bei Weber bei der Abstimmung auf den jeweiligen Motor ersetzt.

Synchronisierung der Drosselklappen

Als erstes prüfen wir, ob die Drosselklappen der beiden Vergaser richtig synchronisiert sind. Diese Einstellung erfolgt im Prinzip auf mechanischem Wege. Es gibt verschiedene Einstellmöglichkeiten, am einfachsten geht es jedoch, wenn der Luftfilterkasten demontiert und mithilfe eines Synchron-

Abb. 6-4. Die Synchronisierungsschraube am Vergaser ist schlecht zugänglich, hier ist sie aber zu sehen. Im Bild eine Giulia Super.

testers die Gleichmäßigkeit der Luftströme beider Vergaser bei laufendem Motor überprüft wird. Die Synchronisierungsschraube ist an dem unter Federspannung stehenden Kupplungsstück zwischen den beiden Vergasern zu finden.

Falls Sie keinen Synchrontester zur Hand haben, ist die Einstellung auch bei stehendem Motor möglich, sie ist allerdings weniger genau. Die Synchronisierungsschraube sollte so weit gedreht werden, dass, wenn bei vollständig zurückgedrehtem Leerlaufanschlag die Drosselklappen selbsttätig in ihren Sitz kommen können, die Drosselklappen der vorderen und hinteren Vergaser genau gleichzeitig schließen. Dies kann auf unterschiedliche Weise überprüft werden.

Viele Weber-Vergaser besitzen eine Messing-Kontrollschraube direkt über den Beschleunigerpumpendüsen. Nachdem diese Schraube herausgedreht wurde, ist unter dem Licht einer starken Taschenlampe die Kante der Drosselklappe jenseits der Düsen zu erkennen. Die Synchronisierungsschraube wird so weit gedreht, bis beide Drosselklappensätze – entsprechend der Stellung, die an den Düsen vorbei im vorderen und hinteren Vergaser zu erkennen ist – in gleicher Stellung am Anschlagpunkt anschlagen.

Wer es nicht eilig hat, kann die Bewegung der vorderen und hinteren Drosselklappenwellen beobachten und sich, indem die Synchronisierungsschraube in immer kleineren Winkeln hinein- und herausgedreht wird, an die richtige Einstellung herantasten, ohne die Drosselklappen überhaupt direkt beobachten zu müssen.

Die Leerlaufgemischeinstellung an den Weber-Vergasern

Ziel dieser Einstellung ist, dass im Leerlauf über alle Lufttrichter exakt das optimale Kraftstoff-Luft-Gemisch in den Motor gelangt. Die richtige Leerlaufgemischeinstellung ist erreicht, wenn der Motor bei dieser Einstellung im Leerlauf höher als bei jeder anderen Einstellung dreht. Um diese optimale Gemischeinstellung zu erreichen, werden die Leerlaufgemischschrauben herausgedreht (das Gemisch also fetter eingestellt) und gleichzeitig die Leerlaufdrehzahl mit der Leerlaufeinstellschraube reduziert. Dadurch, dass die Leerlaufdrehzahl nach und nach abgesenkt wird, soll erreicht werden, dass sie durch die Leerlaufgemisch-Einstellung und nicht durch die Leerlaufdrehzahl-Einstellschraube selbst einreguliert wird.

Bei den Weber-Vergasern ist die Änderung, die durch die Einstellung einer einzelnen Leerlaufgemischschraube erreicht wird, kaum wahrnehmbar. Um diese Schwierigkeit zu überwinden, werden alle vier Schrauben jeweils um einen gleichen Betrag verstellt. Vier gleiche Drehwinkel an den vier Schrauben entsprechen einem Einstellschritt.

Bei stehendem Motor wird jede Leerlaufgemisch-Einstellschraube hineingedreht, bis sie gerade eben in ihrem Sitz anschlägt, dann wird sie genau eine halbe Umdrehung (also 180°) herausgedreht. Notieren Sie sich die Stellung des Schraubenschlitzes an den Leerlaufgemischschrauben genau. Anhand der Schlitzstellung lässt sich mitverfolgen, dass alle Gemischeinstellschrauben immer gleichmäßig nachgestellt werden. Im nächsten Schritt drehen Sie dann jede Schraube um exakt den gleichen Betrag.

Lassen Sie den Motor an, und nachdem er seine Betriebstemperatur erreicht hat, stellen Sie die Leerlaufdrehzahlschraube auf die niedrigstmögliche Leerlaufdrehzahl ein, bei der der Motor noch nicht abstirbt. Die ersten zwei oder drei Durchgänge der folgenden Arbeitsschritte werden sicher kompliziert. Falls der Motor den Leerlauf nicht halten will, müssen Sie jede Gemischeinstellschraube gleichmäßig um eine Umdrehung herausdrehen, damit das Gemisch soweit angereichert wird, dass der Motor im Leerlauf rund läuft. Drehen Sie jede Leerlaufgemisch-Einstellschraube um 90° heraus. Der Motor dreht jetzt wahrscheinlich höher. Fällt die Leerlaufdrehzahl dagegen ab, drehen Sie alle Leerlaufgemischschrauben wieder um 90° in ihre Ausgangsstellung und danach nochmals 45° weiter hinein. Stellen Sie die Leerlaufdrehzahl so ein, dass der Motor möglichst langsam läuft, ohne stehenzubleiben

Drehen Sie dann alle Leerlaufgemischschrauben gleichmäßig in 90°-Schritten heraus und korrigieren Sie die Einstellung der Leerlaufdrehzahlschraube, bis die niedrigste Leerlaufdrehzahl erreicht ist, bei der der Motor nicht stehenbleibt.

Drehen Sie die Leerlaufgemisch-Einstellschrauben weiter in 90°-Schritten heraus und regulieren Sie dann die Leerlaufdrehzahl nach. Diesen Schritt wiederholen Sie, bis die höchstmögliche Leerlaufdrehzahl erreicht ist. Irgendwann wird die Leerlaufdrehzahl, wenn die Leerlaufgemischschrauben weiter herausgedreht werden, wieder abfallen. An diesem Punkt ist der Übergang von der idealen zur überfetteten Gemischeinstellung erreicht. Zur Feinabstimmung der Gemischanreicherung kann dieser Vorgang in 45°-Schritten wiederholt werden. Wenn die höchstmögliche Leerlaufdrehzahl erreicht ist, ist die Gemischeinstellung abgeschlossen.

Anschließend wird die Leerlaufdrehzahl mit der Drehzahleinstellschraube auf 850-900/min einreguliert.

Diese Vorgehensweise ergibt bei den Weber-Vergasern natürlich für die einzelnen Zylinder nur näherungsweise eine optimale Einstellung. Widerstehen Sie allerdings der Versuchung, die absolut optimale Einstellung für jeden Zylinder zu suchen, indem Sie jede Leerlaufgemischschraube einzeln nachstellen. Damit würde nur die zuvor erreichte Grundabstimmung wieder gestört.

Die Gemischeinstellung lässt sich auch mit Testzündkerzen (ColorTune) überprüfen. Im Prinzip handelt es sich um eine transparente Zündkerze, mit der die Farbe des verbrennenden Gemischs beobachtet werden kann. ColorTune ist sowohl für Vergaser- als auch für Einspritzmotoren geeignet.

1.2 Die Vergaserdüsen

Die nachstehenden Ausführungen gelten für Solex- und Weber-Vergaser gleichermaßen.

Die Zusammensetzung des Kraftstoffgemischs außerhalb des Leerlaufs wird durch auswechselbare Düsen eingestellt. Beim Solex sitzen diese Düsen in Messingträgern seitlich am Vergasergehäuse. Der 14-mm-Düsenträger nimmt die Hauptdüse auf, der 10-mm-Träger die Leerlaufkraftstoffdüse. Beim Weber-Vergaser sitzen Haupt- und Leerlaufdüsenträger unter einem Deckel, der von einer Flügelschraube gehalten wird.

Durch die Hauptdüsen wird die Gesamtmenge des geförderten Kraftstoffs eingestellt. Da Benzin dichter als Luft ist, würde bei unkorrigiertem Durchsatz aber bei hohen Drehzahlen wesentlich mehr Kraftstoff gefördert als bei niedrigen Drehzahlen. Im Klartext: Ohne Korrektur würde das Kraftstoff-Luft-Gemisch mit steigender Luftgeschwindigkeit immer fetter.

Abb. 6-5. Eine Hauptdüse des Solex-Vergasers. Die für die zweite Mischkammer sitzt auf der gegenüberliegenden Seite.

Abb. 6-6. Die Beschleunigerpumpendüse des Solex-Vergasers. Sie muss in der Praxis allerdings fast nie gewechselt oder geändert werden.

Um das zu vermeiden, wird die zugeführte Luftmenge von der Luftkorrekturdüse geregelt. Die ist beim Solex-Vergaser ins Mischrohr eingeschraubt. Beim Weber-Vergaser sind Haupt- und Leerlaufdüsen in Hohlräume eingeschraubt, welche die Mischkammer bilden, und die Luftkorrekturdüse sitzt oben im Düsenträger.

Wird eine größere Hauptdüse montiert, so wird das Gemisch im unteren Bereich des Arbeitsbereichs der Düse fetter, wird eine größere Luftkorrekturdüse montiert, wird das Gemisch im oberen Bereich des Arbeitsbereichs der Düse abgemagert. Wer also ein fetteres Gemisch bei Volllastbetrieb erreichen will, baut eine kleinere Luftkorrekturdüse ein. Wer ein fetteres Gemisch im mittleren Drehzahlbereich benötigt, montiert eine größere Hauptdüse.

Ganz so einfach funktioniert dies in der Praxis allerdings nicht. Wer eine größere Hauptdüse montiert, benötigt eine größere Luftkorrekturdüse, damit das Gemisch bei maximaler Drehzahl nicht zu sehr überfettet wird. Wird

Abb. 6-7. Manchmal ist die Leerlaufdüse verstopft. Hält der Motor den Leerlauf nicht mehr, läuft jenseits von 2000/min jedoch sauber, ist sehr wahrscheinlich die Leerlaufkraftstoffdüse schuld. Hier ist ihre Einbaulage dargestellt.

Abb. 6-8. Hier sitzt die Luftkorrekturdüse für den Hauptdüsenkreislauf der Solex-Vergaser. Vorsicht beim Ausbau. Das Rohr, in das sie eingeschraubt wird, kann sich durch zu heftiges Verdrehen lockern. Beim Lösen der Düse ist es daher hilfreich, den Düsenträger mit einer Spitzzange gegenzuhalten.

eine kleinere Hauptdüse montiert, muss auch die Luftkorrekturdüse kleiner gewählt werden, damit das Gemisch bei maximaler Drehzahl nicht zu sehr abmagert. Haupt- und Luftkorrekturdüse müssen also gemeinsam geändert werden, damit die Gemischzusammensetzung über den gesamten Betriebsbereich des Motors weder zu fett noch zu mager ist.

Die richtige Kombination von Haupt- und Luftkorrekturdüse zu ermitteln, kann ausgesprochen zeitaufwändig werden. Befindet sich Ihr Alfa im Serienzustand, besteht keine Veranlassung, die Serienbedüsung zu ändern. Wurde die Bedüsung bereits verändert, erfordert die weitere Optimierung natürlich entsprechend mehr Versuchsaufwand.

2. Die SPICA-Einspritzanlage

SPICA-Einspritzanlagen sind eine Alfa-Spezialität. Alfa Romeo gab öffentlich wenig preis über die Anlagen und zog es vor, sie nie zu reparieren, sondern stets die komplette Einspritzpumpe zu tauschen. In den 13 Jahren, in denen SPICA-Anlagen werksseitig (vor allem für die US-Modelle, in denen sie im Falle von Reimporten auch zahlreich in Europa auftauchen) montiert wurden, sind insgesamt mehr als 4200 Pumpen vom Werk getauscht worden – eine beachtliche Zahl in Relation zu den jährlichen Verkaufszahlen der damit ausgerüsteten Neuwagen. Bevor hieraus auf die Quote der defekten SPICA-Pumpen rückgeschlossen wird, sei aber erwähnt, dass sich viele der eingesandten SPICA-Pumpen als technisch absolut in Ordnung erwiesen.

Da Informationen über die SPICA-Anlage dünn gesät waren, wurden so ziemlich alle nicht anderweitig zu erklärenden Probleme der SPICA-Anlage zugeschrieben. Für derartige Schlussfolgerungen besteht allerdings keine wirkliche Veranlassung. Im Umgang mit ihr gelten die gleichen Grundsätze wie für die Vergaseranlagen: Zu hoher Verbrauch, schwarzer Auspuffrauch, schlechter Leerlauf und Leistungsmangel im oberen Drehzahlbereich lassen auf Störungen in der Kraftstoffzufuhr schließen. Es kommt also darauf an, alle anderen möglichen Ursachen auszuschließen, bevor ein Defekt in der SPICA-Anlage vermutet wird. Also wird geprüft, ob der Zündzeitpunkt richtig eingestellt ist, das Kompressionsbild in Ordnung ist, das Ventilspiel stimmt und keine Verstopfungen im Luft- oder Benzinfilter vorliegen.

Ein paar Hintergrundinformationen

Als die SPICA-Einspritzanlage 1969 bei den US-Alfas Einzug hielt, hatte Alfa Romeo gegenüber der Konkurrenz die Nase vorn, denn diese Modelle erreichten niedrige Abgaswerte auch ohne Katalysator oder Sekundärluftpumpe.

Die US-Hersteller rüsteten damals ihre Autos relativ simpel und wenig durchdacht um, was vor allem zu spürbar schlechteren Leistungs- und Verbrauchswerten führte. Selbst durchschnittlich interessierte Autofahrer merkten schnell, dass sich die Leistung durch Lahmlegung der Abgasreinigungsanlage relativ leicht zurückgewinnen ließ, und so blühte fast über Nacht eine regelrechte Schattenwirtschaft illegal operierender Rückrüstwerkstätten auf. Wurde ein Vertragshändler beim Lahmlegen der Abgasreinigung erwischt, waren zwar 10.000 Dollar Strafe fällig, doch hat das kaum jemanden abgeschreckt.

Für die Hersteller war diese Situation mehr als unbefriedigend. Von Leistungsverlusten und den teuren zusätzlichen Abgasreinigungsanlagen waren sie genausowenig begeistert wie ihre Kunden. Nur war den meisten Herstellern klar, dass noch strengere Abgasgrenzwerte die unweigerliche Folge sein würden, wenn die Abgasreinigungsanlagen nicht gegen Fremdeingriffe gesichert würden.

Bei Alfa-Fans galt die SPICA-Einspritzpumpe (vielleicht zu Unrecht) als Teil der Abgasreinigungsreinigungsanlage und nach allgemeiner Lesart als Leistungsbremse. Die Umrüstung von Einspritzer-Alfas auf Weber-Vergaser (wie sie auch in Deutschland bei US-Importen klassischer Alfas gang und gäbe ist) war für viele Alfisti das Ziel. Einstweilen schreckten manche auch vor Einstellversuchen an der SPICA-Anlage nicht zurück, um die vermuteten leistungsfressenden Merkmale der Pumpe irgendwie zu umgehen. Bei genauer Betrachtung zeigt sich jedoch, dass die SPICA-Einspritzanlage genauso leistungswillig arbeitet wie die Weber-Vergaser und eine Rückrüstung

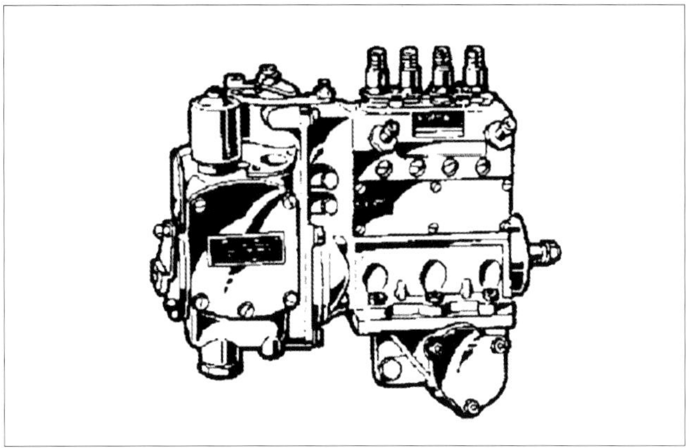

Abb. 6-9. Eine frühe SPICA-Anlage der US-Version des Alfa 1750. Der Kraftstoff-Stopmagnet fehlt hier noch. Das Gemisch wird mittels Einstellschraube auf der Oberseite des Pumpengehäuses eingestellt.

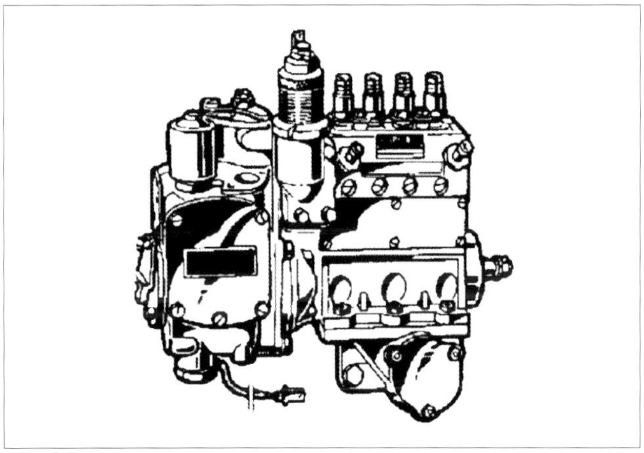

Abb. 6-10. Die SPICA-Einspritzpumpe, wie sie in den Vierzylinder-Zweilitermodellen der US-Version saß.

auf Vergaser (bei gleichen Lufttrichtergrößen) keine wirkliche Leistungssteigerung bringt. Anfang der 1970er Jahre war diese Erkenntnis freilich noch nicht gereift.

Vor diesem Hintergrund voller Frustrationen und Ängste ist auch die Vorgehensweise von Alfa Romeo rund um die SPICA-Anlage zu beurteilen. Alfa veröffentlichte ein technisches Handbuch zur SPICA-Anlage. Allerdings gab es keine Ersatzteile, und Alfa lieferte nur komplette Pumpen im Tausch. Reparaturen in den Werkstätten waren nicht zulässig, da für eine korrekte Einstellung ein Kalibrierprüfstand benötigt wurde. Rückfragen der Besitzer zur SPICA-Anlage blieben meistens unbeantwortet.

Technischer Redakteur von *Alfa Owner,* der Mitgliederzeitschrift des US-Alfa-Clubs, war seinerzeit Joe Benson, ein studierter Kfz-Ingenieur. In seinen Artikeln beschrieb er sämtliche Aspekte der SPICA-Anlage, gab Anweisungen zum Zerlegen und für Modifikationen der Anlage – aus Sicht der US-Umweltbehörde EPA waren das natürlich „unbefugte Eingriffe".

Nachstehend sind die Störungssuch- und Reparaturabschnitte aus diesen Do-it-yourself-Artikeln in etwas gekürzter Form zusammengefasst.

2.1 Funktionsweise der SPICA-Einspritzpumpe

Im Kern handelt es sich bei der Pumpe um eine von Konstrukteur Dario Radaelli in zehnjähriger Entwicklungsarbeit für Ottomotoren umkonstruierte Dieseleinspritzpumpe. Das Grundkonzept der SPICA-Dieselpumpe für den Einsatz in Ottomotoren stammte von Alfa-Ingenieur Garcea. Es gibt viele ähnlich aufgebaute Diesel-Reiheneinspritzpumpen, allerdings kamen die meisten Pkw-Mechaniker mit dieser Technologie kaum je in Berührung.

Die Einspritzpumpe besteht im Wesentlichen aus zwei Baugruppen. Der vordere Pumpenteil enthält eine kleine Kurbelwelle, kolbenähnliche Pumpenelemente und Druckventile und ist für die Förderung des Kraftstoffs zu den einzelnen Zylindern zuständig. Der hintere Teil ließe sich als mechanischer Computer bezeichnen, der den Fördervorgang steuert.

Der Pumpenteil

Der Einspritzvorgang wird durch die Auf- und Abbewegung der Pumpenelemente gesteuert. Durch diese Bewegung wird der Kraftstoff für den Einspritzvorgang an den Einspritzdüsen verdichtet. Die Pumpenelemente arbeiten mit konstantem Hub. Die Pumpe spritzt bei ansonsten unveränderten Rahmenbedingungen also bei jeder Umdrehung der Pumpenkurbelwelle stets die gleiche Kraftstoffmenge ein.

beitragen (siehe Abb. 6-12). Der Reihe nach sind – ab dem Punkt, an dem das Gaspedal betätigt wird – folgende Bauteile beteiligt:

Durch die Bewegung des Gaspedals wird der Steuerhebel betätigt, der seinerseits den Raumnocken in einer Kreisbewegung um die Kurbelwelle bewegt. Dadurch bewegt sich der Schlepphebel (nur um einen kleinen Betrag, aber genug), wodurch das Zahnsegment, danach die Verbindungsstange und anschließend die Regelstangen-Verbindungsstange bewegt werden.

Der Raumnocken besteht eigentlich aus zwei Teilen: dem oben beschriebenen ersten Teil, auf dem der Nocken läuft und dessen Bewegung durch den Betätigungshebel gesteuert wird, sowie einem zweiten Teil, der eine Keilverzahnung aufweist und auf der Pumpenkurbelwelle sitzt und somit mit Kurbelwellendrehzahl läuft (siehe Abb. 6-13). In diesem zweiten Teil sitzt eine bestimmte Anzahl Kugeln, die in einer Dose mit dem Nocken umlaufen. Durch die Fliehkraft werden die Kugeln in der Dose nach oben gedrückt, wenn der Nocken umläuft, so dass der Nocken gleichzeitig nach

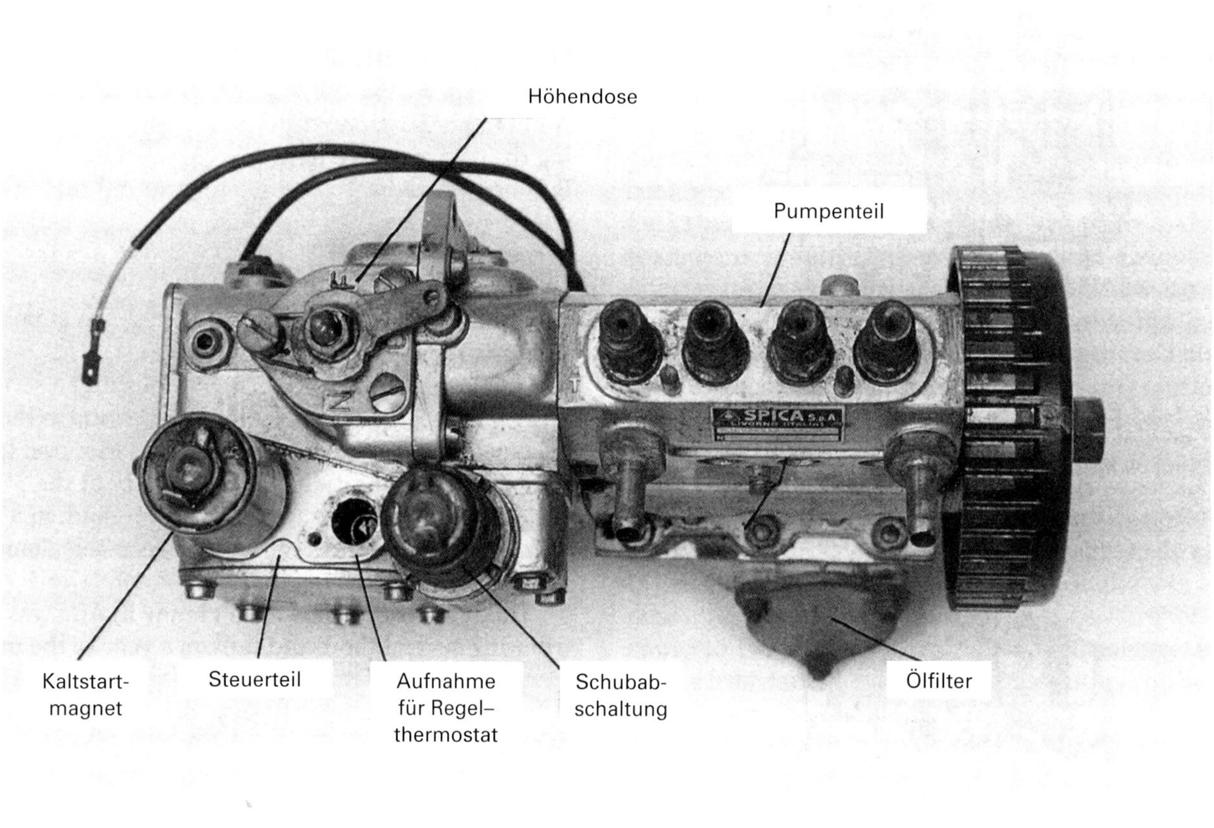

Abb. 6-11. Die Draufsicht zeigt die beiden Hauptelemente: den Steuer- und den Pumpenteil.

Die eingespritzte Kraftstoffmenge wird durch ein Drehschieberventil verändert. Dessen Stellung steuert eine Regelstange. Für deren Bewegung ist der Mechanismus im Steuerteil zuständig.

Die Steuereinheit

Die Bewegung der Regelstangen-Verbindungsstange im Steuerteil bestimmt die Bewegung der Regelstange im Pumpenteil. An der Regelstangen-Verbindungsstange sind verschiedene weitere Zugstangen und Hebel angelenkt, die ebenfalls zur Anpassung der eingespritzten Kraftstoffmenge

außen in Richtung Betätigungshebel gedrückt wird. Dadurch verändert sich auch die Stellung des Abtasters auf dem Nocken und somit die Einspritzmenge.

Die Zusammenhänge mit den übrigen Bauteilen (Regelthermostat, Kaltstartmagnet usw.) und ihre Wechselwirkungen mit Nocken und Hebel lassen sich anhand dieser grundlegenden Angaben hoffentlich nachvollziehen. Offenkundig werden sämtliche weiteren Einstellungen in Mitleidenschaft gezogen, wenn nur eines dieser Stellelemente an der Pumpe falsch eingestellt ist.

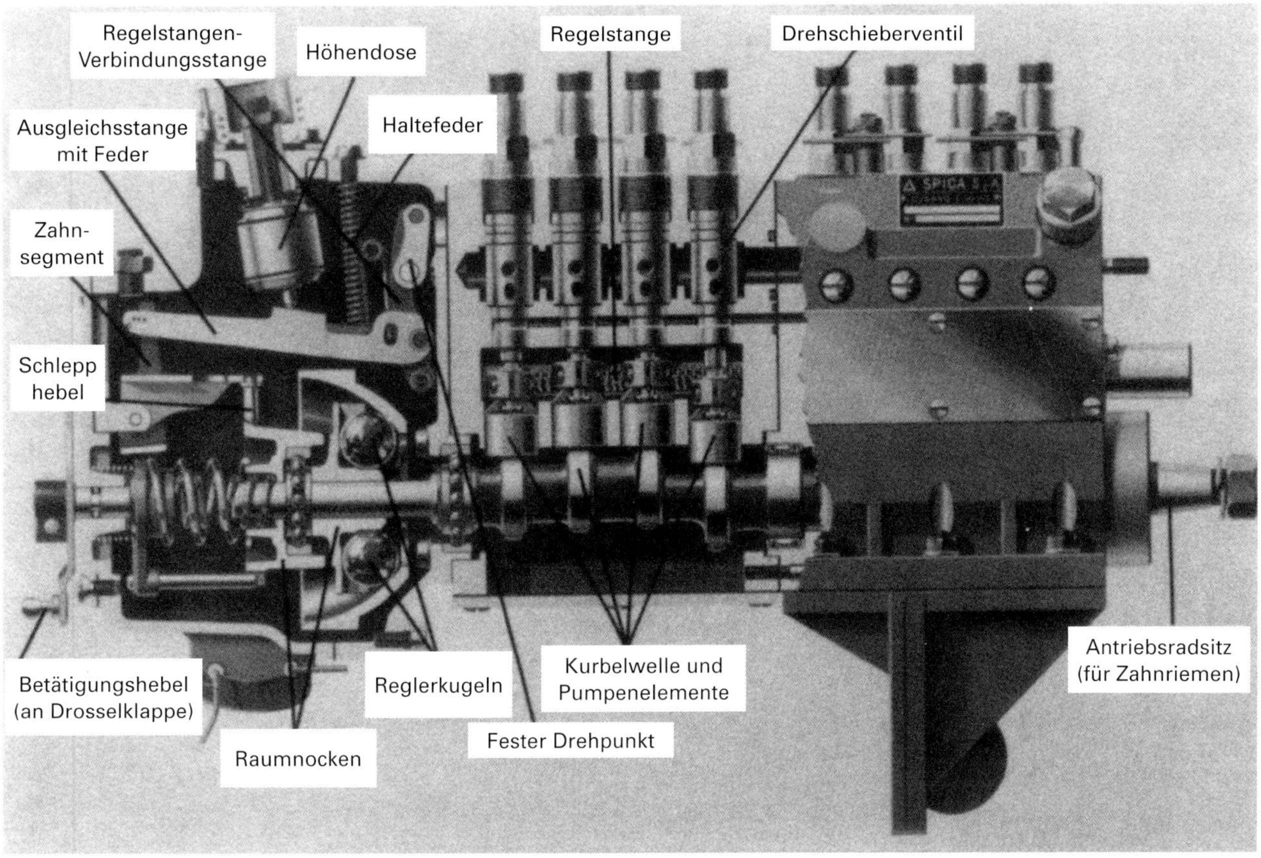

Abb. 6-12. Die Schnittdarstellung der SPICA-Pumpe des Montreal zeigt die Hebel im Steuerteil sowie Kurbelwelle, Pumpenelemente und Zahnstange.

Abb. 6-13. Der Raumnocken steuert die Kraftstofffördermenge in Abhängigkeit von Motordrehzahl und Drosselklappenstellung. Die Nockenfläche wird anhand von 3200 Referenzpunkten erfasst. Unten die Führungen für die schweren Stahlkugeln, die sich in ihren Aufnahmen bewegen und den Nocken je nach Motordrehzahl vor- und zurückverstellen. Die Vertiefung in der Oberfläche entspricht der Leerlaufstellung des Stößels. Die Kraftstofffördermenge nimmt mit ansteigender Nockenfläche zu. Die Vollgasstellungen liegen in diesem Bild rechts von der Vertiefung, die Bereiche der höchsten Motordrehzahlen in Richtung der Unterseite der Nockenfläche (in Nähe der Kugelbahnen). Die Nut links am Nocken ist über den Betätigungshebel mit dem Gaspedalgestänge verbunden.

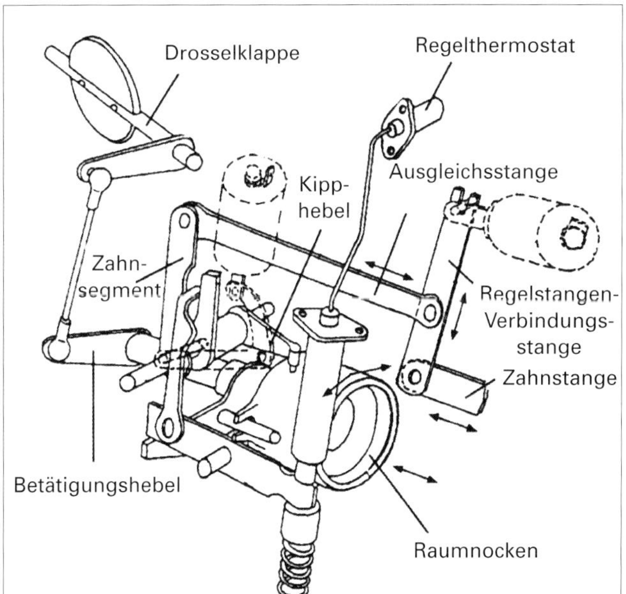

Abb. 6-14. Diese Schemazeichnung des SPICA-Steuerteils verdeutlicht in der Gegenüberstellung zum Schnittbild (oben) die Funktionsweise.

Abb. 6-15. Der Kraftstoff-Absperrmagnetschalter auf der Unterseite der SPICA-Pumpe. Er wird durch den Raumnocken betätigt und sperrt die Kraftstoffzufuhr im Schiebebetrieb ab.

2.2 Einstellen der SPICA-Einspritzanlage

Unbedingt benötigt werden ein

- Druckprüfgerät mit Manometer für Einspritzanlagen,
- Anschlussleitungen und Drosselverteiler,
- ein Gerät für die Min.-/Max.-Einstellung des Drosselklappen-
- Umlenkhebels (Alfa-Teile-Nr. A.4.0121) sowie
- ein Zweilochschlüssel zum Lösen des Schubabschalters.

Diese Werkzeuge werden im Handbuch der Einspritzanlage näher beschrieben; ob sie noch bei Alfa-Romeo-Vertragshändlern aufzutreiben sind, dürftc Glückssache sein. Die Drosselverteiler dienen zur Einregulierung des gemessenen Unterdrucks, so dass er mit dem Manometer gemessen werden kann. Wenn Sie eines der für Motorradmotoren gedachten Manometer verwenden, lassen sich die Drosselverteiler anfertigen, indem Verschlusstopfen mit kalibrierten Bohrern nach und nach durchbohrt werden, bis die Drosselwirkung so bemessen ist, dass mit ihr leicht ablesbare Werte am Manometer erreicht werden.

Bevor wir ans Werk gehen, vorab ein paar wichtige Ratschläge. Zunächst zur Vorgehensweise: Besorgen Sie sich ein Handbuch zur Alfa-Romeo-Einspritzanlage und lesen Sie es gründlich durch, um sich mit der Anlage eingehend vertraut zu machen.

Ihr Motor muss fachmännisch eingestellt worden sein, bevor Sie sich an die Einstellung der Einspritzanlage wagen. Verdichtung, Ventilspiel und Zündzeitpunkt müssen tadellos in Ordnung sein.

Alle benötigten Spezialwerkzeuge müssen vorhanden sein, bevor Sie Eingriffe an der Einspritzanlage vornehmen; alles andere könnte sich bitter rächen. Lassen Sie die Finger von der Referenzschraube, die als Anschlag für den Umlenkhebel der Pumpendrosselklappe dient. Alle Einstellungen werden durch Messen des Spalts zwischen dem Umlenkhebel und dieser Schraube vorgenommen, und wenn dieses Referenzmaß verlorengeht, muss die Pumpe neu kalibriert werden.

Nun aber zu positiveren Dingen. Die SPICA-Anlage ist ausgesprochen fehlertolerant, sehr logisch aufgebaut und, wenn man das Prinzip erst einmal verstanden hat, sehr einfach einzustellen. Sie verkraftet sogar grobe Falscheinstellungen und funktioniert dann immer noch passabel. Zu jeder Fehleinstellung gibt es offensichtlich mehrere Kompensationstricks, mit der das Fahrzeug sicher bis nach Hause kommt. Optimale Leistungs- und Abgaswerte – die einander erfreulicherweise nicht ausschließen – erreichen wir freilich nur bei einwandfreier Einstellung.

Einstellarbeiten am kalten Motor

Das Stichwort „kalter Motor" ist vielleicht etwas unpassend, da diese Einstellungen mit Ausnahme der Einstellung des Regelthermostaten auch an einem warmen Motor vorgenommen werden können. Da ein vollständig ausgefallener Regelthermostat jedoch immer noch auf die richtige Einstellung bei warmem Motor eingestellt werden kann und sein Ausfall bis zum nächsten (versuchten) Kaltstart unentdeckt bleibt, ist es ratsam, diese Einstellungen bei kaltem Motor vorzunehmen.

Einstellen des Umlenkhebels. Für die Einstellung der beiden Anschlagschrauben ganz oben am Alfa-Motor (auf dem gleichen Gehäuse, das auch den Zwischenhebel für den Gaszug aufnimmt) wird ein Alfa-Spezialwerkzeug (Teile-Nr. A.4.0121) verwendet. Mit diesem Werkzeug ist die Einstellung der Schrauben denkbar einfach. Nachher sind nie wieder weitere Eingriffe notwendig: Ich wiederhole: nie wieder! Laut SPICA-Fachmann Wes Ingram sind die beiden Anschlagschrauben werksseitig auf gleiche Höhe eingestellt. Messen Sie nach: Zeigen beide Schrauben das gleiche Maß, lassen Sie die Finger davon.

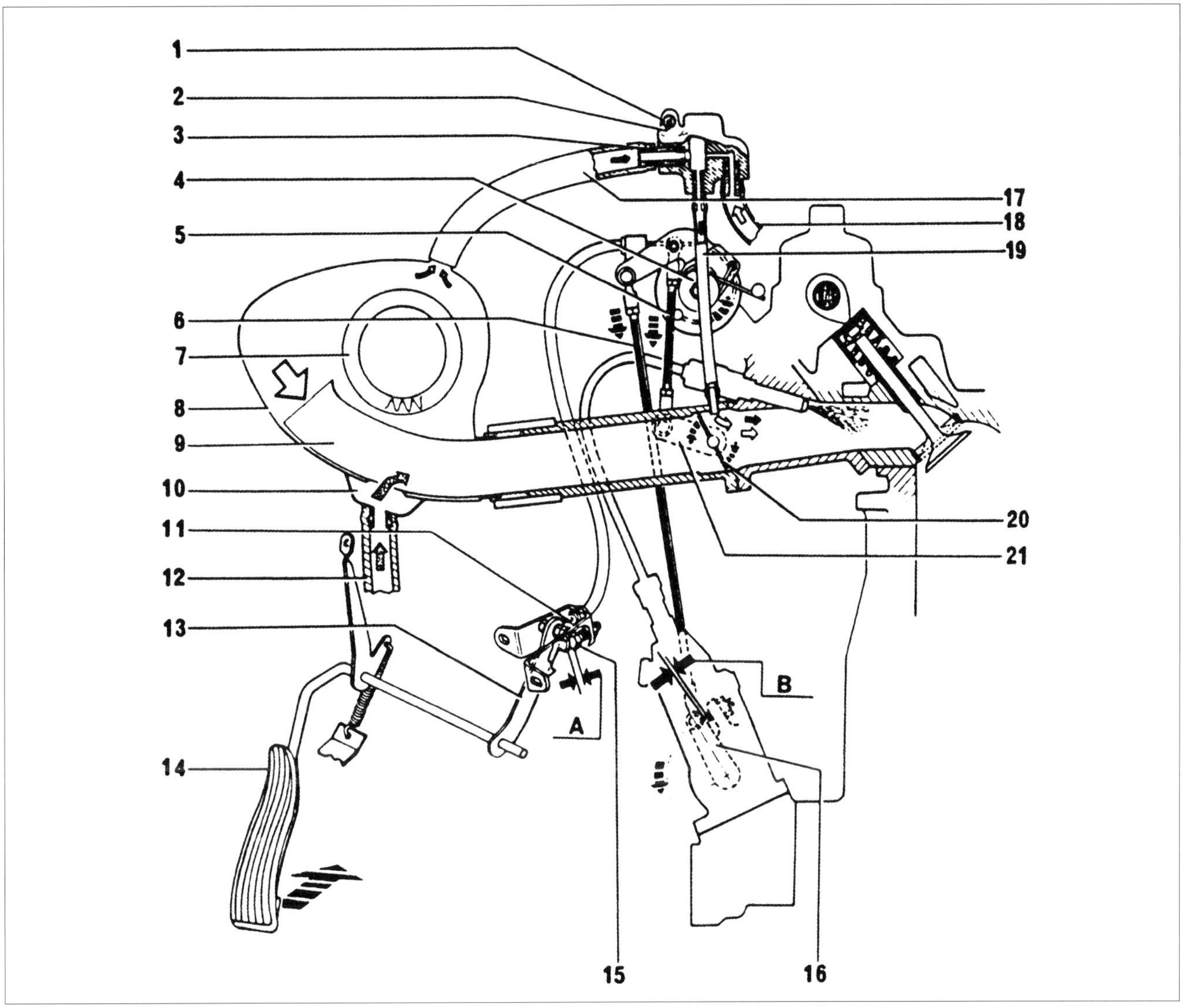

1. Leerlaufluft-Sicherungsschraube
2. Leerlauflufteinsteller und Kompensator
3. Einsteller
4. Umlenkhebel
5. Kurze Zugstange
6. Gewinde für Zugstange
7. Filtereinsatz
8. Filtergehäuse
9. Ansaugkanal
10. Saugrohrgalerie
11. Gaszug
12. Kurbelgehäuse-Entlüftung
13. Betätigungsarm
14. Gaspedal
15. Anschlagschraube
16. Betätigungshebel
17. Leerlauf-Luftzuführung
18. Schlauch für Kurbelgehäuse-Sekundärentlüfter
19. Leerlaufluftschlauch
20. Drosselklappen
21. Drosselklappen-Synchronisierhebel

A. Pedalanschlag
B. Pumpenspalt

Abb. 6-16. Die mechanischen Details der SPICA-Einspritzanlage und der komplizierten Gasgestänge. Zu beachten sind vor allem die Verbindungspunkte von Umlenkhebel, langer Zugstange und kurzer Zugstange.

Wenn Sie also Erstbesitzer Ihres Alfa sein sollten, brauchen sie sich um die Einstellung der Anschlagschrauben nicht weiter zu kümmern. Sind Sie nicht der Erstbesitzer, kann durchaus unterstellt werden, dass ein Vorbesitzer – oder ein Mechaniker – die Einstellung verändert hat. Also sollte die Einstellung der Schrauben überprüft werden, nur ist die Anschaffung des Spezialwerkzeugs relativ teuer für den einmaligen Gebrauch. Eventuell kann das Werkzeug bei einem Alfa-Clubmitglied oder einem verständnisvollen Händler oder Teilespezialisten ausgeliehen werden. Die Einstellung der Leerlaufanschlagschrauben ist auch mit einem Winkelmessgerät und viel Sorgfalt möglich. Der Leerlaufeinstellwinkel des Gaszug-Umlenkhebels beträgt 10° Öffnungswinkel aus der ganz geschlossenen Drosselklappenstellung, der Einstellwinkel in Vollgasstellung beträgt 86,5° (siehe Abb. 6-18).

Das Werkzeug wird mit speziellen Schrauben auf den Stiftschrauben für die Seilzugschellen befestigt und genau zentriert und enthält zwei Anschlagstellungen für den Drosselklappen-Umlenkhebel. Der erste Anschlag – für die Leerlaufeinstellung – wird ermittelt, indem der Arm am Werkzeug geschwenkt und die hinterste Schraube so eingestellt wird, dass der Umlenkhebel den Arm gerade eben berührt. Dann wird der Arm weggeschwenkt und die andere Anschlagschraube so eingestellt, dass der Umlenkhebel gerade eben die feststehende Spitze des Werkzeugs berührt.

Abb. 6-17. Die Ansaugbrücke eines Motors mit SPICA-Einspritzanlage. Der Drosselklappen-Umlenkhebel sitzt oben in der Mitte, die vier Lufttrichter sind im unteren Bereich angeordnet. Die Einspritzdüsen sitzen direkt über den Lufttrichtern. Hinter dem Umlenkhebel ist eine der Einstellschrauben zu erkennen.

Bei richtig eingestellten Anschlagschrauben muss der Drosselklappenanschlag am spritzwandseitigen Ende des Gaszugs ein Spiel von 10 bis 15 mm aufweisen. Bei ganz durchgetretenem Gaspedal muss ein Spalt von 2 mm zwischen dem Zapfen des Umlenkhebels und der Volllast-Anschlagschraube vorhanden sein. Dieses Spiel wird an der Schraube am Bodenblech unter dem Gaspedal eingestellt.

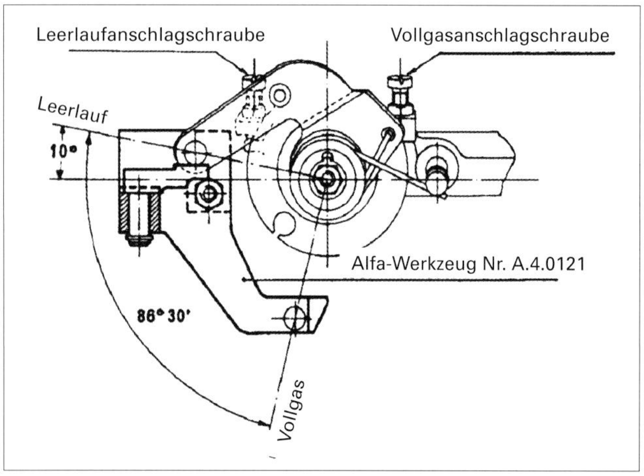

Abb. 6-18. Aus der ganz geschlossenen Stellung wird der Umlenkhebel um 10° in die „geschlossene" Stellung gedreht, dann insgesamt 86,5° in die voll geöffnete Stellung. Diese Werte können mit einem Spezialwerkzeug oder mit viel Geduld und einem am Umlenkhebel befestigten Winkelmesser ermittelt werden

Pumpenspaltmaß. Messen Sie den Spalt zwischen Pumpenbetätigungshebel (Umlenkhebelarm) und der Referenzschraube – siehe Abb. 6-19 – mit einer Fühlerlehre. Das Pumpenspaltmaß sollte 3,8 bis 4,2 mm betragen. Weicht es deutlich ab, liegt entweder ein Einstellfehler vor oder der Regelthermostat ist defekt.

Zur Überprüfung des Regelthermostaten muss dieser von der Pumpe abgebaut werden (2 Schrauben) – Vorsicht, dass das zugehörige Rohr nicht geknickt wird. Sitzt der Fühler am Ende des Thermostaten fast bündig, ist der Thermostat schadhaft und muss ersetzt werden.

Ist der Regelthermostat in Ordnung, drehen Sie die Einstellschraube des Fühlers, bis ein Pumpenspaltmaß von 3,8 bis 4,2 mm erreicht wird (siehe Abb. 6-20). Durch Drehen der Schraube im Uhrzeigersinn wird der Pumpenspalt vergrößert. Diese Einstellung ergibt jedoch nur einen Näherungswert. Entscheidender ist die spätere Einstellung in warmem Zustand. Danach bauen wir den Regelthermostat wieder ein.

Abb. 6-19. Das Pumpenspaltmaß bezeichnet den Abstand zwischen dem Pumpenbetätigungshebel und seiner Referenz-/Anschlagschraube. Die Anschlagschraube ist mit einer drahtgesicherten Plombierkappe versehen. Fehlt diese Kappe, sollte das Aggregat zur Überprüfung der Grundeinstellung ans Werk eingesandt werden. Entfernen Sie die Kappe auf keinen Fall.

Drosselklappen. Bauen Sie die kurze Zugstange zwischen Drosselklappen-Umlenkhebel und Drosselklappen wieder ein und stellen Sie sie so ein, dass die Drosselklappen als Anschlag wirken, wenn der Umlenkhebel langsam losgelassen wird, und die Drosselklappenanschlagschraube als Anschlag dient, wenn die Drosselklappen etwas abrupter freigegeben werden. Nachdem die Drosselklappen später synchronisiert wurden, muss diese Einstellung eventuell wiederholt werden. Schließen die Drosselklappen nicht vollständig, patscht der Motor im Schiebebetrieb und läuft im Leerlauf nicht richtig rund.

Gaszug. Schließen Sie den Gaszug am Umlenkhebel an und befestigen Sie die Klammern für den Gaszugmantel. Der Gaszug darf nicht ganz straff sein, wenn der Umlenkhebel an der Leerlaufanschlagschraube anliegt. Der Gaszug darf den Umlenkhebel nicht von seinem Anschlag wegziehen. Erforderlichenfalls wird der Gaszug am anderen Ende (am Befestigungspunkt am Pedalgestänge) nachgestellt.

Gestänge. Stellen Sie das Gestänge so ein, dass die Drosselklappen ganz öffnen. Ein Helfer tritt dazu das Gaspedal ganz durch. Kontrollieren Sie, ob der Umlenkhebel an der Drosselklappenanschlagschraube ganz oder (vorzugsweise) fast ganz öffnet. Stellen Sie den Anschlag unter dem Gaspedal so ein, dass der Drosselklappenumlenkhebel die voll geöffnete Stellung erreicht.

Einstellarbeiten am betriebswarmen Motor

Bauen Sie den Luftfilterkasten und die übrigen zuvor ausgebauten Schläuche und Teile wieder an. Lassen Sie den Motor an und fahren Sie den Wagen mindestens 10 Minuten lang bei Betriebstemperatur.

Pumpenspaltmaß. Nehmen Sie den Luftfilterkasten rasch ab und trennen Sie die lange Zugstange. Messen Sie dann sofort den Pumpenspalt – der Regelthermostat ändert seine Einstellung innerhalb weniger Minuten nach Abstellen des Motors. Das Spaltmaß sollte 0,50 mm betragen. Stimmt das Maß nicht, nehmen Sie den Thermostaten heraus (siehe Einstellarbeiten am kalten Motor), drehen Sie die Einstellschraube etwas und kontrollieren den Spalt rasch nochmals, indem der Regelthermostat von Hand in die Pumpe geschoben wird, bis er ganz aufsitzt. Stimmt der Spalt immer noch nicht, nehmen Sie den Thermostaten nochmals heraus und drehen

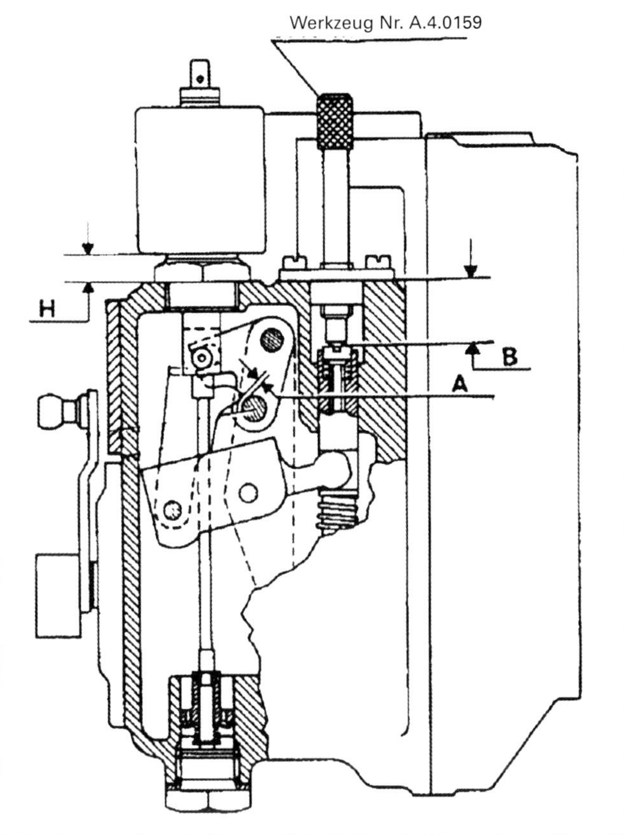

Abb. 6-20. Spezialwerkzeug A.4.0159 für die Einstellung des Pumpenmechanismus für den Regelthermostat. Unter dem Werkzeug (an der Linie B) liegt die besonders wichtige Einstellschraube für die Einstellung des Pumpenspaltmaßes bei betriebswarmem Motor. Das Nennmaß für Maß B beträgt 27 bis 29 mm. Maß A kann nur bei ausgebauter Pumpe eingestellt werden.

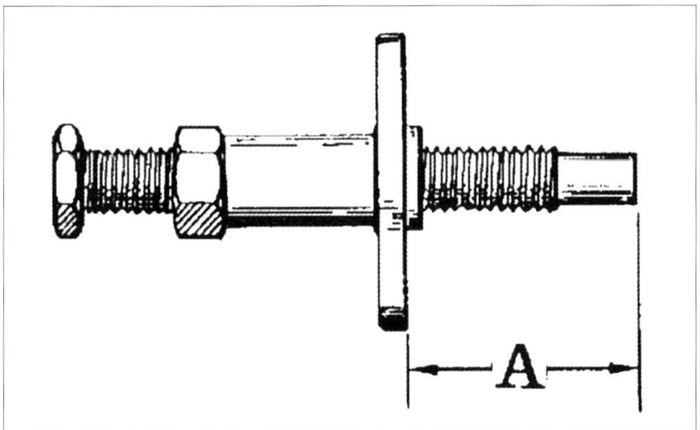

Abb. 6-21. In den USA wurde ein Universal-Scheinthermostat für Alfas mit SPICA-Einspritzung entwickelt, der die Einstellung vereinfacht. Es empfiehlt sich ggf., bei US-Teilespezialisten nach diesem Werkzeug zu fahnden.

die Schraube etwas weiter. Durch Drehen im Uhrzeigersinn wird der Pumpenspalt vergrößert, durch Drehen gegen den Uhrzeigersinn verkleinert.

Damit der Motor seine Temperatur behält, können Sie den Thermostaten auch bei laufendem Motor ausbauen, indem der Pumpenumlenkhebel gegen seinen Anschlag gedrückt wird, während die Schraube eingestellt wird. Diese Einstellung ist sehr wichtig, da sie gutes Anspringverhalten und sauberen Motorlauf ermöglicht; mehrere aufeinanderfolgende Einstellversuche, bis das richtige Maß von 0,50 mm erreicht ist, lohnen sich also durchaus.

HINWEIS: Dieses Einstellverfahren bei warmem Motor gilt hinsichtlich des Spaltmaßes von 0,50 mm für das Modell 1969. Bei späteren Modellen wird ein Scheinthermostat statt des motoreigenen Regelthermostaten verwendet, um das Spaltmaß von 0,50 mm einzustellen. Dieses Werkzeug variiert je nach Modelljahr (siehe Tabelle unten).

Modelljahr/Anwendung (US-Versionen)	Werkzeuglänge (Maß A)
1969-74	27,0 mm
1975-76 1977 1980-81	27,8 mm
1977 Kalifornien-Ausführungen 1978-81	29,0 mm

Bei späteren Regelthermostaten war in warmem Zustand eine Verlängerung um weitere 4 mm möglich. Falls defekte Thermostate durch neue ersetzt wurden, muss eine zusätzliche 2-mm-Scheibe zwischen Thermostat und Pumpe eingesetzt werden, damit ein Pumpenspaltmaß von 0,5 mm erreicht werden kann.

Lange Zugstange. Bauen Sie die lange Zugstange bei noch warmem Motor wieder ein und messen Sie den Pumpenspalt nochmals. Er muss jetzt 0,9 bis 1,3 mm betragen. Stellen Sie die lange Stange entsprechend ein. Ein Spaltmaß von 1,15 mm hat sich in der Praxis bewährt.

Drosselklappen. Schließen Sie das Manometer an und synchronisieren Sie die Drosselklappen so, dass in den vorderen und hinteren Ansaugkanalpaaren gleicher Unterdruck erreicht wird. Zwischen Zylinder 2 und 3 sitzt an den Drosselklappenwellen über Kopf eine unter Federspannung stehende Schraube. Durch Hinein- oder Herausdrehen kann die Abstimmung zwischen den vorderen und hinteren Zylinderpaaren verändert werden.

Leerlauf. Zur Leerlaufeinstellung wird zuerst der Motor auf Betriebstemperatur gebracht. Nehmen Sie den Schlauch zwischen Luftfilter und Ausgleichsschlauch ab (beim Modell 1969 werden vier separate Leerlaufkreise eingestellt, bei den weiteren Modellen eine einzelne Gemischeinstellschraube). Schließen Sie einen genau anzeigenden elektronischen Drehzahlmesser an. Lösen Sie die Einstellersicherungsschraube und drehen Sie den Leerlaufflufteinsteller, bis die höchstmögliche Motordrehzahl erreicht ist. Möglicherweise kann der Leerlaufflufteinsteller von Hand gedreht werden. Andernfalls hilft eine Zange, sofern das Rohr dabei nicht verkratzt oder deformiert wird. Ist der Leerlauf korrekt eingestellt, ziehen wir die Sicherungsschraube wieder an (nicht zu fest) und schließen den Schlauch wieder an.

Falls ein CO-Tester vorhanden ist, wird der Leerlauf auf 1% CO-Gehalt bei nicht weniger als 600/min eingestellt.

Temperaturregler auf der Höhendose. Der Regler für die jahreszeitlichen Temperaturunterschiede wird auf die herrschende Umgebungstemperatur eingestellt. N steht für normal; C bedeutet cold, also kalt, und F freezing, also frostig. Nachdem außer dem Luftfilterkasten wieder alle Anbauteile montiert wurden und der Motor betriebswarm ist, geben Sie ruckartig Gas und prüfen, wie gleichmäßig die Motordrehzahl aus dem Leerlauf heraus steigt.

HINWEIS: Falls Ihr Alfa ordentlich läuft und alle Spaltmaß- und Zugstangeneinstellwerte hinreichend korrekt sind, verzichten Sie bitte auf weitere „Verbesserungsversuche". Sind alle anderen Einstellwerte jedoch falsch, ist wahrscheinlich versucht worden, als Ausgleich das Gemisch einzujustieren, und diese Einstellung muss nun korrigiert werden, damit der Motor sauber laufen kann.

Gemischeinstellung. Je nach Modelljahr sind zwei Einstellmethoden zu unterscheiden. Bei Autos aus dem Jahr 1969 reicht eine einfache Einstellschraube mit 10er-Sicherungsmutter. Bei späteren Modellen erfolgt die Gemischeinstellung durch Hinein- oder Herausdrehen des Schubabschalters, nachdem dessen Sicherungsmutter gelöst wurde. Laut SPICA-Spezialist Wes Ingram ist der Magnetschalter üblicherweise 9 bis 10 ½ Umdrehungen ab dem ersten Gewindegang eingedreht. Als Grundeinstellung empfiehlt er, den Magneten von der ganz herausgedrehten Stellung aus 10 Umdrehungen weit hineinzudrehen.

Dann wird das Gemisch unter wiederholten Gasstößen abgemagert: Beim Modell 1969 wird die Schraube gegen den Uhrzeigersinn gedreht, bei späteren Modellen wird der Magnetschalter im Uhrzeigersinn gedreht. Nun magern wir das Gemisch ab, bis der Motor beim Hochdrehen aus dem Leerlauf zu stottern und zu husten beginnt und oberhalb der Leerlaufdrehzahl kaum noch läuft. Dies entspricht dem Bezugspunkt für die Magereinstellung. Ab hier wird nur noch eine geringe Anfettung benötigt, üblicherweise eine halbe Umdrehung, bis die richtige Gemischeinstellung erreicht ist. Der Motor sollte möglichst mager eingestellt werden, so dass er aber trotzdem noch sanft aus dem Leerlauf hochdreht. Ist die Einstellung in Ordnung, drehen Sie die Sicherungsmutter wieder fest, bauen den Luftfilterkasten an und gehen auf eine längere Probefahrt, bei der die endgültige Gemischeinstellung ermittelt wird.

Es gibt aber noch ein weiteres Verfahren: Halten Sie den Motor mit dem Handgaszug oder durch Blockieren des Gaspedals mit einem Keil auf schnellem Leerlauf (2500/min). Dann drehen Sie den Magnetschalter in Richtung Gemischabmagerung, bis die Drehzahl abzufallen beginnt. Aus dieser Stellung drehen Sie ihn wieder in Richtung „fett", bis die Drehzahl nicht weiter steigt, und dann wieder 1/16 Umdrehung zurück und sichern ihn in dieser Stellung. Dann darf der Motor wieder auf normaler Leerlaufdrehzahl laufen.

Kontrolle der Gemischzusammensetzung. Nachdem der Motor gründlich warmgefahren wurde, halten Sie ihn einige Kilometer auf Dauergeschwindigkeit und stellen ihn schlagartig ab: Schalten Sie die Zündung ab (ohne dass das Lenkschloss einrastet), treten Sie gleichzeitig die Kupplung und lassen den Wagen am Straßenrand ausrollen. Schrauben Sie 1 oder 2 Kerzen heraus und prüfen Sie den Keramikisolator. Anzustreben ist ein hellgrau-bräunliches Aussehen. Ist der Keramikisolator weiß, ist das Gemisch zu mager, ist er schwarz, ist das Gemisch zu fett. Stellen Sie die Gemischeinstellung wie oben beschrieben um maximal 1/8 bis ¼ Umdrehung nach. Es folgen eine erneute Testfahrt und eine weitere Kontrolle. Wiederholen Sie diese Einstellung in sehr kleinen Schritten, bis das gewünschte Kerzenbild erreicht ist.

Als Alternative lassen Sie den CO-Gehalt in der Werkstatt auf 1% einstellen.

Damit ist die Einstellprozedur abgeschlossen.

Abb. 6-22. Die Gemischeinstellung wird mit der Stellung des Kraftstoff-Stopmagneten eingestellt. Dazu werden die Sicherungsmutter gelöst und der Stopmagnet hinein- oder herausgeschraubt. Anhand kleiner Markierungen auf der Magnetoberseite kann die Einstellung nachverfolgt werden; auch die Stellung des Anschlusskontakts kann als Anhaltspunkt dienen.

Abb. 6-23. Der Zweiloch-Mutterndreher Marke Eigenbau des Verfassers, der aus einer Auspuffschelle angefertigt wurde. Die Spitzen passen in die Schlitze der Sicherungsmutter. Für zusätzliche Verdrehfestigkeit sorgt eine nahe den Spitzen eingeschweißte große Unterlegscheibe.

2.3 Störungssuche an der SPICA-Einspritzanlage

Sind Sie sicher, dass die obigen Einstellarbeiten richtig ausgeführt wurden, läuft der Wagen aber trotzdem noch nicht richtig, ist eine weitere Störungssuche notwendig. Dieser Schritt gliedert sich je nachdem, ob der Motor anspringt, in zwei Abschnitte.

Eines vorneweg: Durch die Benzineinspritzung sollen zwar wärmebedingte Probleme bei der Kraftstoffzufuhr beseitigt werden, an einigen US-Spider-Modellen neigt die SPICA-Anlage aber bei Außentemperaturen von mehr als 30° C zu lästigen Störungen. Die Pumpe heizt den Kraftstoff beim Verdichten natürlich auf. Überschüssigen Kraftstoff leitet die Anlage zurück zum Tank. Ist die Umgebungstemperatur ausreichend hoch, kann der Tank nicht mehr hinreichend als „Kühlkörper" für den Kraftstoff fungieren, der dann beim Verdichten durch die Einspritzpumpe zu sieden beginnt, wodurch das Gemisch abgemagert wird und der Motor abstirbt. Eine halbe Stunde Pause sorgt für ausreichende Abkühlung, damit der Motor wieder zuverlässig läuft.

Als Abhilfe für derartige Probleme hilft es bereits, die Tankunterseite mit Alufarbe aus der Spraydose zu lackieren, um die Strahlwärme der Fahrbahnoberfläche vom Tankinhalt fernzuhalten. Außerdem müssen alle Kraftstoffleitungen den passenden (originalen) Durchmesser aufweisen und die Filter müssen frei sein. Aus unerfindlichen Gründen wurde dieses Problem nur beim Spider beobachtet. US-Coupés und -Limousinen mit SPICA-Einspritzanlage sind nicht betroffen. Alfa Romeo schaffte durch den Einbau einer Tauchpumpe im Tank Abhilfe, die das Benzin mit 0,2 bar zur Hauptpumpe förderte.

Fehlende Kunststoffkappe auf der Schraube für die Pumpenspalteinstellung

Im Kaufberatungskapitel wurde bereits auf den deutlichen Preisabschlag hingewiesen, der angebracht ist, falls die kleine Kunststoffkappe über der Schraube für das Pumpenspaltmaß fehlt. Wer sich mit Alfas mit SPICA-Anlage auskennt, weiß auch, dass diese Kappe für Eingriffe tabu

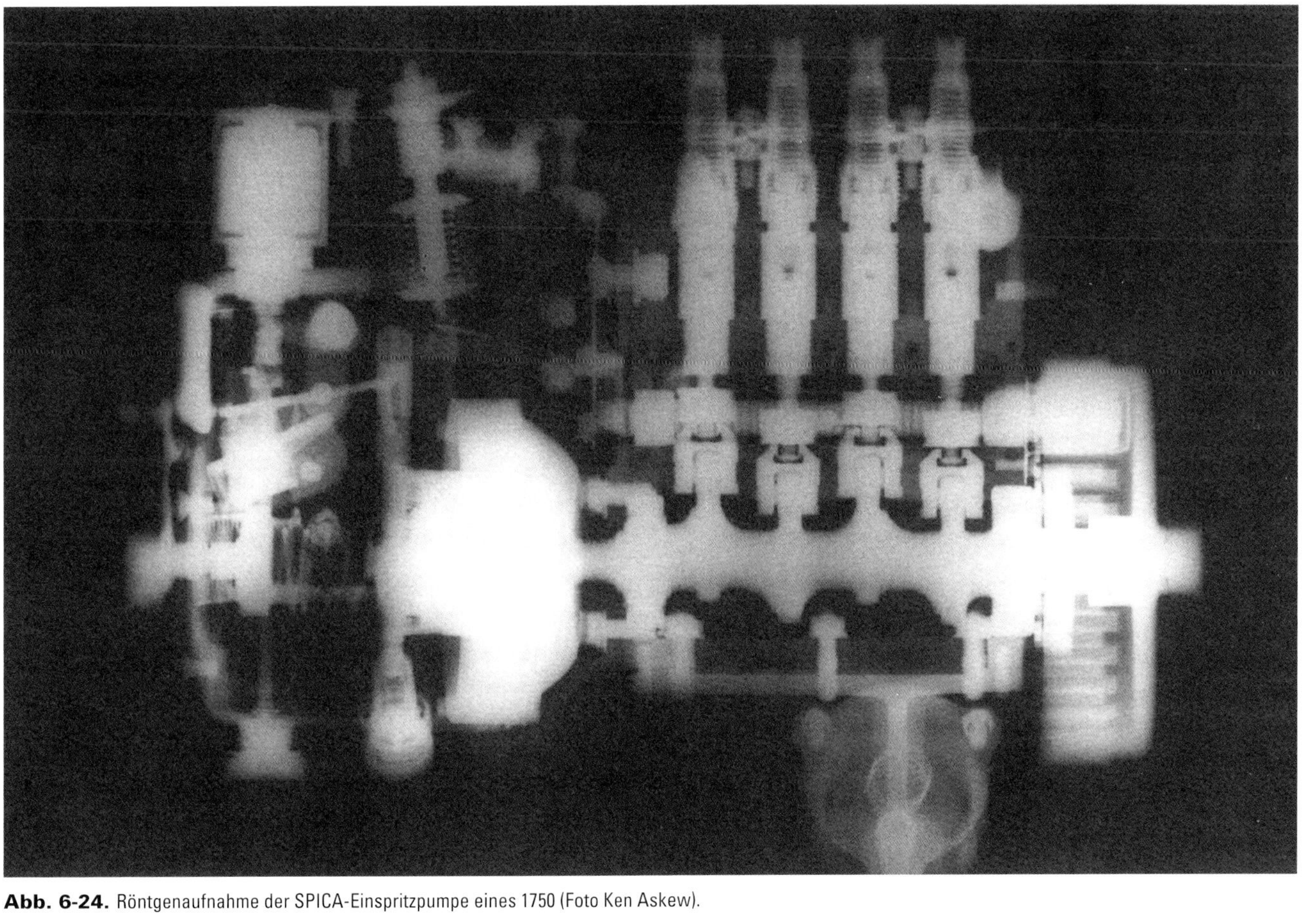

Abb. 6-24. Röntgenaufnahme der SPICA-Einspritzpumpe eines 1750 (Foto Ken Askew).

ist. Wer sie entfernt hat, handelte mit Sicherheit unsachgemäß – und der Himmel weiß, worauf sich diese unsachgemäßen Eingriffe sonst noch erstrecken.

In einer der Clubzeitschriften des US-Alfa-Clubs erschien vor vielen Jahren ein detaillierter Artikel zum Einstellen des Pumpenspaltmaßes. Dazu musste die Pumpe ausgebaut und teilweise zerlegt und anschließend mit Präzisionsmessgeräten die Einstellung vorgenommen werden. Ehrlich gesagt – wer sich die Mühe macht, die Einspritzpumpe auszubauen, sollte sie zur Einstellung am besten in die Obhut eines wirklichen Experten geben.

Im Laufe der Jahre sind Alfa-Schrauber aber auf Behelfslösungen für verstellte Pumpenspaltmaßschrauben gekommen. Eine Spaltmaßschraube, die noch nie angerührt wurde, steht auf beiden Seiten des Gewindeauges gleich weit über. Als erstes werden also die Kontermutter komplett herausgedreht und die Gewindegänge auf beiden Seiten des Gewindeauges abgezählt und die Schraube soweit gedreht, dass sie auf beiden Seiten des Gewindeauges gleich weit übersteht. Dann wird sie mit der Kontermutter gesichert und das Pumpenspaltmaß wird nach den obigen Anweisungen unter Einstellarbeiten bei warmem Motor eingestellt. Mit dieser Einstellung müsste der Motor anspringen und laufen. Die Feineinstellung nehmen wir in den nachfolgenden Schritten vor und korrigieren abschließend auch die Einstellung der Pumpenspaltmaßschraube.

Der Pumpenspalt legt die Stellung des Raumnockens bei geschlossener Drosselklappe fest. Das eigentliche Spaltmaß ist also im Leerlauf am wichtigsten. Der eigentliche Spalt wird durch die Schraube unter dem Regelthermostat eingestellt. Wurde diese Schraube also richtig eingestellt, brauchen Sie sich wegen des Pumpenspaltmaßes keine Gedanken zu machen. Voraussetzung ist, dass die übrige Motoreinstellung in Ordnung ist, dass keine Falschluft auftritt und Steuerzeiten- sowie Zündeinstellung exakt stimmen. Diese nochmalige Kontrolle der Einstellung ist wichtig, weil die Motorleerlaufdrehzahl sich mit dem Einstellzeitpunkt verändert und wir die Schraube am Regelthermostaten einstellen, um die Leerlaufdrehzahl exakt einzuregulieren. Liegt der Zündzeitpunkt also um irgendeinen Fehlbetrag daneben, ist die gesamte Mühe umsonst.

Wenn Sie mit einem Scheinthermostaten arbeiten (siehe Abb. 6-21 oben), vergewissern Sie sich, dass er die richtige Länge hat (Maß A – siehe Tabelle auf Seite 141). Verwenden Sie den Regelthermostaten mit Bourdonrohr, muss der Motor betriebswarm sein. Drehen Sie die Schraube, auf der der Thermostat aufliegt (direkt unter der Linie B in Abb. 6-20), bis die richtige Leerlaufdrehzahl erreicht ist.

Falls Sie einen richtigen Regelthermostaten verwenden, muss dieser vermutlich mehrfach ein- und ausgebaut werden. Der Vorteil des Scheinthermostaten ist, dass die Schraube bei eingebautem Thermostaten eingestellt werden kann. Ist die Einstellung soweit in Ordnung, bauen Sie den richtigen Regelthermostaten wieder ein und lassen den Wagen über Nacht stehen.

Am nächsten Morgen lassen Sie den Motor an. Die Leerlaufdrehzahl sollte sofort relativ hoch auf etwa 2000/min steigen und dann langsam abfallen, wenn der Motor warm wird. Ist kein erhöhter Leerlauf festzustellen oder liegt der Leerlauf beim Anlassen unter 1500/min, stellen Sie den Motor sofort ab, damit das Kühlmittel sich nicht erwärmen (und die Thermostatspitze ausfahren) kann. Wahrscheinlich muss die Schraube unter dem Regelthermostaten noch etwas gegen den Uhrzeigersinn gedreht werden. Bauen Sie den Regelthermostaten also aus und drehen Sie die Schraube um etwa eine halbe Umdrehung.

Bauen Sie den Regelthermostaten wieder ein (mit beiden Schrauben) und lassen Sie den Motor wieder an. Ist der Motor immer noch absolut kalt, müsste die Leerlaufdrehzahl gegenüber dem vorherigen Anlassversuch jetzt höher liegen. Bei Bedarf können Sie den Motor jetzt abstellen und die Schraube noch ein bisschen nachdrehen, bis ein schöner erhöhter Leerlauf um etwa 1500/min erreicht ist (da der Motor mittlerweile etwas wärmer geworden ist, liegt die angestrebte erhöhte Leerlaufdrehzahl etwas niedriger).

Lassen Sie den Motor warmlaufen. Die Leerlaufdrehzahl sollte sich bei 850-900/min einpendeln. Ist dies nicht der Fall, muss die Einstellschraube des Regelthermostaten nochmals auf diese Drehzahl nachgestellt werden, der Thermostat wieder eingebaut und der Motor abgestellt werden. Dann warten wir wieder bis zum nächsten Morgen und prüfen die erhöhte Leerlaufdrehzahl erneut bei vollständig abgekühltem Motor.

Nach mehreren derartigen Übernachtaktionen müsste sich in kaltem Zustand ein schöner erhöhter Leerlauf einstellen, bei warmem Motor ein sanfter Leerlauf bei 900/min. Jetzt kann die Schraube für das Pumpenspaltmaß so eingestellt werden, dass sie bei ausgehängter langer Zugstange in einem Abstand von 0,50 mm zum Drosselklappen-Umlenkhebel steht.

Die Erfahrung zeigt, dass die SPICA-Anlage sehr fehlertolerant ist, andernfalls würde diese Behelfslösung für die Einstellung des Pumpenspaltmaßes niemals funktionieren.

Motor springt nicht an

Falls Ihr vierrädriger Pflegefall bereits vor den Arbeiten an der Einspritzanlage nicht anspringen wollte, liegt der Fall etwas komplizierter und betrifft die Einspritzanlage möglicherweise gar nicht. Zuallererst kontrollieren wie also folgende Punkte:

Ist der Zündfunke kräftig und regelmäßig?

Steht der Verteiler richtig und nicht um 180° versetzt?

Arbeitet die Benzinpumpe richtig, so dass die Kraftstoffwarnleuchte erlischt?

Stimmen die Nockenwellensteuerzeiten? Es gibt acht verschiedene Möglichkeiten, die Nockenwellen auf ihre Steuerzeitenmarkierungen auszurichten. Etliche Möglichkeiten führen zu verbogenen Ventilen, einige sind harmlos und verursachen nur Patscher, verhindern aber das Anspringen, aber nur eine ist richtig: Kolben 1 muss im OT stehen, die Unterbrecherkontakte sind geöffnet, und die vordersten Nocken beider Nockenwellen müssen nach außen (also voneinander weg) zeigen und ihre Einstellmarken mit der Marke auf der oberen Hälfte des vorderen Nockenwellenlagerbocks fluchten.

Sind die Kompressionswerte aller Zylinder hinreichend in Ordnung?

Wurden vorderer und hinterer Kraftstofffilter regelmäßig erneuert?

Erst wenn all diese Punkte in Ordnung sind, sollten Sie Ihren Verdacht auf die Einspritzpumpe lenken. Hier sind in erster Linie folgende Punkte zu prüfen:

1. Funktioniert der Kaltstart-Magnetschalter? Prüfen Sie ihn mit einem Ohmmeter auf Stromdurchgang und Kurzschluss. Ist der Magnet defekt, kann der Motor dennoch anspringen, wenn Sie beim Anlassen das Gaspedal durchtreten, um Benzin in den Motor zu pumpen, und das Pedal dann wieder loslassen. Wenn der Motor den Kraftstoffüberschuss (durch weiteres Orgeln mit dem Anlasser) langsam abbaut, hustet er zuerst zaghaft und kann durch vorsichtiges Spielen mit dem Gaspedal zum Anspringen bewegt werden.

2. Ist der Motor anscheinend „abgesoffen", ziehen Sie das Kabel vom Kaltstartmagneten ab (Vorsicht, dass das lose Kabelende keine Masse berührt). Wiederholen Sie den Anlassvorgang mit geschlossener Drosselklappe.

3. Sind Lecks an Einspritzleitungen oder ihren Befestigungen zu erkennen? Die Pumpe liefert mit jedem Hub nur eine kleine Menge Benzin, so dass bereits kleinste Lecks – Risse in der Rohrleitung oder lose Verschraubungen – zu Kraftstoffmangel im Motor führen können.

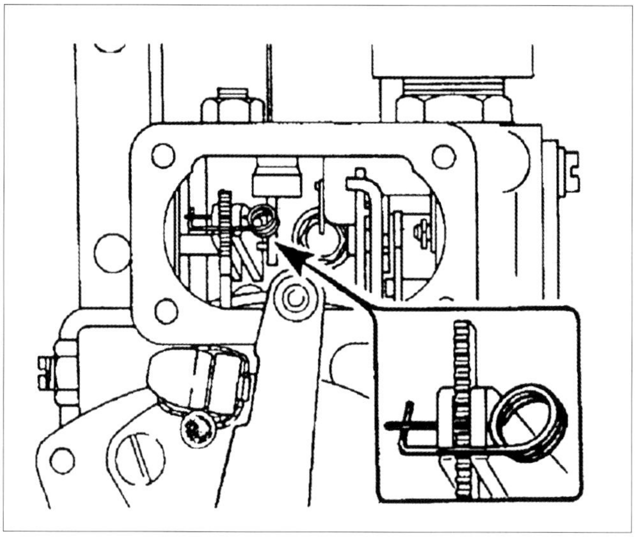

Abb. 6-25. Die in Schritt 4 beschriebene Federklammer. Ohne sie ist der Höhenausgleich wirkungslos.

4. Die Haltefeder (Drahtbügel) an der Ausgleichsstange kann gebrochen sein, so dass die Anlage auf extremen Magerbetrieb eingestellt ist. Die Pumpe fördert so, als sei das Fahrzeug in den Hochalpen unterwegs, obwohl die Luftdichte viel höher ist. Zur Kontrolle demontieren wir den Wartungsdeckel am hinteren Pumpenende und prüfen, ob der Drahtstift der Ausgleichsstange in der für den in unserer Gegend vorherrschenden Luftdruck richtigen Raste des Zahnsegments eingehängt ist (siehe Abb. 6-25).

Drehen Sie den betriebswarmen Motor hoch und gehen Sie vom Gas, um zu prüfen, in welcher Raste der Drahtstift hängt.

Ist der Drahtstift nicht in der richtigen Raste eingehängt, sollte die Höhendose (Barometerdose) einwärts gedreht werden, wenn der Drahtstift in höheren Rasten eingehängt werden soll, und umgekehrt.

Steht die Ausgleichsstange ganz unten am Zahnsegment, ist die Feder gebrochen, und die Pumpe muss zur Reparatur ausgebaut und zerlegt werden.

Stellung des Drahtstifts der Ausgleichsstange

Typischer Luftdruckbereich (mbar)	Raste
1012-1039	7
985-1012	8
958-985	9
934-958	10

Motor springt an, läuft aber schlecht

Schrauben Sie eine der Zündkerzen heraus und kontrollieren Sie ihre Elektroden auf Anzeichen für zu fettes oder zu mageres Gemisch. Dies ist ein wichtiger Fingerzeig für die weitere Diagnose. Aber Vorsicht: Bei extrem magerem Gemisch sind die Kerzen scheinbar benzinfeucht, genau wie bei einem extrem überfetteten Gemisch.

1. Springt der Motor an und läuft er in kaltem Zustand gut, verliert beim Warmwerden aber zunehmend an Leistung, rußt aus dem Auspuff und bleibt schließlich stehen, deutet dies auf den klassischen Fall eines festgegangenen Stößels im Kaltstartmagneten hin. Fernab der heimischen Garage können Sie jetzt verschiedene Notreparaturen ausprobieren.

Abb. 6-26. Die Höhendose sitzt auf einer dreieckigen Trägerplatte auf der SPICA-Pumpe. Die Einstellung für kälteres Wetter (N, C und F bei Pumpen vor 1974) ist prinzipiell eine Druckausgleichs-Einstellung.

Als erstes versuchen wir es mit einem „kräftigen Schlag auf den Hinterkopf". Der festhängende Kolben sitzt im unteren Pumpenteil direkt unterhalb des Kaltstartmagneten (siehe Abb. 6-20 oben). Klopfen Sie bei laufendem Motor in diesem Bereich mit einem kleinen Kunststoffhammer oder einem ähnlichen Werkzeug auf die Pumpe. Kommt der Kolben wieder frei, ist dies an einem schlagartig deutlich veränderten Motorlauf zu erkennen.

Klappt es so nicht, können wir die große Messing-Sechskantverschlussschraube unten an der Pumpe direkt unterhalb des Kaltstartmagneten he-

Abb. 6-27. Nachdem der hintere Wartungsdeckel entfernt wurde, ist der Stößel des Kaltstartventils zugänglich.

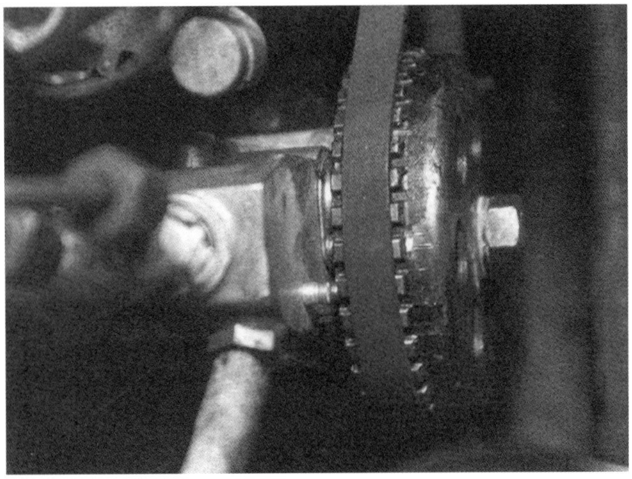

Abb. 6-28. Die Steuerzeitenmarke auf der Riemenscheibe der Einspritzpumpe wurde hier mit weißer Farbe gekennzeichnet. Die Markierung auf dem Pumpengehäuse ist kaum zu erkennen, steht aber exakt der Riemenscheibenmarke gegenüber. An den späteren Riemenscheiben ist eine Lippe an der Vorderseite vorhanden, die den Riemenwechsel zu einer größeren Aufgabe werden lässt. Manche entfernen diese Lippe, um die Wartungsarbeiten zu vereinfachen.

rausdrehen. Damit ist der feststeckende Kolben direkt zugänglich: Führen Sie einen kurzen Schraubendreher in die Bohrung ein und drücken Sie nach oben, bis der Kolben sich bewegt. Vorsicht – dabei schießt ein Schwall Öl aus der Bohrung. Versuchen Sie, dass möglichst wenig ausläuft, und füllen Sie hinterher eine entsprechende Menge frischen Öls nach. Sie können auch den seitlichen Wartungsdeckel abnehmen und die Kolbenstange von dort aus mit einem Schraubendreher hochdrücken (siehe Abb. 6-27). Ziehen Sie vor einem erneuten Startversuch das Kaltstartventilkabel ab, sonst geht der Kolben wieder fest. Zur dauerhaften Reparatur müssen die Pumpe demontiert, der Kunststoffkolben ausgebaut und am Außendurchmesser 0,05 bis 0,075 mm abgenommen werden (siehe Seite 149).

2. Springt der Motor gut an und läuft oberhalb von 3500/min sehr gut, kommt aber bei niedrigeren Drehzahlen nicht auf Leistung und patscht in den Ansaugtrakt zurück, könnte die Einlassnockenwelle des Motors zu weit in Richtung „früh" verstellt sein. Dieses Problem tritt nur bei Einspritzerversionen auf, wo bereits ein um ein Loch zu weit in Richtung Frühverstellung verstelltes Einstellrad dieses Problem hervorrufen kann.

3. Die Einspritzpumpe muss richtig eingestellt sein. Bei abgenommenem Blechdeckel für das Steuergehäuse wird der Motor von Hand durchgedreht, bis die Einstellmarke gegenüber der I-Marke auf der Lüfterriemenscheibe steht.

Schrauben Sie Zündkerze Nr. 1 heraus und prüfen Sie, ob das Einlassventil offen ist. Wenn nicht, drehen Sie den Motor um 360° und prüfen, ob das Einlassventil jetzt offen ist, und schrauben die Kerze wieder hinein. Die Markierung an der Vorderseite des Einspritzpumpengehäuses muss auf eine schwer erkennbare Markierung auf der Kurbelwellen-Riemenscheibe der Pumpe zeigen. Eine Toleranz von 5 mm (in beiden Richtungen) ist zulässig. Ist die Pumpe verstellt, müssen der Zahnriemen von der Pumpenriemenscheibe abgenommen, die Pumpe nachgestellt und der Riemen wieder aufgelegt werden.

4. Prüfen Sie die Einstellung der Höhendose durch das Schauloch.

5. Falls der Verteilerläufer ausgewechselt wurde, haben Sie vielleicht einen Läufer mit Entstörwiderstand anstelle eines Läufers ohne Entstörwiderstand montiert. Sind am Motor entstörte Kabel oder nachgerüstete Entstörglieder vorhanden, kann der zusätzlich entstörte Läufer zu einem allzu schwachen Zündfunken führen. Außerdem können die Entstörglieder ausfallen und so die Motorleistung erheblich beeinträchtigen. Die optimale Kombination besteht aus Zündkabeln mit massiver Seele und hochwertigen Steckern sowie entstörtem Verteilerläufer.

2.4 Reparaturen an der SPICA-Einspritzpumpe

Bestimmte Reparaturen an der Einspritzpumpe können auch von Hobbyschraubern ausgeführt werden, andere übersteigen selbst das Können erfahrener Alfisti oder Alfa-Mechaniker. Zu den häufigsten Pumpendefekten, die in der heimischen Garage behoben werden können, zählen: Einstellung des Kaltstartmagneten oder Gangbarmachung eines festgegangenen Kolbens, Bruch der Höhendosenfeder, festhängender Pumpenbetätigungshebel, Bruch des Drahtstifts am Ausgleichsgestänge, Bruch des Stößels oder hängende Zahnstange.

Defekte im Pumpenteil treten sehr selten auf. Die Reparatur der einzelnen Pumpenteile ist zwar in einer gut ausgestatteten Werkstatt durchaus möglich, allerdings lohnen diese Reparaturen nicht. Beschaffen Sie lieber eine generalüberholte Pumpe (neue sind nicht mehr lieferbar).

Zu allen nachstehend beschriebenen Reparaturen muss die Pumpe ausgebaut und zerlegt werden, allerdings sind diese Arbeitsgänge nicht übermäßig kompliziert.

Ausbau der Einspritzpumpe

Bevor die Pumpe zerlegt werden kann, muss sie ausgebaut werden. Dieser Schritt ist wohl der schwierigste und lästigste Teil jeder Pumpenreparatur. Folgende Vorgehensweise ist zu empfehlen:

1. Abdeckung für vorderen Antriebsriemen abnehmen (drei sehr versteckt sitzende 10 mm-Muttern).

2. Motor drehen, bis die Einspritzmarkierungen aufeinander ausgerichtet sind. Eine Marke befindet sich auf der Riemenscheibe der Kurbelwelle, eine weitere auf der Pumpenriemenscheibe. Beide müssen auf ihre entsprechenden Gegenmarken zeigen (siehe Abb. 6-28).

3. Antriebsriemen nach vorne von der Pumpenriemenscheibe abnehmen. Bei der Alfetta muss die Pumpenriemenscheibe zum Abnehmen des Riemens demontiert werden. Luftpumpenriemen und Kühleranschlussleitungen ausbauen.

4. Muttern der Einspritzleitungen auf der Pumpenoberseite mit reichlich Kriechöl lösen. Vorsicht, dass die Leitungen nicht in sich verdreht werden. Falls die Muttern wirklich sehr fest sitzen, werden sie durch einen Schlag

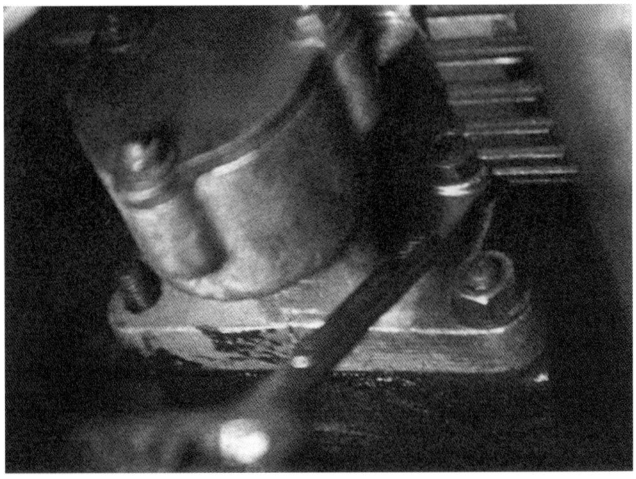

Abb. 6-29. Dieser Schraubenschlüssel wurde zurechtgebogen, um die Befestigungsschrauben der Pumpe besser lösen zu können. Die gezeigte Mutter ist besonders schlecht zugänglich. Zum Lösen muss der Schlüssel unzählige Mal in winzigen Schritten weitergedreht werden.

Abb. 6-30. Hier sind die Stehbolzen aus dem gleichen Winkel wie auf der vorherigen Aufnahme zu sehen, nachdem die Pumpe demontiert wurde. Der saubere Kreis ist die Stelle, an der ein O-Ring den Eingang des Druckölkanals in die Pumpe abdichtet. Oben am Flansch ist das Ablaufloch gerade noch zu erkennen.

mit Hammer und Dorn von entgegengesetzten Seiten der Leitung her gelockert. Der Dorn wird oben auf der Mutter aufgesetzt und ein kräftiger Hammerschlag auf den Dorn gegeben. Leitungen von der Pumpe abnehmen. Spezialschlüssel A.5.0164 ist hierfür zu empfehlen.

5. Die beiden 10 mm-Schrauben lösen, die durch einen Pressblechhalter auf der Hinterseite der Pumpe befestigt sind.

6. Die vier Befestigungsmuttern des Halteflansches für die Einspritzpumpe am Motor lösen. Sie sind von der Fahrzeugunterseite her zugänglich.

Zerlegen der Einspritzpumpe

Vor den weiteren Arbeiten verschließen wir sämtliche Öffnungen an der Pumpe und reinigen die Außenflächen gründlich. Die Pumpe sollte makellos sauber sein, damit weder Schmutz noch Fremdkörper ins empfindliche Innere eindringen können.

Die Pumpe lässt sich erstaunlich leicht zerlegen; es müssen lediglich sechs Schrauben gelöst werden, die die Gehäuseteile zusammenhalten, sowie die Federklammer entfernt werden, die in den Rasten des Zahnsegments sitzt und durch die hintere Wartungsklappe zugänglich ist.

Folgende Vorsichtsmaßnahmen sind dringend zu empfehlen:

Bereiten Sie einen makellos sauberen Arbeitsbereich für die mittlerweile gründlichst gereinigte Pumpe vor. Zeitungspapier ist als Unterlage geeignet.

Fassen Sie Mut und beginnen Sie mit der Entfernung der Wartungsdeckel.

Fertigen Sie eine Skizze an, anhand derer Sie die Bohrung in der Ausgleichsstange wiedererkennen, in die die Federklammer auf dem Zahnsegment gesteckt ist, bevor Sie die Klammer herausnehmen (siehe Abb. 6-32). Wird die Klammer um nur eine Bohrung versetzt, läuft der Motor entweder viel zu fett oder viel zu mager. Dies ist vor allem bei Pumpen des Modelljahrs 1969 wichtig. Bei späteren Ausführungen sind nur drei Montagepositionen möglich.

Lösen Sie die Gehäuseteile durch leichte Schläge – und wundern Sie sich nicht, wenn die sechs Drehzahlsensorkugeln herausrollen.

Abb. 6-31. Die gereinigte Einspritzpumpe ohne Wartungsdeckel. Schubabschaltung und Halterung sind ebenfalls demontiert.

Abb. 6-32. Die Federklammer des Zahnsegments. Die Bohrungen für den Stift sind bei diesem Blickwinkel in Richtung „vorne-hinten" angeordnet, hier aber nicht sichtbar. Der Stift sitzt in der vordersten Bohrung.

Abb. 6-33. Die beiden Gehäuseteile werden voneinander getrennt.

Abb. 6-34. Die Vorderseite des Steuerteils mit der Laufschale für die Drehzahlsensorkugeln. Der Arm über dem Laufring nimmt die Feder auf, die die Verbindung zur Höhendose herstellt.

Abb. 6-35. Nahaufnahme der Vorderseite des Steuerteils. Die Hebel werden durch Bügelfedern gehalten. Die lange Spiralfeder ist die für die Höhendose.

Jetzt können die Rückschlagventile in ihren Sitzen oben auf der Einspritzpumpe neu eingeschliffen werden (siehe Abb. 6-36). Diese Rückschlagventile verhindern, dass Benzin aus den Leitungen zwischen Pumpe und Einspritzdüsen zurückfließt. Fließt Benzin zurück, dauert es einige Zeit, bis neues Benzin in die Leitungen nachgefördert wird, und es dauert entsprechend länger, bis der Motor anspringt. Zum Ausbau des kompletten Rückschlagventils müssen wir uns einen Abzieher anfertigen. Die Ventile werden mit sehr feiner Schleifpaste in ihren Sitzen eingeschliffen.

VORSICHT: Da beim Einschleifen Späne an einer sehr heiklen Stelle in die Kraftstoffanlage gelangen können, ist absolute Sauberkeit oberstes Gebot.

Störungsbehebung

Einstellung des Kaltstartventils. Die Symptome, die durch ein verstelltes Kaltstartventil hervorgerufen werden, sind nicht immer eindeutig zu diagnostizieren, typisch ist jedoch, dass der Motor nie sauber anspringt, obwohl alle anderen Teilsysteme normal funktionieren und alle anderen Einstellungen in Ordnung sind.

Die Sicherungsmutter des Magneten muss mit einem Spezialschlüssel gelöst werden. Hat der Motor seine Betriebstemperatur erreicht, ziehen Sie das Kabel des Magnetschalters ab. Schließen Sie einen Drehzahlmesser an, der Änderungen der Drehzahl auf 100/min genau erfasst. Ein Ende

Abb. 6-36. Eins der Rückschlagventile auf der Oberseite der Einspritzpumpe. Für den Ausbau ist ein Spezialwerkzeug notwendig. Im Allgemeinen sollte man diese Ventile nicht anrühren.

eines Prüfkabels wird an die Batterie angeschlossen und mit dem anderen Kabelende kurz die Klemme am Magneten berührt. Die Motordrehzahl sollte jetzt um 75 bis 100/min abfallen. Fällt die Motordrehzahl um mehr als 100/min oder geht der Motor aus, ist die Kaltstarteinrichtung zu fett eingestellt. Ist keine Drehzahländerung festzustellen, ist sie zu mager eingestellt. Sobald die richtige Gemischzusammensetzung erreicht ist, ziehen Sie den Magnetschalter in seiner Einbaustellung fest und wiederholen die Prüfung. Es kann vorkommen, dass sich die Einstellung beim Festziehen der 24er Sicherungsmutter verändert.

Hängender Kaltstartmagnetkolben. Dieser Kolben, der aus einem nylonähnlichen Material besteht, besitzt ein Klappenventil und bewegt sich in einem ölgefüllten Zylinder. Falls Wasser in die Einspritzpumpe eingedrungen ist, friert es bei Frosttemperaturen ein und blockiert ihn. Außerdem verursacht das Wasser Korrosion an der Bohrungswandung, weshalb der Ölfilter regelmäßig gewechselt und außerdem von Zeit zu Zeit Öl über die Messingablassschraube auf der Gehäuseunterseite abgelassen werden muss. Bauen Sie den Kolben samt Stößel von unten her aus dem Gehäuse aus. Spannen Sie das gesamte Bauteil in eine Bohrmaschine ein und drehen Sie den Außendurchmesser des Kolbens mit einem geeigneten Schleifwerkzeug um ca. 0,08 mm ab.

Haltefeder der Höhendose gebrochen oder ausgehängt. Dies ist der häufigste Defekt im Pumpeninneren und normalerweise relativ einfach zu beheben. Typische Ursache ist Wasser in der Einspritzpumpe, wodurch die Feder rostet und bricht. Diese Symptome setzen eher schlagartig und nicht nach und nach ein. Am Motor scheinen dann mindestens zwei Zündkerzen ausgefallen zu sein, bei höheren Drehzahlen und Vollgas läuft er aber immer noch rund und leistungswillig. Zur Kontrolle, ob die Feder defekt ist, nehmen wir den dreieckigen Deckel auf der Pumpenoberseite ab, auf dem bei Pumpen vor 1974 die Vorrichtung für die jahreszeitabhängige Einstellung untergebracht ist. Unmittelbar vor der Öffnung an der Pumpenoberseite sitzt die Haltefeder in senkrechter Lage – oder sollte dort zumindest sitzen. Siehe Abb. 6-35 oben.

Ist die Feder an ihrem oberen Befestigungspunkt gebrochen, wo sie die Maschinenschraube umfängt, ist eine Reparatur ohne Ausbau der Pumpe möglich. Drehen Sie die Befestigungsschraube an der Pumpenoberseite zurück und fangen Sie den kleinen Federrest auf, der noch an der Schraube hängt, damit er nicht ins Pumpeninnere fällt.

Abb. 6-37. Der Raumnocken wurde aus dem rückwärtigen Gussgehäuse des Logikteils ausgebaut; der Schlepphebel ist hier frei. Darunter ist etwas nach links versetzt die Eingangswelle des Betätigungshebels zu erkennen. Links vom Hebel sitzt der Stößel des Kaltstartventils.

Ist die Schraube entfernt, kann die Feder durch die Öffnung unter dem Dreiecksdeckel nach oben gezogen und unter die Gewindebohrung der Befestigungsschraube gehalten werden. Nun lässt sich die Schraube wieder durch den Deckel hindurch in die Feder eindrehen. Ärgern Sie sich nicht, wenn das nicht gleich beim ersten Mal klappt.

Ist die Feder weiter unten gebrochen oder hat sie sich von ihrem unteren Befestigungspunkt an der Ausgleichsstange gelöst, muss die Pumpe zum Austausch der Feder zerlegt werden. Neue Federn gibt es bei Alfa nicht mehr, also muss eine Ersatzfeder mit etwa gleicher Federspannung beschafft werden. Sicher kennt einer Ihrer Schrauberkollegen die Adresse einer Spezialwerkstätte, die solche Teile nach Muster anfertigt.

Steuerhebel hängt. Die Welle des Steuerhebels wird in einer langen Buchse im Pumpengehäuse geführt. Dichtringe sollen zwar das Eindringen von Schmutzpartikeln entlang der Welle und in die Pumpe verhindern, doch liegt ein Teil der Welle und Buchse außerhalb der Dichtung, und hier kann sich Schmutz, vor allem Streusalz-Sprühnebel, ablagern und die Welle zum Blockieren bringen.

Der Hebel lässt sich nur sehr schwer in seiner schmutzgefährdeten Ecke zum Drehen bewegen. Reinigen und Schmieren genügen, um das Problem zu beseitigen. Manchmal reicht etwas Kriechöl auf der Welle, in hartnäckigen Fällen muss die Pumpe jedoch zerlegt und die Welle aus dem Gehäuse ausgebaut, gereinigt und gründlich geschmiert werden.

Federklammer am Gestänge der Höhendose (Barometerdose) gebrochen. Bricht die Federklammer oder rutscht sie infolge eines Einbaufehlers aus dem Gestänge, wird die Kraftstoffzufuhr automatisch auf mager gestellt oder womöglich komplett unterbrochen.

Ist die Feder gebrochen oder herausgerutscht, bleibt sie meist auf dem Boden des Steuerteils liegen, ohne weiteren Schaden anzurichten. Ersatz lässt sich bei eingebauter Pumpe montieren. Die Einbaustelle ist nach Ausbau des dreieckigen Deckels und der Höhendose leichter zugänglich. Mit einer hellen Leuchte, einem Montagespiegel und einem Sortiment Spitzzangen oder Pinzetten lässt sich der Einbau leicht bewerkstelligen.

Schlepphebel fällt aus. Ein gebrochener Schlepphebel lässt sich höchstens schweißen. Ansonsten muss nach Muster ein neuer angefertigt werden.

Abb. 6-38. Der Raumnocken mit dem Schlepphebel und dem Abtaststift.

Abb. 6-39. Meistens geht es bei Diagnose und Reparaturen um das Steuerteil, am Ende all der Hebelei aber steht die Zahnstange, mit der die Kraftstoffdosierung gesteuert wird. Sie dreht die Hülsen, über die die Zylinder mit der gewünschten Kraftstoffmenge versorgt werden. Werden die Pumpenölfüllung und der Ölfilter nicht regelmäßig erneuert, kann diese Regelstange hängenbleiben.

Löst sich die Kugel aus der Spitze, senkt sich der Hebel weiter, und die Pumpe geht unter allen Temperatur-, Drosselklappenstellungs- und Drehzahlbedingungen schlagartig in extremen Magerbetrieb über.

Außerdem ist aus dem Inneren des Steuerteils deutlich ein knirschendes Geräusch zu hören. Dieser Defekt muss behoben werden, bevor der Hebel sich seinen Weg durch den Raumnocken schleifen kann. Da neue Nocken nicht mehr lieferbar sind, kann die Reparatur mit feinporigem Epoxydmetallkleber versucht werden. Anschließend wird die Oberfläche überschliffen und poliert.

Fehlt die originale Kugel komplett, muss eine passende Ersatzkugel beschafft werden.

Schwergängige Steuerstange. In vielgefahrenen Autos, vor allem, wenn der Ölfilter der Einspritzpumpe nicht regelmäßig gewechselt wird, bildet sich auf der Steuerstange Rost, so dass sie nicht mehr in die Leerlaufstellung zurückkehrt. Da die Drosselklappen im Leerlauf geschlossen sind und Luft über den Leerlaufkreislauf gelangt, läuft der Motor im Leerlauf möglicherweise problemlos, überfettet aber sofort, sobald die Drosselklappen öffnen. Diese Gemischanreicherung ist bei fast voll geöffneter Drosselklappe weniger problematisch, da der Motor bei hohen Drehzahlen ein zu fettes Gemisch besser verkraftet als bei Teillast.

Die schwergängige Stange lässt sich gangbar machen, indem die Wartungsdeckel abgenommen werden und das Pumpeninnere mit dünnflüssigem Kriechöl wie WD-40 ausgesprüht und gleichzeitig die Stange über den kompletten Arbeitsweg bewegt wird.

Zusammenbau

Achten Sie beim Zusammensetzen der Gehäusehälften auf den Stößel. Bei senkrecht stehender Pumpe steht die Stößelspitze unterhalb der Kante des Raumnockens. Werden die Gehäuseteile mit Gewalt zusammengedrückt, kann der empfindliche Stößel verbogen werden. Fertigen Sie eine demontierbare Drahtklammer an, mit der der Stößel angehoben wird, oder stellen Sie die Pumpe zum Zusammenbau auf den Kopf.

Durch die Kugeln im Drehzahlgeber werden Geber und Kraftstoffnocken nach hinten gedrückt, so dass die Gefahr besteht, dass die Kugeln ihre jeweilige Bahn verlassen, wenn die Pumpe in waagerechter Stellung zusammengebaut wird. Da sich dies verhindern lässt, wenn die Antriebsradseite tiefer liegt, empfiehlt es sich, die Pumpe bei der Montage mit der Oberseite nach unten aufzustellen, wobei die Antriebsradseite im Winkel von etwa 45° nach unten zeigt.

Kontrollieren Sie durch die Wartungsöffnungen, ob die gegabelte Verbindungsstange für die Höhendose um das senkrechte Zahnsegment greift und die beiden konzentrischen Schraubenfedern richtig sitzen, die für die Vorspannung am Drehzahlsensor sorgen. Bevor die Gehäuse endgültig zusammengefügt werden, muss die innere Stange des Betätigungshebels zwischen den beiden Nasen am Raumnocken hindurchgeführt werden, damit Drosselklappensignal und Nockendrehbewegung miteinander gekoppelt werden können.

Da der Raumnocken sich frei bewegen kann, bis die Betätigungshebelstange eingreift, kann diese Einfädeloperation ziemlich Nerven kosten. Ein Helfer, eine Taschenlampe und ein Stück steifer Draht, mit dem der Nocken in der gewünschten Stellung gehalten werden kann, leisten hier gute Dienste. Vorsicht, dass sich die Pumpe nicht aus ihrer Überkopfstellung verdreht und der Stößel dann wieder nicht richtig steht.

Nachdem die Betätigungshebelstange positioniert wurde, können die Gehäusehälften zusammengefügt werden. Sie werden durch die eingepressten Passstifte justiert.

2.5 Die hintere Kraftstoffpumpe

Die im Fahrzeugheck in Nähe des Tanks angeordnete Benzinpumpe gibt es je nach Baujahr in unterschiedlichen Ausführungen. Diese Pumpe ist recht teuer und macht meist durch Lecks unliebsam auf sich aufmerksam. Die Bosch-Pumpen sind gekapselt und nicht reparierbar. Bei diesen Pumpen ist der Blechdeckel fest verpresst. Die Marelli-Pumpen können dank ihres relativ unkomplizierten Aufbaus mit geringem Aufwand zerlegt und instandgesetzt werden.

Eine für eine Einspritzpumpe gedachte Benzinpumpe kann allerdings nicht durch eine für eine Vergaseranlage gedachte Pumpe ersetzt werden. Vergaser arbeiten mit Förderdrücken von 0,17 bis 0,2 bar, Einspritzanlagen benötigen dagegen Förderdrücke von mehr als 1,7 bar. Die Benzinpumpen für SPICA- (und auch Bosch-)Einspritzanlagen liegen preislich deutlich über den Pumpen für Vergaserversionen.

Teilenummern der Benzinpumpen für SPICA-Einspritzanlagen

Teil	Teile-Nr.
Kohlebürste	105.04.021.00/05
O-Ring vorne	105.04.021.00/04
Großer O-Ring	105.04.021.00/03
Druckscheibe	105.04.021.00/01

Die Hochdruck-Benzinpumpe läuft bei eingeschalteter Zündung permanent. Gelegentlich werden diese Pumpen undicht. Während der Bauzeit der SPICA-Anlage wurden mehrere Pumpenmodelle verbaut. Manche besitzen zwei Stutzen, andere (spätere) Ausführungen drei. Alle sind im Wesentlichen untereinander austauschbar, nach dem Einbau einer anderen Pumpenversion kann es jedoch passieren, dass die rote Warnleuchte für zu niedrigen Kraftstoffdruck nicht mehr erlischt.

Der Kraftstoffdruck wird durch eine Drosselblende im Kraftstoffaustritt der Einspritzpumpe geregelt (siehe Abb. 6-40). Wenn die Blendenöffnung verkleinert wird, kann der Systemdruck erhöht werden. Erlischt Ihre Warnleuchte nicht, setzen Sie eine 1-mm-Drossel in die Benzin-Rücklaufleitung (die hintere Benzinleitung) aus der Einspritzpumpe ein. Hierfür ist eine 100er Solex-Hauptdüse geeignet. Der Düsenaußendurchmesser stellt eine leckdichte Abdichtung im Gummi-Benzinschlauch her. Die Düse muss lediglich weit genug in den Schlauch eingedrückt werden, so dass der Schlauch komplett auf den Anschlussstutzen an der Einspritzpumpe aufgeschoben werden kann.

Abb. 6-40. Der Druck in der Kraftstoffanlage wird durch eine Drossel im Rücklaufanschluss der Einspritzpumpe eingestellt. Der Pfeil zeigt auf die kleine Bohrung.

3. Die elektronische Bosch-Benzineinspritzanlage

Im Gegensatz zur mechanischen SPICA-Anlage ist die elektronische Bosch-Einspritzanlage in der Branche bestens bekannt. Ihr Grundprinzip findet sich in Lizenzversionen bei zahlreichen europäischen, japanischen und US-Herstellern wieder. Es gibt zwar einen speziellen Diagnosecomputer für elektronische Einspritzanlagen, er ist aber nicht unbedingt erforderlich. Die gesamte Anlage kann mit einem Benzindruckmesser und einem guten Volt-Ohm-Meter durchgeprüft werden. Unter Abschnitt 3.2 „Kontrollen an der Bosch-Einspritzanlage" werden verschiedene Tests beschrieben.

Bei Tests an elektronischen Bauteilen sollten verschiedene Sicherheitshinweise beachtet werden. Speicherchips sind im normalen Betrieb zwar außerordentlich langlebig, vertragen aber keine abrupten Belastungen. Wird an einem Speicherchip also ein Signal (Spannung) angelegt, für das er nicht ausgelegt ist, gibt er in der Regel schlagartig den Geist auf. In zweierlei Hinsicht ist Vorsicht geboten: bei Spannungsspitzen und Überspannungen sowie bei Spannungen, die im falschen Moment angelegt werden.

Analog können, wenn bei Starthilfeversuchen an einem Fahrzeug mit Bosch-Einspritzung die Pole vertauscht werden, nicht nur die Dioden der Drehstromlichtmaschine durchbrennen, sondern auch der Bosch-Steuercomputer. Beim Anschluss von Starthilfekabeln also stets auf richtige Batteriepolarität achten!

VORSICHT: Die Stromzuleitung darf nie angeschlossen oder abgezogen werden, solange das Bauteil in Betrieb ist. Vor dem Anschließen oder Abziehen von Kabeln an Magnetschaltern und Gebern immer die Zündung ausschalten! Stets die Batterie abklemmen, bevor der Kabelstrang des Hauptsteuergeräts getrennt wird.

Etwas schwieriger ist es, wenn Spannung dort angelegt wird, wo sie nicht hingehört. Normalerweise arbeitet ein Ohmmeter bei der Widerstandsprüfung mit einer Spannung von 1,5 V. Wenn Sie eine Durchgangsprüfung vornehmen und das Ohmmeter an Kabel anklemmen, die zum Steuergerät führen, kann der Chip durchbrennen, da er nicht auf die plötzlich angelegten 1,5 V vorbereitet war. Sofern in der Anleitung nicht ausdrücklich festgelegt, sollten Sie auch niemals den Widerstand zwischen zwei Kabeln prüfen, die direkt zum Steuergerät führen. Aus dem gleichen Grund darf auch eine Lambdasonde nie auf Durchgang getestet werden.

VORSICHT: Verlassen Sie sich beim Testen von Elektronikbauteilen nie auf ein billiges Kaufhaus-Volt-/Ohmmeter. Nur ein Voltmeter, Ohmmeter oder Vielfachmessgerät mit hohem Eingangswiderstand (10 Megaohm oder höher) ist geeignet. Bei Verwendung anderer Prüfgeräte können die Elektronikbauteile aufgrund ungeeigneter Gerätecharakteristika beschädigt werden.

Klingt eine Anleitung so, als ob der Widerstand zwischen zwei Kabeln an einem Stecker geprüft werden soll, der in das Steuergerät führt, dann lesen Sie die Anleitung nochmals genau nach. Vielleicht ist ja der Stecker an dem zu prüfenden Bauteil statt des Steckers am Ende des Kabels aus dem Steuergerät gemeint.

3.1 Häufige Störungen an Bosch-Einspritzanlagen

Typische Störungen gibt es an den Bosch-Anlagen eigentlich kaum. Die Lambdasonde ist am heikelsten und sollte etwa alle 80.000 km ersetzt werden, ihr Defekt lässt sich allerdings kaum erkennen, solange Sie keine Abgasprüfung zu bestehen haben.

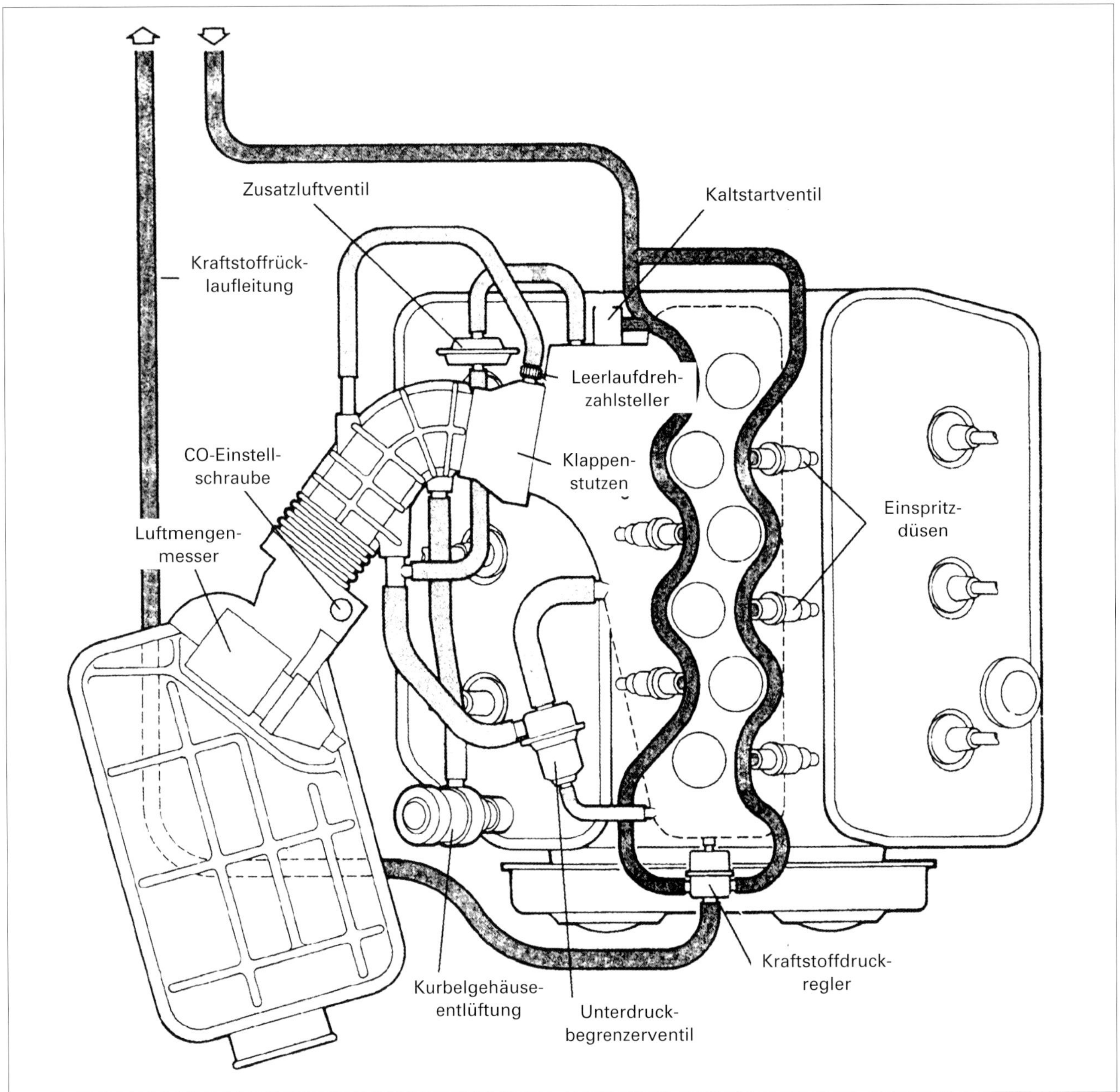

Abb. 6-41. Die Bosch-Einspritzanlage

Der häufigste Fehler dürfte in schadhaften elektrischen Verbindungen zu suchen sein, die auf Korrosion oder Schmutz in einem Stecker zurückzuführen sind. Zahlreiche Funktionsstörungen an der elektronischen Einspritzanlage lassen sich bereits durch Abziehen und Reinigen der einschlägigen Steckverbindungen beheben, wobei alle Kabel außerdem trocken und dicht sein müssen. Im Störungsfall sollte also zuerst eine schadhafte Masseverbindung unterstellt werden.

Zweihäufigster Defekt wäre eine hängende Luftmengenmesserklappe. Mit der Hand kann die Klappe vorsichtig bewegt und auf schwergängige Stellen überprüft werden. Zur Kontrolle dieser Klappe schalten Sie die Zündung ein und horchen, ob die elektrische Benzinpumpe anläuft, sobald Sie die Klappe öffnen. Läuft die Pumpe nicht, wenn die Klappe geöffnet ist, liegt ein Schaden an der Pumpe oder an ihrer Verkabelung vor.

Zur Störungseingrenzung muss ein Kraftstoffdruckmanometer in der Benzinleitung zum Kaltstarteinspritzventil zwischengeschaltet werden. Der Austausch der Benzinleitung zum Kaltstarteinspritzventil wurde in einem Alfa-Kundendienstrundschreiben von 1982 beschrieben. Die originale Benzinleitung führt von der Rückseite des Benzinverteilerrohrs in einem engen Bogen zum Kaltstarteinspritzventil. Diese Leitung ist zu kurz, um ein Kraftstoffdruckmanometer zwischenzuschalten, also sollte für den Test eine längere Leitung montiert werden.

Da die Bosch-Anlagen nur selten Defekte entwickeln, können wir daraus folgern, dass das Problem erst dann in dieser Anlage zu suchen ist, wenn alle anderen möglichen Ursachen eindeutig ausgeschaltet wurden.

3.2 Kontrollen an der Bosch-Einspritzanlage

Vor der Prüfung der elektronischen Einspritzanlage sollte eindeutig feststehen, dass der Motor anderweitig in einwandfreiem Zustand ist. Kompression und Einstellwerte müssen stimmen, und es dürfen keine größeren mechanischen Defekte (wie verschlissene Kolbenringe oder Ventilführungen) vorliegen, die die weitere Fehlersuche verfälschen würden.

Die erste Kontrolle gilt dem Ansaugtrakt vom Luftmengenmesser zum Klappenstutzen. Schlecht sitzende Schellen, gelockerte Schläuche oder Risse in den Leitungen können zu Falschlufteintritt in den Ansaugtrakt führen. Diese Luft wird nicht vom Luftmengenmesser erfasst, so dass das Gemisch zu sehr abmagert und weitere Probleme auftreten – von Startschwierigkeiten bis zu unrundem oder zu hohem Leerlauf.

Die nächste Kontrolle dient der Prüfung, ob die Benzinpumpe mit 2,3 bis 2,7 bar Druck fördert. Dazu schließen wir ein T-Stück an der Anschlussstelle der Benzinzuleitung zum Verteilerrohr an. Der Druck in der Kraftstoffleitung wird bei laufendem Motor gemessen. Ist der Druck zu niedrig, wird die Benzinrücklaufleitung zusammengedrückt, so dass sie kurzzeitig blockiert ist, und jetzt der angezeigte Druck abgelesen. Steigt der Druck über 2,7 bar, ist der Kraftstoffdruckregler schadhaft; steigt er nicht an, muss die Benzinpumpe ersetzt werden.

Tests an den elektrischen Bauteilen der elektronischen Einspritzanlage können an Gebern (Sensoren) oder an Magnetschaltern durchgeführt werden.

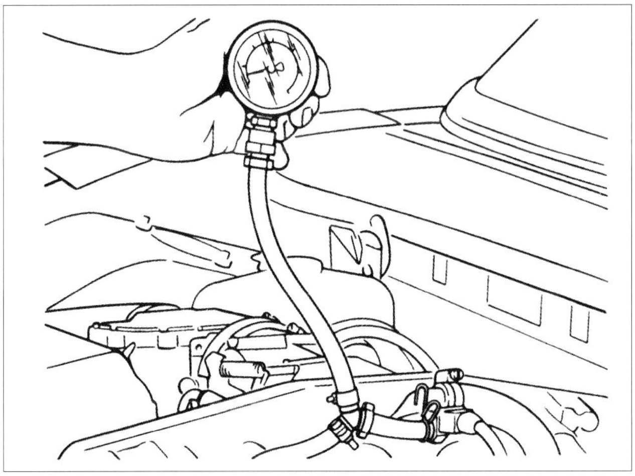

Abb. 6-42. Einbau eines Kraftstoffdruckmanometers.

Geber lassen sich mithilfe eines präzisen hochimpedanten Volt-Ohm-Messgeräts auf Durchgang oder Widerstand prüfen. Die Steckverbinder (der Stecker am Kabel, das aus dem Steuergerät herausführt) bestimmter Geber können auf anliegende Spannung geprüft werden. Tests sind an sieben Magnetschaltern möglich: an sechs Einspritzventilen und am Startventil. Die Magnetventile werden zur Prüfung abgeschraubt und der abspritzende Kraftstoff beobachtet (das Startventil funktioniert allerdings nur bei kaltem Motor). Die Beobachtung des Kraftstoffstrahls ist jedoch nicht ganz ungefährlich, denn dieser zerstäubte Kraftstoff ist extrem leicht entflammbar. Typisches Bosch-Schaltbild und Steuergeräteanschlüsse siehe Abb. 6-43.

Kontrollen mit einem Volt-/Ohm-Meter

Vor den Tests lohnt es sich, das Bosch-Wartungshandbuch für die elektronische Einspritzanlage Ihres Modells zu beschaffen. Die nachstehend genannten Anschlussklemmen sind bei jüngeren Modellen möglicherweise anders belegt (etwa aufgrund von Änderungen in der Serie). Bei den nachstehenden Tests am Stecker des Steuergeräts muss stets die Zündung ausgeschaltet sein, bevor irgendwelche Verbindungen getrennt werden. Bei Tests an einem Steuergerätestecker ist zu beachten, dass damit Bauteil und Leitungskabel gleichzeitig getestet werden, also könnte der Fehler in jedem der beiden Bauteile liegen. Eine Möglichkeit zum direkten Testen des Steuergeräts gibt es nicht. Sind alle anderen Tests in Ordnung, läuft der Motor aber immer noch nicht richtig, kann der Fehler im Steuergerät liegen. Die nachstehenden Tests wurden beispielhaft an einem GTV6 Bj. 1982 durchgeführt.

Luftmengenmesser. Der Widerstand zwischen Klemme 36 und 39 des Steckers des Luftmengenmessers sollte gegen Unendlich gehen (Stromkreis unterbrochen), wenn die Klappe geschlossen ist, und gleich Null sein, wenn die Klappe ganz geöffnet ist. Wird bei eingeschalteter Zündung leicht auf die Klappe gedrückt, sollte die Benzinpumpe anlaufen.

Stromversorgung des Steuergeräts. Der Hauptstecker am Steuergerät hat 35 Kontaktpins mit Pin 1-18 auf der einen und Pin 19-35 auf der gegenüberliegenden Seite. Pin 17 ist Systemmasse. Bei ausgeschalteter Zündung sollte Batteriespannung an Pin 10 anliegen.

Benzinpumpenrelais. Der Widerstand zwischen den Steuergeräteklemmen 17 und 20 muss 52 bis 78 Ohm betragen.

Anlasssignal. Bei drehendem Anlasser sollte Systemspannung zwischen Steuergeräteklemme 4 und Systemmasse (Pin 17) anliegen.

Kühlmitteltemperaturfühler. Der Widerstand zwischen Klemme 13 und 17 sollte 7-12 KOhm bei -10° C, 2-3 KOhm bei +20° C und 250-400 Ohm bei 80° C betragen.

Temperaturzeitschalter. Bei diesen Prüfungen liegt die Kühlmitteltemperatur des kalten Motors bei unter 30° C und die des warmen Motors bei über 40° C. Am Temperaturzeitschalter muss der Widerstand gegen Masse an Klemme G in kaltem Zustand bei 25-40 Ohm und in warmem Zustand bei 50-80 Ohm liegen, an Klemme W in kaltem Zustand kein Widerstand und in warmem Zustand 100-160 Ohm; der Widerstand zwischen den Klemmen G und W muss kalt zwischen 25 und 40 Ohm und warm zwischen 50 und 80 Ohm liegen.

Kaltstartventil. Beim Anlassen eines kalten Motors muss (wenn der Temperaturzeitschalter in Ordnung ist) Batteriespannung an den Klemmen des Kaltstartventilkabelstrangs anliegen. Der Widerstand an den Wicklungen des Kaltstartventils muss 4 Ohm betragen.

Volllastschalter. An den Steuergeräteklemmen 3 und 18 muss zyklisch ein Wechsel zwischen geschlossenem und offenem Stromkreis durchlaufen werden, wenn der Schalter betätigt wird. Werden die beiden Leitungen am Schalter bei laufendem Motor miteinander verbunden, sollte die Drehzahl etwas ansteigen.

Einspritzdüsen. Die Wicklungen der einzelnen Einspritzdüsenmagnete müssen einen Widerstand von 2-3 Ohm anzeigen.

3.3 Umbauten an der Einspritzanlage

Die Gemischeinstellung an Motoren mit Abgasreinigung ist auf optimale Abgaswerte, nicht auf maximale Leistung abgestimmt. Änderungen an der Kraftstoffanlage zielen im Allgemeinen auf eine Anreicherung des Kraftstoff-Luft-Gemischs ab.

Zuerst muss die Lambdasonde abgeklemmt werden. Andernfalls zwingt die Lambdasonde das Steuergerät, unabhängig von den meisten sonstigen Änderungen stets das entsprechende Kraftstoff-Luft-Gemisch zu liefern. Die Regelungsspanne der Lambdasonde ist so breit, dass die serienmäßige Anlage sogar an Motoren mit Turboaufladung eingesetzt werden kann. Wird die Abgassonde abgeklemmt, entspricht der Motor allerdings nicht mehr den Abgasreinigungsvorschriften.

Da die in der Bosch-Anlage gelieferte Kraftstoffmenge teilweise vom Förderdruck abhängig ist, bewirkt ein höherer Förderdruck in der Anlage

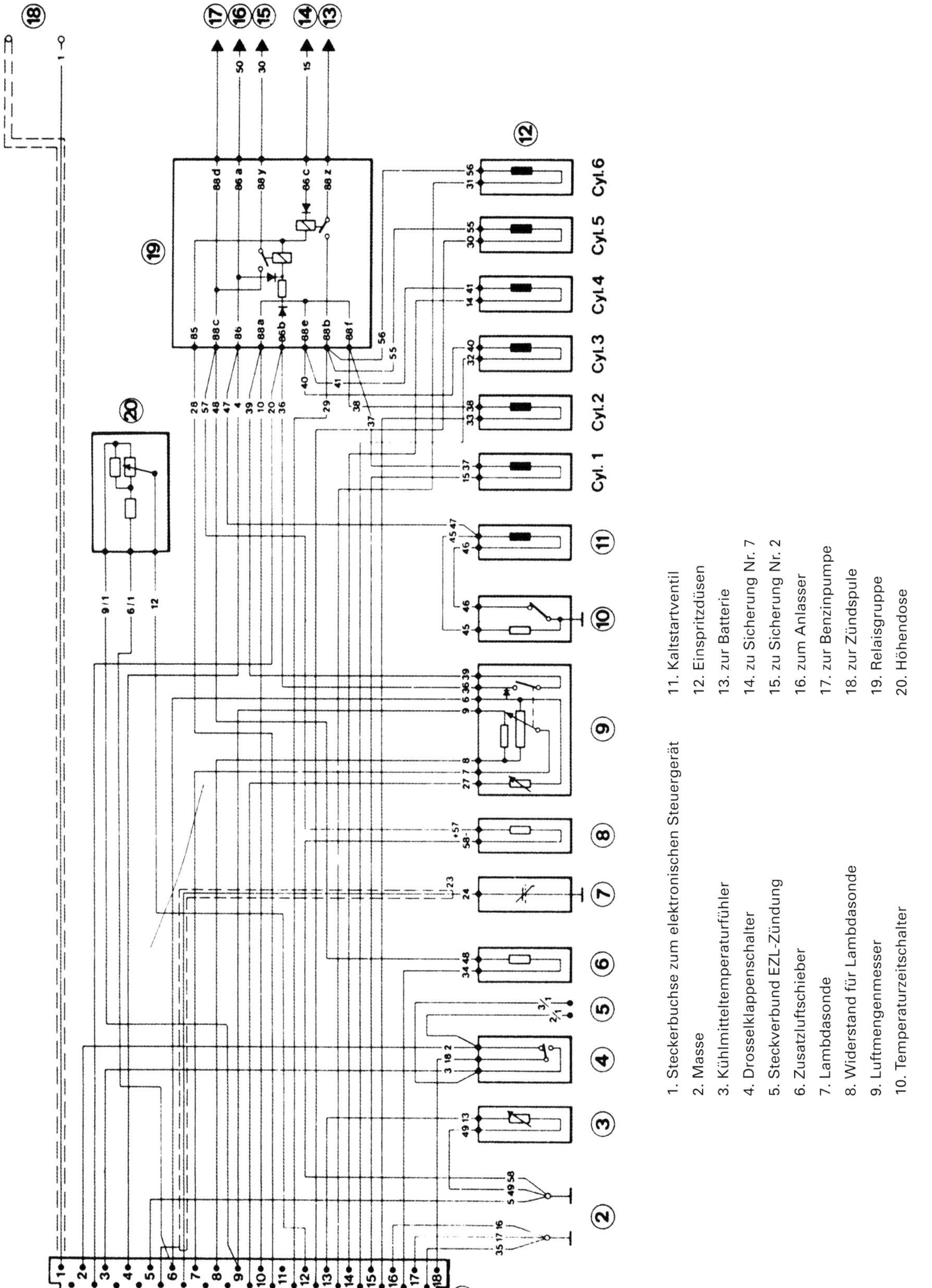

Abb. 6-43. Bosch-Schaltplan mit den Verbindungen vom Steuergerät zu den einzelnen Komponenten

eine Anreicherung des Kraftstoff-Luft-Gemischs. Der Druckregler der Anlage wird teilweise durch den Ansaugunterdruck geregelt (der Druck steigt mit zunehmender Drehzahl). Eine Nachstellung des Reglers ist möglich – oder der Druck kann durch Verkleinerung der Drossel in der Kraftstoffrücklaufleitung hinter dem Kraftstoffverteilerrohr erhöht werden.

Ein gängiger Umbau der Bosch-L-Jetronic dient dazu, ihr Ansprechverhalten zu optimieren. Der Luftmengenmesser weist eine eingeklebte quadratische Kunststoffkappe auf. Unter dieser Kappe sitzt die Feder, mit der die Spannung für die Klappe des Luftmengenmessers aufgebaut wird. Wird eine schwächere Feder verwendet, öffnet die Klappe schneller und beim Beschleunigen wird mehr Kraftstoff hinzudosiert. Die Spannfeder ist einstellbar. Für ihre richtige Spannung sorgt ein Zahnrad, das seinerseits von Federn gehalten wird. Dieses Rad kann um 5 bis 7 Zähne verdreht werden, so dass die Spannung an der Klappe verringert wird. Aber Vorsicht bei diesen Eingriffen: Nur zu leicht kann damit ein kostspieliges Bauteil ruiniert werden. Außerdem erlischt die Betriebserlaubnis.

4. Zündanlage

Unter normalen Betriebsbedingungen ist die serienmäßige Zündanlage Ihres Alfa völlig ausreichend. Nicht brillant, aber ausreichend.

Es ist mir klar, dass viele Alfisti die serienmäßige Zündung unter allen Betriebsbedingungen für ganz hervorragend halten. Mein Kollege Joe Benson brachte seinen Veloce auch bei Frosttemperaturen zuverlässig zum Anspringen, bei denen mein – baugleiches – Modell permanent streikte. Viel hängt dabei natürlich auch von den individuellen Betriebsbedingungen der Zündanlage ab. Gealterte Zündkontakte, verschmutzte Verteilerkappe, lose Anschlüsse, verschlissener Verteilerläufer und Zündkabel, die „Durchschläge" produzieren, lassen sich bei gewissenhafter Pflege leicht vermeiden.

Persönlich war mein wichtigstes Kriterium für die Wartung der Zündanlage, stets Champion-Zündkerzen (N5 oder N6Y) zu verwenden. In den Bedienungsanleitungen bestimmter V6-Modelle werden Silver-Lodge-Kerzen empfohlen, persönlich setze ich allerdings auf Champion-Zündkerzen. Auch eine Hochleistungs-Kondensatorzündanlage (HKZ) erwies sich bei mir immer als sehr förderlich für den Zündfunken – zugegebenermaßen aber auch als Ausgleich für ansonsten nicht immer pünktlich gewechselte Verschleißteile. Technik statt Wartung – wenn man will … zur Nachahmung nicht zu empfehlen.

Elektronische Zündanlagen sind kostspielig und sicher so lange nicht nötig, wie Sie die Zündanlage Ihres Klassikers stets tiptop in Schuss halten. Sie bieten jedoch eine gewisse Sicherheitsmarge, und allein deshalb sind sie zu empfehlen, vor allem in Gegenden, in denen Ihr Alfa öfters bei Minustemperaturen laufen soll. Sofern Ihre Zündanlage nicht wirklich arg heruntergewirtschaftet ist, bewirkt eine elektronische Zündanlage aber keinen signifikanten Leistungsgewinn oder Verbrauchsersparnis. Eine bewährte Alternative für ältere Alfas (und Serienausstattung bei moderneren Alfas) ist die Marelli-Plex-Anlage.

4.1 Einstellen der Zündung

Abgesehen von der routinemäßigen Erneuerung der Zündverschleißteile dürften Sie nur noch in einer Hinsicht mit Arbeiten an der Zündanlage zu tun haben: wenn Sie den Zündzeitpunkt etwas weiter in Richtung „früh" verstellen möchten.

Der richtige Zündzeitpunkt ist wichtig, damit das Kraftstoff-Luft-Gemisch im Brennraum im richtigen Augenblick gezündet werden kann, so

Abb. 6-44. Ein scheinbar serienmäßiger Giulia-Motor – aber zählen Sie einmal die Zündkabel aus dem Verteilerdeckel. Der GTA besaß Doppelzündung, um eine möglichst vollständige Verbrennung zu gewährleisten.

dass das brennbare Gemisch optimale Leistung entfaltet (d.h. am besten verbrennt), wenn der Kolben im Arbeitshub seine Abwärtsbewegung beginnt. Der Zündfunke muss also ein paar Grad, bevor der Kolben den oberen Totpunkt (OT) erreicht, überspringen.

Wenn Sie nicht gerade Zugang zu einem Motorenprüfstand haben, ist es allerdings relativ aussichtslos, die optimale Zündkennlinie durch Experimentieren ermitteln zu wollen.

Eine praxisnahe Lösung besteht darin, die Zündung bei maximaler Motordrehzahl auf den maximalen Vorzündungswert (Zündzeitpunkt vor OT) einzustellen, bei dem der Motor beinahe zu klingeln anfängt. Die Zündung wird also soweit in Richtung „früh" eingestellt, dass der Motor bei Vollgas klingelt, und dann wieder geringfügig zurückgenommen. Damit ist der optimale Zündzeitpunkt bei Halbgas (halb geöffneter Drosselklappe) noch nicht erreicht, doch wie bereits angedeutet, lässt sich diese Einstellung ohne umfangreiche Messapparaturen nicht in der heimischen Garage herausfinden.

Bei den Giulietta-Motoren sitzen die Zündzeitpunktmarken auf dem Schwungrad, bei jüngeren auf der vorderen Kurbelwellenriemenscheibe. Die statische Zündzeitpunkteinstellung (Marke F = „fissa" = fest) erfolgt bei stehendem Motor; die Maximal-Marke (M = „massimo") wird für die Zündzeitpunkteinstellung bei 5000/min verwendet. Die Marke P (= „punto") markiert – sofern Sie sie erkennen können – den oberen Totpunkt (OT); bei Alfas mit SPICA-Einspritzanlage ist außerdem eine Marke I (= „iniezione") für die Einstellung der Einspritzpumpe vorhanden.

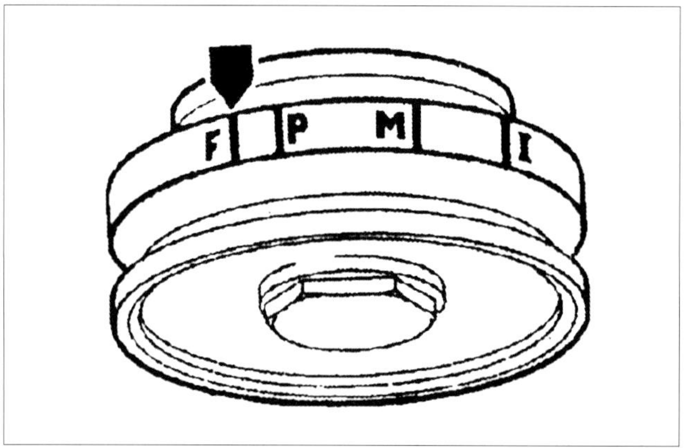

Abb. 6-45. Die Zünd- und Einspritzeinstellmarken, wie sie an Autos mit Benzineinspritzung zu finden sind. Sollten Sie Ihren Alfa aus Kalifornien importiert haben, gibt es für F und P eine gemeinsame Markierung.

In der Praxis können wir den Zündzeitpunkt statisch (mithilfe der Marke F) oder dynamisch (anhand der Marke M) einstellen. Wenn Sie über eine Stroboskop-Zündzeitpunktpistole verfügen, sollten Sie den Zündzeitpunkt dynamisch auf maximale Vorzündung einstellen. In der Theorie (also wenn Federn und Fliehgewichte im Verteiler der Serienausführung entsprechen) stimmt die dynamische (maximale) Vorzündung, wenn wir den Zündzeitpunkt statisch einstellen. Die wichtigste Kenngröße ist allerdings die maximale Vorzündung, weshalb die Zündung möglichst mit einem Stroboskop bei 5000/min eingestellt werden sollte.

Egal, wie der Zündzeitpunkt eingestellt wird – zuerst müssen die Unterbrecherkontakte auf einen Abstand von (normalerweise) 0,45 mm eingestellt werden, der bei ganz auf dem Nocken der Verteilerwelle aufgelaufenem Fiberklötzchen der Kontakte gemessen wird. Der für Ihren Alfa gültige Kontaktabstand steht im Reparaturleitfaden oder in der Bedienungsanleitung. Der Schließwinkel beträgt 60° ± 3°. Bei Zündverteilern mit Doppelkontakten wird der obere Kontaktsatz auf 0,43 bis 0,48 mm Kontaktabstand, der untere (Sekundär-) Kontaktsatz auf 0,35 bis 0,53 mm eingestellt.

Zur Zündzeitpunkteinstellung auf den Maximalwert wird zuerst die M-Marke mit etwas Kreide oder Tipp-Ex farblich hinterlegt, damit sie leichter zu erkennen ist. Nun schließen Sie das Stroboskop an (zwei Klemmen an die Batterie, die Klemmzange auf Zündkabel Nr. 1) und lassen den Motor warmlaufen. Während ein Helfer die Drehzahl auf 5000/min hält, richten Sie das Stroboskop vorsichtig auf die Einstellmarken. Unter dem Stroboskoplicht scheinen alle beweglichen Teile stillzustehen (auch der Lüfter). Stimmt der Zündzeitpunkt nicht, stellen Sie den Motor ab und lösen die Verteilerhalteschraube soweit, dass der Verteiler geringfügig in eine Richtung verdreht werden kann. Der Verteiler muss nur um wenige Grad verdreht werden, nicht etwa um eine halbe Umdrehung! Starten Sie den Motor wieder und kontrollieren Sie die Einstellung nochmals mit dem Stroboskop. Springt der Motor nicht mehr an, haben Sie den Verteiler zu weit gedreht. Drehen Sie ihn also ein bisschen zurück. Der Vorgang wird soweit wiederholt, bis die M-Einstellmarke bei 5000/min genau gegenüber dem Einstellzeiger steht. Vermeiden Sie es, den Verteiler bei laufendem Motor zu verdrehen. Das sollten nur sehr erfahrene Mechaniker machen.

Ziehen Sie die Schelle am Verteiler wieder fest, so dass der Verteiler sich nicht mehr von Hand verdrehen lässt. Noch fester braucht die Schelle nicht angezogen zu werden.

Falls Sie kein Stroboskop (zur besonders exakten Zündzeitpunkteinstellung) besitzen, geht es auch mit der statischen Zündzeitpunkteinstellung. Die statische Einstellung (anhand der F-Marke) erfolgt bei stehendem Motor, aber eingeschalteter Zündung. Zuerst schieben wir den Wagen bei ausgeschalteter Zündung und eingelegtem Gang vorwärts, bis die F-Marke auf den Zeiger ausgerichtet ist. Dann legen wir den Leerlauf ein (ohne den Wagen weiterzuschieben), ziehen die Handbremse an und schalten die Zündung ein (Vorsicht, dass nicht versehentlich der Anlasser betätigt wird).

Jetzt klemmen wir das Kabel einer 12-Volt-Prüflampe an die seitliche Klemme am Verteilergehäuse an. Dies ist die Klemme, von der bereits ein Kabel (das Niederspannungskabel) zur Zündspule führt. Das zweite Kabel der Prüflampe wird an einem guten Massepunkt befestigt. Jetzt muss der Verteiler so weit gedreht werden, dass die Prüflampe gerade eben aufleuchtet (die Unterbrecherkontakte schließen jetzt). Wir lösen also die Halteschelle des Verteilers und drehen ihn in einer Richtung, bis die Prüflampe gerade eben verlöscht (die Kontakte öffnen). Nun wird der Verteiler vorsichtig in die entgegengesetzte Richtung gedreht, bis die Prüflampe gerade eben aufleuchtet. Merken Sie sich die Stellung des Verteilers und wiederholen Sie das Ganze. Die Lampe sollte in beiden Fällen in der gleichen Verteilerstellung aufleuchten. Wiederholen Sie das Ganze so oft, bis Sie sicher sind, dass der Verteiler genau so steht, dass die Kontakte gerade eben öffnen. Dann ziehen Sie die Halteschelle fest, damit der Verteiler nicht mehr verdreht werden kann.

Abb. 6-46. Zwei Design-Ikonen: Von Zagato stammt der Entwurf der Giulietta SZ (oben), Michelotti schuf den einzigartigen „Goccia".

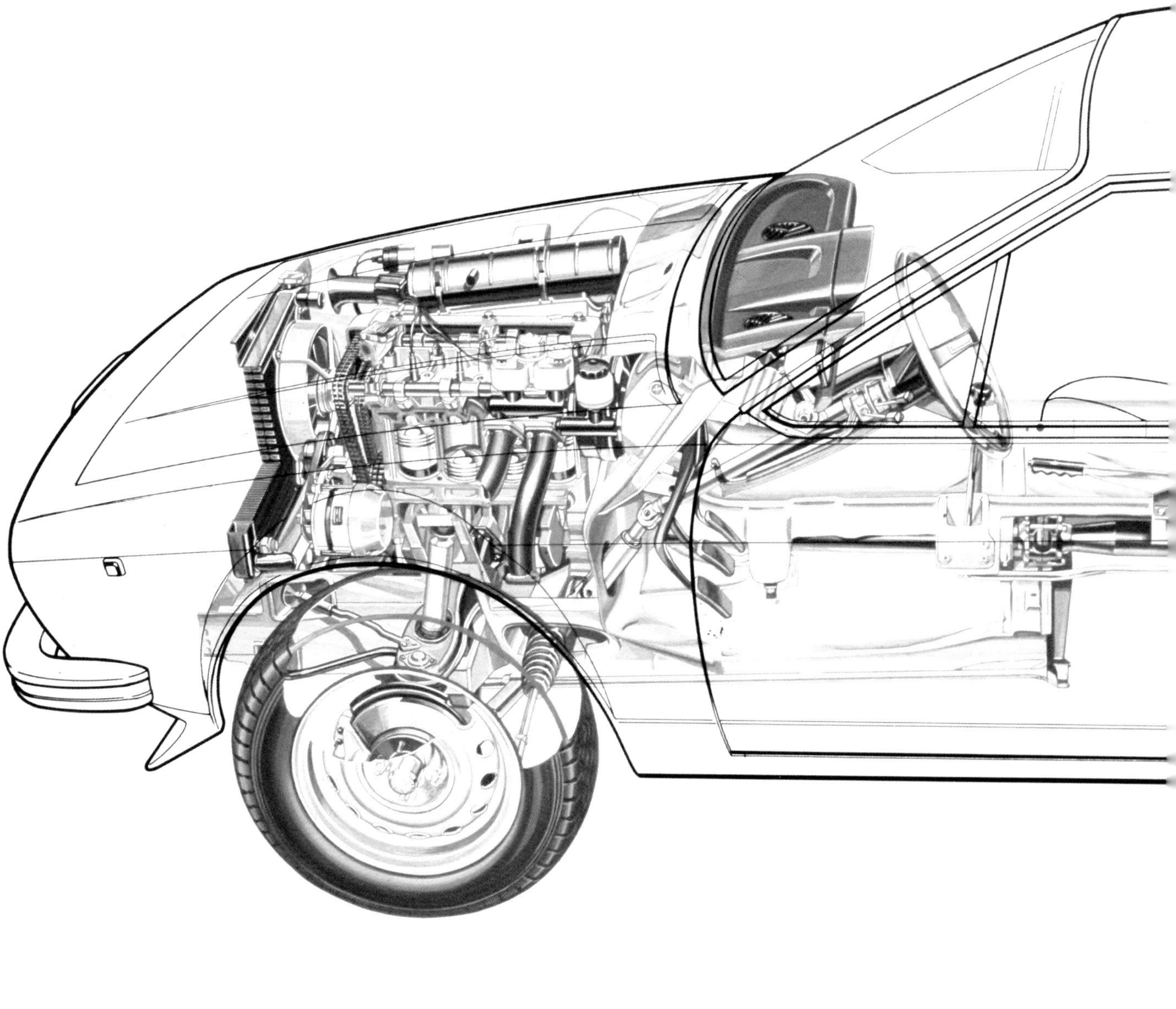

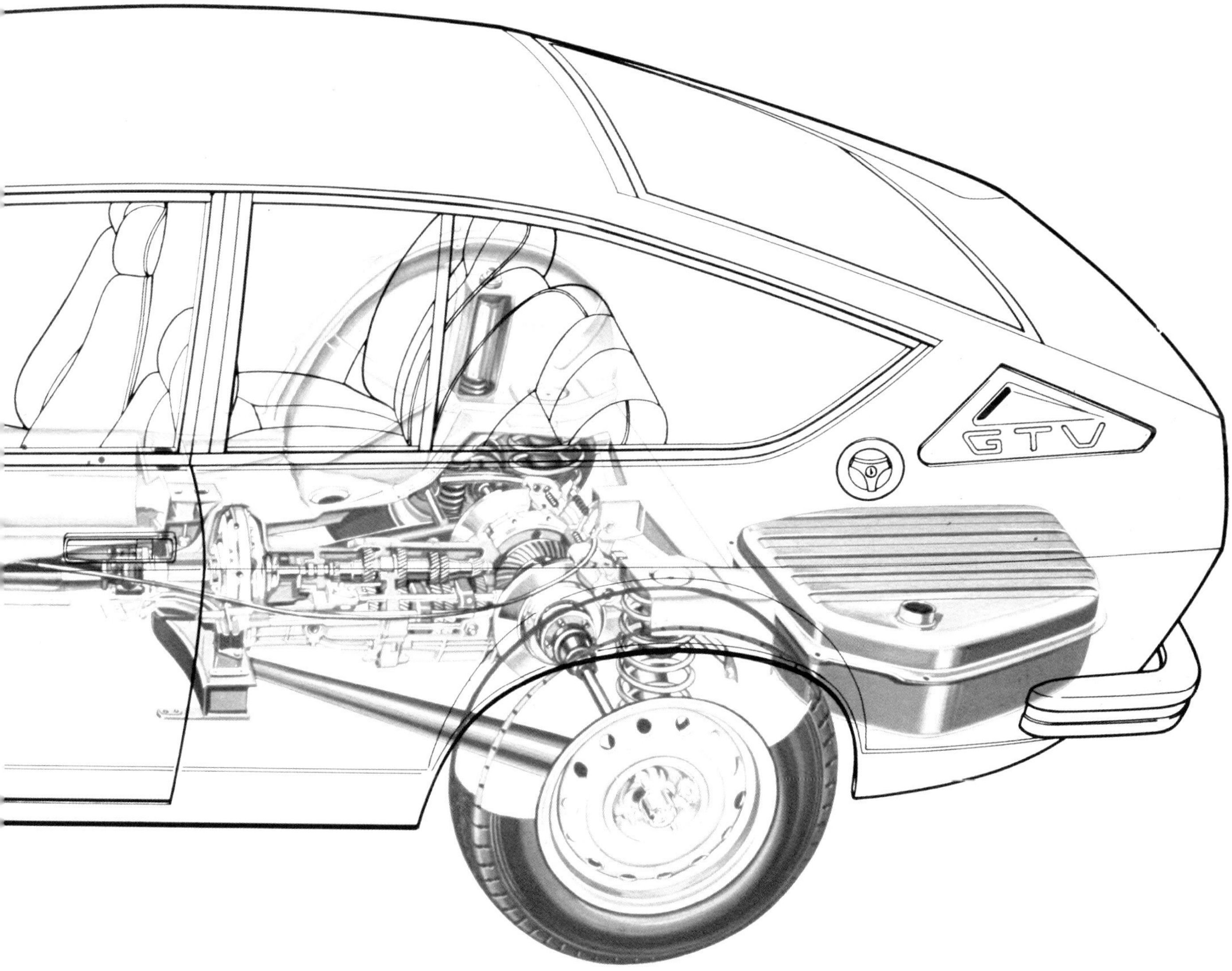

KAPITEL 07

07 Getriebe und Antriebsstrang

Zum Antriebsstrang zählt – streng genommen – alles, was das Auto antreibt, also auch der Motor. Da der Motor aber bereits ausführlich in einem früheren Kapitel besprochen wurde, beginnt diese Betrachtung des Antriebsstrangs unmittelbar hinter dem Motor. Diese Unterscheidung mag dem Anfänger wie Haarspalterei erscheinen, denn einige der Bauteile, die wir im Folgenden behandeln, sind so fest mit dem Motor verschraubt, dass sie eher wie ein Teil des Motors anmuten.

Abb. 7-1. Eine Batterie von Getrieben. Von vorne: Vierganggetriebe des Baumusters 750, Vierganggetriebe mit Lenkradschaltung für frühe 101, Fünfgang für Baumuster 101, Fünfgang für Baumuster 105, Fünfgang für den 2000 und Fünfganggetriebe für den 2600.

1. Das Schwungrad

Das Schwungrad dient als Energiespeicher. Da in einem Vierzylindermotor nur alle 180° ein Arbeitstakt durchlaufen wird, dient das Gewicht des Schwungrades dazu, eine gleichmäßige Drehbewegung des Motors zwischen den Arbeitstakten aufrechtzuerhalten. Je schwerer das Schwungrad, desto mehr Energie kann es speichern und desto weicher ist der Motorlauf.

Allerdings weist ein schweres Schwungrad eine größere Massenträgheit auf. Es lässt sich schwerer als ein leichteres Schwungrad beschleunigen und abbremsen. Ein Motor mit einem schwereren Schwungrad reagiert also weniger agil auf Wechsel der Gaspedalstellung. Viele leistungsoptimierte Motoren laufen daher mit einem leichteren Schwungrad, das spritzigeres Fahrverhalten ermöglicht. Ein leichteres Schwungrad bewirkt freilich keine höhere Leistung, auch, wenn der Fahrer diesen Eindruck erhält. Manchmal wird behauptet, ein leichteres Schwungrad verbessere die Kurveneigenschaften, da der Motor agiler auf Übersteuerungstendenzen reagieren kann, mir erscheint dieses Argument allerdings etwas zweifelhaft, wenn man sich die mäßige Leistung vor Augen hält, die verfügbar ist, um einen Alfa allein über das Gaspedal zu lenken.

Unstrittig vermittelt ein Motor mit leichterem Schwungrad allerdings jede Menge Fahrspaß. Die Kosten für die Anfertigung eines Aluminiumschwungrades lohnen sich zwar nicht wirklich, mancher Alfista mag aber subjektiv ganz anderer Ansicht sein.

Um ein serienmäßiges Alfa-Schwungrad zu erleichtern, lassen Sie es in einer Fachwerkstatt abfräsen. Der Fräsvorgang sollte auf Diagonalen über den Schwungradumfang erfolgen, so dass sechs Dome stehenbleiben, auf denen die Kupplungsdruckplatte angeschraubt wird. Diese Dome sollten an ihren Übergängen zur Schwungradmasse ausreichend ausgerundet werden, um Spannungsspitzen abzubauen. Nach dem Fräsen ist das Schwungrad auf jeden Fall neu auszuwuchten. Auf diese Weise lassen sich bis zu drei Kilogramm Gewicht abnehmen.

Dieser Umbau bringt allerdings einen Nachteil mit sich: Der breite Steg am Umfang des Serienschwungrades bietet einen gewissen Schutz gegen Öl, das am hinteren Kurbelwellendichtring austreten kann. Wenn nun ein Gutteil dieses Schutzstegs abgefräst wurde, gelangt rasch Öl an die Kupplungsbeläge, wenn der hintere Dichtring undicht wird. Obendrein kommt es selbstverständlich sehr auf die handwerkliche Güte der Änderung an. Schlampige Arbeit wird sich bitter rächen. Außerdem sollte ein Alfa-Motor, der mit einem erleichterten Schwungrad – auch mit einem Aluschwungrad aus dem Tuninghandel – ausgerüstet wird, stets mit einem Splitterschutzblech für den Kupplungsglockenbereich kombiniert werden.

Alle Alfa-Schwungräder ähneln einander auf den ersten Blick, es gibt jedoch verschiedene Größen, sodass nicht alle untereinander austauschbar sind. Das gilt vor allem für das Zusammenspiel von Anlasserritzel und Zahnkranz. Die Schwungräder und Kupplungen von Giulietta und Giulia etwa sind kleiner als die von 1750 und 2000. Zudem wurde mit der Alfetta ein anderer Lochkreis eingeführt, so dass die früheren Schwungräder nicht auf die Alfetta-Kurbelwelle passen. Nebenbei bemerkt: Bei den Kurbelwellen der Alfetta fehlt auch die Führungsbohrung für das Pilotlager der Getriebeeingangswelle. Die Alfetta-Kurbelwelle passt also nicht in die älteren (vom 1750 abgeleiteten) 2000er Motoren (Baumuster 105/115). Am einfachsten lässt sich die Austauschbarkeit der Schwungräder überprüfen, indem man die Zähne auf dem Schwungradzahnkranz abzählt.

Die Zahnradträgerplatte der Alfetta auf der Motorrückseite fungiert als leichtes Schwungrad, ihre Hauptfunktion ist jedoch die Aufnahme der vorderen Gummigelenkscheibe (Hardyscheibe). Da diese Platte relativ schwer ist, ließe sich durch Erleichterungsbohrungen schon das eine oder andere Pfund an rotierenden Massen einsparen. Mir ist allerdings noch niemand begegnet, der sich an diesen Umbau oder an die Erleichterung des Alfetta-Schwungrades (das in der Transaxle-Einheit sitzt) gewagt hat. Auch die rotierenden Massen der gesamten Antriebswelle erfüllen in gewisser Weise die Funktion eines Schwungrades.

2. Kupplung

Die Kupplung stellt die Verbindung zwischen dem Motor und dem übrigen Antriebsstrang her. In ausgekuppeltem Zustand kann der Motor laufen, ohne das Fahrzeug anzutreiben. Wird die Kupplung eingerückt, treibt der Motor (über Getriebe und Differenzial) die Antriebsräder an.

Die Kupplung besteht aus zwei Hauptbestandteilen: der Kupplungsscheibe (Mitnehmerscheibe) und der Druckplatte. Die rotiert mit Motordrehzahl, da sie mit dem Schwungrad verschraubt ist. Die Kupplungsscheibe, die zwischen Druckplatte und Schwungrad eingespannt ist, ist mit ihrer Nabe auf der Eingangswelle des Getriebes aufgeschoben (siehe Abb. 7-2).

Die Druckplatte wirkt wie eine Art Schraubstock. Statt durch den Spindelmechanismus des Schraubstocks wird die Kupplungsscheibe durch die

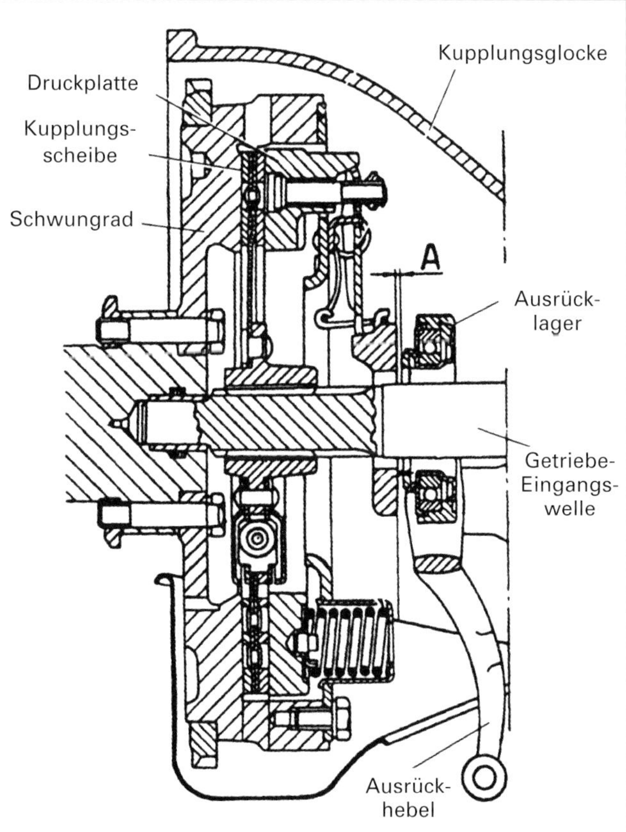

Abb. 7-2. Die Kupplung der Giulietta 750 geht auf das Jahr 1954 zurück, ist im Prinzip jedoch noch beim Spider der 90er Jahre zu finden. Im Grunde hat sich an der Kupplungstechnik nicht viel geändert. Grundsätzlich funktioniert auch die des 6C2500 aus der Vorkriegszeit genauso.

Federkraft der Kupplungsfedern fest gegen das Schwungrad gepresst. Das Kupplungspedal dient lediglich als Gestänge, das durch ausreichend großen mechanischen Hebelarm die Anpresskraft der Druckplatte überwinden kann. Einen Sekundenbruchteil vor dem Einrücken der Kupplung rutscht die Kupplungsscheibe, so dass der Übergang zwischen ausgerückter und eingerückter Kupplung etwas weicher erfolgt. Zusätzlich läuft dieser Einrückvorgang unter der Wirkung der Federn zwischen den Kupplungsreibbelägen und der Nabe der Kupplungsscheibe weicher ab.

Bei den meisten Alfas nach Baujahr 1969 wird die Kupplung hydraulisch betätigt. Die Instandsetzung von Geber- und Nehmerzylinder ist unkompliziert. Viele Werkstätten verweigern die Überholung von Brems- oder Kupplungszylindern (d.h. Honen der Zylinderlaufbahn und Einbau neuer Gummimanschetten), entweder aus Rentabilitätsgründen (ein neuer Zylinder ist günstiger) oder aus Haftungsgründen (keine Gewähr, wenn der Zylinder undicht wird!). Wer etwas Schraubererfahrung gesammelt hat, kann sich durchaus an die Überholung eines derartigen Hydraulikzylinders wagen – saubere und sorgfältige Arbeit vorausgesetzt. Eigenleistung kann hier bis zu 75% der Kosten sparen. Wer sich seiner handwerklichen Fähigkeiten aber nicht sicher ist, sollte im Interesse der Sicherheit die Finger davon lassen.

Störungssuche an der Kupplung

Irgendwann ist bei jeder Kupplung die normale Verschleißgrenze erreicht. Sicherste Anzeichen, dass die Kupplung erneuert werden muss, sind „Kupplungsrattern", wenn Sie einkuppeln (weich gewordene Motorlager führen zum gleichen Effekt) und eine rutschende Kupplung: Man merkt das am trägeren Beschleunigen unmittelbar nach dem Einkuppeln.

Eine schwergängige Schaltung kann möglicherweise daher rühren, dass die Kupplungsscheibe sich auf einer rostigen Eingangswelle nur schwer verschieben lässt, allerdings kann dieses Symptom auch durch schwächelnde Synchronringe im Getriebe oder durch schwergängiges Schaltgestänge hervorgerufen werden.

2.1 Die Kupplungen der Baumuster 750 bis 105

Bis zum Baumuster 105 wurden die Kupplungen mechanisch betätigt. Mit dem 1750 hielt die hydraulische Kupplungsbetätigung Einzug, so dass der Getriebetausch zwischen Modellen vor und nach 1969 mit erheblichem Aufwand verbunden war, sofern nicht die originale Kupplungsglocke beibehalten wurde. Außerdem besaßen Giulietta und Giulia Schraubenfedern in der Druckplatte. Spätere Versionen hatten eine Membranfeder.

Einstellen des Kupplungsgestänges

Mechanisch betätigte Kupplungen sollten gelegentlich nachgestellt werden, damit am Pedal ein gewisser Leerweg bleibt, bevor das Ausrücklager die Druckplattenfedern zu bewegen beginnt. Der genaue Betrag des Leerwegs ist weniger wichtig als der Umstand, dass überhaupt Leerweg vorhanden ist. Durch Nachstellen des Pedalwegs lassen sich oft auch Probleme mit rutschender Kupplung oder Schaltschwierigkeiten beheben.

Können Sie den Leerweg der Kupplung nicht genau ermitteln, ziehen Sie unter dem Fahrzeug am Kupplungsseil. Es muss sich ein Stück weit von Hand in Richtung Wagenheck zurückziehen lassen. Ist kein Leerweg am Seilzug spürbar, muss er durch Nachstellen des Kupplungsgestänges geschaffen werden.

In Regionen mit hoher Streusalzbelastung kann die Kupplungsbetätigung festgehen, wenn die Buchsen im Alugussgehäuse unter dem Bodenblech korrodieren. Entgegenwirken lässt sich diesem Problem durch den Einbau eines Schmiernippels, mit dem die Buchsenlauffläche jederzeit abgeschmiert werden kann.

Wechsel der Kupplung

Am einfachsten ist der Kupplungswechsel, wenn Motor und Getriebe zusammen ausgebaut werden. Dies mag als unverhältnismäßiger Aufwand anmuten, doch aus eigener Erfahrung kann ich bestätigen, dass dies erheblich schneller geht als der getrennte Ausbau von Motor und Getriebe.

Abb. 7-3. Zwei Alfa-Romeo-Druckplattenvarianten: Rechts die ältere Ausführung von Giulia und Giulietta, links die neuere mit Membranfeder, die erstmals im 1750 zu finden war.

Der separate Ausbau des Motors ist extrem schwierig, da im Motorraum nicht genug Platz ist, um die Getriebeeingangswelle vom Kupplungsausrücklager freizubekommen. Der separate Ausbau des Getriebes bereitet dagegen keine besonderen Komplikationen. Problematisch für den unter dem Fahrzeug liegenden Hobbyschrauber ist allerdings der Versuch, das Getriebe wieder an den Motor anzuhängen, während es auf dem Brustkorb ruht und bevor die Armmuskeln Protest anmelden. Das Getriebe unter Umgehung der Auspuffanlage anzusetzen, den Schalthebel durch das Loch im Bodenblech durchzustecken, die Keilverzahnung von Kupplungsscheibe und Getriebeeingangswelle miteinander sauber in Eingriffe zu bringen und dann das Getriebe so zu drehen, dass es auf die Bolzen am Motorflansch aufgeschoben werden kann, dürfte für so ziemlich jeden, der kein trainierter Gewichtheber ist, ein ausgesprochen schwieriges Unterfangen werden (ein Getriebeheber hilft zwar, verhindert aber, dass Sie fühlen können, wo genau das Getriebe steht).

Nachstehend dennoch die Beschreibung, wie ich die Kupplung an einem Modell der Baureihe 750/101 gewechselt und dazu nur das Getriebe ausgebaut habe. Der Trick besteht darin, dass man das mühsame und schwierige Ausrichten der Keilverzahnung der Kupplungsscheibennabe und der Getriebeeingangswelle beim Aufschieben des Getriebes auf den Motorflansch umgeht. Wird dies umgangen, lässt sich das Getriebe wesentlich leichter einbauen und auf die Stehbolzen am Motorblock ausrichten. Bei Getrieben mit angegossener Getriebeglocke funktioniert dieser Trick allerdings nicht. Auf jeden Fall muss die große Wartungsöffnung offen sein. Obendrein ist diese Vorgehensweise für Anfänger definitiv nicht zu empfehlen.

Theoretisch müssen wir zum Ausbau das Getriebe lediglich auf der einen Seite vom Motor und auf der anderen Seite vom Antriebsstrang abschrauben. Bei diversen Alfas, insbesondere bei der Giulia Super, weigert sich das Getriebe aber beharrlich, sich absenken zu lassen, sofern nicht auch ein Großteil der Kupplungs- und Bremsteile demontiert wird. Und bei allen Getrieben gerät das Lösen des Tachowellenantriebs zur Übung in Fingerfertigkeit.

Der Motor sollte im hinteren Bereich unterbaut werden, damit nicht zu viel Schermoment auf den Motoraufhängungen lastet. Ein nicht abgestützter Motor liegt an der Spritzwand an, die aber zu weit hinten liegt, als dass man dies den Motoraufhängungen guten Gewissens zumuten möchte. Wir schieben also ein kurzes Kantholz zwischen Zylinderkopf und Spritzwand ein, so dass der Gasgestänge-Umlenkhebel geschützt ist und der Motor halbwegs waagerecht stehen bleibt.

Wenn Sie den Antriebsstrang an der Hardyscheibe trennen, schrauben Sie zwei oder drei große Schlauchschellen aneinander und spannen Sie die entstehende große Schelle um die Hardyscheibe, so dass der Lochabstand für den Wiedereinbau unverändert bleibt. Siehe Abschnitt zum Erneuern der Hardyscheiben weiter hinten in diesem Kapitel.

Bevor wir nun versuchen, das Getriebe wiedereinzubauen, kennzeichnen wir die Druckplatte, damit sie in genau der gleichen Stellung wie zuvor wieder auf der Schwungscheibe montiert werden kann (und ihre Wuchtung erhalten bleibt).

Zum Ausbau der Druckplatte werden die sechs Befestigungsschrauben herausgedreht. Die Kupplungsscheibe kann einstweilen im Schwungrad verbleiben.

Jetzt geht unser Blick auf die drei großen Hebel, die auf der Kupplungsfeder anliegen. Ihr Drehpunkt liegt ziemlich weit außen, jeder Hebel besitzt aber noch eine kurze Verlängerung außerhalb dieses Drehpunktes. Nun drücken wir die Druckplatte zusammen und blockieren sie in dieser Stellung, indem wir Keile unter den äußeren Hebelenden einklemmen.

Abb. 7-4. Hier wurde einer der Haltekeile für den Einbau der Kupplung eingelegt.

Dazu fertigen wir drei etwa 10 mm dicke U-förmige Keile an. Als Ausgangsmaterial eignen sich die breiten Drahtklammern, wie sie im Baugewerbe für die Kabelstrangbefestigung verwendet werden. Legen Sie die Druckplatte mit der Anlauffläche für das Ausrücklager nach oben auf dem Boden ab, treten Sie auf die Anlauffläche und drücken Sie damit die Federn zusammen. Ein Helfer setzt die Haltekeile ein, dann können Sie die Druckplatte loslassen. Die Hebel sollten so verkeilt werden, dass die Federn noch unter Druckspannung stehen (siehe Abb. 7-4). Diese Keile können aber wie eine Mausefalle wirken, also größte Vorsicht bei der Handhabung der so gesicherten Druckplatte!

Anschließend montieren wir die Druckplatte vorsichtig am Schwungrad (Augenschutz tragen!), drehen die sechs Befestigungsschrauben aber nur 1-2 Gewindegänge weit ein. Die Kupplungsscheibe bewegt sich jetzt frei in der Druckplatte, da die Federn in ausgerückter Stellung blockiert sind.

Nun bauen wir das Getriebe am Motor an. Die Getriebeeingangswelle wird dünn mit Spezialfett bestrichen und müsste jetzt problemlos mit der Nabe der Kupplungsscheibe in Eingriff kommen. Der Zusammenbau lässt sich erleichtern, indem im Getriebe ein Gang eingelegt und die Abtriebs-

Abb. 7-5. An der ausgebauten Alfetta-Transaxle-Einheit ist die Einbaulage der Kupplung am vorderen Ende des Getriebes zu erkennen.

welle etwas gedreht wird, während das Getriebe auf den Motor aufgeschoben wird. Dann wird das Getriebe fest mit dem Motor verschraubt.

Jetzt greifen wir durch die Kupplungswartungsöffnung und ziehen die sechs Druckplattenschrauben an. Dabei drehen wir den Motor immer wieder ein Stück weiter, damit die Schrauben gleichmäßig reihum angezogen werden können. Beim Anziehen der Schrauben legt sich die Druckplatte an der Kupplungsscheibe an. Beim weiteren Anziehen bewegen sich die drei Andrückhebel weiter, bis die Keile herausfallen. Bevor alles zusammengeschraubt wird, müssen jedenfalls alle drei Keile herausgenommen worden sein.

Beim Erneuern der Kupplung wird das Ausrücklager gleich mit erneuert. Vielleicht wäre es noch nicht erneuerungsbedürftig gewesen, wenn Sie aber das alte wieder einbauen, gibt es garantiert nächste Woche den Geist auf.

2.2 Die Kupplung der Alfetta

Bei der Alfetta sitzt die Kupplung im Heck unmittelbar vor dem Getriebe (siehe Abb. 7-5). Dank dieser Einbaulage kann die komplette Kupplung ohne Ausbau von Motor oder Transaxle erneuert werden. Kupplung und Getriebezahnräder können sogar ausgebaut werden, ohne dass das Hauptgehäuse ausgebaut werden muss.

Bei Eingriffen an dieser Kupplung und vor allem an den Getriebezahnrädern war mir nie ganz wohl, solange das Hauptgehäuse noch unter dem Fahrzeug montiert war. Sofern der Unterboden Ihrer Alfetta nicht vorher eine gründlichste Heißdampfreinigung erhalten hat, besteht immer die Gefahr, dass Schmutzrückstände gerade dann an die frisch überholten, jungfräulichen Getrieberädersätze gelangen, wenn Sie gerade wieder alles unter dem Bodenblech zusammenbauen wollen.

Es ist zwar ein Vorteil, Kupplung und Getriebe an einer Alfetta ohne Ausbau des Hauptgehäuses tauschen zu können, doch würde ich davon abraten. Zum Ausbau des Transaxle-Ensembles müssen die beiden Antriebswellen getrennt und die Kupplungs- und Bremshydraulikleitungen gelöst werden, doch bietet dies den eindeutigen Vorteil, dass Sie sauberer arbeiten können.

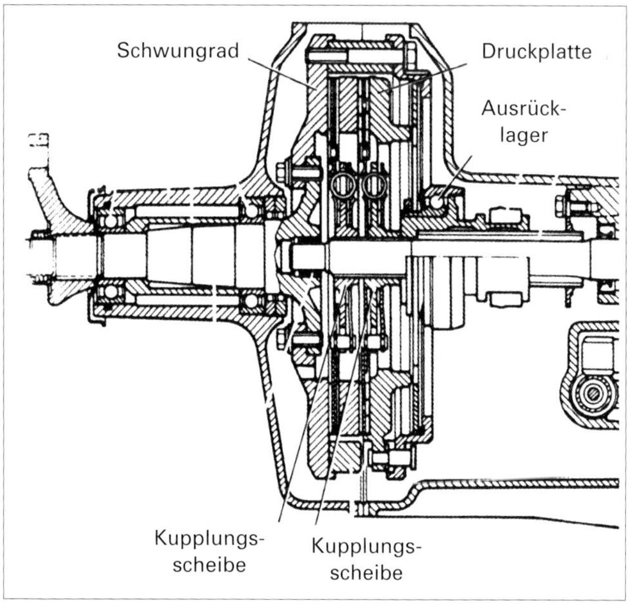

Abb. 7-6. Die Zweischeibenkupplung der frühen V6-Coupés. Diese Baueinheit sitzt an der Stirnseite der Transaxle-Einheit (die in der Zeichnung rechts liegt).

Die grundsätzlichen Arbeitsgänge für den Kupplungswechsel sind weiter unten in der Anleitung für das Zerlegen des Transaxle-Aggregats beschrieben.

2.3 Die V6-Kupplung

Alle GTV6 waren mit einer Zweischeibenkupplung ausgerüstet, die besonders hohe Anpressdrücke ermöglichte. Im Alfa 75 kam wieder eine Einscheibenkupplung zum Einbau, um den Einkuppelvorgang weicher zu gestalten. Daraus ergibt sich für Alfa-Schrauber, dass der Einbau einer früheren Zweischeibenkupplung in den späteren Modellen keine Vorteile bringt, umgekehrt spart aber der Einbau einer Kupplung des 75 in einen GTV6 rund die Hälfte der Teilekosten.

Für Vierzylinder-Alfettas im Motorsport wäre die verstärkte Kupplung des V6 unter Umständen zweckmäßig. Ich habe so einen Umbau zwar noch nicht gesehen, wenn die Motorleistung aber die Kupplung bis an ihre Grenzen beansprucht, dürfte dieser Umbau durchaus sinnvoll sein.

3. Das Getriebe

Zunächst sei zum besseren Verständnis die grundsätzliche Funktionsweise der Alfa-Getriebe erläutert. Das Getriebe besteht aus drei Hauptbaugruppen: der Eingangswelle, der Hauptwelle und der Vorgelegewelle.

Wenn wir das Getriebe öffnen, sehen Eingangswelle und Hauptwelle auf den ersten Blick wie ein einziges Bauteil aus, während die Vorgelegewelle unterhalb dieser beiden Wellen liegt. Auf der Hauptwelle sitzt ein einziges Zahnrad, das seinerseits die Vorgelegewelle antreibt. Die Zähne auf der Vorgelegewelle treiben wiederum die Zähne auf der Hauptwelle an (siehe Abb. 7-7). Die Hauptwellenzahnräder können frei auf ihrer Welle rotieren, wodurch die Verbindung zur Antriebs- bzw. Kardanwelle (oder bei Transaxle-Modellen zum Achsantrieb) hergestellt wird.

Beim Schaltvorgang wird lediglich das entsprechende Gangzahnrad auf der Hauptwelle gesperrt. Dieser Sperrvorgang wird durch einen Schiebering erreicht. Damit der Schiebering in das Zahnrad eingreifen kann, muss die Drehzahl des Rings mit der Drehzahl des Zahnrads übereinstimmen. Am Zahnrad ist eine kleine Expanderkupplung (die Synchronisiereinrichtung) montiert, die die Drehzahl des Zahnrads mit der des Synchronrings in Einklang bringt. Wenn der Synchronring das Zahnrad nicht mehr auf die richtige Drehzahl bringen kann, wird der Schaltvorgang schwergängig oder es sind Schaltgeräusche zu vernehmen.

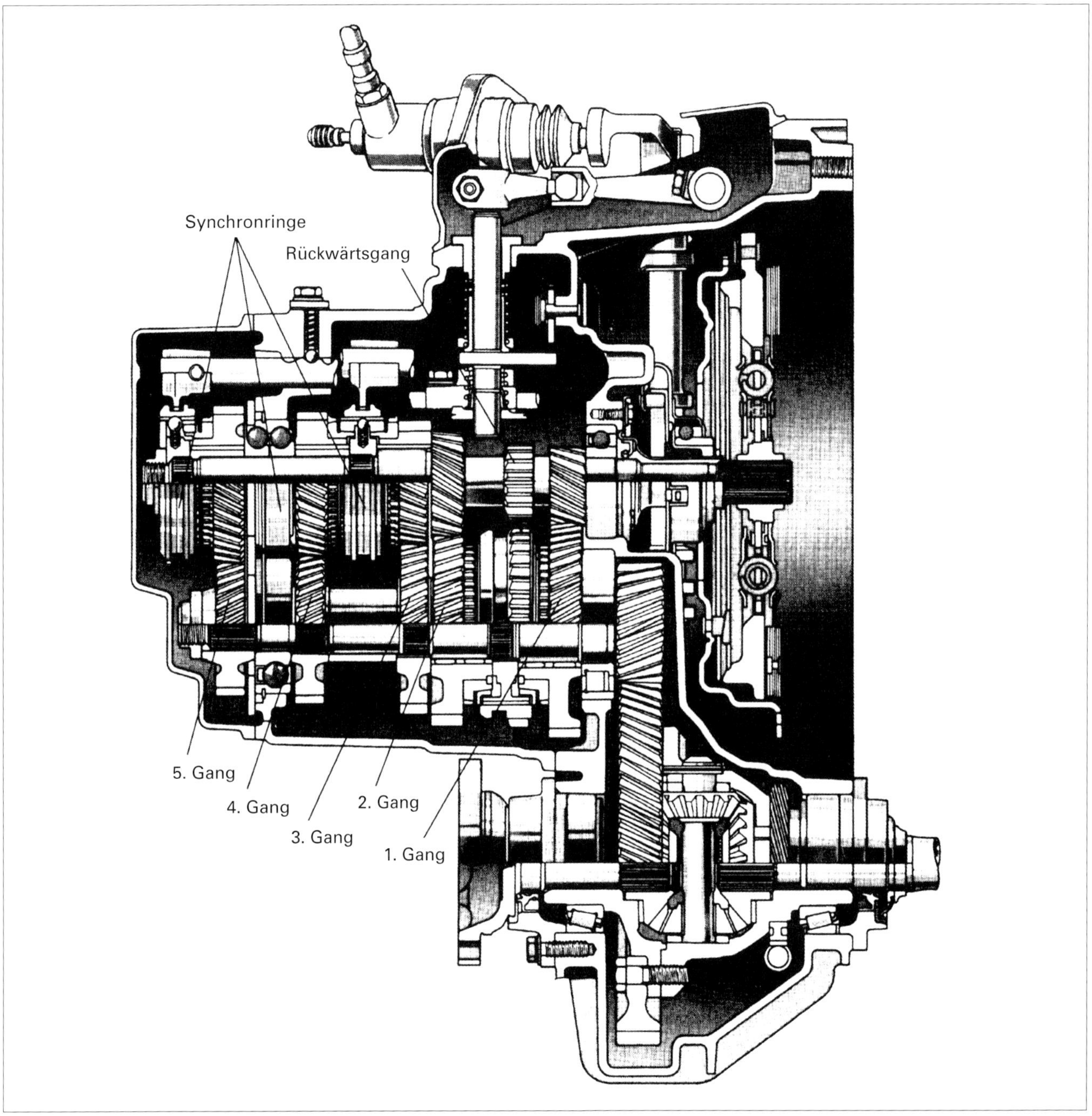

Abb. 7-7. Beim 164 sind Getriebe und Achsantrieb in einem gemeinsamen Gehäuse zusammengefasst, die Funktion von Getriebe und Synchroneinrichtungen entspricht jedoch der aller anderen Alfa-Getriebe.

Im Alfa-Getriebe sind drei identische Sperrringeinheiten montiert. Wird einer dieser Sperrringe vor- oder zurückverschoben, wird das Räderpaar 1.-2. Gang, das Räderpaar 3.-4. Gang oder das Räderpaar 5.-Rückwärtsgang geschaltet. Durch eine Sicherungsvorrichtung wird verhindert, dass mehr als ein Gang gleichzeitig eingelegt werden kann.

Synchronring des 2. Gangs defekt

Dies ist der häufigste Getriebedefekt bei den Alfas. Ich erinnere mich an kaum einen gebrauchten Alfa Romeo, in dem ich nicht den Synchronring des 2. Gangs zum Kratzen brachte. Die richtige Schaltweise eines Alfa sieht so aus: Halten Sie einen Herzschlag lange inne und lassen Sie den Schalthebel in der Leerlaufstellung ruhen und doppelkuppeln Sie beim Herunterschalten. Dies schont nicht nur die Synchronringe, sondern sichert Ihnen auch die Bewunderung Ihrer Mitfahrer angesichts dieser hohen Kunst des Fahrens. Nicht selten weigern sich Alfas allerdings kategorisch, ohne Getriebekratzen den 2. Gang zu akzeptieren – ganz gleich, wie versiert Sie als Fahrer sind.

Grundsätzlich sind die Alfa-Getriebe ausgesprochen solide konzipiert. Die Getriebezahnräder sind derart robust, dass ihre Massenträgheit für die Synchronringe fast schon zu viel wird. Aus unerfindlichen Gründen gilt dies ganz besonders für den Rädersatz des 2. Gangs. Nach einigen tausend Kilometern entwickeln Sie ein Gespür dafür, dass der 2. Gang sich eben schwerer einlegen lässt als der Rest und gelegentlich ein peinliches Kratzen vernehmen lässt, wenn Sie es mit den Schaltpausen nicht so genau nehmen.

Beheben lässt sich dieses Problem kurzfristig durch die Erneuerung der Synchronringe. Dauerhaft beseitigen ließe sich das Problem nur, indem die einzelnen Zahnräder so angebohrt werden, dass ihre Masse verringert wird. Diese Lösung verbietet sich aufgrund ihrer Kosten ganz von alleine, aber immerhin ist es nett zu wissen, dass es eine gäbe. In einer US-Alfa-Clubzeitschrift war einmal dieser Umbau anhand einer Bilderserie eindrucksvoll beschrieben. Natürlich sollte jedes Zahnrad ausgewuchtet werden, nachdem die Erleichterungsbohrungen angebracht wurden. Wie gesagt: ein teurer Spaß!

Die Erneuerung der Synchronringe ist kein Spaziergang. Wer noch nie ein Getriebe geöffnet hat, mache sich auf eine fast unendliche Aneinanderreihung von Zahnrädern gefasst. Ein Motor umfasst unzählige Bauteile, aber die meisten sind an ihrer ganz besonderen Form zu erkennen. Somit könnte fast jeder eine Kiste voller Motorteile zu einem Motor zusammensetzen. Ganz anders bei einem Getriebe: Viele Getriebeteile ähneln einander derart zum Verwechseln, dass sie nur mit penibel genauer Organisation den Weg an ihren richtigen Einbauort finden.

Abb. 7-8. Die gesamte Leistung des V6-Motors wird über die 21 Millimeter dünne Keilnutwelle in der Mitte übertragen. Die fast gleich starke Welle rechts ist für das Schaltgestänge vorgesehen.

Handelsüblichen Getriebeölen sind Additive zugesetzt, die bessere Schmierung unter den extremen Drücken gewährleisten sollen, die an den miteinander in Eingriff stehenden Zahnrädern auftreten. Diese „Extreme-Pressure"-Additive (EP) hatten den Nebeneffekt, dass die neuen Synchronringe der (Porsche-) Synchronisierung der 101er Getriebe zum Verglasen neigten. Deshalb wurden damals Getriebeöle ohne EP-Zusätze vorgeschrieben (Shell Dentax 90 – Klassifikation API GL1, Shell-intern später durch Shell Spirax S1 ersetzt). Das Problem für den Privatschrauber bestand darin, dass diese „unlegierten" Getriebeöle nur in 200-Liter-Fässern erhältlich waren. Wer also das passende Getriebeöl gefunden hatte, musste entweder Öl bis zum Ende seiner Tage auf Vorrat kaufen oder eine Sammelbestellung mit anderen Alfa-Fahrern aufgeben.

Manche Alfa-Fahrer verwenden stattdessen dickes Motoröl (SAE 40 oder 50) und eine Dose Additiv für Öle ohne EP-Zusätze. 1968 kündigte Alfa Romeo eine Änderung der Oberflächenstruktur der Synchronringe an, dank der nun auch normales Schaltgetriebeöl einwandfrei seinen Dienst tat. Die alten Synchronringe sind an einer radialen Nut zu erkennen, die neueren Synchronringe haben eine raue, strukturierte Oberfläche. Bei der Überholung eines der älteren Getriebe sollten stets die neueren Synchronringvarianten montiert werden. Bei einigen Teilen der Synchronisiereinrichtung haben sich die Abmessungen geändert, daher muss vor dem Einbau ins Getriebe geprüft werden, ob die gesamten Synchronisiereinheiten frei drehen.

3.1 Mit dem Motor verschraubte Getriebe

Das Getriebe des Giulietta-Baumusters 750 war insofern etwas Besonderes, als sein Gehäuse im Prinzip aus einem Rohrkörper bestand, in das die Getriebezahnräder eingefädelt wurden. Für den Ein- oder Ausbau der Rädersätze ist ein Spezialwerkzeug erforderlich, weshalb Arbeiten an diesem Getriebe einem erfahrenen Alfa-Mechaniker mit entsprechendem Werkzeug überlassen werden sollten. Freie Werkstätten sind damit in der Regel überfordert. Wer also ein derartiges Getriebe selbst zerlegen möchte, sollte sich intensiv in die Materie einarbeiten.

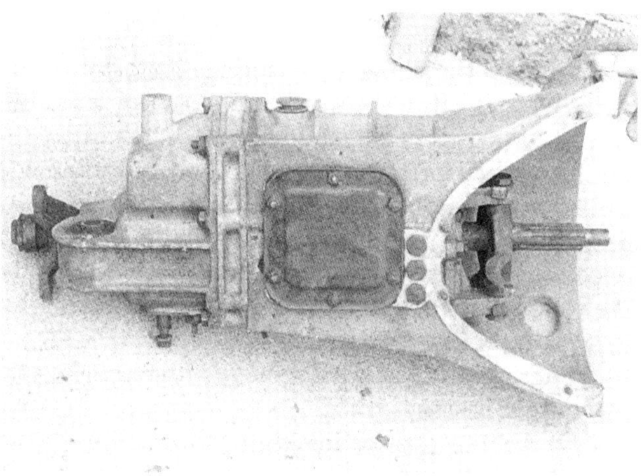

Abb. 7-9. Prototyp eines 750er Getriebes für Lenkradschaltung.

Das Getriebe des Baumusters 750 kann durch ein jüngeres des Baumusters 101 ersetzt werden, allerdings müssen dafür das Schwungrad des 101 eingebaut, die Getriebeaufhängung abgesenkt und im Bodenblech ein neues Loch für den Schalthebel angebracht werden.

KAPITEL 07

1959 brachte Alfa Romeo ohne Vorankündigung ein neuartiges Getriebe für die Baureihe 101 heraus. Das Gehäuse ist längs geteilt, so dass es mit normalen Werkzeugen geöffnet und instandgesetzt werden kann. Das im Prinzip gleiche Getriebe tut auch im 2000 (Baumuster 102) und 2600 Dienst.

Frühe 101er Getriebe der Giulietta waren als Viergangetriebe aufgebaut. Eine Zeitlang griffen Alfisti auf die Teile des 2000er Getriebes zurück, um sich eine Giulietta mit fünftem Gang aufzubauen.

Dies fand mit der Einführung der Giulia ein Ende, die ein eigenes Fünfganggetriebe erhielt. Die Gängeabstufung unterschied sich allerdings von der des 2000, so dass die Giulia- und 2000er Getriebe zwar nicht identisch, aber doch untereinander austauschbar sind.

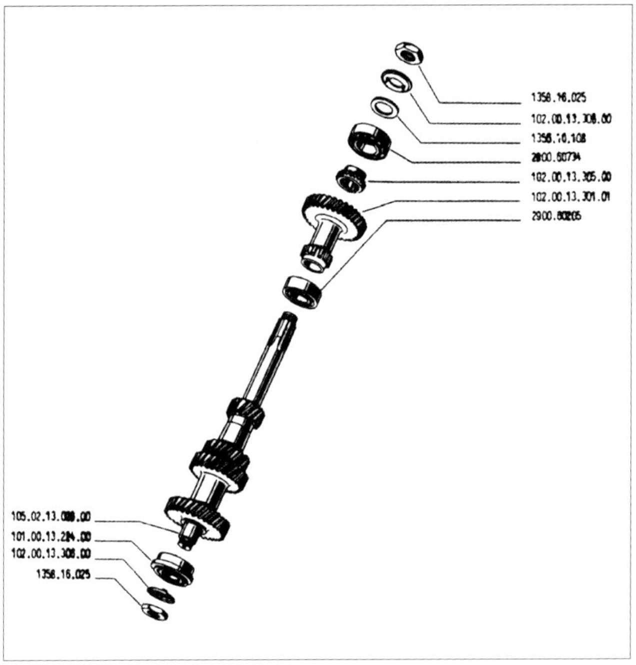

Abb. 7-11. Die Vorgelegewelle des Getriebes 101. Das Rücklaufrad ist nicht abgebildet.

Ausbauen und Zerlegen

Das Getriebe kann zum Ausbau nach hinten vom Motor abgezogen werden – wie im Kupplungskapitel oben erwähnt, ist es jedoch sinnvoll, Motor und Getriebe gemeinsam auszubauen. Das klingt nach viel überflüssiger Arbeit, doch wer einmal versucht hat, unter dem Fahrzeug liegend unter Muskelkrämpfen die Eingangswelle des Getriebes mit der Kupplung zu verbinden und das Getriebe auf die Bolzen am Motor aufzufädeln, wird schnell überzeugt sein (der einzige Ausnahmefall ist weiter oben beschrieben).

Oft kommt es vor, dass beim Ausbau von Motor und Getriebe ein Bauteil vergessen wurde und es dann weder vor noch zurück geht – mit rätselhaften, mitunter auch katastrophalen Folgen: Vergewissern Sie sich (am besten zweimal), dass Sie die Tachowelle, das Masseband nahe dem Anlasser, den Chokezug (sofern vorhanden), die Benzinleitungen, das Gasgestänge und den Schalthebel abgebaut haben.

Am Getriebe müssen die Kabel für den Rückfahrlichtschalter gelöst werden. Der Ausbau des Tachowellenantriebs ist eine sehr umständliche Angelegenheit, zumal sich das Getriebe nicht nennenswert absenken lässt, um das Anschlussstück leichter abschrauben zu können. Am besten lässt sich das Anschlussstück mit einer Wasserpumpenzange lösen. Nachdem mit der Zange die ersten 1-2 Gewindegänge gelöst wurden, versuchen Sie, es mit den Fingern vollends loszudrehen. Der nachfolgende Arbeitsablauf wurde gegenüber den Anleitungen in den Werkstatthandbüchern deutlich verkürzt. Wer eine Schritt-für-Schritt-Anleitung benötigt, besorge sich unbedingt das entsprechende Werkstatthandbuch. Wer bereits für den Ausbau des Getriebes eine Anleitung benötigt, wird ganz sicher mit der Überholung überfordert sein.

Nachdem das Getriebe nun also vor uns liegt, reinigen wir die gesamten Außenflächen so gründlich wie nur irgend möglich. Andernfalls könnte zuviel des außen festgebackenen Drecks später ins Getriebeinnere gelangen. Synchronringe, Wellen und Lager werden in gesonderten Kartons säuberlich geordnet abgelegt. Kleinteile werden in Plastiktüten verpackt, damit sie nicht verlorengehen können. Mit einem Markierstift beschriften wir alle Kartons und Tüten deutlich und unmissverständlich.

Zuerst wird die Kupplungsglocke demontiert, dann der Abtriebsflansch am hinteren Getriebeende.

Legen Sie den dritten Gang ein, nehmen Sie die Schaltvorrichtung ab, lösen Sie das hinteren Getriebeteil und ziehen Sie es ab, danach das Schaltgestänge für 5. Gang und Rückwärtsgang einschließlich der Schaltschiene.

Drehen Sie die Schrauben heraus, mit denen die beiden Getriebehälften zusammengehalten werden. Die Öleinfüllschraube muss oben liegen, wenn Sie die Gehäusehälften auseinanderziehen. Verzichten Sie bitte darauf, die Passflächen auseinanderzuhebeln. Leichte Hammerschläge sind besser geeignet, um die Hälften zu trennen.

Nehmen Sie die Sperre heraus, die verhindert, dass mehr als ein Gang gleichzeitig eingelegt wird. Schauen Sie sich seine Funktionsweise genau an. Tipp: Leichter geht das Zerlegen mit einem Hilfsstift aus Holz.

Holen Sie tief Luft und packen sie Eingangs- und Hauptwelle an den Enden und heben Sie den gesamten Wellen- und Rädersatz ab.

Legen Sie das Ganze auf der Werkbank ab und trennen Sie Eingangswelle und Hauptwelle durch leichtes Ziehen voneinander. Damit wird das

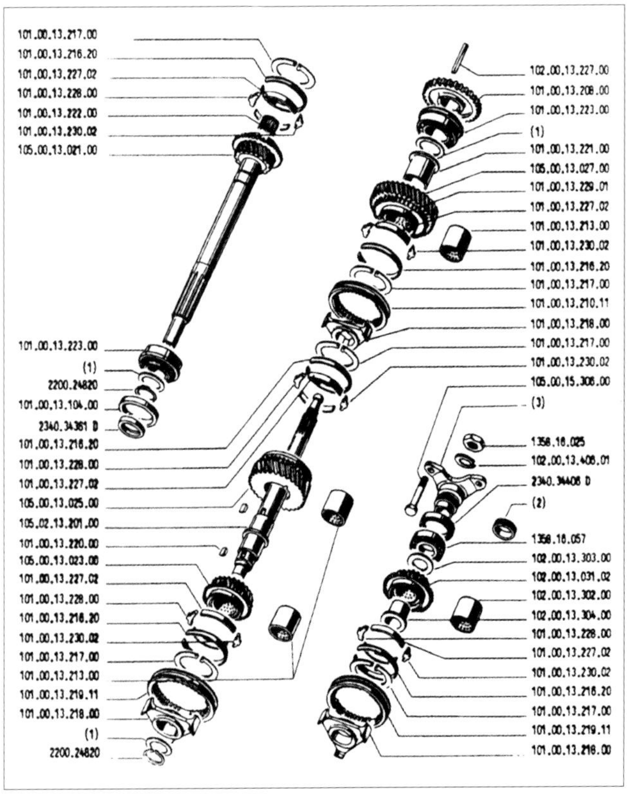

Abb. 7-10. Die Hauptwelle des Fünfganggetriebes des Baumusters 101. Oben die Eingangswelle. Die eigentliche Hauptwelle ist im mittleren Rädersatz zu sehen. Der untere Rädersatz wird ebenfalls auf die Hauptwelle aufgeschoben.

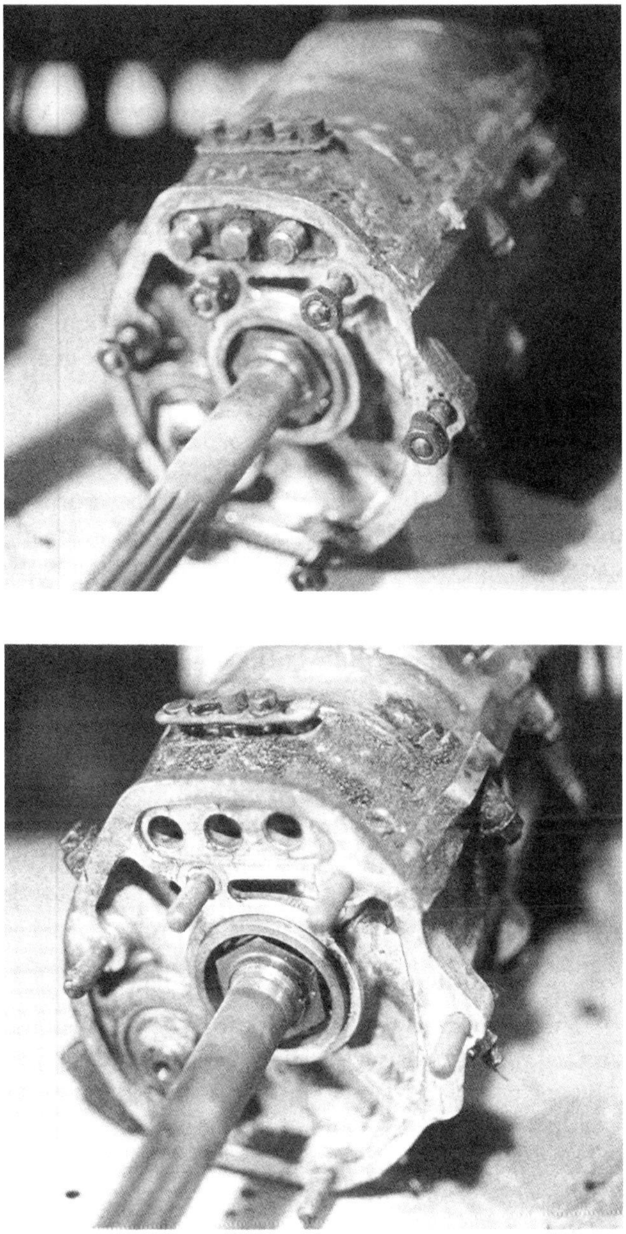

Abb. 7-12. Beim 101er Getriebe sind zwei Varianten zu unterscheiden. Bei der oberen liegen die Schaltstangen – die drei waagerechten Stangen am Gehäuseende – offen. Beim unteren 101er Getriebe sind die Schaltstangen in ihrer Bohrung nicht zu sehen.

Gangrad für den 4. Gang (auf der Eingangswelle) vom Rad für den 3. Gang (auf der Hauptwelle) getrennt und die Synchronisiereinrichtung für die beiden Gangräder liegt offen.

Studieren Sie die Synchronisiereinrichtung in aller Ruhe, bis Ihnen das Funktionsprinzip vollständig klar ist. Die Hauptbauteile der Synchronisiereinrichtung sind die äußere Schaltmuffe, die mit der Schaltgabel in Eingriff steht, die eigentliche Synchronisiereinrichtung (eine Expanderkupplung aus zwei konzentrischen Segmenten, die mit zwei Sperrstücken in Eingriff stehen) sowie das Zahnrad (Gangrad), das frei auf der Welle verschiebbar ist (siehe Abb. 7-13). Machen Sie mit dem Zerlegen erst weiter, wenn Sie die Synchronisiereinrichtung zuverlässig montieren können. Sie sollten also den „Gefälligkeitstest" bestehen: Wenn ein Nachbar Ihnen eine Kiste mit den Einzelteilen von drei Synchronisiereinrichtungen bringt und dann an der Treppe in Ihren Werkstattkeller stolpert und alles auskippt, dann sollten

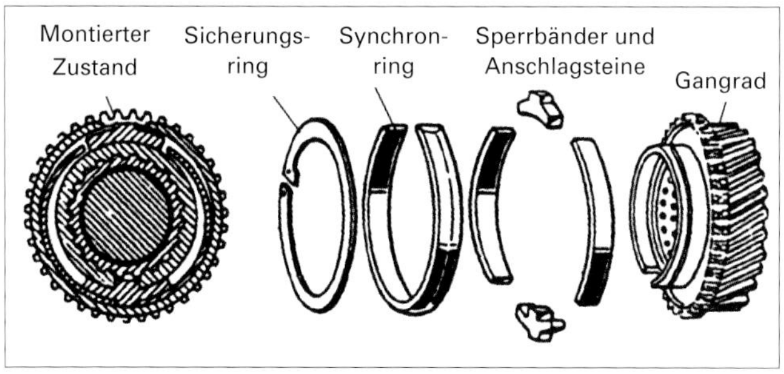

Abb. 7-13. Die Einzelteile einer Synchronisiereinrichtung. Die äußerste Schaltmuffe ist nicht dargestellt.

Sie trotzdem in der Lage sein, ihm die montierten Synchronisiereinheiten umgehend wieder in die Hand zu drücken.

Bevor die Zahnräder zerlegt werden, prüfen Sie sie auf Axial- und Radialspiel. Das Zahnrad sollte sich reibungslos auf der Welle drehen und sich nicht kippen lassen. Greifen Sie die einzelnen Zahnräder mit den Fingern und schieben Sie sie vor und zurück oder versuchen Sie, sie auf ihrem Lager zum Kippen zu bringen. Ist diese Kippbewegung mit dem bloßen Auge erkennbar, ist das Lager ausgelaufen und sollte ersetzt werden. Übermäßiges Axialspiel kann durch dickere oder dünnere Beilagscheiben ausgeglichen werden. Bei dieser Gelegenheit sollten Sie auch prüfen, ob Anlaufscheiben in anderer Stärke benötigt werden, planen Sie aber nicht so, dass das Getriebe hinterher zu stramm eingestellt ist. Zu strammes Laufspiel im Getriebe ist ein häufiger Montagefehler. Das Getriebe muss mit einem gewissen Mindestspiel laufen können, damit das hochviskose Öl überall hinkommt.

Sind die Zahnradsätze infolge Verschleiß blau angelaufen, zeigen sie Pitting oder Zahnausfall und sind die Lager erkennbar schadhaft, können Sie sich Aufwand und Kosten für eine Reparatur womöglich ganz sparen und ein besser erhaltenes gebrauchtes Getriebe beschaffen (ja, ich weiß, mit zunehmendem Fahrzeugalter ist diese Beschaffungsmethode immer weniger aussichtsreich). Es kann gar nicht oft genug betont werden: Eine Getriebeüberholung ist arbeitsintensiv. Dazu fällt mir die Frage an einen Alfa-Romeo-Werkstattbesitze ein, ob er schon einmal Probleme bei der Einstellung des Teller- und Kegelradsatzes an einer Alfetta-Transaxle hatte.

Nach kurzem Zögern gestand er ein, dass er noch nie ein Alfetta Getriebe zerlegt habe, obwohl er die Kundendienstschulungen im Werk absolviert hatte. Für ihn war klar, dass für seine Kunden ein gebrauchtes Ersatzgetriebe, etwa aus einem Unfallwagen, stets günstiger war.

Die Lager sind in den Innendurchmesser der Zahnräder eingepresst und werden in Übermaß geliefert, d.h. nach dem Einpressen in das Zahnrad müssen sie fluchtend gebohrt werden. Wer selbst eine Drehbank besitzt, kann die Lager selbst einbauen, andernfalls bringt man Zahnräder und Lager zur Montage am besten in eine Werkstatt mit entsprechender Ausrüstung.

In den Werkstatthandbüchern ist das Zerlegen der Hauptwelle mithilfe einer Presse beschrieben, nur besitzen die wenigsten Hobbyschrauber eine eigene Presse. Stattdessen können wir einen Dreiarmabzieher ansetzen, der von der Abtriebsseite der Hauptwelle bis zum entgegensetzten Ende des zweiten Gangs und noch etwa 25 mm weiter greift. Setzen Sie den Abzieher so an, dass er auf den Seitenflächen der Zahnräder anliegt, und ziehen Sie Rollenlager und Synchronringe von der Hauptwelle ab. Das Gangrad des 3. Gangs wird nach vorne abgezogen, die übrigen nach hinten. Versuchen Sie aber nicht, ein Gangrad abzuziehen, solange die Passfeder noch in ihrer Nut sitzt, denn die Passfeder verkratzt sonst die Lagerfläche. Passfedern, Lager und Distanzstücke, die von den Gangrädern auf der Welle gehalten werden, müssen so gekennzeichnet werden, dass sie wieder in der richtigen Reihenfolge zusammengebaut werden können.

Wenn die Hauptwelle vollständig „nackt" ist, kontrollieren wir ihre Lagerflächen auf Riefen und Grate. Leichte Grate lassen sich mit 600er Schleifpapier auspolieren.

Beim Zusammenbau müssen alle Lagerflächen gut eingeölt werden, außerdem ist auf klinische Sauberkeit aller Teile und des gesamten Arbeitsbereichs zu achten.

Kugellager reinigen wir zur Kontrolle in Lösungsmittel, um Schmiermittel- und Schmutzreste auszuspülen. Dann fassen wir das Lager am Innenring und drehen den Außenring durch (nicht zu schnell, damit das Lager keinen Schaden nimmt). Klickende Geräusche sind ein Zeichen dafür, dass das Lager ersetzt werden muss.

ACHTUNG: Versetzen Sie das Lager auf keinen Fall mit Druckluft in Drehung. Bei hohen Drehzahlen könnte es auseinanderfliegen.

Das Unangenehme bei der Überholung eines Motors ist, dass Sie erst nach dem kompletten Zusammenbau feststellen können, wie er läuft. Die Funktion eines Getriebes lässt sich dagegen bereits beim Zusammenbau überprüfen. Bei der Montage prüfen wir sämtliche Synchroneinrichtungen auf einwandfreie Funktion. Nachdem die Schaltgabeln auf den Schaltstangen montiert wurden, kontrollieren wir, ob sie richtig in die Schaltmuffen zwischen den Zahnradflanken eingreifen.

3.2 Transaxle

Zu Arbeiten an Kupplung und Getriebezahnrädern muss die Transaxle-Einheit der Alfetta nicht aus dem Fahrzeug ausgebaut werden. Um Kupplung und Rädersätze auszubauen, müssen zuerst die Antriebswelle abgebaut und das Getriebegehäuse soweit nach unten gedrückt und in dieser Stellung fixiert werden, dass beim Ausbau der Zahnräder aus dem Gehäuse genügend Abstand zur Karosserie bleibt.

Wegen der Gefahr, dass Schmutz eindringt, ist aber davon abzuraten, unter dem Fahrzeug an Kupplung oder Getriebe zu arbeiten. Der Ausbau des kompletten Ensembles ist nicht besonders kompliziert, allerdings müssen die Hydraulikleitungen für Bremsen und Kupplung gelöst werden. Nachstehend werden einleitend die Arbeitsgänge unter dem Wagen und anschließend die Zusatzarbeiten für den Ausbau der Transaxle-Einheit aus dem Fahrzeug beschrieben.

Ausbau von Kupplung/Getriebe

Dafür muss der Wagen soweit aufgebockt sein, dass Sie bequem unter dem Fahrzeug arbeiten können. Unterstellböcke sind ein Muss. Als erstes wird die Antriebswelle getrennt.

Siehe Abschnitt zum Austausch der Hardyscheibe unten.

Lösen Sie die sechs Schrauben, mit denen der vordere Aufhängungsquerträger an der Karosserie verschraubt ist. Diese Brücke ist aus Vierkantprofilen aufgebaut und ungefähr auf Höhe der Vorderkante des Rücksitzes quer unter dem Fahrzeug montiert (siehe Abb. 7-15). In der Mitte des Trägers befindet sich das Aufhängungslager der Achse. Dort ist eine Schraube zu erkennen. Rühren Sie diese Schraube nicht an. Das Lösen dieser Schraube bringt Sie nicht weiter.

Stellen Sie einen Rangierwagenheber am Wagenheck mittig unter das DeDion-Rohr und heben Sie es vorsichtig an. Dadurch senkt sich die Eingangsseite des Getriebes ab (siehe Abb. 7-16). Setzen Sie ein Distanzstück zwischen vorderem DeDion-Rohr und Karosserie ein, damit das Getriebe in dieser abgesenkten Position blockiert wird. Alfa Romeo verwendet ein spezielles Werkzeug, um das Gehäuse in dieser nach unten gerichteten Stellung zu fixieren, für uns tut es jedoch auch ein Kantholz in passender Größe (siehe Abb. 7-17). Die Länge dieses Distanzblocks ist zweitrangig. Nachdem die Antriebswelle ausgebaut wurde, heben wir das Achsrohr an, bis das Getriebe sich um den maximal möglichen Betrag nach vorne abgesenkt hat (beim weiteren Anheben des Wagenhebers beginnt sich die Karosserie mit anzuheben). Jetzt messen wir den Abstand zwischen dem vorderen Achsträger und dem Fahrzeugunterboden und sägen ein passendes Kantholz zurecht. Persönlich würde ich den Wagenheber allerdings aus Sicherheitsgründen unter der Achse belassen. Der Wagenheber wird nur soweit abgelassen, dass das Kantholz stramm eingespannt bleibt.

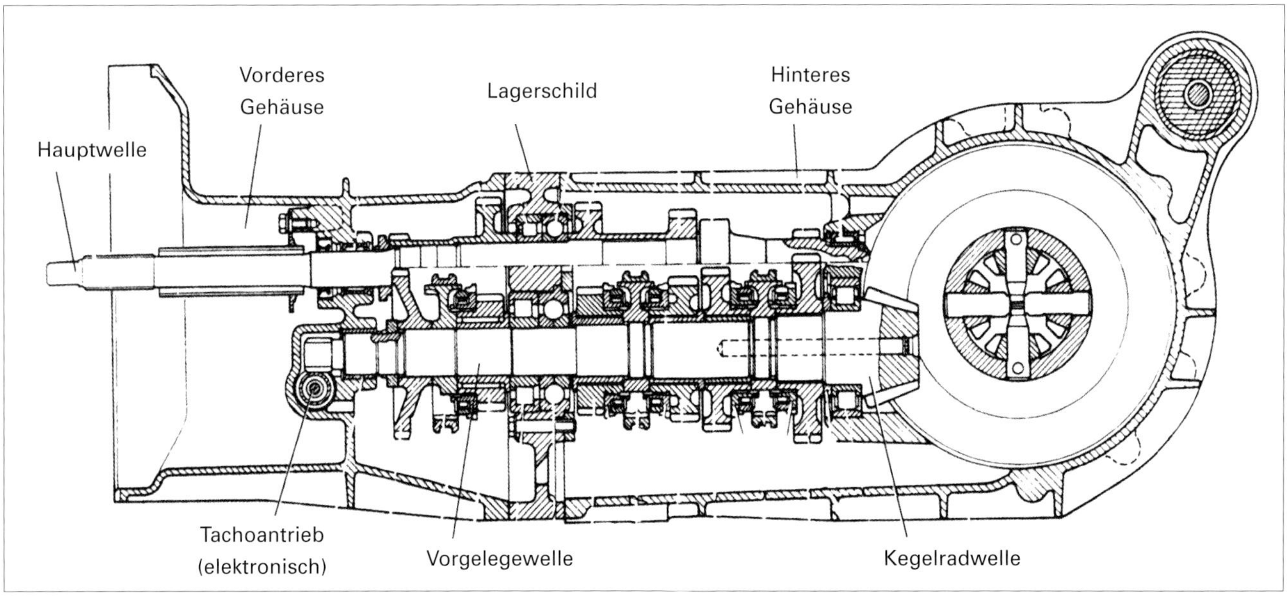

Abb. 7-14. Das Alfetta-Getriebe ist um einen schmalen Lagerschild aufgebaut, der Haupt- und Kegelradwelle aufnimmt.

Abb. 7-15. Wo sind wir hier? Unter dem Wagen, mit Blick nach hinten. Das DeDion-Rohr wurde hinten angehoben, damit sich das Getriebe vorn senkt. Ganz vorne der vordere Aufhängungsträger.

Abb. 7-16. Der Gelenkstern für das hintere Ende der Antriebswelle. Dahinter ist das Kupplungsgehäuse zu erkennen. Links der Kupplungsnehmerzylinder. Die Eingangsseite des Getriebes ist abwärts geneigt.

Abb. 7-17. Das DeDion-Rohr und seine vorderen Gestängeteile können eine böse Falle bilden, daher ist Vorsicht geboten. Mit einem Kantholz und einer alten Zylinderlaufbuchse kann das Rohr in der abwärts geneigten Stellung verkantet werden. Bei Alfa gibt es hierfür ein Spezialwerkzeug, diese Lösung genügt jedoch. Die genauen Maße sind zweitrangig.

Jetzt reinigen wir die Karosserieunterseite und das Transaxle-Gehäuse so gründlich wie möglich, damit möglichst kein Schmutz an die Getriebezahnräder gelangen kann.

Die vier vorderen Befestigungsschrauben (zwei auf jeder Seite) werden an ihren Gummiaufnahmen gelöst und die Transaxle-Einheit wird mit einem weiteren Wagenheber über die DeDion-Trägerbrücke hochgehoben.

Die Haltemutter des Schaltarms wird vorsichtig vom Schaltarm gelöst. Dabei darf kein Drehmoment auf den Schaltarm wirken, sonst gibt es Probleme mit der Schaltgasse (siehe Abb. 7-18).

Nun drehen wir die vier Schrauben heraus, mit denen die Kupplung verschraubt ist, und ziehen die Kupplung dann nach vorne ab (siehe Abb. 7-19). Der Kupplungsausrückhebel kann an seinem Kugelkopf befestigt bleiben.

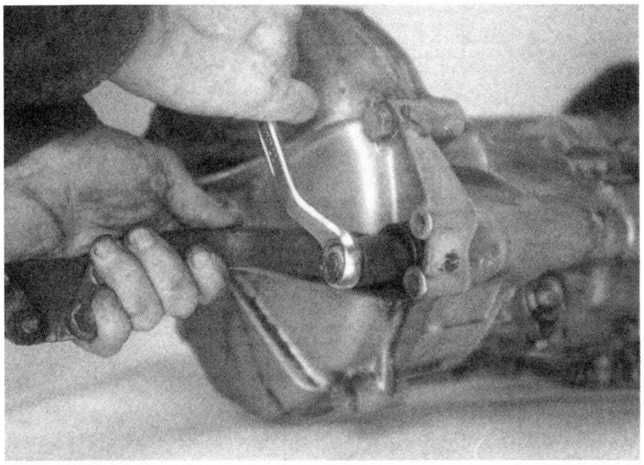

Abb. 7-18. Ausbau des Schaltarms (Getriebe ist zur Veranschaulichung ausgebaut). Der Schaltarm wird mit der Hand gestützt, damit kein Drehmoment auf die Schaltwelle übertragen wird; anschließend Gummimanschette von der Schaltwelle abschieben.

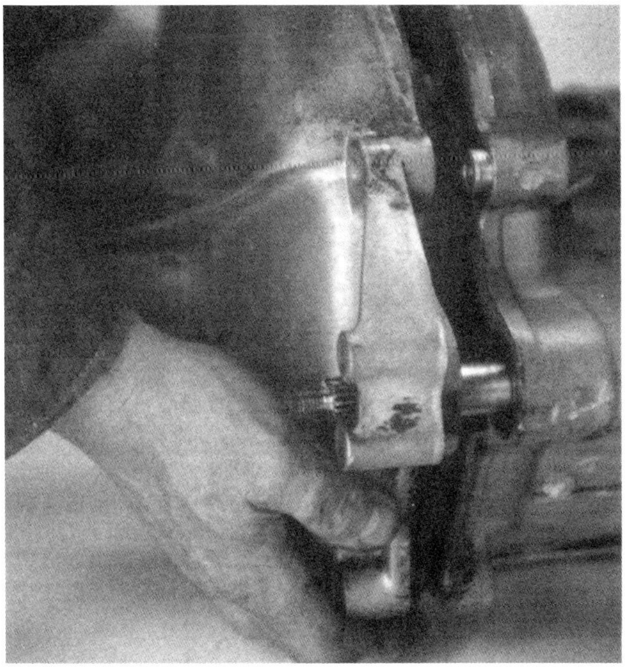

Abb. 7-19. Danach werden die Befestigungsschrauben der Kupplungsglocke entfernt. Sie müsste sich leicht abnehmen lassen. Erforderlichenfalls helfen wir mit einem Gummihammer nach.

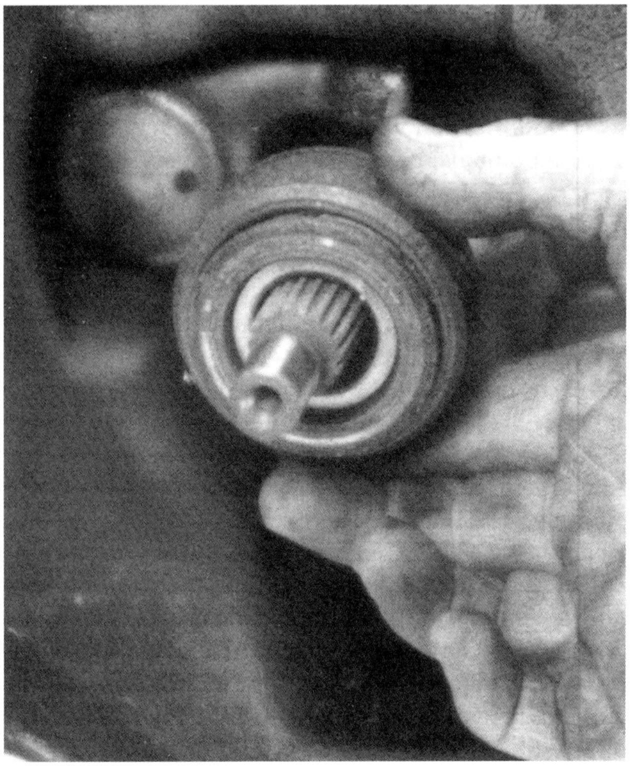

Abb. 7-20. Nun kann das Ausrücklager von der Getriebeeingangswelle abgenommen werden.

Abb. 7-21. Eine Behelfslösung: Der Lagerschild muss in der richtigen Reihenfolge abgebaut werden. Damit er am Getriebegehäuse befestigt bleibt, können wir mit einer langen Schraube und genug Unterlegscheiben eine Halteschelle anfertigen. Die quadratische Scheibe liegt an einem Zapfen am hinteren Gehäuse an, so dass der Lagerschild fixiert wird (es sind zwei derartige Zapfen auf gegenüberliegenden Gehäuseseiten vorhanden).

Das Getriebe besteht aus dem Kupplungsgehäuse, dem Lagerschild und dem eigentlichen Getriebegehäuse. Der Lagerschild ist ein schmales Gussteil zwischen vorderem und hinterem Gehäuseteil. In ihm sitzen die wichtigsten Getriebelager; wird er ausgebaut, lösen sich mit ihm Haupt- und Vorgelegewelle.

Beim Zerlegen sollte der Lagerschild am Getriebegehäuse angebaut bleiben, wenn wir das Kupplungsgehäuse abziehen. Das ist etwas heikel, da Kupplungsgehäuse und Lagerschild auf den gleichen Stehbolzen sitzen.

Der Trick besteht darin, aus einer Schraube mit großer Unterlegscheibe eine Halteschelle anzufertigen, mit der der Lagerschild am Gehäuse gehalten werden kann (siehe Abb. 7-21).

Abb. 7-22. Das Gehäuse für den Tachoantrieb wird mit einer Zange herausgenommen.

Abb. 7-23. Der Rückfahrlichtschalter wird herausgeschraubt.

Abb. 7-24. Nachdem der Lagerschild am hinteren Gehäuse fixiert wurde, können die Befestigungsmuttern für das vordere Gehäuse gelöst werden.

Die Tachowelle wird von einer Sicherungsschraube gehalten. Lösen Sie die Schraube und ziehen Sie Tachowelle und Tachowellenantrieb heraus und drehen Sie die Schraube zur sicheren Verwahrung hinterher wieder hinein. Der GTV6 und spätere Modelle besitzen einen elektrischen Tachoantrieb, also sind statt der Welle zwei Kabel vorhanden. Ziehen Sie die Gummimanschette über dem Geber zurück und lösen Sie die Kabel. In ähnlicher Weise werden die beiden Kabel am Rückfahrlichtschalter getrennt und der Schalter ausgebaut. Siehe Abb. 7-22 und 7-23.

Abb. 7-25. Jetzt gibt es kein Zurück mehr. Oben ist eine Halteschelle für den Lagerschild zu erkennen.

Abb. 7-26. Nachdem das vordere Gehäuseteil abgenommen wurde, liegt das geradverzahnte Rückwärtsgangrad frei. Links die Eingangswelle, rechts die Schaltwelle.

Abb. 7-27. Entfernen Sie die beiden Schellen vom Lagerschild und ziehen Sie vorsichtig. Am besten assistiert beim Trennen der Gehäuseteile ein Helfer.

Nun lösen wir die Befestigungsmuttern des vorderen Gehäuseteils und des Lagerschilds am Differenzialgehäuse (siehe Abb. 7-24). Ziehen Sie das Gehäuse nach vorne, bis es vom Getriebe freikommt. Vorsicht, dass das Rücklaufrad nicht herunterfällt.

Halten Sie den Lagerschild fest und nehmen Sie die zuvor angefertigte Halteschelle ab. Wenn der Schild nach vorne gezogen wird, kommt der Getriebezahnradsatz mit dem Kegelrad frei.

Vor dem Wiederzusammenbau müssen alle Passflächen mit einem Schaber und mit Lösungsmittel gründlichst gereinigt und anschließend eine dünne, gleichmäßige Raupe Silikondichtmasse aufgetragen werden.

Zerlegen des Getriebes

Positiv ist, dass sich die meisten an einem Alfetta-Getriebe notwendigen Arbeiten ohne Spezialwerkzeuge oder Abzieher erledigen lassen. Weniger positiv ist, dass durch die Montagehöhe der Getriebezahnräder auch die Einstelltiefe des Kegelrades festgelegt wird und normal Sterbliche wie Sie und ich daher alle Arbeiten unterlassen sollten, durch die dieses Einstellmaß verändert werden könnte.

Bevor wir das Getriebe zerlegen, wird die Hauptwelle gründlich gereinigt und alle Teile notiert, die ersetzt werden müssen. Die Fahreindrücke vor dem Getriebeausbau werden bereits gezeigt haben, ob die Synchronringe ersetzt werden müssen (im Zweifelsfall stets erneuern). Den Zustand der Wälzlager prüfen wir, indem wir sie auf dem Finger rotieren lassen, und alle Zahnräder werden auf Kippspiel (das auf verschlissene Lagerbuchsen hindeutet) kontrolliert.

Die Einstellung des Kegelrads zum Tellerrad erfolgt anhand der Montagehöhe (die Summe aller Einzelhöhen) der Bauteile auf der Hauptwelle zwischen dem Zwischenlager der Hauptwelle und dem hinteren Rollenlager. Eingriffe am Rädersatz für den 5. Gang wirken sich auf die Montagehöhe nicht aus, auch nicht der Austausch der Synchronringe. Müssen aber irgendwelche für dieses Montagehöhenmaß entscheidende Bauteile (Buchsen, keilverzahnte Synchronkörper sowie Rollenlager) erneuert werden, muss auch das hintere Lagerdistanzstück ausgetauscht werden, damit das ursprüngliche Montagehöhenmaß wiederhergestellt werden kann.

Dieses Maß wird mit Einstelllehre und Mikrometermessuhr gemessen – zwei Messgeräte, die die meisten Alfa-Besitzer wohl kaum im Werkzeugkasten haben werden. Muss also nach Prüfung der Hauptwelle ein Bauteil ersetzt werden, sollten Sie die komplette Welle zu einer Werkstatt bringen, die über die nötige Messausstattung verfügt. Zerlegen und Zusammenbau der Welle können im Prinzip in Eigenregie erfolgen, muss aber ein Teil erneuert werden, das sich auf dieses Höhenmaß auswirkt, sollte sich nur je-

Abb. 7-28. Eine schlaue Konstruktion: Die gesamten Innereien des Alfa-Getriebes lassen sich als ein einziges Teil ausbauen – inklusive der drei Schaltstangen, der Vorgelegewelle (oberer Rädersatz) und der Hauptwelle (unterer Rädersatz mit Achsantriebs-Kegelrad ganz rechts). Auf der Hauptwelle sitzt ganz rechts das Rad für den ersten Gang, das größte Zahnrad und das Rad für den vierten Gang neben dem Lagerschild (direkt hinter der Schaltgabel für den 3./4. Gang). 5. Gang und Rückwärtsgang befinden sich auf der anderen Seite des Flansches. Die Synchroneinrichtungen sind auf der Hauptwelle untergebracht.

mand mit der entsprechenden Messausstattung daran wagen. Tauchen Sie aber bitte nicht mit einer zerlegten Welle in der Fachwerkstatt auf, denn damit kann die Werkstatt nie mehr das ursprüngliche Sollmaß ermitteln.

Die Detailhinweise zum Zerlegen des Getriebebaumusters 101 gelten großenteils auch für das Alfetta-Getriebe: Synchroneinrichtungen und Schaltstangen/-schienen funktionieren auf gleiche Weise. Nachdem die Muttern an den Enden von Haupt- und Vorgelegewelle gelöst wurden, können Zahnräder und Synchroneinrichtungen von der Hauptwelle abgebaut und das Gangrad für 5./Rückwärtsgang von der Vorgelegewelle abgenommen werden. Presse oder Abzieher benötigen wir nur, wenn das Kugellager neben dem Kegelrad demontiert werden muss.

Eine Anweisung für sämtliche Zerlegeschritte erübrigt sich hier, zum einen, da das Getriebe aufgrund seines Aufbaus unweigerlich schrittweises Arbeiten erfordert, und zum anderen, weil sich nur an derartige Getriebearbeiten wagen sollte, wer die grundsätzlichen Zerlegehandgriffe beherrschten.

Ausbau der kompletten Transaxle-Einheit

Als erstes bauen wir die Kupplung nach der oben beschriebenen Methode aus. Wenn wir soweit sind, dass das vordere Getriebeende nach unten geneigt werden kann, geht es mit den nachfolgenden Arbeitsschritten weiter. Zur Erinnerung: Sie haben bereits die sechs Schrauben herausgedreht, mit denen die vordere Trägerbrücke für die DeDion-Achse an der Karosserie befestigt ist, den Getriebeeingang der Transaxle-Einheit nach unten gekippt und die vier Schrauben gelöst, mit denen das vordere Ende am Träger aufgehängt ist. Jetzt wird die Getriebeeinheit nur noch von einer einzigen Schraube gehalten (Hydraulikleitungen, Kabel und Achswellen nicht mitgezählt). Die Transaxle-Einheit sitzt jetzt noch einigermaßen sicher, bei den nun folgenden Arbeitsschritten wächst aber das Risiko, dass sie nach unten absackt. Also Vorsicht bei der Arbeit, und legen Sie sich keinesfalls unter das Getriebe!

Die beiden Achswellen werden an ihren Anflanschpunkten an den innenliegenden Scheibenbremsnaben abgeschraubt. Diese Wellen sind mit 7 mm-Inbusschrauben befestigt, die sich anfangs oft nur widerwillig lösen lassen (siehe Abb. 7-29). Verwenden Sie nur Qualitätswerkzeug, auch wenn Sie dazu einen neuen Inbusschlüsel kaufen müssen. Denn wenn Sie den Innensechskant abrunden, muss der Schraubenkopf abgeflext werden, um die Achswelle noch ausbauen zu können. Billig-Inbusschlüsel verbiegen sich vermutlich, noch bevor auch nur eine der Schraube gelöst ist. Mit einem qualitativ guten Innensechskanteinsatz mit 3/8"-Antrieb lässt sich dagegen viel mehr Kraft aufbringen.

Aber vielleicht waren diese Inbusschrauben ja auch gerade einmal handfest angezogen. Mir sind freilich bisher nur bombenfeste Exemplare

Abb. 7-29. Die Inbusschrauben, mit denen die Achswellen am Getriebe verschraubt sind, sitzen oft sehr fest. Arbeiten Sie vorsichtig und benutzen Sie nicht etwa eine Zange.

untergekommen, die sich irgendwann mit deutlichem Knall lösen. Die gelösten Achswellen hängen unter ihrem eigenen Gewicht nach unten. Sie müssen so weggekippt werden, dass sie nicht mit dem Getriebe kollidieren, wenn es ausgebaut wird. Wenn Sie sie mit Haltedrähten fixieren wollen, dann am besten so, dass sie zum Wagenbug zeigen.

Anschließend lösen wir die Hydraulikleitungen zu Kupplung und Bremsen (siehe Abb. 7-30). In beiden Fällen müssen die Leitungen dort geöffnet werden, wo der Schlauch an der Karosserie angeschraubt ist. Normaler-

Abb. 7-30. Der Kupplungsnehmerzylinder wird von zwei Schrauben gehalten (eine wurde in dieser Aufnahme bereits gelöst). Die dritte Schraube gehört zum Gummilager.

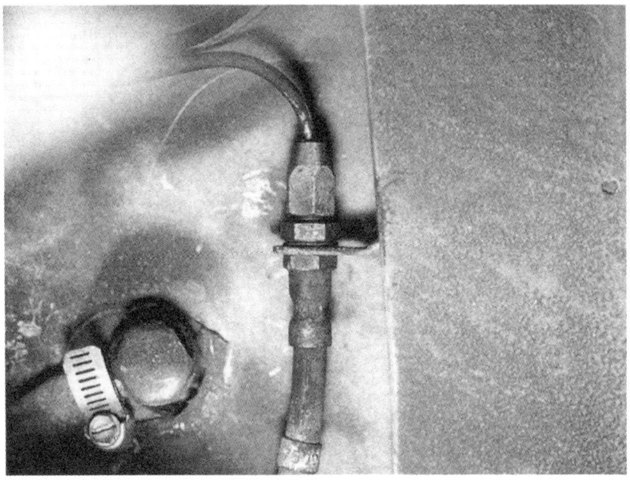

Abb. 7-31. Eine typische Hydraulikverschraubung zwischen Metallrohrleitung und Gummischlauch. Vorsicht, dass der Gummischlauch nicht verdreht wird. Zum Lösen wird die große Verschraubung (oben) gelöst und der Gummischlauch (unten) mit einem Schraubenschlüssel gegengehalten. Anschließend lösen wir die Haltemutter (Mitte).

Abb. 7-32. Der Einsteller für die Handbremse sitzt denkbar versteckt – der Preis für innenliegende Scheibenbremsen. Beim Ausbau des Getriebes werden die Einstellmutter gelöst und das Bremsseil zurückgezogen.

Abb. 7-33. Der letzte Schritt, bevor Ihnen das Getriebe auf den Kopf fallen kann: Vorsicht, dieser Arbeitsschritt ist nicht ungefährlich. Die Transaxle-Einheit muss sicher unterbaut werden, bevor die zentrale Befestigungsschraube gelöst wird.

Abb. 7-34. Das Auto muss so hoch aufgebockt sein, dass sich das Getriebe unter dem DeDion-Rohr ausbauen lässt. Hier liegt es auf einem Rangierwagenheber auf, und das DeDion-Achsrohr wird mit einem zweiten Wagenheber angehoben.

weise eignet sich hier Bremsflüssigkeit als Kriechöl, und zum Lösen genügt ein normaler Gabelschlüssel. Klappt dies nicht auf Anhieb, besorgen Sie sich einen speziellen Ringgabelschlüssel für Hydraulikleitungen, sonst laufen Sie Gefahr, den Sechskant der Verschraubungen rundzudrehen.

Die Hydraulik-Metallleitungen dürfen beim Lösen nicht durch rohe Gewalt in sich verdreht werden. Häufig korrodieren Hydraulikleitungen in ihren Schraubnippeln fest, so dass sich beim Versuch, den Nippel zu lösen, die Leitung in sich verdreht (und meistens bricht). Achten Sie also darauf, dass sich der Nippel drehen lässt und die Leitung sich nicht verdreht. Die Verschraubungsstelle, um die es hier geht, findet sich in einer Blechlasche am Bodenblech (siehe Abb. 7-31). Mit einem zweiten Schraubenschlüssel wird die Kontermutter direkt an dieser Lasche gegengehalten, um Gegenkraft gegen das Drehmoment beim Lösen der Schlauchverschraubung aufzubringen.

Das Handbremsseil verläuft über dem Getriebe. Die Einstellmuttern am Ende werden gelöst und das Seil von den Verbindungsteilen und der Karosserie gelöst (siehe Abb. 7-32).

Beim Ausbau muss das Handbremsseil durch eine Blechaufnahme an der Karosserie über dem Getriebe gezogen werden. Dicht dahinter und genau mittig über dem Getriebe liegt die einzelne SW17-Schraube, mit der die Transaxle-Einheit jetzt noch an der Karosserie befestigt ist. Würden wir diese Schraube jetzt sofort lösen, fiele das Getriebe einfach auf den Werkstattboden. Vorsicht: Es ist sehr schwer und auch mit zwei Rangierwagenhebern und diversen Unterlegkeilen von einer einzelnen Person nur sehr schwer zu beherrschen.

Der Ausbau dieses schweren Bauteils muss also in sehr beengtem Raum und bei ungünstiger Arbeitshaltung erfolgen. Rutscht das Getriebe ab, zerquetscht es garantiert alle Körperteile, die darunter geraten. Daher ist überlegtes und vorsichtiges Arbeiten oberstes Gebot!

Stellen Sie einen Rangier- oder Getriebeheber so unter die Einheit, dass ihr Gewicht gerade eben abgestützt wird. Wagenheber auf Rollen sind wichtig, da das Getriebe in abgestütztem Zustand hin- und herbewegt werden muss. Versuchen Sie gar nicht erst, es nur mit Hilfe eines einfachen Scheren- oder Hydraulikwagenheber auszubauen. Ideal ist ein Getriebeheber, auf dem das Getriebe fixiert und gegen Abrutschen gesichert werden kann.

Jetzt drehen Sie die 17-mm-Mutter von der Schraube ab, mit der das Getriebe befestigt ist. Der Schraube wird mit einem Schraubendreher herausgedrückt (jeder Versuch, die Schraube herauszuschlagen, ist zwecklos; damit ruinieren Sie nur das Gewinde. Versuchen Sie auch nicht, die Schraube mit dem Finger durch das Loch durchzudrücken – der Finger könnte steckenbleiben!).

Nachdem die Schraube entfernt wurde, senken wir das Getriebe vorsichtig ab. Aufgrund seiner Baulänge kommt es nur ganz knapp an der Innenseite des DeDion-Dreiecks vorbei, sofern das Gehäuse vorne angehoben und es etwas aus seiner Längsachse verdreht wird. Bei jedem Ausbau sind alle Gummilager zu erneuern. Nach dem Zusammenbau Entlüften der Bremsen nicht vergessen!

4. Auswechseln der Antriebswellen-Gummigelenkscheiben

Bei späteren Alfas bereiten diese Gummigelenkscheiben (Hardyscheiben) erstaunliche Schwierigkeiten. Die Gummis neigen zur Rissbildung, womit die Auswuchtung des Antriebsstrangs verlorengeht und Vibrationen entstehen, die die endgültige Zerstörung der Hardyscheibe noch beschleunigen.

Offensichtlich wurden bei manchen frühen Alfettas die Distanzstücke der Träger für das Stützlager falsch eingebaut. Bei diesen Modellen muss ein Abstand von 7 mm zwischen dem hinteren Kupplungsglockenlager und der Antriebswelle verbleiben (die zulässige Toleranz beträgt 6 bis 8 mm). Ergibt die Messung ein abweichendes Maß, stimmt vermutlich die Fluchtung der Welle nicht mehr und die Hardyscheibe steht derart unter Spannung, dass sie einreißt.

darauf, dass die Antriebswellendrehzahl beim GTA (dessen Motor 9000/min vertrug) die der Alfetta übertraf und deren Hardyscheiben keine Probleme bereiteten. Bei Giulietta und Giulia wurde die Antriebswellendrehzahl gegenüber der Motordrehzahl bereits durch die Übersetzung des jeweils eingelegten Gangs reduziert. In der Alfetta müssen die Hardyscheiben mit Motordrehzahl laufen, wobei Kavalierstarts sowohl erhebliche Lastmomente als auch hohe Drehzahlen bedeuten. Manch einer käme daher auf die Idee, herkömmliche Kreuzgelenke zu montieren, entsprechende Umbauten in Sammlerkreisen brachten aber nicht den erhofften Erfolg. Die Kreuzgelenke halten zwar, die Vibrationen im Fahrzeuginneren nehmen dabei jedoch ein unzumutbares Maß an.

Bei den Hardyscheiben der Alfetta sind acht verschiedene Varianten zu unterscheiden – manche mit runden, manche mit ovalen Schraubenlöchern

Abb. 7-35. Fortgeschrittene Rissbildung an den Alfetta-Hardyscheiben. Vibriert Ihre Alfetta, sollte Ihr erster Blick dieser Hardyscheibe gelten. Zur besseren Veranschaulichung ist die Antriebswelle hier bereits ausgebaut.

In diesem Fall müssen am Stützlager neue Ausgleichsscheiben eingesetzt werden. Bei Alfa Romeo gab es eine Rückrufaktion zum Antriebsstrang der Alfetta, das Problem blieb jedoch bestehen.

Die Hardyscheiben sind nicht allzu teuer, wenn aber eine bei hoher Motordrehzahl den Geist aufgibt, kann unter Umständen die Kupplungsglocke beschädigt werden. Dies soll nicht bedeuten, dass die Hardyscheiben der Alfettas gewohnheitsmäßig nach einer Fahrt um den Block auseinanderfliegen. Sie sind recht langlebig und halten bei manchen Alfettas auch 80.000 km und mehr ohne größere Probleme. In der Rangliste potenzieller Defekte rangieren defekte Hardyscheiben bei der Alfetta allerdings an erster Stelle.

Warum manche Alfettas Hardyscheiben zu fressen scheinen, lässt sich nicht schlüssig erklären. Mein Eindruck ist, dass der größere Verschleiß von den Betriebsdrehzahlen herrührt, die höher als bei konventionellen Heckantriebssträngen liegen. Typenexperten verweisen dann allerdings gerne

(siehe Abb. 7-36). Auch das Stützlager variiert je nach Modelljahr. Achten Sie also darauf, dass Sie die richtige Ausführung bestellen.

Die nachstehende Beschreibung und Arbeitsanleitung gilt speziell für die Alfetta-Limousinen, trifft grundsätzlich jedoch auch auf den GTV6 und den 75 zu.

Zuerst wird das Fahrzeug auf Unterstellböcke gestellt, damit es mindestens 45 bis 50 cm vom Boden freikommt. Es muss sicher auf den Unterstellböcken stehen. Auf diese Böcke darf keinesfalls verzichtet werden, denn bei den folgenden Arbeiten wird immer wieder gezogen und gezerrt, und da darf keinerlei Risiko bestehen, dass Ihnen der Wagen auf den Kopf fällt.

Die Auspuffanlage wird nach dem Lösen der Aufhängungen abgelassen. Bei den meisten Modellen braucht das Flammrohr nicht vom Krümmer abgeschraubt zu werden. Dann wird das Wärmestrahlblech ausgebaut, das am mittleren Teil der Kardanwelle im Weg ist.

Abb. 7-36. So sieht die hintere Hardyscheibe der Antriebswelle aus. Die Metalleinsätze bestehen aus Blech, bei anderen Typen sind sie aus Massivstahl eingegossen. Insgesamt wurden acht verschiedene Varianten verbaut.

Die Einbaulage der vorderen und hinteren Befestigungsflansche und Kardanwellenhälften wird mit Farbtupfern markiert, so dass die vorderen und hinteren Wellenteile in gleicher Stellung wieder zusammengebaut werden können. Werden die Einzelteile gegeneinander versetzt montiert, entsteht Unwucht in der Welle. Auch sollte je ein Flansch an der Kardanwelle und der entsprechende Mitnehmerflansch an Motor und Getriebe gekennzeichnet werden, damit die Welle als Ganzes ebenfalls wieder in ihrer ursprünglichen Stellung eingebaut werden kann.

Jetzt untersuchen wir die vordere Hardyscheibe ganz genau. Sie ist mit sechs Schrauben befestigt. Abgeschraubt werden nur die drei Muttern, mit denen die Hardyscheibe mit dem Schwungrad verschraubt ist (siehe Abb. 7-37). Auch das Gewicht der Muttern, Schrauben und Unterlegscheiben wirkt sich auf die Auswuchtung aus, also sollten sie ebenfalls wieder an ihrem ursprünglichen Einbauort montiert werden.

Die Welle wird soweit gedreht, dass eine Befestigungsmutter mittig in der Wartungsöffnung liegt. Legen Sie einen Gang ein, ziehen Sie die Feststellbremse an, damit die Kardanwelle sich nicht mehr weiterdrehen kann, und entfernen Sie die Mutter samt Unterlegscheibe. Dann wird die Welle ein Stück weitergedreht und der Vorgang bei den beiden anderen Muttern wiederholt. Entlang des Getriebetunnels bleibt nur sehr wenig Arbeitsraum, außerdem muss das gesamte Schaltgestänge demontiert werden, um die Kardanwelle ausbauen zu können. Zuerst werden die beiden Haltemuttern des Stützlagers gelöst, anschließend das Mittellager ausgebaut, so dass die Welle in der Mitte frei ist.

Nun ziehen wir im Wageninneren den Schalthebelknopf ab. Unter dem Fahrzeug lösen wir dann die beiden Schrauben auf beiden Seiten der vorderen und hinteren Schaltstangengelenke und bauen die Gangwählwelle aus. Das Schalthebelgehäuse wird von drei Schrauben und einer Blechschraube gehalten. Die Stellung des Schalthebelgehäuses wird exakt angezeichnet, dann werden die Befestigungsschrauben gelöst und das Gehäuse nach unten abgelassen (Vorsicht, dass die Manschette nicht einreißt).

Jetzt lösen wir die beiden Muttern der hinteren Motorbefestigung, so dass der Motor etwas bewegt werden kann, bis die Antriebswelle freikommt. Die Gummigelenkscheiben werden durch ihre Befestigungsschrauben geringfügig zusammengedrückt. Werden sie von den Schrauben abgezogen, weiten sie sich etwas auf. Beim Ausbau muss die Hardyscheibe reihum gleichmäßig von ihren Befestigungsschrauben abgezogen werden, so dass alle drei Schrauben in etwa gleichzeitig freikommen. Kann eine der Hardyscheiben wiederverwendet werden, spannen wir sie mit 1 oder 2 aneinandergeschraubten stabilen Schlauchschellen zusammen, damit sie sich beim Einbau leichter auf die Schrauben aufschieben lässt.

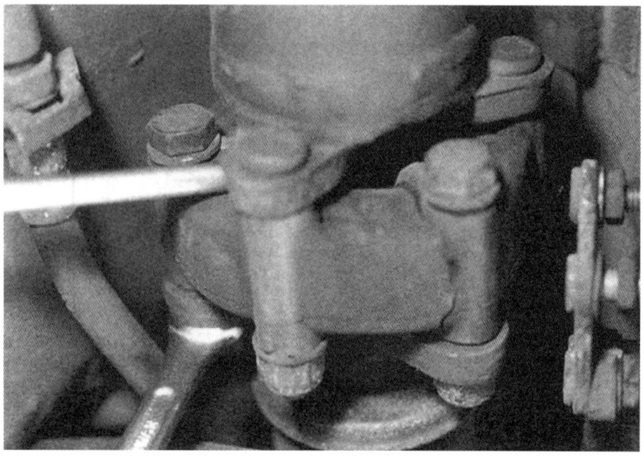

Abb. 7-37. Die Antriebswelle muss gegen Mitdrehen blockiert werden, wenn die drei SW17-Muttern am Gelenkstern gelöst werden. Hier wird die hintere Hardyscheibe mit einem Schraubendreher blockiert. Die vorderen Hardyscheiben sind schlechter zugänglich – trotz der großen Wartungsöffnung in der Motoraufhängung.

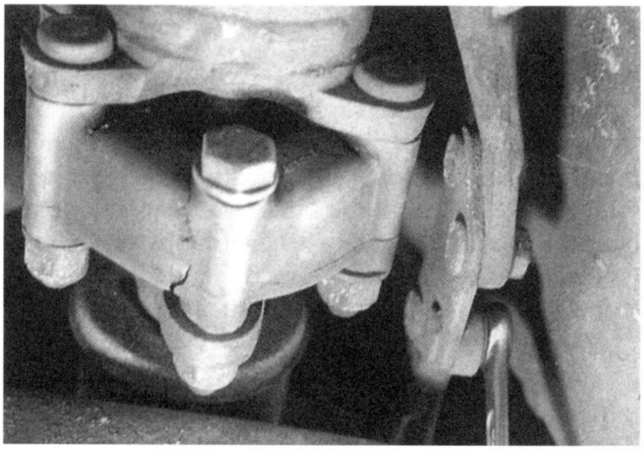

Abb. 7-38. Die hintere Schaltstangenbefestigung wird an den beiden vorderen Muttern gelöst. Nachdem die vorderen und hinteren Verschraubungen gelöst wurden, kann sie komplett ausgebaut werden. Der erkennbare Riss macht die Hardyscheibe zwar noch nicht unbrauchbar, besser wäre jedoch, sie zu ersetzen.

Abb. 7-39. Hier wird die vordere Schaltstangenbefestigung gelöst. Die Gummiabdeckung fehlt hier bereits komplett.

Abb. 7-40. Die Einbaustellung des Schalthebelgehäuses ist klar erkennbar. Versuchen Sie, es beim Einbau wieder genau in dieser Position zu montieren. Der Ausbau des Schalthebelgehäuses ist notwendig, um die Kradanwelle demontieren zu können.

Anschließend lösen wir hinten an der Kardanwelle die Haltemuttern der Hardyscheibe an ihrem Gelenkstern, drücken die Halteschrauben nach hinten und hebeln die Scheibe ab.

An der Antriebswelle des V6 sitzt ein Verbindungsstück mit Klemmschraube, an dem die Kardanwelle gerade so weit verkürzt werden kann, dass sie freikommt. Bei frühen Alfettas muss eventuell das Getriebe nach unten geneigt werden, damit der Platz zum Lösen der Welle ausreicht. Am Heck der Alfetta werden der Aufhängungsträger mit einem Rangierwagenheber unterbaut und die sechs Befestigungsschrauben gelöst. Anschließend senken wir das Getriebe vorn mit dem Wagenheber soweit ab, dass die Welle vom Transaxle-Gelenkflansch abgezogen werden kann. Ist sie frei, greifen wir sie am Ende unter der Trägerbrücke, bringen die Traverse wieder in ihre ursprüngliche Stellung und befestigen sie handfest mit den sechs Schrauben.

Die Kardanwelle müsste jetzt vorne und hinten unter dem Fahrzeug frei sein und nur noch auf dem mittleren Blechquerträger aufliegen (in Nähe des Alugussträgers, der die hinteren Drehstabenden aufnimmt).

Abb. 7-42. Am vorderen Ende der Kardanwelle sitzt das Führungslager.

Abb. 7-41. Beim Blick nach vorne entlang der Kardanwelle ist vor allem die Schalldämpferaufnahme am Befestigungspunkt der hinteren Motoraufhängung im Weg. Die Welle kommt nur knapp daran vorbei, selbst wenn sie möglichst weit nach unten gezogen wird. Außerdem geht es hier sehr schmutzig zu. Mit einem Spatenstiel als Hebel und einem Stück Seil wird die hintere Motoraufhängung so weit wie möglich nach unten gehebelt, damit die Antriebswelle daran vorbeikommt.

Die Welle wird nach hinten ausgebaut. Die größte Hürde ist genommen, wenn die Hardyscheibe an der hinteren Motoraufhängung und am Getriebetunnel vorbeigekommen ist. Damit die Öffnung möglichst groß wird, ziehen wir ein Seil zu einer Schlaufe um die hintere Aufhängung und führen ein langes Stemmwerkzeug (oder z.B. einen Spatenstiel oder ein langes Kantholz) durch das Seil ein, so dass ein Helfer die Aufhängung mit dem Bodenblech (etwa dem Versteifungsträger direkt neben dem Getriebetunnel) als Drehpunkt nach unten drücken kann (siehe Abb. 7-41). Während der Helfer am Hebel drückt, führen Sie die Antriebswelle nach hinten, bis sie an der hinteren Motoraufhängung vorbei ist, und ziehen sie dann vollends aus dem Tunnel heraus.

Zeigen die Hardyscheiben Verschleiß, müssen sie ersetzt werden. Das Metallband bleibt einstweilen um die neue Hardyscheibe gespannt.

Zugleich prüfen wir das Gummi am Stützlager auf Risse oder Durchhang und drehen das Lager von Hand und prüfen es dabei auf sauberen Lauf. Ist der Gummi eingerissen oder lässt sich das Lager nicht gleichmäßig und leichtgängig drehen, ist das komplette Lager zu tauschen. Sind Mittellager und Hardyscheibe in Ordnung, rühren wir sie nicht weiter an.

Nun müssen noch die Lagerflächen vorne, in der Mitte und hinten an der Welle auf ungleichmäßigen Verschleiß überprüft werden.

Beim Zusammenbau erhalten die Lagerflächen eine Schicht Molybdändisulfid-Paste.

Anschließend geht es an den Wiedereinbau der Welle. Mit dem Seil, das um die hintere Motoraufhängung gelegt wurde, und dem Spatenstiel verschaffen wir uns mehr Platz um den Befestigungspunkt des hinteren Motorlagers. Die Antriebswelle wird so eingeschoben, dass die Hardyscheibe auf die Befestigungsschrauben auf der Kurbelwellenseite ausgerichtet ist. Die Antriebswelle muss in der gleichen Stellung wie beim Ausbau montiert werden; die Farbmarkierungen dienen zur Orientierung.

Das vordere Lager bereitet beim Einbau mitunter Probleme. Der Einbau müsste mithilfe eines langen Schraubendrehers gelingen, während ein Hel-

Abb. 7-43. Das neue Gummigelenk wird am hinteren Mitnehmerflansch angesetzt. Das Metallspannband ist noch montiert. Vorsicht: Die Hardyscheibe könnte auch verkehrt herum eingebaut werden. Die kleinen Nasen (Pfeil) an den drei Befestigungsaugen der Hardyscheibe passen in entsprechende Aussparungen am Gelenkstern.

Abb. 7-44. Das Führungslager der Alfetta-Antriebswelle und die Aufnahme im Schwungrad.

fer den Motor von Hand (langsam) dreht. Die Antriebswelle wird so weit nach vorne geschoben, dass das Lager an der Mitnehmerscheibe anliegt, anschließend wird das Lager mit dem Schraubendreher als Hebel – bei gleichzeitigem Drehen – zentriert.

Nachdem die vordere Hardyscheibe eingebaut wurde, setzen wir die hintere auf ihren Mitnehmerflansch auf. Das Stützlager wird auf seine Halteschrauben aufgeschoben. Die Muttern werden auf den Lagerträger aufgedreht, so dass die Kardanwelle geradlinig ausgerichtet wird. Vergewissern Sie sich, dass an der hinteren Motoraufhängung die Distanzstücke eingesetzt wurden, und drehen Sie die Muttern der Motoraufhängung auf die Bolzen auf. Dann muss das Spiel zwischen Welle und Motoraufhängung überprüft werden. Es sollte – wie erwähnt – ca. 7 mm betragen. Andernfalls müssen jetzt Unterlegscheiben montiert werden, bis die Fluchtung der Kardanwelle stimmt. Nachdem alle Schrauben und Muttern handfest angezogen wurden, lassen wir den Motor an und kurz im Leerlauf laufen, damit die Welle „sich setzen" kann. Anschließend stellen wir den Motor ab, ziehen die Muttern am Lagerträger und an der hinteren Motoraufhängung fest und sichern die Hardyscheiben mit ihren Stoppmuttern.

Nachdem die Hardyscheiben endgültig verschraubt wurden, können die Spannringe abgenommen werden. Zuletzt montieren wir Schalthebelgehäuse und Schaltgestänge.

5. Auswuchten des Antriebsstrangs

Die folgende Anleitung gilt für sämtliche Alfa Romeos, die mit Transaxle sowie Kardanwelle mit drei Hardyscheiben ausgerüstet ist, also auch für GTV6 und 75.

Zur einleitenden Prüfung des Antriebsstrangs auf Unwucht setzen wir uns in das Fahrzeug und lassen den Motor bei eingelegtem Leerlauf hochdrehen. Stellt sich dabei das Gefühl einer Rückenmassage ein, ist der Antriebsstrang nicht richtig gewuchtet. Weniger deutliche Vibrationen sind durch „Handauflegen" auf den Antriebstunnel oder – für den, der es genau nimmt oder besonders mutig ist – durch Fingerdruck auf einen feststehenden Teil des Mittellagers wahrnehmbar (ein Helfer lässt dabei den Motor hochdrehen).

Die Beurteilung der Unwucht ist eine ausgesprochen subjektive Angelegenheit. Es kursieren Erzählungen von Kardanwellen mit extremen Wuchtproblemen, die selbst nach mehreren Besuchen in Spezialwerkstätten noch unrund liefen. Als einer meiner Freunde das mit seinem frisch erworbenen Auto erlebte, setzte ich mich schließlich auch einmal ans Steuer – und konnte beim besten Willen nichts feststellen. Ich habe schon einmal einen Alfetta-Antriebsstrang mit neuen Hardyscheiben zusammengebaut, allerdings ohne jede Einbaumarkierungen (die Antriebswelle stammte aus einem anderen Fahrzeug), und trotzdem schien die Wuchtung einwandfrei zu sein. Nun bin ich entweder extrem unempfindlich gegenüber Vibrationen des Antriebsstrangs, oder die Lage ist beim Alfetta-Antrieb doch nicht so aussichtslos. Ich neige zu letzterer These: Wer keine Wuchtgewichte von der Kardanwelle entfernt hat, wird die Welle allein durch sorgfältigen Zusammenbau hinreichend vibrationsfrei bekommen.

Um es anders auszudrücken: Der Motor wird unabhängig von der Kardanwelle ausgewuchtet, also kann das Problem nicht dort liegen. Ein Auswuchten des Getriebes ist nicht notwendig, da es konstruktionsbedingt keine Vibrationen verursachen kann. Also bliebe unter den rotierenden Baugruppen nur noch die Kardanwelle, und die angeschweißten Wuchtgewichte verraten, dass im Werk bereits eine Wuchtung vorgenommen wurde. Vordere und hintere Wellenhälfte können gemeinsam ausgewuchtet worden sein, weshalb es so wichtig ist, sie wieder in ihrer ursprünglichen Einbaulage zusammenzubauen.

Jedenfalls ist der Austausch einer Hardyscheibe im Antriebsstrang keine unüberwindlich komplexe Aufgabe. Falls die Vibrationen nach dem Zusammenbau aber zu stark sind, sollen Ihnen die nachstehenden Hinweise einige Abhilfemöglichkeiten aufzeigen.

Vibriert die Welle stärker als normal, können Sie sie mithilfe einfacher Schlauchschellen selbst auswuchten. Der Schraubteil einer solchen Schelle eignet sich hervorragend als Wuchtgewicht, also schrauben Sie einfach die Schelle auf und schieben Sie sie über den vorderen Teil der Antriebswelle,

Abb. 7-45. Eine behelfsmäßige Wuchtung der Kardanwelle. Das Gewicht des Schraubteils an der Schelle genügt in vielen Fällen, um den Rundlauf der Welle wiederherzustellen. Die genaue Lage der Schelle lässt sich nur durch Probieren ermitteln. Der weiße Strich markiert die Lage des Schraubstücks auf der Welle.

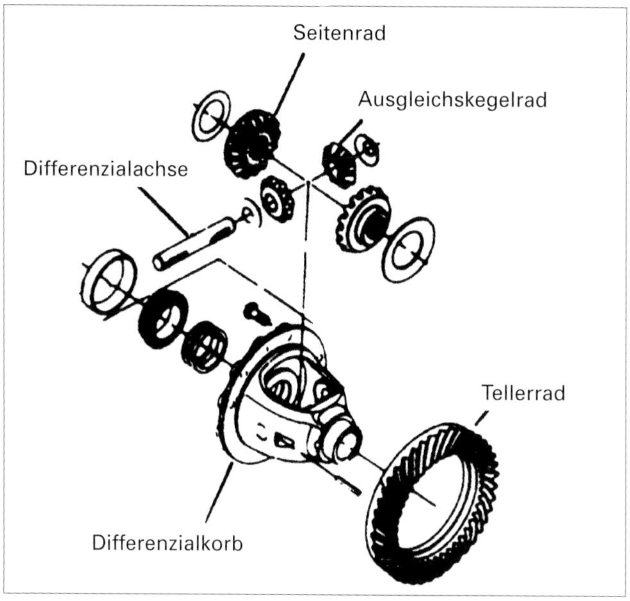

Abb. 7-46. Explosionszeichnung eines typischen Differenzials. Beim Alfetta-Differenzial sind die kurzen Achswellen mit den innenliegenden Scheibenbremsen zusammengebaut.

wo sie bei rotierender Welle nirgends schleifen kann. Ziehen Sie die Schelle auf der Welle fest und markieren Sie die Lage des Schraubteils durch einen Farbtupfer (siehe Abb. 7-45). Starten Sie den Motor und kontrollieren Sie die Vibrationen nochmals. Weitere Korrekturen an der Lage der Schlauchschelle werden natürlich nur bei stehendem Motor vorgenommen!

Zur Korrektur lösen wir die Schelle nun bei stehendem Motor und drehen sie um 180 Grad. Die Vibrationen sind jetzt entweder stärker oder schwächer. Sind sie stärker, drehen wir die Schelle um 45° in Richtung der Farbmarkierung zurück und kontrollieren nochmals. Diese Kontrollen wiederholen wir, bis der Punkt der geringsten Vibrationen erreicht ist. Sind die Vibrationen in der 180°-Stellung geringer, bringen wir eine zweite Schelle so an, dass ihr Gewicht neben dem Schraubteil der ersten Schelle liegt. Nun drehen wir die zweite Schelle rund um die Welle, bis die Vibrationen ihr Minimum erreichen. Bei Bedarf können weitere Schellen angebracht bzw. verdreht werden. Das Grundprinzip dürfte damit klar sein. Der Wuchtvorgang kann fortgesetzt werden, bis das optimale Ergebnis erreicht ist.

Eine weitere Möglichkeit, Vibrationen im Antriebsstrang zu beseitigen, ist, dass alle Befestigungsteile am Antriebsstrang gelöst werden und der Motor einige Zeit im Leerlauf laufen kann, bevor die Befestigungsteile wieder festgezogen werden.

Wer also mit der Abstimmung von Weber-Vergasern noch nicht ausgelastet ist, findet beim Wuchten von Alfetta-Antriebswellen ein weiteres erfüllendes Beschäftigungsfeld.

6. Das Differenzial

Ein Alfa-Romeo-Differenzial dürfte so gut wie nie Grund zur Klage geben. Sofern nicht die Lager oder Zahnräder durch erheblichen Ölverlust Schaden nehmen, geht am Differenzial fast nie etwas kaputt. Was uns nur recht sein kann. In der obigen Anleitung zum Zerlegen des Alfetta-Getriebes war ja davon abgeraten worden, irgendwelche Eingriffe an der Einstellung von Teller- und Kegelrad vorzunehmen.

Der Austausch der Differenzialräder oder des Teller-/Kegelradsatzes ist eine Arbeit, die die Fähigkeiten der meisten Do-it-yourselfer übersteigen dürfte. Nicht weil wir es hier mit zuviel Kleinteilen zu tun hätten oder weil das Funktionsprinzip zu undurchsichtig wäre. Die notwendigen Fertigkeiten (und Spezialwerkzeuge) für die exakte Einstellung von Teller- und Kegelrädern sind einfach zu komplex für den Hobbyschrauber.

Zum grundsätzlichen Verständnis: Das Tellerrad steht mit dem Kegelrad im Eingriff. Das Tellerrad ist mit einem Gehäuse kombiniert, welches das Differenzial aufnimmt, das seinerseits aus zwei Ausgleichskegelrädern besteht, die mit zwei Achswellenrädern im Eingriff stehen. Die Ausgleichskegelräder ermöglichen die Rotation der Achswellenräder in Relation zueinander, das Differenzial als Ganzes bildet jedoch eine geschlossene Baugruppe, bei der sich beide Achswellenräder mit gleicher Drehzahl in gleicher Richtung drehen (d.h. bei Geradeausfahrt). Die Achswellenräder sitzen ihrerseits auf den Achswellen.

Mehr als den Versuch einer Fehlerdiagnose am Differenzial, um Diagnosezeit in einer Fachwerkstatt einzusparen, wird sich in Eigenregie wohl kaum erledigen lassen. Defekte am Teller- und Kegelradsatz kündigen sich durch Heulen an, das entsprechend der Fahrzeuggeschwindigkeit heller oder dunkler klingt. Der Grundton dieses Heulgeräuschs verändert sich je nachdem, ob Sie beschleunigen oder vom Gas gehen. Auch die Lager der Hinterachse können durch Heulen auf sich aufmerksam machen. Defekte kündigen sich hier jedoch typischerweise durch dumpfes Klackern und Ölverlust an.

Defekte am Differenzial selbst rücken näher, wenn das Differenzial beim Kurvenfahren protestiert. Im Geradeauslauf läuft das Differenzial nahezu lastfrei und selbst verschlissene Differenziale laufen hier recht ruhig. Sind bei Kurvenfahrt Knirsch- oder Klopfgeräusche aus der Hinterachse nur in einer einzigen Kurvenrichtung zu vernehmen, dürfte die Ursache eher an einem schadhaften Radlager und nicht am Differenzial liegen.

Differenziale der Baumuster 750 bis 105

Kündigt sich ein Defekt an der Hinterachse an, sollten Sie unter praktischen Gesichtspunkten zwischen dem Preis einer kompletten Hinterachse bei einem seriösen Alfa-Teilehändler und den Instandsetzungskosten für die eigene Hinterachse abwägen. Da Hinterachsdefekte relativ selten auftreten, sind auch die Preise für gebrauchte Hinterachsen erträglich.

Der Austausch der kompletten Hinterachse ist relativ einfach und selbsterklärend. Die Karosserie muss aufgebockt und auf Unterstellböcke gestellt werden, so dass die Räder ca. 15-20 cm vom Boden freikommen. Dann wird die Hinterachse am Differenzial mit einem Rangierwagenheber unterbaut.

Nun werden ausgebaut: Fangbänder, Stoßdämpfer (bei Baumuster 750 und 101; beim 105 können sie eingebaut bleiben), die Mitnehmerflanschschrauben zur Antriebswelle, die Führungsstreben (achsseitig), das Führungslager in der Achsmitte sowie das Handbremsseil am Umlenkhebel am Achsgehäuse. Die Bremssättel können abgebaut werden, damit die Bremshydraulik der Scheibenbremsanlage nicht geöffnet zu werden braucht. Hinterachsen mit Trommelbremsen lassen sich am einfachsten ausbauen, indem der Bremsschlauch zwischen Karosserie und Hinterachse gelöst wird.

Dann werden die Räder wieder angeschraubt und der Wagenheber vorsichtig abgelassen, bis die Federn sich entspannt haben. Sie können die Achse nun unter dem Wagen hervorrollen. Dreht sich das Differenzial dabei über Kopf, ziehen Sie unweigerlich eine Spur klebrigen Getriebeöls hinter sich her, das aus dem Entlüfter auf der Oberseite des Achsgehäuses austritt.

Die Achsübersetzung

Im Laufe der Jahre wurden im Alfa-Modellprogramm unterschiedliche Antriebsübersetzungen verbaut, so dass bei Arbeiten an der Hinterachse schon einmal der Gedanke an eine andere Übersetzung aufkommt. Der Vorteil geringeren Verbrauchs oder höherer Leistung wiegt mitunter die Nachteile größerer Anzeigeabweichungen am Tachometer wieder auf. Besonders beliebt war der Tausch zwischen den 4,10:1 übersetzten Hinterachsen des Veloce und der Standardübersetzung von 4,56:1. Die Standardübersetzung ergab bessere Beschleunigung, die Veloce-Übersetzung höhere Spitzengeschwindigkeit. Alle Tellerräder der Starrachsversionen besaßen 41 Zähne, die Zähnezahl der Kegelräder kann zwischen 8 und 11 variieren.

Sperrdifferenziale

Einige Alfas wie der GTA sowie alle Spider ab 1981 erhielten ein Sperrdifferenzial; beim 2000 (105/115) und späteren Modellen ist das Sperrdifferenzial Teil der Serie. Die Alfas zwischen 1972 und 1979 waren 4,55:1 übersetzt, ab 1980 dann 4,10:1. In bestimmten Regionen ist ein Sperrdifferenzial ein eindeutiger Pluspunkt, und Motorsportler können natürlich die bessere Traktion nutzen.

Beim klassischen Differenzial kann ein Rad bei Kurvenfahrt schneller als das andere Rad der Achse drehen. Solange beide Reifen Traktion auf der Fahrbahnoberfläche haben, wird die Motorleistung ziemlich gleichmäßig auf beide Antriebsräder übertragen. Sobald aber die Traktion verlorengeht, wird das Fahrzeug wegen des Differenzials nur noch auf einer Seite angetrieben. Auf losem Grund sorgt dies für heftiges Durchdrehen des traktionslosen Rades, das sich daraufhin immer tiefer eingräbt.

Ein Sperrdifferenzial soll kontinuierliche Traktion im Differenzial herstellen. Durch kleine Kupplungen im Differenzialgehäuse wirken auf die Differenzialräder die Kräfte entsprechend der Radtraktion, die Differenzialräder können also nie komplett unabhängig voneinander rotieren. Somit kommt immer an beiden Hinterrädern Leistung an. Je größer die Kupplungsfläche des Sperrdifferenzials, desto gleichmäßiger ist die Leistungsverteilung auf beide Räder. Standardmäßig wird meistens ein 25-prozentiger Unterschied in der Drehgeschwindigkeit zugelassen, durch Austausch der Platten kann jedoch ein Sperrwert von 47 Prozent erreicht werden.

In manchen Fahrsituationen führt ein Sperrdifferenzial zu geringerer Fahrstabilität. Traktionsverlust auf Eis ist schwieriger auszugleichen, da das Differenzial nicht „weiß", dass keine Traktion mehr da ist. In den meisten Situationen bedeutet ein Sperrdifferenzial jedoch einen eindeutigen Vorteil. Fast alle auf dem Giulietta-Konzept basierenden Alfa Romeos können mit dem Sperrdifferenzial eines späteren Modells ausgerüstet werden. Dieser Umbau sollte aber – genau wie Einstellarbeiten an Teller- und Kegelrad – von erfahrenen Fachleuten ausgeführt werden.

Da in den Sperrdifferenzialen eigene Kupplungen sitzen, sollte die Differenzialölfüllung gelegentlich gewechselt werden, um Partikelabrieb auszuspülen. Wird der Ölwechsel unterlassen, können sich bei Sperrdifferenzialen erfahrungsgemäß ab ca. 80.000 km Laufleistung Defekte ankündigen.

Abb. 7-47. Der 1900 hatte zwar eine hintere Starrachse, war aber dank sauberer Konstruktion und vorderer Einzelradaufhängung auf der Höhe der Zeit – ganz gleich ob im Serientrimm (oben) oder als extrem extravagantes Super Sprint Coupé von Ghia.

KAPITEL 08

08 Fahrgestell, Fahrwerk, Reifen und Bremsen

Alle seit 1951 produzierten Serienmodelle von Alfa Romeo verfügen über eine selbsttragende Karosserie. Die Karosserie sitzt also nicht mehr auf einem separaten Rahmen. Einleitend ein paar Betrachtungen dazu, was Rost für eine selbsttragende Karosserie bedeutet.

Rost an tragenden Teilen

Wer einen Spider in einer besonders streusalz- oder sonstwie rostgefährdeten Region fährt, für den ist dieses Kapitel besonders wichtig. Während meiner Jahre im US-Bundesstaat Michigan besaß ich einen Giulia Veloce Spider, dessen Karosserie nahezu neuwertig wirkte. Die Bodengruppe war freilich derart rostgeschwächt, dass eine Zwangsstillegung des Wagens irgendwann unvermeidlich war. An selbsttragenden Teilen eines Spider lassen sich Rostschäden in eine klare Hierarchie einteilen, die es beim Kauf oder bei der Restaurierung zu beachten gilt. Rost an Außenschwellern ist noch relativ einfach zu beheben. Diese Schweller rosten meist als erste, gefolgt von Durchrostungen im Bodenblech im Bereich des rechten Absatzes des Fahrers. In beiden Fällen ist das Einschweißen von Reparaturblechen vergleichsweise einfach.

Das nächste Stadium fortschreitender Rostschäden ist erreicht, wenn die eingeschweißten Mittel- und Innenschweller am Spider der Baumuster 750 und 101 angegriffen sind. Diese Trägerprofile sitzen innerhalb der Außenschweller und verlaufen parallel zu diesen; auf ihrer Innenseite sind

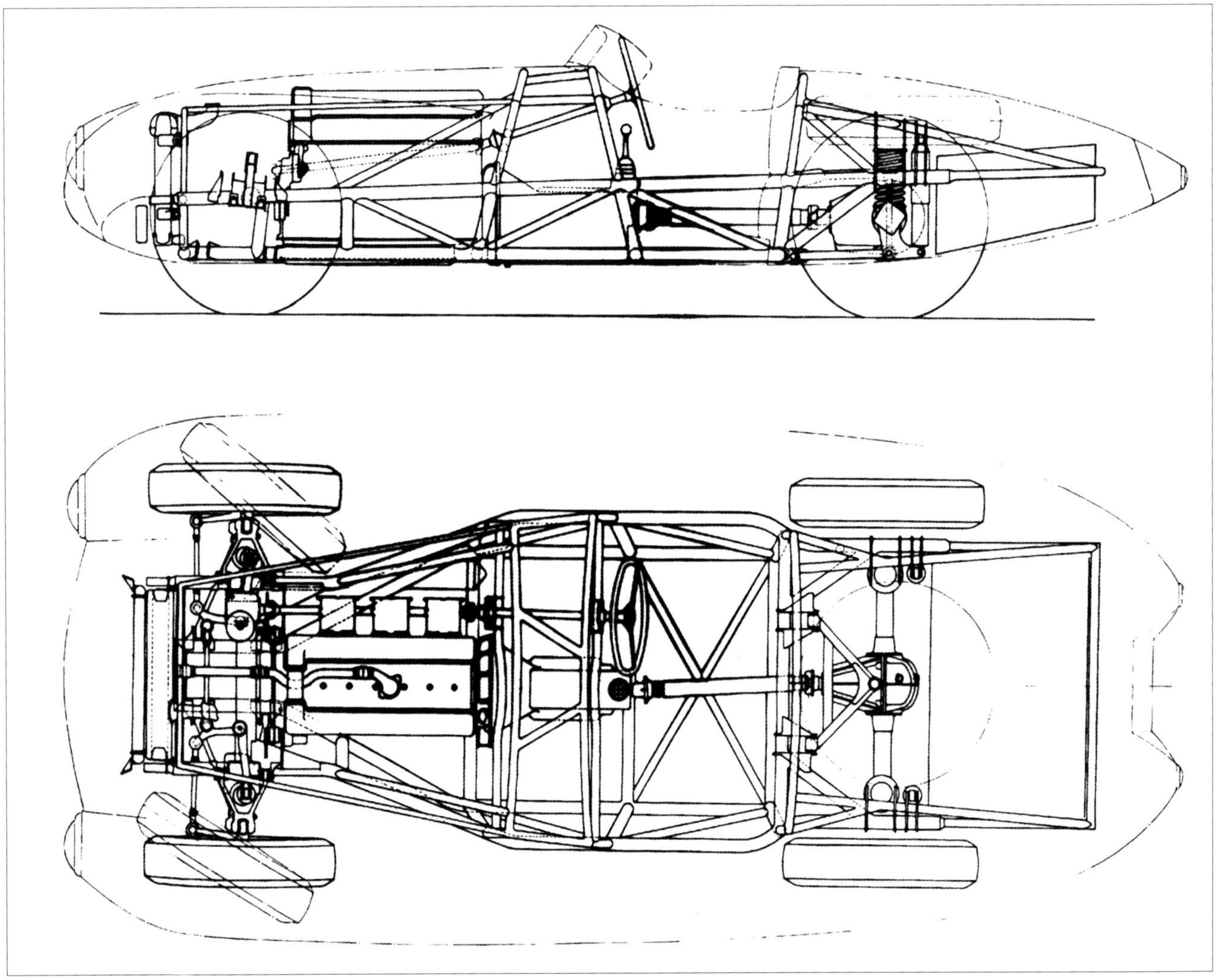

Abb. 8-1. Der Rohrrahmen des Disco Volante zählte zu den fortschrittlichsten Fahrgestellkonstruktionen seiner Zeit.

zur Gewichtsersparnis große Löcher eingestanzt. Sie stellen zusammen mit den Längsträgern die Verbindung zwischen Vorder- und Hinterachse her. Durchrostungen sind hier unbedingt instandzusetzen, damit die Steifigkeit der Karosserie erhalten bleibt. Im Endstadium der Rostschäden reißen die vorderen Verankerungspunkte der Hinterachs-Führungsstreben aus dem Karosserieblech aus. Bei einem derartigen Rostbefall der Karosserie dürfte die wirtschaftliche Instandsetzung der Karosserie kaum mehr möglich sein.

Rost an den Befestigungspunkten der unteren Vorderachslenker ist sehr selten. Ein Grund dafür ist, dass der Vorderwagen, vor allem der Motorraum, meistens dem ständigen Ölnebel undichter Motordichtungen ausgesetzt ist. An Alfettas kann es aber trotzdem zu Durchrostungen am Rahmenträger der Vorderradaufhängung kommen. Dieser Blechträger verläuft auf der Innenseite des Radkastens im Motorraum nach oben.

Für Schweißarbeiten an selbsttragenden Ganzstahlkarosserien empfiehlt sich ein MIG-Schutzgasgerät, um den Wärmeverzug in Grenzen zu halten. Beim Durchschweißen längerer Schweißnähte mit dem Autogenschweißgerät ist der lokale Wärmeeintrag derart hoch, dass die Karosserie sich verziehen kann und die Türen nicht mehr richtig schließen. Wer sich Sorgen macht, ob eine Punktschweißung hält, kann die neuen Bleche zuerst mit einem Autogenschweißgerät heften und die Naht anschließend in kurzen Abschnitten an wechselnden Stellen reihum nacheinander durchschweißen, damit sich die Wärme möglichst gleichmäßig über eine größere Fläche verteilt (dabei sind stets die TÜV-Vorschriften für durchgehende Schweißnähte bei Karosseriereparaturen zu beachten!).

Nach umfangreicheren Reparaturen an einer selbsttragenden Karosserie sollte stets die Fahrwerksgeometrie kontrolliert werden.

Abb. 8-2. Detail der Innenkonstruktion einer Alfetta-Limousinenkarosserie. Selbsttragende Karosserien vereinigen Steifigkeit mit geringem Gewicht.

Unterbodenschutz

Rost- und Unterbodenschutz sind im Prinzip zweierlei Ding. Rostschutz umfasst Verzinken, galvanische Beschichtung mit Rostschutzmitteln sowie die Lackierung der unteren Karosseriebereiche mit steinschlagbeständigem Lack, um den Rostbefall zu bremsen. Diese Arbeiten erfolgen vor der Auslieferung des Neufahrzeugs. Die Rostschutzmaßnahmen der Besitzer beschränken sich meist auf das Einsprühen mit weiteren Rostschutzmitteln auf den Blechteilen oder hinter diversen Zierteilen. Ein Ziel der Rostschutz-

Abb. 8-3. Der GT wurde mit Motoren vom 1300er Giulia- bis zum 2-Liter-Motor ausgeliefert. Die selbsttragende Karosserie blieb dabei im Wesentlichen unverändert.

Abb. 8-4. Der Giulia Spider besitzt eine selbsttragende Karosserie, also keinen separaten Rahmen. Die zusätzlichen Versteifungsträger bilden eine Art Hilfsrahmen und erhöhen die Steifigkeit der Hauptbodengruppe.

maßnahmen ist, jene Bereiche zwischen den Blechen zu schützen, in die Wasser und Schmutz eindringen und sich dort festsetzen können, wodurch die Bleche zu rosten beginnen.

Unterbodenschutz wird gemeinhin in Form einer dicken schwarzen Masse auf petrochemischer Basis aufgesprüht, die die Bleche durch die dicke, dauerelastische Beschichtung gegen Steinschlagschäden und Rissbildung schützt. Ein weiterer Zweck ist die Antidröhnwirkung. Wenn aber Wasser hinter der Unterbodenschutzschicht eindringt, findet der Rostteufel hier reichlich Nahrung, ohne dass der Besitzer es überhaupt bemerkt.

Abschließend zum Thema „selbsttagende Karosserien" eine kurze Anekdote. Vor Jahren hatte ich die lokale Sektion des US-Alfa-Clubs zu einem kleinen Gartenfest eingeladen. Als Rahmenprogramm kamen wir in unserem Übermut auf die Idee, eine alte, komplett ausgebeinte Karosserie einer Giulia Super den Gästen zum Austoben mit einem schweren Spalthammer zur Verfügung zu stellen. Eigentlich sollte ein solches Werkzeug kurzen Prozess mit dem Blech machen. Schon die ersten Schläge belehrten uns allerdings eines Besseren. An sich hatte ich zur Einstimmung eine der Dachsäulen durchtrennen wollen. Trotz vereinter Bemühungen der Gäste hielt die Säule aber beharrlich. Der Hammer vermochte außer diversen Beulen und kleineren Löchern einfach keine wirklich größeren Schäden anzurichten. Die Partygäste bemühten sich nach Kräften, sich mit kapitalen Schäden an der Karosserie zu verewigen, sie hielt aber recht gut stand. So schlecht waren die Alfa-Bleche wohl doch nicht …

1. Das Fahrwerk der Baumuster 750 und 101

Das erste Großserienmodell von Alfa Romeo, der 1900, wartete 1951 mit einer konventionellen zeittypischen Fahrwerkskonstruktion auf: doppelte Dreiecksquerlenker an der Vorderachse und Starrachse hinten sowie Schraubenfedern vorne und hinten. Die gleiche Grundkonzeption fand sich auch im 2000 und in der Giulietta (zumindest weitgehend; die Dreiecksquerlenker der früheren Modelle waren mit Achsschenkelbolzen kombiniert, die Giulietta erhielt Kugelköpfe). Die Dreieckslenkerkonstruktion der Vorderachse ergibt (in der Ansicht von vorne) einen Parallelogrammlenker, bei dem ein Großteil der Reifenfläche bei der gesamten Auf- und Abwärtsbewegung des Rades auf der Straße Fahrbahnkontakt behält. Dank der Dreieckslenker ist außerdem hervorragende Widerstandsfähigkeit gegen in Längsrichtung wirkende Verwindungskräfte gewährleistet.

Dass die Alfa-Konstrukteure zögerten, der Giulietta eine hintere Einzelradaufhängung zu spendieren, hatte seine Gründe. Bei Porsche, Renault und sogar im Chevrolet Corvair waren die Vorteile der hinteren Einzelradaufhängung gut zur Geltung gekommen. Auch die Einzelradaufhängung des 6C2500 war ein Erfolg gewesen. In der Folge setzte Alfa Romeo jedoch nicht nur bei der Giulietta, sondern auch bei deren Nachfolgern auf die Starrachse.

Diese konservative Hinterachskonstruktion der Alfas war in der Fachpresse im Laufe der Jahre immer wieder Stein des Anstoßes. Letzten Endes mussten die Kritiker jedoch einräumen, dass die Konstruktion zwar nicht wegweisend war, jedoch – wie die GTA zeigte – bessere Fahreigenschaften ergab als so ziemlich alle hinteren Einzelradaufhängungen.

Woran liegt es also, dass diese konventionelle Fahrwerkstechnik bei den Alfas so gut funktionierte, bei manchen europäischen und vor allem vielen US-amerikanischen Modellen jener Zeit dagegen eher mäßiges bis furchtbares Fahrverhalten hervorbrachte? Der Erfolg von Alfa ist vor allem der bis ins Detail durchdachten Konstruktion zuzuschreiben. Vor allem wurden die ungefederten Massen dadurch möglichst gering gehalten, dass alle Einzelteile konzeptionsbedingt stabil, aber zugleich leicht ausfielen,

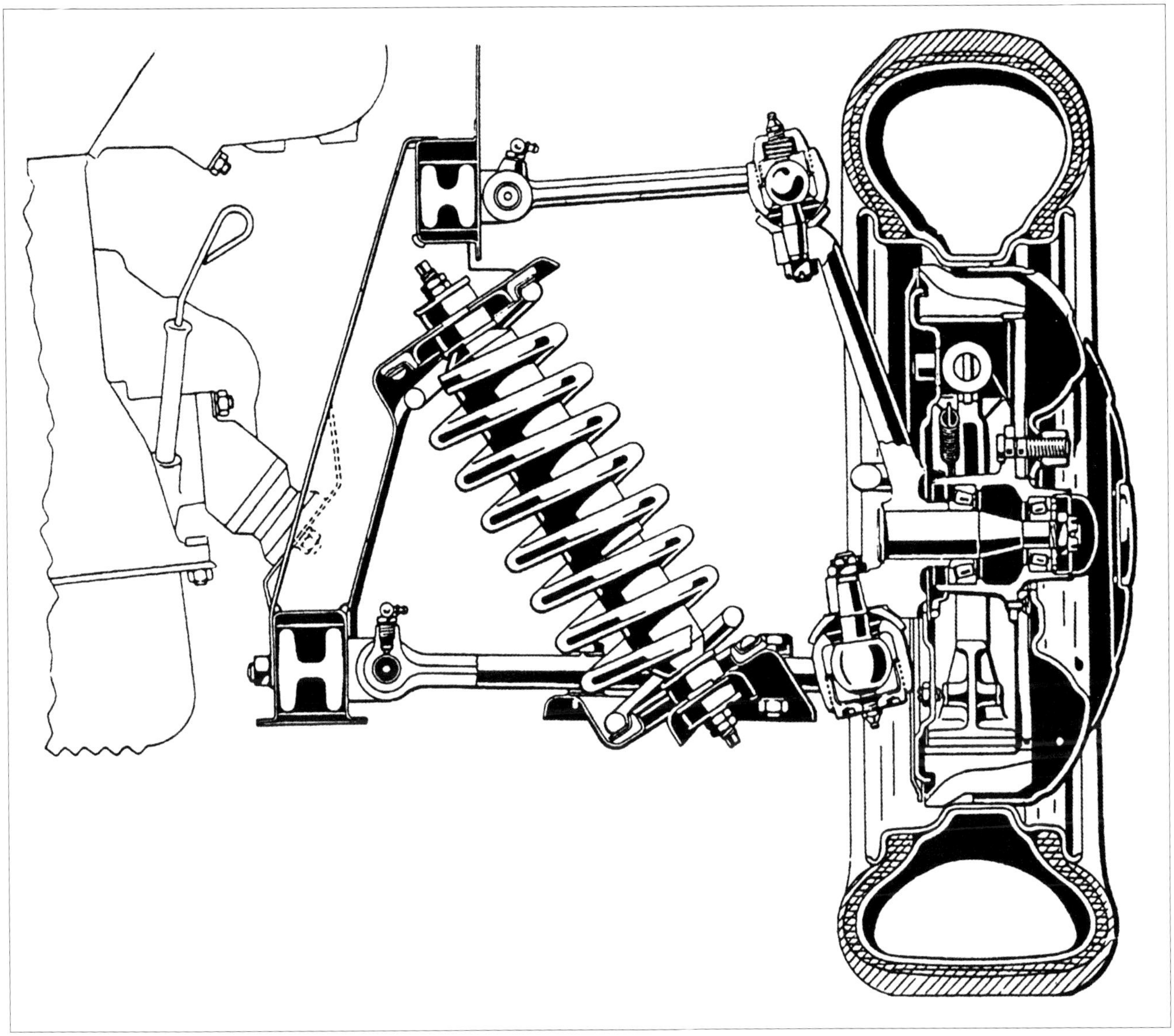

Abb. 8-5. Konventionell, aber voller Finessen: Die Vorderradaufhängung der Giulietta mit oberen und unteren Dreieckslenkern mit Kugelköpfen an den Traggelenken.

nicht zuletzt durch die Verwendung von Aluminiumbremstrommeln. Bei den 750er und 101er Modellen wurden die Wankneigung des Aufbaus und die Gewichtsverlagerungen durch Fangseile und Vorderachsstabilisator in den beherrschbaren Grenzen der relativ weichen Federung gehalten. Auch das Gewebefangband an der Hinterachse war Teil der Serienausstattung. Dies ergab hervorragenden Fahrkomfort auf Landstraßen und exzellentes Kurvenverhalten trotz ausgeprägter Wankneigung der Karosserie.

Intakte Wegbegrenzer (Fangseile bzw. Fangbänder) sind bei den Baureihen 750 und 101 besonders wichtig. Bei vielen Giuliettas sind sie gerissen, so dass sie sich viel zu stark in die Kurven legen und mehr Gewicht auf das kurvenäußere Rad verlagern, als das Fahrwerk eigentlich aufnehmen kann. Das Ergebnis ist mangelhafte Traktion in Kurven.

Ist beim Bremsen ein Klappern aus der Vorderachse zu vernehmen, dürften die Buchsen in den Dreieckslenkern erneuerungsbedürftig sein. Diese Buchsen verschleißen sehr langsam, so dass man sich an den allmählich schlechter werdenden Fahrwerkskomfort gewöhnt und die Veränderung kaum bemerkt. Mit neu ausgebüchsten Dreieckslenkern stellt sich also oft (schlagartig) ein radikal verbessertes Handling ein. Als einziges Spezialwerkzeug ist für das Ausbüchsen der Vorderachse der Giulietta/Giulia eine Verstellreibahle zur Feinbearbeitung der montierten neuen Buchsen notwendig. Bei der Wahl der Reibahle gilt es sorgfältig abzuwägen, welcher Preis für ein Werkzeug gerechtfertigt ist, das man nur sehr selten benötigt. Billigere Universalreibahlen arbeiten meist spürbar geräuschvoller (was vielleicht auf die erzielbare Oberflächengüte schließen lässt).

Hinterradfederungen mit Schraubenfedern benötigen zusätzliche Streben für die Achsführung in Längs- und Querrichtung. Beim Alfa Romeo wird die Längsführung von zwei Schubstreben übernommen, die am Unterboden an Anlenkpunkten hinter den Rücksitzlehnen und an der Hinterachse ungefähr an der Aufnahme der Schraubenfeder angelenkt sind. Die Führung in Querrichtung erfolgt durch einen groß dimensionierten Dreieckträger (das so genannte Reaktionsdreieck), der an zwei Punkten an der Karosserie sowie auf dem Differenzialgehäuse an der Hinterachse angelenkt ist. Die beiden Führungsstreben und das Reaktionsdreieck sorgen – außer unter härtesten Motorsportbedingungen – in allen Fahrsituationen für eine sehr gute Hinterachsführung.

Für den Reineinsatz eines 750er oder 101er Modells empfiehlt es sich, die Anlenkpunkte der Führungsstreben an der Hinterachse durch Einschweißen von Rechteckblechen zu verstärken, wodurch ein Kastenprofil entsteht.

Bei den Rennversionen des GTA wurde das Wankzentrum der Hinterachse durch eine Gleitsteinkonstruktion zwischen Differenzialgehäuse und Fahrzeugkarosserie nach unten verlegt. Der Gleitstein am Differenzial wurde in einem mit der Karosserie verschraubten senkrechten Kanal geführt, so dass eine Auf- und Abbewegung, aber keinerlei seitliche Bewegung möglich war. Diese Änderung ist freilich nur dann sinnvoll, wenn Sie ernsthaft in den historischen Motorsport einsteigen wollen, aber für sämtliche Alfas mit hinterer Starrachse von Bedeutung.

2. Das Fahrwerk des Baumusters 105

Mit der Giulia änderte Alfa Romeo die Dreieckslenker, die nun nicht nur leichter, sondern auch in der Fertigung günstiger waren. Der untere Lenker blieb ein echter Dreieckslenker, oben saßen jedoch zwei Einzellenker in Kombination aus einem Tragarm und einer Zugstrebe, die an einem Kugelgelenk vorne im Radkasten mit dem Aufbau verbunden war. Vorteile dieser Konstruktion waren die breitere Grundfläche der Geometrie des oberen Lenkers und die höhere Steifigkeit der Vorderachsaufhängung bei der Aufnahme von in Längsrichtung wirkenden Lasten.

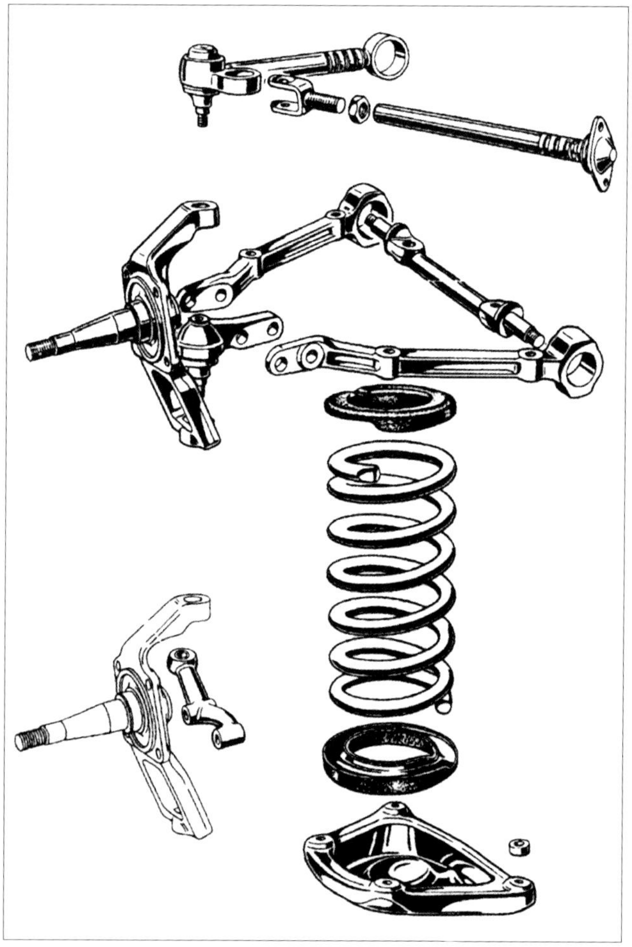

Abb. 8-6. Die konstruktive Lösung beim 105. Der untere Dreieckslenker mit dem Achsschenkel sollte eigentlich ganz unten eingezeichnet sein. Die Feder sitzt im Dreieckslenker, der Federträger ist mit dem Lenker verschraubt. Die oberen Lenkerstreben bilden einen sehr breit ausgestellten Dreieckslenker. Hier die rechte Fahrzeugseite (von vorne gesehen).

Wie Eigner von Fahrzeugen mit diesem neuen Fahrwerk schon bald feststellten, fiel bei Betrieb auf schlechten Straßen das obere Gelenk (das nahe bei den Scheinwerfern sitzt) schon frühzeitig aus. Der Wechsel dieses Gelenks ist einfach und erfordert keine Neueinstellung der Achsgeometrie,

Abb. 8-7. Heute eine Seltenheit: Schmiernippel. Dieser dient zur Schmierung des Kreuzgelenks der Kardanwelle einer Giulia Super.

sofern Sie alle Maße genau nachmessen und einhalten. Das neue Kugelgelenk wird einfach mit der gleichen Zahl Umdrehungen eingeschraubt wie das alte Gelenk.

Um 1971 war die Frage, ob die Nachrüstung von Schmiernippeln an den Buchsen der unteren Dreieckslenker der Alfa-Vorderachsen sinnvoll sei, heißes Diskussionsthema unter Alfa-Fans.

Wenn diese Buchsen infolge Rostbefalls festfraßen, konnte der Lenker sogar aus der Karosserie ausreißen, also war die Frage keineswegs nur theoretischer Natur. Möglicherweise wurde Ihr Alfa an dieser Stelle bereits mit Schmiernippeln nachgerüstet. Wenn ja, sollten Sie diesen Schmierstellen in gewissen Intervallen etwas Fett zukommen lassen.

Vermessung und Einstellung der Achsgeometrie sind im Allgemeinen keine Arbeit für Hobbyschrauber, lassen sich aber mit viel Geduld und einem ebenen Betonboden als Aufstellfläche auch in Eigenregie durchführen. Wesentlich einfacher ist es aber, einen Fachbetrieb damit zu beauftragen.

Manche Alfa-Fahrer haben den oberen Tragarm abgeändert, indem sie ihn auftrennten und die beiden Enden mit Gewinden versehen haben, so dass die Gesamtlänge zur Sturzeinstellung auf einfache Weise verändert werden konnte. Vor allem im Motorsport ist dieser Umbau durchaus sinnvoll. Einstellbare Tragarme stehen auch bei manchen Teilespezialisten im Programm.

Die Hinterachsgeometrie der Baureihe 105 entspricht im Wesentlichen den früheren Modellen, die Achsteile sind jedoch als Pressteile statt als Rohrkonstruktion ausgeführt. Die Federn sind an der Führungsstrebe unmittelbar vor der Hinterachse und nicht – wie beim 101 – direkt an der Achse angelenkt. Die Hinterachsen der Baureihen 101 und 105 sind also nicht ohne weiteres gegeneinander austauschbar.

3. Weitere Fahrwerksvarianten

Die Fahrwerke von GTA, Montreal und Junior Zagato basieren auf dem des Baumusters 105, also auch die von GT und Giulia. Die obigen Ausführungen gelten daher grundsätzlich auch für diese Modelle.

Im Tubolare Zagato (TZ) wurden zwar zahlreiche Bauteile aus dem Baumuster 105 verbaut, er sitzt jedoch auf einem Gitterrohrrahmen mit hinterer Einzelradaufhängung. Trotz aller Straßentauglichkeit kann dieses

Abb. 8-8. Phil Hill am Steuer des Sportiva Spider, Juan Manuel Fangio ist Beifahrer.

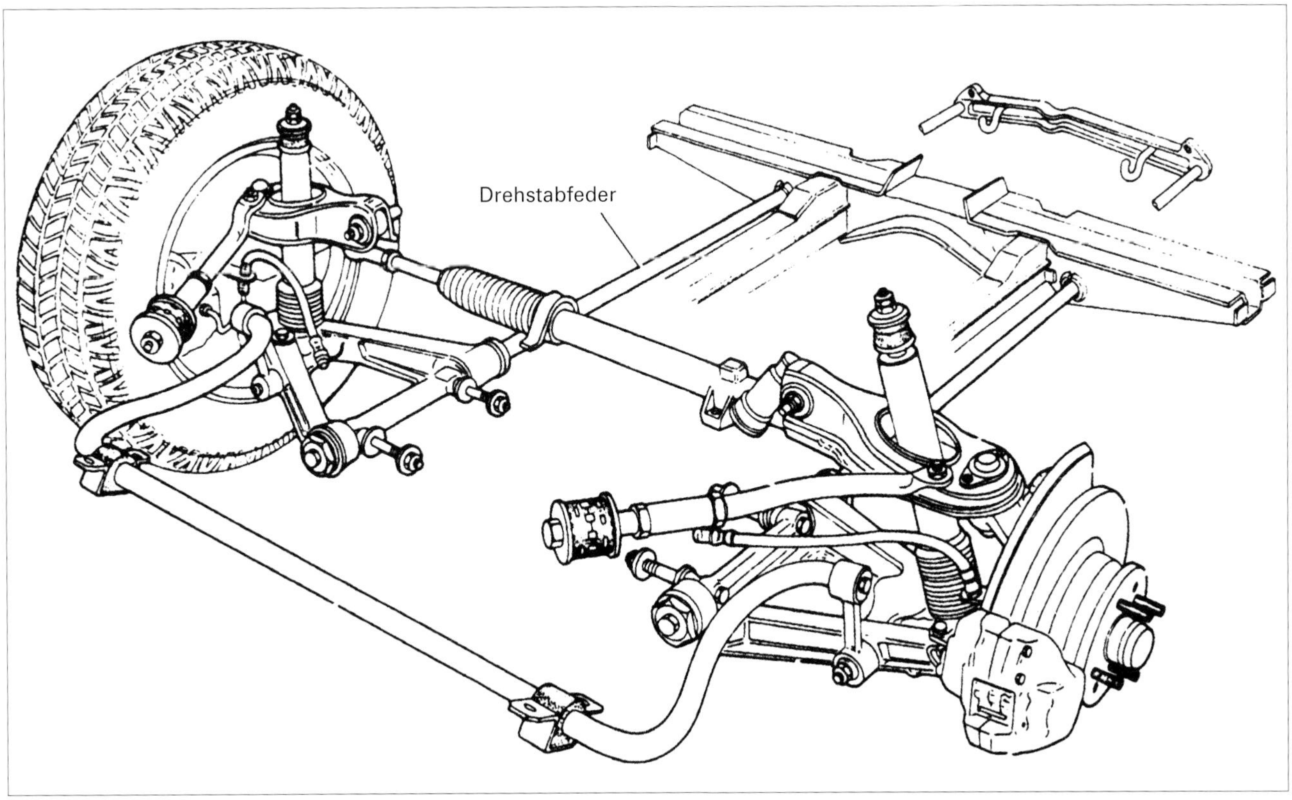

Abb. 8-9. An der Vorderachse des Alfa 75 finden sich die bewährten unteren Dreieckslenker sowie eine modifizierte Version der oberen Querlenker- und Tragarmkonstruktion der Giulia (105). Eine grundlegende Neuerung gegenüber der Giulia sind die Drehstabfedern.

Modell seinen Rennsportcharakter nirgends verleugnen. Aufgrund des Preisniveaus unter Liebhabern dürften Alfa-Neueinsteiger allerdings kaum je in den Genuss einiger Schrauberstunden an einem TZ kommen. Wie im Rennsport üblich, sind die technischen Daten dieses Modells keineswegs in Stein gemeißelt. Oft wurden sie nach den Erfahrungen und Wünschen ihrer Besitzer individuell abgestimmt. Dem Vernehmen nach war die Hinterradaufhängung des TZ kein durchschlagender Erfolg und erfordert erheblichen Aufwand, um sie rundum renntauglich zu halten. Einer meiner Bekannten hat mehrere Jahre fachkundiger Detailarbeit in seinen TZ gesteckt, bis die Hinterachsaufhängung endlich stimmte. Worauf der nächste Besitzer, ein gleichermaßen erfahrener Alfista, sich bei mir über die schlechten Fahreigenschaften des Hecks beklagte. Es ist eben so: Watt dem eenen sin Uhl …

4. Das Fahrwerk des 116

Mit der Alfetta hielt 1975 ein völlig neu konzipierter Antriebsstrang Einzug, der endlich der lang anhaltenden Kritik am „antiquierten" Hinterachskonzept der Alfas Rechnung trug. Der Antrieb der Alfetta kann gewissermaßen als technologischer Overkill gelten. Zur Optimierung der Gewichtsverteilung ist das Getriebe im Heck mit dem Differenzial zusammengebaut und die innenliegenden Scheibenbremsen sitzen an einer DeDion-Achse. Dies führt zu extrem geringen ungefederten Massen an der Hinterachse und zu nahezu perfekter Achsgeometrie. Weitere Einzelheiten dazu siehe Kapitel 2.

5. Radaufhängung

5.1 Querstabilisatoren

Die Querstabilisatoren übernehmen eine ganz einfache Aufgabe in einem verblüffend komplexen Zusammenspiel von Kräften. Sie bilden gewissermaßen eine steife Querverbindung, die dafür sorgt, dass die Bewegung des einen Rades sich auch auf die Bewegung des anderen Rades der Achse auswirkt.

Abb. 8-10. Nahaufnahme der Verzahnung an einem Drehstab im unteren Dreieckslenker. Zur Einstellung der Fahrwerkshöhe wird der Drehstab aus seiner Aufnahme gezogen und gedreht (was aber nicht ganz so einfach ist, wie es klingt).

Abb. 8-11. ABS-Pumpe und Druckbehälter, wie sie auf der Fahrerseite am Innenkotflügel im Motorraum zu finden sind.

Alle Alfas verfügen über Stabilisatoren an der Vorderachse. Durch den Einbau eines stärkeren Stabilisators lässt sich die Wankneigung der Karosserie in Kurven verringern.

Dieser Effekt wird vor allem bei höheren Geschwindigkeiten angestrebt, weil eine geringere Wankneigung der Karosserie auch eine geringere Gewichtsverlagerung mit sich bringt, wenn die Karosserie sich über das kurvenäußere Rad neigt. Da das kurvenäußere Rad so eine geringere Last trägt, kann es in scharfen Kurven besser zur Aufrechterhaltung der Traktion beitragen, als es sonst der Fall wäre.

Durch den Stabilisator soll also die Wirkungsweise der Einzelradaufhängung teilweise wieder aufgehoben werden. Mit dem Einbau eines stärkeren Stabilisators verzichten wir somit auf einen Teil der Vorteile der Einzelradaufhängung, da die Räder sich weniger gut dem Fahrbahnprofil anpassen. Die Fahreigenschaften werden also neu abgestimmt. Da die Alfa-Ingenieure allerdings Fahreigenschaften und Fahrkomfort mit beträchtlichem Aufwand zu einem tragbaren Kompromiss zusammenführten, dürften derartige Eingriffe an der Radaufhängung in mancher Hinsicht zwangsläufig eine Verschlechterung bedeuten. Ein dickerer Stabilisator bedeutet eine spürbar härtere Federung, da das Schlagloch, über das das eine Rad fährt, dann auch im anderen Rad deutlicher zu spüren ist.

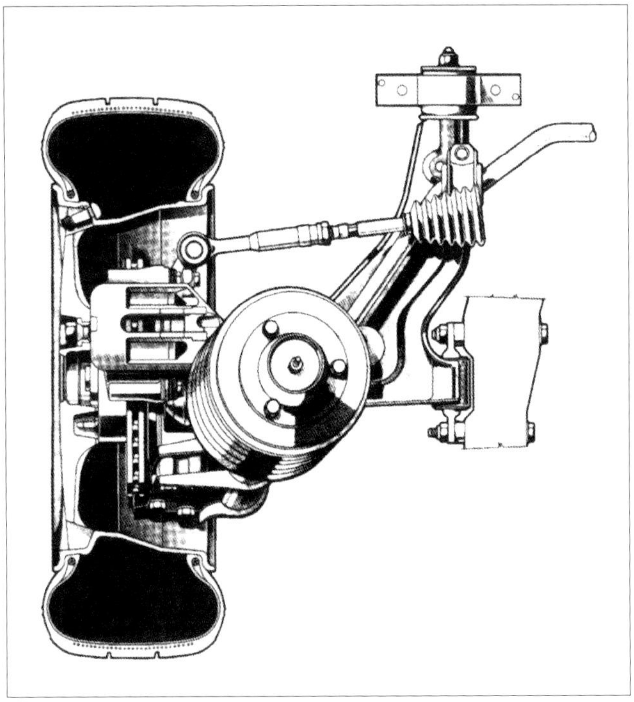

Abb. 8-13. Die Draufsicht der Vorderradaufhängung des 164 zeigt die extreme Kröpfung des unteren Lenkers.

5.2 Federn

Eine Alternativmethode zur Verringerung der Wankneigung des Aufbaus wäre, straffere Stoßdämpfer und Federn einzubauen. Im Laufe der Jahre sind Federn in unterschiedlichster Ausführung in den Alfas verbaut worden – die obendrein von Spezialhändlern lieferbaren steiferen Nachrüstfedern noch nicht mitgerechnet. Die relative Steifigkeit der Federn lässt sich recht einfach beurteilen. Der Federdrahtdurchmesser und die Zahl der Windungen bilden die beiden Variablen, anhand derer ein Vergleich möglich ist. Mit steiferen Federn, die die Wankneigung verringern, bleiben die Vorteile der Einzelradaufhängung erhalten, und es können weiterhin Serienstoßdämpfer montiert werden.

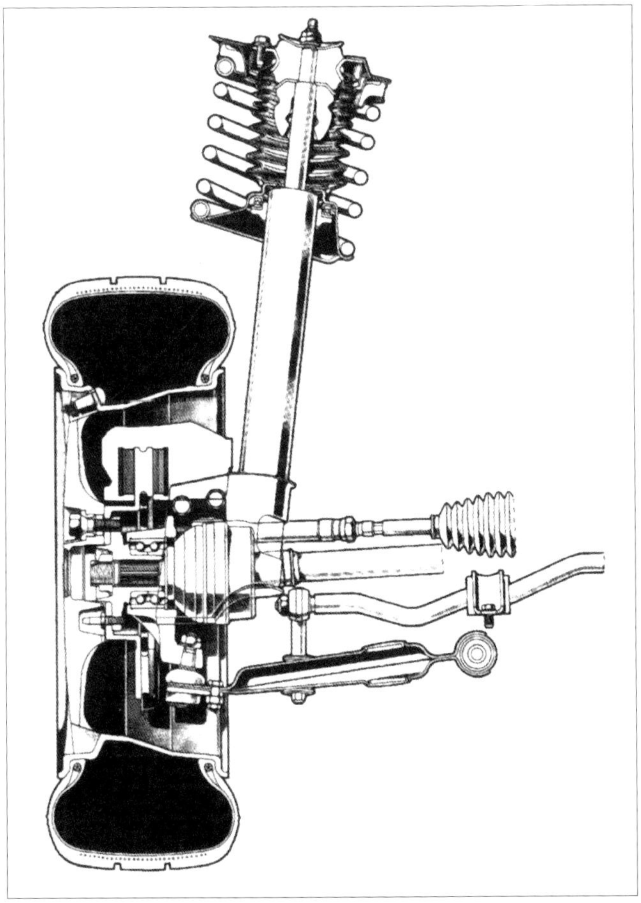

Abb. 8-12. Die Vorderachse des 164 wird an McPherson-Federbeinen geführt, bei denen Feder und Stoßdämpfer als kombiniertes Fahrwerkselement agieren.

Abb. 8-14. Des Verfassers Vorrat an Achsfedern für Giulias und Giuliettas. Die Vielzahl der unterschiedlichen Varianten – trotz einer während der Bauzeit im Wesentlichen unveränderten Fahrwerksgeometrie – ist augenfällig.

Durch den Einbau kürzerer Schraubenfedern verringert sich die Bodenfreiheit. Dies wirkt optisch gefälliger, bewirkt eine Tieferlegung des Massenschwerpunkts und sorgt für mehr Fahrstabilität. Andererseits gerät so die Verrippung der Alu-Ölwanne gefährlich dicht an die Fahrbahnoberfläche, so dass selbst harmlose Bodenwellen Spuren hinterlassen können. Zur Tieferlegung genügt es bei Serienfedern, eine Windung der Schraubenfeder abzutrennen. Allerdings ändert sich dadurch die Federcharakteristik und die Feder wird härter, was vielleicht nicht Ziel der Sache war. Nach derartigen Eingriffen an den Schraubenfedern ist natürlich eine Achsvermessung notwendig, und verstellbare obere Tragarme sind an Modellen des Baumusters 105 von Vorteil, da damit der Sturz an der tiefersitzenden Radaufhängung problemlos vergrößert werden kann. Und denken Sie immer daran, dass derartige Eingriffe die Zulassung Ihres Autos gefährden.

5.3 Die Stoßdämpfer

Die Qualität der serienmäßigen Alfa-Stoßdämpfer gibt kaum je Grund zur Beanstandung. Bei Zweifeln am Zustand der Stoßdämpfer drücken Sie den entsprechenden Kotflügel mit Nachdruck nach unten und lassen ihn dann wieder schnell los. Der Wagen darf nur ein einziges Mal nachfedern. Federt er mehrmals nach, muss der Stoßdämpfer ersetzt werden. Beliebt sind verstellbare Stoßdämpfer. Sofern Sie Ihren Alfa nicht im Rennsport bewegen, beschert Ihnen dies lediglich eine spürbar härtere Straßenlage. Die Stoßdämpfer sind darauf ausgelegt, rasche Bewegungen zu dämpfen, langsamere Bewegungen aber zuzulassen, beispielsweise beim Wanken der Karosserie. Sie bewirken also eine Versteifung der Radfedern bei höheren Schwingungsfrequenzen, lassen aber bei niedrigeren Frequenzen Bewegungen und somit komfortablere Federung zu.

Eine Kompromisslösung bieten Gasdruckstoßdämpfer, die mehr Dämpfungswirkung in allen Fahrsituationen bieten, ohne ein zu hartes Fahrverhalten zu erzeugen.

Gelegentlich können sich die Befestigungsmuttern der Stoßdämpfer lockern. Dies kommt selten vor, da die groß dimensionierten Gummibuchsen, in denen die Stoßdämpfer am Blech befestigt sind, das Drehmoment aufnehmen. Lose Stoßdämpfer machen sich durch ein Klappergeräusch ähnlich wie bei Spiel in Vorderachsbauteilen bemerkbar und können bei der Diagnose mitunter für Verwirrung sorgen. Am einfachsten ist die Kontrolle durch kräftiges Rütteln am Stoßdämpfer selbst.

6. Die Lenkung

Alfa-Lenkungen sind für große Präzision berühmt. Ist am Lenkrad ca. 25 mm Totgang spürbar, bis die Räder sich zu bewegen beginnen, ist eine Einstellung oder der Ersatz verschlissener Lenkungsteile fällig. Häufig übersehen wird der Verschleiß an den Spurstangengelenken (Kugelköpfen).

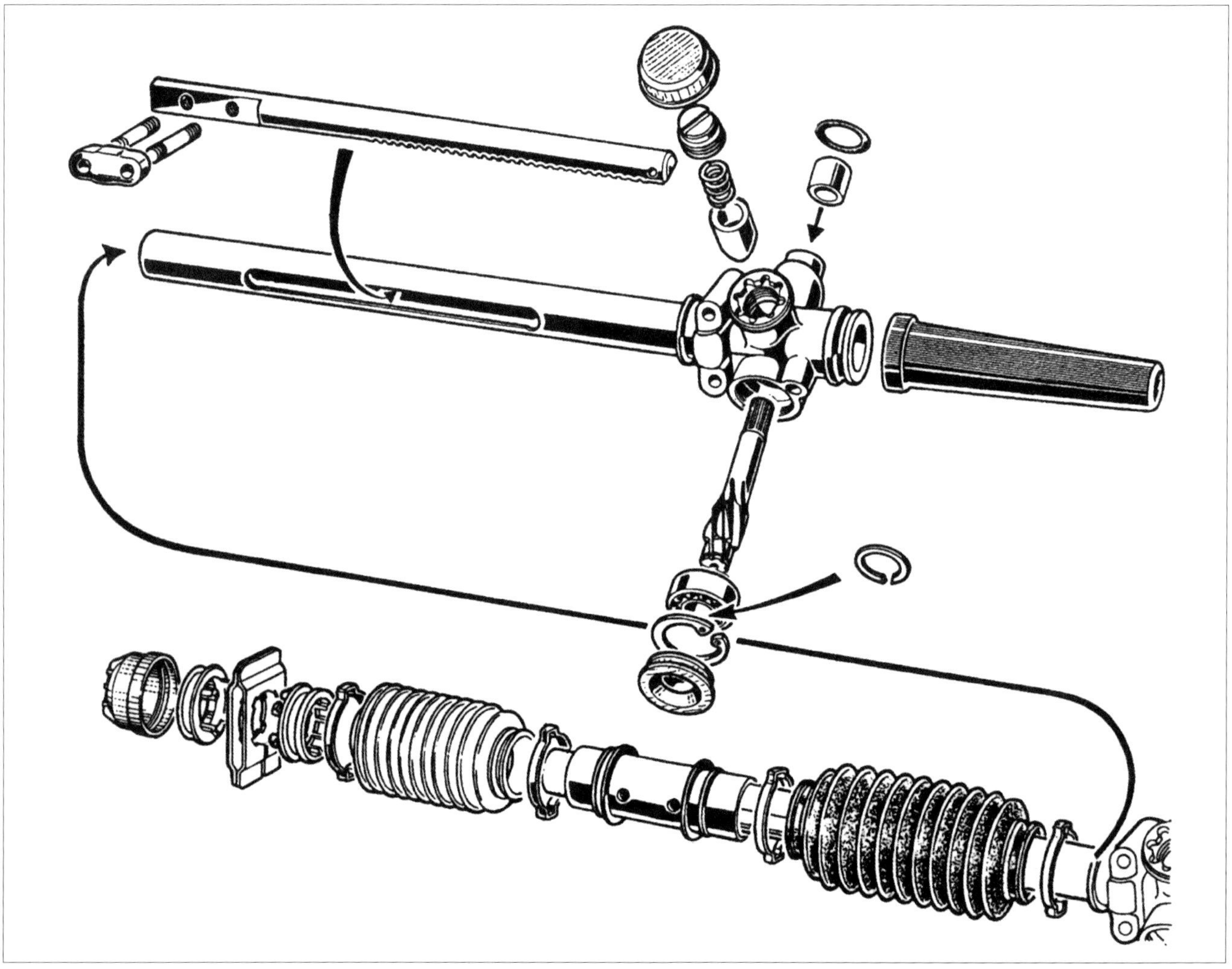

Abb. 8-15. Die Zahnstangenlenkung des Alfasud ähnelt weitgehend den Lenkungen von Alfetta, 90, 75 und 164. Die Alfasud-Lenkungen mussten ohne Lenkhilfe auskommen.

Erst mit der Alfetta stellte Alfa Romeo auf Zahnstangenlenkungen um. Ältere Alfas besaßen je nach Modell Schneckenrollen- oder Kugelumlauflenkung. Diese älteren Bauarten sind weitgehend ähnlich aufgebaut; bei den Ausführungen bis 1967 ist die Einstellung des Lenkspiels sehr einfach möglich.

Zur Verschleißkontrolle bocken wir den Vorderwagen hoch, so dass die Räder vom Boden freikommen. Dann drehen wir die Lenkung von Anschlag zu Anschlag und achten auf schwergängige Stellen oder knirschende Geräusche, die auf festgegangene Gelenke oder schadhafte Lager hindeuten könnten. Bei Schwergängigkeit muss vor der weiteren Fehlersuche zunächst das gesamte Lenkgestänge überprüft werden.

Als erstes lösen wir auf der Suche nach dem schwergängigen Gelenk das Lenkgestänge an den direkt an den Rädern liegenden Gelenken.

Ist die Lenkung abgekoppelt, drehen wir die Räder wieder in die Geradeausstellung. Bei Exemplaren vor 1967 findet sich oben auf dem Lenkgetriebe eine Schraube mit Kontermutter. Wir lösen die Kontermutter und ziehen die Schraube nach, bis ein gewisser Widerstand spürbar ist. Dann drehen wir das Lenkrad nochmals von Anschlag zu Anschlag und achten vor allem auf Widerstand, wenn die Lenkung in die Geradeausstellung kommt. Die Einstellschraube am Lenkgetriebe wird dann weiter angezogen und die Lenkung erneut von Anschlag zu Anschlag getestet, bis in der Geradeausstellung der Räder gerade eben eine schwerer werdende Lenkung festgestellt wird. Wurde die Schraube soweit nachgestellt, dass eine geringfügige Schwergängigkeit in Geradeausrichtung gerade eben wahrnehmbar ist, ziehen wir die Kontermutter fest. Lässt sich das Spiel auf diese Weise nicht beseitigen, muss das Lenkgetriebe überholt werden.

Ab dem Alfa 75 führte Alfa Romeo eine servounterstützte Zahnstangenlenkung ein. Die frühen Zahnstangenlenkungen gerieten wegen Ölverlusts schnell in Verruf, das Problem kann heute aber als behoben gelten, auch wenn undichte Servopumpen immer noch vorkommen.

Der Servoeffekt wird erreicht, indem das Gehäuse der Zahnstangenlenkung als Hydraulikzylinder und die Zahnstange als doppelt wirkender Kolben genutzt wird. Der Hydraulikdruck wirkt auf beiden Seiten eines Dichtrings auf die Zahnstange, so dass diese sich nach rechts oder links bewegt. Die Flüssigkeit auf der nicht unter Druck stehenden Seite der Zahnstange strömt zurück in den Servotank. Über ein Ventil an der Lenkung wird die Hydraulik-Hochdruckflüssigkeit der entsprechenden Seite der Zahnstange zugeführt.

7. Räder und Reifen

Reifen sind diese schwarzen Gummidinger, Räder (bzw. Felgen) die runden Metallschüsseln, auf denen die Reifen aufgezogen sind. In der Praxis werden die Begriffe allzu oft durcheinandergeworfen.

7.1 Die Räder

Die originale Giulietta wurde mit 15-Zoll-Stahlfelgen ausgerüstet – bis Ende der 1970er Jahre der Standarddurchmesser für sportbetonte Räder. Die frühen Giulias mit Scheibenbremsen liefen auf 4,5 Zoll breiten 15-Zoll-Rädern. 1969 hielten 5,5 Zoll breite 14-Zoll-Räder Einzug. Ab 1974 zählten Leichtmetallräder zur Serienausstattung. Die Vierlochbefestigung wurde auch bei der Alfetta beibehalten, der Lochkreis jedoch etwas verkleinert, weshalb Alfetta-Räder nicht auf die früheren Modelle passen. Ab dem GTV6 von 1981 erfolgte der Übergang von Vier- auf Fünflochfelgen.

Frühe Alfas, also in unserem Fall die Baumuster 750 bis 105, besaßen noch Schlauchreifen. Montiert man schlauchlose Reifen auf Felgen, die für Schlauchreifen konzipiert wurden, kann es in schnell gefahrenen Kurven zu plötzlichem Luftverlust am Reifen kommen. Reifen auf Felgen, die für Schlauchreifen ausgelegt sind, sollten also stets mit Schläuchen montiert werden.

Abb. 8-16. Leichtmetallräder an einem 75. Den gleichen optischen Eindruck versuchen viele mittels Kunststoff-Radzierdeckeln zu erwecken. Das hier aber ist – wie so gut wie alles an einem echten Alfa – das einzig Wahre.

Der Alfa TZ besaß serienmäßig (sofern man beim TZ überhaupt von „Serie" sprechen kann) Magnesiumräder, die an ihrer mattgrauen Optik zu erkennen sind.

14-Zoll-Räder lassen sich nicht auf der originalen Giulietta der 50er/60er Jahre montieren, da der geringere Felgendurchmesser mit den Bremstrommeln kollidiert. Zudem ist es aufgrund der weiter anziehenden Preise am Sammlermarkt ohnehin ratsam, Giuliettas stets möglichst werksoriginal zu restaurieren. Außer im Motorsport sind 15-Zöller bei der Giulietta daher immer zu bevorzugen.

Zahlreiche Alfas wurden mit Minilite-Leichtmetallrädern nachgerüstet, und der Zubehörhandel hält noch eine Vielzahl weiterer Leichtmetallräder parat. Die Optik dieser Räder verspricht Rasse, zumal in Verbindung mit dem breiteren Felgenbett, das die Montage breiterer Reifen ermöglicht. Breitere Reifen vergrößern die Kontaktfläche auf der Fahrbahn und somit die Traktion auf trockener Fahrbahn sowie das Kurvenverhalten. In Deutschland stellt sich bei der Umrüstung auf Leichtmetallräder allerdings stets die Frage, ob Räder und Reifengrößen in den Fahrzeugpapieren eintragungsfähig sind. Also vor dem Kauf prüfen!

Einpresstiefe (Offset)

Die Einpresstiefe bezeichnet den Versatz der Radaufnahme, d.h. wie groß der Überstand der Nabenanlagefläche der Achse in Relation zum Überstand des Reifens ist. Ist die Einpresstiefe groß genug, können die Reifen sogar über die Karosseriekonturen überstehen.

Eine größere Einpresstiefe ergibt breitere Spur und höhere Stabilität, es wachsen aber auch die auf die Radlager wirkenden Kräfte, so dass sich deren Lebensdauer verringern kann.

Eine moderate Erhöhung der Einpresstiefe, vielleicht um 25 mm, zur Optimierung der Kurveneigenschaften ist möglich, ohne andere Bauteile in Mitleidenschaft zu ziehen. Haupthindernis ist bei größerer Einpresstiefe das Rad selbst, vor allem an der Vorderachse des Alfa 75.

Bei den meisten Alfa-Karosserien ist ein gewisses Maß an zusätzlicher Radeinpresstiefe möglich. Wer jedoch gleichzeitig breitere Reifen montieren möchte, muss möglicherweise Räder mit geringerer Einpresstiefe verwenden, damit in den Radläufen ausreichend Platz für die Reifen bleibt. Im Rahmen der eintragungsfähigen Reifen- und Rädergrößen sind hier Versuche unumgänglich, bis die passende Kombination von Reifenbreite, Einpresstiefe und Freiraum in den Radläufen gefunden ist.

Am Alfa 75 mit ABS ist der Einbau breiterer Reifen nicht möglich, da von der Serie abweichende Reifengrößen die Funktion der ABS-Sensoren beeinträchtigen.

Die Felgenbreite

Mit immer kleineren Reifenquerschnitten wurde nach und nach die Reifenbreite vergrößert, was entsprechend breitere Felgen bedingte, um den Flanken der Reifen ausreichende Stabilität zu verleihen.

Wer die größere Aufstandsfläche von breiteren Reifen nutzen möchte, sollte auch entsprechend breitere Felgen montieren. Vor derartigen Umrüstungen ist allerdings stets der Abstand zwischen Reifen und Karosserie in den Radkästen zu messen. Durch Änderungen an der Einpresstiefe lässt sich – wie oben erläutert – das Maximum an breiteren Reifen und Felgenverbreiterungen erreichen.

Die Felgenwerkstoffe

Einst gab es Felgen aus Holz, später waren sie aus Stahl, heute sind Leichtmetalllegierungen verbreitet. Eine Voraussetzung für optimales Handling ist, dass die ungefederten Massen möglichst klein gehalten werden sollten. Was sich mit den Rädern auf- und abbewegt, sollte also möglichst leicht sein. Leichtmetallräder wirken sich positiv auf das Handling aus, da mit ihnen die ungefederten Massen reduziert werden können. Mit diesem Argument ist wohl seit langer Zeit kein Satz Alufelgen mehr verkauft worden – eher schon, weil die Leute auf den Look stehen.

Leichtmetallräder erfordern besondere Pflege. Da das Leichtmetall wesentlich weicher als Stahl ist, sollten beim Reifenwechsel spezielle Montierwerkzeuge verwendet werden, und wer bei einem Platten einfach weiterfährt (und sei es nur über kurze Strecken), läuft Gefahr, dass die Felge im Handumdrehen unrettbar ruiniert ist. Außerdem sollte die Felge – vor allem im Bereich der Radmuttern – auf Haarrisse überprüft werden.

7.2 Die Reifen

Vor dem Kauf neuer Reifen ist grundsätzlich zu prüfen, ob die Größe nicht nur für das Modell eintragungsfähig ist, sondern auch wirklich passt – vor allem beim Umstieg auf breitere Bereifung oder bei der Anschaffung neuer Felgen mit größerer Einpresstiefe. Auf einfache Weise lässt sich dies kontrollieren, indem wir einen alten Reifen (mit Felge) der gewünschten Größe, der für kleines Geld bei einer Autoverwertung erhältlich ist, im Radkasten probemontieren (wobei etwaige Änderungen der Einpresstiefe zu berücksichtigen sind). Scheint der Reifen im Radkasten sehr knapp zu sitzen, denken Sie bitte auch daran, dass die Räder sich beim Einfedern der Achsen in den Radkästen auf- und abbewegen.

Darüber hinaus gibt es zu diesem Thema nur Allgemeines zu sagen. Vor allem deshalb, weil Alfa Romeo weder die Reifen noch die Fahrbahnen – die beiden Hauptakteure bei diesem Spiel – herstellt. Tabellen mit passenden oder freigegebenen Reifen- und Felgengrößen sind erfreulicherweise leicht zugänglich. Sie brauchen sich als Kunde also nicht mit einer Geheimwissenschaft herumzuschlagen.

Im Design der Reifenprofile soll viel Geheimwissen der Reifenhersteller stecken. Grundsätzlich spielen bei der Profilgestaltung sowohl ästhetische als auch praktische Aspekte mit hinein, und das Verhalten eines Reifenprofils lässt sich nicht bis ins Letzte vorhersagen. Natürlich gibt es in der Reifenindustrie bestimmte Betriebsgeheimnisse. Die chemische Zusammensetzung der Kautschukmischungen ist solch ein wohl gehütetes Geheimnis. Erste Indizien für die Reifenzusammensetzung liefert eine Fingernagelprobe: Reifen, die sich weich und gummiartig anfühlen, haften besonders gut auf der Fahrbahn. Allerdings verschleißen sie auch schneller. Härtere Profile – ähnlich der Oberfläche eines Jahre alten Radiergummis – sind verschleißunempfindlich wie Eisen, bieten aber auch ähnlich viel (bzw. wenig) Traktion.

Abb. 8-17. Speichenräder waren für die Giulietta tatsächlich bereits ab Werk als Sonderzubehör lieferbar.

Wie kaum ein anderes Bauteil rund ums Auto sind Reifen und Räder das Ergebnis eines Kompromisses. Einerseits bieten bestimmte Reifenmerkmale konkrete Vorteile. Andererseits gehen genau diese Merkmale auch mit bestimmten Nachteilen einher. Irgendwo sind also immer Abstriche notwendig.

Nehmen wir die Reifengröße. Kleinere Reifen haben den Vorteil, dass für Innen- und sonstigen Stauraum mehr Platz bleibt. Nachteilig ist die geringere Lasttragfähigkeit kleinerer Reifen.

Das gesamte Fahrverhalten eines Autos wird über die vier kleinen Aufstandsflächen der Reifen auf die Fahrbahn übertragen. Beim Kurvenfahren bewirken die auf den Wagen wirkenden Seitenkräfte, dass diese Fläche den Kontakt zur Fahrbahn zu verlieren droht. Das Fahrzeuggewicht und seine Fahrwerksgeometrie wirken diesen Seitenkräften entgegen, damit der Fahrbahnkontakt erhalten bleibt. Dies ist im Kern die gesamte Wissenschaft hinter der Fahrwerkskonstruktion.

Da Reifen mit größerem Durchmesser auf größeren Flächen auf der Fahrbahn abrollen, können die Reifen umso mehr Leistung aufnehmen, je größer ihr Durchmesser ist. In der Praxis gelten bei dieser verallgemeinernden Feststellung allerdings derart viele Einschränkungen, dass sie so kaum mehr haltbar ist. Der in neuerer Zeit zu beobachtende Trend zu größeren Rädern hat jedoch seine technische Berechtigung.

Wer die Reifenaufstandsfläche nicht durch Vergrößerung des Reifendurchmessers erreichen will, kann stattdessen auf einen breiteren Reifen zurückgreifen. Zudem ist es praktischer, die Aufstandsfläche durch breitere Reifen statt durch größere Durchmesser vergrößern zu wollen. Es überrascht also nicht, dass 13-Zoll-Hochleistungsreifen besonders breit ausfallen. Erfreulicherweise schließen kleine Reifen, breite Profile und hervorragende Straßenlage einander nicht aus.

Zumindest auf trockener Fahrbahn. Weniger erfreulich ist allerdings, dass diese fetten Bereifungen auf nasser oder verschneiter Fahrbahn zum Schwimmen neigen und schon bei relativ geringer Geschwindigkeit ihre Traktion einbüßen (bei schlechtem Wetter sind schmale, hohe Reifen am besten).

Soviel also zum Grundprinzip. Jede Entscheidung für bestimmte Reifen- und Räderkombinationen hat Vor- und Nachteile. Exzellente Traktion? Härteres Abrollverhalten. Hochgeschwindigkeitstauglichkeit? Entsprechend hoher Preis. Aggressives Profil? Aggressives Abrollgeräusch. Leises Profil? Geringere Traktion. Weiche Gummimischung? Rascher Verschleiß. Härtere Gummimischung? Geringere Traktion. Leichtmetallfelgen? Empfindlich, selbst bei normaler Fahrweise.

Viele Autobesitzer beurteilen Räder und Reifen lediglich nach optischen Gesichtspunkten. Details der Gummimischungen der Lauffläche, Flankenaufbau und Profilgestaltung bleiben gänzlich unbeachtet. Was angesichts der Komplexität des Themas vielleicht auch kein Fehler ist.

Aus Sicht der Reifenhersteller stellt sich das Problem so dar: Herausragende Reifeneigenschaften rechtfertigen Spitzenpreise. Wer das Beste von allem möchte, suche sich den teuersten Reifen. Wirkliche Schnäppchen sind im Reifen- und Felgengeschäft ungefähr so selten wie Schnäppchen bei Edelsteinen und Edelmetallen. Es ist also besser, sich an einem Vierkaräter einfach zu erfreuen, als sich über dessen Facettenschliff Gedanken zu machen.

Was ein echter Autofan ist, der möchte aber sicher trotzdem Genaueres zu diesem Thema erfahren, nicht wahr?

Das Auswuchten

Wenn die Lagen der Reifenkarkasse aufgelegt werden und das Profil aufvulkanisiert wird, kann es passieren, das an einer Stelle etwas mehr Material als an anderer Stelle vorhanden ist. Diese Materialunebenheiten führen zu Unwucht am Reifen. Diese Unwucht wird durch kleine Auswuchtgewichte an der Felge ausgeglichen. Beim Wechsel eines Reifens – oder wenn ein Wuchtgewicht verlorengeht – muss der Reifen auf seiner Felge also neu ausgewuchtet werden.

Sicher hat jeder schon einmal Unwucht an einem Rad erlebt. Bei geringen Geschwindigkeiten läuft das Rad völlig ruhig, bei höherem Tempo beginnt es jedoch zu vibrieren. Wer diesen unruhigen Geschwindigkeitsbereich durchsteht, erreicht bei noch höherer Geschwindigkeit vielleicht einen Punkt, an dem die Unwucht aufhört und das Rad wieder ruhig abrollt.

Nehmen die Vibrationen mit steigender Geschwindigkeit stetig weiter zu, ohne irgendwann wieder nachzulassen, liegt der Fehler an der Unrundheit des Rades und nicht an Unwucht. Radialreifen (Gürtelreifen) können unrund werden, wenn sich die Gürtellagen vom übrigen Teil der Karkasse zu lösen beginnen, wer also mit einem wirklich unrunden Radialreifen zu kämpfen hat, sollte den Reifen schnellstens erneuern lassen.

Durch das Gewicht einer hinteren Starrachse werden Radvibrationen, sofern sie nicht ganz extreme Ausmaße annehmen, mitunter von selbst kompensiert, so dass der Fahrer sie überhaupt nicht merkt, der Reifen ist durch die vorhandene Unwucht aber dennoch stärkeren Belastungen ausgesetzt. Also lohnt sich das Auswuchten in jedem Fall.

Der Reifendruck

Die Seitenwände eines Reifens – vor allem von Radialreifen – sind sehr nachgiebig. So wird gewährleistet, dass selbst bei scharfem Kurvenfahren nahezu die gesamte Profilfläche Kontakt mit der Fahrbahn behält. Stabilisiert wird die Seitenwand durch die Luft im Reifen. Der Reifenluftdruck wirkt sich also unmittelbar auf die Lasttragfähigkeit des Reifens aus. Bei scharfen Kurvenfahrten könnte ein mit zu geringem Reifendruck gefahrener Reifen von der Felge rutschen. Dementsprechend sind höhere Reifendrücke sinnvoll, wenn abzusehen ist, dass die Reifen vorübergehend besonders hohe Lasten aufnehmen müssen, entweder weil das Fahrzeug besonders voll beladen ist oder weil es vielleicht im Motorsport bewegt werden soll.

Unter normaler Nutzung ist die Spanne der zulässigen Reifendrücke relativ breit. Gewohnheitsmäßig zu niedrige oder zu hohe Riefendrücke wirken sich auf den Reifenverschleiß aus. Ständig mit zu niedrigem Luftdruck gefahrene Reifen laufen vor allem auf den Außenseiten der Lauffläche ab. Mit zu hohem Luftdruck gefahrene Reifen laufen in der Mitte der Lauffläche stärker ab. Der maximale betriebssichere Reifendruck ist auf der Seitenwand des Reifens angegeben, der empfohlene Reifendruck steht dagegen in der Betriebsanleitung. Diese Unterscheidung ist wichtig, denn der maximale Druck liegt deutlich über dem empfohlenen Reifendruck.

Im Rennsport, in dem jedes Einzelteil des Fahrwerks auf optimale Leistung abgestimmt wird, bewirkt bereits ein Reifendruckunterschied von 0,1 bar deutliche Unterschiede in den erreichbaren Rundenzeiten.

Die 400er Reifengröße

Die Alfa Romeo 1900, 2000 und 2600 wurden mit Reifendimensionen für einen Felgendurchmesser von 400 mm ausgeliefert. Diese Felgengröße war in Frankreich weit verbreitet, vor allem bei Citroën, Renault und Peugeot. Neue 400er Reifen sind heute in erster Linie über die Classic-Abteilung von Michelin erhältlich, kosten aber entsprechend Geld. Michelin ist im Bereich der Klassikerreifen sehr aktiv, so dass der Nachschub der verbreitetsten 400er Reifengrößen auf absehbare Zeit gesichert bleiben dürfte.

ACHTUNG: Montieren Sie auf keinen Fall einen metrischen Reifen auf einer Zollfelge – oder umgekehrt. Insbesondere die 400-mm- und 16-Zoll-Dimensionen entsprechen einander nicht exakt, so dass Undichtigkeiten oder gar Reifenplatzer programmiert sind.

Zur Lösung des 400er-Reifenproblems haben ambitionierte Bastler erfolgreich neue 15-Zoll-Felgenkränze mit der originalen Felgennabe verschweißt. Dadurch leiden zwar die Originalität und die Dimensionen der Belüftungslöcher in der Felgenmitte, dafür können aber Einpresstiefe und Felgenbreite frei gewählt werden, so dass einer der Hauptnachteile der 400er Reifen – die relativ schmale Reifenaufstandsfläche auf der Fahrbahn – beseitigt werden kann. Allerdings dürfte es sehr viel Überredungskunst bei den Prüfstellen erfordern, um derartige Umbauten ohne entsprechende Unbedenklichkeitsgutachten eingetragen zu bekommen. Zudem müsste für derartige Umbauten beim Alfa 2600 mit Scheibenbremsen am vorderen Bremssattel geringfügig Material abgeschliffen werden, um ausreichend Einbauplatz für die neue Felge zu schaffen. Durch eine größere Einpresstiefe lässt sich der abzuschleifende Betrag verringern, dafür ist bei zu großer Einpresstiefe sehr schnell der Punkt erreicht, an dem der Reifen beim Radeinschlag mit den Radläufen kollidiert. Eine extrem exakte Vermessung vor dem Schweißen ist also unabdingbar.

Alternativ könnten auch die eine Zeitlang modischen 390-mm-Felgenkränze aufgeschweißt werden, denn sie kommen näher an die originalen 400er Felgen heran. Auch hier gilt jedoch das oben Gesagte zur Problematik der Eintragung und Zulassung.

8. Die Bremsanlage

Die klassischen Alfa Romeos zeichnen sich seit jeher nicht nur durch ihre gelungene Fahrwerkskonzeption, sondern auch durch hervorragende Bremsen aus. Die Bedeutung einer wirklich guten Bremsanlage wird häufig verkannt, weil viele Fahrer sie noch nie in vollem Maße in Anspruch nehmen mussten.

Die besondere Herausforderung bei der Auslegung der Bremsanlage für eine Limousine besteht darin, die richtige Bremskraftverteilung zwischen Vorder- und Hinterachse zu erreichen. Beim Bremsen verlagert sich das Fahrzeuggewicht nach vorne. Das Heck hebt sich an (es „geht aus den Federn") und die Hinterräder verlieren Traktion. Alle Pkw sind also so ausgelegt, dass die Bremswirkung an den Vorderrädern größer als an den Hinterrädern ist. Auf rutschiger Fahrbahn bedeutet dies, dass das Heck schneller zum Blockieren neigt, vor allem, wenn die Rücksitzbank unbesetzt ist.

Das Blockieren der Bremsen ist natürlich unerwünscht. Hierin liegt der Vorteil von ABS-Systemen.

Antiblockiersysteme (ABS) verfügen über Sensoren an jedem Rad, die die Drehzahlen der einzelnen Räder miteinander vergleichen und den Bremsdruck entsprechend regulieren, wenn ein Rad plötzlich nicht mehr so rasch dreht wie die anderen.

ABS in Alfas

Antiblockiersysteme hielten bei Alfa Romeo erstmals im 75 Einzug. ABS wird bei modernen Fahrzeugen als selbstverständlich vorausgesetzt und ist deshalb auch bei Youngtimerliebhabern eine feste Größe. Allerdings sind diese ABS-Konstruktionen aus den 1980er Jahren nicht nur simpler aufgebaut als neuzeitliche Anlagen, sondern mittlerweile auch schlicht in die

Abb. 8-18. Späte Alfa 75 mit Vollausstattung wurden mit Antiblockiersystem (ABS) ausgeliefert. Im ABS moduliert ein Regelcomputer den Bremsdruck, damit die Räder nicht blockieren und ausbrechen können. Der Hauptbremszylinder der ABS-Versionen ist entsprechend komplexer, vor allem aufgrund der zusätzlichen Elektrikanschlüsse, wie sie bei den Versionen ohne ABS fehlen. Auffallend ist auch der große Bremsflüssigkeitsbehälter. Fehlercodes werden im Steuergerät gespeichert und können mit einem Analysegerät ausgelesen werden.

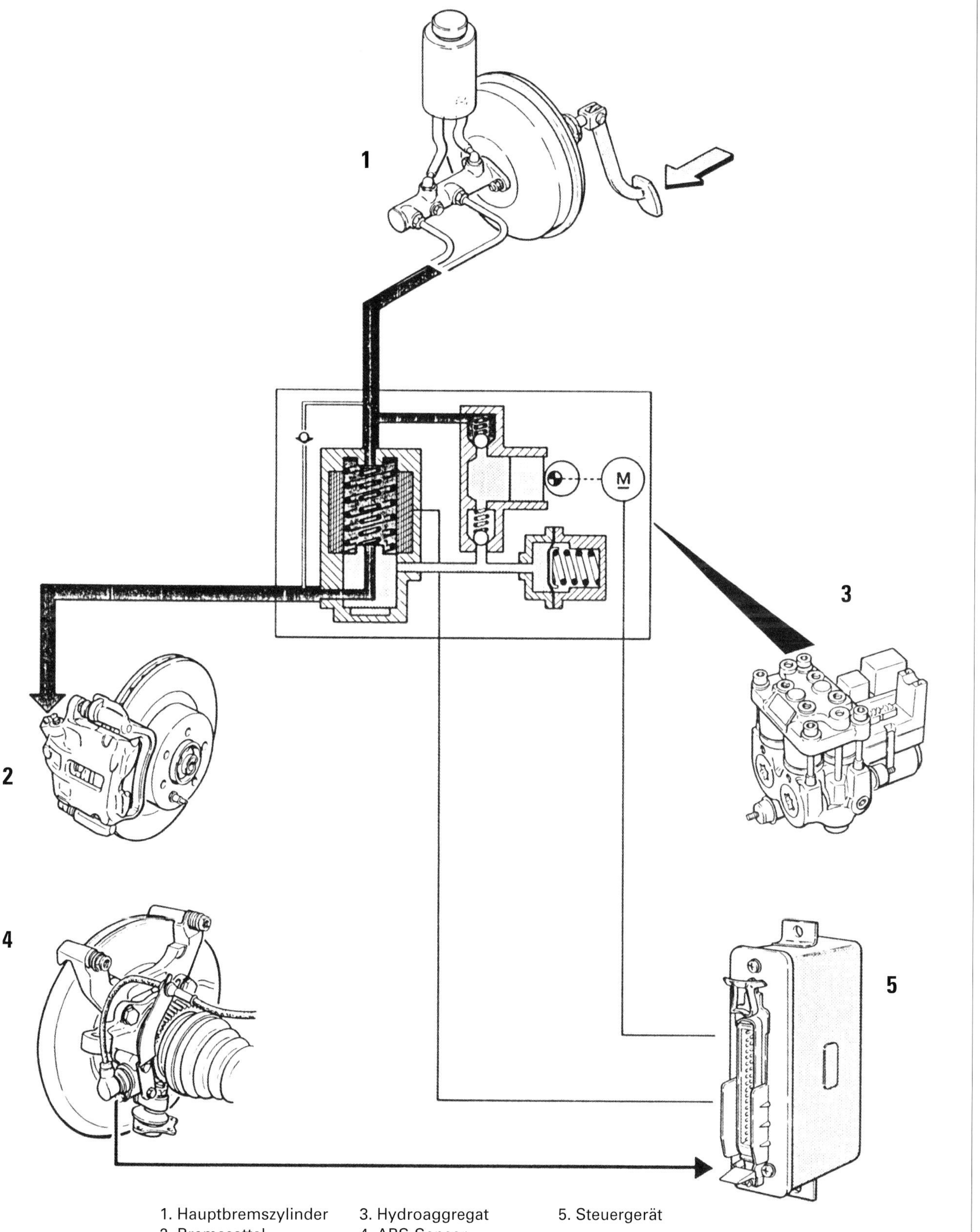

1. Hauptbremszylinder
2. Bremssattel
3. Hydroaggregat
4. ABS-Sensor
5. Steuergerät

Abb. 8-19. Die ABS-Bestandteile im Alfa 164.

Jahre gekommen. Problematisch ist dabei, dass zahlreiche ABS-spezifische Bauteile nicht mehr als Neuteile erhältlich sind und Reparaturen entsprechend langwierig geraten können und mit Teilesucherei verbunden sind. So ist beim Alfa 75 der Hauptbremszylinder Teil des ABS-Steuerblocks – eine Variante, die ungleich schwerer zu beschaffen ist als der Hauptbremszylinder des Alfa 75 ohne ABS.

Im Alfa 164 verrichtete das ABS-System Bosch 2B seinen Dienst. Hier wird der Hydraulikdruck an den Bremssätteln durch einen Hydraulikmodulator geregelt, der über ein elektronisches Steuergerät gesteuert wird. Die Impulse der Sensoren, mit denen die Drehzahl der einzelnen Räder erfasst wird, liegen als Eingangsgrößen am Steuergerät an. Stellen die Sensoren fest, dass beim Tritt auf das Bremspedal die Änderungsgeschwindigkeit der Raddrehzahl (nicht mit der eigentlichen Raddrehzahl zu verwechseln) an einem Rad erheblich von den anderen Rädern variiert, interpretiert das Steuergerät dies so, dass das betreffende Rad kurz vor dem Blockieren steht. Das Steuergerät aktiviert dann einen Magnetschalter, der den Hydraulikdruck an der entsprechenden Radbremse reduziert. So kann das Rad wieder schneller drehen und Traktion aufbauen.

Das Magnetventil unterbricht den Bremsflüssigkeitsdurchtritt zwischen Hauptbremszylinder und Bremssattel. Ab einem gewissen Punkt bewirkt eine Druckänderung im Hauptzylinder also keine Druckänderung am Bremssattel. Anders ausgedrückt: Ein kräftigerer Tritt auf das Bremspedal führt nicht dazu, dass das Fahrzeug schärfer bremst, so dass auch bei Panikbremsungen ein reflexartiger Tritt auf das Bremspedal nicht zu einem Ausbrechen der blockierenden Achse führt.

Für Diagnosearbeiten an einer ABS-Anlage ist ein spezieller ABS-Tester erforderlich. Wie bei elektronischen Einspritzanlagen können durch Defekte in der Elektronik verursachte Störungen des ABS auf lose oder verschmutzte Kabelverbindungen in der Anlage zurückzuführen sein.

8.1 Die Giulietta

Die Bremsanlage der Giulietta war recht konventionell konzipiert: Große, spiralförmig verrippte Alutrommelbremsen vorne und radial verrippte Trommelbremsen hinten weckten freilich den Eindruck, dass auch die im Rennsport üblichen Geschwindigkeiten sicher bewältigt werden konnten. Bei den frühen Giulias besaßen die Vorderradbremsen drei Backen, um eine größere Bremsfläche zu erreichen. Beim Fahrwerk des Baumusters 105 traten dann Vierrad-Scheibenbremsen an ihre Stelle (der Spider von 1965 besaß indes noch Scheibenbremsen vorne und Trommelbremsen hinten).

Im Laufe der Jahre wurden bei Alfa Romeo Bremskomponenten unterschiedlicher Zulieferer wie ATE, Dunlop, Lockheed, Bonaldi und Girling verbaut. Die Dunlop-Bremsen, vor allem die Hinterradbremsen, erfreuen sich bei Alfisti keines besonders guten Rufs, und der Trend geht zur Umrüstung von Dunlop-Bremsanlagen auf die ATE-Version. Für diesen Umbau werden die Vorderachszapfen eines Fahrzeugs mit ATE-Anlage sowie die passenden Hinterachs-Ankerplatten (sowie sämtliche Teile des Bremsmechanismus) benötigt.

Einstellen der Trommelbremsen

Das Einstellen der Vorderradbremsen erfolgt über einen Rändeleinsteller, das Einstellen der Hinterradbremsen über einen Vierkantexzenter, mit dem die hinteren Bremsbacken nach außen bewegt werden. Wer noch nie zuvor Bremsen nachgestellt hat, sollte ruhig die Bremstrommel demontieren und die Funktionsweise der Einsteller beobachten. Zuerst bocken wir das Fahrzeug hoch und nehmen die Räder ab. Die Trommel ist mit zwei Schrauben auf der Radnabe befestigt. Zum Lösen der Schraube nehmen wir den größten greifbaren Schraubendreher und achten sehr darauf, den Schlitz im Schraubenkopf nicht zu ruinieren. Lassen sich die Schrauben nicht ohne weiteres lösen, ist ein Schlagschrauber, wie er von Motorradschraubern gerne verwendet wird, unbedingt zu empfehlen. Die Bremstrommel lässt sich aber nur dann leicht von den Bremsbacken abziehen, wenn sie beim Lösen nicht verkantet wird.

ACHTUNG: Im Fahrzeug verbaute Bremsbeläge, die seit sehr langer Zeit nicht erneuert wurden, können noch Asbestfasern enthalten. Setzen Sie auf keinen Fall Asbeststaub durch Überschleifen oder Ausblasen der Bremsteile mit Druckluft frei. Asbeststaub sollte keinesfalls eingeatmet werden, da die Asbestfasern krebserzeugend wirken oder Asbestose verursachen können. Asbesthaltige Bremsbeläge dürfen nur mit geeigneten Mitteln gereinigt werden.

Abb. 8-20. Einstellung der Vorderachs-Trommelbremsen an der Giulietta.

Der Einstellvierkant an der Hinterachse ist sehr klein geraten (siehe Abb. 8-21). Er wird bei Einstellversuchen nur zu leicht rundgedreht, so dass er sich nur noch mit einer Gripzange drehen lässt. Lässt sich dieser Vierkant nicht ohne weiteres drehen, sollte zuerst die Bremstrommel demontiert und der Bereich um den Einsteller von beiden Seiten vorsichtig mit Rostlöser

Abb. 8-21. Der Einstellvierkant an den hinteren Trommelbremsen der Giulietta.

wie WD-40 eingesprüht werden (der Rostlöser darf nicht an die Bremsbeläge gelangen und muss vor dem Zusammenbau gründlich mit Bremsenreiniger entfernt werden, damit die Bremswirkung erhalten bleibt).

Beim Erneuern der Bremsbacken ist einige Muskelkraft notwendig, um die Rückholfeder der beiden Bremsbacken aus- und einhängen zu können. Mit einer speziellen Bremsfederzange lässt sich dieser Kraftaufwand verringern, allerdings ist der Wechsel der Bremsbacken ohnehin eine schweißtreibende Angelegenheit.

Alle Bremsbacken werden so eingestellt, dass sie genau einen Einstellzahn vom Anliegen an der Bremstrommel entfernt sind.

Nach sämtlichen Arbeiten, bei denen die Bremstrommel demontiert wurde, sollten Bremsbacken und -beläge sowie die Bremstrommel mit einem in Bremsenreiniger getränkten Lappen gründlich von Fettrückständen gereinigt werden.

8.2 Die Giulia

Mit der Giulia hielten bei Alfa Romeo Unterdruck-Bremskraftverstärker („Bremsservos") Einzug, um die aufzubringenden Pedalkräfte zu verringern. Diese Bremskraftverstärker erwiesen sich als das anfälligste Bauteil der gesamten Bremsanlage. Typischerweise reißt irgendwann die Unterdruckmembran, worauf der erforderliche Pedaldruck beim Bremsen steigt. In seltenen Fällen kann Bremsflüssigkeit in den Ansaugtrakt gelangen, was am Auspuff den Eindruck hinterlässt, als ob der Motor gewaltig Öl verbrennt. Ersatzteile für Bremskraftverstärker sind nicht immer leicht zu beschaffen, Reparatursätze für Bonaldi-Bremskraftverstärker sowie komplette Bremskraftverstärker von Ate oder Bonaldi werden jedoch von einigen Alfa-Teilelieferanten (deren Teilekataloge im Internet zu finden sind) inzwischen wieder geliefert.

Bei Ausführungen mit nicht direkt am Hauptbremszylinder angebautem Bremskraftverstärker lässt sich dieser umgehen, sofern Sie die zusätzliche Pedalkraft für sichere Verzögerungswerte zuverlässig aufbringen können und ein derartiger Umbau der Serienversion ohne Bremskraftverstärker entspräche und somit bei der Hauptuntersuchung keine Probleme wegen „Nichtoriginalität" zu befürchten sind. Dazu werden die Hydraulikleitungen am Bremskraftverstärker abgeschraubt und die Verbindung mit einer neuen Hydraulikleitung mit entsprechenden Anschlüssen wiederhergestellt. Die Bremshydraulik muss auf jeden Fall entlüftet werden, wenn die Hydraulikanschlüsse gelöst wurden. Aus eigener Erfahrung mit einem 1750 GTV mit lahmgelegtem Bremskraftverstärker kann ich bestätigen, dass man sich relativ schnell an den höheren Pedaldruck gewöhnt. Bei späteren Modellen, bei denen Hauptbremszylinder und Servo zusammengebaut sind, ist ein solcher Umbau nicht möglich. Bei neueren Bremskraftverstärkern sind Defekte allerdings auch weitaus seltener.

8.3 Wechsel der Scheibenbremsbeläge

Giulia, 1750 und 2000

Der Wechsel der Scheibenbremsbeläge (Bremsklötze) ist denkbar einfach. Die Klötze werden durch einen Stift und ein Federblech in ihrer Einbaulage gehalten. Mit einem passenden Durchschlag wird der Stift von außen herausgetrieben. Die neuen Klötze liegen schon bereit, und der alte Bremsklotz wird mit einem großen Schraubendreher gegen den Kolben zurückgedrückt, so dass der Kolben ganz in den Bremssattel eingefahren ist. Nun wird der alte Bremsklotz zügig herausgenommen und der neue sofort eingesetzt. Vorsicht, dass die Manschette am Bremskolben dabei nicht einreißt (sofern sie nicht ohnehin bereits rissig war).

Abb. 8-22. Die Vorderradbremse mit drei Bremsbacken, wie sie in frühen Giulias verbaut wurde.

Falls der Kolben festgegangen ist, sich also weder vor- noch zurückbewegt, lässt er sich vielleicht durch vorsichtiges Einsprühen mit Bremsflüssigkeit gangbar machen. Bremsflüssigkeit dient hier als Kriechöl – mineralölhaltige Kriechöle sind absolut tabu! Nach einigen Minuten Einwirkzeit versuchen wir, den Kolben mit dem alten Bremsklotz zurückzudrücken. Der Kolben muss so weit wie möglich in seine Führung zurückgedrückt werden. Bei montiertem altem Bremsbelag treten wir dann auf das Bremspedal, so dass der Kolben gegen Belag und Bremsscheibe gedrückt wird. Diesen Vorgang wiederholen wir mehrmals, um den Kolben gängig zu machen, und schmieren seine gesamte Gleitfläche mit Bremsflüssigkeit. Auf diese Weise habe ich festsitzende Bremskolben schon öfters freibekommen.

Ein Wort zur Warnung: Festsitzende Kolben bedeuten, dass sich Rost angesammelt hat – entweder in der Führung im Bremssattel oder auf dem Kolben. Ist der Kolben rostig, wird der Dichtring beim Versuch, ihn gangbar zu machen, sehr wahrscheinlich beschädigt – was sich möglicherweise erst nach einer gewissen Fahrstrecke durch Ausfall der Bremsen bemerkbar macht. Ist ein Kolben festgerostet, ist es sicherer, den kompletten Bremssattel zu erneuern.

Schleifmittel sind vom Kolben und seinem Zylinder fernzuhalten, und vor dem Zusammenbau werden alle beweglichen Teile mit Bremsenreiniger gereinigt.

Wechsel der Hinterradbremsklötze an der Alfetta

Zum Einbau neuer Bremsklötze an den innenliegenden Bremsen der Alfetta müssen die Kolbenrückholschrauben auf beiden Seiten des Bremssattels nachgestellt werden. Der innere Einsteller hat einen 7mm-Schraubenkopf auf der senkrecht zu den Achswellen liegenden Fläche des Bremssattels. Der äußere Einsteller besitzt eine 17mm-Kontermutter und eine Madenschraube, an der die Einstellung mit einem 5 mm-Innensechskantschlüssel vorgenommen werden kann. Beide Kolben werden zurückgesetzt, bis die neuen Bremsklötze eingesetzt werden können. (Die Drehrichtung der Einstellschrauben variiert, meistens funktioniert es, wenn man den Einsteller in der entgegengesetzten Richtung zu der eigentlich vermuteten Einstellrichtung dreht. Alle Einsteller funktionieren gleich, nur der innenliegende Einsteller auf der Beifahrerseite funktioniert in entgegengesetzter Richtung.

Abb. 8-23. Dank der innenliegenden Scheibenbremsen der Alfetta sind die ungefederten Massen besonders gering, dafür aber die Arbeit an der Bremsanlage komplizierter. Hier wurden die Sicherungsstifte und die Klammer bereits vom Bremssattel abgebaut, bevor die Bremsbeläge herausgezogen werden. A zeigt auf den Einsteller für den inneren Kolben, B auf den Entlüfter für den Bremssattel.

Abb. 8-24. Die Hinterradbremsen der Alfetta werden an der 17er Mutter (ganz links, im Sattel fast nicht zu erkennen) und einem SW7-Einsteller (hier durch den aufgesetzten Gabelschlüssel markiert) eingestellt. Haltefedern und Sicherungsstifte der Bremsbeläge sind gut zu erkennen.

Nachdem die Bremsklötze montiert wurden, stellen wir die Kolben wieder so ein, dass die Beläge gerade eben auf der Bremsscheibe zu schleifen anfangen. Das werksseitig vorgeschriebene Spiel beträgt 0,13 mm, optimal wäre jedoch 0,10 mm.

8.4 Bremsflüssigkeit

Über Bremsflüssigkeiten wird viel Schrauberlatein verbreitet. Für normalen Straßenbetrieb funktioniert jede Bremsflüssigkeit nach DOT-Spezifikation, empfehlenswert ist DOT 4. Ich halte nichts vom Mischen von Bremsflüssigkeiten und – außer bei Fahrzeugen, die sehr lange stehen – auch nichts von Bremsflüssigkeit auf Silikonbasis. Silikonflüssigkeit zieht Feuchtigkeit nicht in gleichem Maße wie mineralische Bremsflüssigkeit an, allerdings darf sie nur eingefüllt werden, nachdem sämtliche Reste von mineralischer Bremsflüssigkeit aus der gesamten Bremsanlage entfernt wurden, andernfalls rostet die Bremsanlage weiter.

Der Siedepunkt bestimmter Bremsflüssigkeiten liegt höher als bei anderen Bremsflüssigkeiten. Im Motorsport sind die Investitionen in eine unter allen Betriebsbedingungen optimale Bremsanlage auf jeden Fall gut angelegtes Geld.

ACHTUNG: Bremsflüssigkeit ist extrem giftig. Tragen Sie bei der Arbeit mit Bremsflüssigkeit eine Schutzbrille und Gummihandschuhe, damit die Bremsflüssigkeit nicht durch Schnitt- oder Kratzverletzungen in die Blutbahn gelangen kann. Niemals Bremsflüssigkeit mit dem Mund absaugen!

8.5 Entlüften der Bremsen

Die Bremsen müssen entlüftet werden, wenn sie sich beim Tritt auf das Bremspedal immer schwammiger anfühlen. Luft in den Bremsleitungen lässt sich komprimieren, Flüssigkeit dagegen nicht.

Sofern kein Entlüftungsgerät für die Bremsanlage zur Verfügung steht, benötigen wir zwei Personen für das Entlüften. An den Radzylindern kann mithilfe einer Handvakuumpumpe Bremsflüssigkeit durch die Bremsanlage gesaugt werden, sicherer ist aber, wenn ein Helfer durch Pumpen am Pedal die Bremsflüssigkeit durch die Anlage pumpt, während der Monteur an jedem einzelnen Rad nacheinander kontrolliert, dass die gesamte Luft aus den Leitungen entwichen ist.

Zum gründlichen Entlüften wird einiges an Bremsflüssigkeit verbraucht. Außerdem benötigen wir ein kurzes Stück transparenten Kunststoffschlauch, den wir auf den Entlüfter am Rad aufstecken und in einen Behälter mit etwas Bremsflüssigkeit einführen. Das Schlauchende muss stets in der Bremsflüssigkeit eingetaucht sein; dadurch ist gewährleistet, dass beim Pumpen am Hauptbremszylinder keine Luft in die Bremsanlage zurückgesaugt wird.

Es kann allzu leicht passieren, dass die Alfa-Bremsen nicht richtig entlüftet werden. Am häufigsten wird der Lufteinschluss lediglich von einer Leitung zur anderen gepumpt, aber nicht komplett aus der Anlage gedrückt. Um dies zu vermeiden, beginnen wir mit dem Hinterrad auf der Beifahrerseite, dann folgt das Hinterrad auf der Fahrerseite, dann das Vorderrad auf der Beifahrerseite und schließlich das fahrerseitige Vorderrad. Das Entlüften beginnt also mit dem am weitesten vom Hauptbremszylinder entfernten Rad und endet mit dem nächstgelegenen Rad.

War der Hauptbremszylinder komplett leergelaufen, dauert das Abpumpen der Luft am Anfang möglicherweise ziemlich lang. Mit einer Handvakuumpumpe kann dieser Prozess beschleunigt werden. Die Handvakuumpumpe wird am geöffneten Entlüfternippel angeschlossen und dann gepumpt, bis Bremsflüssigkeit in der Leitung zu fließen beginnt.

An Alfas mit ABS-Anlage brauchen lediglich die beiden hinteren Entlüfternippel geöffnet zu werden, worauf die Luftblasen über die ABS-Pumpe aus den Leitungen gefördert werden.

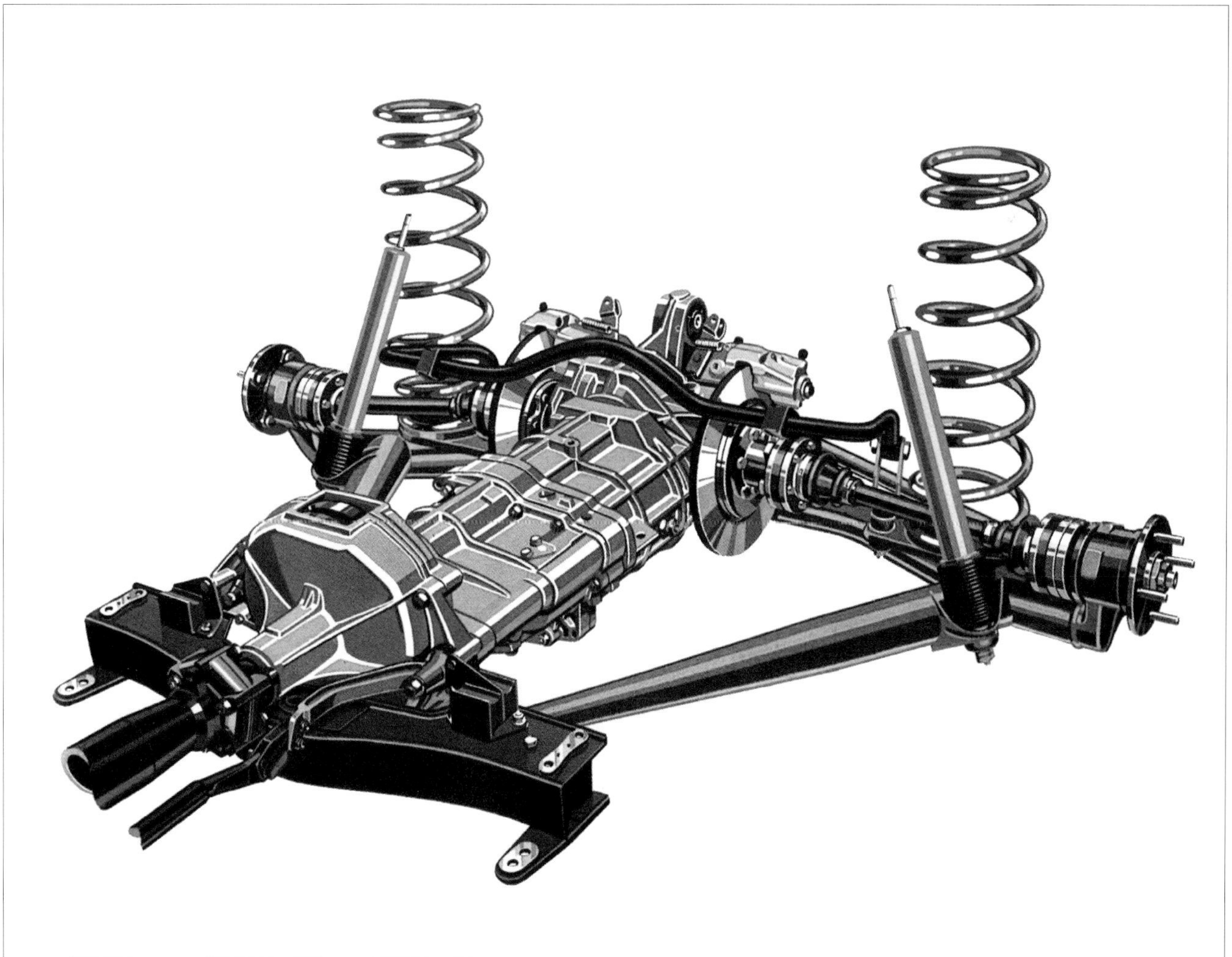

Abb. 8-25. Konstruktion vom Feinsten: die Alfetta-Hinterachse nach DeDion-Prinzip und hinterer Kupplung-Getriebe-Differenzial-Einheit (Transaxle).

KAPITEL 09

09 Karosserie und Innenausstattung

Ob Sie es wollen oder nicht: Ihr Alfa Romeo verrät einiges über Ihre Persönlichkeit. Ein Alfa zählt in diesem Sinne zu den Autos vom Schlage eines Porsche, Jaguar oder Ferrari (oder auch eines Muscle Car). Viel von dem, was Ihr Auto über Sie verrät, hat mit seiner Karosserie zu tun. Besonders auffällig sind dabei die Pedanten – also diejenigen, die ihr Auto auf jedem Parkplatz möglichst weit abseits, dort aber schräg über zwei Parkbuchten einparken, damit nur ja kein Schussel einen Lacksplitter von seiner Fahrertür in ihrem frisch polierten Lack hinterlässt. Sie gehören auch zu denen, die sich jede noch so kleine Macke oder Druckstelle im Lack ganz genau merken, wobei jede zusätzliche Macke eine mittelschwere Existenzkrise auslöst.

Mir sind sogar Alfa-Besitzer begegnet, die derart penibel sind, dass sie um keinen Preis der Welt ihr Fahrzeug bewegen, wenn die Perfektion der Lackierung nur irgendwo Schaden nehmen könnte. Ihre Fahrzeuge sehen wunderbar aus, sind aber nicht wirklich praktisch. Eben mehr Stehzeuge als Fahrzeuge.

Wer sich selbst zu diesen Pedanten rechnet, dem werde ich in diesem Kapitel nichts Neues mehr beibringen können. Zu vermeiden sind grundsätzlich Autowaschstraßen mit den großen rotierenden Bürsten, die auf Hochglanzlackierungen wie Schleifpapier wirken können. Zu vermeiden sind außerdem Parkplätze in der Sonne oder rasche Temperaturwechsel, die auf die Lackierung einwirken. Zum Schutz gegen Oxidation ist regelmäßiges Einwachsen notwendig, ferner sind Kunststoff- und Gummiteile mit speziellen Pflegemitteln zu behandeln, ebenso die Ledersitze mit Lederpflege. Faltgaragen („Autopaletots") verhindern Staubbefall, solange der Wagen in der schützenden Garage steht. Ist eine Fahrt durch salzhaltigen Schnee unvermeidlich, verbringen Sie hinterher garantiert eine Stunde damit, den Unterboden gründlichst zu waschen, damit sich Rost gar nicht erst einnisten kann – natürlich darf kein Wasser etwa ins Kardanwellen-Stützlager gelangen. Ölflecken – selbst auf den Oberseiten von Getriebe und Differenzial – sind selbstverständlich Grund für sofortige Generalreinigung. Rein philosophisch ist den Perfektionisten nicht beizukommen. Ein Alfa ist ein Objekt zur persönlichen Verwendung, und niemand wird daran gehindert, ihn wie ein Schmuckstück zu behandeln. Das Wesen eines Alfa aber lässt sich eben doch am besten „erfahren".

Vielen mag es wie Misshandlung anmuten, einen Alfa womöglich gar im fahrerischen Grenzbereich zu erfahren. In den Händen eines Könners kann zwar von Misshandlung keine Rede sein, aber so kann das Schmuckstück natürlich schon einmal den einen oder anderen Kratzer erhalten.

Abb. 9-1. Eine der markantesten Karosserien aus dem Hause Alfa Romeo war dieser Zagato-Aufbau auf Basis des 1900C. Nur sehr wenige Exemplare sind produziert worden, so dass dieses Modell vom ersten Tag an Liebhaberstatus hatte.

Abb. 9-2. Unter den Serien-Alfas darf der 1900CSS Touring als einer der schönsten gelten. Die Linienführung dieses Coupés zeigte Anklänge an den Karosseriestil der kurz zuvor präsentierten Giulietta Sprint.

1. Das Äußere

1.1 Roststellen an der Karosserieoberseite

Rost an tragenden Teilen des Unterbodens wird in Kapitel 8 angesprochen, hier geht es dagegen um Roststellen, bei denen eine Reparatur auch einmal etwas aufgeschoben werden könnte, solange sich der Schaden noch im Anfangsstadium befindet und Sie es mit der Optik Ihres Alfa nicht so genau nehmen.

In bestimmten klimatischen Regionen – also überall dort, wo Feuchtigkeit, Regen und Temperaturwechsel inklusive hoher Luftfeuchtigkeit an der Tagesordnung sind oder im Winter stärker gesalzen wird – ist eine Autokarosserie von vornherein rostgefährdeter. Viele Jahre wurde bei Alfa Romeo in der Fertigung nicht die geringste Rücksicht auf diese „Rostregionen" genommen. Bereits Giuliettas, Giulias und Alfettas waren keine Rostverächter, und der Alfasud rostete bekanntlich schon im Katalog, in vielen Fällen aber nachweisbar schon vor der Auslieferung an den Erstbesitzer. Noch Ende der 1970er Jahre war von den vermeintlich besseren Rostschutzmaßnahmen bei Alfa Romeo in der Praxis kaum etwas zu spüren.

Bevor Sie sich in Sicherheit wiegen: Auch in trockenem Klima rosten Alfas ganz gerne. Wie bereits angedeutet, steckte in vielen Alfas bereits bei der Auslieferung der Rostteufel, egal wo die Erstbesitzer wohnten. Dies rührte teilweise in Exportmärkten daher, dass Alfas aufgrund schleppenden Absatzes vor der Auslieferung an die Kunden mitunter monatelang im Freien auf Halde standen.

Vor allem Importfahrzeuge, die lange am Einfuhrhafen standen, hatten unter der salzhaltigen Seeluft zu leiden. Der Rostteufel hatte somit schon vor der Auslieferung Gelegenheit, sich in manchen Winkeln einzunisten.

Rostgefährdet sind bei Giulietta und Giulia vor allem die Schwellerbleche und die hinteren Radläufe. Beim Alfetta Coupé zeigt sich Rost vor allem an der Heckscheibe und an den Vorderachs-Stoßdämpferdomen. Neuralgischer Punkt von 1750 und 2000 ist darüber hinaus der Windschutzscheibenrahmen. Ursache ist stets Wasser, das sich zwischen zwei Blechlagen einnisten konnte. Abhilfe schafft nur Austrennen der maroden Stellen und Ersatz durch Einschweißbleche.

Abb. 9-3. Rost um die Heckscheibe, wie hier an einer Alfetta, ist nicht nur weit verbreitet, sondern in dieser Intensität zumindest bei Youngtimern das Todesurteil. Wenn eines Tages überhaupt keine weitgehend rostfreien Exemplare mehr zum Restaurieren aufzutreiben sind, werden auch derartige Schäden in Kauf genommen, bis dahin bedeutet dieser Rost aber, dass viele Youngtimer in vergleichbarem Zustand bestenfalls zum Ersatzteilträger degradiert werden.

Durchrostungen in Batterienähe können bei allen Alfas auftreten. Bei älteren Modellen, bei denen die Batterie im Kofferraum sitzt, fehlt dann irgendwann möglicherweise ein Teil des Kofferraumbodens!

Bei kleineren Durchrostungen an nichttragenden Teilen, bei denen das Einschweißen neuer Bleche unter Zeitwertaspekten nicht lohnt, ist eine Reparatur mit Glasfasergewebe und Kunstharz im Einzelfall akzeptabel,

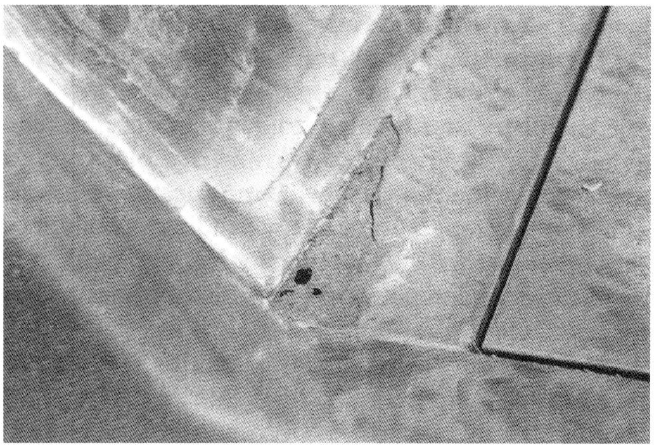

Abb. 9-4. Rost in fortgeschrittenem Stadium an einer Heckscheibe. Das Blech ist bereits durchgerostet; derartige Fahrzeuge enden meist als Teileträger.

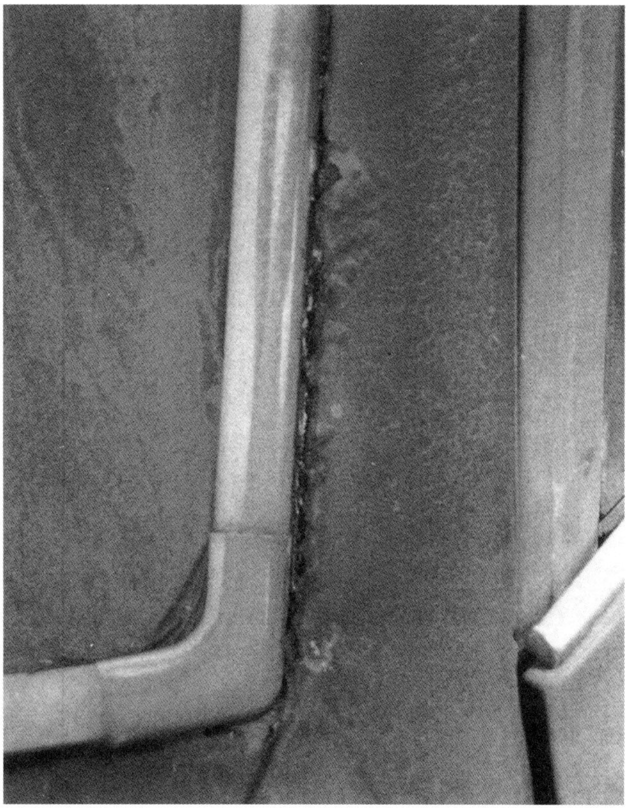

Abb. 9-5. Rost am Windschutzscheibenrahmen. Diese Krankheit ist bei den meisten jüngeren Alfas seit dem 1750 – auch bei den Alfetta-Coupés – bekannt und nur mit großem Aufwand zu reparieren.

allerdings nur bei wirklich gründlicher Entrostung des Reparaturbereichs. Selbst geringe Rosteinschlüsse arbeiten unter der Glasfaserschicht weiter, so dass die Reparaturstelle über kurz oder lang aufplatzt. Bevor die kunstharzgetränkten Glasfasermatten aufgebracht werden, müssen der Reparaturbereich also metallisch blank geschliffen und das Reparaturmaterial rasch aufgetragen werden, damit sich keine Feuchtigkeit einnisten kann. Rostumwandler leistet auf jeden Fall gute Dienste.

Das Auftragen der Glasfasermatten ist eine schmierige Angelegenheit, da das Kunstharz überall zu haften scheint. Besondere Vorkenntnisse sind vor dem sauberen Beischleifen der Reparaturstelle noch nicht notwendig, wohl aber sind gründliches Arbeiten und sauberes Entrosten des stehengebliebenen Blechs entscheidend. Nachdem die Glasfaser-Reparaturstelle vollständig durchgehärtet ist, wird sie überschliffen und verbleibende Unebenheiten mit glasfaserverstärktem Karosseriespachtel geglättet.

Puristen machen einen großen Bogen um Glasfaser- und Spachtelreparaturen und setzen auf Karosseriezinn. Moderne Glasfaserprodukte, wie sie auch in Fachwerkstätten eingesetzt werden, ermöglichen durchaus ansprechende Reparaturergebnisse, Verzinnen ist aber natürlich eine bessere – wenn auch teurere – Lösung.

Besteht die Gefahr, dass der Rost sich auf ein angrenzendes Teil ausbreiten kann, oder ist ein tragendes Teil rostgeschwächt, sind Reparaturen mit Glasfasermatten tabu! Hier hilft nur Austrennen des schadhaften Bereichs und fachgerechtes Einschweißen eines Reparaturblechs, damit die ursprüngliche Festigkeit wiederhergestellt werden kann.

Für viele Alfa-Klassiker sind Reparaturbleche lieferbar. Die Nachfrage ist da, denn bei sehr vielen überlebenden Fahrzeugen sind die Originalbleche längst weggerostet. Zeigt Ihr Alfa ernsthafte Rostschäden an den Schwellern, sollte der Zustand der dahinterliegenden Versteifungsträger (Mittel- und Innenschweller) genau kontrolliert werden.

Abb. 9-6. Rostblasen am Heckkotflügel eines Giulietta Coupé. Derartige Schäden sind oft anzutreffen und in der Instandsetzung glücklicherweise weniger aufwändig.

Setzen sich die Durchrostungen in Mittel- und Innenschweller fort, kommt als Reparatur nur das Einschweißen neuer Teil- oder Reparaturbleche in Frage. Derartige Reparaturen an tragenden Teilen übersteigen das Ausmaß der hier erörterten Rostschäden an der Karosserie allerdings bei weitem. Vor allem beim Spider ist es unabdingbar, die Karosserie auf einer Rahmenlehre aufzubauen, damit ausgeschlossen ist, dass bei den Schweißreparaturen Verzug in die Karosserie „eingeschweißt" wird. Die Wärmeentwicklung beim Einschweißen tragender Bleche ist stark genug, um Verzug in der Bodengruppe hervorzurufen. Am Ende schließen nach beendeter Reparatur die Türen nicht oder sie lassen sich – falls sie bei den Reparaturarbeiten geschlossen waren – nicht mehr richtig öffnen.

1.2 Lackflächen

Jeder Lack besteht aus mehreren Schichten. Direkt auf dem Blech sitzt eine Grundierungsschicht, die für gute Verbindung zwischen Lack und Metall sorgt. Im italienischen Karosseriebau wurde Grundierung nicht nur als Haftgrund, sondern auch als Feinspachtel verwendet. Die Grundierschicht wurde mitunter also in erheblicher Schichtdichte aufgetragen und anschließend überschliffen, um eine glatte Oberfläche zu erreichen. Problematisch

Abb. 9-7. Ein Pininfarina-Hardtop ist ein seltenes und wertsteigerndes Zubehör, das jede Giulietta oder Giulia Spider adelt.

ist dabei, dass der Ausdehnungskoeffizient der Grundierung nicht genau mit dem des Karosserieblechs übereinstimmt. Im Laufe der Jahre verliert die Grundierschicht aufgrund der ständigen Temperaturwechsel, denen die Karosserie ausgesetzt ist, ihre Haftfähigkeit und es kommt zu Rissbildung. Da die Decklackierung eine größere Schichtdicke aufweist, entsteht eine Oberflächenstruktur, die an eine Handtasche aus Krokodilleder erinnert.

Abb. 9-8. Dieses „Zatmobile" des US-Alfista Tom Zat ist ein „gecleanter" Sprint Speciale, an dem bestimmte Blechornamente der Karosserie entfernt und damit die Bertone-Linie auf ihre pure Essenz abgespeckt wurde. Nach Ansicht mancher Fans gelungener als das Original.

An den Giulietta-Coupés waren derartige Rissmuster eine verbreitete Krankheit. Abhilfe war hier nur durch Abschleifen bis auf das blanke Blech sowie einen kompletten Neuaufbau der Lackierung – angefangen mit einer dünneren Grundierschicht – möglich. Die meisten heute in Liebhaberhand existierenden Giuliettas dürften inzwischen eine komplette Neulackierung erhalten haben, so dass dieses Problem nicht mehr so virulent sein dürfte wie in den 1960er und 70er Jahren.

Auf die Grundierschicht wird die Decklackschicht aufgetragen. Dieser Decklack ist sehr dünn; seine Schichtdicke lässt sich in Hundertstel Millimeter messen. Eine typische Lackschichtdicke mit für Oldtimer üblichen Materialien liegt im Bereich von 0,075 bis 0,08 mm; eine dünnere Lackschicht ist zu schnell verschlissen und durchpoliert, eine dickere anfälliger gegen Abplatzer und Rissbildung.

Im Oldtimerbereich ist bei Restaurierungslackierungen im Wesentlichen zwischen Nitro- und Kunstharzlacken – aus denen Polyurethan- und Acryllackierungen hervorgingen – zu unterscheiden. Nitrolacke sind sehr hart und ergeben einen hervorragenden Tiefenglanz. Kleine Fehlstellen lassen sich damit allerdings nicht kaschieren, außerdem ist immenser Vorbereitungsaufwand (vor allem durch zusätzliche Schleifgänge) notwendig, bis die gewünschte Oberflächenqualität erreicht ist. Nitrolacke sind empfindlich gegen Steinschläge, doch lässt sich dank der Überschleifbarkeit hervorragender Spiegelglanz erzielen. Für viele Show-Lackierungen wird auf Nitrolacke zurückgegriffen.

Die lange Jahre üblichen Kunstharzlacke sowie die neueren PU- oder Acryllacke sind dicker und weicher und erfordern weniger Vorbereitung vor dem Auftrag der einzelnen Lackschichten. Sie sind auch unempfindlicher gegen Steinschlagschäden, allerdings ist die Oberfläche „rauer". Beim Polieren wird die oberste Lackschicht regelrecht abgetragen, also ist eine gründliche Politur fast schon mit einer Neulackierung gleichzusetzen. Wirklich gute Lackierungen ergeben mit diesen Lacksorten eine fast ebenso glatte Oberfläche wie Nitrolacke, allerdings ist meist eine ganz feine Orangenhautstruktur zu erkennen, die sich auch nicht durch Überschleifen beseitigen lässt. Preisbewusste Reparaturlackierungen wurden bis in die neuere Zeit fast immer mit Kunstharz- und später mit PU- oder Acryllacken ausgeführt. Im Oldtimerbereich besteht diese Möglichkeit nach wie vor, auch wenn mittlerweile in vielen Werkstätten aus Umweltschutzgründen auf wasserbasierte Decklacke umgestellt wurde.

Grundsätzlich kann auf diese Decklackierungen eine zusätzliche Klarlackschicht aufgetragen werden, die den Eindruck eines noch dickeren Lacks mit tieferem Glanz hervorruft. Bei Lacken mit Klarlackschicht ist der Decklack so angemischt, dass er ein matteres Finish ergibt. Ein optisch „tieferer" Glanz lässt sich auch durch Metalliclacke erzielen. Dabei werden dem Lack vor dem Spritzen winzige metallische Partikel (meist auf Aluminiumbasis) beigemischt. Die Partikel befinden sich im Lack in Suspension und erzeugen durch ihre lichtreflektierenden Eigenschaften einen tieferen Glanz. Aufgrund dieses Reflexionseffekts wirken Metalliclacke heller als sie eigentlich sind, und müssen daher besonders gleichmäßig gemischt werden, damit der Decklack einen einheitlichen Farbton erhält. Unsachgemäß angemischte Metalliclacke wirken fleckig.

Zu den weiteren Effektlacken dieser Kategorie zählen Perleffektlacke, bei denen dem Lack perlmuttartige Partikel beigemischt sind.

Alle Versuche, echten Tiefenglanz zu erzielen – Klarlack, Metallic- oder Perleffektlacke –, reichen kaum an die legendären „21 Schichten handpolierten Nitrolacks" heran, wie sie angeblich auf den besten Lackierungen zu finden sind. In Wahrheit wird ein Gutteil dieser Schichten beim Überschleifen zwischen den Lackiergängen wieder abgetragen, so dass die endgültige Schichtdicke nach wie vor kaum mehr als ca. 0,075 mm beträgt – egal, wie viele Lackschichten aufgetragen wurden.

Acryllacke vereinigen in sich die Härte von Nitrolack mit den Füllereigenschaften von Kunstharzlack, um kleinste Oberflächenunebenheiten ausgleichen zu können. Nitrolacke sind zwar die klassischen Oldtimerlackierungen, ergeben heute jedoch eigentlich keinen Sinn mehr – außer als Lackierübung für spätere Arbeiten an wirklich betagten Veteranen, die diese „historisch korrekte" Lacksorte erhalten sollen.

Wer für die Lackierung noch auf Kunstharzlacke zurückgreifen kann, kann diese auf fast allen Untergründen problemlos auftragen (sogar auf Rost). Nitrolack haftet auf Nitro-Altlacken, reagiert aber mit Kunstharzlacken. Im Zweifelsfall wird ein so genannter „Trenngrund" auf dem Altlack aufgetragen, bevor der neue Lackaufbau mit Grundierung und Decklack erfolgt.

Ganzlackierungen können durchaus in Eigenregie erledigt werden, allerdings ist Lackieren eine handwerkliche Fähigkeit, die sich nur durch praktische Übung erlernen lässt. Typischerweise sieht das Endergebnis so aus, dass Sie, nachdem Sie Ihr Fahrzeug komplett lackiert haben, damit gerade erst die notwendigen Fertigkeiten erworben haben, um mit der Lackierung beginnen zu können. Wer also unbedingt bei der Lackierung selbst Hand anlegen möchte, sollte zuerst sämtliche Zierteile demontieren und die gesamte Lackfläche möglichst gut für die Neulackierung vorbereiten. Dabei wird sehr viel Spachtel und Schleifpapier verbraucht. Die für die Lackierung vorbereitete Karosserie kann dann zum Lackierer gehen, der die Grundierung und die Decklackierung ausführt. Wenn Sie den Auftrag mit der Lackierwerkstatt vorab genau absprechen, wird die Werkstatt Ihnen wichtige Fingerzeige für die optimale Lackiervorbereitung geben können.

Sonnenlicht ist der Feind eines jeden Lacks. Unter Sonneneinwirkung entwickelt der Lack im Laufe der Zeit eine milchige Patina oxidierter Lackpartikel, die sich selbst durch Überschleifen nicht vollständig entfernen lassen. Ist der Lack Ihres Alfa verwittert und stumpf, können Sie versuchen, ihn mit Polierpaste wieder aufzufrischen, allerdings besteht bei Polierpaste – vor allem, wenn sie mit einem Poliermop aufgetragen wird – die Gefahr, dass der Lack schnell bis auf die Grundierung oder gar das blanke Blech durchpoliert wird. Bei den handelsüblichen Polierpasten ist zwischen Polierschleifpaste mit stärker abrasiver Wirkung und feineren Körnungen für das Fertigpolieren des Lacks zu unterscheiden.

Durch Karosseriewachs erhält der Lack eine Schutzschicht, die den Lackglanz konserviert. Zur optimalen Lackpflege darf der Alfa ruhig drei- oder viermal pro Jahr gründlich gewachst werden – nach vorangegangener gründlicher Wäsche mit mildem Reinigungsmittel. Das Reinigungsmittel entfernt die alten Wachsreste. Am schonendsten lässt sich der Lack durch Handwäsche mit einem weichen Tuch, z.B. einer alten Stoffwindel, reinigen. Zuerst wird die Lackfläche mit viel Wasser gründlich eingeweicht und der gröbste Schmutz abgespült und anschließend der gesamte Wagen mit nur leichtem Druck von Hand gewaschen. Reiben Sie nie mit einem Lappen auf einer trockenen Lackfläche.

Flüssigwachs enthält leicht schleifend wirkende Zusätze, die mit geringem Kraftaufwand beim maschinellen Polieren intensiven Glanz ermöglichen, allerdings schnell die Lackschicht durchschleifen können. Wachspaste ist frei von Schleifmitteln, so dass die Lackschicht nicht abgetragen wird. Kleinere Kratzer und leichte Flecken im Lack können mithilfe der schleifenden Wirkung des Flüssigwachses beseitigt werden. Funktioniert dies nicht, probieren Sie es zunächst mit Zahnpasta aus der Tube, die eine etwas abrasivere Wirkung hat.

Für Alltagsfahrzeuge sind Autowaschanlagen eine praktische Sache, allerdings ist der Lack dabei spürbarem Verschleiß ausgesetzt. Wer mehrere tausend Euro in eine Neulackierung gesteckt hat, möchte sich bei der Lackpflege sicher nicht auf eine Waschanlage verlassen.

Handelsübliche Chromreiniger zeigen eine etwas stärker schleifende Wirkung als Flüssigwachse. Selbst Chrom lässt sich irgendwann durchpolieren, dazu gehört allerdings erheblicher Kraftaufwand.

Bei der Reinigung und Politur von Showfahrzeugen kommen tatsächlich auch Wattestäbchen zum Einsatz.

1.3 Dellen

Bei Dellen in der Karosserie ist zwischen zwei Schadensarten zu unterscheiden. Die eine Variante zeigt eine deutliche Kaltverformungslinie, entlang der das Blech bleibend verformt wurde, z.B. bei „Streifschüssen" an einem Pfosten, einer Stoßstange oder einem anderen harten Widerstand. Das Ausbeulen derart verformten Blechs ist mit Hobbyschraubermitteln kaum möglich, ohne den Lack zu durchbrechen. Die andere Schadensform zeigt eine flache Druckstelle, bei der es zu keiner abrupten Veränderung der Blechkonturen gekommen ist. Derartige Dellen können unter Umständen mit einer Saugglocke aus dem Sanitärbereich oder mit einem nach dem gleichen Prinzip funktionierenden speziellen Dellenzieher herausgezogen werden. Der Gummiteil des Dellenziehers wird mittig auf der Delle angesetzt und die Delle mit einem scharfen Ruck herausgezogen. In aller Regel springt das Blech dadurch wieder in sein ursprüngliches Profil zurück.

Manche Dellen können von der Rückseite her mit einem Gummihammer geglättet werden. Die eine Hand liegt auf dem Lack, um den Hammerschlag abzufedern, mit der anderen Hand werden gezielte Hammerschläge auf die Blechrückseite gegeben. Dabei darf kein Metallhammer verwendet werden, denn die harte Schlagfläche würde Druckstellen im Blech und damit im Lack hinterlassen. Bei Blecharbeiten gilt die Grundregel: Je weicher das einwirkende Werkzeug ist und je großflächiger sich der Druck verteilt, desto besser.

Für größere Dellen gibt es spezielle Beulenausziehhämmer mit einer Blechschraube am Werkzeugkopf. Das Blech wird mit der Schraubenspitze durchschlagen, dann wird die Schraube in das Blech eingedreht und die Delle an dieser Schraube mithilfe des Ausziehhammers herausgezogen. Wie diese Beschreibung zeigt, wird das Blech auf jeden Fall beschädigt, d.h. diese Reparaturmethode eignet sich nur, wenn die Schadensstelle hinterher ohnehin mit Karosseriespachtel oder Zinn und anschließender Neulackierung ausgebessert werden soll.

1.4 Ausbesserungslacke

Eines vorneweg: Es ist fast unmöglich, den originalen Farbton hundertprozentig exakt zu treffen. Der Altlack ist über die Jahre ausgeblichen, der neu angemischte Lack aber nicht. Außerdem stehen die Chancen nicht schlecht, dass sich nach der Lackausbesserung ein dicker glänzender Strich über die Stelle zieht, die vorher nur als hauchdünner Kratzer wahrzunehmen war.

Soll ein Lackkratzer ausgebessert werden, der bis auf das Blech durchgeht, wäre ein Lackstift (sofern er noch im passenden Farbton erhältlich ist) einen Versuch wert. Vor Gebrauch wird der Stift gründlich geschüttelt (sonst ist der Inhalt von der Konsistenz her nicht zu verarbeiten und lässt sich mit dem Pinsel nicht gleichmäßig oder deckend genug auftragen). Der Lack wird so fein wie möglich aufgetupft, bis der Kratzer gleichmäßig ausgefüllt ist, und darf dann gründlich austrocknen. Danach kann er mit feiner Polierpaste überpoliert werden, bis die Reparaturfläche absolut glatt ist.

Lackspraydosen sind verlockend, aber nach meiner Erfahrung nicht wirklich praxistauglich. Die Lacke sind meistens so dünnflüssig, dass sich sehr schnell „Läufer" bilden und die Reparaturfläche damit noch weiter verunstaltet wird. Bei Lackreparaturen mit der Spraydose sollte nur eine dünne Schicht „aufgenebelt" werden, die zuerst antrocknen muss, bevor die nächste Schicht aufgetragen wird. Vor Gebrauch wird die Spraydose gut geschüttelt und beim Sprühen muss die Spraydose ohne Pause gleichmäßig weiterbewegt werden. Die Schichtdicke zu steigern, indem man mit der Spraydose beim Sprühen innehält, führt nur zu Läufern und „Tränen" im Lack.

1.5 Zierlinierungen

Originalität hin oder her – eine geschmackssicher ausgeführte Linierung kann bestimmte Stylingelemente des Fahrzeugs auf attraktive Weise akzentuieren. „Gewollte, aber nicht gekonnte" Linierungen wirken dagegen unweigerlich anfängerhaft. Je glatter und gleichmäßiger die Linienführung der Karosserie, desto weniger Ansatzpunkte gibt es für eine ansprechende Linierung.

Eine Giulietta sollte nie irgendwo irgendwelche Linierungen erhalten. Niemals!

Bei den Coupés der Jahrgänge 1967 bis 1974 kann eine dünne Linierung um die Gürtellinie geschickt Akzente setzen.

An den 1750er und 2000er Limousinen wäre eine Linierung denkbar, durch die die leicht konkaven Seitenflächen der Karosserie akzentuiert werden.

Am Duetto und den späteren Spider-Varianten bietet sich eine Linierung an, durch die die Vertiefung im Seitenprofil betont wird. Auch eine farblich abgesetzte Lackierung dieser Vertiefung mag gefallen.

Beide Eingriffe funktionieren in der Praxis allerdings nicht – vermutlich deshalb, weil diese akzentuierte Blecheinprägung in der Seitenfläche dezente optische Zutaten wie eine Zierlinie vollkommen erdrücken würde und andererseits ein kontrastierender Farbton viel zu massiv wirken und damit die Karosserievertiefung viel zu wuchtig erscheinen lassen würde.

Fortsetzung Seite 212

Eine Huldigung an Zagato

Die Kontakte zwischen Alfa Romeo und Zagato reichen bis in die 1920er Jahre zurück. Im Laufe der Jahrzehnte waren zahlreiche renommierte Karossiers wie Bertone, Pininfarina, Touring und Castagna für Alfa Romeo tätig, die gesuchtesten straßentauglichen Alfas stammten jedoch seit jeher von Zagato. Die prestigeträchtigsten Zagato-Aufbauten entstanden zwischen 1927 und 1934 auf den von Vittorio Jano konzipierten 6- und 8-Zylinder-Fahrgestellen.

Nach Ende des Zweiten Weltkriegs hielt sich Zagato mit der Fertigung der Serienkarosserien für den Fiat Topolino über Wasser. Der SSZ von 1955-57 basierte auf dem 1900 CSS, der leistungsoptimierten Version des ersten Großserienmodells aus dem Alfa-Stall. Nur wenige 1900 SSZ sind entstanden, in Bergrennen und im Rallyesport heimsten sie jedoch manche Lorbeeren ein.

Die legendärsten Zagato-Kreationen für Alfa Romeo hielten mit der Giulietta Einzug. Frühe Zagato-Giuliettas fielen durch ihr Rundheck auf, spätere Versionen besaßen am Heck eine Abrisskante nach Art der „Kamm-Wagen". Da die Zagatos durchweg in Handarbeit entstanden, sind keine zwei Exemplare hundertprozentig identisch.

Leider schuf Zagato keine Aufbauten für den 8C2900B, den wohl imposantesten aller für die Straße bestimmten Alfas. Zu besonderem Ruhm gelangte dagegen der Tubolare Zagato (TZ) auf Basis der Giulia, aber mit hinterer Einzelradaufhängung. Die TZ bestachen nicht nur durch unwiderstehliche Eleganz, sondern auch durch atemberaubende Schnelligkeit. Auch in jüngerer Vergangenheit setzte sich die Zusammenarbeit von Zagato und Alfa Romeo fort: Das „Monster" ES30 entstand bei Zagato und verdeutlicht, dass Zagato mittlerweile mehr auf Schocktherapien als auf pures Vergnügen setzte.

Zu den frühesten Beispielen der Zusammenarbeit von Zagato und Alfa Romeo zählte dieser 6C1500 Spider, hier im Werksmuseum Arese.

Die 8C mit Zagato-Aufbau glichen den älteren 6C fast aufs Haar. Dieses Exemplar verfügt über eigene Kotflügel, die den Luftwiderstand reduzieren sollten. Der geschlitzte „Monza"-Grill ist typisch für bestimmte Varianten des 8C.

Im 6C1750 Gran Sport von 1929, der vermutlich berühmtesten Zagato-Kreation für Alfa Romeo, vereinigen sich Ingenieurskunst und Styling in Vollendung. Dieser Wagen – die Aufnahme stammt aus dem Juli 1961 – war der erste Alfa Romeo des Verfassers.

Die Giulietta SZ besaß anfangs eine betont rundliche Front- und Heckpartie. Später trug der SZ ein Abrissheck.

Eine Replika der eigenen automobilen Vergangenheit: Dieser 1750 4R (Quattroruote) Zagato auf Basis der Giulia erinnert in seiner Linienführung an den originalen 6C1750 Zagato. Aufgrund des modernen Fahrwerks geriet das Endprodukt allerdings weitaus „fetter" als das Original, es hat aber dennoch seine eigene Fangemeinde. Diese Replika entstand als Gemeinschaftswerk von Zagato und der italienischen Autozeitschrift Quattroruote.

Der Tubolare Zagato (TZ) zählt zu den wenigen Zagato-Schöpfungen, die es an Eleganz und Grazie mit dem klassischen 6C1750 aufnehmen können.

Das Besondere an diesem serienmäßigen Giulia Junior Zagato ist seine Stahlkarosserie. Genaue Beobachter erkennen eine gewisse optische Verwandtschaft zwischen dem Junior Z und dem späteren Honda CRX.

Der Zagato-Touch verwandelte den relativ konservativen Alfa 2600-Sechszylinder in ein extrem sportliches Coupé, auch wenn die Stahlkarosserie ein Mehrgewicht von etwa 50 kg mit sich brachte. Dieser Prototyp des 2600 TZ, der im Werksmuseum zu sehen ist, besitzt noch die Luftschlitze auf der Motorhaube, die in der Serie glücklicherweise entfielen. Wie der Junior Z war auch der 2600Z für eine Serienfertigung vorgesehen – diese endete jedoch wegen Qualitätsproblemen vorzeitig.

Eine Kleinserie des Alfa TZ entstand in geringer Stückzahl als TZ2 mit Kunststoffkarosserie. Seine Linie ist niedriger und wirkt schneller als die des TZ, der inoffiziell nachträglich zum TZ1 mutierte. Für den TZ2 zeichnete Charlo Chiti, Chef von Autodelta, verantwortlich.

Das „Monster" – der SZ Zagato.

Abb. 9-9. Magnesiumfelgen veredeln so manchen Alfa GTV – wie dieses Exemplar bei einem Alfa-Jahrestreffen in den USA.

Die Linierung mit aufgeklebten Zierstreifen ist langwierig, die Linierung mit dem Pinsel oder Liniergerät ist dagegen nur etwas für Experten, die dies professionell betreiben. Für Do-it-yourselfer bleiben somit nur die Plastikzierlinien, die es auf Rollen zu kaufen gibt. Als erstes klebe ich das Anfangsstück des Zierstreifens auf ca. 2 bis 3 cm Länge am vorderen Ende des Wagens an und rolle dann ca. 30 cm von der Rolle ab (also so viel, dass der Streifen nicht durchhängt), ohne den Streifen zu dehnen. Wird der Streifen beim Abrollen gedehnt, um einen geraden Verlauf zu erreichen, führt dies meist dazu, dass der Streifen sich an dieser Stelle innerhalb von 1-2 Tagen wieder vom Lack löst. Beim Aufkleben wird der Zierstreifen dicht über der Lackoberfläche gehalten. Ein Freund kontrolliert, ob der Zierstreifen gerade verläuft, und dann wird der Streifen auf den Lack abgesenkt, so dass er von selbst aufliegt, und mit dem Daumen angedrückt. Der nächste Abschnitt wird auf genau gleiche Weise abgebracht, ohne dass eine wahrnehmbare Wellenlinie im Verlauf entsteht. Lassen Sie sich Zeit beim Anbringen des Streifens, und ziehen Sie das Ende des Streifens 2-3 cm um die Karosseriekante herum, damit er sich nicht so leicht lösen kann.

Bei der Arbeit auf waagerechten Flächen oder mit dickeren Streifen lässt sich der Zierstreifen mit etwas Geschick auch in einem einzigen Durchgang aufkleben, statt ihn abschnittsweise zu verlegen. Wer viel Geschick im Umgang mit solchen Zierstreifensätzen hat, bringt dies sogar mit extrem dünnen Streifen fertig, allerdings setzt dies viel Übung voraus.

1.6 Seitenschutzleisten

Nützlicher als Zierstreifen oder eine Linierung sind die (besonders in den 1980er Jahren verbreiteten und daher heute bei manchen Youngtimerbesitzern als zeittypisches Zubehör wieder interessanten) Kunststoffschutzleisten, die am breitesten Punkt der Karosserie entlang der Seitenbleche angebracht werden, um Schäden durch unvorsichtig geöffnete Türen der Parkplatznachbarn möglichst zu vermeiden oder wenigstens zu minimieren. Die genaue Stelle, entlang der diese Schutzleisten angebracht werden, wird festgestellt, indem mit einem genau senkrecht aufgestellten langen Lineal der breiteste Punkt der Karosserie ermittelt wird.

1.7 Zierembleme und Schriftzüge

Karosseriezierteile werden in der Regel so montiert, dass nicht zu erkennen ist, wie sie an der Karosserie montiert sind. Bei Giulietta und Giulia sind die Chromzierteile mit Stiften befestigt, die auf der Rückseite des Zierteils angelötet sind. An diesen Stiften werden die Zierteile in Karosserielöcher eingedrückt und von hinten mit kleinen Muttern und Unterlegscheiben befestigt. Häufig verschwinden diese Muttern unter Straßenschmutz oder Unterbodenschutz.

Sind sie zugänglich, sind sie allerdings häufig derart verrostet, dass der Stift schon nach der ersten Umdrehung mit dem Schraubenschlüssel bündig mit dem Karosserieloch oder direkt an der Zierteilrückseite abschert. Beim Versuch, einen neuen Stift anzulöten, nimmt meist der Chrom Schaden. Eine Radikallösung für anderweitig nicht mehr erhältliche Zierteile ist, einen neuen Stift anzuschweißen oder hart anzulöten und das Teil neu verchromen zu lassen.

Ist absehbar, dass die Befestigungsstifte ohnehin abbrechen, kann das Zierteil auch mit einem kleinen Spachtelmesser von hinten her abgehebelt werden.

Bei jüngeren Alfas sind die Zierteile mit Klebstoff angeklebt, der beim Löseversuch fast immer hässliche Spuren auf dem Lack hinterlässt. Die Chance einer rückstandslosen Demontage besteht, wenn der Klebstoff mit einem Fön angewärmt und gleichzeitig das Zierteil ganz vorsichtig gelöst wird. 3M führt ein sehr wirksames Lösemittel für derartige Spezialkleber im Sortiment. Nachdem das Zierteil demontiert wurde, kann der Lack aufpoliert werden, allerdings ist er hinter diesem Zierteil – anders als auf der übrigen Lackfläche – nicht ausgeblichen oder stumpf geworden, so dass ein dunklerer Farbton zurückbleibt. Zur Befestigung derartiger Zierteile eignet sich doppelseitiges Klebeband aus dem Fachhandel.

1.8 Aerodynamische Zutaten

Wird der Luftstrom nicht entsprechend geführt, verursacht er auf seinem Weg unter dem Fahrzeug Auftrieb. Frontspoiler sollen die Luft um die Wagenfront zur Seite hin ableiten. Gleichzeitig erhöhen diese Spoiler die Abtriebskräfte bei höheren Geschwindigkeiten, da sie die Luft vom Wagenunterboden fernhalten (und trug beim Montreal nebenbei zu Überhitzungserscheinungen an der Hinterachse bei). „Bodeneffekt"-Seitenspoiler sorgen zusätzlich für das Abströmen der Luft in Richtung Fahrzeugheck. Beide Nachrüstungen sind allerdings nur dann wirklich wirksam, wenn sie fast schon auf der Fahrbahn scheuern. Für den Alltag also keine sehr praktische Lösung. Heckspoiler verstärken ebenfalls die Abtriebskräfte, ist aber kein Heckspoiler vorhanden, trägt eine Lippe am Heck immerhin dazu bei, dass durch die entstehenden Turbulenzen die laminare Luftströmung an der Karosserie unterbrochen und der Luftwiderstand verringert wird.

Soweit die Theorie. Diese Beschreibung zeigt allerdings, dass die meisten „Luftwiderstandsoptimierungen" an modernen Pkws ungefähr so wirksam wie die Heckflossen an einem Cadillac von anno 1949 sind.

Traurig ist lediglich, dass sich auch Alfa Romeo im Interesse der Absatzsteigerung auf derartige Spielchen einließ, vor allem an Sondermodellen, die den Einfällen von Aldo Bozzi (Niki Lauda Spider, Andretti GT, MM GT und Velocissima GT) sowie Ernesto Vettore (Quadrifoglio Spider) entsprangen. Derartige Aerodynamik-Modeerscheinungen sind eines Alfa Romeo eigentlich unwürdig.

1.9 Optisches Zubehör

Zu allen Zeiten hielt die Zubehörindustrie für Serienfahrzeuge ein reichliches Angebot an Extras bereit, die die Serien-Pkws individueller, komfortabler, attraktiver und praktischer machen sollten. An den selbst in der Limousinenversion eher sportlichen Alfa Romeos wirken die meisten dieser Zubehörteile allerdings eher deplatziert.

Am sinnvollsten – sofern noch nicht serienmäßig vorhanden – sind links und rechts identische Außenspiegel. Auch speziell für die Alfa Romeos entwickeltes Zubehör kann als zeittypisches Accessoire das Erscheinungsbild eines Veteranen abrunden, so die seinerzeit angebotenen US-Rammbügel an der Frontstoßstange der Giulietta, die Schäden an der Kühlermaske verhindern sollten.

1.10 US-Ausführungen

Bei klassischen Alfas, die aus den USA importiert wurden – eine aufgrund des dort reichhaltigeren Angebots an rostfreien Exemplaren und eines zeitweise sehr attraktiven Dollarkurses weit verbreitete Praxis –, ist bei der Zulassung in unseren Gefilden auf US-spezifische Besonderheiten zu achten, die beim TÜV womöglich keine Gnade finden. Am unproblematischsten dürfte die Rückrüstung auf Tachos mit Kilometeranzeige aus der entsprechenden Europaversion des importierten Modells sein. Sealed-Beam-Scheinwerfer sind in Deutschland nicht zulässig, auch bei den US-Rückleuchten ist eine Einzelfallprüfung notwendig, denn in den USA wurden komplett rote Rückleuchten (also auch mit rotem Blinklicht) teilweise bei Baujahren verbaut, als dies in Deutschland nach den Übergangsbestimmungen der StVZO schon nicht mehr zulässig war. Manche Prüfer zeigen

Abb. 9-10. Um rückläufigen Absatzzahlen in den USA entgegenzuwirken, ging Alfa Romeo dazu über, die Karosserien mit allerlei Zubehör aufzupeppen – wie hier ein Alfetta Coupé. Das Endergebnis waren überladene Kreationen, was sie bei manchen Sammlern aufgrund der Seltenheit dieser „Sondereditionen" besonders bewahrenswert macht, ob sie freilich optisch gelungen sind, darf bezweifelt werden.

eine gewisse Kulanz bei der Abnahme solcher US-Besonderheiten, insbesondere wenn ihnen der Liebhaberwert einer optisch möglichst komplett erhaltenen US-Version nahegebracht werden kann. Allerdings sollten die entsprechenden Bauteile in den Fahrzeugpapieren eingetragen werden. Kritsch können jedoch die Seitenblinker und die Stand- bzw. Parklichtschaltungen der US-Versionen werden, bei denen in der Regel eine Änderung der Schaltungen auf die hierzulande geltenden Vorschriften für die Lichtanlage notwendig ist. Das Zusammenlegen von Blinkern und Standlichtern in ein und derselben Leuchtenkammer mit entsprechender Doppelfunktion im Fahrbetrieb wird z.B. von kaum einem Prüfer toleriert.

Ein weiteres Problem betrifft die nach Inkrafttreten der Aufprallschutzvorschriften in den USA kräftiger dimensionierten US-Stoßfänger. Ob man diese nun auf die Europaversion umrüstet oder ganz bewusst eine optisch möglichst konsequent erhaltene US-Version bewegen möchte, ist Geschmackssache. Bei den meisten Ausführungen ist bei einer Rückrüstung auf die Europaversion nicht mit Problemen bei Abnahme oder Zulassung zu rechnen, da vergleichbare europäische Ausführungen mit zugelassenen Stoßfängern existieren.

2. Die Innenausstattung

Egal welche technische Finessen ein Alfa Romeo bietet oder wie optisch elegant er anmutet, die meisten Fahreindrücke sammeln Sie auf dem Fahrersitz hinter dem Lenkrad. Damit kommt der Innenausstattung besondere Bedeutung zu.

Seit der Giulietta musste sich Alfa Romeo manch böses Wort wegen der firmeneigenen Ergonomievorstellungen anhören. Ein ums andere Mal bemängelten die Tester die Fahrerhaltung mit ausgestreckten Armen als unnatürlich. Die Pedale liegen einfach zu dicht beim Lenkrad, wenn der Fahrer also eine bequeme Armhaltung einnehmen möchte, hat er die Wahl, entweder seine Beine beinahe stark anzuziehen, oder (wie es am häufigsten geschieht) das Lenkrad mit ganz ausgestreckten Armen zu fassen, damit er eine bequeme Beinhaltung erreicht.

In Anbetracht der Kritik in der Presse wäre zu vermuten, dass die Zubehörindustrie allerlei individuelle Pedalapparate oder Lenkräder auf den Markt gebracht hat. Dem ist nicht so. Angesichts der Zahl der klassischen Alfas bleibt hier entweder ein gewaltiges Marktpotenzial unerschlossen oder aber das Problem wird von vielen nicht als ganz so gravierend empfunden. Da sich die typische Fahrhaltung hinter dem Lenkrad der klassischen Alfas im Laufe der Jahre kaum verändert hat, tendierte das Alfa-Werk offensichtlich zu der zweiten Interpretation. Eine werksinterne Studie der Fahrerpositionen ergab, dass ein Ellenbogenwinkel von mehr als 120° zu schnellerem Ermüden des Fahrers führte.

Dieser Meinung würde auch ich mich anschließen. Ich wechsle meine Fahrzeuge häufig und fahre also nicht ständig einen Alfa Romeo. Steige ich wieder in einen meiner Alltags-Alfas um, empfinde ich die Sitzposition eindeutig als entspannend. Vielleicht, weil mir die in einem Alfa notwendige ausgestreckte Armhaltung liegt.

Klassiker zeichnen sich meist durch hohe Lenkkräfte aus, was wiederum große Lenkraddurchmesser erfordert, damit der Fahrer die nötige Hebelkraft

Abb. 9-11. Der Wert von Bildern wie diesem kann gar nicht hoch genug geschätzt werden. In 10 oder 20 Jahren wird ein Alfetta-Besitzer es vielleicht mit der Lupe studieren, um die Authentizität einer Toprestaurierung überprüfen zu können.

beim Lenken aufbringen kann. Dank der Türausschnitte kann der Fahrer auch Armhaltungen einnehmen, die maximales Drehmoment ermöglichen. Bei moderneren Baujahren sind die Lenkkräfte weitaus geringer, präzises Lenken erfordert also keinen größeren Kraftaufwand. Die ausgestreckten Arme erleichtern das präzise Geradeausfahren, und intuitiv folge ich der gewünschten Fahrlinie wohl genauer, wenn die Arme ausgestreckt sind und ich die Ellbogen nicht abwinkeln muss.

Wer als Fahrer die Sitzposition im Alfa wirklich als unbequem empfindet, könnte auf ein tiefer geschüsseltes Lenkrad umsteigen. Kupplungs- und Bremspedalpositionen bleiben unangetastet. Ihr Pedalweg ist für die Fahrsicherheit von zentraler Bedeutung. Die mechanische Übersetzung des Gaspedalgestänges lässt sich durch die Tiefersetzung des Pedals abändern, indem die entsprechenden Drehpunkte im Gestänge verkürzt bzw. verlängert werden. Eine Verlängerung des Umlenkhebels ergibt einen kürzeren Pedalweg, dabei wird das Pedal so dicht wie möglich am Bodenblech angeordnet, so dass trotzdem noch die Vollgasstellung genutzt werden kann.

Bei der Alfetta und neueren Modellen können die Endanschläge an den Verstellschienen der Vordersitze entfernt werden, was ca. 5 cm zusätzliche Beinfreiheit ergibt.

Persönlich empfinde ich eine halb nach hinten geneigte Rückenlehne hinter dem Alfa-Lenkrad als wesentlich angenehmer als eine kerzengerade aufrechte Sitzhaltung. Versuchen Sie es einfach einmal selbst, statt gegen die zweckmäßigste Sitzhaltung anzukämpfen. Zumindest verwechselt man einen Alfa Romeo also nicht mit einem MG oder Jaguar, bei dem das Lenkrad sehr nahe vor dem Brustkorb des Fahrers sitzt.

2.1 Die Sitze

Die Lehnenneigung der Giulietta lässt sich nicht verstellen (allerdings lassen sich die Lehnen in einer noch etwas aufrechteren Stellung feststellen). Die Sitzlehnen von Giulietta Sprint und Spider sind relativ fragil, so dass mittlerweile die meisten Sitzlehnen in Giulietta Sprint gebrochen und durch Schweißen repariert worden sein dürften. Drehpunkt und Verstrebung liegen an der Rückenlehne sehr dicht beieinander, wenn Sie sich also mit dem Oberkörper zurücklehnen – vor allem im Coupé –, überfordert das dabei einwirkende Körpergewicht den Drehpunkt sehr schnell. Wenn Sie etwas aus dem Fond eines Sprint holen möchten, sollten Sie es sich also zur Angewohnheit machen, auszusteigen und die Sitzlehne nach vorne zu klappen.

Spätere Alfa-Sitzkonstruktionen sind wesentlich robuster und erfordern keine besondere Vorsicht.

Die Liegesitze, die ab Giulia und Bertone Einzug hielten, waren schon bald Teil der Serienausstattung, wer also mit der typischen Sitzhaltung mit ausgestreckten Armen partout nicht klar kommt, findet hier gewisse Einstellmöglichkeiten.

Schonbezüge sind eine Möglichkeit, um die fällige Erneuerung der Sitzbezüge auch ohne besondere Fachkenntnisse noch geraume Zeit aufzuschieben. Dank ihrer Gummizüge auf der Lehnenrückseite ist die Passgenauigkeit im Allgemeinen recht gut. Solange der Polsterkern der Sitze noch keinen Schaden genommen hat, sind Schonbezüge – zumindest bei den im Allgemeinen konventionelleren Limousinen und bei Youngtimern – eine geeignete Alternative zu einer kostspieligen Restaurierung der Sitzpolster.

Polsterrenovierungssätze für Alfa Romeos werden von Spezialbetrieben angeboten und ergeben eine gebrauchstaugliche, wenn auch nicht ganz originalgetreue Innenausstattung. Diese Einbausätze sind für den Do-it-yourselfer gedacht und bedeuten fast schon einen Quantensprung gegenüber Schonbezügen. Die größte Hürde bei diesen Polsterarbeiten in Heimarbeit besteht darin, die Polsterbezüge gerade auf den Sitzrahmen zu bekommen. Alle Einbausätze werden aber mit Einbauanleitungen geliefert. Diese sollten Sie vor der Montage genau durchlesen und nicht damit warten, bis die ersten Montageschäden an den nagelneuen Sitzbezügen eintreten.

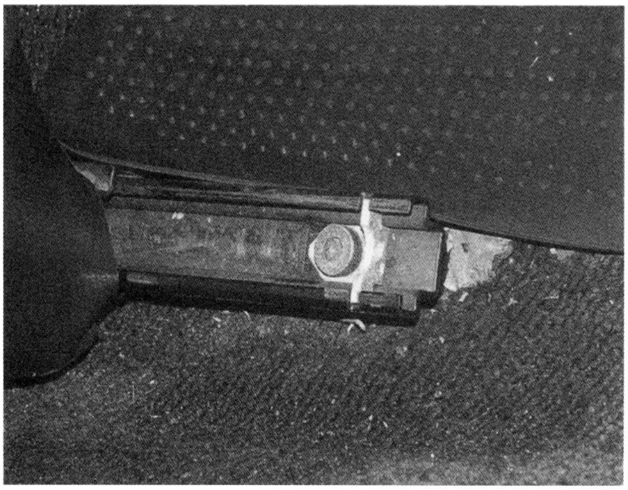

Abb. 9-12. Eine Variante der Endanschläge an den Alfa-Sitzschienen. Der Einsatz wird von einer Innensechskantschraube gehalten. Der Sitz ist bis ans Ende seines Verstellwegs geschoben, so dass der Anschlag frei liegt. Bei ausgebautem Endanschlag kann der Sitz soweit zurückgeschoben werden, dass die Befestigungsschraube am anderen Ende der Schiene frei liegt.

Bei der Restaurierung der Innenausstattung ist das Ziel allerdings, den originalen Polsterstoff möglichst originalgetreu zu reproduzieren.

Für eine originalgetreue Aufpolsterung sprechen zwei Aspekte: Zum einen bedeuten nicht originale Polster Punktabzug beim Concours d'Elegance, zum anderen erschweren sie einem künftigen Restaurator die Arbeit bei der Wiederherstellung des werksoriginalen Zustands.

Die genauesten und am leichtesten zugänglichen Informationen über die Innenausstattung sind in zeitgenössischen Verkaufsprospekten zu finden. Manche zu brandneuen Modellen aufgelegte Prospekte zeigen allerdings Vorserienmodelle, nicht alle Details entsprechen also unbedingt der Serienausstattung. Bei der Restaurierung eines Alfa Romeo sind Prospekte aus dem Modelljahr des eigenen Fahrzeugs eine wertvolle Hilfe. Ersatzweise geben auch zeitgenössische Testberichte und die darin enthaltenen Fotos des Innenraums Anhaltspunkte. Wesentlich schwieriger zu beschaffen, aber vom Informationsgehalt her unübertroffen sind die Verkäuferhandbücher, die während der Produktionszeit eines Modells den Händlern zur Verfügung gestellt wurden. Sie enthalten häufig nicht nur Farbtonkarten für die Lackierung, sondern auch Polstermuster, die einen genauen Überblick über Farben, Material und lieferbare Ausstattungskombinationen geben.

2.2 Sicherheitsgurte

Der Sitz sollte nicht zu weit zurückgestellt werden. Sie sollten aufrecht genug sitzen, dass Sie bei einer Kollision nicht unter dem Gurt durchrutschen. Dies kann passieren, wenn Sie durch die Wucht des Aufpralls unter dem Beckengurt durch nach vorne rutschen und Ihre Knie damit gefährlich nahe in den Bereich des Armaturenbretts oder der Lenksäule geraten.

Bei der Verwendung „historisch korrekter" Sicherheitsgurte sollten diese stets so sitzen, dass der Schultergurt die Gegenkraft zur Kraft des Oberkörpers aufbaut und Ihren Oberkörper zurückhält. Der Schultergurt muss so eingestellt werden, dass der Körper vom Beckengurt sicher zurückgehalten wird, bevor der Schultergurt den Oberkörper zurückhält. Eine universellere Lösung sind in jedem Fall Dreipunkt-Automatikgurte.

Giuliettas besaßen ab Werk noch keine Sicherheitsgurte. Aus Sicherheitsgründen ist eine Nachrüstung zweckmäßig, wobei unter Originalitäts-

Abb. 9-13. Ein 75 mit Recaro-Sportsitzen. Sie sind sehr komfortabel und verstellbar, die ausgeprägten Sitzwangen machen das Einsteigen aber etwas unbequem.

Abb. 9-14. Wer in heißen, sonnigeren Regionen wohnt, kennt das Problem unter der Sonneneinstrahlung aufgeplatzter Kunststoff-Armaturenbrettbezüge und rissiger Sitzpolster. Hier hat die Naht und nicht der Sitzbezug zuerst nachgegeben.

gesichtspunkten beispielsweise die Statik-Becken- oder Dreipunktgurte in Betracht kommen, die als Neuware im Look der 1950er oder frühen 1960er Jahre mit Gurtbändern in unterschiedlichen Farben und mit verchromten Gurtschlössern geliefert werden und auch die heutigen Sicherheitsanforderungen erfüllen. Auf ein Prüfzeichen sollte geachtet werden. Zu beachten ist, dass Sicherheitsgurte, die im Fahrzeug vorhanden sind, auch angelegt werden müssen – auch wenn für das Fahrzeug in seinem Baujahr noch gar keine Gurtpflicht bestand. Serienmäßig waren Sicherheitsgurte (als Dreipunktgurte) erst in der Giulia zu finden. Manche frühe Giulia-Gurte wurden aus Sicherheitsgründen zurückgerufen, die heute in den noch existierenden Giulias eingebauten Gurte dürften aber ohnehin bereits die zweite Generation sein, denn ob die originalen Gurtmaterialien nach all den Jahrzehnten noch die Sicherheitsanforderungen erfüllen, ist fraglich.

Die Sicherheitsgurte in späteren Alfas wurden erheblich verbessert und bieten nicht nur Anlegekomfort, sondern auch hervorragenden Insassenschutz.

2.3 Die Lenkräder

Sportlenkräder aus dem Zubehörhandel bedeuten das gewisse Extra für den Innenraum. Der Charakter eines Fahrzeugs kann sich allein durch die Wahl des Lenkrads spürbar verändern. Absolute Klassiker sind die Nardi-Dreispeichenlenkräder mit Holzkranz. Gleichermaßen beliebt sind die kleineren Momo-Lenkräder im Racing-Look mit gepolstertem schwarzem Lenkradkranz. Allerdings ist stets zu prüfen, ob für das betreffende Lenkrad eine Typzulassung existiert – andernfalls ist eine Eintragung in den Fahrzeugpapieren problematisch und Ärger bei Hauptuntersuchung oder Polizeikontrollen progammiert.

Kleinere Lenkräder verändern die mechanischen Vorteile der Lenkung und erhöhen die Lenkkräfte, ergeben aber eine direktere Lenkung mit rascherer Lenkreaktion. Größere Lenkräder verringern die notwendigen Lenkkräfte, allerdings (zumindest scheinbar) auch die Lenkpräzision. Zu-

Abb. 9-15. Dies Bild des Innenraums einer Giulia TI zeigt das typische Lenkrad und das Kombiinstrument. Runder Drehzahlmesser und Balkentacho sind eine einzigartige Kombination. Die Giulia TI ist seltener als die Super und daher bei Sammlern gesuchter.

Abb. 9-16. Lederlenkrad im Alfa 75. Das Design des Dreispeichenlenkrads ist perfekt auf das des Armaturenbretts abgestimmt.

Abb. 9-17. Die Innenausstattung dieses Spider von 1984 unterscheidet sich in Details von den Vorgängerversionen, vor allem durch die Wippschalter über dem Schalthebel und die Digitaluhr. Davon abgesehen, ist die Verwandtschaft mit dem Interieur der Version von 1971 unübersehbar.

behörlenkräder, mit denen sich die Signalhorn-/Lichthupenfunktion des Giulietta-Lenkrads beibehalten lässt, dürften kaum aufzutreiben sein. Abgesehen davon passen aber alle Lenkräder, die sich über einen Adapter auf der serienmäßigen Lenksäulenverzahnung montieren lassen. Nur sollte das neue Lenkrad die ungehinderte Sicht auf die Instrumente gewährleisten.

Ohne Lenkradabzieher ist der Wechsel des Lenkrads oftmals nicht möglich. Derartige Abzieher sind allerdings nicht teuer und ihre Handhabung unkompliziert. Trauen Sie sich den Austausch des Lenkrads nicht selbst zu, lassen Sie es unbedingt von einem erfahrenen Kfz-Mechaniker montieren.

Lenkschloss/Zündschloss

Ab der Giulia Super und dem GTV wurden die Alfas ab Werk serienmäßig mit einem Sicherheitslenkschloss ausgerüstet. (Je nach Auslieferungsland können hier aber Unterschiede auftreten, da in bestimmten Ländern bereits früher Lenkschlösser vorgeschrieben waren). Der Ausbau des Lenkschlosses ist bei fast allen etwas moderneren Alfas mit einiger Bastelarbeit verbunden.

Zuerst bauen wir die zweiteilige Kunststoffverkleidung um die Lenksäule aus. Diese Verkleidung wird von fünf langen Schrauben gehalten, die von unten zugänglich sind. Das Zündschloss sitzt in einem Metallkäfig und ist mit einer Madenschraube fixiert. Bei der Giulia ist diese Madenschraube an ihrer fast senkrechten Einbaulage nahe dem Gehäusesockel gut zu erkennen. Bei späteren Modellen liegt die Schraube fast waagerecht an unzugänglicherer Stelle und zeigt zur Spritzwand.

Der leicht ballige Spezialkopf dieser Schraube sitzt etwas vertieft in der Schraubenaufnahme. Am einfachsten lässt sich die Schraube mit einem schlanken Meißel lösen. Der Meißel wird radial am Schraubenkopf angesetzt und zielt mit einem Winkel von ca. 45° auf die Schraubenachse. Mit scharfen Hammerschlägen wird der Meißel so in den Schraubenkopf getrieben, dass die einwirkende Kraft in Löserichtung der Schraube wirkt.

Mit etwas Sorgfalt gelingt dies, ohne dass die Schraube in den Gewinden ihrer Aufnahme verstemmt wird; die Schraube lässt sich dann mit den Fingern herausdrehen, nachdem sie sich etwas gelockert hat.

Nachdem die Schraube entfernt wurde, kann sie mit einer Metallsäge eingesägt werden, so dass sie wieder eingebaut und später bei Bedarf mit einem Schraubendreher herausgedreht werden kann.

2.4 Innenausstattung

Oberstes Ziel der Designer von Fahrzeuginnenräumen ist es, alle Verkleidungselemente so zu montieren, dass möglichst nicht zu erkennen ist, wie sie wieder ausgebaut werden. Gewisse bei Alfa Romeo praktizierte Techniken sind modellübergreifend anwendbar. Wenn wir sie kennen, können wir die Verkleidungen in 90 Prozent der Fälle beschädigungsfrei ausbauen.

Die größten Rätsel bei der Demontage der Innenausstattung gibt ist das Armaturenbrett auf. An zweiter Stelle folgen die Türverkleidungen. Die Sitze sind durchweg leicht auszubauen: Es müssen lediglich die Sitzschienen vom Bodenblech abgeschraubt werden. Die Bodenteppiche werden in den Alfas in der Regel von Karosserieschrauben gehalten. Sind die Bodenteppiche ohnehin abgenutzt und eingerissen, werden sie einfach herausgezogen – wobei sie allerdings möglichst in einem Stück bleiben sollten, damit sie als Muster für den Zuschnitt neuer Teppiche dienen können.

Die Ur-Giulietta (Baumuster 750/101) ist im Vergleich zu ihren Nachfolgern betont spartanisch ausgestattet. Das Armaturenbrettblech ist tragendes Teil der Karosserie und kann nicht ausgebaut werden. Die Türverkleidungen des Spider werden unten von Klammern gehalten und sind oben mit mehreren Schrauben verschraubt. Zum Ausbau entfernen wir zuerst die (verschraubten) Türgriffe und die Befestigungsschrauben der Verkleidung und heben sie dann nach oben heraus, so dass die Halteklammern freikommen.

Die Giulietta-Innenverkleidungen bestehen aus Hartfaserplatten, die sich üblicherweise durch das in die Fensterschächte einsickernde Regenwasser verzogen haben. Ersatz ist in gut sortierten Baustoffhandlungen erhältlich. Die Neuaufpolsterung der Seitenverkleidungen der Giulietta Spider ist ohne großen Aufwand möglich. Mitunter sind die originalen Türzuziehgriffe der Giulietta defekt. Kommt es nicht auf absolute Originalität an, finden sich möglicherweise sogar in Bäderfachgeschäften sehr ähnliche Klappgriffe.

Ab der Giulia nahm die Komplexität – und damit auch der Demontage- und Montageaufwand – der Innenausstattungen zu.

Die Armaturenbretter der Giulia-Limousine und des GTV sind demontierbar, ebenso die des Duetto. Die Befestigungsschrauben der Armaturenbretter sind allerdings sehr schlecht zugänglich, mitunter müssen Anbauteile wie die Scheibenwischer oder die Heizungskanäle ausgebaut werden, will man an die Schrauben kommen.

Üblicherweise sind die Armaturenbretter dieser Modellgenerationen mit langen Schrauben links und rechts und kleineren Muttern unmittelbar unter der Windschutzscheibe befestigt. Beim 115 Spider sind vier Schrauben vorhanden: zwei seitlich und eine unter jedem Defrosterschacht. Beim 75 muss dagegen fast das gesamte Armaturenbrett zerlegt werden, bevor es ausgebaut werden kann. In den meisten Fällen ist es ratsam, etwaige notwendige Arbeiten möglichst ohne Ausbau des Armaturenbretts durchzuführen. Zum Ausbau der Instrumente oder zum Wechsel durchgebrannter Glühlampen muss das Armaturenbrett jedenfalls nicht demontiert werden.

In sonnigen Regionen schrumpfen die Armaturenbrettbezüge und reißen irgendwann unter der Sonneneinstrahlung. Dieser Prozess lässt sich durch die geschickte Nutzung von Sonnenblenden, Armaturenbrett- oder Autoplanen verlangsamen. Auch der regelmäßige Auftrag eines Kunststoffpflegemittels hilft, da damit ein Teil der leichteren Kohlenwasserstofffraktionen ersetzt werden kann, aus denen das Armaturenbrettmaterial besteht. Diese Kohlenwasserstoffbestandteile sind aber auch für den Schmutzfilm verantwortlich, der sich auf der Innenseite der Windschutzscheibe niederschlägt und sich nur schwer entfernen lässt – je öfter das Pflegemittel aufgetragen wird, desto penetranter der Nebelniederschlag.

Ausbau der Türverkleidungen

Die Fensterkurbeln und Türöffner bestimmter Alfa-Modelle wie der Spider bis 1974 werden von Federklammern gehalten. Diese so genannte Lyrafeder muss aus dem Schlitz im Griff herausgezogen werden, damit der Griff von der Keilverzahnung der Drehachse abgezogen werden kann. Passende Türfederzangen sind im Werkzeughandel erhältlich, ein brauchbares Ersatz-

Abb. 9-18. Besonderes Interieur für ein besondes Auto. Im Alfasud Sprint 6C sitzt der V6-Motor dort, wo normalerweise die Rücksitzbank zu finden wäre.

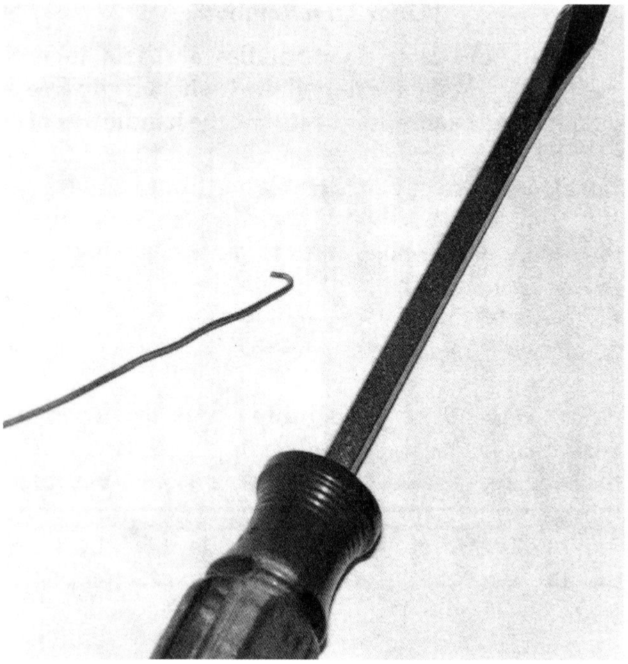

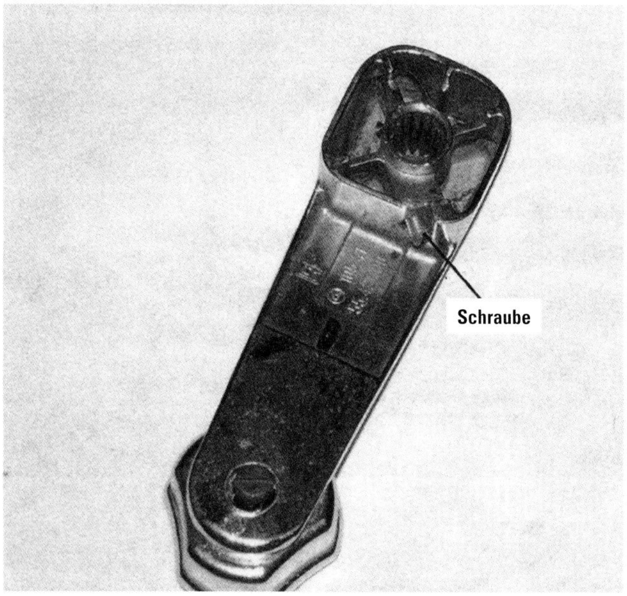

Abb. 9-19. Oben: Wenn sich die Fensterkurbeln an der Giulietta nicht ausbauen lassen, hilft dieser gebogene Draht weiter. Die Kurbel wird von einer Federklammer gehalten, die mit etwas Feingefühl mit einem solchen Draht aus ihrem Sitz herausgezogen werden kann. Unten: Bei späteren Modellen werden Fensterkurbel und Türöffner auf ihrer Innenseite von einer Madenschraube gehalten (hier an der Kurbel aus einer Alfetta-Limousine dargestellt).

werkzeug lässt sich jedoch auch aus einer großen Büroklammer aus stabilem Draht anfertigen. Dazu wird ein Ende der Büroklammer geradegebogen und mit einer Spitzzange zu einem kurzen, um ca. 90° abgewinkelten Haken umgebogen. Ein größerer Winkel erschwert das Greifen der Federklammer, bei einem kleineren Winkel ist es fast sicher, dass das Werkzeug abrutscht, bevor die Klammer sich löst.

Zum Ausbau der Federklammer drücken wir fest auf die Rosette zwischen Kurbel und Türverkleidung. Dann drehen wir die Kurbel, bis wir den Bügel der Federklammer erkennen können. Steht die Kurbel verkehrt herum, sehen wir die beiden offenen Enden der Klammer. Unser Werkzeug wird nun in den Bügel der Klammer eingehakt und die Klammer aus ihrem Sitz gezogen. Nun kann die Kurbel von der Achse abgezogen werden. Siehe Abb. 9-19.

Als nächsten Schritt beim Ausbau der Türverkleidung lösen wir sämtliche Kreuzschlitzschrauben, mit denen die Verkleidung mit dem Türblech verschraubt ist. Diese Schrauben sind häufig festgerostet und scheren beim Losdrehversuch ab. Dies stört uns nicht weiter, denn die Reste können nach dem Ausbau der Türverkleidung ausgebohrt werden. Bei einigen Alfas wurden zusätzlich zu den Befestigungsschrauben verdeckte Klammern entlang der Unterkante der Türverkleidung montiert. Wurden alle Schrauben gelöst, will sich die Verkleidung aber unten und seitlich immer noch nicht vom Blech lösen, müssen wir nach verdeckten Türverkleidungsklammern fahnden. Diese Klammern werden aufgrund ihrer Formgebung fest in ihrer Aufnahmebohrung im Türblech gehalten, lassen sich aber lösen, wenn wir unmittelbar neben der Klammer einen Schraubendreher ansetzen und die Verkleidung damit abhebeln. Ist die Verkleidung allerdings mit Federklammern montiert, werden bei dieser Demontageweise einige der Klammern brechen. Auch damit können wir leben, denn nur so lässt sich die Befestigungsweise der Türverkleidungen genau feststellen, und außerdem sind passende Karosserieklammern im Oldtimerteilehandel erhältlich.

Nachdem also alle Zierschrauben und verdeckten Klammern entfernt sind, löst sich die Türverkleidung aber vielleicht trotzdem nicht von selbst. Dies liegt daran, dass auch die Armlehne mit zwei oder drei Schrauben zur Versteifung mit dem Türblech verschraubt ist, vor allem, wenn die Armlehne zugleich als Türzuziehgriff dient.

Suchen Sie die Schrauben zunächst direkt unter dem Griff. Bei den Giulietta-Limousinen und den späteren 1750/2000 sind sie dort zu finden. Bei GTV6 und Spider aus jener Zeit ist eine Schraube unter einem dreieckigen Metalleinsatz am Türgriff versteckt, eine zweite hinter der silberfarbenen Kunststoffleiste entlang des Griffs. Beim Spider der 1980er Jahre und bei bestimmten GTV versteckt sich eine der Halteschrauben hinter einem trapezförmigen Metalleinsatz, der wie in die Armlehne eingeprägt wirkt. Dieses Teil muss sehr vorsichtig aus seinem Sitz gehebelt werden.
Nachdem die Schrauben lokalisiert und herausgedreht wurden, werden die Innentürverriegelung abgeschraubt und die Türverkleidung abgehoben.

Wer Glück hat, stößt dahinter auf eine eingeklebte Feuchtigkeitssperre aus Kunststoff. Diese sollte ab Werk die Rückseite der „Türpappe" gegen Feuchtigkeitsbefall schützen und auf jeden Fall aufbewahrt werden. Fehlt sie in Ihrem Alfa oder ist sie zerrissen, fertigen Sie sich eine neue aus fester Plastikfolie an und kleben sie vor dem Zusammenbau mit Karosseriekleber ein.

Nachdem die Türverkleidung nun ausgebaut ist, können wir uns dem Türschloss und dem Fensterheber zuwenden.

Der Türgriff der Giulietta wird von einer großen Schraube und einer kleinen Stiftschraube gehalten. Die Stiftschraube am dünnen Griffende wird aller Wahrscheinlichkeit nach abscheren, noch bevor ihre Mutter gelöst ist, also stellen Sie sich darauf ein, den Rest auszubohren und ein Gewinde für eine Halteschraube einzuschneiden.

Die empfindlichen Klappgriffe der Giulia Sprint (und des 2600 Coupé) sind an einem Halter auf der Türinnenseite befestigt. Die Lippe an der Oberseite des Griffs dient zur Fixierung auf dem Türblech. Ist der Griff gebrochen, lässt er sich manchmal durch das Einnieten eines Verstärkungsblechs auf der Unterseite reparieren. Nicht schön, aber es funktioniert.

Die Türgriffe der späteren Alfas sind Varianten der Ausführungen, die aus Giulietta und Giulia bekannt sind, und lassen sich sehr leicht demontieren. Die Schlossmechanismen an den Griffen werden im Allgemeinen über Gestänge betätigt. Diese Gestänge können sich im Laufe der Zeit verbiegen, so dass sie nicht mehr funktionieren.

Abb. 9-20. Eine typische Türschlossfalle am Alfa Spider. Bei Unfällen springt sie nicht so leicht aus ihrem Gegenstück, ist allerdings nicht so robust wie die „Hummerzangen"-Schlossfallen späterer Limousinen und Coupés.

An der zerlegten Tür können wir nun die Funktionsweise des Schlossmechanismus genau studieren und sind somit in der Lage, ihn so einzustellen, dass er wieder wie am ersten Tag funktioniert.

Das Türschloss selbst ist normalerweise mit großen Innensechskant- oder Kreuzschlitzschrauben befestigt. Vereinzelt finden sich normale Schlitzschrauben an bestimmten Schlossteilen. Sie lassen sich problemlos herausdrehen. Die übrigen Schrauben werden – je nach Ausführung – mit einem passenden Inbusschlüssel oder einem Kreuzschlitzschraubendreher gelöst. Manchmal – vor allem bei den Innensechskantschrauben – klappt das. Rühren sich aber bestimmte Kreuzschlitzschrauben nicht, müssen wir einen Schlagschrauber aus dem Fachhandel besorgen und sie damit lösen. Löseversuche mit Gripzange als Hebelarm auf dem Schraubendreher sind zwecklos, da so nur der Schraubenkopf ruiniert wird.

Ist das Türschloss rundum losgeschraubt, stellt uns der Ausbau von Schloss und Gestänge aus dem Türkasten vor das nächste Rätsel. Trennen Sie möglichst wenige Gelenke und Betätigungsstangen am Schloss, denn ihr Zusammenbau ist nur in einer ganz bestimmten Stellung möglich. Kurbeln Sie die Seitenscheibe auf und ab – vielleicht ist der Schlossmechanismus jetzt leichter zugänglich. Dass die Ausbauversuche im Türkasten zu Schürfwunden an Hand und Arm führen können, müssen Sie einkalkulieren.

Ist das Türschloss komplett ausgebaut, können wir uns an den Ausbau des Schließzylinders machen – oder dies von einem Fachmann erledigen lassen. Bei dieser Gelegenheit lassen wir sämtliche Zuhaltungen der Schlosszylinder so ändern, dass sich alle Schlösser an der Karosserie mit einem einzigen Schlüssel öffnen lassen. Auch für die Erneuerung der Fensterführungsprofile im Türrahmen ist jetzt der richtige Moment.

2.5 Die Fensterheber

Defekte Fensterheber machen allerhand Arbeit. Bei den älteren Modellen kamen Kurbelmechanismen mit Zahnradantrieb zum Einbau, deren Funktion relativ einfach ist. Allerdings ist ihr Ausbau aufgrund ihrer eigenartigen Form recht schwierig. Die andere Variante arbeitet mit Seilzug und ist im Duetto, in späteren Spider und den Alfetta-Limousinen zu finden.

Ist der Seilzug gerissen, ist die Funktion dieser Fensterheber nicht mehr recht nachzuvollziehen. In diesem Fall muss der Verlauf des Seilzugs anhand des Kurbelapparats in der gegenüberliegenden Tür rekonstruiert werden. Ein Kupplungsmechanismus in diesem Kurbelapparat soll den Druck ab einem bestimmten Punkt abbauen, von dem an der Seilzug gefährdet wäre. Ist die Kupplung defekt, muss der gesamte Kurbelapparat ersetzt und außerdem der alte Seilzug komplett ausgefädelt werden.

Beim Austausch eines Kurbelapparats mit Seilzug ist darauf zu achten, dass er richtig um die Trommel gewickelt wird und sich nicht zwischen den Laufbahnen der Trommel verfängt.

Elektrische Fensterheber sind wesentlich unkomplizierter und arbeiten mit Zahnradsätzen. Erfahrungsgemäß sind die Betätigungsschalter anfälliger als die eigentlichen Fensterheber. Störungssuche siehe Kapitel 10.

2.6 Der Dachhimmel

Aus- und Einbau des Dachhimmels einer geschlossenen Karosserie übersteigen die Fähigkeiten des durchschnittlichen Hobbyschraubers, da hierzu Front- und Heckscheibe ausgebaut werden müssen.

2.7 Die Instrumente

Bei fast allen frühen Alfas sind die Instrumente mit L- oder U-förmigen Haltebügeln mit zwei Rändelmuttern von hinten im Armaturenbrett befestigt. Diese Rändelmuttern müssen Sie hinter dem Armaturenbrett am jeweiligen Instrument ertasten und abdrehen. Dann kann der Haltebügel abgenommen und das Instrument nach vorne herausgedrückt und von vorne her ausgebaut werden. Bei Tachometer und (mechanischem) Drehzahlmesser muss zusätzlich die Antriebswelle vom Instrument gelöst werden. Bei allen anderen Instrumenten müssen noch verschiedene Kabel zu den zugehörigen Gebern gelöst werden.

Eine Ausnahme bilden die mechanischen Öldruckanzeigen der Giulietta. Der angezeigte Öldruck wird dem Instrument über eine Kupferleitung mitgeteilt. Dieses Kupferrohr muss mit einem Gabelschlüssel hinter dem Instrument abgeschraubt werden, bevor der Haltebügel ausgebaut wird. Dank der Armaturenbrettgestaltung der Giulietta ist die Demontage überhaupt nicht schwer; Sie müssen sich nur über Kopf auf den Fahrersitz – mit den Beinen nach oben und dem Kopf im Fußraum – setzen (oder sich eine ähnlich bequeme Arbeitshaltung suchen).

Zu einem Thema schweigen sich die meisten Reparaturhandbücher aus: zum Ausbau der Anzeigeinstrumente und des Armaturenbretts. Ich möchte dabei nicht allzusehr ins Detail gehen: Wer ein Instrument ausbauen will, sollte den Rat eines Alfa-Schrauberkollegen einholen, der derartige Arbeiten bereits durchexerziert hat. Von unschätzbarem Wert sind auch die Explosionszeichnungen im Ersatzteilkatalog. Bestimmte grundsätzliche Hinweise seien hier jedoch angeführt.

Zunächst prüfen wir, ob das Instrument von vorne oder von hinten ausgebaut werden muss. Sind vorne keine erkennbaren Befestigungsteile zu erkennen, müssen wir die Rückseite der Instrumente nach den U-Haltern oder Rändelmuttern abtasten. Gibt auch das keinen Aufschluss, drücken wir von vorne und hinten vorsichtig auf das Kombiinstrument und versuchen festzustellen, aus welcher Richtung es sich freier bewegen lässt oder ob es an bestimmten Stellen „hängt". An diesen Stellen sitzen in aller Regel die versteckten Befestigungsteile.

Seit der Giulia hat Alfa Romeo seine Kabelbäume nach und nach von einem Knäuel einzelner Kabel in unterschiedlichsten Farben zu einem integrierten Gesamtsystem mit Mehrfachsteckerleisten weiterentwickelt. Ende der 1970er Jahre wurden dann die ersten gedruckten Schaltungen eingebaut. Die Instrumente und ihre Verdrahtung bildeten nun eine integrierte und wesentlich zuverlässigere und wartungsfreundlichere Einheit.

Bei der Alfetta ist der Ausbau des Kombiinstruments insofern schwierig, als seine Befestigungsweise nicht klar erkennbar ist. Das Geheimnis besteht in zwei großen Federklammern; sobald die gelöst sind, könnte das Kombiinstrument einfach herausgehoben werden. Ganz so einfach ist es in der Praxis freilich nicht: Die Plastikeinfassung um das Instrument wird im Laufe der Zeit geschrumpft sein, so dass das Kombiinstrument feststeckt. Mit einem selbst angefertigten Werkzeug aus Blech kann die Einfassung aus dem Weg gedrückt und gleichzeitig die beiden Klammern gelöst werden, oder das Kombiinstrument wird mit zwei Schraubendrehern herausgehebelt.

Beim GTV6 werden die Instrumente von vorne ausgebaut, nachdem die Zierschrauben herausgedreht wurden.

Die Tachos des GTV6, des 75 sowie des 164 werden elektrisch angetrieben; ihr Geber sitzt am Getriebe. Sowohl Tachoanzeige als auch Geber können irgendwann hängenbleiben. Um den Tachokopf gängig zu machen, muss er zerlegt und mit dünnem Wartungsöl behandelt werden.

2.8 Zusatzinstrumente

Amperemeter und selbst Voltmeter fehlten in den Alfa Romeos bis zum 164. Man könnte meinen, dass dahinter ein cleverer Marketingschachzug steckt, der potenzielle Probleme kaschiert. Denn jeder Alfa mit Gleichstromlichtmaschine benötigt auch ein Amperemeter. Am besten wird ein solches Instrument unter dem Armaturenbrett mit Kabeln mit mindestens 2,5 mm Querschnitt im Reglerstromkreis zwischengeschaltet. Bei Fahrzeugen mit Drehstromgenerator vermittelt ein Voltmeter genaueren Einblick in den Zustand der elektrischen Anlage.

Abb. 9-21. Die Halteklammer am Kombiinstrument der Alfetta. Eine weitere Klammer sitzt in ähnlicher Lage auf der Tachoseite. Werden die Klammern mit einem Blechhilfswerkzeug zusammengedrückt, kann das Kombiinstrument an seinem unteren Rand nach vorne herausgezogen werden. Vorsicht beim Ausbau: Wer zu fest zieht, riskiert, dass das Tachogehäuse auf der Rückseite Sprünge bekommt.

Die Giulietta wurde ab Werk mit einer Öltemperaturanzeige ausgerüstet; dass diese bei späteren Alfas entfiel, ist vor allem heute, da die Alfa-Klassiker ihre Jahrzehnte auf dem Buckel haben, ein herber Verlust. Eine Öltemperaturanzeige verrät genau, wann Volllast sicher ist (nicht, bevor das Öl seine Betriebstemperatur erreicht hat) und wann man besser rechts ranfährt und dem Motor eine Abkühlphase gönnt.

Bei Alfas mit Turbolader oder für alle Schrauber, die an der genauen Gemischzusammensetzung interessiert sind, ist ein Pyrometer nützlich. Es wird am Auspuffkrümmer montiert und misst die Abgastemperatur, an der abzulesen ist, ob im Motor die Kernschmelze bevorsteht.

Ich bin seit jeher ein Freund von Beschleunigungsmessern. Wer jeden Tag die gleiche Autobahnauffahrt benutzt, kann sich beim raschen Beschleunigen zum Einfädeln auf der rechten Autobahnspur anhand dieses Geräts auf völlig legale und präzise Weise vom allgemeinen Zustand seines Motors überzeugen. Einmaliges Ablesen ist amüsant, aber nutzlos. Erst der Verlauf in tagtäglich immer wieder gleichen Fahrsituationen verschafft Aufklärung.

Zudem machen diese Zusatzinstrumente im Innenraum immer einen imposanten Eindruck, selbst wenn man die angezeigten Werte kaum zur Kenntnis nimmt.

2.9 Die Bodenteppiche

Nicht nur Polsterbezugsätze, sondern auch Bodenteppichsätze sind bei den einschlägigen Händlern erhältlich. In der Regel sind die Teppiche mit dem Bodenblech verschraubt. Im Laufe der Jahre gehen diese Schrauben eine rostige Symbiose mit dem Bodenblech ein und lassen sich nicht mehr ausdrehen. Außerdem werden die Bodenteppiche mit Einfassungsleisten entlang der Konturen von Getriebetunnel und Einstiegsschwellern fixiert. Auch hier werden die Teppiche in der Regel von Schrauben gehalten, die häufig völlig festgerostet sind.

Unbrauchbare alte Bodenteppiche reißen wir kurzerhand – in möglichst großen Einzelstücken – heraus. Darunter kommen die originalen Bodendämmmatten mit ihrer bitumenähnlichen Trägerschicht zum Vorschein. Manchmal ist hier auch eine dünne Schaumstoffzwischenlage zu finden, die als hervorragender Wasserspeicher und damit als Rostbrutstätte wirken kann. Die Bodenteppiche sind keine Formteile. Im Prinzip handelt es sich um flache Auslegeware, die entsprechend der unregelmäßigen Topographie des Bodens zugeschnitten wird.

Sind Sie beim Ausbau vorsichtig vorgegangen und sind die alten Bodenteppiche noch weitgehend intakt, können sie als Muster für die Selbstanfertigung der neuen Bodenauskleidung dienen. Bei der Einfassung der Ränder sind Haushalts-Nähmaschinen allerdings rasch überfordert, dunkle Teppichware mit Gummirücken (der ein Ausfransen verhindern soll) kann jedoch auch mit der Schere so zugeschnitten werden, dass sie einen optisch sehr brauchbaren Ersatz abgibt, zumal wenn die Schnittkanten möglichst weitgehend unter den Verkleidungsleisten versteckt werden.

In vielen Alfa-Modellen ist der Innenraum mit Formgummimatten mit speziellen Mustern oder eingeprägtem Alfa-Logo ausgelegt. Ist das Logo noch intakt, könnte es von geübten Hobbypolsterern sogar herausgetrennt und in neue Bodenteppiche eingenäht werden. Eingerissene, aber im Prinzip noch intakte und nicht durchgescheuerte Gummimatten können auch repariert werden, indem die Risse von hinten mit schwerem Gewebeband fixiert oder Gummireparaturstücke mit Industriekleber aufgeklebt werden. Dann können Gummimatten und Bodenteppiche kombiniert werden, etwa unter Zuhilfenahme von etwas Gummikleber.

Sind bei der Restaurierung die originalen Bodenteppichmaterialien absolut nicht mehr zu beschaffen, kann etwa der Kofferraum mit passend zugeschnittenen Profil-Gummimatten als Meterware ausgelegt werden. Die Bodenbleche lassen sich mit einem dunklen Teppich beziehen, der zur Farbe der Sitzpolster passt.

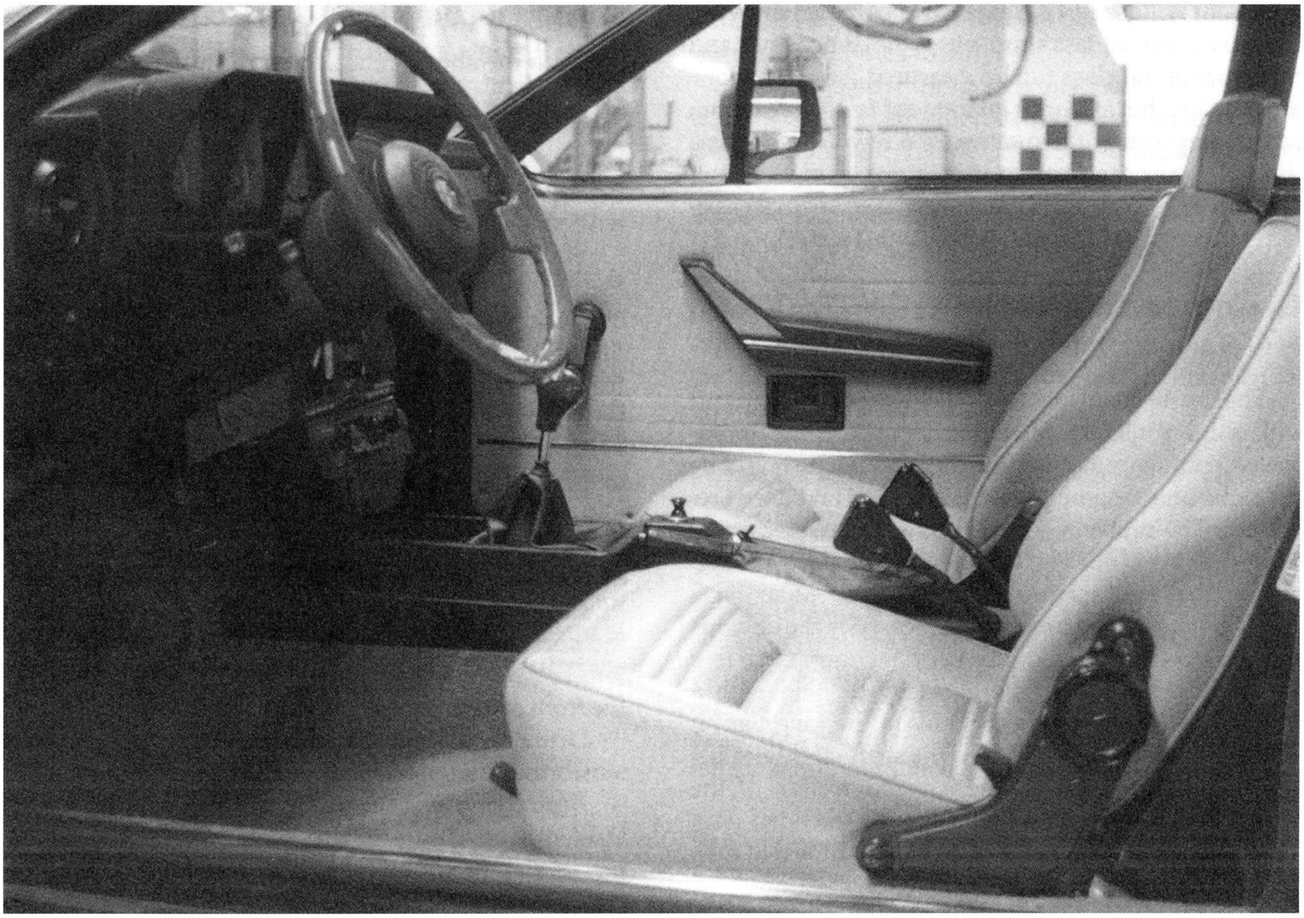

Abb. 9-22. Diese Aufnahme des Innenraums eines GTV6 stammt aus dem Jahr 1981, dem ersten Modelljahr. Am Lenkrad und der Armaturenbrettgestaltung sind die Unterschiede gegenüber dem 4-Zylinder-Coupé zu erkennen.

3. Die Windschutzscheibe

Für die meisten Hobbyschrauber dürfte der Ausbau der Windschutzscheibe zu kompliziert sein. Früher wurden die Windschutzscheiben mit einer Gummiprofildichtung montiert, in die eine blanke Scheibenzierleiste eingesetzt wurde. Diese Zierleiste kann vorsichtig herausgehebelt und danach die Windschutzscheibe aus ihrem Sitz gedrückt werden. Versuchen Sie dies aber nur, wenn Sie ganz sicher eine zweite Windschutzscheibe in Reserve haben oder beschaffen und diese gegebenenfalls von einem Fachbetrieb einbauen lassen können.

Bei jüngeren Alfas sind die Windschutzscheiben eingeklebt. Wer es schafft, einen Klavierdraht durch den Scheibenkleber zwischen Windschutzscheibe und Karosserieblech zu ziehen, kann damit evtl. die Dichtungsschicht ringsum soweit durchtrennen, dass die Windschutzscheibe sich löst. Bei Do-it-yourself-Versuchen sind geborstene Windschutzscheiben aber auch hier keine Seltenheit.

Bei Kleinserienfahrzeugen bedeutet eine geplatzte Windschutzscheibe immer denselben Alptraum. Bei frühen Alfa-Klassikern sollten Sie daher sicherheitshalber davon ausgehen, dass die Windschutzscheibe unersetzlich ist. Ein gut sortierter Autoglasspezialist ist hier noch wichtiger als ein fähiger Mechaniker.

Ist die Windschutzscheibe geplatzt oder gerissen, versuchen Sie nicht, sie selbst auszubauen. Bringen Sie den Alfa zu einem Autoglaser, der Abmessungen und Wölbung der Scheibe ausmessen kann. Die Einzelanfertigung neuer Windschutzscheiben ist möglich, allerdings bedeutet ihr Preis, dass Sie danach einige Jahre auf manche andere Freizeitvergnügungen verzichten werden müssen. Bei reinen Ausstellungsstücken kann eine Ersatzscheibe aus Plexiglas oder aus Polycarbonat (etwa Lexan) angefertigt werden. Abgesehen davon, dass ihr Einbau in für den Straßenverkehr zugelassenen Fahrzeugen nicht erlaubt ist, würde sie im Fahrbetrieb auch viel zu schnell verkratzen.

4. Cabrioverdecke

Giulietta und frühe Giulia

Der Verdeckmechanismus der Giulietta und der frühen Giulia Spider lässt sich nur mit gewissen Schwierigkeiten ausbauen. Da der Außenbezug auch ohne Ausbau des Verdeckgestänges und seines Mechanismus gewechselt werden kann, sollte das Gestänge montiert bleiben, sofern nicht bestimmte Einzelteile defekt sind und erneuert werden müssen. Probleme bereitet die verschraubte innere Drehstange, die am Mechanismus nicht ohne weiteres zu erkennen ist.

Auf den ersten Blick wird die gesamte Konstruktion von nur sechs Schrauben gehalten. Aber auch nach Lösen dieser Schrauben ist der weitere Ausbau unmöglich, sofern nicht diese Innenstange durch Drehen mit einem Schraubenschlüssel verkürzt wird. Zuerst wird die große Kontermutter auf der langen Stange gelöst, die den Drehpunkt für das Verdeck bildet, und dann die Welle mit einem 15er Schlüssel (auf dem quadratischen Teil der Gewindestange, auf der die Kontermutter aufgedreht ist – und die selbst ebenfalls in das lange Rohr eingeschraubt ist, das über die Wagenbreite verläuft) im Uhrzeigersinn gedreht.

Wenn die Welle gedreht wird, muss die Kontermutter gegengehalten werden; irgendwann taucht dann das gerundete Ende der Welle aus der Bohrung in dem Karosseriehalter auf, wenn das quadratische Ende der Welle in der Kontermutter verschwindet. Das gerundete Ende trägt jedoch ebenfalls einen Sechskant, so dass die Welle mit einem SW19-Schlüssel weitergedreht werden kann, bis das Ende der Welle aus der Bohrung freikommt. Nun werden zwei kurze Zylinderschrauben mit einem 17er Steckschlüssel herausgedreht und die gesamte Konstruktion kann vom Fahrzeug abgenommen werden.

Duetto und spätere Modelle

Ab dem Duetto waren die Cabrioverdecke am Heck mit einer Leiste befestigt, die auf Stehbolzen montiert wird. Die Muttern sind meist unrettbar festgerostet, die Bolzen scheren bei einem Löseversuch also garantiert ab, sofern sie nicht zuvor mit reichlich Kriechöl behandelt wurden.

Darüber hinaus wird der Verdeckbezug durch seine Verklebung und einige gut versteckte Schrauben gehalten. Entlang der Lasche, die das Verdeck zu den Seitenscheiben abdichtet, müsste ein Versteifungsdraht durchlaufen. Die Spannung dieses Drahts kann zur Optimierung der Passung eingestellt werden.

Der vordere Verdeckspriegel ist als Wasserschutz mit einer eingeklebten Gummidichtung versehen. Dieser Spezialkleber härtet allerdings nicht aus, so dass der Verdeckbezug vorsichtig abgezogen werden kann, ohne allzusehr einzureißen. Ist der Kleber aufgrund der Materialalterung durchgehärtet (oder wurde bei den letzten Arbeiten am Verdeck der falsche Kleber aufgetragen), können Sie versuchen, den Bezug mit einer Heißluftpistole oder mit Industriereiniger zu lösen, bis er sich abziehen lässt.

4.1 Ausbau und Erneuerung des Stoffverdecks

Die obige grundlegende Beschreibung müsste ausreichen, um bei einem Alfa den Verdeckbezug abnehmen zu können. Diese Arbeit ist nicht gerade einfach, mit Sorgfalt und etwas Nachdenken lässt sie sich aber bewältigen. Der Ausbau des Verdeckbezugs ist zugleich eine gute Einführung dahin, wie der neue Bezug montiert wird. Achten Sie auf die Details, lassen Sie sich Zeit bei der Arbeit, machen Sie sich Notizen und vor allem Fotos von allen Schritten.

Zunächst werden die 23 Befestigungsmuttern und ihre Stiftschrauben am hinteren Verdeckende mit Kriechöl getränkt. Während das Kriechöl einwirkt, reinigen Sie den gesamten Verdeckwannenbereich mit dem Staubsauger. Stellen Sie fest, wo die Abläufe auf beiden Seiten der Wanne nahe der Türsäule verlaufen, und säubern Sie sie gründlich mit einem steifen Draht und etwas Wasser.

Nun werden die kleinen Haltemuttern des Verdecks am Wagenheck gelöst. Schert eine Stiftschraube ab, muss sie auf geeignete Weise ersetzt werden. Nachdem die Chromleiste entfernt wurde, wird der Verdeckstoff abgezogen.

Nun lösen wir die Schrauben am Spanndraht, der die waagerechte Lasche über der Scheibe hält. Dann werden die Kontermuttern gelöst, Einsteller herausgenommen und der Draht an beiden Ecken vorne herausgezogen.

Die Nieten an der senkrechten Säule des Verdecks in der Nähe des Einstellers für den Spanndraht müssen ausgebohrt werden.

Wir fangen mit dem Verdeckausbau von vorne an, indem zuerst der Griff, die Verriegelungen und die beiden Chromzierbeschläge abgenommen werden. Die Gummidichtung wird vorsichtig abgezogen und beiseitegelegt. Die Seite mit der Lippe muss nach hinten zeigen.

Als nächstes müssen etliche Nieten ausgebohrt werden. Wir beginnen mit denen nahe dem vorderen Verdeckspriegel, dann folgen die sechs, mit denen die Ablaufrinne befestigt ist.

Nun könnte das gesamte Verdeck abgeschraubt werden, das wird aber nicht unbedingt notwendig sein.

Wir suchen nun die Stelle, wo der Rand des Verdeckbezugs in der Nähe der Vorderkante des Verdeckspriegels untergeschlagen ist, und ziehen ihn von hier aus vom Spriegel ab.

Nachdem das Verdeck an beiden Enden gelöst wurde, lässt sich der Bezugsstoff leichter von den Seitenleisten lösen. Sie wissen ja bereits, wie sich der Verdeckstoff abziehen lässt, denn der Vorgang läuft grundsätzlich auf gleiche Weise wie beim vorderen Spriegel ab.

Anschließend wird der Verdeckstoff von den Verdeckspriegeln abgenommen. Der Verdeckstoff ist verklebt und sollte daher vorsichtig abgezogen werden. Der Rand des Bezugs ist wahrscheinlich zwischen Verdeck und Spriegel weggefaltet.

Alle Flächen, an denen Metall mit dem Verdeckstoff in Berührung kommen kann, müssen gründlich blankgeschliffen und anschließend mit schwarzer Rostschutzfarbe lackiert werden. Die Farbe muss vor der Verdeckmontage komplett austrocknen. Nun kontrollieren wir alle Drehpunkte des Verdeckmechanismus. Verschlissene Stellen können mit kurzen, spielfrei sitzenden Schrauben instandgesetzt werden.

Verdecke aus dem Zubehörhandel können in Details leicht vom Werksverdeck abweichen. Allerdings sind die Unterschiede für den Arbeitsablauf ohne größere Bedeutung.

Jetzt ist es an der Zeit, die Montageanleitung des neuen Verdecks genau durchzulesen und sich einen Überblick über die Einzelteile des Einbausatzes zu verschaffen. Verdeckkleber (die geeignete Sorte!) besorgen wir uns im Autozubehör- oder Karosseriebedarfs-Fachhandel. Die Arbeit mit Verdeckkleber ist eine ausgesprochen klebrige Angelegenheit, dafür lassen sich die verklebten Teile aber ohne großen Aufwand wieder lösen, wenn Sie den Sitz des Verdecks nochmals perfektionieren wollen.

Die Schaumstoffauflage auf der Oberseite des vorderen Verdeckspriegels wird erneuert. Dann wird das neue Verdeck auf den vorderen Spriegel aufgezogen. Dies ist der kritischste Arbeitsgang der gesamten Verdeckmontage. Der Verdeckbezug muss genau rechtwinklig aufliegen, nicht nur auf dem vorderen Verdeckspriegel, sondern auch an den hinteren Befestigungsschrauben. Außerdem muss er auf beiden Seiten gleich weit über die Seitenscheiben überhängen. Nehmen Sie sich ruhig einige Minuten Zeit für die Prüfung, ob das Verdeck rundum so gleichmäßig wie nur irgend möglich auf seinem Gestell aufliegt. Besonders wichtig ist die Passung des Verdeckstoffs an den Enden der Verdeckspriegel sowie um die Rundung der Seitenscheiben. Drehen Sie das Verdeckmaterial um den Spriegel, so dass die kleine Stofflippe an der Vorderkante des Verdecks überall gleich weit über den Windschutzscheibenrahmen hängt. Kurbeln Sie die Seitenscheiben etwas herunter, um noch genauer kontrollieren zu können, dass das Verdeck genau rechtwinklig aufliegt.

Die Auflagestellen werden mit Kreide auf dem Bezugsstoff und dem Metall angezeichnet, damit die Ausrichtung des Verdecks auch bei den nachfolgenden Arbeitsschritten überprüft werden kann. Zwischen dem Verdeckstoff und der Schaumgummiauflage wird kein Klebstoff aufgetragen, sondern das freie Ende des Verdeckstoffs wird mit dem vorderen Spriegel verklebt und das lose Ende zwischen Verdeckstoff und Spriegel umgeschlagen, so dass es nicht mehr zu sehen ist. Die Gummidichtung wird eingeklebt und alle Beschläge wieder montiert. Dann wird die Justierung der Verdeckverriegelungen überprüft und die Verriegelungen wieder gelöst, worauf der vordere Spriegel frei liegt.

Nun richten wir die Hinterkante des Verdecks entlang der Stehbolzen aus. Auch hier wird der Sitz des Verdecks genau überprüft und die Chromleiste montiert, wobei abgescherte Bolzen ersetzt werden. Dabei fangen wir in der Mitte der Leiste an und arbeiten uns zu den Seiten hin vor, um zu verhindern, dass quer verlaufende Falten zurückbleiben. Falten in Längsrichtung sind einstweilen noch unbedenklich; entscheidend ist, dass der Verdeckstoff am hinteren umlaufenden Abschluss gleichmäßig straff sitzt. Zu den Seiten hin wird dies immer schwieriger, also nehmen Sie sich die Zeit.

Nachdem der Verdeckstoff vorne und hinten befestigt wurde, wird der vordere Verdeckspriegel an seinen Riegeln befestigt und die Zwischenspriegel provisorisch in ihre Position gedreht, um ihre Ausrichtung zu überprüfen. Passfehler werden nun ausgeglichen, denn jetzt ist die letzte Gelegenheit, dies ohne großen Aufwand erledigen zu können. Keine Sorge, wenn das Verdeck zwischen den Spriegeln etwas durchhängt. Es wird sich im Laufe der Zeit noch straffen. Entscheidender Punkt der Kontrolle ist jetzt, dass das Verdeck genau winkelrecht auf dem Fahrzeug sitzt.

Nachdem der vordere Verdeckspriegel verriegelt ist, verkleben wir nun das Verdeck mit den Seitenspriegeln, die das Verdeck unmittelbar hinter den Seitenscheiben fixieren.

Nun werden die vorderen Riegel wieder gelöst und der Versteifungsdraht durch den Verdeckstoff eingefädelt und so befestigt, dass er bei geschlossenem Verdeck straff gespannt ist. Möglicherweise ist ein Stück steifer Draht, der am einen Ende zu einem Haken gebogen wurde, notwendig, um den Versteifungsdraht richtig durch den Verdeckstoff durchfädeln zu können.

Damit ist das Verdeck fast fertig montiert – es fehlen nur noch die Stoffstreifen, die mit den Zwischenspriegeln verklebt werden. Liegt der Verdeckstoff lose an diesen Spriegeln an, neigt das Verdeck während der Fahrt zum Flattern und zu Dröhngeräuschen. Daher muss das Verdeck möglichst straff gegen diese Spriegel gespannt werden. Die Spriegel werden so eingesetzt, dass die beiden Stoffhaltestreifen auf beiden Seiten gleichmäßig überhängen. Auf der Innenseite der einen Lasche wird Klebstoff aufgetragen und die Lasche so straff wie möglich um den Spriegel gewickelt. Die zweite Lasche wird straff um den Spriegel gezogen und am Ende verklebt, so dass sie unsichtbar zwischen Spriegel und Verdeckstoff beiseitegeschoben werden kann.

Anfangs sitzt das neue Verdeck noch etwas locker. Innerhalb einer Woche schrumpft es geringfügig und strafft sich dabei von selbst.

5. Auto-HiFi und anderes Elektronikzubehör

Der Einbau einer Audio-Anlage der Spitzenklasse ist in einer offenen Giulietta ziemlich unsinnig und bringt auch in einem Giulietta Coupé nicht viel. Diese Fahrzeuge waren nie als rollende Konzertsäle konzipiert. In späteren, im Innenraum wesentlich leiseren Alfa-Modellen können hochwertige Hi-Fi-Anlagen dagegen durchaus gut zur Geltung kommen.

Bei der Entstörung der Zündanlage in frühen Alfas machen sich handelsübliche Widerstandszündkabel für den Sekundärkreis sowie ein Entstörkondensator an der Lichtmaschine auf jeden Fall bezahlt. Die späteren Anlagen sind von Haus aus leise genug.

Für die Antennenmontage muss in jedem Fall ein nicht ganz kleines Loch in ein Karosserieblech gebohrt werden. In den meisten Alfas war irgendwann ein Radio montiert, weshalb die Hemmung, jungfäuliches Blech anbohren zu müssen, vielleicht gar nicht überwunden werden muss. Wenn aber ein neues Loch gebohrt werden muss, empfiehlt sich eine Stelle in Fahrtrichtung links neben dem Windschutzscheibenrahmen. Zuerst sollten Sie sich aber vergewissern, dass die Antennenleitung von dieser Bohrung aus ungehindert entlang der Armaturenbrettunterseite verlegt werden kann. Vorsicht vor verdeckten Blechen, die den Zugang behindern könnten.

Bei den meisten Alfas ist ein Einbauplatz für die Radiomontage im Armaturenbrett vorgesehen, allerdings stimmt der Radioausschnitt nicht

Abb. 9-23. Funktionsbetonte Schlichtheit. Das Radio ganz unten in der Konsole ist ergonomisch zumindest fragwürdig untergebracht.

unbedingt mit den Abmessungen des Radios überein, das der Besitzer montieren möchte. Gerade bei älteren Fahrzeugen gab es zahlreiche Radios, deren Abmessungen – der Frontblende oder des Radiogehäuses – nicht exakt mit den Standardmaßen des Radioausschnitts im Armaturenbrett übereinstimmten. Auch neuere Radiogeräte können ähnliche Probleme bereiten. Zudem muss die Tiefe des Einbauschachts mit den Radioabmessungen verglichen werden. Hinter dem Armaturenbrett von Giulia Super und GTV geht es besonders eng zu. In Extremfällen – oder um den Einbau zu erleichtern – empfiehlt sich die Montage unter dem Armaturenbrett.

Monolautsprecher sind am leichtesten unterzubringen, denn ein unauffälliger Einbauplatz für einen einzelnen Lautsprecher findet sich fast immer. Besonders guten Mono-Klang vermitteln die kompakten Aufbaulautsprecher, die unter dem Armaturenbrett befestigt werden können.

Wenn es unbedingt Stereo sein muss, verlegen Sie die Lautsprecherkabel mit Isolierband an einer unauffälligen Stelle hinter dem Armaturenbrett. Stereolautsprecher können beispielsweise in den Türverkleidungen untergebracht werden. Die Lautsprecherkabel werden dazu hinter dem seitlichen Fußraumstehblech und durch den Türholm verlegt. Hierfür sind etliche Durchgangslöcher und Kabeltüllen notwendig, und in den Türen bestimmter Alfa-Modelle wird der Platz für einen angemessen dimensionierten Lautsprecher recht eng. Die Lautsprecher können auch auf den seitlichen Stehblechen montiert werden, aber ohne dass sie dabei dem Sicherungskasten, dem Haubenöffner oder anderen wichtigen Aufbauteilen in die Quere geraten. In geschlossenen Karosserien bietet sich die Heckablage als klanglich guter Einbauort für Stereolautsprecher an. Die Zuleitungen werden unter dem Bodenteppich und der Rücksitzbank in den Kofferraum oder sogar am Fahrzeugunterboden (an passender Stelle geradlinig von vorne nach hinten) bis auf Höhe der Heckablage verlegt.

5.1 CB-Funk

Wer es mit dem Einbau zeittypischen Zubehörs auf die Spitze treiben möchte, kommt vielleicht auf die Idee, eine der guten alten CB-Funkanlagen zu montieren. Die Antenne sollte stets an der Stoßstange montiert werden, auch wenn dies für die Abstrahleigenschaften nicht optimal ist. Besondere Einbauprobleme sind bei CB-Anlagen – abgesehen von der Antennenbefestigung – nicht zu erwarten.

5.2 Diebstahlsicherung

Routinierte Langfinger lassen sich wohl nur durch einen zähnefletschenden Wachhund auf dem Beifahrersitz vom Autoklau abhalten. Geschickte Diebe machen sogar dann, wenn die Alarmanlage losgeht, den Eindruck eines peinlich berührten Fahrzeugbesitzers und legen die Anlage, wenn sie erst einmal im Fahrzeug sitzen, derart schnell lahm, als besäßen sie den Zündschlüssel. Gegen Profis bietet also allenfalls die heimische Garage ausreichenden Schutz.

Abschreckend gegen Gelegenheitsdiebstähle wirken die in Leuchtfarben lackierten Lenkradkrallen, die nur begrenzten Lenkeinschlag zulassen oder das Brems- oder Kupplungspedal blockieren. Ihr Stahlrohr lässt sich praktisch nicht durchtrennen, hundertprozentigen Schutz bieten aber auch sie nicht: Rabiate Diebe trennen den Lenkradkranz durch, biegen ihn etwas zur Seite und fädeln die Lenkradkralle heraus.

Eines der großen Ärgernisse der Diebstahlsicherungen ist, dass viele Anlagen in Werkstätten montiert werden, deren Personal nur bedingt für derartige Einbauten qualifiziert ist. Die Sage von den Scheibenwischern, die sich zuschalten, sobald die Klimaanlage eingeschaltet wird, wurde von unzureichend qualifizierten Monteuren von Alarmanlagen oft genug mit neuem Leben erfüllt. Wirklich sichere Alarmanlagen erfordern tiefe Eingriffe in die elektrische Anlage. Die Monteure müssen sich also entsprechend gut mit der Bordelektrik auskennen – was aber nicht immer der Fall ist. Schlampig verlegte Kabel oder aufgeklemmte Abzweigverbinder im Kabelstrang lassen auf eher oberflächliche Arbeit schließen.

Viele Alarmanlagen sind mit einem Trägheitssensor ausgerüstet, der schon geringste Fahrzeugerschütterungen erkennt (wenn etwa der Autodieb eine Seitenscheibe einschlägt). Derartige Systeme neigen allerdings zu Fehlalarmen.

Andere Systeme erfassen über ein Mikrofon das Geräusch des splitternden Glases. Elektrische Schalter an allen Türen und Hauben sollen zusätzliche Absicherung bieten.

Der Besitzer schläft damit bedeutend ruhiger. Er erwirbt mit der Diebstahlsicherung aber letzten Endes lediglich die Illusion des Schutzes gegen Fahrzeugeinbrüche, denn wer in den Innenraum eindringen will, der wird auch einbrechen – und sei es, dass er bei Cabrios das Verdeck aufschlitzt.

Am wirksamsten ist noch immer, das Fahrzeug immer richtig abzuschließen und eine wirksame Wegfahrsperre installieren zu lassen, aber ganz offensichtlich nichts Wertvolles im Fahrzeug liegen zu lassen. Also wird besser nur ein billiges Radio montiert, keine teuren Accessoires, Taschen oder Navigationsgeräte im Auto offen liegengelassen und auch sonst keine Anzeichen darauf hinterlassen, dass im Fahrzeug wertvolle Objekte verstaut sind.

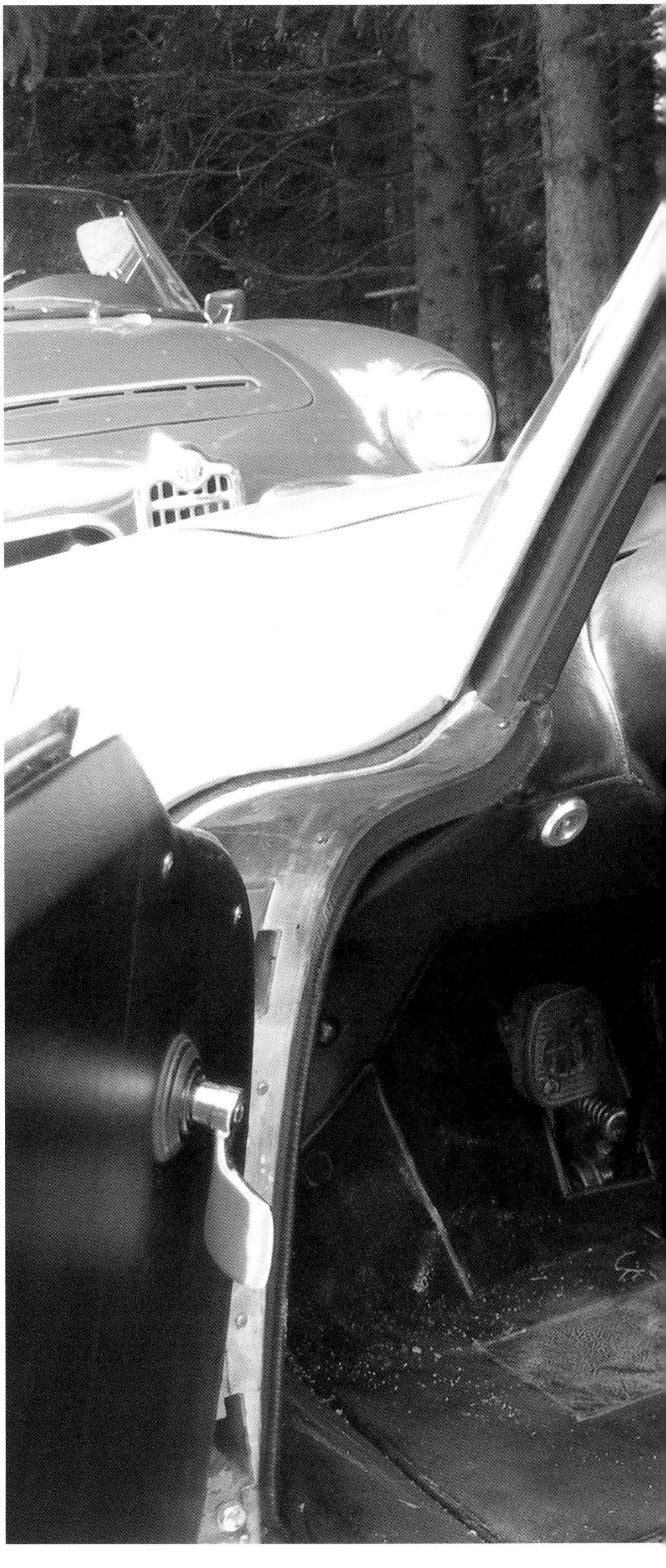

Abb. 9-24. Einzigartig: Der Alfa Romeo Giulietta Sprint „Goccia" von Michelotti stammt aus dem Jahr 1961.

ALFA ROMEO
MILANO
07
TEMP ACQUA
BENZINA

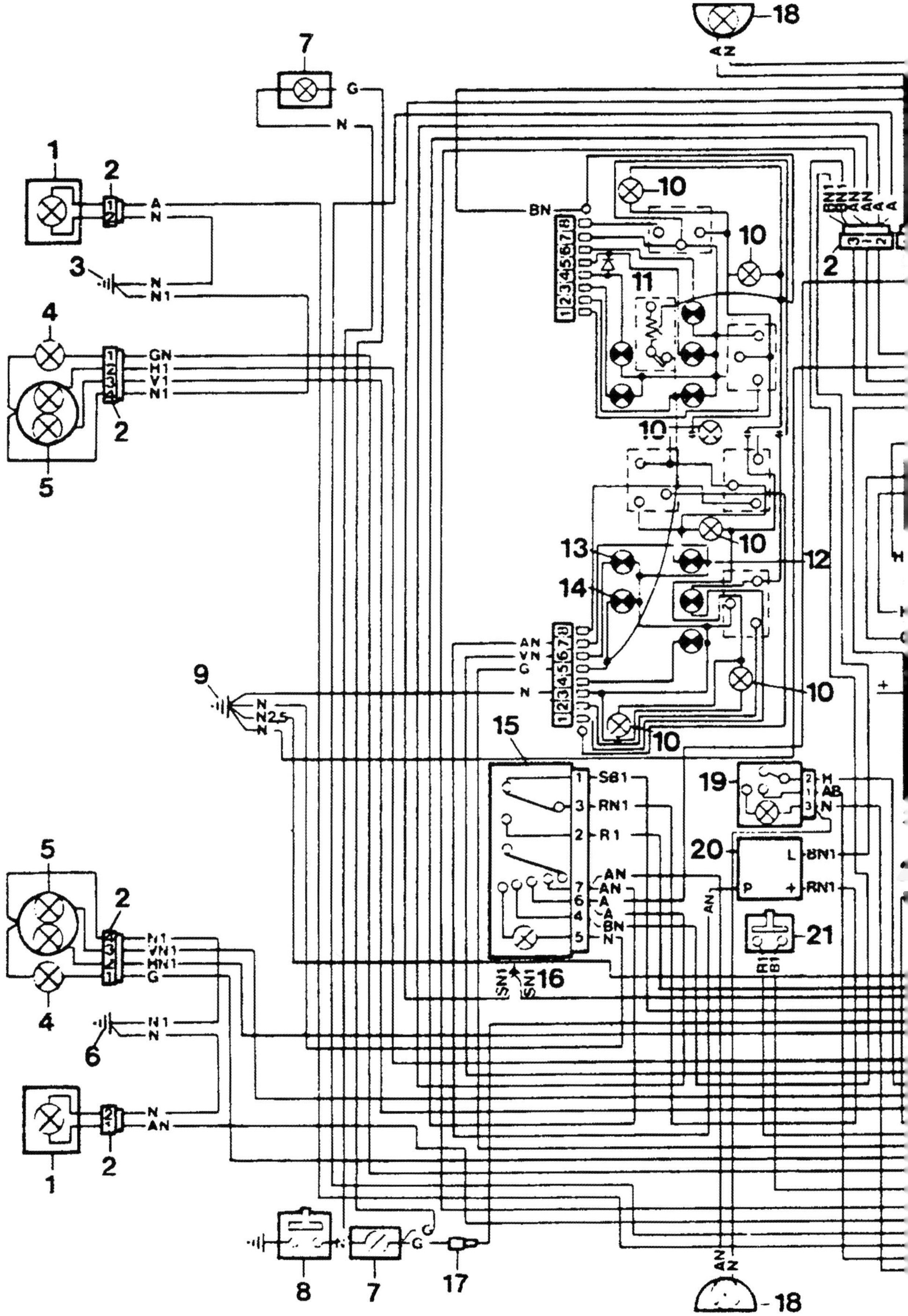

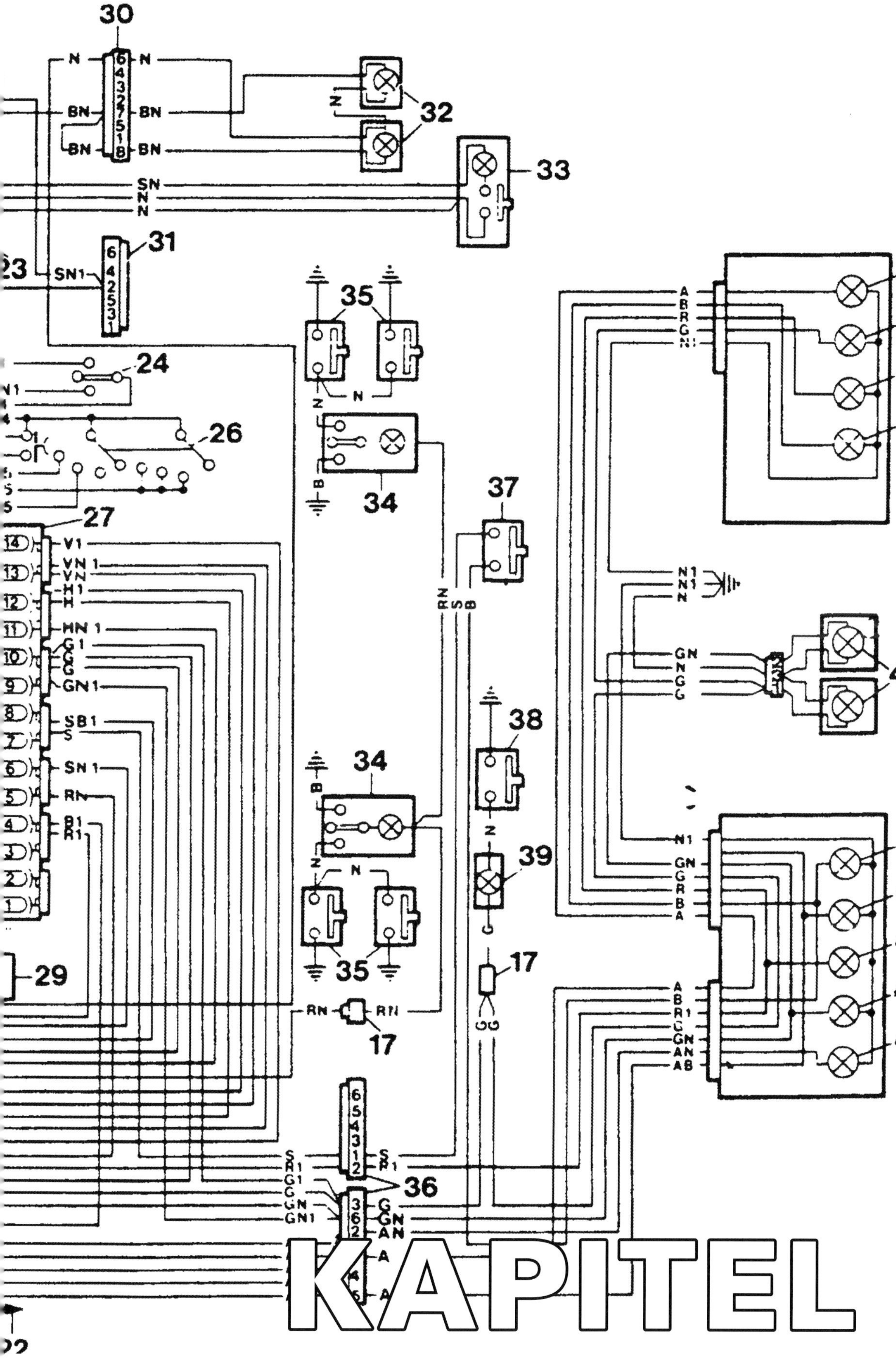

KAPITEL 10

10 Grundlagen der Fahrzeugelektrik

Störungssuche an der Fahrzeugelektrik ist eine der frustrierenden Herausforderungen für den Hobbyschrauber. Dies liegt vor allem daran, dass der Fahrzeugverkabelung Defekte nur in den seltensten Fällen anzusehen sind. Schadhafte elektrische Anlagen sehen nicht unbedingt anders aus als funktionierende Anlagen. Die Kabel brechen nur in den seltensten Fällen und auch defekte Schalter können blitzblank glänzen. Defekte an der Mechanik sind dagegen ungleich dramatischer. Kapitale Öllecks an Zylinderkopfdichtungen oder ein Pleuel, das sich durch den Motorblock seinen Weg ins Freie sucht, lassen keine Zweifel aufkommen.

Die Störungssuche an der Elektrik setzt eine besondere Form detektivischen Spürsinns voraus. Sie müssen das System, in dem Sie Fehlersuche betreiben, verstehen und mit einem Prüfgerät kontrollieren, was mit bloßem Auge nicht zu erkennen ist. Wer sich in die Störungssuche an der Elektrik erst einmal eingearbeitet hat, wird feststellen, dass sich fast alle Defekte an der Elektrik mit einer Prüflampe oder einem Vielfachmessgerät (Volt-Ohmmeter) aufspüren lassen. Einfach ist die Fehlerbehebung freilich nicht immer, denn Geduld und logisches Denkvermögen sind eine Grundvoraussetzung für die erfolgreiche Störungssuche an der Elektrik. Oft lassen sich Kurzschlüsse oder falsch angeschlossene Leitungen erst nach mehrstündiger Arbeit lokalisieren. Oder ein loses Kabel bleibt unbemerkt, bis Ihre Göttergattin beim zufälligen Blick auf das Kabel ganz unschuldig fragt, wozu „das denn gut ist".

1. Die Schaltpläne

Bei den Alfas muss zum Verständnis der elektrischen Anlage erst Licht in das Wirrwarr unzähliger Linien gebracht werden, die sich „Schaltplan" oder „Stromlaufplan" nennen, in erstaunlicher Verkleinerung ganz hinten in der Betriebsanleitung abgedruckt sind und sich der Deutung hartnäckig widersetzen. Sind Sie also gezwungen, die Informationen im Schaltplan zu entschlüsseln, hilft es ungemein, den Schaltplan per Fotokopierer ordentlich zu vergrößern. Im Leitungsverlauf suchen wir nun die Stromquelle, die Kabelfarbe sowie den Weg, den sich der Strom zurück zur Masse sucht.

Als Zweitaktmotoren im Pkw-Bau noch weit verbreitet waren, lautete ein üblicher Spruch: „Wenn Benzin und Zündfunke da sind, muss der Motor laufen." Ähnlich verhält es sich mit elektrischen Bauteilen. Wenn Spannung anliegt und die Masseverbindung in Ordnung ist, müsste das Teil funktionieren. In den meisten Fällen muss, wenn feststeht, dass der Strom bis zum Bauteil gelangt und die Masseverbindung intakt ist, das Bauteil erneuert werden. Nur noch wenige Elektrikbauteile lassen sich heutzutage noch reparieren. Selbst Drehstromgeneratoren werden im Tausch ersetzt. Mögliche Ausnahmen sind Wischermotor, Benzinpumpe und Anlasser

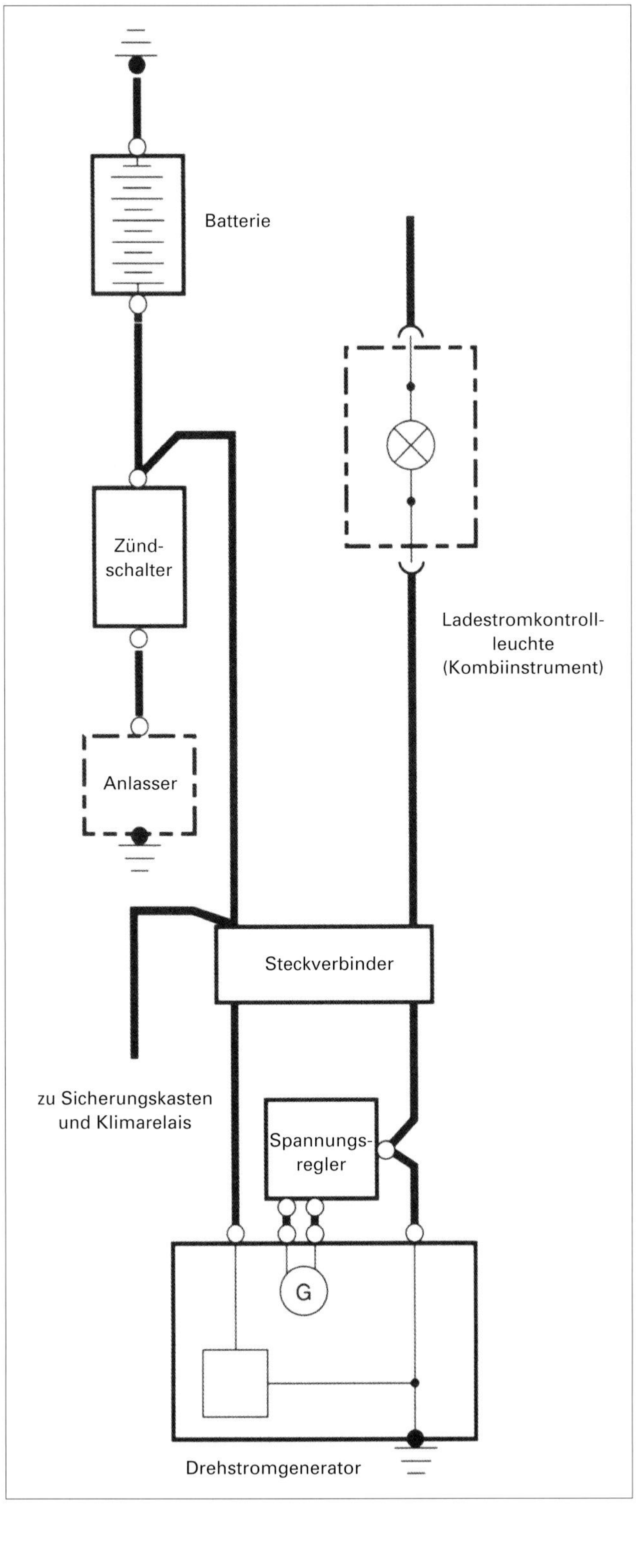

Abb. 10-1. Stromlaufplan für den Ladestromkreis eines Sprint Veloce von 1979. Die Masse ist hier an zwei Stellen dargestellt – an der Batterie ganz oben und am Drehstromgenerator ganz unten. Der Batteriestrom fließt über die Ladekontrollleuchte zum Drehstromgenerator, wo der Ladevorgang einsetzt. Der erzeugte Ladestrom fließt vom Generator in die Batterie.

– auch wenn der freundliche Herr am Teiletresen Sie sicher merkwürdig anschauen wird, wenn Sie nach Kohlebürsten für eine elektrische Benzinpumpe fragen.

Die elektrische Anlage der meisten modernen Pkws – wozu auf jeden Fall bereits die hier behandelten Alfa-Youngtimer zählen – ist derart komplex, dass sie kaum noch zu durchdenken ist, baut aber nach wie vor auf einem einfachen technischen Gesetz auf: Jedes elektrische Gerät braucht, um funktionieren zu können, lediglich eine Stromquelle und eine Rückleitung zur Masse.

Auf diesem Grundprinzip basieren sogenannte Stromlaufpläne. Ihr Prinzip sollte bei der Arbeit an der Fahrzeugelektrik bekannt sein, denn Sie werden (zumindest gedanklich) sicher öfter einen eigenen Stromlaufplan skizzieren müssen, wenn Sie nach dem „Kupferwurm" in der Bordelektrik fahnden müssen. Im Stromlaufplan wird die Stromquelle durch eine Linie ganz oben im Schaltbild und die Masseverbindung durch eine Linie ganz unten dargestellt. Dazwischen wird dargestellt, wie die einzelnen Bauteile im Fahrzeug verdrahtet sind (siehe Abb. 10-1). Der Stromlaufplan verrät allerdings nicht, wo die Bauteile genau sitzen und wie die Leitungen zwischen den Anschlusspunkten geführt werden. Dies ist nur aus dem klassischen Schaltplan halbwegs ersichtlich.

Im Prinzip sieht die Verdrahtung im Alfa Romeo also folgendermaßen aus: Vom Pluspol der Batterie führt ein dickes Kabel direkt zum Magnetschalter des Anlassers. Dadurch bekommt der Anlasser also als erster etwas vom vorhandenen Strom ab. Denn wenn der Motor nicht anspringt, ist auch alles andere vorerst unerheblich.

Vom Anlasserkontakt führt ein weiteres dickes Kabel zum Sicherungskasten. Dies ist die Hauptzuleitung für die Stromversorgung der Bordelektrik. Am Sicherungskasten verzweigt sich der Stromfluss zu verschiedenen Kategorien von Stromkreisen, die jeweils durch eine eigene Sicherung abgesichert sind. Bei älteren Alfas ist diese Unterteilung relativ einfach. Am einen Ende des Sicherungskastens sitzt eine Hauptsicherung für die Zündanlage (die auch Zündschloss und Zündspule umfasst). Am anderen Ende des Sicherungskastens sind fünf Sicherungen für die Lichtanlage und die Fern- und Abblendleuchten links und rechts zuständig. Eine Sicherung ist für die Instrumente vorgesehen, eine weitere für „Zubehör", zu dem etwa das Radio zählt.

Bei späteren Modellen sind über Sicherung Nr. 5 die Instrumente am Armaturenbrett und die Ladekontrollleuchte abgesichert.

1.1 Auf der Suche nach der Masseverbindung

Am Minuspol der Batterie ist üblicherweise ein kurzes, dickes Kabel angeschlossen, das direkt mit der Karosserie verschraubt ist und den Masseanschluss für das gesamte Fahrzeug herstellt. Bei den meisten elektrischen Anlagen liegt Minus an Masse, Lucas-Anlagen (wie sie nur in der Giulietta vorkamen) verwenden jedoch Plus an Masse.

Das Aufkommen von Kunststoffteilen bedeutete eine zusätzliche Herausforderung für die elektrische Anlage. Bei Stahlkarosserien liefert das Stahlblech, an dem das Elektrikbauteil angeschraubt wird, automatisch die Masseverbindung. Wenn das Elektrikbauteil aber in – elektrisch nicht leitendem – Kunststoff untergebracht ist, können die Elektrikkomponenten nur funktionieren, wenn die Masseverbindung über ein separates Massekabel hergestellt wird. Diese Massekabel sind meistens schwarz und werden von Bauteil zu Bauteil verlegt, so dass ein Rückleitungsweg für den Strom entsteht. In neueren Pkws ist die Kontrolle der Masseverbindung genauso wichtig wie die Kontrolle der Stromzuleitung.

Bei allen neueren Alfas ruhen Motor und Antriebsstrang in Gummilagern, die nicht nur geräusch- und vibrationsdämmend wirken sollen, sondern auch eine Isolation gegen die Karosserie bewirken. Der Motor besitzt also keine Masseverbindung in Form einer stabilen mechanischen Verbindung mit der Karosserie mehr. Um eine zuverlässige Masseverbindung des Motors herzustellen, wird üblicherweise ein breites Litzenband zwischen der Karosserie und einer der Anlasserbefestigungsschrauben am Motor verlegt. Auch hier benötigt der Anlasser am dringendsten intakte elektrische Kontakte (bei der Ur-Giulietta hatte es sich sogar eingebürgert, ein dickes Kabel von der Batterie im Kofferraum bis zu einer der Anlasserbefestigungsschrauben zu verlegen).

Falls dieses Masseband reißt oder wegkorrodiert und damit seine Stromleitfähigkeit einbüßt, sitzt der Motor ohne ordentliche Masseverbindung in seiner Karosserie. Bei älteren Alfas sucht sich der Strom die Masse dann über das Vergasergestänge. Da dieses Gestänge relativ robust ist, kann es passieren, dass ein defektes Masseband bei einer Giulietta längere Zeit unerkannt bleibt. Bei der Giulia ist die Leitfähigkeit aufgrund der rund um das Vergasergestänge verbauten nicht leitfähigen Kunststoffteile nicht mehr gegeben, also muss der Anlassstrom bei defekter Motormasseverbindung über den Chokezug fließen.

Bei Modellen mit SPICA-Einspritzanlage bleibt in derartigen Fällen als Masseverbindung nur noch das dünne Kabel, mit dem das Gaspedalgestänge mit dem Umlenkhebel verbunden ist. Bei einem Startversuch erhitzt sich dieses Kabel bei diesen Modellen dann bis zur Rotglut, bevor es womöglich einen Brand der umliegenden Schmutz- und Ölschicht auslöst. Und was lernen wir daraus? Kontrollieren Sie am Litzenband für die Motormasse ganz genau, ob die Anschlusspunkte blank und intakt sind. Ob die Masseverbindung intakt ist, prüfen wir anhand der weiter hinten in diesem Kapitel beschriebenen Methode.

1.2 Die Sicherungen

Für den Ladestromkreis ist üblicherweise keine eigene Sicherung vorgesehen; er erhält seine Stromversorgung direkt von der Batterieklemme am Anlasser oder über die Batterieseite der Sicherung für die Zündung. Zeitweise war es allerdings Mode, nachträglich eine Sicherung in das Hauptstromkabel des Drehstromgenerators zwischenzuschalten, daher sollte das dickste Kabel, das am Generator angeschlossen ist, grundsätzlich auf Vorhandensein einer Sicherung geprüft werden, die möglicherweise durchgebrannt ist oder keinen richtigen Kontakt mehr hat.

Eine Sicherung ist im Prinzip lediglich ein Draht, der leicht durchschmilzt. Fließt aufgrund eines Defekts zu hoher Strom im Stromkreis, schmilzt die Sicherung durch, bevor die Leitungen verschmoren und einen hässlichen Kabelbrand verursachen können.

In jedem Stromkreis wird der Strom, nachdem er die Sicherung passiert hat, auf die von der Sicherung abgesicherten Verbraucher verteilt. An einem typischen Sicherungskasten sind nur relativ wenige Kabel an der Oberseite, dafür aber ein Gewirr unzähliger Kabel an der Unterseite angeschlossen.

Mangelhafter Kontakt an den Sicherungen ist seit jeher eine Alfa-Krankheit. Die Spitze der Sicherung korrodiert in ihrer Haltefeder, so dass hier der Stromfluss unterbrochen ist, obwohl alles scheinbar in Ordnung ist. Behelfsmäßig lässt sich die Federspannung der Sicherungshalterungen erhöhen, indem ein kurzes Gummiband um die beiden Halterungen gelegt wird.

2. Störungssuche

Alfa-Legende Tom Zat empfiehlt folgende praktische Vorgehensweise bei der Störungssuche: Bauen Sie sämtliche Sicherungen aus dem Sicherungskasten aus und prüfen Sie an den Sicherungsklemmen der Reihe nach mit einem Multimeter, ob Batteriespannung anliegt. An einer Sicherung fließt mit Sicherheit Strom: an der für die Zeituhr. Wenn Sie das Kabel zur Zeituhr (und zu einer dort möglicherweise installierten Diebstahlsicherung) lösen, dürfte bei ausgeschalteter Zündung an keiner der Klemmen mehr Spannung

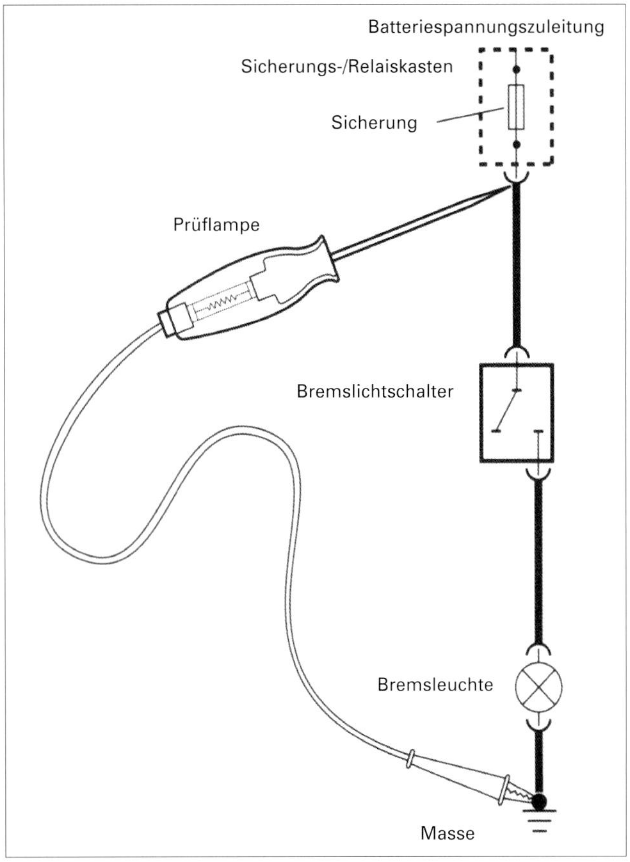

Abb. 10-2. So wird eine Prüflampe zur Prüfung der Spannungszuleitung an einer Sicherung angeschlossen. Spannung und Masse lassen sich mit einer Prüflampe am schnellsten kontrollieren, genauso schnell lässt sich damit allerdings auch ein Steuergerät „abschießen". Für Fahrzeuge mit Steuergeräten in der Bordelektrik sind solche Prüflampen nicht geeignet.

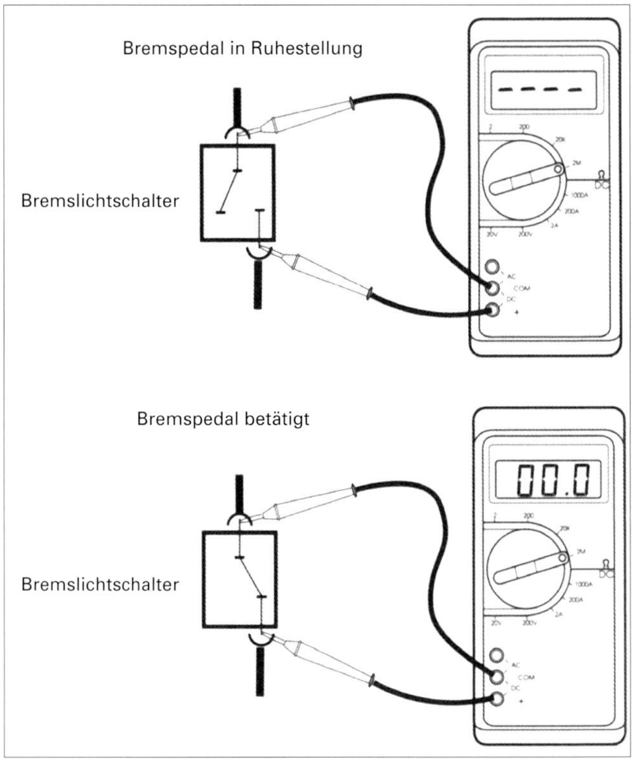

Abb. 10-3. Durchgangsprüfung am Bremslichtschalter. Wird das Bremspedal nicht betätigt (Schalterkontakte offen), ist kein Stromdurchgang vorhanden. Wird das Pedal betätigt (Schalterkontakte geschlossen), ist Durchgang vorhanden. Bei der dargestellten Prüfung liegt keine Spannung an.

anliegen. Wenn doch, dann sollten Sie diesen Stromkreis genauer darauf untersuchen, wie der Strom dort den Weg zur Masse findet. Am besten funktioniert diese Vorgehensweise bei den Sicherungen in der linken Hälfte des Sicherungskastens. Bei den Sicherungen für Standlichter oder Hauptscheinwerfer ist diese Kontrolle zwecklos, da hier erst Strom anliegt, wenn der entsprechende Schalter betätigt wird.

An den Kabelfarben lässt sich im Allgemeinen ablesen, wozu das Kabel im Schaltplan gehört. In vielen Fällen, vor allem bei älteren Fahrzeugen, bei denen sich bereits Generationen von Bastlern an der Verkabelung versucht haben, ist die Zuordnung der Stromkreise zu den Kabeln am Sicherungskasten allerdings fast unmöglich. Ist eine Sicherung durchgebrannt und lässt sich die Ursache nicht eingrenzen, werden alle Kabel am Anschlusskontakt unter der betreffenden Sicherung abgezogen, eine intakte Sicherung montiert und die Kabel dann einzeln nacheinander wieder angeschlossen. Die Sicherung brennt erneut durch, sofern das Kabel des schadhaften Stromkreises wieder angeschlossen wird. Nun befestigen wir alle intakten Kabel, setzen eine intakte Sicherung ein, arbeiten die elektrische Anlage systematisch durch und betätigen alle Verbraucher, bis wir alle nicht funktionierenden Geräte festgestellt haben.

Funktioniert ein Verbraucher nicht und ist keine Sicherung durchgebrannt, kommen nur drei mögliche Ursachen in Frage: keine Stromversorgung, defekter Verbraucher oder fehlende Masseverbindung. Für die Störungssuche der meisten Stromkreise genügt eine Prüflampe. Diese können wir aus einer 12-Volt-Glühlampe und einer Lampenfassung mit zwei Kabeln selbst anfertigen (siehe Abb. 10-2). Das eine Kabel ist für Plus (Stromver-

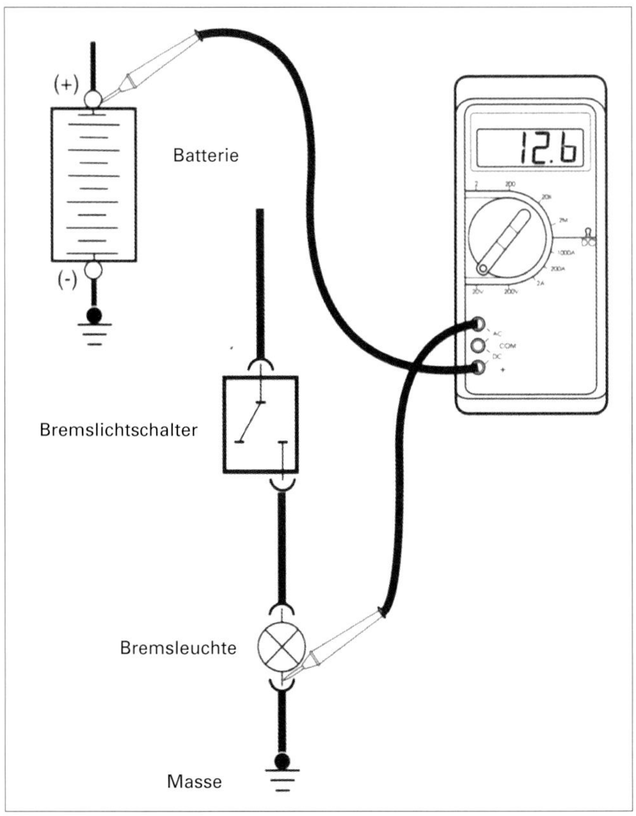

Abb. 10-4. Masseprüfung an der Bremsleuchte mit dem Voltmeter.

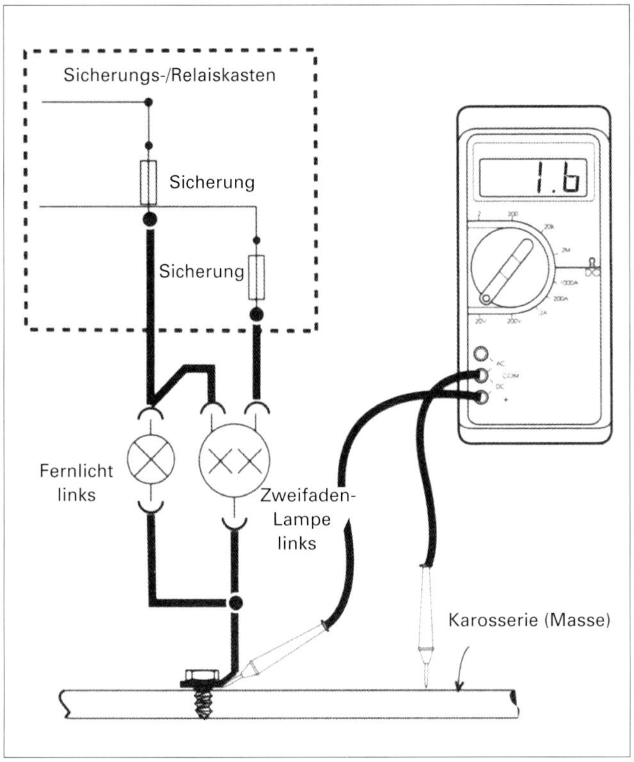

Abb. 10-5. Beispiel einer Spannungsabfallprüfung bei mangelnder Helligkeit der Scheinwerfer. Das Voltmeter zeigte einen Spannungsabfall von 1,6 A zwischen Masseanschluss und Karosseriemasse an. Nachdem die Masseverbindung des Scheinwerfers gelöst und gereinigt wurde, verringerte sich der Spannungsabfall auf normale Werte, und die Scheinwerfer leuchteten mit der vollen Helligkeit.

HINWEIS: Die Prüfung des Spannungsabfalls ist meist genauer als eine einfache Widerstandsprüfung, da die anliegenden Widerstände oft zu klein sind, um mit den üblichen Ohmmetern gemessen werden zu können. Ein Widerstand von nur 0,02 Ohm etwa bewirkt einen Spannungsabfall von 3 Volt an einem typischen 150-Ampere-Anlasserstromkreis (150 A x 0,02 Ohm = 3 V).

HINWEIS: Spannung bei eingeschalteter Zündung und Spannung bei laufendem Motor sind nicht das Gleiche. Bei eingeschalteter Zündung und stehendem Motor muss die Batteriespannung ca. 12,6 V betragen. Läuft der Motor mit mehr als 1500/min (Ladespannung), muss die Spannung ca. 14,4 V betragen. Die Batteriespannung wird bei eingeschalteter Zündung und anschließend bei laufendem Motor gemessen, um genaue Messwerte zu erhalten.

Hilfreich ist auch ein so genannter Kurzschlussfinder. Dieses Prüfgerät enthält eine Blinkvorrichtung, die anstelle einer defekten Sicherung eingesetzt wird. Der Blinker öffnet und schließt den Stromkreis, in dem sich der Kurzschluss befindet, oft genug, so dass keine Gefahr eines verschmorten Kabels besteht. Sobald der Blinker durch sein Blinken erst EIN und dann AUS anzeigt, wird in allen Kabeln des Stromkreises bis zur Kurzschlussstelle ein magnetisches Feld aufgebaut.

Zur Lokalisierung des Kurzschlusses wird das Messgerät am Kabel entlanggeführt. Die Nadel schlägt aus, sobald sie das durch den Öffnungs- und Schließvorgang aufgebaute Magnetfeld erfasst. Der Kurzschluss liegt dort, wo die Nadel nicht mehr ausschlägt. Für die Fehlersuche an versteckt (etwa unter Bodenteppichen) verlegten Kabeln ist der Kurzschlussfinder eine feine Sache.

sorgung), das andere für Minus (Masse). An den Kabelenden werden Krokodilklemmen angelötet oder angeschraubt – fertig.

Zur Kontrolle, ob an einem funktionsunfähigen Verbraucher Strom anliegt, klemmen wir ein Kabel der Prüflampe an der Zuleitungsseite des Geräts und das andere an Masse an. Wenn Strom bis zum Gerät fließt, leuchtet die Prüflampe auf. Ist im Stromkreis ein Schalter vorhanden, prüfen wir, ob Strom fließt, wenn der Schalter eingeschaltet ist, und ob er nicht fließt, wenn der Schalter ausgeschaltet ist (siehe Abb. 10-3).

Liegt am Verbraucher Strom an, prüfen wir anschließend die Masseverbindung; dazu schließen wir ein Kabel der Prüflampe an einer 12 Volt-Verbindung an und berühren mit dem andere Kabel den Masseanschluss des Verbrauchers. Vorsicht, dass Sie das Prüfkabel nicht direkt an Masse legen! Die Masseverbindung liegt bei Relais oft an einer ihrer Befestigungsschrauben. Die Masseverbindung der Schraube selbst ist möglicherweise in Ordnung, zwischen der Befestigungslasche und der Schraube kann sich aber so viel Korrosion angesammelt haben, dass das Relais keinen Massekontakt mehr hat. Meistens geht dieser Massekontakt durch versteckte Korrosionsansammlungen verloren. In vielen Fällen isoliert die Korrosion das Bauteil von seinem eigentlichen Massepunkt. Dass die Blechschraube am Anschlussblech mit Masse verbunden ist, bedeutet noch nicht, dass das eigentliche Bauteil Masseverbindung hat. Die Qualität der Masseverbindung lässt sich mit einem Spannungsabfalltest feststellen (siehe Abb. 10-5).

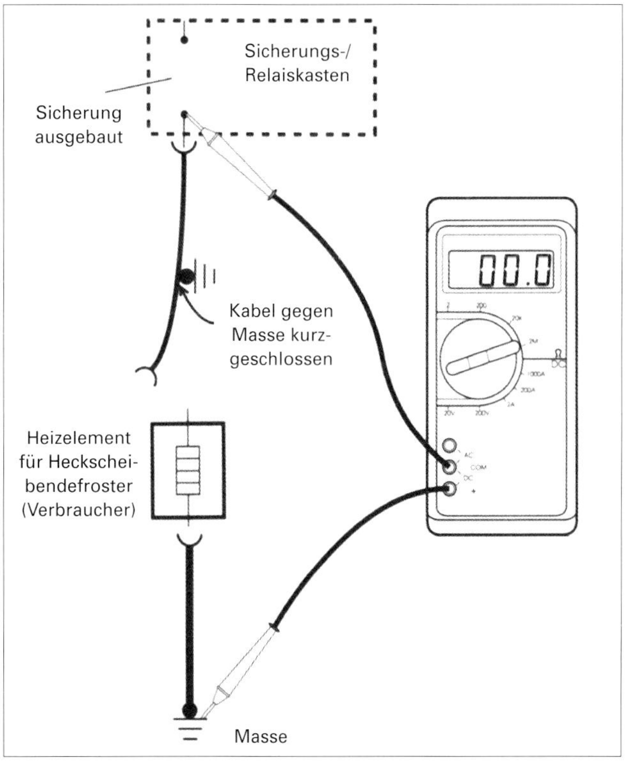

Abb. 10-6. Masseschlussprüfung mit dem Ohmmeter.

Bei frühen Giuliettas waren defekte Anlassschalter an der Tagesordnung, allerdings dürften die meisten dieser Schalter inzwischen längst ausgewechselt worden sein. Dies erklärt auch die Giuliettas, bei denen neben dem Zündschloss zusätzlich ein Anlassdruckknopf montiert ist. Auch bei den späteren Baureihen 105 und 115 kamen Defekte an den Anlassschaltern vor; diese ließen sich aber durch Zerlegen und Reinigen des Schalters beheben.

Beim GTV6 ist mir eine eigenartige Form der Verdrahtung begegnet, die einem einiges Kopfzerbrechen bereiten kann, wenn man nicht darauf vorbereitet ist. Bisher gingen wir davon aus, dass nur ein einziges Kabel zum Verbraucher stromführend ist und nur eines die Masseverbindung herstellt. Bei Tests an den Stromkreisen der elektrischen Fensterheber stellen wir aber fest, dass beide Kabel 12V führen. In diesen Stromkreisen sitzen Relais, die die Masseseite umschalten, um die Drehrichtung des Motors beim Heben und Senken der Scheibe umzukehren. Es führen also beide Kabel im Ruhezustand Strom (Plus), und beim Betätigen des Fensterhebermotors wird eines der beiden Kabel von Plus auf Masse umgeschaltet.

An dieser Stelle wäre in einem Kapitel zur Fahrzeugelektrik ein Wort zur elektronischen Einspritzanlage angebracht – allerdings gibt es dazu nicht viel zu sagen. Prüflampen oder Messgeräte sollten aufgrund des Risikos, die Systemkomponenten zu beschädigen, nicht für die Prüfung der Einzelteile der Einspritzanlage verwendet werden, sofern Sie sich nicht absolut sicher sind, dass die Bauteile für derartige Prüfungen geeignet sind und Sie entsprechende Unterlagen besitzen, in denen die zu erwartenden Ergebnisse beschrieben sind. Das Problem ist hier ähnlich gelagert wie bei Arbeiten an Radios. Es wäre nicht sinnvoll, in einem Buch wie diesem die Abstimmung des UKW-Teils des Abstimmkreises zu beschreiben. Bei der elektronischen Einspritzanlage werden Sie in der Praxis die Quelle der anliegenden Spannung oder die Masseverbindung kaum feststellen können, und der Stromfluss ist derart kurz oder schwach, dass er mit Hobbyschrauber-Bordmitteln praktisch nicht zu erfassen ist.

In den neueren Motronic-Einspritzanlagen werden erkannte Fehler in den Steuergeräten gespeichert und anhand von Diagnosecodes gemeldet, die durch Mitzählen der Blinksignale der Motorkontrollleuchte ausgelesen werden. Diese Sequenz wird gestartet, indem ein Anschluss am Steuergerät an Masse gelegt wird; die Codes sind im Motronic-Handbuch aufgeführt.

Eine Feststellung gilt für die elektronische Einspritzanlage wie auch für den Rest der Fahrzeugelektrik gleichermaßen: Am sichersten lassen sich defekte Bauteile prüfen, indem ersatzweise ein intaktes Bauteil montiert wird. Bei elektronischen Steuergeräten mag dies vielleicht etwas praxisfremd sein, bei Anlassern, Lichtmaschinen und den meisten Elektromotoren funktioniert es jedoch hervorragend.

Entlädt sich die Fahrzeugbatterie immer wieder und leuchten die Scheinwerfer beim Hochdrehen des Motors nicht heller, sollte der Generator kurzerhand ersetzt werden. Verweigert der Anlasser den Dienst, wird er ebenfalls ersetzt. Natürlich ist diese Vorgehensweise nicht die billigste, auf jeden Fall aber die schnellste. Für wen Zeit gleich Geld ist, der fährt damit langfristig vielleicht sogar am günstigsten. Wenn also Stromzuleitung und Masseverbindung eindeutig in Ordnung sind und der Verbraucher trotzdem noch nicht funktioniert, sollten Sie ernsthaft an die Anschaffung eines Neuteils denken.

Die Überholung eines Anlassers oder einer Lichtmaschine ist sicher eine erfüllende Schraubertätigkeit, sofern man neue Kohlen bekommt und die nötige Zeit hat. Auch die Dioden in der Lichtmaschine können in Eigenregie erneuert werden. Die Überholung von Wischermotoren und den Motoren in den Benzinpumpen ist dagegen ausgesprochen mühsam, da die Bauteile sehr klein und die Einzelteile nur schwer aufzutreiben sind. Wer unbedingt muss, könnte gar größere Kohlebürsten auf das benötigte kleinere Maß abschleifen. Neue Kabel zu ziehen, um unterbrochene oder blankgescheuerte Kabel zu ersetzen, ist gleichermaßen unterhaltsam – und oft der einzig mögliche Weg einer Reparatur. Verwenden Sie bei der Neuverkabelung stets mehrdrähtige Leiter (keine Massivkabel) und achten Sie auf saubere Verlegung und Befestigung, damit kein unnötiger Kabelsalat angerichtet wird.

Alfa-Experten weisen darauf hin, dass die Lichtmaschinen ab 1980 mit aufgebauten Reglern ausgerüstet sind, an denen die Reglerbürsten verschleißen können. Die Regler können auch durch plötzlichen Totalausfall auf sich aufmerksam machen. Den Regler zu tauschen, ist natürlich wesentlich kostengünstiger, als den Generator zu erneuern. Die älteren elektromechanischen Spannungsregler können durch technisch modernere vollelektronische Nachrüstteile ersetzt werden.

Wie bereits erwähnt, sind die Kabelbäume jüngerer Alfas wesentlich sauberer und „idiotensicherer" verlegt. Wichtigster Fortschritt in der Verkabelung war die Einführung der Kunststoff-Mehrkontaktstecker. Diese neuere Bauart können wir uns bei der Fehlersuche zunutze machen:

Wenn Sie einen Steckverbinder abziehen und der Kurzschluss verschwindet, liegt das Problem hinter diesem Steckverbinder. Mitunter sind die Steckverbinder nur schwer zu lokalisieren, da sie möglichst unsichtbar hinter Verkleidungsteilen untergebracht sind. Die Prüfung der Steckverbinder mit dem Volt-Ohmmeter ist jedoch eine einfache Sache und bietet einen guten Ausgangspunkt für die Fehlersuche anhand des Schaltplans. Defekte im Kabelstrang sind selten, und solange der Farbcode auf dem Kabel noch zu erkennen ist, verrät er die Funktion des Kabels ziemlich genau.

Ein Hinweis zum Abschluss: Falls Sie bei der Suche nach einem Alfa auf ein Exemplar stoßen, bei dem der Sicherungskasten nur lose befestigt ist und jede Menge lose Kabel sowie defekte Aggregate auffallen, lassen Sie unbedingt die Finger davon. Ohne komplette Neuverkabelung des gesamten Fahrzeugs dürften derartige Defekte kaum zu beheben sein, und bis dahin würden Sie Ihren Alfa so richtig verfluchen. Und so sollte man dem Alfa seiner Träume ja nicht gegenübertreten.

3. Starthilfe an einem Alfa Romeo

Früher wurden bei Startversuchen einfach die Starthilfekabel angeklemmt, wenn die Batterie nicht mehr so recht wollte. Waren die Kabel vertauscht worden, signalisierte der prompt einsetzende Funkenregen, dass Rot an die Plusklemme und schwarz an die Minusklemme (die bei allen Alfas außer frühen Giuliettas gleichzeitig der Masseanschluss ist) gehört. Auch bei einer derartigen Verpolung der Kabelanschlüsse waren aber keine Schäden an weiteren Bauteilen zu befürchten.

ACHTUNG:

- Batteriesäure kann schwere Verätzungen verursachen und beschädigt Fahrzeug und Kleidung. Wurde Batteriesäure verschüttet, spülen Sie die betroffenen Flächen mit reichlich Wasser ab. Ist Batteriesäure in die Augen geraten, müssen die Augen mehrere Minuten lang unter fließendem Wasser ausgespült und sofort ein Arzt aufgesucht werden.
- In Batterien bilden sich explosive Gase. Halten Sie Funken und offenes Feuer von Batterien fern. Auf keinen Fall in der Nähe von Batterien rauchen!

Mit dem zunehmenden Vormarsch elektronischer Bauteile im Pkw-Bau ist jedoch auch die Toleranz gegenüber verpolten Kabelanschlüssen verschwunden; versehentlich mit falscher Polung angeschlossene Kabel können in Sekundenbruchteilen Elektronikbauteile ruinieren, deren Ersatz richtig teuer werden kann.

Bei neueren Alfas können die Starthilfekabel also nicht einfach irgendwie angeschlossen werden. Vergewissern Sie sich zuerst, wo die Plusklemme und wo die Minusklemme sitzt. Dazu ist zu prüfen, wo ein „+"- oder „-"-Zeichen oder eine Aufschrift wie „POS" oder „NEG" zu erkennen ist. Die Lage der Kabel oder die Kabelfarbe – oder das, was Sie für die richtige Kabelfarbe halten – genügt nicht zur Orientierung.

Fahrzeuge mit elektronischer Einspritzanlage dürfen keinesfalls von einem anderen Fahrzeug aus, dessen Motor läuft, gestartet werden. Damit soll die Gefahr von Stoßspannungen oder Spannungsspitzen minimiert werden.

Bevor die Starthilfekabel angeschlossen werden, ordnen Sie die freien Enden sicherheitshalber so an, dass sie einander nicht berühren und damit einen Kurzschluss verursachen können. Das Minuskabel wird zuerst an der intakten Batterie angeschlossen und das andere Ende beim anderen Fahrzeug an einem Teil des Motorblocks befestigt. Dann wird das Pluskabel an der intakten Batterie angeschlossen und das andere Ende dieses Kabels an der Plusklemme der entladenen Batterie.

Am besten ist es immer noch, die entladene Batterie mit einem Ladegerät schonend aufzuladen.

Abb. 10-7. Eigentlich ganz überschaubar: Schlicht-elegant sind sowohl Design als auch Technik der Giulia. Wehe aber, wenn die Elektrik spinnt.

Firesto

KAPITEL 11

11 Leistungssteigerung und Optimierung

Vorneweg sei festgehalten, dass klassische Alfas unweigerlich eine bestimmte Sorte von Autoliebhabern anziehen, die stets auf der Suche nach noch mehr Leistung sind. Wie dieses Kapitel zeigen soll, lassen sich Alfas trefflich frisieren und optimieren. Bevor wir uns aber den Einzelheiten zuwenden, vorab ein warnender Hinweis: Die Alfa-Konstrukteure und -Ingenieure verstanden ihr Handwerk, und wer glaubt, er könne diese Profis auf ihrem eigenen Feld schlagen, der hat sich möglicherweise ein bisschen viel vorgenommen.

Tuning für den Rennsport

Viele hier beschriebene Maßnahmen (insbesondere die Abschnitte über die Optimierung der Einspritzanlage) sind auch für die Vorbereitung eines Alfa für den Einsatz im historischen Motorsport relevant. Jede Maßnahme, die den Motorwirkungsgrad oder die Kurvenlage verbessert, kommt auch unmittelbar der Renntauglichkeit des Fahrzeugs zugute.

Über die Wege, die zu mehr Leistung führen, hat fast jeder Tuner seine eigenen Vorstellungen. Allein der Umstand, dass manche Konzepte einander völlig widersprechen, macht das Thema Tuning zu einem wirklich interessanten Feld. Selbst nach mehr als hundert Jahren kontinuierlicher Verbesserungen und Verfeinerungen sind die letzten Worte noch längst nicht gesprochen. Wenn das einmal so weit sein sollte, ist dann wirklich alles perfekt – und alle Autos sehen vollkommen gleich aus. Und das kann nun auch wieder keiner wollen.

Abb. 11-1. Diese Aufnahme aus Brünn (Tschechoslowakei) aus dem Jahr 1970 lässt erahnen, wie es zeitweise um die Dominanz des Alfa Romeo GTA und seiner Ableger bestellt war. Toine Hezemans führt in einem GTAm 1750. Im Feld dahinter sind mindestens sechs GTA auszumachen.

1. Leistungssteigernde Maßnahmen am Motor

Wer der Meinung sein sollte, dass in einem Alfa-Romeo-Motor unnötig Leistung vergeudet wird, sollte sich besser nicht mit Alfas abgeben. Und wer glaubt, er könne die Leistung seines Alfas locker verdoppeln, sollte zuerst genauer überlegen, welche Abstriche er bei dieser kühnen Zielsetzung dann zwangsläufig anderswo machen müsste.

Kurz: Überlegtes Handeln ist das oberste Gebot.

Die Literleistung der Alfa-Motoren lag bereits vor Jahrzehnten bei 65 bis 75 PS und erreichte regelmäßig Werte, die viele andere Hersteller bei ihren Modellen als das Nonplusultra der motorischen Leistungsausbeute bewarben. Bei Alfa Romeo lagen die Literleistungen stets in einem Bereich, hinter dem sich noch Jahrzehnte später Motorenbauer nicht verstecken mussten. So erreichte der Kompressor-6C1750 Gran Sport bereits 1929 beachtliche 102 PS aus 1750 ccm.

Die Rennsporttradition des Alfa-Vierzylinders ist auch der Grund, warum dieses Triebwerk ein solch dankbares Objekt für leistungssteigernde Eingriffe ist – ein Umstand, den Alfa Romeo selbst eindrucksvoll unter Beweis stellte, als der Giulietta der vor lauter Potenz kaum zu bändigende Veloce an die Seite gestellt wurde.

Die werksseitige Entwicklung der ursprünglichen Giulietta Veloce kann als eine Art Blaupause für die Leistungsoptimierung von fast jedem Alfa-Motor dienen. In der Originalversion wartete der Veloce mit zwei Weber-DCO-Vergasern mit Einzelansaugung, Fächerkrümmern, einer elektrischen Benzinpumpe, höherer Verdichtung, Schmiedekolben, vergrößerter Alu-Ölwanne sowie geänderter Hinterachsübersetzung auf.

Entsprechend dem Vorbild des Veloce umfassen die Motoreingriffe bei Alfa Romeo stets ein breites Maßnahmenbündel und sind nicht nur auf einen oder zwei Bereiche beschränkt.

Die Wirkung der Modifikationen am Veloce verdient allerdings eine genauere Betrachtung. Die fast ungezügelte Drehfreudigkeit des Motors bis in höchste Regionen wurde definitiv mit spürbar eingeschränkter Straßentauglichkeit erkauft. Das Anspringverhalten ließ sehr zu wünschen übrig. Aufgrund des mangelnden Drehmoments im unteren Drehzahlbereich geriet jeder Ampelstart für den Fahrer zu einer Art „Drag Race", denn beim Anfahren wäre der Motor bei Drehzahlen unter ca. 3000/min sehr wahrscheinlich jämmerlich abgestorben. Kurz und gut, so richtig wohl fühlte sich der Veloce nur bei Geschwindigkeiten, die im Straßenverkehr weithin illegal waren.

Womit wir bei der ersten wichtigen Feststellung wären: Jeder leistungssteigernde Eingriff geht an anderer Stelle mit einem Kompromiss einher. Bei Alfas, die zur Abgasuntersuchung (AU) vorgeführt werden müssen, führen Tuningmaßnahmen schnell dazu, dass die bei der AU einzuhaltenden Abgasgrenzwerte regelmäßig verfehlt werden. Und selbst wenn die Motoren aufgrund des Baujahres des Fahrzeugs noch nicht der AU-Pflicht unterliegen, wird deutlich höhere Motorleistung typischerweise mit Abstri-

Abb. 11-2. Ein Alfetta-Motor im Autodelta-Trimm mit Flachschieber im Ansaugtrakt. Dieser 2-Liter-Motor bringt es auf rund 200 PS.

Abb. 11-3. Ein straßentauglicher Rennwagen ist der Traum vieler Markenfans. 1991 war dieses Renncoupé beim Treffen des US-Alfa-Clubs in San Diego zu sehen.

chen bei Verbrauch, Fahrtauglichkeit im Alltagsbetrieb und Zuverlässigkeit erkauft. Nun bedeutet dies nicht, dass ein leistungsoptimierter Alfa an der nächsten Straßenecke den Geist aufgibt. Dank ihrer konstruktionsbedingten Standfestigkeit sind die Alfa-Motoren selbst bei radikalen Modifikationen für den Renneinsatz immer noch ausgesprochen standfest, aber die Zuverlässigkeit ist eben doch eingeschränkt, und allzu forsche Alfa-Fahrer schaffen es dann, den Motor zu ruinieren, wo ein Serienmotor noch problemlos weiterlaufen würde.

Im Mittelpunkt der Leistungsoptimierungen am Motor steht fast immer der Zylinderkopf. Entscheidend für die Motorleistung sind optimale Kraftstoffversorgung und ebenso optimale Abgasabfuhr, denn je besser der Motor „atmen" kann, umso mehr Leistung kann er entwickeln. Die Übergänge in den Ansaug- und Auslasskanälen werden geglättet und ihr Querschnitt soweit vergrößert, dass mehr Kraftstoff-Luft-Gemisch zugeführt werden kann. Außerdem wird durch Planen des Zylinderkopfes etwas Material an der Passfläche abgenommen und damit das Brennraumvolumen verkleinert und das Verdichtungsverhältnis erhöht. Durch spezielle Nockenwellen können die Steuerzeiten so verändert werden, dass die Ventile länger offen bleiben und damit der Motor noch besser „atmen" kann.

Technisch steht dahinter der Begriff des „volumetrischen Wirkungsgrades" respektive des Füllungsgrades. Ein Motor ist im Prinzip eine Luftpumpe. Je wirksamer er die zugeführten Luftmengen verarbeiten kann, desto mehr Leistung kann er entwickeln.

Motoren mit konstruktiv gutem Wirkungsgrad erreichen bei etwa 1,6 Litern Hubraum ein Luftansaugvolumen von rund 1,3 Litern; bei nicht so guten sind es vielleicht 0,8 bis 1,0 Liter. Dass ein Motor keinen volumetrischen Wirkungsgrad von 100% erreichen kann, liegt daran, dass verschiedene Kräfte einwirken, die dem Ansaugen der Luft entgegenwirken: die im Lufttrichter des Vergasers grundsätzlich vorhandene Drosselwirkung, die Drosselklappe, Reibungen und Turbulenzen der einströmenden Gassäule an den Wandungen des Ansaugkrümmers oder des Saugrohrs, unbeabsichtigte Drosselwirkungen durch nicht exakt fluchtende Kanäle im Ansaugtrakt

Abb. 11-4. Ein paar noch ältere Alfa-Renner. Vorne ein 1900 Corto Gara (Rennversion mit kurzem Radstand) aus der Mitte der 1950er Jahre. Hinten ein weiteres 1900 Coupé – mit Rennaufbau von Zagato. In der Mitte ist eine Giulietta Sprint Zagato (Bj. ca. 1961) mit Weber-Zweivergaseranlage zu sehen.

sowie Rückströmpulse der Gase, die durch die zyklischen Öffnungs- und Schließbewegungen der Ventile verursacht werden.

Die meisten Drosselstellen lassen sich auf die eine oder andere Weise abmildern. Die wirksamste Einzelmaßnahme zur Verbesserung des volumetrischen Wirkungsgrades ist der Einbau größerer Vergaser. Hierin liegt die Stärke der Weber-Flachstromvergaser.

Bei der mechanischen Vorbereitung eines Motors für den Renneinsatz ist es unumgänglich, ihn komplett zu zerlegen und bis ins Letzte zu überprüfen. Sorgfältiges Arbeiten und absolute Sauberkeit sind im Interesse der Standfestigkeit unabdingbar. Alle beweglichen Teile müssen auf Rissbildung kontrolliert werden, da Risse auf Überlastung schließen lassen und sich – bis zum Ausfall des kompletten Bauteils – weiter ausbreiten können.

Im Rennbetrieb haben sich die Alfa-Motoren als ausgesprochen standfest erwiesen. Angesichts der jahrzehntelangen Motorsporttradition der Marke dürfte dies auch nicht weiter überraschen. Manche Motoren müssen

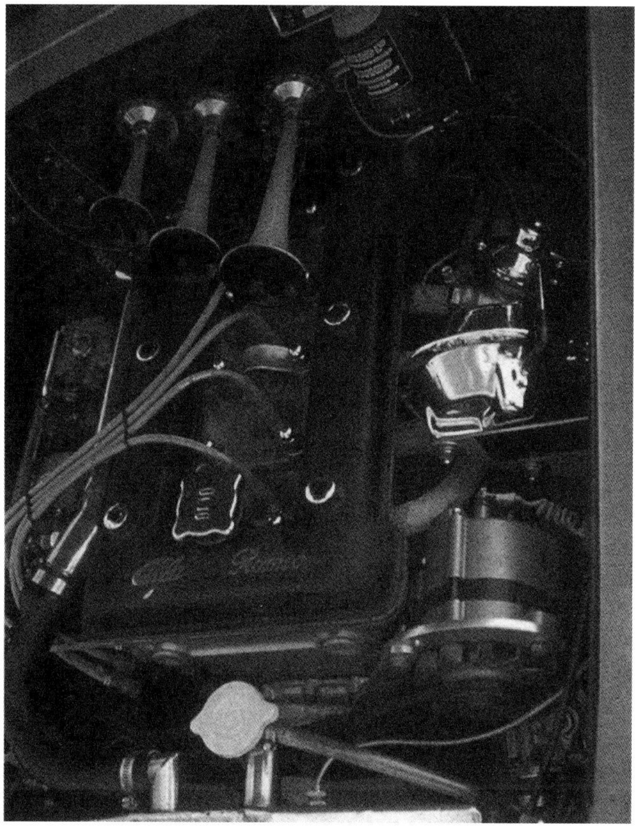

Abb. 11-5. An diesem 101 Spider sind verschiedene sinnvolle Modifikationen zu sehen. Zur Optimierung der elektrischen Anlage wurde ein Drehstromgenerator montiert. Weber-Vergaser und Fächerkrümmer sorgen für mehr Durchzug. Schick sind der polierte Bremskraftverstärker und die Druckluftfanfare.

Abb. 11-6. Der originale Giulietta-Motor in seiner zahmsten Ausführung bot reichlich Spielraum für leistungssteigernde Umbauten. Solex-Einzelvergaser stehen einem Käfer gut, beim Alfa scheint da immer etwas zu fehlen.

nach jedem zweiten Rennen generalüberholt werden, gut vorbereitete Alfa-Rennmotoren halten dagegen üblicherweise eine komplette Rennsaison – oder mehr – bei absoluter Zuverlässigkeit durch.

In bestimmten Rennwagenklassen sind keinerlei Modifikationen am Motor zulässig, also empfiehlt sich vor Motorarbeiten ein genauer Blick ins Regelwerk. Selbst in den Regeln für diese Klassen gibt es allerdings kein Verbot von besonders sorgfältiger Montage und Optimierung des Zusammenspiels der Motorteile durch Minimierung der Toleranzen, mit denen die Betriebssicherheit optimiert und dem Serientriebwerk die maximale Leistung entlockt werden kann.

1.1 Der Zylinderkopf

Der Zylinderkopf ist mehr als jedes andere Teil des Motors dafür verantwortlich, welches Leistungsniveau der Motor erreicht. Allerdings sind die Alfa-Köpfe nicht für überragende Verwindungssteifigkeit bekannt. Sie verziehen sich leicht und müssen daher bei jeder Demontage auf Verzug kontrolliert werden. Durch das Planfräsen der Dichtflächen mit dem Ziel einer Verdichtungserhöhung verringert sich diese Steifigkeit noch weiter. Für Rennmechaniker gehören ein Haarlineal und ein Satz Fühlerlehren folglich zur Standardausrüstung für die Arbeit an Alfa-Motoren. Der werksseitige Grenzwert für noch zulässigen Verzug des Kopfes beträgt 0,1 mm. Für den Renneinsatz wäre allerdings zu empfehlen, beim Planen des Kopfes bis an die Grenzen der mit der Maschine erreichbaren Genauigkeit zu gehen, also in der Größenordnung von 0,025 bis 0,05 mm.

Teil der leistungssteigernden Maßnahmen am Zylinderkopf sind üblicherweise zwei verschiedene spannende Bearbeitungsvorgänge: Planfräsen zur Erhöhung der Verdichtung und Ausschleifen bestimmter Teile des Brennraums, so dass das Volumen aller Brennräume im Zylinderkopf exakt den gleichen Inhalt aufweist (auch bekannt als „Auslitern" der Brennräume).

Dahinter steht das Bestreben, alle Arbeitstakte des Motors möglichst gleichmäßig zu gestalten. Manche Motorenbauer richten die Zündkerzen deshalb beim Einbau auch so aus, dass der Elektrodenspalt bei allen Kerzen exakt auf das Einlassventil ausgerichtet ist. Erreichen lässt sich dies durch eine Probemontage: Die Elektrodenlage wird auf dem Isolator angezeichnet und aus dem Fundus der Kerzen werden dann die Kerzen gewählt, die bei vorschriftsmäßig festem Anziehen im Kerzengewinde genau richtig ausgerichtet sind. Möglicherweise benötigen Sie hierfür aber deutlich mehr als vier oder sechs Kerzen, bis ein passender Satz zusammengestellt ist.

Der Alfa GTA war mit Doppelzündung ausgerüstet. Wer in einer Klasse startet, in der Doppelzündung zulässig ist, und unbedingt auf den ersten Platz will, für den ist der GTA-Zylinderkopf eine interessante Alternative. Aber Vorsicht: Einen aufzutreiben, ist noch schwieriger, als den verlangten Kaufpreis hinzublättern!

Für die 2-Liter-Motoren wäre der Einbau von Twin-Spark-Zylinderköpfen, wie sie Mitte der Achtziger eingeführt wurden, eine lohnende Überlegung. Die Twin-Spark-Zylinderköpfe lassen sich für die 2-Liter-Motoren passend machen.

Nockenwellen

Spezialbetriebe liefern die verschiedensten Nockenwellen. Für Vergasermotoren der Giulietta-Familie sind sogar scharfe Nockenwellen und Ventiltriebe lieferbar, die auch bei Drehzahlen bis fast 10.000/min noch recht zuverlässig laufen.

Bei den größeren Hubräumen ist wegen der größeren beweglichen Massen von derart hohen Drehzahlen abzuraten. Es gilt die Faustregel: Je größer der Hubraum, desto niedriger die zulässigen Höchstdrehzahlen.

Ausgewiesene Tuningspezialisten haben Nockenwellen für alle Lebenslagen im Angebot. Wer seinen Alfa im Straßenverkehr bewegen will, sollte die Finger von einer der so genannten „Full-Race"-Nockenwellen lassen, denn er würde sie ob ihrer mangelnden Eignung für die Last- und Drehzahlbedingungen, unter denen der Motor im Alltag laufen muss, schon bald verfluchen. Die „Schärfe" der serienmäßigen Alfa-Nockenwellen variiert übrigens enorm. Leistungssteigerungen sind so auch mit Alfa-Serienteilen möglich. Wer eine serienmäßige Giulietta mit den Nockenwellen der

Abb. 11-7. Der Motorraum dieses GT zeigt, wie es bei wirklichen Motorsportvarianten zur Sache gehen kann: spartanisch, aber auf Leistung getrimmt. Dass der Öleinfülldeckel fehlt, hat damit nichts zu tun. Es soll hier schlicht gerade Öl nachgefüllt werden. Die Bremsflüssigkeitsbehälter werden durch ein Strahlblech vor der Motorwärme geschützt.

Abb. 11-8. Kriegsbemalung: Ein 75 im vollen Rennornat.

Giulietta Veloce ausrüsten will, nähert sich damit dem Limit dessen, was an „scharfen" Nockenwellen noch für den normalen Straßenbetrieb geeignet ist. Allerdings sollten Sie das Veloce-Konzept dann auch komplett übernehmen und den Motor in all seinen Einzelbaugruppen entsprechend aufrüsten. Die Veloce-Nockenwellen für sich alleine bringen noch keinen spürbaren Leistungszuwachs. Giulia-Besitzer sollten sich für den Einsatz im normalen Straßenverkehr an die Nockenwellen der Giulia Veloce halten, für kompromisslose Leistungssteigerung dagegen an die Nockenwellen des GTA.

Beim Einbau schärferer Nockenwellen in Vergaser-Alfas müssen die Ansaug- und Auslasstrakte ebenfalls entsprechend modifiziert werden, um bessere Strömungsverhältnisse zu erreichen.

Die originalen Alfa-Veloce-Versionen waren mit 2 mm dicken Unterlegscheiben unter den Ventilfedern ausgerüstet, um die Federspannung zu erhöhen. Diesen Kniff können wir uns auch bei allen späteren Alfa-Motoren zunutze machen, um uns eine zusätzliche Sicherheitsmarge gegen Ventilflattern zu verschaffen. Montieren Sie aber nur dann Scheiben in einer Stärke von mehr als 2 mm, wenn Sie sich genau vergewissert haben, dass die Federn bei maximal geöffnetem Ventil nicht bis zum Anschlag komprimiert werden.

Besitzer von Alfas mit SPICA- oder Bosch-Einspritzanlage in der US-Version sollten die Empfehlungen zur Einstellung der Nockenwellensteuerzeiten (siehe Umbauten an der SPICA-Einspritzpumpe weiter unten) beachten oder von vornherein bei den europäischen Nockenwellenvarianten bleiben. Scharfe Nockenwellen bringen bei Einspritzmotoren im Grundsatz eher wenig. Allerdings gibt es Tüftler, die einiges Leistungspotenzial im Einbau der Nockenwellen aus den Twin-Spark-Zylinderköpfen sehen.

Alfa-Motoren gehören zu den wenigen, bei denen die Steuerzeiten sich mit wenig mehr als einem Nachmittag fleißigen Schraubens modifizieren lassen. Wer etwas mehr Leistung möchte, aber das nötige Kleingeld für einen Satz neuer Nockenwellen gerade nicht zur Hand hat, kann bereits durch eine um wenige Grad vergrößerte Ventilüberschneidung und einige Grad mehr Frühzündung (bis an den Rand der Klingelgrenze unter Volllast) spürbare Fortschritte erreichen. Solange Sie nicht permanent mit Bleifuß fahren, kann sich das Ergebnis in puncto Mehrleistung absolut sehen lassen, ohne dass dieses Leistungsplus mit drastisch verringerter Lebensdauer des Triebwerks einherginge.

Die Ventile

Ist der Alfa-Motor ohnehin gerade zerlegt, sollten die Ventilführungen auf jeden Fall erneuert werden.

Gleiches gilt auch für die Lagerschalen; jetzt sind diese Arbeiten schnell erledigt – anders als bei einem Defekt im Fahrbetrieb.

Tabelle A. Kenngrößen der Alfa-Nockenwellen (in der Reihenfolge steigender Leistung/sinkender Straßentauglichkeit)

Teile-Nr.	Anwendungsbereich	Hub (mm)	Grad Überschneidungswinkel
101-000-320-000	101 Normale	8,6	44
101-060-320-010	101 Veloce	9,0	64
105-020-320-000	Giulia	9,1	43
101-210-320-000	Giulia Veloce	9,5	59
105-020-320-001	Frühe 1750	9,5	67
105-480-320-001	2000	10,1	76
119-000-320-025	V6 (rechts)	9,0	61
119-000-320-125	V6 (links)	9,0	61

Ab der Giulia wurden bei Alfa Romeo natriumgekühlte Auslassventile verbaut, die besondere Vorsicht bei der Handhabung erfordern. Hammerschläge und Schleifen sind an natriumgefüllten Ventilen tabu. Bei dieser Ventilbauform enthält der hohle Ventilschaft eine Natriumfüllung, die die Wärmeabfuhr vom Ventilteller beschleunigen soll. Die Ventilspitze ist am Schaft aufgeschweißt, womit der hohle Schaft verschlossen wird. Kommt das Natrium mit Luft in Kontakt, kann es schlagartig verbrennen und schwere Verletzungen verursachen.

> ***ACHTUNG:*** Natriumgefüllte Ventile dürfen nur nach Herstellervorschrift entsorgt werden. Siehe Werks-Reparaturleitfaden, oder wenden Sie sich an einen Alfa-Händler.

Der Ventiltellerdurchmesser der serienmäßigen Alfa-Ventile ist zwar reichlich bemessen, doch ist der Einbau noch größerer Ventile und Ventilsitzringe durchaus möglich. Wurden die Ventilsitzringe erneuert, muss natürlich auch der Sitz der Ventile wiederhergestellt werden, die Ventile müssen neu eingeschliffen werden. Bei Rennmotoren sind Ventile und Ventilsitze mit drei Sitzwinkeln Standard. Grundsätzlich weisen die Alfa-Ventile und -Ventilsitze einen Sitzwinkel von 30° auf. Der Ventilschaftdurchmesser beträgt bei den 750er Motoren 8 mm, bei allen späteren Motoren 9 mm. Der Wechsel der Ventilführungen lässt sich zwar auch von fortgeschrittenen Hobbyschraubern bewerkstelligen, mit dem Wechsel der Ventilsitze sollten dagegen besser Fachwerkstätten beauftragt werden, die über entsprechende Erfahrung und die Spezialwerkzeuge für die Demontage und das Einpressen der Ventilsitzringe verfügen. Erste Wahl für rennsportorientiertes Tuning sind Ventile und Ventilsitzringe des Alfa GTA; wer sich die kompletten GTA-Zylinderköpfe mit Doppelzündung sichern kann, hat damit optimale Ausgangsvoraussetzungen.

Wer die Zylinderköpfe in Eigenarbeit optimieren möchte, sollte zuerst Ventile und Ventilsitzringe in einer Fachwerkstatt so abändern lassen, dass ober- und unterhalb der 30°-Sitzwinkel die Freiwinkel von 15° bzw. 45° angebracht werden. Anschließend werden die Einlassventilführungen in dem Bereich, in dem sie in den Einlasskanal ragen, konisch zulaufend angefast.

Mit der Einführung des V6-Motors erfolgte der Übergang zu Grauguss-Ventilführungen und modifizierten Ventilen; diese späteren Ausführungen können im Zuge einer Motorüberholung auch in älteren Motoren verbaut worden sein. Der Austausch der Grauguss-Ventilführungen ist wesentlich aufwändiger als bei den Bronzeführungen, da der gesamte Zylinderkopf vor dem Einbau der neuen Führungen gleichmäßig erwärmt werden muss. Die Führungen werden über Nacht im Gefrierschrank tiefgekühlt, so dass ihr Außendurchmesser geringfügig schrumpft, und dann muss der Einbau sehr schnell vonstattengehen, bevor die Führungen sich bei der Montage im aufgewärmten Zylinderkopf wieder ausdehnen. Nach dem Wechsel der Ventilführungen müssen die Ventilsitzflächen stets nachgefräst und neu eingeschliffen werden.

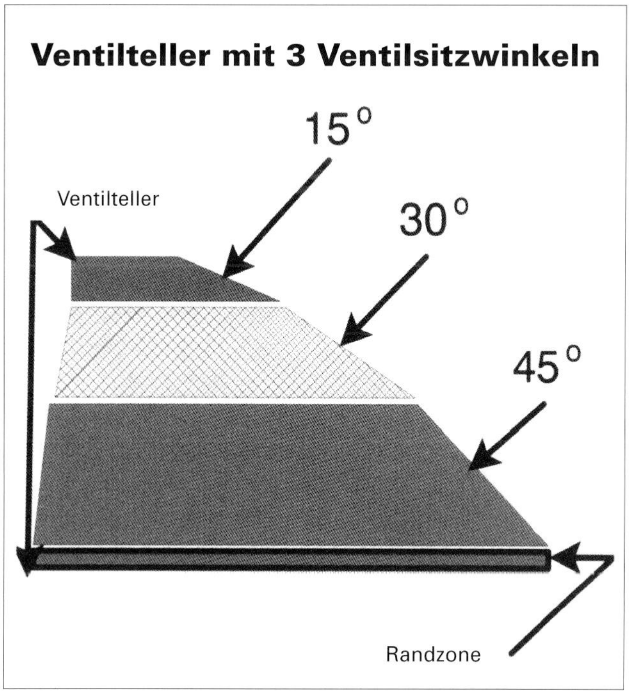

Abb. 11-9. Bei einem Ventilschliff mit drei Sitzwinkeln wird der Ventilteller so abgeändert, dass ein optimaler Kompromiss zwischen der Gasströmung um das Ventil und der Breite der Ventildichtfläche auf dem Ventilsitz (die für die Wärmeableitungsfähigkeit entscheidend ist) erreicht wird.

Für den Einbau der Ventilführungen auf die exakt richtige Tiefe war werksseitig ein mehrteiliges Spezialwerkzeug vorgesehen. Der gleiche Effekt lässt sich mit einem einfachen Treibdorn erreichen, mit dem die Ventilführungen präzise in ihren Sitz getrieben werden und mit einer Schieblehre nachgemessen wird, ob sie auf das richtige Höhenmaß eingebaut wurden. Der Treibdorn lässt sich in seinen Grundabmessungen auf einer Drehbank ohne großen Aufwand aus einem Rundstahl anfertigen. Der Pilotteil des Treibdorns muss den gleichen Durchmesser wie der Ventilschaft aufweisen und die Schulter des Treibdorns, die auf der Schulter der Ventilführung aufliegt, muss exakt waagerecht sitzen.

Strömungsoptimierung und Polieren der Kanäle

Hinter der Optimierung der Kanäle steht die Überlegung, dass der Durchmesser der serienmäßigen Einlasskanäle zu eng bemessen ist und der Motor daher nicht so „atmen" kann, wie er eigentlich müsste. Dies mag zwar auf viele Serienmotoren zutreffen, auf die Alfa-Romeo-Motoren allerdings nachweislich nicht. Sofern Ihr Alfa-Motor nicht derart tiefgreifend modifiziert wurde, dass größere Kanalquerschnitte einen wirklichen Vorteil bringen, lassen Sie besser die Finger davon.

Ziel der Bearbeitung der Einlasskanäle ist, möglichst durchgängig konstante Kanaldurchmesser herzustellen und dabei scharfe Kanten zu vermeiden. Die groben Schleifarbeiten erfolgen mit einem Rundfräser oder -schleifer, anschließend folgt die manuelle Feinbearbeitung durch Polieren der Kanalwandungen, bis eine spiegelglatte Oberfläche erreicht ist. Durch Polieren der Kanalwände soll die Oberflächenreibung zwischen der Gasströmung und den rauen Gussoberflächen verringert werden. Detaillierte Untersuchungen zeigen allerdings, dass ein besonders glatt polierter Kanal die Strömung sogar drosseln kann, denn die Oberflächenunebenheiten tragen dazu bei, dass die Strömung an den äußeren Rändern unterbrochen wird (in Form laminarer Strömung, um den Fachausdruck zu verwenden), so dass in der Mitte die Strömungsgeschwindigkeit zunimmt.

Bei den meisten Komplettüberholungen von Motoren ist eine Bearbeitung der Kanäle nicht Teil des Arbeitsumfangs, auf jeden Fall sollten aber die Kanalöffnungen zwischen Zylinderkopf und Saugrohr sowie Krümmer immer exakt aneinander angeglichen werden, um Stufen und Hindernisse für die Gasströmung zu beseitigen.

Die Konturen der Krümmerdichtung werden auf den Passflächen von Zylinderkopf und Saugrohr angezeichnet und bis an diese Konturen nachgefräst bzw. -geschliffen, so dass sich beide Kanäle exakt miteinander decken. Abschließend werden die Kanäle in Kopf und Saugrohr mit 400er Nassschleifpapier glatt verschliffen. Besonders positiv machen sich exakt fluchtende und geglättete Kanäle beim V6 bemerkbar.

In manchen Fachartikeln werden Änderungen an den Konturen des Einlasskanals im Bereich der Ventilführung empfohlen, um die Gasströmung zu verbessern. Die Strömungscharakteristik in einem Alfa-Zylinderkopf lässt sich damit möglicherweise verbessern, messbare Ergebnisse sind aber nur möglich, wenn ein Strömungsprüfstand zur Verfügung steht. Ist das nicht der Fall, wäre es nicht ratsam, über ein Polieren der Kanäle hinauszugehen. Obendrein kann es durchaus vorkommen, dass mehrere Zylinderköpfe durch zu ehrgeiziges Fräsen ruiniert werden, bevor sich eine wirklich messbare Leistungsverbesserung gegenüber dem Serienzustand einstellt. Wer die Einlasskanäle also mit einem Fräser oder Schleifer bearbeitet, sollte an die dabei bestehende Gefahr denken, dass er an der Kanalwandung in einen Wasserkanal durchbricht, womit der Zylinderkopf sich unweigerlich für die Schrottkiste qualifiziert.

Bei den meisten Rennmotoren werden die Kanäle des Saugrohrs nach den Vorgaben des Besitzers vergrößert oder umgestaltet. Wie gesagt – bei einem Alfa besteht keine unbedingte Notwendigkeit für eine derartige Kanalbearbeitung, zumal die Ansichten darüber, welche Kanalform der Alfa-Einlasskanäle optimal ist, von Tuningbetrieb zu Tuningbetrieb erheblich variieren können. Meine Empfehlung wäre daher, sich für einen bestimm-

Abb. 11-10. Oben: Mit einem Rundschleifer in der Bohrmaschine können die Kanalquerschnitte zwischen Zylinderkopf und Krümmer sehr einfach aneinander angeglichen werden. Unten: Beim Angleichen der Kanalquerschnitte ist überlegtes, bedächtiges Arbeiten Pflicht. Wer zu rabiat vorgeht, hat sehr schnell zuviel Aluminium entfernt. Der erste Schnitt muss in den Kanal hinein konisch auslaufen, damit eine gleichmäßige Gasströmung erreicht wird.

Abb. 11-11. Ein Alfa GTA vor dem Renneinsatz. Der einstellbare Schalldämpfer ist für Rennstrecken mit Auspuffgeräusch-Emissionsbegrenzungen gedacht.

ten Tuningbetrieb zu entscheiden, sich an dessen Empfehlungen zu halten und alle anderen nicht weiter zu beachten.

Abschließend ein Wort zu radikalen Tuningambitionen. Beim GTA hatte Alfa Romeo festgestellt, dass kleinere Einlasskanäle sogar Leistungsvorteile gegenüber größeren Kanälen ergaben. Mitte 1967 verringerte Alfa Romeo bei der Giulia die Querschnitte der Einlasskanäle. Die Kanäle dann einfach aufzuweiten, kann also zu Leistungseinbußen führen.

1.2 Krümmer und Schalldämpfer

Der originale Veloce-Fächerkrümmer bestand aus einem handgefertigten Rohrbündel, das auf seine Weise sicher neue Rekorde im Bereich leistungsoptimierter „Serienauspuffanlagen" für den Endkunden setzte. An den Krümmer schloss sich eine originale Abarth-Auspuffanlage an, bei der Prallbleche Fremdwörter waren und die somit eine quasi ungedrosselte Abfuhr der Abgase ermöglichte.

Die meisten noch nicht mit Abgasreinigungssystemen belasteten Auspuffanlagen (mit Ausnahme früher „normaler" Giuliettas und bestimmter Limousinenversionen) besaßen echte Fächerkrümmer, bei denen Zylinder 1 und 4 sowie Zylinder 2 und 3 zur Wirkungsgradoptimierung paarweise zusammengefasst wurden; die serienmäßige Auspuffanlage ist ein direkter Abkömmling der originalen Abarth-Anlage. Bei den Alfa-Fächerkrümmern handelt es sich – im Gegensatz zum Rohrpaket der originalen Veloce-Anlage – um Gussteile. Dies schmälert ihren guten Wirkungsgrad allerdings nicht. Aufgrund der bereits im Grundsatz gelungenen Konzeption der Serienkrümmer ist das Angebot an Nachrüsterkrümmern für Modelle vor 1975 recht überschaubar.

Abb. 11-14. Fächerkrümmer mit größeren Rohrquerschnitten, wie sie verschiedene Nachrüster anbieten, benötigen viel Platz und geben viel Wärme ab. Daher die ummantelte Bremsleitung.

Abb. 11-12. Die serienmäßigen Alfa-Krümmer weisen die Merkmale eines Fächerkrümmers auf. Zylinder 1 und 4 münden in ein Sammelrohr, Zylinder 2 und 3 in ein zweites. Dieses komplexe Gussteil neigt leider zu Rissbildung am Rohr für den 4. Zylinder.

Abb. 11-13. Diese pulverbeschichtete Fächerkrümmervariante bringt einen Leistungsgewinn, ist aber vor allem bei Motoren mit Abgasreinigung nicht überall legal.

Bei Alfas mit Abgasreinigung ist die Auspuffanlage konventioneller als bei früheren Modellen aufgebaut, weshalb Fächerkrümmer beim Einbau in Modellen nach 1975 eine spürbare Leistungsverbesserung ergeben. Dagegen bedeutet der Katalysator bereits bauartbedingt eine erhebliche Drosselung in der Auspuffanlage. Ein Ausbau ist allerdings mit dem Verlust von Betriebserlaubnis und Zulassung verbunden, so dass diese Option kein gangbarer Weg ist.

Qualitativ gute Original-Alfa-Auspuffanlagen sind zwar nicht billig, der Umstieg auf einen einfach „passenden" Universalschalldämpfer ist aber nicht unbedingt sinnvoll, da dessen Prallbleche möglicherweise nicht mit der Charakteristik des Alfa-Auslasstrakts harmonieren. Die einschlägigen Ersatzteilanbieter für Alfa-Klassiker liefern komplette Auspuffanlagen und Schalldämpfer in normalen oder Edelstahlvarianten. Zudem bieten diese Anlagen den Vorteil, dass sie bei der Hauptuntersuchung keine Probleme bereiten – im Gegensatz zu erkennbar „selbstgestrickten" Auspuffanlagen.

1.3 Luftfilter

Vor allem bei Motoren mit Weber-Gemischfabriken war es lange Zeit Mode, sie ohne Luftfilter zu betreiben. Offene Ansaugtrichter sehen an diesen Weber-Anlagen rassig aus und das subjektive Empfinden, dass Luftfilter (selbst Alfa-Originalteile) eine Drosselung im Ansaugtrakt bedeuteten und sich hier also ohne großen Aufwand zusätzliche Pferdestärken freisetzen ließen, war weit verbreitet.

Allerdings sind Sinn und Zweck eines Luftfilters in unseren dicht besiedelten und stark industrialisierten Regionen nicht von der Hand zu weisen. Luftschadstoffe in Partikelform sind allgegenwärtig und bedeuten für den Motor eine starke Belastung, da sie im Motorinneren sehr flott schmirgelnde Wirkung entfalten und zu vorzeitigem Verschleiß an Zylinderlaufflächen, Kolbenringen und Ventilführungen führen. Ein Luftfilter ist also ein unbedingtes Muss.

Das Volumen der Alfa-Luftfilter ist in Relation zu den kompakten Motorhubräumen relativ groß bemessen. Wer beim Serienluftfilter eine zu stark

Abb. 11-15. Eine Giulietta Sprint Zagato mit dem kurzen „Sebring"-Auspuff, dessen Endrohr unter der Tür sichtbar ist. Dieses ovale Leichtmetall-Megaphon ermöglichte eine Abgasabfuhr ohne Einbußen an Bodenfreiheit. Der Sound ist ohrenbetäubend.

drosselnde Wirkung vermutet, wird bei den Teilehändlern verschiedene „offenere" Zubehörfilter finden, wie sie auch in Rennmotoren in großem Umfang und mit einigem Erfolg eingesetzt wurden.

Änderungen an der Luftfilterkonstruktion der Versionen mit Bosch-Einspritzanlage (dies betrifft im Wesentlichen die Modelle ab 1981) sind nicht möglich, der Einbau von Hochleistungsfiltereinsätzen dürfte jedoch machbar sein.

Veloces und Motoren mit Einspritzung haben einen Ansaugschnorchel am Luftfilterkasten, der bis auf Höhe des Grills reicht. Er soll die Ansauganlage mit sauerstoffreicher Kaltluft versorgen. Wird dieses Ansaugrohr ausgebaut, saugt der Motor wärmere Luft aus dem Motorraum an. Die ist weniger dicht und enthält folglich weniger Sauerstoff (der mit dem Kraftstoff verbrannt werden kann) als die kühlere Umgebungsluft. Allein schon aus diesem Grund sollte der Saugseite möglichst viel Frischluft zugeführt werden. Zudem sind die Kaltluftansauganlagen der meisten Alfas relativ gut abgedichtet, was bei höheren Geschwindigkeiten sogar einen gewissen Staudruckeffekt bewirkt.

Abb. 11-16. Das Kaltluftansaugrohr. Wenn es fehlt, sollte es im Interesse der Leistungsoptimierung wieder montiert werden.

1.4 Erhöhen der Verdichtung

Der robuste Kurbeltrieb und seine Pleuel verkraften eine deutliche Anhebung des Verdichtungsverhältnisses, ohne dass die Standfestigkeit des Motors spürbar leidet. Allerdings sind der Verdichtungserhöhung durch die Kraftstoffqualität Grenzen gesetzt. Bei Verdichtungen von mehr als 10,0:1 dürfte mit jedem Tankstellenkraftstoff Klingelneigung einsetzen, sofern der Motor nicht mit einem Klopfsensor ausgerüstet ist.

Eine höhere Verdichtung kann einen spektakulären Unterschied ausmachen. Anfang der 1960er Jahre ließ einer meiner Alfa-Kollegen bei einer Giulietta den Zylinderkopf bis an den Rand der Ventilsitzringe planen und zusätzlich am Motorblock und den Laufbuchsen einiges Material abnehmen. Die Verdichtung soll bei ungefähr 14:1 gelegen haben. Der Wagen lief wie eine Rakete, weshalb meine ersten Fahreindrücke eher auf einen optimierten Veloce-Motor schließen ließen.

Umso überraschter war ich, als der Blick unter die Motorhaube einen einzelnen Solex-Vergaser 35 APAIG offenbarte.

Die serienmäßige Höhe der Giulietta- und Giulia-Zylinderköpfe beträgt 112 mm. Nach Werksspezifikationen sollte zwar eine Mindesthöhe der Zylinderköpfe von 111,50 mm nicht unterschritten werden, ein Giulietta-Kopf kann jedoch gefahrlos bis auf ca. 1,6 mm an die Ventilsitze heran geplant werden, allerdings muss der Zylinderkopf dann gleichmäßig und vorsichtig nachgezogen werden, damit ein Durchblasen der Zylinderkopfdichtung vermieden wird. Außerdem ist eine besonders sorgfältige Handhabung erforderlich, um dem Verziehen des Kopfes vorzubeugen. Wer es beim Planfräsen des Zylinderkopfes übertrieben hat, kann die Verdichtung durch Einbau einer dickeren Kopfdichtung mit Kupferummantelung, wie sie von verschiedenen Alfa-Teilhändlern angeboten wird, wieder etwas zurücknehmen.

Zur Erhöhung der Verdichtung eignen sich jedoch besser spezielle Kolben. So vermeidet man auch die Probleme mit erhöhter Verzugsempfindlichkeit des Zylinderkopfes. Höher verdichtende Kolben für fast jede nur denkbare Verdichtung werden von diversen Alfa-Teilehändlern angeboten.

Bei Alfas aus der Produktion ab Winter 1971 ist der Kolbenbolzen im Kolben desaxiert. Beim Einbau dieser Kolben ist daher besonders auf die „Vorne"- und „Hinten"-Marken auf dem Kolbenboden zu achten. Durch diese Desaxierung sollen die Unterschiede der auf die beiden Kolbenseiten einwirkenden Seitenkräfte bei rotierender Kurbelwelle etwas kompensiert und die Belastung des Kolbens bei der Richtungsänderung im OT verringert werden.

Wer eine echte Giulietta Veloce besitzt, sollte nie auf die Idee kommen, normale Giulietta-Gusskolben montieren zu wollen. Die Schmiedekolben der Veloce sind für eine höhere Verdichtung als die Giulietta-Serienkolben ausgelegt, und der Zylinderkopf der Veloce hat eine um ca. 1 mm geringere Höhe.

Verdichtungsänderungen sollten stets mit einer Anpassung der Vergaserbedüsung (fettere Einstellung) und einer steileren Zündverstellkurve einhergehen.

1.5 Der Motorblock

Die Modifikationen am Motorblock beschränken sich in der Regel darauf, durch zusätzliche Bohrungen eine direkte Ölversorgung der 2. und 4. Hauptlagerstelle herzustellen. Außerdem ist zu überprüfen, ob der Überstand der Laufbuchsen im Block dem Sollmaß entspricht, darüber hinaus sind außer einer gründlichen Reinigung des Blocks und der Entfernung etwaiger Ablagerungen im wasserführenden Bereich keine Eingriffe notwendig.

In serienmäßigen Alfas ist für jeden Zylinder eine separate Laufbuchse vorgesehen. Im GTAm 1750 wurden die Laufbuchsen zusammen gegossen, um die Steifigkeit zwischen den Zylindern etwas zu erhöhen und außerdem eine Hubraumvergrößerung auf 2 Liter zu ermöglichen. Diese „Monosleeve"-Konstruktion war sicher technischer Overkill. Nichts deutet darauf hin, dass die Serienlaufbuchsen – auch unter Rennbedingungen – zu übermäßigem Verzug neigten.

Sinnvoll ist es, zur Erhöhung der Standfestigkeit die Pleuelstangen glaszustrahlen (und eher nicht kugelstrahlen) zu lassen. Auch ein präzises Auswuchten aller beweglichen Teile macht sich durch ein Plus an Standfestigkeit bemerkbar. Die üblichen Prüfungen auf Fluchten der Kurbelwellenlagerbohrungen, Parallelität der Kurbelzapfen und Spannungsrissfreiheit sind unverzichtbar bei Motoren, die den harten Beanspruchungen im Rennbetrieb standhalten müssen.

Ein leichteres Schwungrad fördert die Drehwilligkeit des Motors bis hin zur besseren Beherrschbarkeit des Fahrzeugs bei Kurvenfahrten unter Gas im Grenzbereich der Reifenhaftung, da der Motor dann schneller auf den Tritt aufs Gaspedal reagiert. Die Erleichterungsmaßnahmen sollten nicht zu Lasten der Festigkeit gehen, sonst fliegt die Scheibe womöglich im Rennen auseinander. Das serienmäßige Schwungrad kann um knapp 3 kg erleichtert werden, die gleiche Gewichtsersparnis lässt sich allerdings mit wesentlich weniger Aufwand und deutlich größerem Sicherheitspuffer durch den Einbau eines Aluminiumschwungrades erreichen.

Von Alfa-Teilespezialisten sind Hochleistungs-Ölpumpen sowie Zusatzölkühler entwickelt worden. Eine Öltemperaturanzeige ist in einem Renn-Alfa mit ziemlicher Sicherheit sinnvoll. Steigt die Öltemperatur zu sehr an, kann mit einem der verschiedenen Zusatzölkühler versucht werden, die Betriebstemperatur zu senken. Der serienmäßige Alfa-Ölkreislauf ist an sich bereits renntauglich, Zusatzölkühler sind für Hobbyrennsportler also nicht zwangsläufig notwendig.

Auch Konstruktionen, mit denen der Ölkreislauf auf Trockensumpfschmierung umgebaut wird, sind von Alfa-Teilehändlern angeboten worden. Verschiedene Werksrennfahrzeuge wurden mit Trockensumpfschmierung betrieben, allerdings ist ein entsprechender Umbau aufgrund der Kosten und der von Haus aus guten Konstruktion des serienmäßigen Schmierkreislaufs für die meisten Anwendungsbereiche nur von bedingtem Nutzen. Bei frühen Giuliettas mit Blechölwanne ist der Einbau eines Schottblechs sinnvoll, damit die Frischölzufuhr jederzeit sichergestellt ist. Bei den Alfa-Ölwannen aus Aluguss sind bereits Schottwände und Kühlvorrichtungen in der Wannenkonstruktion integriert, aber auch hier rüsten manche Rennsportler durch den Einbau zusätzlicher Leitbleche oder Zwischenwände noch weiter auf.

Hubraumsteigerungen

In der Anfangszeit wurden die Giulietta-Motoren durch einen speziellen Umrüstsatz, der sich die auswechselbaren Laufbuchsen der Alfa-Motoren zunutze macht, gerne auf 1500 ccm vergrößert. Bei dieser Umrüstung muss der Motorblock modifiziert werden, um Platz für die Übermaßlaufbuchsen zu schaffen, und bei diesem Bearbeitungsvorgang kommt es auf absolute Präzision an.

Eine alternative Aufbohrmethode am serienmäßigen Motorblock besteht darin, dass die serienmäßigen Laufbuchsen auf knapp 1400 ccm aufgebohrt und mit Rennsportkolben bestückt werden. Dieser Umbau ist eine recht elegante Lösung, sofern die Kosten in Grenzen gehalten werden können, und auf ähnliche Weise können Giulietta- oder Giulia-Motoren sogar noch dann gerettet werden, wenn die vorhandenen Laufbuchsen oval ausgelaufen und neue Laufbuchsen nicht mehr lieferbar sind.

Sind die Laufbuchsen noch in gutem Zustand und ist nur das Höhenspiel des obersten Kolbenrings in seiner Nut im Kolben zu groß, könnte eine kompetente Werkstatt eine höhere Ringnut in den Kolben einstechen, so dass die serienmäßigen Verdichtungsringe (Höhe 1,5 mm) durch Simca-Verdichtungsringe (Höhe 2 mm) ersetzt werden können.

Serienmäßige Alfa-Laufbuchsen größerer Motoren können in kleineren Motorblöcken nicht montiert werden, sofern der Block nicht so aufgebohrt wird, dass die neuen Laufbuchsen montiert werden können, und zugleich die Höhe der Laufbuchsen verringert wird.

2. Änderungen an der Kraftstoffanlage

2.1 Weber-Vergaser

Es gibt wohl keinen Alfa-Besitzer, der, wenn er keine Weber-Vergaser in seinem Fahrzeug hat, nicht von einem „Satz Weber" träumt. Die Weber 40 DCOE-Zweivergaseranlage ist einer jener seltenen „heiligen Grale" der Automobiltechnik.

Seit Jahrzehnten dient der Name Weber-Vergaser als Synonym für sportliche Wagen aus Italien, und die Weber-DCO-Zweivergaseranlage der vielbegehrten Giulietta Veloce tat ihr Übriges, um jedem echten Alfista das unstillbare Verlangen nach Weber-Vergasern einzuimpfen. Dass die Vergaseranlage fast so groß wie der Motorblock ist, lässt fast unbegrenztes Leistungspotenzial vermuten.

Im Vergleich zu einem Solex-Einzelvergaser bedeutet eine Weber-Anlage einen Riesensprung. Wird eine Ansaugbrücke mit Weber-Zweiverga-

Abb. 11-17. Im Sechszylinder-2600 der 1960er Jahre verhalfen drei Solex-Flachstromvergaser dem Motor zu beachtlichen Leistungen, obwohl diese Motoren nicht übermäßig belastet wurden. Eine Weber-Variante sorgte für ein zusätzliches Leistungsplus.

seranlage statt des originalen Solex montiert, klingt der Motor auch bei völlig unveränderten Nockenwellen sofort ungleich potenter, wogegen dem Solex-Vergaser bei ca. 5500/min die Luft auszugehen scheint. Dass dieser Umbau einen derart großen Unterschied ausmacht, hat einen einfachen Grund: Der Lufttrichterquerschnitt der Weber-Anlage ist fast doppelt so groß wie der des Solex, und die Ansaugwege der Weber-Vergaser ermöglichen maximalen Wirkungsgrad.

Wer also einen Alfa mit Solex-Einzelvergaser sein eigen nennt, wird an einem Weber-Pärchen kaum vorbei kommen. Eine Zeitlang war dieses Ziel auch nicht schwer zu erreichen. Als die Giulias noch im Straßenbild präsent waren, mangelte es nicht an Weber-Nachschub, und auch heute fahren bestimmt noch etliche Giuliettas mit Weber-Anlage als verkappte Veloce umher.

Aus dem Blickwinkel der Alfa-Fans trugen vor allem die Einführung der SPICA-Einspritzanlage (speziell auf dem wichtigen US-Markt) und die Politik des Hauses Alfa Romeo, keine separaten Ersatzteile für die SPICA-Pumpe zu liefern, zur Verknappung des Angebots an Weber-Vergasern bei. War die SPICA-Pumpe defekt, ließ sich ein Satz gebrauchter Weber-Vergaser für ungefähr die Hälfte dessen beschaffen, was der Ersatz der SPICA-Pumpe gekostet hätte. Oft wurden Alfas von der SPICA-Einspritzanlage auf Weber-Vergaser umgerüstet, und in fast allen Fällen wurde obendrein von einer spürbaren Leistungssteigerung berichtet.

Die weitere Erfahrung zeigte freilich, dass diese Umrüstung keinen wirklichen Leistungszuwachs brachte. Die vermeintliche Mehrleistung dürfte vielmehr eher dadurch zu erklären sein, dass häufig eine mangelhaft gewartete Einspritzanlage durch absolut exakt eingestellte Weber-Vergaser ersetzt wurde.

An Vergaseralternativen mangelt es allerdings nicht. Dell'Ortos gehörten ohnehin zur Standardausstattung klassischer Alfas. Wer einen mit Benzineinspritzung ausgerüsteten reimportierten US-Alfa auf Dell'Orto-Vergaser umrüstet, vollzieht damit im Prinzip lediglich die Rückrüstung auf die Europaversion unter Verwendung von serienmäßigen Alfa-Romeo-Teilen. Wenn anstelle der SPICA-Einspritzanlage eine Vergaseranlage montiert werden soll, muss die Ölzuleitung zur Einspritzpumpe unbedingt mit einer sehr stabilen Aluminiumplatte verschlossen werden, denn ein dünneres Abdeckblech würde sich hier unter dem Öldruck verziehen und irgendwann undicht werden. US-Alfa-Teilespezialisten führen sogar eine fertig vorgebohrte Abdeckplatte im Programm und können auch die Kleinteile liefern, die an gebraucht erworbenen Vergaseranlagen möglicherweise fehlen. Außerdem ist es ratsam, die Hochdruck-Benzinpumpe in Nähe des Benzintanks durch eine Niederdruckpumpe aus dem Zubehörhandel zu ersetzen. Es bringt keinen Vorteil, die Hochdruckpumpe unnötig laufen zu lassen. Dieses teure Bauteil sollte man lieber für Einsatzzwecke aufbewahren, für die sie unbedingt benötigt werden, und außerdem kann auf diese Weise

Abb. 11-18. An dieser Giulietta Veloce wurden die Kerzen ausgebaut. Vor der Spritzwand sitzt normalerweise der Luftfilter. Der Luftweg stimmt jedoch: Von der Fahrerseite quer am Motor vorbei zu den Vergasern. Der blitzsaubere Motorraum und der Entlüfter am Öleinfülldeckel verraten, dass dieser Wagen regelmäßig im Motorsport bewegt wird. Auch der Fächerkrümmer ist gut zu erkennen.

Abb. 11-19. Dieser Tubolare Zagato – der ultimative straßentaugliche Renn-Alfa – ist mit einem extrem getunten Giulia-Motor in einem Rahmen mit hinterer Einzelradaufhängung bestückt. Der TZ zählt zu den gesuchtesten Alfas.

der andernfalls notwendige Einbau eines Druckminderventils in der Kraftstoffleitung zu den Vergasern entfallen.

Vergaser für den Rennsport

Selbst wenn Sie ein kaum bezähmbares Verlangen nach Weber-Vergasern für Ihren Alfa-Renner verspüren, so stehen dem möglicherweise die Klassenreglements entgegen. Egal ob also Solex- oder Weber-Vergaser zum Einsatz kommen – eine Änderung der Düsenbestückung zur Leistungsoptimierung ist auf jeden Fall möglich, auch wenn eine Änderung der Lufttrichtergröße möglicherweise nicht zulässig ist. Grundsätzlich wird der Vergaser für den Renneinsatz mit maximaler Anfettung knapp unterhalb der Grenze betrieben, ab der die Kerzen verrußen würden. Ein fettes Gemisch senkt die Verbrennungstemperaturen, trägt durch die unweigerlich abströmenden unverbrannten Kraftstoffanteile zur Kühlung der Auslassventile bei und erhöht grundsätzlich die Betriebszuverlässigkeit. Bei Katalysatorversionen (falls der Wagen z.B. auch auf der Straße laufen soll) würde das fette Gemisch allerdings sehr rasch zur Kernschmelze im Katalysator führen. Eine allzu magere Gemischeinstellung bedeutet andererseits Leistungsverluste und höhere Verbrennungstemperaturen.

Zudem könnte sich schnell zeigen, dass aberwitzig große Lufttrichter – womöglich in Mehrfachbestückung – gar nicht die erwartete Leistung bringen, vor allem bei Rennen auf kurzen Rennstrecken mit engen Kurven, bei denen die Motordrehzahlen in sehr niedrige Bereiche abfallen. In besonderem Maße gilt dies für den Einsatz bei Gymkhanas und anderen Geschicklichkeitswettbewerben. Große Lufttrichter machen sich nur bezahlt, wenn der Motor die meiste Zeit im obersten Drehzahlbereich laufen soll. Liegen die Drehzahlen typischerweise eher zwischen 2000 und 4000/min, ermöglichen kleinere Vergaser besseren Durchzug aus dem unteren Drehzahlbereich und eine gründlichere Gemischzerstäubung. Neuere Theorien besagen, dass mehrere kleine Lufttrichter besser als ein einziger großer sind, damit die Strömungsgeschwindigkeit des Kraftstoff-Luft-Gemischs selbst bei niedrigen Motordrehzahlen hoch gehalten werden kann.

Höhere Strömungsgeschwindigkeiten im Vergaser sorgen auf jeden Fall für besseres Ansprechverhalten beim Tritt auf das Gaspedal.

Die Solex-Vergaser von Giulietta und Giulia erfüllen ihre Aufgabe an sich sehr gut, eventuell ist aber der Ersatz durch einen Weber zulässig (im Reglement nachlesen!). Früher war der Umbau von Solex auf Weber sehr verbreitet. Besitzer von Alfas und Fiats waren sich einig darin, dass der Vergaserumbau ein klares Leistungsplus ergab.

Wenn nach dem Reglement der Umbau einer Einspritzerversion auf Vergaser für den Renneinsatz zulässig ist, ist eine Weber 40 DCOE-Zweivergaseranlage in den meisten Situationen die beste Wahl. Die serienmäßigen Lufttrichtergrößen des 40er Weber reichen von 28 mm in der Giulietta über 30 mm in der Giulia bis zu 32 mm beim 2000. Wird ein 2000 fast ständig bei Vollgas bewegt, wären auch die 45 DCOE eine Überlegung wert, eigentlich müssten jedoch die 40 DCOE mit noch etwas größerem Lufttrichter (34 mm-Version ausprobieren!) ausreichen.

2.2 Die SPICA-Einspritzanlage

Die nun folgenden Ausführungen aus der Feder von Experte Joe Benson standen schon einmal in der US-Clubzeitschrift *Alfa Owner* zu lesen. Sie betreffen nicht nur Modifikationen an der Ansaugseite und Einspritzanlage, werden hier jedoch komplett wiedergegeben, denn wer eine SPICA-Einspritzanlage optimieren möchte, benötigt auch diese Informationen. Allerdings sei vor übertriebenen Erwartungen gewarnt. Eingriffe am Raumnocken sind nicht vorgesehen. Nach Ansicht der Fachleute ist die Serienversion der SPICA-Anlage für die allermeisten Einsatzzwecke völlig ausreichend. Die folgenden Ratschläge sind eher praxisorientiert zu verstehen: Wie kann die Leistung eines Einspritzmotors mit vertretbarem Aufwand optimiert werden?

Damit ein Motor mit SPICA-Anlage eine bessere Füllung erhält, können die Lufttrichter vergrößert und größere Drosselklappen montiert werden. Bei dieser Änderung sollte die lange Zugstange so nachgestellt werden, dass die Gemischzusammensetzung erhalten bleibt. Wird die Zugstange verlängert, wird das Gemisch fetter, wird sie verkürzt, bewirkt dies eine Abmagerung des Gemischs.

Motorlüfter

Ob Sie es glauben oder nicht: Die deutlichste Leistungssteigerung lässt sich durch eine Modifikation des Motorlüfters erzielen. Dies bringt ca. 7 PS Mehrleistung bei 5000/min, ohne dass das Abgasverhalten beeinträchtigt wird. Wir bauen dazu den Lüfter von der Riemenscheibe der Wasserpumpe ab (wozu in der Regel der Kühler ausgebaut werden muss), spannen ihn in den Schraubstock ein und trennen alle Flügel mit Ausnahme von zwei einander symmetrisch gegenüberliegenden Flügeln ab. Die verbliebenen Flü-

Abb. 11-20. In Alfa-Clubveranstaltungen schlugen sich Coupés immer wieder gut. Hier ein GTV6 in scharfer Kurvenfahrt

gelstümpfe werden mit einer Feile mit grobem Hieb gleichmäßig bis auf die Nabe abgefeilt. Das Lüfterleitblech am Kühler wird zur Unterstützung der Kühlwirkung beibehalten. Neigt der Motor dann aber zum Überhitzen, montieren Sie sofort wieder einen originalen sechsflügeligen Lüfter, andernfalls drohen ein verzogener Zylinderkopf und eine durchblasende Kopfdichtung.

Zündanlage

Stellen Sie den Zündzeitpunkt bei Leerlauf auf die „P"-Marke (OT), nicht auf die später stehende „F"-Marke ein. Zur Wahrung einer gewissen Sicherheitsmarge sollte der Zündzeitpunkt auf ca. 1° Spätzündung nach OT eingestellt werden. Im Straßenbetrieb ergibt dies flotteren Durchzug und besseres Anspringverhalten sowie niedrigere Verbrauchswerte. Allerdings muss der Motor dann mit höheroktanigem Benzin betrieben werden. Super Plus ist daher empfehlenswert. Ist dann noch Klingelneigung feststellbar, sollte auf noch höheroktaniges Benzin umgestellt oder der Zündzeitpunkt weiter in Richtung der „F"-Marke verstellt werden, andernfalls kann es zu einem Loch im Kolben kommen. Dies gilt vor allem für den Rennbetrieb bei anhaltendem Vollgasbetrieb und hohen Dauerdrehzahlen.

Als Allround-Zündkerzen haben sich bei mir bei allen Alfas mit Einspritzmotor die Champion N6Y hervorragend bewährt. Einigen Alfas konnte ich ihren unrunden Leerlauf allein schon durch die Umstellung auf N6Y-Kerzen abgewöhnen. Wichtig ist auch, die gesamte Zündanlage stets in tadellosem Zustand zu halten. Achten Sie vor allem auf einwandfreien mechanischen Kontakt der Kabelklemmen in der Verteilerkappe und an den Zündkerzen, auf festen Sitz der Kerzenstecker und auf Sauberkeit, insbesondere auf der Innen- und Außenseite des Verteilerdeckels.

Steuerzeiteneinstellung

Für die wirklich exakte Einstellung der Nockenwellensteuerzeiten benötigen wir eine Messuhr zur Messung des Ventilhubs, da diese aber in vielen Schraubergaragen nicht vorhanden sein dürfte, sei nachstehend eine einfachere, aber wirksame Methode für die Steuerzeiteneinstellung beschrieben. Zuerst sollen die Begriffe der Verstellung in Richtung „früh" und „spät" genauer erläutert werden. Wenn wir vor dem Fahrzeug stehen, rotieren Kurbelwelle und Nockenwellen normalerweise im Uhrzeigersinn. Wird die Einlass- oder Auslassnockenwelle in Richtung „früh" verstellt, wird sie gegenüber ihrer normalen Einstellung weiter im Uhrzeigersinn verstellt. Bei der Verstellung in Richtung „spät" wird sie gegenüber ihrer normalen Einstellung entgegen dem Uhrzeigersinn gedreht. Siehe Abb. 11-21.

Zur Leistungsoptimierung wird die Ventilüberschneidung vergrößert, indem die Einlassnockenwelle in Richtung „früh" und die Auslassnockenwelle in Richtung „spät" verstellt wird. Betrachten wir den Motor wieder von vorne, bedeutet dies, dass die Einlassnockenwelle gegenüber der serienmäßigen Einstellmarkierung im Uhrzeigersinn weitergedreht und die Auslassnockenwelle entgegen den Uhrzeigersinn zurückgedreht wird (Tabelle B).

ACHTUNG: Bei der Einstellung der Steuerzeiten sollten unbedingt Lappen unter die Nockenwellenräder gelegt werden, damit herunterfallende Einzelteile aufgefangen werden und nicht ins Motorinnere gelangen können. Nach Abschluss der Arbeiten werden die Lappen entfernt und vor dem erstmaligen Anlassen wird der Motor (durch Schieben des Fahrzeuges bei eingelegtem Gang) langsam durchgedreht und dabei kontrolliert, dass Kolben und Ventile in keiner Stellung kollidieren.

Wenn wir die Einstellmarken überprüfen, müssten beide Nockenwellen bei diesem Einstellvorgang gewissermaßen in Richtung der Mittelachse des Motors nach innen gedreht worden sein. Jedes Einstellloch auf dem Einstellrad entspricht einer Drehung der Nockenwelle um 1,5° bzw. ungefähr der halben Breite der Nockenwellen-Einstellmarken. Bei einer Verstellung um fünf Löcher müsste sich die Nockenwellen-Einstellmarke um ca. 3,2 mm oder 7,5° von der Serien-Einstellmarke auf dem Nockenwellenla-

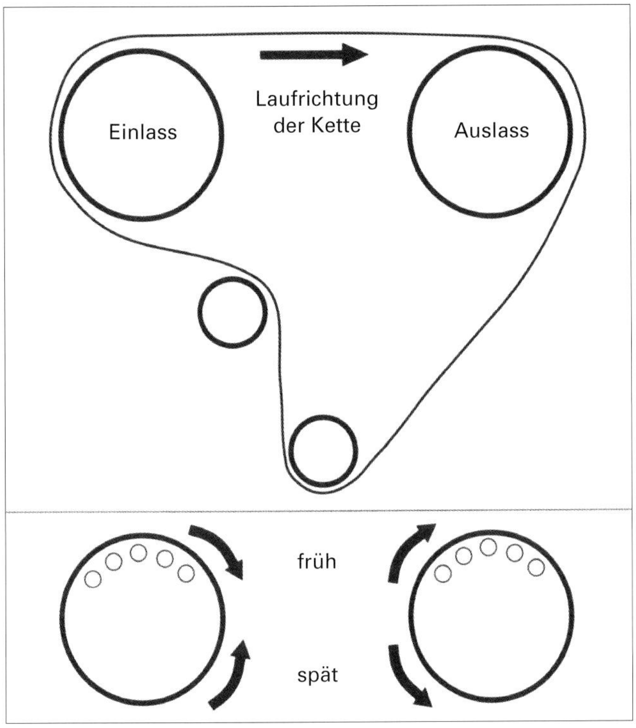

Abb. 11-21. Verstellung der Nockenwellensteuerzeiten in Richtung „früh" und „spät"

gerbock wegbewegt haben. Liegen die Einstellmarken weiter auseinander, ist irgendwo ein Fehler unterlaufen – dann müssen wir die Prozedur nochmals durchexerzieren.

Wahl der Nockenwellen

Bevor Sie sich einen Satz „scharfe" Nockenwellen für Ihren Alfa leisten, sollten Sie zuerst die oben beschriebenen Modifikationen ausprobieren. Vor allem der 2000 kommt mit den zahmen Seriennockenwellen sehr gut zurecht und erreicht dabei Verbrauchswerte, die anderen, als Verbrauchswunder beworbenen Modellen gut zu Gesicht stünden. Für die Leistungshungrigen nachstehend aber einige Fingerzeige.

Für die Einspritzmodelle des 1750/2000 sind drei Nockenwellenausführungen geeignet: die US-Seriennockenwelle des 1750 (Teile-Nr. 105020320001), die US-Seriennockenwelle des 2000 (Teile-Nr. 105200320000) und die Europaversion der Nockenwelle des 2000 (Teile-Nr. 105480320001). Die Europaversion ist die schärfste Nockenwelle für Einspritzerversionen. Sie ist bei den Einspritzmotoren deshalb so wirkungsvoll, weil bei ihr die relativ kurze Öffnungsdauer der 1750er Nockenwelle mit größerem Hub kombiniert ist. Mit dieser Nockenwelle ist eine deutlich bessere Beschleunigung in den Gängen möglich und der Motor kann im fünften Gang bis an die Belastungsgrenze ausgedreht werden. Daneben führen verschiedene US-Anbieter zusätzliche scharfe Nockenwellen für die Modelle mit SPICA-Einspritzung im Programm. Zu geringeren Kosten lässt sich der 2000er Motor mit der Nockenwelle des 1750 aufpeppen. Diese Eingriffe funktionieren in beiden Richtungen; es wäre durchaus denkbar, dass der Besitzer eines 1750, der auf besonders günstigen Verbrauch Wert legt, seine Nockenwellen mit dem Besitzer eines 2000 tauscht, der mit dem Porsche 911 seines Nachbarn mithalten möchte.

Die Sportnockenwelle des alten 1600 Veloce ist für Alfas mit SPICA-Einspritzung nicht wirklich geeignet. Die lange Öffnungsdauer dieser Ausführung verträgt sich ganz offensichtlich nicht mit der serienmäßigen Einstellung der Einspritzanlage, was insgesamt einen Leistungsverlust zur Folge hat.

Modifikationen an der SPICA-Einspritzpumpe

Die eingehendere Beschäftigung mit dem Innenleben der Einspritzpumpe zeigt, dass ihre Funktionsweise sich für gewisse weitere leistungssteigernde Eingriffe anbietet, soweit derartige Eingriffe gemäß Reglement zulässig sind. Optimierte Kraftstoffzufuhr in getunten Motoren ist bei der SPICA-Anlage auf mehrerlei Weise zu erreichen:

- Überfettung der Anreicherungseinstellung im Kaltstartmagneten
- Einbau eines Raumnockens aus einer anderen Einspritzpumpe
- Verlängerung der langen Zugstange, so dass die Drosselklappeninformationen, die an die Pumpe übertragen werden, nicht mehr den Kalibrierwerten entsprechen
- Neueinstellung des Pumpengestänges, so dass ein Nocken mit höherem Kraftstoffdurchsatz simuliert wird

Die erstgenannte Möglichkeit wird am häufigsten praktiziert, ist allerdings am ungünstigsten. Die Überfettung liefert die erforderliche Fördermenge bei höheren Drehzahlen, im mittleren Bereich läuft der Motor allerdings ungünstiger, und im Leerlauf neigen die Zündkerzen zum Feuchtwerden. Auch besteht die Gefahr, dass das Motoröl verdünnt und der Schmierfilm von den Zylinderwandungen abgewaschen wird.

Die zweite Möglichkeit ist besser geeignet, bringt allerdings nur bedingt Vorteile, da der am besten leistungsoptimierte Raumnocken sich in der Serienpumpe von 1974 fand. Auf diese Feststellung kam ich, nachdem ich mithilfe einer Messuhr die Bewegung des Pumpengestänges ermittelt hatte, das die Stellung der Regelstange für die Gemischanreicherung im Pumpenteil bestimmt. Die Gestängestellung wurde alle 5° Rotationsweg des Pumpen-Betätigungshebels an den Kraftstoff-(Raum-)Nockenquerschnitten für den niedrigen, mittleren und oberen Drehzahlbereich aufgezeichnet.

Tabelle B. Änderung der Nockenwellensteuerzeiten an US-Modellen mit SPICA-Einspritzanlage

Modell	Betrag und Richtung		Ergebnis
	Einlass	Auslass	
1750	+1	-1	Leistungsplus
2000 bis 1974	+4	0	Serieneinstellung 1750
2000 (1974)	+5	-1	Leistungsplus
2000 (1975)	+4	-4	Serieneinstellung 1750
Alfetta	+5	-5	Leistungsplus
Die Zahlenangaben beziehen sich auf die Zahl der Löcher im Einstellrad, um die die Nockenwelle gegenüber der Serieneinstellung verdreht werden sollte. + = Verstellung in Richtung „früh", - = Verstellung in Richtung „spät", 0 = Einstellung unverändert			

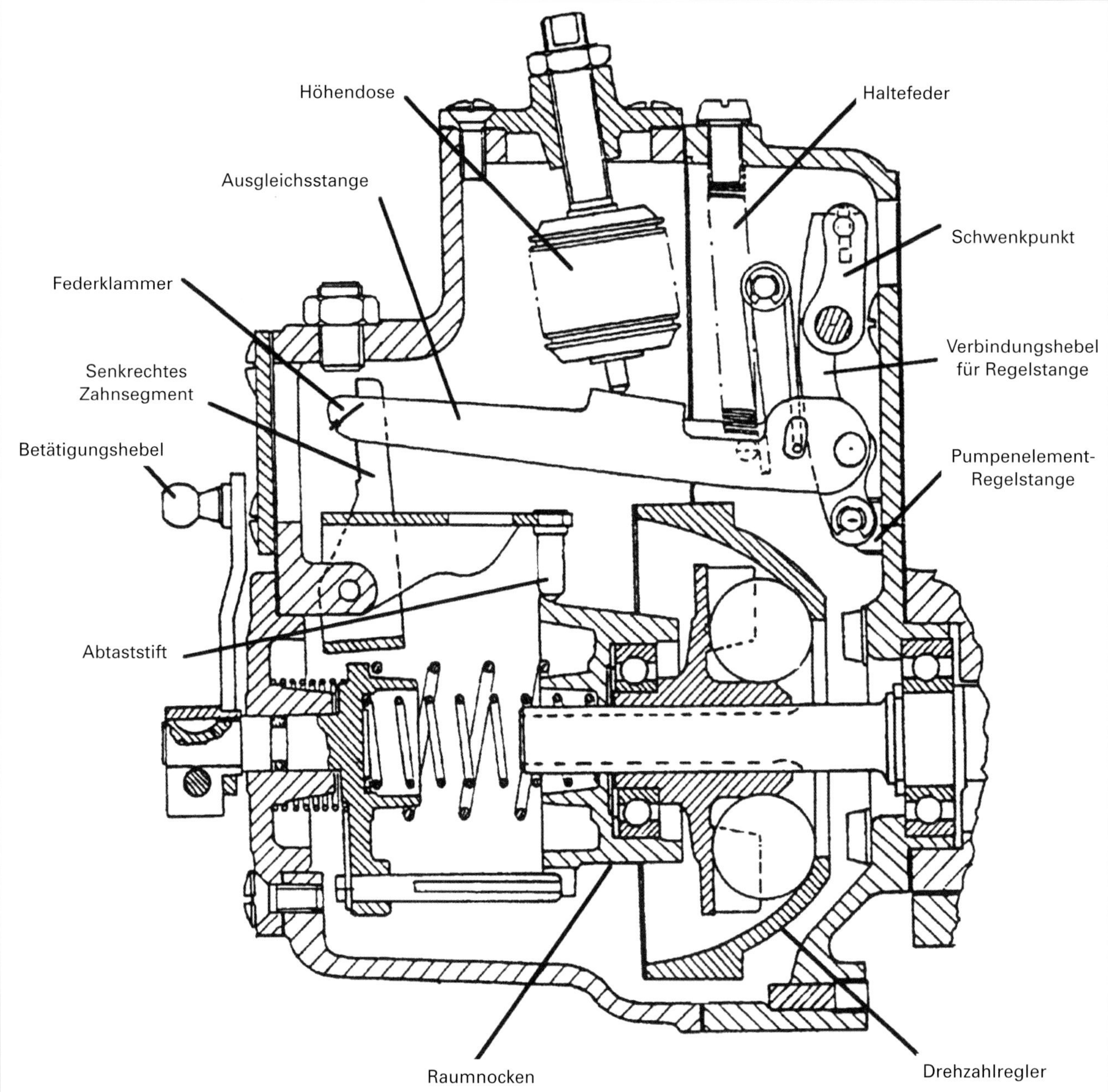

Abb. 11-22. Die inneren Bauteile im Steuerteil der SPICA-Einspritzpumpe.

Ich habe die Pumpen der Baujahre 1969, 1974 und 1976 überprüft. Aus den Kennlinien geht hervor, dass der Nocken von 1974 eine um ca. 14% höhere Fördermenge im oberen Drehzahlbereich bei Vollgasstellung erlaubt als der Nocken von 1976, während in den übrigen Drehzahlbereichen weitgehend ähnliche Werte erreicht werden.

Mit Ausnahme des Pumpenmodells 1969 sind alle Pumpen glücklicherweise untereinander austauschbar.

Die Einstellung der langen Zugstange habe ich in die obige Liste der Modifikationen nur deshalb aufgenommen, weil dies eine etwas einfachere Möglichkeit bietet, um die Kraftstoffmenge zu erhöhen, ohne Eingriffe an anderen Baugruppen vornehmen zu müssen. Falls dies an Ihrem Alfa nicht die gewünschten Ergebnisse bringt, ist es problemlos möglich, die ursprüngliche Einstellung der Zugstange wiederherzustellen. Wird die lange Zugstange verlängert, erhält die Pumpe das Signal, dass die Drosselklappen weiter geöffnet seien, als es eigentlich der Fall ist. Anders ausgedrückt, der Raumnocken wird geringfügig in Richtung einer fetteren Einstellung verstellt. Damit stimmt die Anreicherungskennlinie nicht mehr mit dem eigentlichen Anreicherungsbedarf des Motors überein, und wenn die Zugstange zu weit verlängert wird, geht möglicherweise die Kraftstoffabschaltfunktion verloren, denn der Stellarm erreicht den Kraftstoffabschaltpunkt auf dem Nocken überhaupt nicht mehr.

Bei der anderen Methode – dem Wechsel der Höhendose – werden der Pumpe ebenfalls abweichende Informationen mitgeteilt, die Kraftstoffkennlinie deckt sich jedoch weiterhin mit dem der Serieneinstellung entsprechenden Kraftstoffbedarf des Motors. Wurden allerdings leistungssteigernde Eingriffe am Motor vorgenommen, ändert sich ohnehin der Kraftstoffbedarf gegenüber der Grundeinstellung der Pumpe, so dass eine entsprechende Neueinstellung einen Versuch wert ist. Auf jeden Fall ist aber methodisches Vorgehen – und die Verwendung eines Strahlungsthermometers, um den Motor vor dem Hitzetod zu bewahren – sinnvoll.

Der letzte oben aufgeführte Eingriff – die Neueinstellung des internen Pumpengestänges – ist die wirklich elegante Lösung – gewissermaßen der Abruf zusätzlicher PS auf Bestellung. An mehreren Punkten im Pumpeninneren kann durch die Neuanordnung der Drehpunkte oder eine Änderung der Länge bestimmter Verbindungsstangen die Fördercharakteristik verändert werden, allerdings muss dazu die Pumpe komplett zerlegt und bestimmte Teile mit Präzisionsmaschinen nachbearbeitet werden, und etwaige Fehler machen sich hinterher potenziert bemerkbar.

Die zweckmäßigste Lösung besteht in relativ einfachen Eingriffen an der Einstellung außen an der Pumpe, mit denen vor allem die Fördermenge im oberen Drehzahlbereich beeinflusst wird. Der Trick ist derart einfach, dass er fast schon zu nahe liegt: Der Faltenbalg der Höhendose (Barometerdose) wird so verstellt, dass das Einspritzventil denkt, dass das Fahrzeug sich auf niedrigerer Meereshöhe befindet (falls das Fahrzeug mit einem Katalysator ausgerüstet ist, muss dieser allerdings ausgebaut werden).

Gemäß der vorgeschriebenen Höheneinstellung auf Meereshöhe muss sich der Drahtstift bei allen Pumpen nach 1969 (wenn man durch die hintere Wartungsöffnung blickt) in der siebten Raste vom oberen Ende des senkrechten Zahnsegments eingerastet sein.

Zunächst beobachten wir die Funktion dieses senkrechten Zahnsegments – vor allem, wie es sich um seinen Drehpunkt vor- und zurückbewegt und wie bei der Drehbewegung nach hinten die waagerechte Ausgleichsstange und der Drahtbügel bei jedem Pumpensignal, das eine Gemischanfettung verlangt, nach hinten gezogen werden.

Nun betrachten wir den längeren Hub des Ausgleichshebels, der sich ergibt, wenn der Drahtbügel in der obersten Raste des Zahnsegments eingerastet ist. Ein bestimmter Raumnocken kann nur einen bestimmten maximalen Drehweg des Zahnsegments ermöglichen, wenn der Drahtbügel aber am Hebel in einer höheren Stellung eingehängt wird, ergibt sich ein längerer Hebelarm und damit ein längerer Weg der Pumpenelement-Regelstange – und somit wird der Kraftstoffdurchsatz erhöht.

Das Zahnsegment kann auch als eine Art variabler mechanischer Verstärker betrachtet werden, da er einen kleinen Anstieg im Profil des Kraftstoffnockens in eine größere Bewegung der Anreicherungs- oder Pumpenelement-Regelstange umsetzt. Durch unsere Modifikation wird bei dieser Umsetzung einfach der Verstärkungseffekt vergrößert.

Abschließend einige Hinweise zur Neukalibrierung und Endeinstellung der Pumpe:

- Die Höhendose wird so eingestellt, dass der Drahtbügel in der obersten oder zweitobersten Raste des Zahnsegments eingerastet ist. Zur Kontrolle der Einstellung wird mit der Pumpe manuell ein Zyklus durchlaufen, bei dem normalerweise eine automatische Höhenkorrektur erfolgt.
- Die äußere Anschlagschraube direkt über dem senkrechten Zahnsegment muss eventuell nachgestellt werden, damit der gegabelte Arm der Ausgleichsstange sich nicht von der Spitze des senkrechten Segments wegbewegen kann. Der Arm darf aber keinesfalls verbogen werden.
- Der Temperaturausgleichshebel der älteren Pumpen kann bei den neueren Pumpen direkt umgebaut werden und ermöglicht es bei richtiger Einstellung, die Kraftstoffkennlinie schnell von außen einzustellen.
- Die optimale Stellung von Kraftstoffnocken und Zahnsegmentraste muss für den jeweiligen Anwendungsfall durch eine Kombination aus Intuition und Versuchen ermittelt werden. Eine Analyse des Zündkerzenbildes, ein CO-Messgerät sowie eine Prüfzündkerze wären nützliche Hilfen.
- Eine weitergehende Gemischanfettung lässt sich durch ein längeres senkrechtes Zahnsegment erreichen. Hierzu benötigen wir allerdings einen hilfsbereiten Mechaniker, und die Pumpe muss zerlegt werden.
- Wer die nötige Fantasie mitbringt, könnte die Fördermenge der Einspritzpumpe bei Turboversionen sicher so modifizieren, dass sie auf den Ladedruck anspricht.
- Alle anderen Gestänge- und Hebeleinstellungen sowie Spaltmaße an der Einspritzanlage sollten im Interesse optimaler Leistung im Serienzustand belassen werden.
- Wird der Temperaturausgleichshebel verstellt, um die Kraftstoffkennlinie zu verändern, muss das Gemisch neu eingestellt werden, um optimale Ergebnisse zu erzielen.
- Die Höhendose arbeitet weiter entsprechend dem Luftdruck sowie der Höhe, seien Sie also nicht überrascht, wenn sich die Einstellungen geringfügig verändern.

2.3 Die elektronische Bosch-Einspritzanlage

Um die Bosch-Einspritzanlage besser zu verstehen, betrachten wir zuerst die Formen der Gemischaufbereitung, die in den Alfas verbaut wurden: Vergaser, die mechanische SPICA-Einspritzanlage und die elektronische Bosch-Jetronic-Einspritzung.

In einem Vergaser werden die Betriebsbedingungen des Motors nur passiv überwacht, und es wird lediglich der Luftstrom durch den Lufttrichter herangezogen, um den Kraftstoffbedarf zu ermitteln (die Startvorrichtung und die Beschleunigerpumpe sind nur geringfügig weniger passive Ausnahmen). Da der Vergaser also passiv funktioniert, ist ein kompliziertes Geflecht von Kanalsystemen für die richtige Kraftstoffdosierung notwendig. Der Wechsel von einem System zum nächsten ist einzig und allein von der Dynamik der Flüssigkeitsströmung abhängig. Ein Vergaser bietet unter anderem deshalb keinen optimalen Wirkungsgrad, weil er den Motorbedarf nur sehr ungenau erfassen kann, teilweise aber auch deshalb, weil nur eine eingeschränkt genaue Kraftstoffdosierung möglich ist, wenn der Vergaseraufbau möglichst einfach bleiben soll.

Informationsverarbeitung im Vergaser

Input	Verarbeitung	Output
Luftströmung Drosselklappen-bewegung (Beschleunigerpumpe) Motortemperatur (Startvorrichtung)	keine	Kraftstoff-Luft-Gemisch

In der SPICA-Einspritzanlage werden mehrere Motorparameter unabhängig voneinander gemessen. Die Messwerte werden in die lineare Bewegung einer Regelstange in der Einspritzpumpe umgesetzt. Diese Regelstange bestimmt die Menge des in den Motor eingespritzten Kraftstoffs. Der SPICA-Steuerteil ist komplett mechanisch aufgebaut. Als Eingangsgrößen in der SPICA-Anlage werden der Luftdruck (Höhendose), die Kühlmitteltemperatur (Regelthermostat), die Motordrehzahl (Regler im Steuerteil), das Betätigen des Anlassers (Kaltstartmagnet) und die Umgebungstemperatur (Jahreszeitenhebel oben auf der Einspritzpumpe) verarbeitet.

Informationsverarbeitung in der SPICA-Einspritzpumpe

Input	Verarbeitung	Output
Drosselklappenstellung Motortemperatur Motordrehzahl Luftdruck Temperaturbereich Anlasser betätigt	mechanisch	Kraftstoffzufuhr zu den Einspritzdüsen

Wie bei der SPICA-Einspritzanlage werden auch bei der elektronischen Bosch-Einspritzanlage (EFI) mehrere Motorparameter gemessen. Statt mechanischer Sensoren und Logikteile liefern hier elektrische Sensoren die Signale an ein Steuergerät, das sie weiterverarbeitet. Das Steuergerät verarbeitet die Informationen und erzeugt einen Impuls zu den einzelnen Einspritzventilen, wodurch der Kraftstoff unter Druck in das Saugrohr eingespritzt wird.

Informationsverarbeitung in der Bosch-Einspritzanlage

Input	Verarbeitung	Output
Batteriespannung Umgebungslufttemperatur Drosselklappenstellung Motordrehzahl Motorkühlmitteltemperatur Anlassersignal Ansaugluftströmung Sauerstoffgehalt der Abgase	Elektronisches Steuergerät (ECU)	Öffnen und Schließen der Einspritzventile; Leistung der Kraftstoffpumpe

Aus diesen drei Tabellen geht hervor, dass die elektronische Einspritzanlage wesentlich mehr Eingangsgrößen zu den Betriebsbedingungen des Motors erfasst. Da die Informationen elektronisch verarbeitet werden, brauchen Massenträgheit oder Reibung im Steuerteil nicht berücksichtigt zu werden. Durch die Überwachung des Sauerstoffgehalts der Abgase kann das System die Gemischzusammensetzung eigenständig korrigieren.

Für die Störungssuche in der Anlage sowie als Notfallmodus im Pannenfall sind Diagnose- und Fehlermodusroutinen vorhanden.

Abb. 11-23. Auch das geht: Der GTV hat einen 725 PS starken US-V8 unter der Haube. Gesehen beim Drag Racing in Bitburg.

Dass wir es mit einer elektronischen Anlage zu tun haben, darf uns nicht irritieren. Die grundsätzliche Aufgabe (die Kraftstoffzufuhr) ist immer noch die gleiche wie bei einem Vergaser. Gewisse Kenntnisse können wir bei Diagnosearbeiten also auch hier nutzen. Treten die Störungen nur bei kaltem Motor auf, sind eindeutig die Sensoren und die Magnetventile verdächtig, die anstelle des Chokes den Motorlauf bei kaltem Motor ermöglichen. Tritt das Problem bei hohen Drehzahlen auf, fällt der Verdacht auf den Volllastschalter.

Das Steuergerät ist klein, aber teuer. Es gerät schnell in Verdacht, defekt zu sein. Sofern nicht irgendwelche Speicherchips durch unvorsichtiges Hantieren mit Messgeräten und Anschlüssen gekillt wurden, lebt aber auch solch ein Steuergerät genauso lange wie die besseren Geräte der Unterhaltungselektronik. Da die Stecker verpolungssicher gestaltet sind, ist es auch schwierig, sie falsch anzuschließen. Also entspannen Sie sich erst einmal. Am Steuergerät muss es nicht gleich liegen.

Laien können jedoch nicht mehr ausrichten, als die Eingangs- und Ausgangsgrößen des Steuergeräts zu prüfen. Die meisten Steuergeräte sind so aufgebaut, dass sie sich an mehrere verschiedene Motoren anpassen lassen. Die Einstellung des Steuergeräts auf ein bestimmtes Modell erfolgt über einen programmierbaren ROM-Chip (PROM), der ausgewechselt werden kann. Durch die Neuprogrammierung dieses PROM lässt sich die Kraftstoffförder-Charakteristik des Systems verändern. Der Inhalt der PROMs ist für jeden zugänglich, der Erfahrung im „Brennen" von Chips hat, so dass mithilfe des PROM die Kraftstoffförder-Kennlinie durchaus individuell einprogrammiert werden kann. Neuprogrammierte PROMs gibt es für zahlreiche Steuergeräte.

Die Lambdasonde sorgt bei der Bosch-Anlage für die Einstellung des richtigen Kraftstoff-Luft-Gemischs über ein sehr breites Spektrum der Motorbetriebsparameter, so dass die serienmäßige Bosch-Anlage auch in Turbomotoren eingesetzt werden kann. Da die Fördermenge in der Bosch-Anlage teilweise vom Förderdruck abhängig ist, kann das Kraftstoff-Luft-Gemisch insgesamt durch Erhöhung des Kraftstoffdrucks in der Anlage fetter einreguliert werden, sofern die Lambdasonde deaktiviert wird. Dies ist nur eine Behelfslösung, kann für bestimmte Sonderfälle jedoch ausreichen.

Durchschnittliche Alfa-Besitzer können an der Bosch-Einspritzanlage allerdings ähnlich viele Wartungsarbeiten selbst erledigen wie am heimischen Computer. Also nicht viel mehr, als alle Stecker auf richtigen Sitz zu kontrollieren und defekte Bauteile auf Verdacht durch nachgewiesenermaßen intakte Teile ersetzen.

2.4 Turbolader/Aufladung

Die Beziehung zwischen Alfa Romeo und der Ladertechnik reicht bis in die frühen 1920er Jahre zurück, als Konstrukteur Merosi das Grand-Prix-Modell P1 mit Kompressor entwarf. In den sportlichsten Versionen der von Vittorio Jano konstruierten Pkw-Modelle gehörten Roots-Kompressoren lange zum Serienumfang.

Im Prinzip handelt es sich bei einem Kompressor um eine mechanische Pumpe, die dem Motor mehr brennbares Gemisch zuführt, als er aus eigener Kraft ansaugen könnte. Durch den Lader wird also das Hubvolumen des Motors künstlich erhöht, indem sein volumetrischer Wirkungsgrad zwangsweise auf mehr als 100% angehoben wird. Nachteil dieser Aufladung ist,

Abb. 11-24. Ein Turbomotor in einer Nuova Giulietta. Mit 175 PS gegenüber 130 PS der Saugmotorversion ist der Leistungszuwachs phänomenal.

Abb. 11-25. Den GTA gab es mit Turboaufladung. Die beiden Lader wurden mit Öl betrieben und nicht über den Abgasdruck. Dies ergab einen gleichmäßigeren Ladedruck. Das große Ansaugplenum nimmt auch die Weber-Vergaser auf.

Abb. 11-27. Der Motorraum des Junior Zagato von Jim Ashton. Der Turbo sitzt am Auspuffkrümmer, sein Auslass findet vor dem Motor Platz.

dass die für den Antrieb des Laders notwendige Energie unmittelbar von der Motorleistung abgezogen werden muss. Ein aufgeladener Motor erreicht also eine höhere Leistung als ein reiner Saugmotor, aber nicht so viel, wie theoretisch möglich wäre.

Aufgrund hoher Kosten wurde Ladertechnik im Pkw-Bereich nur in begrenztem Umfang eingesetzt, speziell bei Ottomotoren aus jenen Baujahren, die uns in diesem Buch interessieren. Es gibt Kompressoren nach dem Roots-Prinzip für Alfas, und es sind auch schon solche aus dem Fiat Volumex passend gemacht worden.

Turbolader nutzen die Energie, die in den heißen Motorabgasen steckt. Ursprünglich kamen Turbolader in Flugzeugen zum Einbau, um den geringeren Sauerstoffgehalt in größeren Flughöhen zu kompensieren. Im Turbolader stehen Turbinenschaufeln aus hochfesten Werkstoffen in der Strömung der Abgase; sie dienen zum Antrieb eines ähnlich aufgebauten turbinenähnlichen Verdichters zur Aufladung der Ansaugseite des Motors. Die Turbine rotiert mit Drehzahlen von bis zu 100.000/min und hält sogar Abgastemperaturen aus, bei denen weniger standfeste Metalle im Handumdrehen schmelzen würden. Daneben bietet der Turbolader den Vorteil, dass er nur einen geringen Teil der Motorleistung abzweigt, da er im Gegensatz zum Kompressor nicht mechanisch über die Kurbelwelle des Motors angetrieben werden muss.

Der wesentliche Nachteil des Turboladers steckte lange Zeit in seiner Turbinencharakteristik: Die Turbinenschaufeln benötigen eine gewisse Anlaufzeit, bis sie auf die Drehzahlen kommen, bei denen sie ihre Verdichterwirkung entfalten können.

Abb. 11-26. Bei Rennen an der US-Westküste gehörte der Junior Zagato von Jim Ashton mit Jafco-Turbolader lange Jahre zu den Stammgästen.

Dieses Phänomen ist als „Turboloch" bekannt, es bezeichnet die Zeitspanne zwischen dem Tritt aufs Gaspedal und dem Einsetzen der Turbowirkung im Ansaugtrakt. Ideal waren die Turbolader bei diesem Entwicklungsstand noch nicht für Motoren, die mit ständig wechselnden Drehzahlen betrieben werden.

Mitte der 1980er Jahre fanden Alfas mit Turbolader vor allem in den USA immer größere Verbreitung. Die drei wichtigsten Anbieter von Turboladern waren John Shankle und Gary Fortner (Jafco) an der Westküste und Callaway an der Ostküste der USA. Callaway kam durch seine Biturbos für Corvetten zu einigem Ruhm. Diese Turbos waren recht wartungsfreundlich und konnten das gefürchtete Turboloch mehr oder weniger gut überbrücken. Der Ladedruck im Ansaugtrakt betrug 0,42 bis 0,84 bar. Bei der Fortner-Anlage wurde die SPICA-Einspritzanlage beibehalten, die Shankle-Version lief mit einer Weber-DCOE-Anlage.

Ich habe die Turboversionen von Shankle und Fortner selbst bewegt. Der Leistungszuwachs beider Versionen war mehr als nur beindruckend, und trotzdem waren sie noch ausreichend elastisch für den Alltagsbetrieb. Das Fortner-Modell lief mit einem Ladedruck von ca. 0,5 bar und entwickelte rund 150 PS aus dem 2-Liter-Motor.

Der GTV Turbo von John Shankle arbeitete mit 0,84 bar Ladedruck und war für ungefähr 200 PS gut. John Shankle hatte damit eine echte Rakete entwickelt, die über die vielen tausend Kilometer, die der Konstrukteur mit dieser Turboversion zurücklegte, tadellos zuverlässig lief – ein weiteres Zeugnis für die solide Grundkonzeption des Alfa-Motors. Die höheren Ladedrücke erforderten allerdings eine deutliche Umstellung in der Fahrweise. Bei niedrigen Drehzahlen starb der Motor unweigerlich ab, wenn man die Drosselklappe zu rasch öffnete. Zum Anfahren war also langsames, gleichmäßiges Streicheln des Gaspedals notwendig. Rollte der GTV aber erst einmal, entwickelte er eine Leistungsfülle, die alles in den Schatten stellte, was ich bei Alfas jemals erlebt habe.

Zur Vorbeugung gegen Frühzündungen sind die meisten Turbos zusätzlich mit Wassereinspritzung ausgerüstet.

In den USA lieferte Jim Steck bei Autocomponents eine moderne Turboladerversion mit Ladeluftkühler und elektronischer Einspritzanlage, auch in der Ausführung für die europäischen 1,8-Liter-Turbos des Alfa 75. Diskussionen mit den Turbo-Experten ergaben, dass die Abstimmung der richtigen Turboladergröße für einen individuellen Umbau eine ausgesprochen schwierige Sache ist, die umfangreiche Versuche erfordert. Ein Streitpunkt ist die richtige Anordnung des Turbos im Motorraum. Ist die Einlass- oder die Auslassseite besser? Die Größenverhältnisse zwischen den beiden Turbinen sind ein entscheidender Faktor. Zudem muss eine Methode entwickelt werden, wie das aufgeladene Kraftstoff-Luft-Gemisch dem Motor zugeführt werden kann. Und wenn der Turboumbau wirklich gut funktioniert, ist schnell der Punkt erreicht, an dem eine geänderte Antriebsübersetzung unumgänglich ist, um die Vorteile des Turbos voll nutzen zu können.

Es ist gar nicht so schwierig, eine Turboanlage zusammenzustellen, mit der der Motor beim ersten Vollgasschub brachiale Leistung entfaltet. Ich würde davon allerdings abraten, sofern Sie sich nicht einen vom Fachmann entwickelten Umrüstsatz sichern können, beispielsweise auf Basis des Turboladers des Alfa 75.

Abschließend sei noch an den GTA-SA erinnert, ein Rennmodell mit Doppelturbo auf Basis des GTA Coupé. Die beiden Lader wurden jedoch nicht durch die Abgase angetrieben, sondern mittels Öldrucks durch eine Taumelscheibenpumpe mit variablem Volumen. Zur Senkung der Verbrennungstemperaturen wurde auf Wassereinspritzung zurückgegriffen. Dieses Modell startete in der Gruppe 5.

3. Getriebe/Differenzial

Abgesehen vom Rückgriff auf die wenigen alternativen Antriebsübersetzungen, die für Alfas zur Verfügung stehen, gibt es nur wenige Möglichkeiten zur Optimierung von Getriebe oder Hinterachse für den Rennsport. Enger abgestufte Getrieberädersätze stehen bei verschiedenen Anbietern im Lieferprogramm. Für die meisten Renneinsätze genügen die Serienübersetzungen.

Der Widerstand des Schmieröls im Getriebe kann durch die Verwendung von SAE40-Motoröl verringert werden. Falls Sie angesichts dieser niedrigeren Viskosität unruhig werden, sorgen eine Dose STP-Ölzusatz und/oder eine Tube MoS_2-Zusatz für Sicherheit.

Von dünnerem Öl in der Hinterachse ist abzuraten. Für Rennzwecke dürfte sogar SAE140 am geeignetsten sein. Im Montreal kam eine serienmäßige Giulia-Hinterachse mit zusätzlicher Ölwanne und dickeren Achswellen zum Einbau. Die Nachrüstung einer Alfa-Hinterachse mit einer Montreal-Ölwanne scheint mir seit jeher die Ideallösung für den Renneinsatz zu sein.

4. Felgen/Reifen

Im Amateurrennsport sind unterschiedliche Felgen-/Reifen-Kombinationen zulässig, solange die neue Bereifung annähernd der Serienbereifung entspricht. Aufgrund dieser Wahlmöglichkeiten kursieren allerdings die wildesten Gerüchte über besonders leistungsfördernde Felgen-/Reifen-Kombinationen.

Abb. 11-28. Am 8. Juli 1970 holten sich die Alfa GTA beim Lauf zur italienischen Meisterschaft in Magione die ersten fünf Plätze. Hier ein GTA Junior 1300.

Abb. 11-29. Derek Bell 1982 auf dem Weg zum 1. Platz in Donington Park. Hier sehen wir Kurventechnik im Grenzbereich – das kurveninnere Vorderrad verliert bereits die Bodenhaftung.

Solange das Reglement dem nicht im Wege steht, sind breitere Reifen besser – außer bei Regen oder Schnee (dort sind schmalere Reifen im Vorteil). Bei manchen Alfa-Modellen setzt die Form der hinteren Radläufe der maximal möglichen Reifengröße auf der Hinterachse Grenzen.

Hier empfiehlt sich also sorgfältiges Messen. Und denken Sie daran, dass sich die Reifen im Verlauf des Rennens in den Radkästen ganz hübsch auf- und abbewegen.

Reifen machen unstrittig den entscheidenden Unterschied aus. Die im Rennsport erzielbaren Geschwindigkeiten sind in allererster Linie von der Reifentechnologie abhängig, und kein anderes Bauteil rund ums Auto hat zu den steigenden Höchstgeschwindigkeiten der Rennwagen so entscheidend beigetragen wie die Bereifung. Natürlich wissen die Reifenhersteller, welche ihrer Produkte besonders gut sind, und dementsprechend teuer sind diese dann auch. Gerade bei Autoreifen stehen Kosten und Leistungspotenzial in direktem Verhältnis zueinander.

Und wer angesichts der Werbesprüche unsicher ist, der achte darauf, worauf die Siegerfahrzeuge ihre Runden drehen.

Häufig werden Reifen mit etwa halber Restprofiltiefe eingesetzt. Die Profiltiefe bei Neureifen ist zu groß, so dass das Profil seitlich ausweichen kann, und dieser Effekt steht der im Rennsport angestrebten Lenkpräzision im Wege. Ganz besonders Ehrgeizige lassen ihre Neureifen beim Reifenspezialisten auf ca. 50 Prozent Restprofiltiefe abfräsen. Letzten Endes verschwenden Sie damit aber ungefähr die halbe Lebensdauer der gerade erst teuer bezahlten Reifen. Ist die Gummimischung so weich, dass sie einen guten Rennreifen abgibt, wird sie unter den Belastungen im Renneinsatz ohnehin nicht lange halten.

Nehmen wir nun an, wir haben ein Testwochenende auf der Rennstrecke vor uns. Der erste Tag geht unter anderem für Vergasereinstellversuche drauf. Der zweite Tag ist der Suche nach den optimalen Reifendrücken gewidmet. Bei einem richtig eingestellten Rennwagen können sich Änderungen der Reifendrücke in einer Änderung der Rundenzeiten im Sekundenbereich bemerkbar machen. Die Werksangaben sollte man also nicht für das allerletzte Wort halten.

Gehen Sie ruhig davon aus, dass Sie viel Zeit für die Suche nach dem passenden Reifendruck benötigen, mit dem die kürzesten Rundenzeiten möglich sind.

Abb. 11-30. Ernsthafter Rennsport ohne Überrollbügel, Helm und Sicherheitsgurte ist nicht denkbar. Diese Giulietta war bei einem Rundstreckenrennen an einem Clubwochenende des US-Alfa-Clubs im Einsatz.

5. Das Fahrwerk

Eine Giulietta der Baureihen 750 oder 101 oder eine Giulia darf nie mit beschädigten oder fehlenden vorderen Fangseilen betrieben werden. Auch die Hinterachs-Fangbänder an den Starrachsen-Alfas müssen montiert sein, wenn Sie Ihren Rennsport sicher betreiben wollen.

Da die meisten Rennen auf relativ glatten Pisten stattfinden, gilt – sofern es das Regelwerk zulässt – die Regel: „Je tiefer, desto besser": Eine einfache Methode zur Tieferlegung der Giuliettas besteht in der Verkürzung der Fangseile und der Fangbänder. Damit bleibt die originale Federkennung erhalten. Wer mit etwas steiferen Federn leben kann, kann auch eine Windung von der serienmäßigen Schraubenfeder abtrennen.

Im Rennsport ist ein Querstabilisator, der steifer als die Serienversion ist, grundsätzlich empfehlenswert. Ein Blick auf die Fahrwerke der Wettbewerber ist nicht verboten, manch einer würde es aber sicher nicht gerne sehen, wenn Sie seine Stabilisatoren mit der Schieblehre ausmessen wollen.

Bei der Giulia und bei späteren Modellen mit dem Fahrwerk des Baumusters 105 kann ein verstellbarer oberer Tragarm montiert werden, der eine einfache Möglichkeit der Sturzveränderung bietet. Derartige Tragarme lassen sich selbst anfertigen oder können über Anbieter von Alfa-Tuningteilen bezogen werden.

Abb. 11-31. Dieser Alfa wartet auf die weitere Optimierung seiner Hinterradaufhängung.

Der Anlenkpunkt des Längslenkers am Hinterachsrohr ist am Fahrwerk der Modelle 750 und 101 ein Schwachpunkt. Für den Renneinsatz wird dieser Befestigungspunkt durch Einschweißen von Blechen zu einem Kasten versteift. Das vordere Blech muss natürlich kürzer als das hintere ausfallen, damit Platz für den Längslenker bleibt.

Bei Rennfahrzeugen ist die regelmäßige Kontrolle aller Gummibuchsen an den Befestigungspunkten der Vorder- und Hinterachse besonders wichtig. Diese Buchsen können ausreißen oder sich verformen, wodurch das Handling im Grenzbereich leidet; für den wirklich ernsthaften Renneinsatz empfiehlt es sich, sie durch Hochleistungsteile zu ersetzen.

Die Vorderradaufhängung der 105er Modelle kann nach Einbau eines verstellbaren oberen Querlenker-Tragarms nachjustiert werden – ein Umbau, der auch bei im normalen Straßenverkehr bewegten Alfas sehr beliebt ist. Auch der obere Längslenker kann verlängert werden, so dass sich der Nachlaufwinkel vergrößern lässt, allerdings ist der mögliche Verstellweg begrenzt, da andernfalls irgendwann der obere Querlenker mit dem Ausschnitt im Karosserieblech kollidiert.

Bei Alfettas hat sich der Einbau von Domstreben bewährt.

Oftmals wird für den Rennsport die Hinterachse der Starrachsversionen dahingehend modifiziert, dass das Wankzentrum tiefer gelegt wird, was eine bessere Hinterachstraktion ermöglicht. Beim GTA wurde dieser Umbau

Abb. 11-32. Beliebt ist der Einbau eines Panhardstabs zur besseren Führung der Hinterachse. Dieser Panhardstab erfüllt die Funktion, die bei Werksrennwagen von einer Gleitsteinkonstruktion übernommen wurde.

mithilfe einer Gleitsteinkonstruktion zwischen Karosserie und Fahrwerk erreicht. Ungefähr den gleichen Effekt hat der Einbau eines Panhardstabs. Dieser sollte am einen Achsende mit einem Gelenk in Nähe der Bremsankerplatte oder der Schraubenfederaufnahme befestigt werden, am anderen Ende mit einem Gelenk an der Karosserie. Durch die damit entstehende zusätzliche Strebe verlagert sich das Wankzentrum zu einem Punkt unterhalb des Serienniveaus.

Stoßdämpfer

Dass härtere Stoßdämpfer bessere Traktion bewirken oder die Wankneigung der Karosserie in Kurven verringern, ist ein Gerücht. Der Stoßdämpfer reguliert, wie schnell die Karosserie nach dem Überfahren eines Schlaglochs wieder in ihre Ruhelage zurückkehrt oder wie die Radaufhängung auf eine Fahrbahnunebenheit anspricht. Die Wankneigung der Karosserie ist das Ergebnis der Federkennung und der Fahrwerksgeometrie, die Traktion ergibt sich aus Radgröße und Fahrwerksgeometrie. Sind die Stoßdämpfer derart ausgelutscht, dass die Räder wie Fußbälle über die Fahrbahn dribbeln, sind Traktion oder Handling natürlich spürbar beeinträchtigt.

Kurz gesagt, selbst ein serienmäßiger Alfa liegt hervorragend auf der Straße. Auch auf Rennpisten schneidet ein Serien-Alfa sicher gut ab, für den ersten Platz wird es aber nicht reichen. Die notwendige Erfahrung für Rennsiege lässt sich nur im Renneinsatz erwerben. Verkürzen lässt sich diese Lernphase in der Renntechnik durch die Teilnahme an einem Fahrerlehrgang. Mechanisch sind nur sehr wenige Eingriffe notwendig, um einen Alfa rennfertig vorzubereiten.

Viele der Modifikationen sollen eher ein Plus an Sicherheit und Zuverlässigkeit als echte Mehrleistung bewirken, wichtig sind diese Modifikationen aber dennoch.

6. Fahrgestell

Viele ehrgeizige Motorsportler verwenden viel Zeit auf die Versteifung des Fahrgestells für den Renneinsatz. Der allgemeine Konsens lautet, dass das Coupé-Fahrgestell bessere Steifigkeit als das des Spider bietet, nicht nur aufgrund der Dachparte, die eine zusätzliche Versteifung bewirkt, sondern auch aufgrund des etwas robusteren Vorderwagens.

Als erster Schritt zur Versteifung des Fahrgestells werden alle Bleche durchgehend miteinander verschweißt. In der Serienfertigung kam hier das Punktschweißverfahren zum Einsatz. Durch die beim Renneinsatz auftretenden Biege- und Verwindungskräfte bilden sich Spannungsspitzen entlang der Bleche, da die Spannungsbelastungen sich nicht gleichmäßig verteilen. Eine durchgehende Schweißnaht entlang der Blechnähte bewirkt eine gleichmäßige Verteilung der auftretenden Spannungen, die beim Schweißen freigesetzte Wärme kann allerdings auch zum Verziehen des Fahrgestells führen. Beim Nahtschweißen sollten daher die Karosseriepassungen und -fluchtungen ständig überwacht werden.

Besonders hoch belastete Bereiche wie die Befestigungspunkte der Fahrwerkskomponenten können durch das Einschweißen zusätzlicher Stützbleche an den Befestigungspunkten versteift werden. Knotenbleche sind überall dort, wo sie sich einschweißen lassen, auf jeden Fall zweckmäßig.

Modelle des Baumusters 105 neigen zu Rissbildung im Bereich der vorderen Rahmenversteifung. Zusätzliche Versteifungsbleche an Übergängen sowie im Bereich der Fahrwerksaufnahmen schaffen hier Besserung.

Es ist aber zu betonen, dass die obigen Fahrgestellmodifikationen außer bei Alfas im reinrassigen Renntrimm bereits handwerklichen Overkill bedeuten. Unter normalen Bedingungen ist das serienmäßige Chassis eines Alfa Romeo sehr robust und durchaus für den gelegentlichen Renneinsatz geeignet.

Abb.11-33. Ein Leckerbissen auf Giulietta-Basis: Der SZ ist die Zagato-Interpretation eines Sportcoupés.

ALFA ROMEO
MILANO

ANHANG

Anhang: Werkzeuge

Werkzeuge

Anmerkung des Verfassers: Mein besonderer Dank gilt Tom Tompkins, der dieses Kapitel verfasst hat. Seine Kenntnis der Alfa-Spezialwerkzeuge und seine Begeisterung für die Marke Alfa Romeo sind unerreicht.

Teil des Vergnügens, einen Alfa – vor allem einen klassischen Alfa – zu besitzen, ist, an ihm auch schrauben zu können. Unverzichtbar ist hierfür eine gewisse Grundausstattung an Werkzeugen.

Auf jeden Fall benötigen wir die üblichen Handwerkzeuge: Gabel- und Ringschlüssel in den Schlüsselweiten (SW) von 7 bis ca. 25 mm, ferner einen Steckschlüsselsatz einschließlich Zündkerzenschlüssel sowie Innensechskantschlüssel (Inbusschlüssel), insbesondere einem SW14-Inbusschlüssel für die Schrauben des Ventildeckels, sowie das übliche Sortiment an Schraubendrehern und Zangen. Bevor Sie nun immense Summen in nagelneues Werkzeug investieren, bedenken Sie bitte, dass Sie bei Alfa-Schraubenköpfen und -Muttern vor allem die Schlüsselweiten 8, 13, 14, 17 und 19 mm benötigen und die übrigen Größen nur selten zum Einsatz kommen.

Als Ausnahmen sind Steckschlüsseleinsätze der Größen SW27 für die Ölablassschraube und SW36 für die Kurbelwellenriemenscheibe zu nennen, die bei den US-Versionen der 2-Liter-Alfas (Baumuster 105/115) demontiert werden muss, wenn der Zahnriemen für die SPICA-Einspritzpumpe getauscht werden soll.

Neben den üblichen Werkzeugen sollten außerdem ein Fühlerlehrensatz und ein Mikrometer für die Ventileinstellung, ein Drehmomentschlüssel, ein gutes und präzises Volt-Ohm-Vielfachmessgerät sowie ein lichtstarkes Stroboskop für die Einstellung des Zündzeitpunkts vorhanden sein.

Viele Alfa-Eigner besitzen die gängigen Reparaturanleitungen und manche die offiziellen Alfa-Werkstatthandbücher und -Reparaturleitfäden. In diesen Alfa-Werkstatthandbüchern und auch an einigen Stellen in den Verlags-Reparaturanleitungen wird auf Spezialwerkzeuge verwiesen, die für bestimmte Arbeiten unverzichtbar sind. Die Do-it-yourself-Bücher basieren auf den Werksunterlagen, weshalb die inhaltlichen Parallelen unübersehbar sind. Die Werks-Reparaturleitfäden wurden allerdings für Alfa-Mechaniker in einer bestens ausgestatteten Alfa-Vertragswerkstatt verfasst, so dass die Verweise auf die Spezialwerkzeuge kein Problem darstellen dürften. Die Verlags-Anleitungen sollen dagegen dazu dienen, dem Alfa-Do-it-yourselfer den Rückgriff auf Spezialwerkzeug möglichst zu ersparen.

Viele Mechanikkomponenten an unseren Alfas sind ausgesprochen robust, manche Reparaturen, die eigentlich Spezialwerkzeuge erfordern, können also auch ohne sie ausgeführt werden. Zudem werden bestimmte Reparaturen, etwa Zylinderkopfinstandsetzungen, ohnehin komplett an Fachwerkstätten vergeben, weshalb der Privatmann auch ohne die entsprechenden Spezialwerkzeuge auskommt.

Manchmal werden Sie aber nicht umhin kommen, bestimmte Spezialwerkzeuge anzuschaffen, die von der Entwicklungsabteilung eigens für genau das Bauteil entwickelt wurden, an dem Sie bauen müssen. Die Alfa-Spezialwerkzeuge lassen sich in folgende Kategorien einteilen:

Praktische und nützliche Werkzeuge

Es ist angenehm, wenn man diese Werkzeuge besitzt, denn sie beschleunigen die Arbeit und beeindrucken Schrauberkollegen, aber es geht auch ohne sie. Zu den Werkzeugen in dieser Kategorie zählt unter anderem die Hilfsvorrichtung, mit der das DeDion-Dreieck bei Arbeiten an der Hinterachse in seiner abgekippten Position gehalten wird.

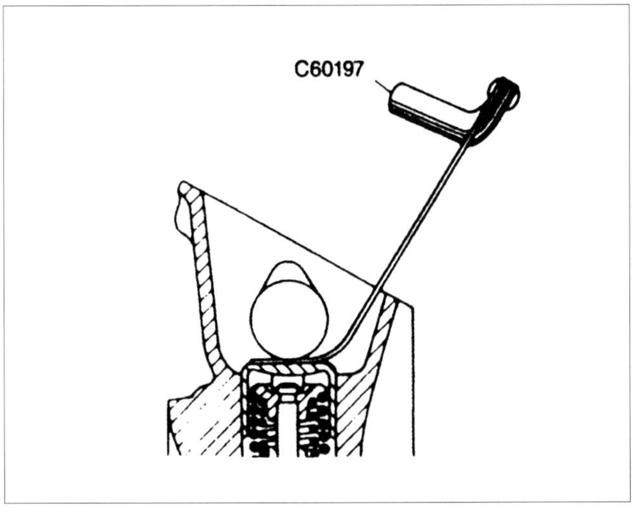

C60197: Eine gebogene metrische Fühlerlehre wird es im Werkzeughandel so kaum geben. Bei der Messung des Einlassventilspiels an einem V6-Motor kommen Sie aber mit einer geraden Fühlerlehre nicht weiter.

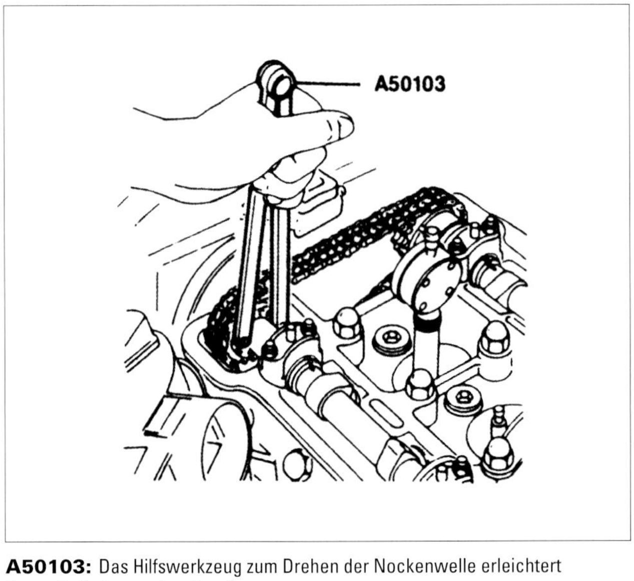

A50103: Das Hilfswerkzeug zum Drehen der Nockenwelle erleichtert Kontrollarbeiten an den Ventilen.

Die meisten Hobbyschrauber stellen ihre Ventile selbst ein. Bei Alfa gibt es hierfür ein exotisches Werkzeug mit Messuhr, aber ein Mikrometer und ein Fühlerlehrensatz genügen vollauf. Das Alfa-Werkzeug A50103 zum Drehen der Nockenwelle ist ein sehr empfehlenswertes „praktisches" Werkzeug, denn damit kann auf den Einsatz von Gripzangen verzichtet werden, die Spuren an der Nockenwelle hinterlassen und Späne produzieren, die ins Motorinnere gelangen könnten.

Nicht minder praktisch ist der Schlüssel A50213 für die 10-mm-Verteilerbefestigungsschraube. Dank seines langen Schafts und des T-Griffs sind Einstellen und Festziehen des Verteilers damit ein Spaziergang.

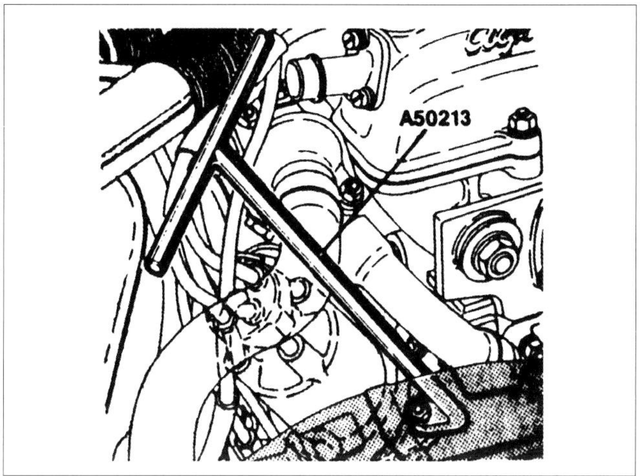

A50213: Mit dem SW10-Verteilerschlüssel lässt sich diese anderweitig nicht leicht erreichbare Befestigungsmutter gut erreichen. Auch ein SW10-Hahnenfußschlüssel funktioniert.

Unbedingt notwendige Werkzeuge

Diese Werkzeuge lassen sich nicht durch Schraubendreher oder Hammer ersetzen oder auf einfache Weise aus Altmetall zusammenbasteln. Darunter fallen zahlreiche Druckstücke und Treibdorne für Lager und Dichtringe. Ähnliche Werkzeuge anderer Fabrikate könnten sich mit geringen Änderungen passend machen lassen, aber ohne einen tauglichen Ersatz für das Originalwerkzeug lässt sich die Arbeit nicht erledigen.

A20451: Nichts ist lästiger als ein Zylinderkopf, der sich nicht lösen lassen will. Das Spezialwerkzeug wird in ein Zündkerzenloch eingeschraubt und stützt sich beim Anziehen auf den Stehbolzen ab.

Bei manchen unverzichtbaren Werkzeugen ist ein Eigenbau aber erstaunlich einfach. Besonders nützlich ist das Alfa-Werkzeug A20451 für Zylinderköpfe, die sich nicht vom Block lösen lassen wollen. Dieses Werkzeug ist bei Alfa Romeo und etlichen Teilehändlern nach wie vor lieferbar. Ein findiger Hobbyschrauber entfernt die Isolatoren von zwei alten Zündkerzen, lötet Schrauben in die Kerzenhülsen hart ein und verwendet diese dann in Verbindung mit einem Flaschenzug, um den Zylinderkopf anzuheben.

Nicht mehr ab Werk lieferbar ist ein weiteres wichtiges Werkzeug: der Spezialschlüssel zum Lösen der unteren Befestigungsschrauben der Weber-Vergaser an der Giulietta Veloce. Mit einem stark gekröpften SW14-Ringschlüssel funktioniert es nach etwas Probieren auch (kontrollieren Sie zuvor, ob dort nicht bereits jemand 13er Muttern montiert hat). Damit der Schlüssel beim Abwinkeln nicht bricht, erhitzen Sie ihn beim Biegevorgang mit einem Brenner.

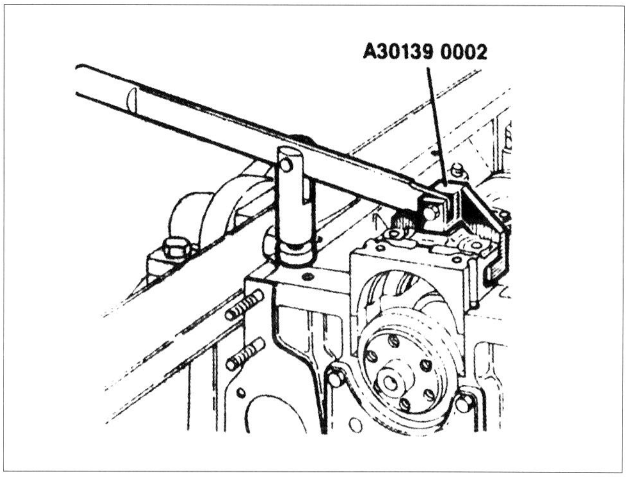

A30139-002: Der Ausbau des hinteren Hauptlagerdeckels der Vierzylindermotoren ist fast unmöglich, ohne dass Schrammen zurückbleiben. Dieses Werkzeug wird in Ausschnitte auf beiden Seiten des Lagerdeckels eingesetzt und an einem Abzieherarm befestigt.

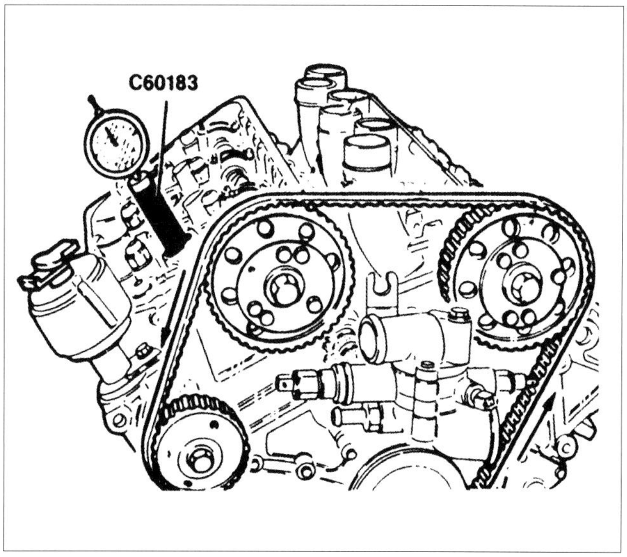

C60183: Dieser Messuhradapter wird bei der Suche des oberen Totpunktes (OT) am V6 benötigt.

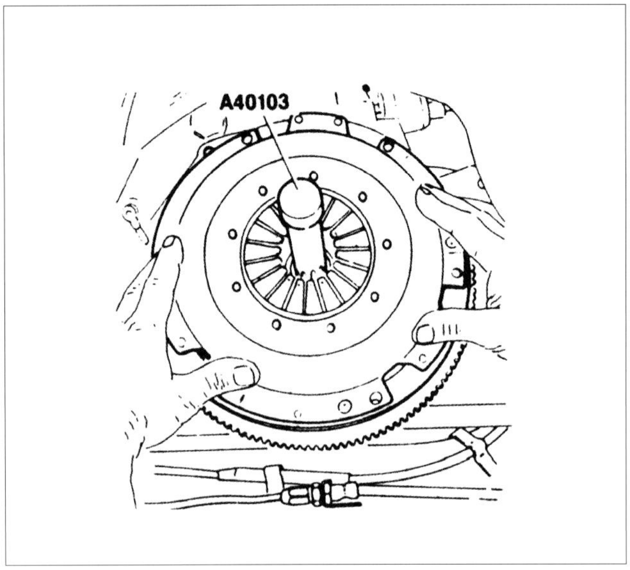

A40103: Der Zentrierdorn für die Kupplungsscheibe.

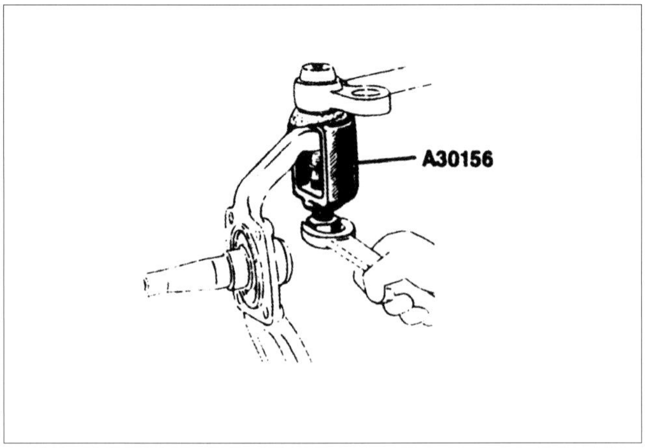

A30156: Der Abzieher für das obere Kugelgelenk und die Spurstangenköpfe. Dieses Werkzeug besteht aus gehärtetem Stahl. Eine Eigenkonstruktion wird wohl nicht stabil genug sein. Im Notfall hilft ein Hebelabzieher.

Für Wagemutige, die Hauptlager und Laufbuchsen wechseln und dazu den Motor komplett zerlegen wollen, gibt es mehrere Alfa-Spezialwerkzeuge, die die Arbeit erleichtern. Mit etwas mehr Zeit, Sorgfalt und Aufwand können diese Arbeiten aber auch ohne Spezialwerkzeuge erledigt werden.

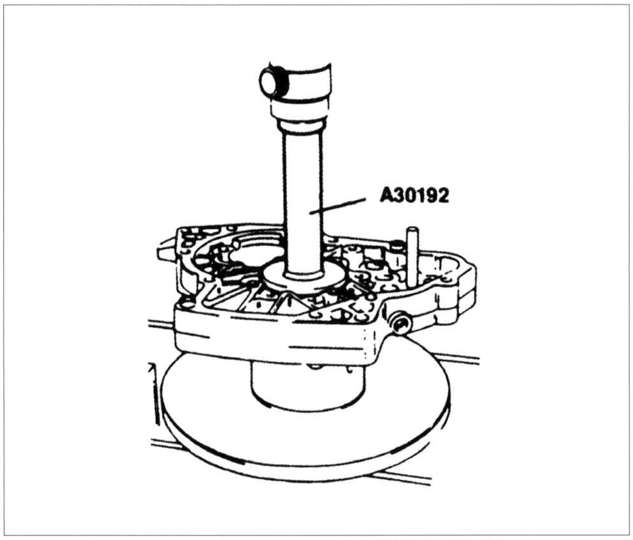

A30192: Dieser Schlagdorn für das Lager im Lagerschild dient auch als Wellendichtring-Treibdorn für die Vorderachse des Spider. Jeder Treibdorn mit den passenden Abmessungen würde genauso gut funktionieren.

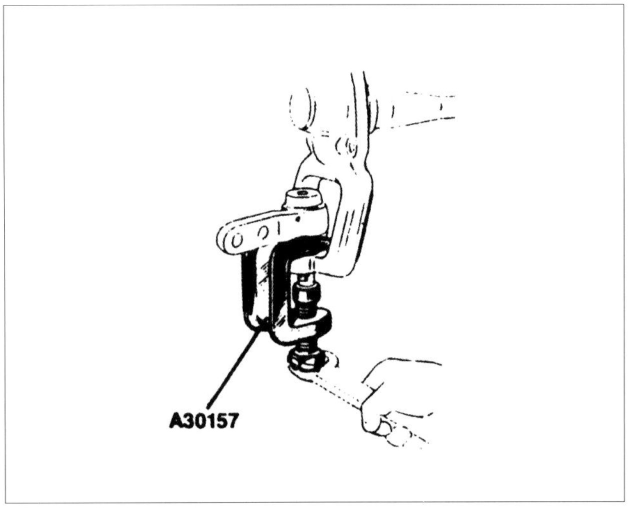

A30157: Ein Abzieher ähnlich dem Werkzeug A30156, aber nur für das untere Kugelgelenk.

Einpresswerkzeuge für Dichtringe, die schwierigsten der unverzichtbaren Spezialwerkzeuge, lassen sich für diese Arbeiten üblicherweise durch Stecknüsse und Rohrstücke in den passenden Abmessungen ersetzen.

Zu den vielleicht nicht ganz so seltenen Arbeiten gehört der Kupplungswechsel. Versuchen Sie nicht, die Mitnehmerscheibe (Kupplungsscheibe) ohne einen passenden Zentrierdorn zu zentrieren. Alfa führte hierzu das Spezialwerkzeug A40103. Ein ähnliches Werkzeug gibt es bei zahlreichen Werkzeugherstellern, allerdings benötigen Sie den richtigen Durchmesser für die Alfa-Kupplungsnabe, also bei den meisten Alfas 21 mm an der Keilverzahnung und 16 mm am Führungslager (messen Sie aber sicherheitshalber vorher an Ihrem Alfa nach).

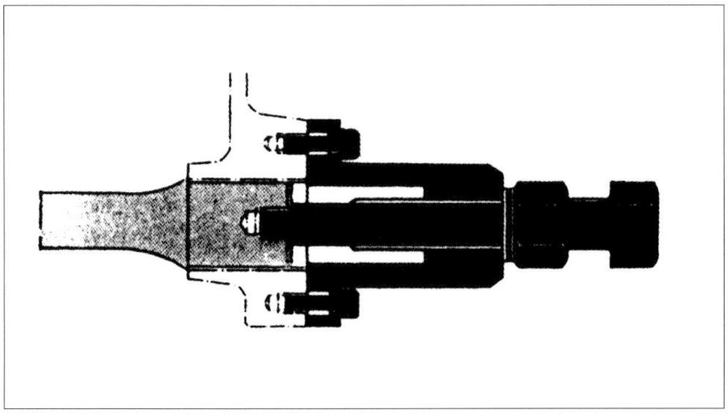

A30374: Abzieher für die Drehstäbe. Die große Mittenschraube wird in den Drehstab eingeschraubt, während das Werkzeug mit zwei kleineren Schrauben am Fahrzeug verschraubt ist. Ein Eigenbau ist mit stabilem Rohrmaterial aus dem Installationsbedarf möglich.

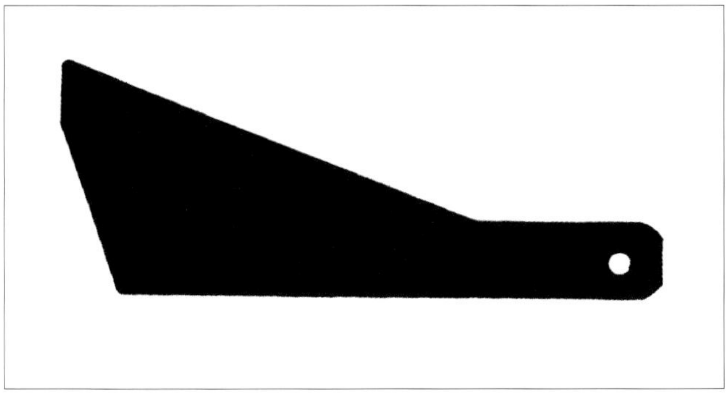

A20149: Die Schablone für die Einstellung des Bremskolbens im Bremssattel. Die Winkel können auf einen stabilen Pappkarton übertragen werden.

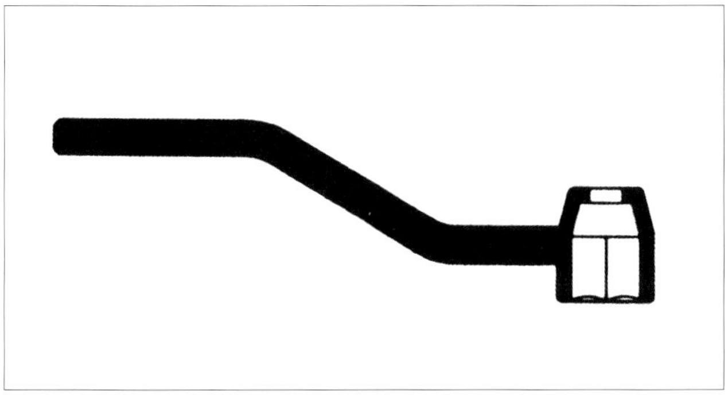

A50914: Die Einstellung der innenliegenden Hinterradbremsen der Transaxle-Modelle geht mit diesem Schlüssel leichter.

Die komplexesten Bauteile finden sich vermutlich im Getriebe. Hier wird eine Vielzahl von Abziehern, Treibdornen und verschiedenen Platten und Plattenhälften für den Einbau von Lagern und Getrieberädern auf der Hydraulikpresse benötigt.

Viele dieser Werkzeuge sind auch bei anderen Quellen außerhalb von Alfa erhältlich, es lohnt aber nicht, sie für nur eine Getriebeüberholung anzuschaffen. Dies gilt insbesondere für die Unzahl der Werkzeuge für die Transaxle-Überholung an der Alfetta, dem GTV oder dem Alfa 75.

Die Hardyscheiben der Antriebswelle sollten unter Verwendung eines Spannbandes (Alfa-Werkzeug A20315) ausgewechselt werden, eine sehr große Schlauchschelle tut es jedoch auch.

Für das Fahrwerk existieren verschiedene Spezialwerkzeuge. Am häufigsten benötigt werden Werkzeug A30156 für den Ausbau der oberen Kugelgelenke und der Spurstangenköpfe sowie Werkzeug A30157 für den Ausbau der unteren Kugelgelenke. Ein brutaler, aber wirksamer Ersatz ist ein im gut sortierten Werkzeughandel erhältlicher Hebelabzieher. Der Wellendichtring-Schlagdorn A30192 für die Vorderachse kann improvisiert oder über freie Alfa-Teilehändler bezogen werden. Für spätere Modelle mit Drehstäben können der Drehstab-Abzieher A30374 und das zugehörige Abdrückwerkzeug A30374/001 selbst angefertigt werden, nachdem Sie genau studiert haben, wie die Drehstäbe ausgebaut werden müssen.

Viele Hobbyschrauber wechseln ihre Scheibenbremsklötze selbst. In den Werkstatthandbüchern ist eine Schablone zum Ausrichten des Bremskolbens im Bremssattel abgebildet, mit der die Einkerbung am Kolben richtig ausgerichtet wird. Die Schablone trägt für die Vorderradbremsen die Nummer A20160, für die Hinterräder die Nummer A20149. Werden die Schablonen nur gelegentlich benötigt, kann ihr Profil auf stabilen Karton übertragen werden. Auch Alfa-Teilehändler führen diese Werkzeuge.

Der Austausch der Hinterradbremsen von Alfetta und GTV6 ist etwas komplizierter, da sie innen liegen und mit mechanischen Einstellern ausgerüstet sind. Spezialschlüssel A50914 erleichtert die Arbeit ungemein.

Die meisten Arbeiten an der Technik eines Alfa Romeo lassen sich mit einfachen Handwerkzeugen und dem Willen, bestimmte unverzichtbare Werkzeuge selbst anzufertigen, auf absolut sichere Weise ausführen. Etwas Einfallsreichtum bei der improvisierten Werkzeugkonstruktion ist dabei besonders wichtig. Ein Alfista, der das hintere Motorlager seiner Alfetta ersetzen musste, löste dieses Problem durch den Gang zum Händler für Installationsbedarf, bei dem er sich verschiedene PVC-Fittings besorgte, und mit einem dieser Fittings ließ sich die Buchse problemlos einpressen. Ein anderer bastelte sich aus einer alten Zylinderlaufbuchse ein Kolbenringspannband. Es wurde auf eine Höhe von ca. 70 mm abgetrennt und an der Oberkante angefast, so dass die Kolbenringe nach und nach in ihre Nut gleiten können.

Unumgängliche Werkzeuge

Für bestimmte Arbeiten funktioniert nur das Alfa-Originalwerkzeug. Glücklicherweise gibt es nur wenige solcher unumgänglichen Werkzeuge, und der durchschnittliche Alfa-Besitzer wird sie kaum je benötigen. Lehren und Endmaße für die Einstellung von Teller- und Kegelrad gehören dazu.

Natürlich könnte ein Differenzial auch ohne die Alfa-Spezialwerkzeuge überholt werden, mit den Werkzeugen ist die Arbeit aber wesentlich leichter und exakter zu bewerkstelligen. In den meisten Werkstätten sind diese Werkzeuge ohnehin nicht vorhanden, also verfährt man dort mit einer ordentlichen Portion Improvisation, bei der die Zahnradlaufflächen gefärbt werden und dann ihr Tragbild geprüft wird. Wer höchste Präzision verlangt, wird sich nach einer Alfa-Werkstatt umtun müssen, in der die richtigen Werkzeuge für eine fachgerechte Differenzialüberholung vorhanden sind.

Werkzeuge für die Einspritzanlage

Die SPICA-Einspritzanlage ist für viele Alfa-Besitzer allein schon aufgrund der vielen Winkelmesser, Einstellwerkzeuge, Abzieher und Berechnungen, die im Werks-Reparaturleitfaden vorgeschrieben werden, ein Buch mit sieben Siegeln – und die Reparaturanleitungen schweigen sich zu diesem Thema ohnehin aus. Dabei sind für die Einstellarbeiten eigentlich nur zwei

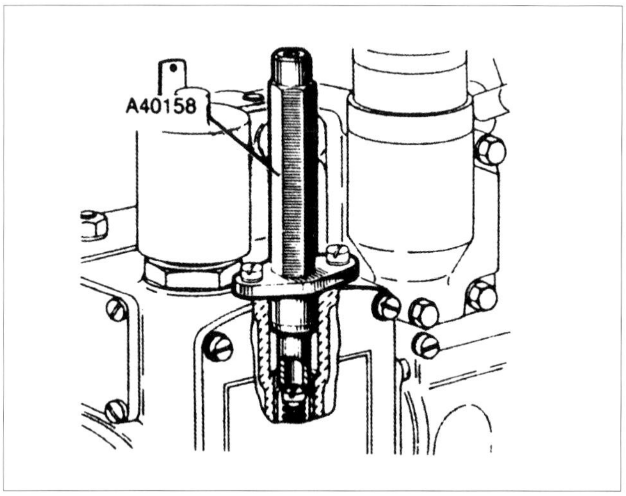

A40158: Der Standard-Scheinthermostat für alle Modelle 1969-74 (siehe Abbildung) weist das Maß 27,0 mm für die untere Fläche des Befestigungsflansches auf. Bei den Modellen 1975-76, 1980-81 sowie 1977 beträgt das Maß 27,8 mm. Bei den 1977er Modellen in der Kalifornienversion und allen 1978-79er Modellen beträgt das Maß 29,0 mm.

Werkzeuge notwendig. Der Scheinthermostat ist ab Werk nicht mehr lieferbar, manche freien Alfa-Teilehändler bieten aber einen einstellbaren Scheinthermostaten an. Es kann auch mit einer Schraube, einer großen Unterlegscheibe und mehreren Muttern selbst angefertigt werden, angesichts des günstigen Preises des Zubehör-Scheinthermostats ist die Selbstanfertigung aber kaum lohnend.

Das zweite Werkzeug ist der Gemischeinstellschlüssel für die Nutmutter am Sperrmagneten (Abschaltmagneten), der in den Kopf der Nutmutter eingreift. Werkzeug A50177 ist für die Modelljahre 1970-79 gedacht, Werkzeug A50244 für die Modelle 1980-81. Ein Ersatz für Werkzeug A50177 kann aus einem Rundbügel angefertigt werden, indem seine Enden zurechtgebogen und so zugeschliffen werden, dass sie exakt in die Nuten der Nutmutter eingreifen.

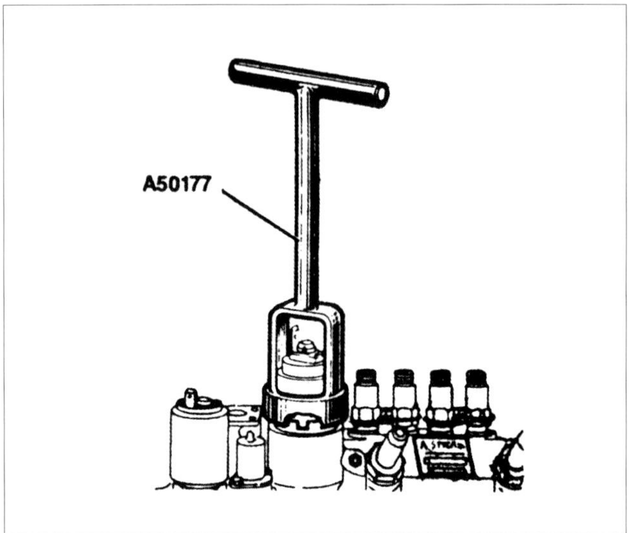

A50177: Der Schlüssel für die Nutmutter am Kraftstoff-Abschaltmagneten (Sperrmagnet). Wurde die Nutmutter zuletzt von einem Herkules angezogen, ist dieses Werkzeug unverzichtbar, denn Ersatz-Eigenbauten wären dann nicht stabil genug.

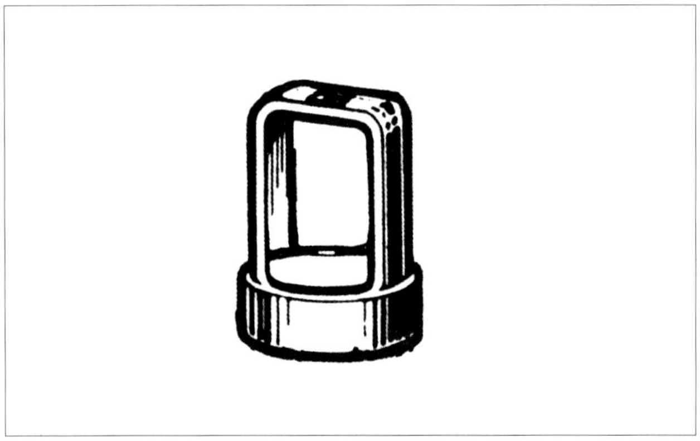

A50224: Ähnlich wie A50177, aber für die Modelle 1980-81.

Zwei weitere SPICA-Werkzeuge sind nützlich, können aber auch selbst angefertigt werden: Zum einen das Arretier- und Abziehwerkzeug A20142 für die Pumpenzahnriemenscheibe, das durch einen kleinen Abzieher aus dem Werkzeughandel ersetzt werden kann. Zum anderen das Werkzeug A40121 für die Min.- und Max.-Einstellung des Umlenkhebels. Dieses Werkzeug scheint eigentlich unumgänglich, mit einer Kunststoff-Winkelmessscheibe und dem richtigen SPICA-Handbuch für das eigene Fahrzeug kommt man jedoch ebenfalls zum Ziel.

Spezialwerkzeuge für den V6-Motor

Für die V6-Motoren wurde ein ganzes Sortiment typspezifischer Werkzeuge entwickelt. Die Ventileinstellung ist beim V6 etwas komplizierter und erfordert verschiedene zusätzliche Spezialwerkzeuge, die über Alfa Romeo oder den freien Teilehandel erhältlich sind. Werkzeug A20361 ist ein Universalschlüssel für die Riemenscheiben von Verteiler, Ölpumpe und Nockenwellenantrieb. Abzieher A30521 wird in Verbindung mit Werkzeug A20361 zur Demontage der Nockenwellenriemenscheibe verwendet. Das Sperrstiftwerkzeug A20363 kann mit etwas Aufwand selbst angefertigt werden, es ist für die Einstellung der Zahnriemenspannung allerdings sehr wichtig. A50220 ist ein exotisch anmutendes Einstellwerkzeug für die Auslassventile, das an das entsprechende Werkzeug klassischer Vorkriegs-Alfas erinnert.

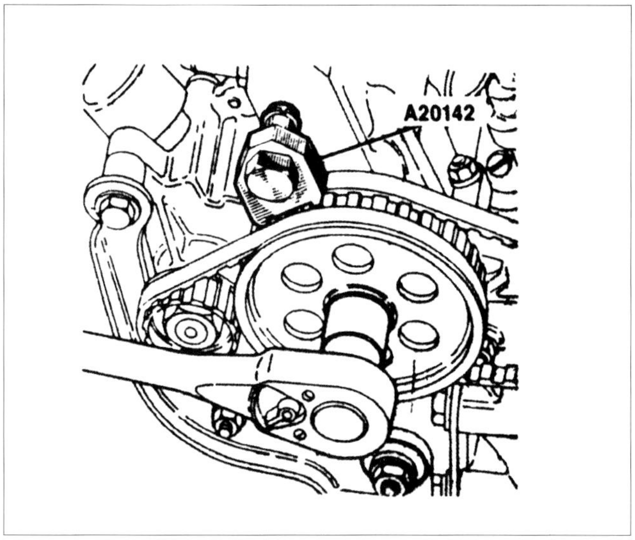

A20142: Diese Arretiervorrichtung für die Einspritzpumpen-Zahnriemenscheibe bietet praktisch die einzige Möglichkeit, die zentrale Mutter zu lösen, ohne den Zahnriemen zu beschädigen.

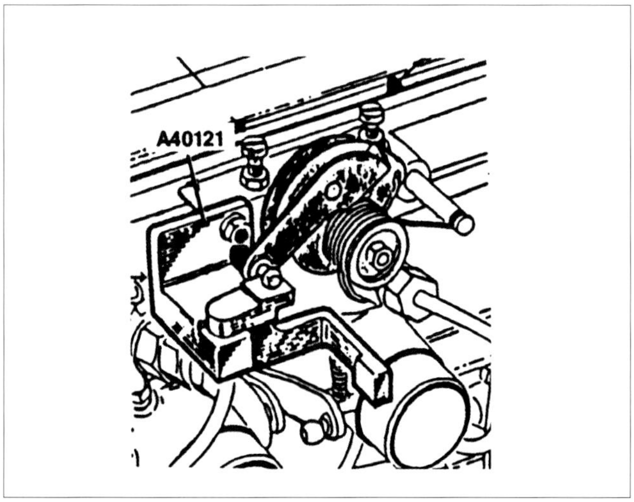

A40121: Das vermutlich begehrteste Werkzeug der Besitzer eines Alfa mit SPICA-Einspritzanlage: Es dient zur Einstellung der Min-/Max.-Stellungen des Drosselklappen-Umlenkhebels.

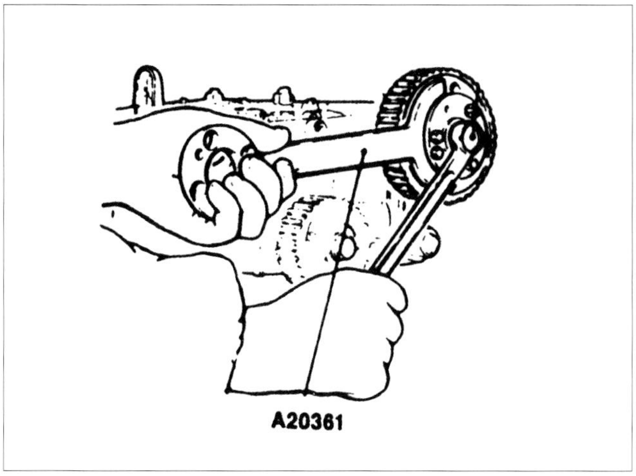

A20361: En „Universal"-Schlüssel für die Riemenscheiben für Verteiler/Ölpumpe und Nockenwellenantrieb am V6-Motor.

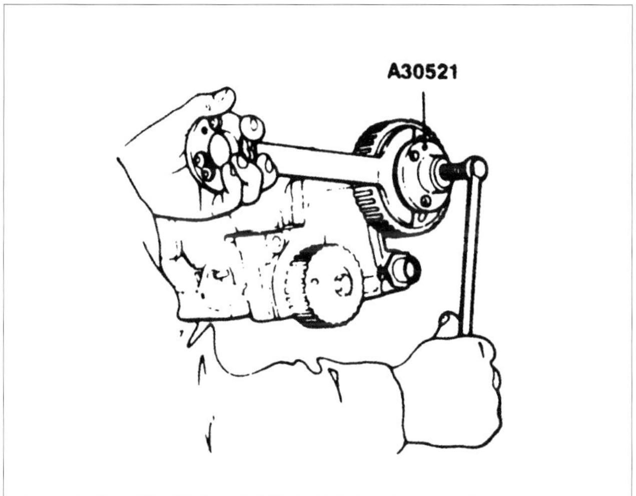

A30521: Dieses Werkzeug wird mit Griff A30521 zum Ausbau des Nockenwellen-Riemenscheibenflansches am V6 verwendet.

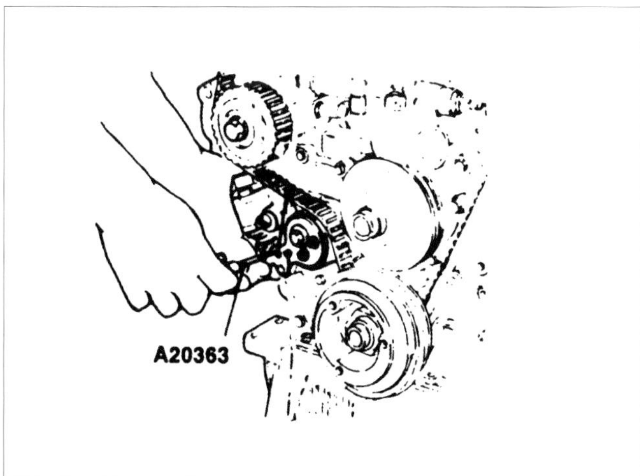

A20363: Der Sperrstift für den Riemenspanner, der für die Einstellung der richtigen Zahnriemenspannung benötigt wird.

Elektronische Bosch-Einspritzanlage

Die Bosch-Einspritzanlage ist gegenüber der mechanischen SPICA-Anlage überwältigend komplex. Für die Bosch-Anlage werden verschiedene Prüfgeräte benötigt. Die meisten Störungen an der Einspritzanlage lassen sich aber auch mit einem Multimeter und einem 6-bar-Kraftstoffdruckmesser ermitteln.

ANHANG

Der Verfasser

Im Jahr 1961 übernahm Pat Braden als erster die Stelle des „Vintage Editor" beim *Alfa Owner*, dem Clubmagazin des US-amerikanischen Alfa Romeo Owners Club. Zu dieser Zeit fuhr er selbst einen 1750 Gran Sport, Baujahr 1929. In den darauffolgenden Jahrzehnten gingen mehr als 50 Alfas durch seine Hände, angefangen beim 8C2300 über den 6C2500 und den 1900 CSS Zagato bis zu einer ganzen Armada von Giuliettas, Giulias, 1750, 2000 (102), 2600, 2000 (105/115), Alfettas und einem GTV6. Ab 1979 fungierte Pat Braden sechs Jahre lang als Herausgeber des *Alfa Owner*. Bis zu seinem Tod im Jahr 2002 blieb er dem Alfa Romeo Owners Club als Ehrenmitglied und regelmäßiger Verfasser von Beiträgen für das Clubmagazin verbunden.

Das vorliegende Buch ist die sechste Veröffentlichung von Pat Braden und sein zweites Buch zum Thema Alfa Romeo. In seiner Berufslaufbahn bekleidete er unterschiedlichste Funktionen im Lehrbereich und entwickelte audiovisuelle Schulungsprogramme für einen illustren Kreis von Kunden in den USA und in aller Welt. Daneben galt sein besonderes Interesse neben der aktiven Schraubertätigkeit dem Automobiljournalismus in all seinen Facetten.

Danksagung

Dieses Buch hatte seinen Ursprung in einer Fülle eigener Erinnerungen und wuchs zu einem weit enzyklopädischeren Werk heran, als ich es je vorhatte. Dies ist nicht zuletzt guten Freunden zu verdanken, die mir den Bedarf für einen Leitfaden für Alfa-Romeo-Besitzer nahebrachten, der ein Maximum an grundlegenden Informationen aus einer Hand bündelt.

Die Danksagungen an die Herausgeber dürfen nie fehlen, denn immerhin soll ja auch das nächste Manuskript wieder freundliche Aufnahme finden. David Bull und John Kittredge verdienen aber ganz besonderen Dank für ihre Hilfestellung bei diesem Werk. Mehr als jeder andere erkannte David Bull das Potenzial dieses Projekts.

Zu meinen technischen Beratern zählten Bill Pringle, Phil Lampman, Fred DiMatteo, Paul Tennes, Tom Zat und John Hertzman, die ich nicht nur als erfahrene Alfisti, sondern auch als gute Freunde schätze. Joe Benson gebührt mein besonderer Dank für die Erlaubnis, seine Abhandlungen zur SPICA-Einspritzanlage mit zu verwenden, und Jim Weber danke ich für seine anhaltende Hilfestellung und Unterstützung während der langen Entstehungsperiode dieses Buchs.

Hervorheben möchte ich ganz besonders Don Black, nicht nur für seine umfassenden Kenntnisse der Marke Alfa Romeo und sein langjähriges Engagement für die Marke, sondern auch für seine intensive Korrekturlesung des Manuskripts, die mir für die faktenorientierte Arbeit eine wichtige Hilfestellung war.

Auch bei der Firma Autohaus Peter Reuffel GmbH aus Bad Honnef möchten wir uns für die freundliche Unterstützung bei der Recherche zu diesem Buch bedanken.

Abschließend ein Wort des Dankes an meine Ehefrau Cheryl, deren Liebe und unendliche Geduld dieses Werk überhaupt erst ermöglicht haben.